DELIUS KLASING

Martin Bissig

Goldene Pässe, verbotene Städte

Motorrad-Traumziel Shangri-La

Delius Klasing Verlag

ཡི། །མཚན་མོ་དག་ནི་མཛེས་མ་ཡིན། །དེ་བཞིན་ཚུལ་ཁྲིམས་མི་གནས་པའི། །རབ་བྱུང་རྒྱལ་བའི་བསྟན་མི་མཛེས།

500X

Vorwort

China. Wenn ich Leuten von diesem Plan erzählte, war die Reaktion fast immer dieselbe: ungläubiges Staunen, gefolgt von Bedenken. China? Mit dem Motorrad? Geht das überhaupt? Viele haben noch immer dieses eine, starre Bild im Kopf: strikt, grau, kontrolliert. Doch da ich das Land seit meinem ersten Besuch im Jahr 2004 regelmäßig bereise, wusste ich, dass die Realität anders aussieht. Ich kannte die Dynamik, die landschaftliche Wucht und die Vielfalt. Genau deshalb musste ich wieder hin. Nicht, um meine eigenen Vorurteile abzubauen, die hatte ich längst abgelegt, sondern um meinen Freunden Oli, Ralf und Thomas dieses China zu zeigen, das mich seit zwei Jahrzehnten fasziniert. Hautnah, ungefiltert und weit weg von den Schlagzeilen.

Warum ausgerechnet auf dem Motorrad? Ganz einfach: Ein Auto ist für mich wie ein Käfig. Du bist nur Zuschauer hinter einer Scheibe, die Landschaft zieht wie ein Film an dir vorbei. Als Fotograf und Mensch will ich das nicht. Ich muss mittendrin sein. Ich will den Wind spüren, die dünne Höhenluft auf über 4.000 Metern atmen und sofort anhalten können, wenn das Licht perfekt auf die schneebedeckten Gipfel der Meili-Berge fällt oder Gebetsfahnen im Wind flattern.

Natürlich ist diese Art des Reisens anstrengend. Es gibt Momente, da fragst du dich bei Minusgraden, auf rutschigen Schlammpisten oder wenn dich ein unerwarteter Schneesturm auf dem Plateau überrascht, warum du dir das antust. Und wenn du dann, wie es mir passierte, noch tagelang mit einem gebrochenen Zeh in den Motorradstiefel steigen musst, zweifelst du vielleicht kurz an deinem Verstand. Aber dann machst du dieses eine Foto, erlebst diesen einen Moment absoluter Stille in der gewaltigen Weite Tibets, und du weißt sofort: Es lohnt sich. Jedes Mal.

Unsere Reise auf der Suche nach dem mystischen Shangri-La wurde schnell zu einer Lektion in Demut und Improvisation. Zusammen mit mei-

Vier Freunde, tausend Laternen und Bock auf Asphalt: Martin, Oli, Ralf und Thomas (v.l.n.r.) beim Startschuss. Noch grinsen wir entspannt – fragt uns nochmal nach dem ersten 4.000er-Pass!

nem Freund und Guide Ibin planten wir Routen, nur um sie am nächsten Morgen wieder zu verwerfen. Wir wollten zur verborgenen Klosterstadt Yarchen Gar und standen vor polizeilichen Absperrungen. Doch genau hier zeigte sich die Magie dieses Trips: Wo sich eine Tür schloss, öffnete sich ein Pfad, den wir nie gesucht hatten. Der erzwungene Umweg über eine unbefestigte Piste, vorbei an Yak-Herden und durch einsame Täler, wurde zu einem der schönsten Abschnitte der gesamten Tour.

Was von diesem Trip bleibt, sind nicht nur die Bilder der eindrucksvollen Klöster und imposanten Bergformationen. Es ist die Erkenntnis, dass Pläne oft nur dazu da sind, geändert zu werden. Es sind die Momente der Gastfreundschaft in den einfachsten Küchen, wo wir mit Händen und Füßen kommunizierten und uns tibetische Familien mit einem Lächeln und geschenkten Momos überwältigten.

Vielleicht ist das wahre Shangri-La gar kein Ort auf einer Karte, den man erreichen kann, sondern das tiefe Gefühl von Freiheit, das entsteht, wenn man den Lenker fest in der Hand hält und sich einfach darauf einlässt, wohin die nächste Kurve führt.

Martin Bissig

Inhalt

Die Route

Unser Abenteuer startet im Süden bei Lijiang und führt uns im Uhrzeigersinn steil hinauf ins tibetische Hochland. Auf diesem gewaltigen Loop legen wir mehr als 2.000 Kilometer zurück und klettern bis auf 4.700 Meter Höhe. Eine Runde der Extreme, die uns tief in die raue Schönheit Osttibets und schließlich wieder zurück zum Ausgangspunkt bringt.

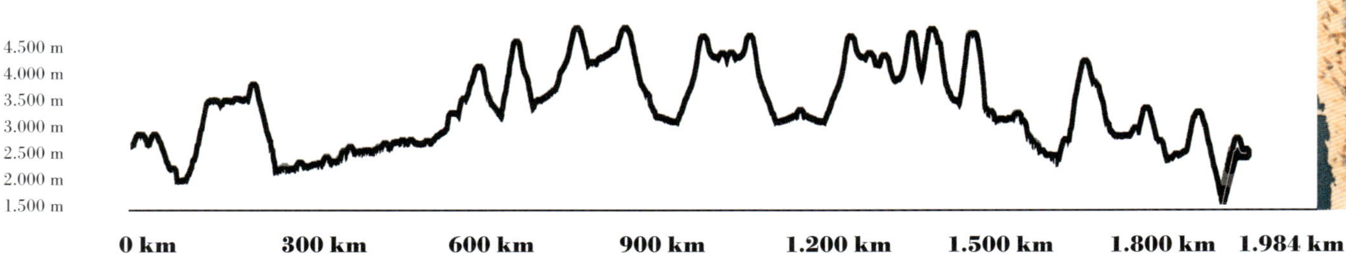

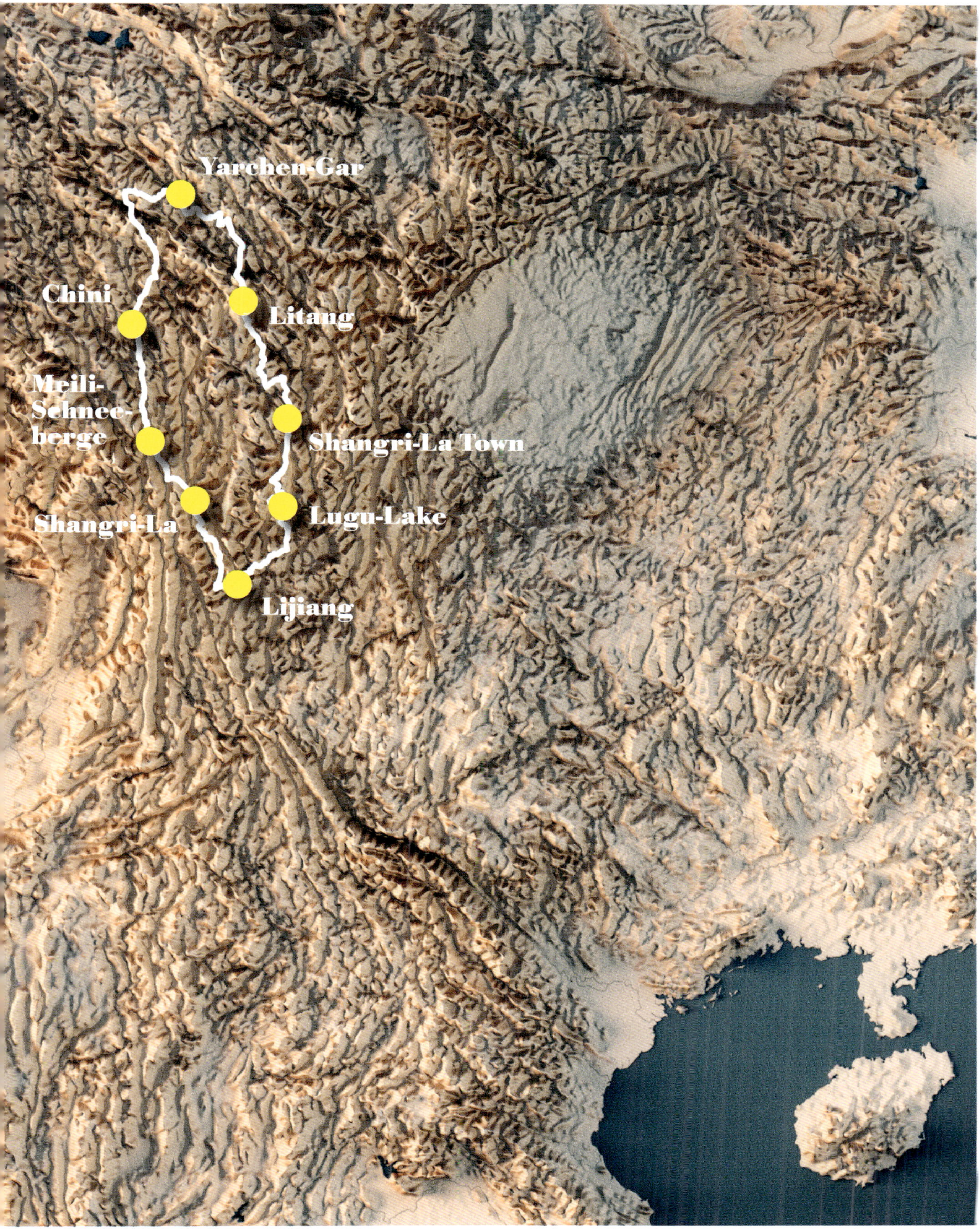
Yarchen-Gar
Chini
Litang
Meili-
Schnee-
berge
Shangri-La Town
Shangri-La
Lugu-Lake
Lijiang

Die Gefährten

Martin (*1976)

Meine Leidenschaft für das Mountainbiken, Reisen und Fotografieren hat mich irgendwann unweigerlich zu meinem Beruf als freier Fotograf gebracht, in dem ich diese drei Dinge verbinde. In einem früheren Leben war ich Banker und Betriebswirt, was ich aber seit inzwischen über 20 Jahren hinter mir gelassen habe. Heute werde ich vor allem als Action- und Outdoor-Fotograf gebucht und arbeite für große Marken und Prominente in der Schweiz und Europa, aber auch weltweit, unter anderem im Himalaya, in China und in Grönland. Ich liebe es, mit dem Motorrad unterwegs zu sein, auch wenn das für mich noch ein relativ neues Hobby ist.

Oli (*1967)

Oli ist gelernter Zimmermann, hängte den Hammer aber schon nach wenigen Jahren an den Nagel, um als Skilehrer die Pisten dieser Welt zu erobern. Egal ob in Neuseeland oder in den Schweizer Alpen, keine Abfahrt und keine Après-Ski-Bar war vor ihm sicher. Dem Outdoor-Lifestyle blieb er treu und schmeißt heute außerdem als Country Manager für diverse Marken die Schweizer Niederlassung eines taiwanesischen Fitnessgeräteherstellers. Auf dem Motorrad gehört er, genau wie Martin, mit nur wenigen Jahren Erfahrung eher zu den Rookies der Truppe. Durch seine Arbeit ist er oft in fremden Ländern unterwegs.

Ralf (*1968)

Ralf und Oli kennen sich quasi seit den wilden 80er-Jahren, als sie sich gemeinsam die Skilehrer-Stiefel umschnallten. Auch Ralf konnte die Finger nicht von der Sportbranche lassen und brachte über die Jahre als Außendienstler viele Sportartikel-Marken an den Mann und an die Frau. Ralf ist nicht nur auf den Skiern eine echte Maschine, sondern auch auf dem Motorrad mehr als nur sattelfest. Egal ob Trial, Motocross oder auf der Rennstrecke, sein Fahrkönnen kommt ihm auch auf dem Mountainbike zugute. Nach Nepal war es für Ralf bereits die zweite Reise auf dem Motorrad in den asiatischen Raum.

Thomas (*1979)

Thomas ist das Küken der Truppe. Der Schreiner mit eigener Firma beherrscht sein Motorrad genauso wie seine CNC-Fräse: mit einer Präzision, die fast schon unheimlich ist. Er liebt einfach alles, was den Adrenalinpegel in den roten Bereich schießen lässt. Seine große Leidenschaft neben dem Sport ist das Brauen eigener Bierspezialitäten, selbstverständlich bis ins letzte Detail perfektioniert, von der lasergravierten Krone bis zum individuellen Etikett. Zwar hat er schon auf organisierten Enduro-Reisen Europa unsicher gemacht, aber bis nach Asien hatte auch er es auf dem Motorrad vorher noch nie geschafft.

Ibin (*1978)

Ibin ist weit mehr als nur unser sprachliches Bindeglied. Als Journalist und Übersetzer hat er sich in der Szene einen festen Namen gemacht und leiht großen Outdoor-Marken sowie renommierten Magazinen seine Stimme. Doch er schreibt nicht nur über das Abenteuer, er lebt es jede freie Sekunde selbst. Ibin ist ein waschechter Explorer durch und durch: Ob er nun die Gashand am Motorrad dreht, sich auf dem Mountainbike austobt oder als ambitionierter Trailrunner die steilsten Pfade bezwingt – Stillstand ist für ihn ein Fremdwort. Mit dieser Mischung aus Storytelling-Talent und unbändigem Entdeckergeist passt er perfekt in unsere wilde Truppe.

Die Motorräder

Kove 500X Adventure
(2023)

Motor	**2-Zylinder-4-Takt-Reihenmotor**
Leistung	**43 PS**
Drehmoment	**40 Nm**
Gewicht	**178 kg**
Sitzhöhe	**820 mm**

Honda CB 500 X
(2019)

Motor	**2-Zylinder-4-Takt-Reihenmotor**
Leistung	**48 PS**
Drehmoment	**43 Nm**
Gewicht	**197 kg**
Sitzhöhe	**830 mm**

Honda CL 500
(2023)

Motor	**2-Zylinder-4-Takt-Reihenmotor**
Leistung	**47 PS**
Drehmoment	**43 Nm**
Gewicht	**192 kg**
Sitzhöhe	**790 mm**

Ein letzter, ehrfürchtiger Blick von der wohl berühmtesten Mauer der Welt hinaus ins Nebelmeer, bevor wir uns genau dort hineinstürzen, wo das Abenteuer wartet.

1

1

Einladung in ein fernes Land

Trailrunning, Freundschaft und eine unverhoffte Einladung

Kurzer Deal mit dem steinernen Wächter in Peking: Wir versprechen, keinen allzu großen Unsinn zu machen, und er sorgt für pannenfreie Kilometer. Scheint ein fairer Tausch für den Start in dieses Abenteuer zu sein.

Sommer 2023. Ich bin wieder einmal in China, einem Land, das mich schon seit meinem ersten Besuch im Jahr 2004 immer wieder in seinen Bann zieht. Diese Vielfalt, diese Dynamik – einfach faszinierend. Diesmal hat es mich nach Chongli verschlagen, einen Ort, der durch die Ausrichtung der nordischen Wintersportwettkämpfe während der Olympischen Spiele 2022 bekannt geworden ist. Ich bin dort, weil mich die chinesische Firma Sarfo eingeladen hat, eines der größten Trailrunning-Rennen in ganz Asien zu dokumentieren. Wir reden hier nicht von einem kleinen Dorflauf, wir reden von über 10.000 Teilnehmern. Eine Riesenveranstaltung.

驾驶执照 瑞士

1. 斯特切林

2. 托马斯

3. 1979 年 4 月 3 日

苏黎世/瑞士

4a. 2014 年 7 月 21 日 4b .... 4c. 苏黎世-瑞士

5. 002674024005

7.

9. A B D1 BE D1E F

1. 姓
2. 名
3. 出生日期，出生地
4a. 发布日期
4b. 到期日
4c. 展览局
5. 身份证号码
9. 类型
10. 每个类型的发放日期
11. 每个类型的到期日期
12. 附加信息

9.	10.	11.	12.
A	2005.07.21	....	
B	2000.11.08	....	
D1	2000.11.08	....	3.5 吨；106
BE	2000.11.08	....	
D1E	2000.11.08	....	

KCH527D<<

0F

FACHE002674024005<<790403<<<<<

斯特切林<<托马斯<<<<<<<<<<<<<<

泽创堂教育咨询（唐山）有限公司

Ich verstehe nur Chinesisch – im wahrsten Sinne des Wortes. Ein Tisch voller Passbilder, null Ahnung und blindes Vertrauen: Der härteste Offroad-Abschnitt war definitiv der Weg durch den Behörden-Dschungel.

Ein monumentaler Startschuss: Bevor wir selbst Kilometer fressen, staunen wir erst mal über die Baukünste von früher. Die Große Mauer als kleiner, steinener Vorgeschmack auf die gewaltigen Dimensionen dieses Abenteuers.

TRIUMPH

An meine Seite hat Sanfo mir einen lokalen Guide gestellt: Ibin. Und ich sage es, wie es ist: Manchmal trifft man auf Reisen Menschen, da macht es einfach sofort »Klick«. So war es mit Ibin. Von der ersten Sekunde an war da diese besondere Verbindung. Natürlich half sein perfektes Englisch, was in China tatsächlich nicht selbstverständlich ist. Aber das war es nicht allein. Wir waren auf einer Wellenlänge, hatten den gleichen Humor und haben die Welt durch eine ähnliche Brille gesehen. Seine offene Art und seine Weisheit haben mich nachhaltig beeindruckt. Unsere Gespräche waren tief, wir redeten über Kultur und Politik, aber auch einfach über das Leben und unsere Geschichten.

Alte Liebe rostet nicht: Gib zwei ehemaligen Skilehrern einen Sessellift und sie sind glücklich wie kleine Kinder. Wer braucht schon Schnee, wenn die Gondel fährt?

Nach einem langen Shooting-Tag sitzen wir abends in einem kleinen, unscheinbaren Restaurant und haben uns durch die lokalen Spezialitäten gefuttert. Plötzlich zückt Ibin sein Handy. »Schau mal her«, sagt er und zeigt mir Fotos von einer seiner letzten Motorradtouren. Und was ich da sehe, haut mich echt um. Atemberaubende Landschaften, kurvige Bergstraßen, die sich durch tiefe Täler schlängeln, schneebedeckte Gipfel, die

in den Himmel ragen, und winzige Dörfer, die so abgeschieden sind, dass man das Gefühl hat, die Zeit sei dort stehen geblieben.

»Martin«, meint er dann mit diesem verschmitzten Lächeln, das ich schon an ihm kenne, »wenn du mal etwas wirklich Besonderes erleben willst, musst du wiederkommen. Ich lade dich ein, eine meiner absoluten Lieblingsregionen zu entdecken. Ich fahre da seit zehn Jahren immer wieder hin, allein im letzten Jahr war ich hundert Tage mit dem Motorrad dort. Ich hab eine Route zusammengestellt, die ist der absolute Hammer. Weit weg von allem, was die normalen Touristen so sehen.«

Seine Begeisterung springt sofort auf mich über. Während er da so erzählt, spürte ich richtig, wie die Abenteuerlust in mir hochkocht. Die Vorstellung, China auf zwei Rädern zu erkunden, weit weg von den ausgetretenen Pfaden, packt mich sofort. Zurück im Hotelzimmer kann ich nicht anders, ich muss mir die Fotos, die er mir geschickt hat, noch einmal ansehen. Diese Bilder haben eine unglaubliche Anziehungskraft. Spontan schicke ich sie an meine Freunde Thomas, Oliver und Ralf in der Schweiz. »Leute, wie wär's mit einer Motorradtour in China?« Die Antworten lassen nicht lang auf sich warten und sind euphorisch. Die Idee, so ein Abenteuer gemeinsam zu erleben, fixt uns alle sofort an. Ich frage Ibin, wann denn die beste Zeit für so einen Trip wäre. »Die zweite Oktoberhälfte ist ideal«, meint er. »Das Wetter ist stabil, und die Landschaft leuchtet in den schönsten Farben.« Ohne lang zu fackeln, planen wir die Reise für Oktober 2024.

Als ich Ibin dann im Februar anrufe, um ihm zu erzählen, dass die Flüge gebucht sind, fällt er aus allen Wolken. »Ihr kommt wirklich?«, fragt er ungläubig. »Ja, die Tickets sind fest. Wir sehen uns im Oktober!«, antworte ich. Er lacht und sagt: »Ihr Schweizer seid echt krasse Vorausplaner. Hier in China fangen die meisten Leute erst zwei oder drei Wochen vorher mit der Planung an.«

Die nächsten Monate sind pures Warten, voller Vorfreude und natürlich Vorbereitung. Ich muss an meine ersten Chinareisen 2004 und 2005 denken. Damals war das eine komplett andere Welt. Keine Übersetzungs-Apps, kein mobiles Internet, und an mobiles Bezahlen dachte noch niemand. Die Kommunikation war ein Abenteuer für sich, oft ein wildes Gestikulieren mit Händen und Füßen. Aber China hat sich in einer wahnsinnigen Geschwindigkeit verändert. Heute ist das Smartphone dein wichtigstes Werkzeug. Ohne Übersetzungs-App und mobile Bezahlmöglichkeiten bist du ziemlich aufgeschmissen. Ich rate meinen Freunden also, sich die nötigen Apps zu besorgen und sich schon mal ein bisschen mit den lokalen Gewohnheiten auseinanderzusetzen. Eine weitere Erleichterung: Seit dem Spätsommer 2023 kann man endlich auch mit westlichen Kreditkarten mobil bezahlen, was die Sache deutlich einfacher macht.

Mit dem Auto-Führerschein auf Motorrad-Expedition: Der perfekte Fehlstart in ein echtes Abenteuer.

Ein weiterer Brocken auf der To-do-Liste ist der temporäre chinesische Führerschein, den wir für die Motorräder brauchen. Der Prozess ist, wie sollte es anders sein, kompliziert und hat mehrere Hürden. Zuerst müssen unsere internationalen Führerscheine offiziell beglaubigt und ins Chinesische übersetzt werden. Ich schickte unsere ganzen Unterlagen an Ibin, der sie bei einem lizenzierten Übersetzungsbüro in Auftrag gab. Nach etwa einer Woche hatten wir die übersetzten Dokumente zurück – mit dem wichtigen roten Stempel. Da wir ohnehin einen Tag Aufenthalt in Peking planen, will ich die temporären Scheine direkt dort ausstellen lassen. Ich organisiere einen lokalen Guide, der mit uns zur Polizeistation gehen soll. Zwei Tage vor Abflug schicke ich ihm unsere Übersetzungen. Kurz darauf die Schocknachricht: Die Übersetzungen sind nicht zu gebrauchen. Das Büro hatte keine offizielle Lizenz für amtliche Dokumente.

Der Stresspegel steigt. In letzter Minute müssen wir neue Übersetzungen anfertigen lassen. Eine hektische Aktion, aber dank unseres Guides und ein paar Expressdiensten haben wir die Papiere rechtzeitig. Auf der Polizeistation geht der Bürokratie-Wahnsinn in die nächste Runde. Die Beamten sprechen kein Wort Englisch. Ohne unseren Guide wären wir komplett verloren. Wir müssen uns chinesische Namen ausdenken, dazu eine Adresse und eine Telefonnummer in China – alles frei erfunden. Nach einer gefühlten Ewigkeit halten wir endlich unsere temporären Führerscheine in den Händen. Die Freude währt aber nur kurz, denn dick und fett ist darauf zu lesen: »Nur für Pkw-Vermietung gültig.« Ein kleiner, aber entscheidender Fehler mit dem Potenzial, uns die ganze Tour zu versauen.

Ich schicke Ibin ein Foto von dem Schein. Seine Antwort lässt nicht lang auf sich warten: »Ihr hättet sagen müssen, dass es für Motorräder ist. Ihr müsst den Schein in Peking widerrufen und in Lijiang neu beantragen.« Das ist aber unmöglich. Wir haben bereits eingecheckt und sitzen quasi schon im Flieger zum nächsten Gate. Die Zeit war viel zu knapp bemessen.

Mit einem ziemlich mulmigen Gefühl steigen wir also in den Flieger nach Lijiang. Würden wir unsere Motorräder überhaupt bekommen? War die ganze Reise am Ende für die Katz? Doch trotz der ganzen Unsicherheit lassen wir uns die Laune nicht verderben. Abenteuer fangen ja oft genau da an, wo die Pläne aufhören.

Amtlich besiegeltes Missverständnis: Wir sind jetzt stolze Besitzer einer chinesischen Fahrlizenz – leider für die falsche Fahrzeugklasse. Wir buchen das unter »künstlerische Freiheit« und fahren trotzdem.

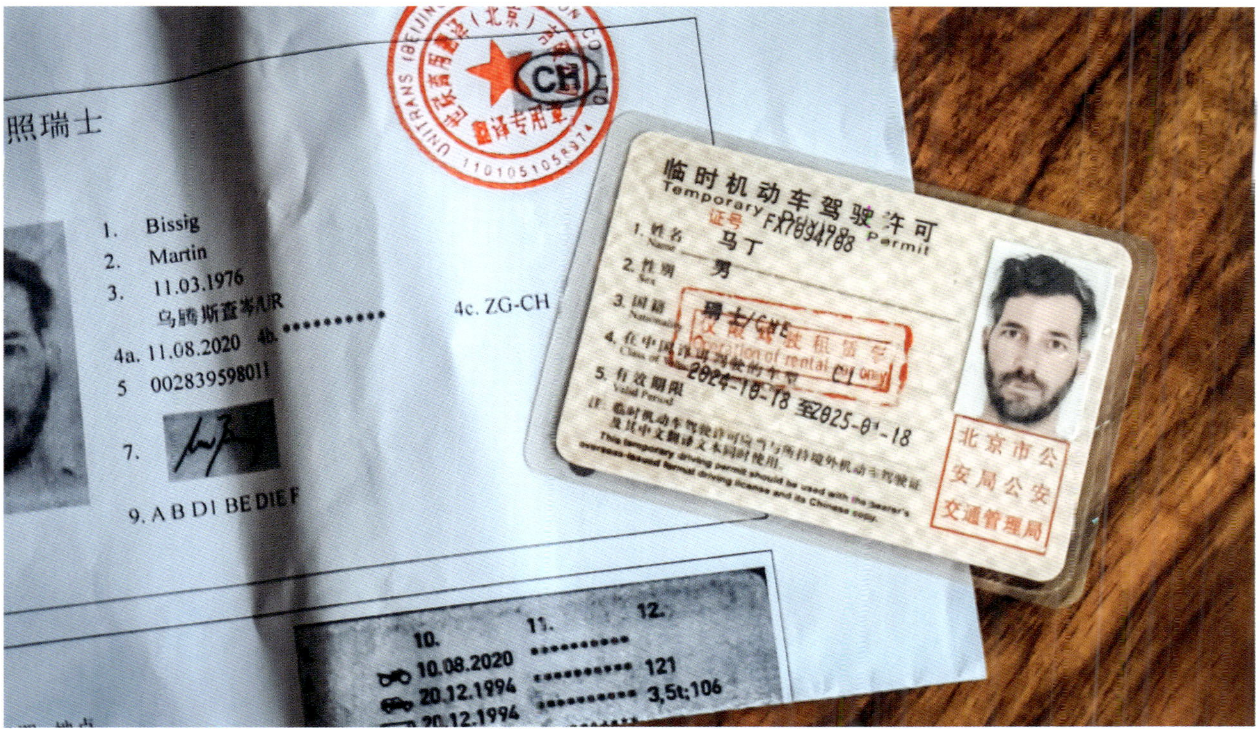

Sieht aus wie Photoshop, ist aber echt: Lijiang drückt für uns die Pause-Taste. Wir atmen diese Stille nochmal tief ein – denn ab morgen regiert hier der Zweizylinder-Soundtrack.

2

小鹿餐厅
松茸土鸡锅
特色炒菜
丽江腊排骨

Ankunft in Lijiang und unerwartete Hürden

Die Ruhe vor dem Fahrtbeginn

Die perfekte optische Täuschung: Lijiang sieht aus wie eine Zeitreise ins Mittelalter, ist aber nach einem verheerenden Feuer quasi ein Neubau im Retro-Look.

In Lijiang angekommen, wartet Ibin schon am Flughafen auf uns. Sein freundliches Gesicht und dieses warme Lächeln lassen die ganze Anspannung der langen Reise sofort von mir abfallen. Obwohl er eigentlich aus Peking kommt, hat er sich in Lijiang niedergelassen und kennt die Stadt wie seine Westentasche.

Oli, Thomas, Ralf und ich landen erst am späten Abend. Auf der Fahrt vom Flughafen zum Hotel blitzen nur die Lichter von Lijiang an uns vorbei, aber die Neugier ist geweckt. Nach der endlosen Anreise brennen wir darauf, uns endlich die Füße zu vertreten. Also ziehen wir direkt mit Ibin los, um die Altstadt zu erkunden. Bei einem ersten gemeinsamen Bier sprechen wir die Pläne für die nächsten Tage durch.

Am nächsten Morgen geht es direkt zum Motorradverleih. Ich muss zugeben, ich bin ein bisschen nervös. Nach dem ganzen Theater mit den temporären Führerscheinen stelle ich mich schon auf die nächsten Probleme ein. Aber ich werde überrascht: Alles läuft wie am Schnürchen. Dank Ibins Kontakten und seinem Organisationstalent werden wir super herzlich empfangen.

Die Leute von der Vermietung fragten weder nach Ausweisen noch nach irgendwelchen anderen Dokumenten. Keine Kaution, keine großen Formalitäten – sie scheinen uns von Anfang an voll zu vertrauen. In Europa absolut undenkbar. Diese Ruhe und dieses Vertrauen, das uns da entgegengebracht wurde, hat mich echt beeindruckt. Unsere Motorräder stehen schon bereit: drei Maschinen des Typs 500X vom chinesischen Hersteller KOVE und eine Honda mit 500 Kubik. Wir nehmen die Dinger erstmal genau unter die Lupe. Auf den ersten Blick sehen sie gut aus, aber uns fallen doch ein paar Kleinigkeiten auf: Hier ist der Lenker etwas locker, dort packen die Bremsen nicht so richtig präzise zu, und ganz allgemein machen sie einen leicht vernachlässigten Eindruck. Viel Pflege haben die anscheinend nicht gesehen. Trotzdem entschieden wir uns dafür, sie zu nehmen. Mit ein paar schnellen Handgriffen haben wir die Schrauben nachgezogen und sichergestellt, dass alles funktioniert. Wir montieren die Windschilder, befestigen unsere Gepäckboxen und machen ein paar Bremstests. Es fühlt sich einfach gut an, wieder die Kontrolle über eine Maschine zu haben und zu wissen: Jetzt geht das Abenteuer wirklich los. Alles, was wir für die nächsten zwei Wochen brauchen, muss jetzt in die drei Boxen pro Motorrad passen. Eine echte Herausforderung, aber wir haben unser Gepäck bereits aufs Nötigste reduziert.

Mietvertrag per Handschlag: Keine Fragen, keine Kaution – kurz Schrauben nachziehen und Abfahrt.

Den Rest des Tages verbringen wir damit, Lijiang zu erkunden. Ibin führt uns durch die engen Gassen der Altstadt mit ihrem Kopfsteinpflaster und den traditionellen Holzhäusern. Überall ziehen sich kleine Kanäle durch die Stadt, über die sich kunstvoll verzierte Brücken spannen. An jeder Ecke gibt es etwas Neues zu sehen: Händler, die ihre Waren feilbieten, Straßenkünstler, die ihr Talent zeigen, und dieser Duft von frisch gekochtem Essen, der einem ständig in die Nase steigt. Was uns auffällt: Wir sehen kaum westliche Touristen. In den ganzen Gassen vielleicht zehn andere Reisende. Dafür ist die Stadt voll mit chinesischen Touristen, die dieses historische Flair sichtlich genießen. Viele laufen in traditioneller Kleidung herum und machen unzählige Fotos – ein tolles Zeichen dafür, wie sehr sie ihr eigenes kulturelles Erbe schätzen. Ibin erzählte uns von der Geschichte Lijiangs, von den Naxi, einer ethnischen Minderheit, die hier seit Jahrhunderten lebt, und von den Anstrengungen, die einzigartige Architektur und Kultur der Stadt zu erhalten. Sein Wissen und seine Begeisterung für diesen Ort sind total ansteckend.

Westliche Gesichter? Absolute Mangelware. Zwischen all den bunten Drachen und Pagoden sind nicht die Souvenirs die Attraktion, sondern wir.

Eigentlich hatten wir geplant, an diesem ersten Tag noch eine kurze Proberunde mit den Motorrädern zu machen. Aber die Zeit rennt nur so davon, und es gibt noch eine Menge zu tun. Das Einstellen der Motorräder hat mehr Zeit gefressen als gedacht, und wir wollten einfach sicher sein, dass alles perfekt ist. Abends sitzen wir in einem kleinen Restaurant und probieren uns durch lokale Spezialitäten. Die Geschmäcker sind vielfältig, manchmal fremd, aber immer lecker. Wir lachen viel, tauschen Geschichten aus und spüren diese kribbelige Vorfreude auf das, was vor uns liegt.

Zurück im Hotel packen wir unsere Sachen für den nächsten Morgen. Jeder muss sich ganz genau überlegen, was mitkommt. Der Platz ist begrenzt, und alles Überflüssige muss zurückbleiben. Ich gehe meine Ausrüstung durch: Kamera, Drohne, Notebook und die wichtigsten Hygieneartikel. Und natürlich die Klamotten. Bei der Reisevorbereitung hatte Ibin uns schon gewarnt, dass wir mit Temperaturen zwischen -5 °C und +25 °C rechnen müssen. »Regen und Schnee können auch mal vorbeischauen«, hatte er hinzugefügt. Für uns bedeutete das: auf alles vorbereitet sein und trotzdem so leicht wie möglich packen.

Bevor ich ins Bett gehe, trete ich noch einmal auf den Balkon und lasse meinen Blick über die Lichter der Stadt schweifen. Ich spürte diese Mischung aus Aufregung und einer tiefen Ruhe. Die Ungewissheit, was uns auf Chinas Straßen erwarten wird, ist gleichzeitig beängstigend und verdammt verlockend.

Blindes Vertrauen ins Karma: Keine Ahnung, was wir uns hier gerade wünschen, aber solange es uns heil über die Straße bringt, nehmen wir es.

3-17

Du stehst vor diesen Dächern und denkst nur: Angekommen! Goldene Drachen, geschwungene Formen – das ist China wie aus dem Bilderbuch. Klar, das volle Klischee-Programm, aber wenn die Realität so verdammt gut aussieht wie eine Postkarte, lässt du dich nur allzu gerne davon beeindrucken.

3

3

Die Reise nach Shangri-La beginnt

Highway zum Himmel: Die erste Etappe

Tibet im Sonntagsanzug: Shangri-La ist wunderschön, aber so poliert, dass es fast unwirklich wirkt – der ultimative Hotspot für chinesische Touristen und ein krasser Kontrast zu unseren dreckigen Bikes.

Der Morgen in Lijiang begrüßt unsere Reisegruppe mit einem strahlend blauen Himmel und dieser frischen, klaren Bergluft. Die Sonne legt ein warmes Licht über die schneebedeckten Gipfel, während wir unsere Motorräder startklar machen. Ibin hat uns am Abend vorher die Route erklärt: rund 200 Kilometer, das meiste davon auf gut ausgebauten Expressways. Eine entspannte »Einfahrstrecke«, wie er es nannte, damit wir uns an die Maschinen und die Straßen gewöhnen können.

Chinas Expressways sind schon eine beeindruckende Nummer. Zwei bis drei Spuren, die sich durch die Berge schlängeln, durch endlose Tunnel

经 圆梦经 度母经
经 长寿经 布 施
经 放 生 财神经
经能消除种种病苦。
经能延年益寿。
伞盖佛母经摧毁一切邪巫咀咒。
以让我们的心灵得到净化。
能求男得男，求女得女，求财得财
酬供能护佑成就一切如法所求。
能招财旺运。
能保我们一路平安。
事成 扎西德勒佑
敬香功德随喜
功德箱
敬香功德随喜
请往左行走

Teuerste Straße Chinas zum Nulltarif: Einfach grinsend an der Schranke vorbeimogeln.

führen und über majestätische Brücken gehen. Diese Infrastruktur hat natürlich ihren Preis: ungefähr 1 Yuan (ca. 0,12 Euro) pro Kilometer Maut, was sie zu den teuersten Straßen des Landes macht. Für uns hat das aber einen riesigen Vorteil. Wegen der hohen Kosten herrscht kaum Verkehr, und wir haben die Straßen praktisch für uns allein. Und als Motorradfahrer können wir die Mautstellen einfach umfahren. Die Schranken sind so gebaut, dass wir an der Seite vorbeipassen, ohne zu zahlen. Ein kleiner Bonus, der uns ein schelmisches Grinsen ins Gesicht zaubert.

Die Fahrt selbst verläuft ruhig, der Asphalt ist glatt wie ein Babypopo, und die Landschaft zieht wie ein Kinofilm an uns vorbei. Lijiang liegt auf etwa 2.400 Metern Höhe, unser Ziel Shangri-La dagegen auf knapp 3.300 Metern. Man spürt mit jedem Kilometer die Veränderung. Die Luft wird kühler, dünner, das Atmen fällt ein kleines Bisschen schwerer. Die Vegetation ändert sich langsam, und die Gipfel der Berge kommen immer näher. Die Fahrt an sich ist nicht wahnsinnig aufregend. Die breiten Expressways bieten wenig fahrerische Herausforderung, aber für den ersten Tag ist das genau richtig. Wir können uns an die Motorräder gewöhnen, die Umgebung auf uns wirken lassen und einfach dieses Gefühl von Freiheit genießen.

Nach ein paar Stunden Fahrt taucht am Horizont eine riesige, goldene Stupa auf, eins dieser kuppelförmigen buddhistischen Bauwerke, das einfach so mitten auf der Hauptstraße thront. Ein klares Zeichen: Wir erreichten tibetisches Gebiet. Die Architektur verändert sich, bunte Gebetsfahnen flattern im Wind, und die chinesischen Schriftzeichen auf den Schildern werden jetzt von tibetischen Symbolen begleitet. Ein Gefühl von Vorfreude machte sich breit. Wir sind auf dem Weg ins Herz von Shangri-La.

Gegen Mittag erreichen wir die Stadt. Ibin führt uns zu einem Hotel, das erst vor Kurzem aufgemacht hat. Wir fühlen uns wirklich wie die allerersten Gäste. Das Gebäude glänzt, und es riecht noch nach frischer Farbe. Die Lobby ist riesig und verbindet moderne Elemente hervorragend mit traditionellen tibetischen Details.

Mehr Megapixel als Mantras: Ein goldener Rausch für die Augen, wo aber öfter der Auslöser klickt, als dass gebetet wird. Spirituelles Kino für den Massentourismus.

Nachdem wir eingecheckt haben, fällt uns in unseren Zimmern ein ständiges Piepsen auf. Die Rauchmelder geben alle zehn Sekunden einen hohen Ton von sich. Ein kleines technisches Problem, das aber extrem auf die Nerven geht. Nachdem wir selbst erfolglos versucht haben, die Dinger zur Ruhe zu bringen, wenden wir uns ans Hotelpersonal. Die entschuldigen sich und entscheiden kurzerhand, die Rauchmelder einfach abzumontieren. Wir können uns ein Schmunzeln über diese unkonventionelle Lösung nicht verkneifen, sind aber froh über die Ruhe.

Shangri-La zieht uns in seinen Bann – und wir ziehen mit. Wortwörtlich. Um diese monströse goldene Gebetsmühle in Gang zu bringen, ist echte Teamarbeit gefragt. Schulter an Schulter mit Einheimischen drücken wir gegen das massive Gold, bis der Koloss rotiert. Ein Moment voller Kraft und Dynamik, der dich einfach mitreißt. Hier bist du kein Zuschauer, hier bist du der Motor für das gute Karma.

Nach einer kurzen Pause treffen wir uns wieder in der Lobby, um Shangri-La zu erkunden. Die Stadt hat sich seit meinem letzten Besuch 2017 krass verändert. Damals war ich für ein Fotoshooting hier und erinnere mich an ruhige Gassen und ein echt authentisches Gefühl. Jetzt wirkt alles viel touristischer. Überall neue Geschäfte, Restaurants und Hotels, und es wimmelt nur so vor Besuchern. Besonders fallen uns die vielen jungen Chinesinnen und Chinesen auf, die in traditionellen tibetischen Kostümen unterwegs sind. Überall sieht man sie lächelnd für ihre Smartphone-Kameras posieren. Auf den ersten Blick könnte man denken, es wären Einheimische, aber in Wahrheit sind es Touristen, die sich die Kostüme für Erinnerungsfotos geliehen haben. Eine uns fremde, in China aber verbreitete Mischung aus kultureller Wertschätzung und künstlicher Inszenierung.

Selfies in Trachten treffen auf das Murmeln der Mönche – Shangri-La ist heute ein faszinierender Mix aus Tourismus-Boom und uralter Mystik.

Wir schlendern durch die Altstadt, besuchen die imposanten Klöster und lassen diese spirituelle Atmosphäre auf uns wirken. Bunte Gebetsfahnen hängen über den Straßen, und man hört das leise Murmeln von Mönchen. In den Tempeln zünden Gläubige Räucherstäbchen an und schicken ihre Gebete in den Himmel. Obwohl die Stadt deutlich touristischer geworden ist, spürt man immer noch die tiefe Verbundenheit der Menschen mit ihrer Kultur und Religion. Ibin erzählt uns von der Geschichte Shangri-Las und der Bedeutung des Ortes für die Tibeter. Sein Wissen und seine Leidenschaft sind einmal mehr beeindruckend, ich sauge jede Information auf wie ein Schwamm. Es fühlt sich nicht so an, als würden wir nur Sehenswürdigkeiten abklappern, sondern als würden wir wirklich in eine andere Welt eintauchen.

Der Nachmittag vergeht wie im Flug. Aber die Kombination aus der dünnen Höhenluft, den vielen neuen Eindrücken und dem immer noch spürbaren Jetlag fordert langsam ihren Tribut.

Bei einer Online-Suche war ich auf ein Kloster gestoßen, das ich unbedingt sehen wollte. Das Songzanlin-Kloster ist für die Region Ost-Tibet von großer Bedeutung und wird auch der »Kleine Potala-Palast« genannt – eine Anspielung auf das Original in Lhasa, das bis 1959 offizielle Residenz des Dalai Lama war. Als ich Ibin frage, ob er schon mal im Songzanlin-Kloster war, verneint er. »Zu viele Leute«, sagte er nur, »und man kommt nur mit Touristenbussen hin.« Aber ich lasse nicht locker, auch Ralf möchte mitkommen, während Oli und Thomas lieber an ihrem Jetlag arbeiten wollen. So verabreden Ralf und ich uns mit Ibin, am nächsten Morgen noch vor Sonnenaufgang zum Kloster zu fahren – mit unseren Maschinen. »Vielleicht haben wir ja Glück und kommen ganz früh an den Schranken vorbei«, so Ibins Plan für den nächsten Tag.

Shangri-La durch die spirituelle Brille: Oben Gold, unten graue Dächer und dazwischen der perfekte Ausblick durch die Gebetsfahnen.

Visueller Zuckerschock am Morgen: Das Kloster von Shangri-La serviert uns die volle Ladung Gold und Mystik – der erste Anblick der Reise, der uns wirklich die Sprache verschlagen hat.

4

4

Die heiligen Berge Tibets

Von Gebetsfahnen und schneebedeckten Gipfeln

Normalerweise treten Touristen hier im Rudel auf, aber heute erleben wir einen »Glitch in der Matrix«: Kein Megafon, keine Masse, nur ein einsamer Reisender, die rote Flagge und der Berg. Seltener Moment der Stille auf einem Deck, das für Hunderte gebaut wurde.

Während Oli und Thomas sich im Bett nochmal genüsslich umdrehen, sitzen Ralf, Ibin und ich schon auf den Maschinen und machen uns auf den Weg zum Songzanlin-Kloster. Die Temperaturen? Unter dem Gefrierpunkt. Verdammt, ist das kalt. Kälter als an jedem anderen Tag unserer Reise bisher. Nach zwanzig Kilometern in dieser eiskalten Morgenluft denke ich nur: »Hätte ich doch bloß meine dicken Handschuhe angezogen.«

Wir nähern uns der Klosteranlage über eine kleine Seitenstraße. Vorbei an Yak-Herden, deren Fell mit Raureif überzogen ist, kommen wir plötzlich an einen Kontrollpunkt, der komplett verlassen aussieht. »Bingo!«, ruft Ibin mir zu. Sein Plan ist aufgegangen. Wir passieren die Kontrolle und

Der Meili Snow Mountain bittet zur Audienz. Wenn sich diese weißen Riesen im Abendlicht aufbauen, fühlst du dich sofort winzig. Die Stupas im Vordergrund wirken fast wie Spielzeug gegen diese massive Wand aus Eis und Fels – ein Anblick, der einfach nur Demut fordert.

Instant-Ruhm im Reich der Mitte: Helm ab, Lächeln an und zack – schon hast du deinen eigenen Fanclub. Wir genießen den kurzen Moment als lokale Rockstars.

stehen nur wenige Minuten später am See direkt vor dem Kloster. Gerade noch fünf Minuten bis Sonnenaufgang! Ich renne einen kleinen Hügel hoch, der über und über mit Gebetsfahnen geschmückt ist. Die kalte Luft sticht mir in die Lungen, und bei jedem Schritt spüre ich die Höhe.

Das Timing ist perfekt: Die Sonne schiebt sich über den Horizont, taucht erst das Kloster und dann die Fahnen in ein warmes, goldenes Licht. Ein dünner Nebel steigt vom See auf und hüllt die ganze Szene in einen fast mystischen Schleier. »Das ist noch schöner als ich es mir erträumt habe«, sage ich ehrfürchtig zu Ibin. Schon an unserem zweiten Reisetag ein optisches Feuerwerk, das mein Fotografenherz höherschlagen lässt. Leider müssen wir nach dreißig Minuten schon wieder zurück zum Hotel, denn uns steht ein verdammt langer Tag bevor.

Unser Ziel für heute: die Meili-Schneeberge. Ibin bezeichnet sich zwar selbst als Atheist, aber ich habe das Gefühl, dass diese Berge für ihn mehr sind als nur eine schöne Landschaft. Er hat diese besondere, spirituelle Art – eine stille Ehrfurcht vor der Natur und ihren Wundern. »Die Meili-Schneeberge sind für viele Menschen hier heilig«, hatte er uns erzählt. »Ich will sie euch zeigen. Das ist ein ganz besonderer Ort.«

Kurzes Durchatmen mit Tiefblick: Heute noch die Aussicht genießen, morgen mittendrin im Yangtze-Abenteuer.

Wir lassen Shangri-La hinter uns und fahren erst einmal über eine gut ausgebaute Hauptstraße. Die Sonne klettert langsam höher, die Luft ist klar und frisch. Die Straße führt uns durch eine sanfte Hügellandschaft, vorbei an kleinen Dörfern, in denen das Leben gerade erst erwacht. Kinder winken uns zu, hin und wieder sehen wir Bauern bei der Arbeit auf den Feldern.

Nach ein paar Kilometern verändert sich die Landschaft schlagartig. Aus den Hügeln werden steile Berge, die Straße beginnt, sich in endlosen Serpentinen die Hänge hochzuschrauben. Wir fahren durch mehrere Tunnel, die sich wie dunkle Portale in eine andere Welt anfühlen. Die Passstraßen sind überraschend gut ausgebaut – breite Asphaltbänder, die sich wie schwarze Schlangen durch die Berge ziehen.

Doch mit der Qualität der Straßen kommt auch der Verkehr. Diese Route ist die Hauptverbindung von Yunnan nach Tibet, und dementsprechend ist die Hölle los. Unzählige Lkws, Schwertransporte und Busse quälen sich durch die engen Kurven, und die schiere Größe dieser Fahrzeuge macht das Fahren echt anspruchsvoll. Du musst permanent wachsam sein, besonders in den Tunneln, die oft nur schummrig beleuchtet und voller Abgase sind.

Zuerst fährt Ibin noch recht zurückhaltend. Klar, er kennt unser fahrerisches Können noch nicht und möchte sichergehen, dass wir klarkommen. Aber nachdem wir ihm einen Vormittag lang gezeigt haben, dass wir unsere Maschinen im Griff haben, zieht er das Tempo an. »Gib Gas«, sage ich, als wir an einem Aussichtspunkt eine Pause machen. »Wir kommen schon hinterher.« Mit einem Lächeln unter seinem Helm nickt er und führt uns in einen absolut beeindruckenden Streckenabschnitt.

Charakter statt Chrom: Unsere chinesischen Miet-Esel sind etwas klapprig, aber bereit für den Ritt ihres Lebens durchs tibetische Hochland.

Angekommen im Zen-Modus: Wenn nach der Kurvenhatz plötzlich diese Ruhe und Architektur vor dir auftaucht, weißt du, du bist am richtigen Ort.

Weg von der Hauptstraße biegen wir auf eine kleinere, kaum befahrene Straße ab, die uns über einen 4.320 Meter hohen Pass führen soll. Die ersten fünf, sechs Kilometer sind unbefestigt – eine Piste aus Schotter und losen Steinen, die das Fahren zu einer echten Herausforderung macht.

Für mich war das eine Premiere. Zum ersten Mal mit dem Motorrad auf unbefestigten Wegen. Mein Herz schlägt schneller, was nicht nur an der dünner werdenden Luft liegt. Die Maschine vibriert unter mir, ich spüre jede einzelne Unebenheit im Boden. Meine Freunde sind da schon erfahrener und geben mir über Funk Tipps. »Bleib locker, Martin«, höre ich Thomas sagen. »Lass das Motorrad die Arbeit für dich machen.«

Erst die Götter im Kloster grüßen, dann die Lkw-Fahrer im Tunnel jagen.

Die Landschaft um uns herum ist einfach nur atemberaubend. Karge Felsen, verstreute Büsche und dahinter die schneebedeckten Gipfel der Berge. Kein Verkehr, kein Lärm, nur wir und diese endlose Weite. Es fühlt sich an, als hätten wir die Welt für uns ganz allein.

Als wir den Gipfel des Passes erreichen, hält Ibin an. Wir steigen ab und atmen tief durch. Die Luft ist dünn und kristallklar, ein kalter Wind pfeift uns um die Ohren. Vor uns breitet sich ein Panorama aus, das in meinen kühnsten Träumen nicht schöner hätte sein können. Am Horizont ragen die Meili-Schneeberge majestätisch auf, ihre Gipfel in Wolken gehüllt.

Vom Kloster direkt in den Kurven-Rausch: Auf perfektem Teer surfen wir zurück in Richtung Abenteuer.

»Das ist unglaublich«, flüstert Oliver, und ich merke, dass auch er von der Schönheit dieses Augenblicks total ergriffen ist. Ich schnappe mir die Kamera. »Das muss ich festhalten«, sage ich und fange an zu fotografieren. Die Sonne steht hoch am Himmel, und das Licht tanzt auf den Schneeflächen der Berge. Aber egal, wie ich die Kamera einstelle, kein einziges Bild kann die wahre Größe und Schönheit dieses Moments einfangen.

»Wir sollten weiter«, meint Ibin nach einer Weile. »Die Strecke ist noch lang, und wir sollten vor Einbruch der Dunkelheit ankommen.«

Wir setzen unsere Helme auf und starten die Abfahrt. Die Straße auf der anderen Seite des Passes ist top ausgebaut, mit sanften Kurven und perfektem Asphalt. Eine reine Freude zu fahren. Der Wind pfeift an uns vorbei, die Motoren summen zufrieden. Doch mein Drang, diese Momente einzufangen, bremst uns immer wieder aus. Ständig halte ich an, um zu fotografieren. Die anderen sind verständnisvoll, aber ich merke, wie Ibin langsam ungeduldig wird. »Wir haben noch etwa zwei Stunden Fahrt vor uns«, erinnert er mich freundlich.

Als sich die Sonne langsam dem Horizont nähert, erreichen wir endlich das Gebiet der Meili-Schneeberge. Wir kommen im kleinen Ort Feilasi an, der direkt am Fuße der Berge liegt. Hier wollen wir die Nacht verbringen.

Goldene Dächer, massiver Stein und Staunen pur – Sightseeing auf tibetisch hat schon was Gewaltiges an sich.

Spiritueller Diebstahlschutz oder Segnung für den Weg? Egal was er macht, wir nehmen es dankend an!

Der Ort hat sich seit meinem letzten Besuch 2017 total verändert. Damals gab es nur eine einfache Aussichtsplattform, von der aus man auf die Berge schauen konnte. Jetzt säumen unzählige Restaurants und Cafés die Straße, alle mit riesigen Glasfronten und gemütlichen Lounges. Überall läuft westliche Musik, es gibt Cappuccino und Craft Beer. Es fühlt sich weniger an wie ein abgelegenes chinesisches Dorf, sondern eher wie ein Urlaubsort in den Alpen.

... am Abend: Wir genießen die Stille, denn morgen früh herrscht hier eine ganz andere Energie.

Wir finden ein gemütliches Café mit einer Terrasse und direktem Blick auf die Berge. Bei einem kalten Bier lassen wir den Tag ausklingen. Die Gipfel der Meili-Schneeberge sind immer noch von Wolken verhüllt, aber Ibin ist zuversichtlich. »Wenn wir Glück haben, zeigt sich der Hauptgipfel morgen früh«, sagt er. »Es wäre das erste Mal in diesem Jahr.«

»Wie stehen die Chancen?«, fragt Ralf skeptisch. »Nicht besonders hoch«, gibt Ibin zu, »aber manchmal geschehen eben Wunder.«

Wir prosten uns zu und genießen die entspannte Atmosphäre. Trotz der vielen Touristen fühle ich mich wohl. Dieser Mix aus westlichem Komfort und der mystischen Ausstrahlung der Berge hat definitiv seinen Reiz.

Am nächsten Morgen klingelt der Wecker um 7:15 Uhr. Verschlafen reibe ich mir die Augen und ziehe den Vorhang zur Seite. Mein Herz macht einen Satz. Der Himmel ist glasklar, keine einzige Wolke zu sehen, und die Sonne kriecht gerade über die Bergkuppen. »Leute, raus aus den Federn! Das müsst ihr sehen!«, rufe ich und klopfe an die Türen der anderen.

Cruisen unterm heiligen Gipfel: Oli, die Meili Snow Mountains und der perfekte Flow am Berg.

Schnell ziehen wir uns an und stürzen nach draußen. Doch auf der Aussichtsplattform wartet eine weitere Überraschung: Hunderte chinesische Touristen stehen bereits dort, alle bewaffnet mit Kameras, Stativen und Smartphones. Die Begeisterung ist mit den Händen zu greifen. Bestimmt acht bis zehn Drohnen surren über unseren Köpfen und filmen das Panorama.

»Sieht so aus, als wären wir nicht die Ersten«, stellt Thomas lachend fest. Die Vorstellung, mich mitten in diese Menge zu stellen, gefällt mir überhaupt nicht. »Komm, Ralf«, sage ich, »wir suchen uns einen anderen Platz.«

Wir gehen die Straße hinauf und lassen den ganzen Trubel hinter uns. Nach ein paar Minuten finden wir eine Kurve, von der wir einen freien Blick auf die Berge haben. Gegenüber spannen sich bunte tibetische Gebetsfahnen über die Straße, die im leichten Wind flattern.

Vergiss das Navi, hier fährst du nach Gefühl – und durch einen Tunnel aus Farben! Manchmal flattern so viele Gebetsfahnen im Wind, dass du den Asphalt vor lauter Rot, Blau, Gelb und Grün kaum noch erkennst.

Rückspiegel-Kino vom Feinsten: Auch aus der Ferne bleiben diese weißen Riesen eine absolute Ansage.

Stille, Gebetsfahnen und der heilige Berg im ersten Licht – dieser Moment brennt sich ein.

»Das ist perfekt«, sage ich begeistert. Die Farben der Fahnen, der klare Himmel und die strahlenden Gipfel der Meili-Schneeberge – genau so hatte ich mir das vorgestellt. Die ersten Sonnenstrahlen treffen die Spitzen und tauchen sie in ein goldenes Licht. Es ist ein absolut magischer Moment. Die Stille wird nur durch das sanfte Flattern der Fahnen und das ferne Summen der Drohnen unterbrochen.

Ralf steht schweigend neben mir. »Das hier ist wirklich etwas Besonderes«, sagt er schließlich. »Danke, dass du mich mitgenommen hast.«

Nachdem die Sonne vollends aufgegangen ist, bleiben wir noch eine Weile und genießen einfach nur den Ausblick. Ich weiß, dieser Moment wird sich für immer in mein Gedächtnis einbrennen.

Zurück im Hotel treffen wir die anderen. Auch sie haben beeindruckende Fotos gemacht, trotz der Menschenmassen. Beim Frühstück tauschen wir unsere Erlebnisse aus. Ibin strahlt. »Ich hab's euch doch gesagt, es ist etwas Besonderes.«

Aber unsere Reise geht weiter. Wir packen unsere Sachen und machen uns für die nächste Etappe bereit. Die Motorräder warten, die Straßen rufen. Wir starten die Motoren, und das vertraute Brummen erfüllte die Luft. Mit einem Nicken zu Ibin brechen wir auf, bereit für die nächsten Abenteuer. Die heiligen Berge Tibets haben uns ihren Zauber gezeigt. Ich weiß in diesem Moment, dass ich ein Stück davon im Herzen mitnehmen werde, egal wohin uns die Reise noch führen wird.

Hier fährst du durch einen echten Tunnel aus guten Wünschen. Überall am Wegesrand flattern diese bunten Gebetsfahnen – da wirst du beim Cruisen quasi dauergesegnet. Wenn die Menge an Fahnen entscheidet, wie viel Glück wir haben, dann kann uns absolut nichts aufhalten. Wir nehmen diesen spirituellen Karma-Boost dankend mit!

Über den mächtigen Jangtse Richtung Gini: ein legendärer Flussübergang, den wir so schnell nicht vergessen werden.

5

移动咖啡
HELLO WELCOME
詩和遠方需要路費
UNI-K

5

Die Fahrt nach Chini

Hinab zum Fluss, hinauf zum Pass

Barista-Qualität mitten in der Pampa: Dieser unerwartete Flat White am Straßenrand war der wohl beste Tankstopp des Tages.

Die ersten 50 bis 60 Kilometer führen uns über denselben Weg zurück, den wir am Vortag genommen hatten. Aber im Morgenlicht wirken die Kurven und die Landschaft irgendwie anders. Als wir den Jangtse-Fluss erreichen, überqueren wir eine beeindruckende Brücke, die uns in eine viel tiefer gelegene Region führt. Plötzlich sind wir nur noch auf etwa 2.000 Metern Höhe. Die Temperatur steigt sofort spürbar an, und die warme Luft fühlt sich an wie eine sanfte Umarmung. Unsere dicken Klamotten, die uns in den Bergen gute Dienste geleistet haben, werden jetzt zur Last. Wir halten an, um Jacken und Handschuhe auszuziehen.

Der Kontrast ist unfassbar. Innerhalb weniger Stunden sind wir von kühler Bergluft in ein fast subtropisches Klima gefahren. Die Straße führt uns am mächtigen Jangtse entlang, dessen Wasser träge dahinfließt. Die Landschaft ist sattgrün, hier und da sehen wir Bauern, die auf ihren Feldern arbeiten. Nach ein paar Stunden verlassen wir die Hauptstraße und biegen auf eine kleinere Route ab. Ibin hatte vorgeschlagen, einen abgelegenen Weg zu nehmen, der uns durch kaum besuchte Gebiete führen sollte.

Barista-Gold mitten im Nirgendwo.

Die Region hatte im Sommer starke Regenfälle erlebt, und die Spuren davon sind unübersehbar. Teile der Straßen sind mit Schotter und Geröll übersät, an manchen Stellen müssen wir vorsichtig um große Felsbrocken herumkurven. Trotz dieser Herausforderungen genießen wir die Einsamkeit. Kein anderes Fahrzeug weit und breit, nur wir und die unberührte Natur. Die Straße schlängelt sich durch dichte Wälder, über kleine Bäche und vorbei an malerischen Dörfern, in denen die Zeit stehen geblieben scheint.

High-Voltage für den Genuss: Dank dem fetten Akkupack auf der Rückbank ist die Energieversorgung für den perfekten Kaffee gesichert.

Ein Höhepunkt des Tages steht uns aber noch bevor: die Überquerung eines 4.700 Meter hohen Passes. Die Straße beginnt, sich in unzähligen Spitzkehren den Berg hochzuschrauben. Jede Kurve eröffnet neue, atemberaubende Ausblicke auf die Täler und Berge um uns herum. Der Asphalt ist erstaunlich gut, auch wenn er stellenweise von Geröll bedeckt ist, das der Sommerregen von den Hängen gespült hat.

Der Aufstieg fordert uns und unseren Maschinen alles ab. Die dünne Luft macht das Atmen schwerer, und auch die Motoren müssen spürbar mehr ackern. Aber die Mühe wird durch die Schönheit der Umgebung mehr als belohnt. Die Sonne steht jetzt tief am Himmel, und ihr warmes Licht tauchte die Landschaft in eine fast magische Atmosphäre.

Oben auf dem Pass halten wir an. Ibin schaut etwas besorgt. »Wir sollten uns beeilen«, meint er. »Die Sonne geht bald unter, und wir haben noch einiges vor uns.« Aber ich kann nicht widerstehen. Die Szenerie ist einfach zu überwältigend. Wieder hole ich meine Kamera raus und lasse sogar die Drohne steigen, um diese Augenblicke für die Ewigkeit festzuhalten.

Ich habe eigentlich nur darauf gewartet, dass oben auf dem Balkon ein Bösewicht mit einer weißen Katze im Arm auftaucht und uns erwartet.

前方观景点
请减速慢行
Viewing Area Ahead,Slow Down Please

Wer braucht schon einen Helm, wenn das Karma die Kurvenlage regelt und der göttliche Beistand quasi serienmäßig mitfährt?

Du kannst dich den ganzen Tag schwindelig fahren in dieser gewaltigen Kulisse, aber am Ende sind es diese Begegnungen, die wirklich zählen. Ob beim Fachsimpeln mit Mönchen am Straßenrand oder wenn dir abends die Sichuan-Küche ein Feuerwerk auf der Zunge zündet – genau für diesen wilden Mix aus Freiheit und echter Gastfreundschaft lohnt sich jeder Kilometer.

Während ich fotografiere, beobachte ich, wie die letzten Sonnenstrahlen die Gipfel in ein tiefes Orange tauchen. Ein leichter Wind weht, und diese unglaubliche Stille der Berge hüllt uns ein. Das sind genau die Momente, die diese Reise so besonders machen.

Schotter, Staub und Freiheit satt.

Als die Sonne schließlich hinter dem Horizont verschwindet, packen wir unsere Sachen. Ibin drängt jetzt mit etwas mehr Nachdruck. »Wir müssen weiter. Die letzten Kilometer können schwierig werden.«

Die Abfahrt vom Pass ist anfangs noch ganz angenehm. Die Straße ist in gutem Zustand, und wir kommen schnell voran. Doch nach ein paar Kilometern ändert sich der Belag. Der Asphalt macht einer Naturstraße aus Schotter und Steinen Platz. Die nächsten zehn Kilometer werden zu einer echten Herausforderung. Die Dunkelheit bricht über uns herein, die Temperaturen fallen rapide. Unsere Scheinwerfer leuchten nur einen kleinen Ausschnitt der Strecke aus, und wir müssen noch konzentriert bleiben, um nicht wegzurutschen. Jeder fährt sein eigenes Tempo, immer auf der Hut vor möglichen Gefahren.

So sieht der ultimative VIP-Bereich für Abenteurer aus: Hunderte Kilometer Piste und du hast sie ganz für dich allein.

Ein perfekter Asphalt-Teppich mitten in der Wildnis, serviert im besten Licht des Tages – da fängt das Herz unterm Helm von ganz allein an zu rasen.

Wenn das Tageslicht hinter den Gipfeln verschwindet und die Kälte langsam durch die Jacke kriecht, ist dieses warme Leuchten am Ziel mehr wert als jeder Luxus. Hier in Chini wartet kein Schnickschnack auf uns, sondern ehrliche Gastfreundschaft.

Nach einer gefühlten Ewigkeit sehen wir endlich die Lichter von Chini vor uns. Das kleine Bergdorf liegt tief in einem Tal, umgeben von hohen Bergen. Es ist schon fast stockdunkel, als wir ankommen. Die Anstrengungen der letzten Kilometer fallen von uns ab, als wir die Motorräder vor einem einfachen Gasthaus parken.

Chini liegt in der Provinz Sichuan und war bis vor ein paar Jahren nur über Fußpfade und Schotterpisten erreichbar. Erst vor kurzem wurde der Weg über den Pass für Fahrzeuge ausgebaut. Ibin erzählt, dass er vor zehn Jahren mit dem Fahrrad hier war. Damals sei der Pfad so eng gewesen, dass man nur im Gänsemarsch vorankam. Jetzt führen gut ausgebaute Straßen ins Dorf, aber der Ort hat sich seinen ursprünglichen Charme bewahrt. In den letzten drei, vier Jahren ist das Dorf durch Social Media etwas bekannter geworden, vor allem bei chinesischen Reisenden. Westliche Touristen sieht man hier so gut wie nie. Man erzählt uns, der letzte westliche Besucher sei vor zwei Jahren hier gewesen.

Echte Wärme braucht keine Heizung.

Unsere Unterkunft ist ein einfaches, aber gemütliches Gasthaus, das einem Freund von Ibin gehört. Da wir unsere Route immer spontan von Tag zu Tag planen, sind alle normalen Zimmer schon belegt. Aber der Gastgeber ist unglaublich großzügig und gibt uns einfach das Zimmer seiner Tochter. Das ist zwar nur ein kleiner Raum mit vier Betten – eng, aber es reicht. Eine Heizung gibt es nicht, und die Nächte in den Bergen können verdammt kalt werden. Zum Glück gibt es dicke Decken, und wir haben

Vier Kerle, ein kleines Zimmer und die unglaublich großzügige Geste, uns das ehemalige Kinderzimmer zu überlassen – da wird dir trotz fehlender Heizung sofort warm ums Herz.

Kurzerhand den Lenker gegen den Kochlöffel getauscht: Wenn Ibin den Wok übernimmt, ist der Start in den Tag gerettet.

unsere Wollmützen dabei. Dick eingepackt und mit Mützen auf dem Kopf machen wir es uns gemütlich. Die Müdigkeit des Tages lässt uns schnell einschlafen.

Doch bevor wir uns für die Nacht verabschieden, sind wir noch von einer tibetischen Familie zum Abendessen eingeladen. Sie haben Momos für uns gemacht – gefüllte Teigtaschen, hier ein traditionelles Gericht – und dazu frisches tibetisches Brot. Wir sitzen zusammen in ihrem kleinen Wohnzimmer, im Ofen knackt ein Feuer, und der Duft von Gewürzen liegt in der Luft. Ibin hilft bei der Übersetzung und erzählt uns von den Bräuchen und Traditionen der Familie. Es wird ein Abend voller Wärme und Gastfreundschaft, der uns die Strapazen der Fahrt komplett vergessen lässt.

Die Herzlichkeit der Menschen in China berührt mich zutiefst. Hier, weit weg von der modernen Welt, scheint das Leben einfacher, aber auch intensiver zu sein. Die Menschen leben im Einklang mit der Natur und miteinander, und ihre Zufriedenheit ist fast greifbar.

In dieser Nacht liege ich noch eine Weile wach und lausche den Geräuschen des Dorfes. Irgendwo in der Ferne bellt ein Hund, in den Bäumen rauscht der Wind. Ich denke an die vergangenen Tage, an die vielen Eindrücke und Erlebnisse. Diese Reise ist so viel mehr als nur eine Aneinanderreihung von Orten und Kilometern. Sie ist eine Sammlung von Momenten, Begegnungen und Gefühlen, die ich tief in mir trage.

Wo andere nervös die Bremse suchen, schaltet Thomas entspannt in den Angriffsmodus und lässt die Maschine einfach machen.

6

6

Begegnung im tibetischen Hochland

Gemeinsamer Nenner ohne Worte

Der Morgen dämmert über Chini, ein feiner Nebel hängt über den Dächern des kleinen Bergdorfs. Die kalte Nachtluft hat sich noch nicht verzogen, und ich spüre die Frische auf meiner Haut, als ich aus dem Fenster blicke. Langsam schiebt sich die Sonne über die Berggipfel und taucht die Hügel um uns herum in einen goldenen Schimmer. Nach einer Nacht in unserem einfachen Gasthaus, eingewickelt in warme Decken und immer noch mit der Daunenjacke am Leib, die ich am Abend gar nicht erst ausgezogen habe, fühle ich mich überraschend fit.

Wer braucht schon Google Maps, wenn dir ein Local mit einem strahlenden Grinsen die geheimen Pfade seines »Wohnzimmers« verrät?

Unser Frühstück ist simpel, aber es gibt uns Kraft: Ibin schnappt sich kurzerhand eine Pfanne, die bei unserem Gastgeber im Regal steht, schlägt zehn Eier hinein und macht Rührei. Zusammen mit dem Brot vom Vortag, das wir über dem Feuer aufgewärmt haben, gibt uns das genug Energie für den kommenden Tag.

Für den Vormittag steht ein Tempelbesuch in Chini auf dem Plan. Ibin hatte von diesem Ort geschwärmt – ein verstecktes Juwel, das kaum ein Tourist je zu Gesicht bekommt. Wir packen unsere Sachen zusammen, machen die Motorräder klar und fahren los. Die Straße führt uns durch eine malerische Landschaft, vorbei an kleinen Dörfern und grünen Feldern.

Doch als wir uns dem Tempel nähern, stehen wir plötzlich vor einer Straßensperre. Ein großes Schild und ein paar Arbeiter in orangefarbenen Westen machen unmissverständlich klar, dass es hier nicht weitergeht. Die Straße wird neu asphaltiert – wie so oft in China, wo die Infrastruktur in einem irren Tempo modernisiert wird. Ibin redet kurz mit einem der Arbeiter und kommt mit einem entschuldigenden Lächeln zurück. »Die Straße ist den ganzen Tag gesperrt. Keine Chance.«

Einen kurzen Moment sind wir still, dann zuckt Ralf mit den Schultern. »Na gut, dann wird eben improvisiert.« Wir beschließen umzudrehen und zurück nach Chini zu fahren. Auf dem Rückweg fällt Ibin ein altes Kloster in der Nähe ein, das vielleicht einen Abstecher wert sein könnte. »Ist nicht weit von hier, und die Gegend da oben ist wunderschön«, schlägt er vor. Ohne lange zu überlegen, stimmen wir zu.

Ob entspannt in der Sonne vor dem Guesthouse oder auf Entdeckungstour vorbei an heiligen Stupas – in Chini lernst du ganz schnell, dass der beste Plan manchmal einfach der ist, keinen zu haben.

Zeitlos glücklich im Nirgendwo.

云端餐厅

Wir biegen zum Kloster ab und folgen einer schmalen Straße, die uns auf ein Plateau bringt. Vor uns öffnet sich die Landschaft: Weite Wiesen ziehen sich bis zum Horizont, und die Berge bilden eine beeindruckende Kulisse. Als wir um eine Kurve fahren, sehen wir eine Gruppe tibetischer Männer, die in einem Kreis sitzen. Sie trinken Cola, lachen und scheinen eine gute Zeit zu haben. Ihr Gelächter hallt über die Ebene, während ihre bunten, traditionellen Gewänder in der Sonne leuchten.

»Lass uns anhalten«, schlage ich vor. »Vielleicht können wir mit ihnen quatschen.« Wir stellen die Motorräder ab und gehen auf sie zu. Die Männer blickten neugierig auf, als wir näherkommen. Einer von ihnen, ein älterer Herr mit einem wettergegerbten Gesicht und funkelnden Augen, winkt uns freundlich zu sich. Ibin begrüßt sie auf Chinesisch, aber schnell stellt sich heraus, dass sie kaum Mandarin sprechen. Tibetisch ist ihre Muttersprache, von der Ibin nur wenig versteht, wie er zugeben muss. »Ich verstehe ein paar Brocken, aber sprechen kann ich es eigentlich nicht«, erklärt er.

Auf dem Bild wirkt es friedlich, aber in der Realität ist dieser schmale Pfad ein echter Endgegner, der dir und der Maschine alles abverlangt.

Einfach dem Pfad ins Nirgendwo folgen und dabei zusehen, wie die goldene Steppe den blauen Himmel küsst – besser wird's nicht.

Also versuchen wir es mit Händen und Füßen. Ich deute auf unsere Motorräder und mache eine fragende Geste. Einer der Männer nickt sofort und zeigt in Richtung der Berge. Mit einfachen Zeichnungen im Sand erklären sie uns, dass es einen Weg zu einem Hügel gebe, von dem aus man eine fantastische Aussicht hätte. »Sie sagen, sie führen manchmal Touristen dorthin«, übersetzt Ibin, so gut er eben kann. »Und dass ihre Yak-Herden dort oben sind.«

Die Tibeter erwähnen, dass wir eine kleine Gebühr zahlen müssten, um in ihr Gebiet zu fahren. Wir sind sofort einverstanden. Der Betrag ist wirklich gering und die Neugier, diese abgelegene Gegend zu erkunden, einfach zu groß.

Wir verabschieden uns und machen uns auf den Weg. Zuerst geht es über breite Wege durch dünnes Gras. Der Ausblick ist atemberaubend. Die weite Ebene liegt unter uns, die Luft ist klar und frisch. Doch je tiefer wir ins Tal vordringen, desto steiler und schroffer wird das Gelände.

Kurze Lagebesprechung im wohl schönsten Open-Air-Büro der Welt – wenn Ralf die Richtung vorgibt, weißt du, dass der Weg genauso spektakulär wird wie das Ziel.

Thomas und Ralf sind erfahrene Offroad-Fahrer, die ihre Maschinen gekonnt über die holprigen Wege manövrieren. Ich hingegen spüre, wie meine Unsicherheit wächst. Die Wege werden immer schmaler, lose Steine machen das Fahren echt schwierig. Oliver und Ibin haben sich von Anfang an entschieden, hinten zu bleiben. Sie fühlen sich auf diesem Terrain nicht wohl und wollen kein unnötiges Risiko eingehen.

Die beste Unterhaltung führst du manchmal ganz ohne Worte – einfach nur Mensch sein, Snacks teilen und den Moment feiern.

Der Weg führt uns durch einen dichten Wald. Die Bäume stehen eng beieinander, und das Licht wird immer schummriger. Der Boden ist feucht und rutschig. Meine Hände umklammern den Lenker fester, mein Herz klopft schneller. »Alles klar bei dir?«, fragt Thomas über Funk. »Ja, nur ein bisschen angespannt«, gebe ich zu.

Nach einem weiteren anstrengenden Anstieg kommen wir plötzlich aus dem Wald heraus. Wir sind auf fast 4.000 Metern Höhe. Der Ausblick verschlägt mir den Atem. Vor uns erheben sich die mächtigen Gipfel des tibetischen Hochlands, eingehüllt in ein Meer aus Wolken.

Wir machen eine Pause. Ich steige ab und spüre, wie meine Beine zittern – teils vor Anstrengung, teils vor purer Aufregung. Der Wind ist kalt, aber belebend. Ich nehme den Helm ab und lasse die frische Bergluft auf meine Haut. »Das hat sich gelohnt«, sagt Ralf und klopft mir auf die Schulter.

Der Aufstieg war eine Herausforderung, aber die Abfahrt würde es noch mehr in sich haben. Die Schwerkraft ist nicht gerade unser Freund, und der rutschige Boden macht jeden Meter zu einer Konzentrationsübung. »Vorsicht«, warnt Thomas. »Nur nicht hetzen, ganz langsam.«

Das Motorrad wird zum ultimativen Brückenbauer zwischen den Welten.

Ich atme tief durch und beginne den Abstieg. Jeder Stein, jede Wurzel kann zu einem Hindernis werden. Ich spüre den Schweiß auf meiner Stirn, trotz der kühlen Temperaturen. Niemals zuvor auf dieser Reise habe ich so geschwitzt wie in diesen Momenten. Doch endlich erreichen wir wieder die Ebene. Ein Gefühl der Erleichterung und des Stolzes machte sich in mir breit. Wir haben es geschafft.

Wieder auf dem Plateau sitzen die tibetischen Männer immer noch im Kreis. Als sie uns sehen, winkten sie uns zu und laden uns erneut ein, uns zu ihnen zu setzen. Diesmal fühlt es sich fast an, als würden alte Freunde sich wiedersehen.

Es ist völlig egal, woher du kommst oder welche Sprache du sprichst – sobald der Seitenständer ausgeklappt ist, verstehen wir uns blind. Wir sitzen im Gras, verständigen uns mit Händen, Füßen und einem breiten Grinsen, und du merkst sofort: Die Leidenschaft für zwei Räder ist der beste Dolmetscher der Welt.

Bunte Details, wettergegerbte Gesichter und Sonne satt – hier draußen wird die wilde Steppe für einen Nachmittag zum gemütlichsten Garten der Welt.

Früher waren es die Pferde, die für den Ritt herausgeputzt wurden, heute bekommt eben das »Eisenpferd« die bunten Quasten und Glücksbringer verpasst – Tradition macht vor Hubraum keinen Halt.

Cooler Look, aber dann doch lieber mit Motor unterwegs.

Wir setzen uns dazu, und einer der Männer reicht mir ein Stück getrocknetes Yak-Fleisch. Dankbar nehme ich es an und beiße hinein. Der Geschmack ist intensiv und würzig. Obwohl wir immer noch keine gemeinsame Sprache haben, funktioniert die Verständigung erstaunlich gut. Wir lachen, tauschen Blicke aus und gestikulieren wild durcheinander. Einer der Männer zeigt auf meine Kamera, die an meiner Hüfte baumelt. Ich verstehe und zeige ihm ein paar der Fotos, die ich gemacht habe. Sein Gesicht hellt sich auf, als er die Bilder sieht. Er deutet auf einen der Berge und dann auf sich selbst. Ich vermute, dass er dort oben gewesen ist oder dass der Berg eine besondere Bedeutung für ihn hat.

Ibin hält sich im Hintergrund und lächelt. Später erzählt er mir, dass er sich absichtlich mit dem Übersetzen zurückgehalten hat. »Ich wollte sehen, wie ihr euch ohne Worte verständigt«, erklärt er. »Und es hat doch wunderbar geklappt!«

Ein verlassener Tempel, zwei Bikes und eine Atmosphäre, die so dicht ist, dass du sie schneiden könntest – Zeitreise-Modus: an.

Dann fügt er hinzu: »Die Tibeter hier erinnern mich an euch Schweizer. Ihr seid beide naturverbundene Menschen, liebt die Freiheit und habt eine gewisse Zähigkeit. Vielleicht versteht ihr euch deshalb so gut.«

Je schmaler die Spur, desto breiter das Grinsen – wenn sich der Trail so spektakulär am Hang entlangschlängelt, weißt du, dass das ganz große Offroad-Kino begonnen hat.

Die Zeit vergeht wie im Flug, und nach etwa einer halben Stunde müssen wir uns verabschieden. Wir bedanken uns herzlich für die Gastfreundschaft. Einer der Männer nimmt mich zum Abschied in den Arm, und ich spürte eine tiefe Verbundenheit. »Das war ein unvergessliches Erlebnis«, sage ich, als wir uns wieder auf die Motorräder schwingen. »Definitiv ein Höhepunkt der Reise«, stimmt Thomas zu.

Unser nächstes Ziel ist ein entlegenes Dorf, das wir über eine staubige Straße erreichen sollen. Die Sonne steht bereits hoch am Himmel, und die Hitze lässt den Staub in der Luft flirren. Die Straße ist voller Verkehr – Lkws, Autos und andere Motorräder wirbeln dichte Staubwolken auf, sodass wir manchmal kaum die Hand vor Augen sehen.

Unterwegs erzählt uns Ibin von einem besonderen Ort, den er uns zeigen will: das »Auge von Chini«. »Es ist nur eine kleine Wasserpfütze«, erklärt er lachend, »aber wenn du im richtigen Winkel reinschaust, spiegelt sich das gesamte Bergpanorama darin. Ein beliebtes Fotomotiv.«

Als wir ankommen, staunen wir nicht schlecht. Der Ort ist von chinesischen Touristen komplett überlaufen. Autos und Busse stehen dicht an dicht, und die Leute drängen sich um die kleine Wasserstelle. »Damit hätte ich nicht gerechnet«, meint Ibin entschuldigend. »Vielleicht lassen wir das lieber«, schlägt Ralf vor. Wir beschließen weiterzufahren und in einem nahen Dorf zu Mittag zu essen.

Die besten Abenteuer beginnen nicht im Reiseführer, sondern als kleiner Tracking-Pfad auf dem Handy während der Mittagspause.

Wir kehren in einem kleinen Restaurant einer freundlichen Frau ein. Während wir auf das Essen warten, hole ich meine Offline-Wanderkarte auf dem Smartphone raus. »Schaut mal«, sage ich und zeige den anderen einen eingezeichneten Wanderpfad zu einem abgelegenen See. »Vielleicht könnten wir da hinfahren.«

Ibin schaut auf die Karte und nickt langsam. »In der Gegend war ich schon mal, aber nicht genau dort. Könnte interessant werden.« Wir fragen die Wirtin, ob der Weg auch mit Motorrädern befahrbar sei. Sie bejaht und gab uns ein paar Tipps.

Ein letzter tiefer Atemzug Zivilisation und ein prüfender Blick auf die Maschinen, bevor wir uns wieder dorthin verabschieden, wo der Spaß erst richtig anfängt – abseits der Straße.

Nach dem Mittagessen machen wir uns auf den Weg. Die Straße führte uns erneut in entlegene Regionen. Zuerst sind es noch breite Wege, gut befahrbar und für Jeeps geeignet. Doch je weiter wir fahren, desto schmaler werden die Pfade. Die Berge um uns herum werden steiler, die Gipfel stechen scharf in den Himmel. Handy-Empfang gibt es längst nicht mehr, wir sind auf uns allein gestellt. Aber genau diese Abgeschiedenheit macht ja den Reiz aus.

Die Landschaft ist überwältigend – zerklüftete Felsen, tiefe Täler und eine Stille, die nur vom Wind unterbrochen wird. Wir wechseln auf Singletrails, enge Pfade, die sich an den Berghängen entlangziehen. Das Terrain ist anspruchsvoll, jeder von uns muss sein Können unter Beweis stellen. Doch die Kulisse entschädigt für jede Anstrengung.

Vom Wellness-Traum zum Seifen-Schaumbad – manchmal ist die Vorstellung von der heißen Quelle eben sauberer als die Realität.

»Das ist der Wahnsinn«, rufe ich begeistert. »Sowas habe ich noch nie gesehen!« Den ganzen Nachmittag verbringen wir in diesem Gebiet, erkunden verschiedene Wege, machen Fotos und genießen die unberührte Natur. Hier gelingen mir einige meiner besten Motorradaufnahmen – die Schönheit der Umgebung und die Herausforderung des Geländes sind die perfekte Kombination.

Als sich die Sonne dem Horizont nähert, machen wir uns auf den Rückweg. Unser Ziel ist eine Unterkunft in der Nähe einer heißen Quelle, die Ibin uns angekündigt hat. »Nach so einem Tag gibt es nichts Besseres als ein Bad in einer heißen Quelle«, sagt er. Die Vorstellung ist verlockend.

Als wir unser unbeheiztes Quartier bezogen haben, schnappen wir uns Badesachen und Schlappen und machen uns auf den Weg zur Quelle. Doch die Realität holt uns schnell ein. Zwei Männer sitzen bereits in der Quelle und schauen uns neugierig an. Das Wasser ist pechschwarz, ein Schaumfilm treibt auf der Oberfläche. Wir beobachten, wie sich die Männer mit Seife waschen. Offenbar nutzen viele Besucher die Quelle nicht nur zum Entspannen, sondern auch zur Körperhygiene. Dementsprechend dreckig ist das Wasser.

»Ich glaube, das lassen wir lieber«, sage ich und drehe auf dem Absatz um. Zurück in unserer Unterkunft können wir darüber nur noch lachen. »Du hast dir die heiße Quelle wohl anders vorgestellt, oder?«, witzele ich. »Allerdings«, meint Thomas. »Aber man kann eben nicht alles haben.«
Da es in der Umgebung kein Restaurant gibt, lassen wir uns das Abendessen in die Unterkunft liefern. In unseren Daunerjacken sitzen wir beisammen, die Kälte der Berge umgibt uns, aber das Essen wärmt von innen. Es gibt eine Auswahl an chinesischen Spezialitäten, dampfend und aromatisch.

»Trotzdem ein gelungener Tag«, sagt Ralf und hebt sein Glas. »Auf Abenteuer, die man nicht plant«, erwidere ich.

Ein Blick in die Ferne reicht, um zu verstehen, warum wir all die Strapazen auf uns genommen haben: ein Wolken-Kino der Extraklasse über den Dächern der Welt.

7

7

Der erste Schnee

Unverhoffter Wintereinbruch auf dem tibetischen Hochplateau

Der Morgen in unserer Unterkunft an der heißen Quelle beginnt ungewöhnlich still. Ich öffne die Augen und spüre sofort die Kälte, die in den Raum gekrochen ist. Eingewickelt in meine Decken und immer noch in der Daunenjacke blicke ich zum Fenster. Ein weiches, diffuses Licht fällt herein. Irgendwas ist anders. Ich schiebe die Decke beiseite, setze mich auf und ziehe den Vorhang zurück. Mein Atem bildet kleine Wolken in der Luft. Draußen ist alles makellos weiß. Eine dicke Schneeschicht hat die Landschaft eingehüllt, die Bäume tragen weiße Hauben, die Welt wirkt wie in Watte gepackt.

Wir suchen das Glück in der Ferne, er findet es im Kreisgang – jede Umdrehung der Gebetsmühlen ein leises Mantra gegen die Hektik der Welt.

»Leute, kommt mal her!«, rufe ich zu meinen Freunden, die in den Nachbarzimmern schlafen. Nach und nach kommen Thomas, Oliver und Ralf rein, ebenfalls noch in Jacken gehüllt. In ihren Gesichtern sehe ich die gleiche Überraschung wie bei mir. »Das ist ja unglaublich«, murmelt Thomas. »Gestern noch Sonnenschein, und jetzt das.«

Bisher haben wir mit dem Wetter riesiges Glück gehabt. Kein Regen, kein Schnee, immer klare Sicht – ideale Bedingungen für unsere Tour. Wir wissen aber, dass wir heute einen Pass überqueren müssen, der für Autos gesperrt ist. Auch diese Straße wird gerade neu gebaut, aber wir hatten gehört, dass man mit dem Motorrad trotzdem durchkommen kann.

»Und was machen wir jetzt?«, fragt Oliver und reibt sich zum Aufwärmen die Hände. »Ich würde sagen, wir warten noch ein bisschen«, antwortet Ralf. »Vielleicht klart es ja auf.«

Also bleiben wir noch eine Weile unter unseren warmen Decken, trinken einen heißen Tee und schauen dem Schneetreiben zu. Gegen 10 Uhr entscheiden wir dann, trotz des Schneefalls aufzubrechen. Die Zeit drängt, wir wollen weiter.

Wir ziehen unsere komplette Wintermontur an: Thermounterwäsche, mehrere Schichten Kleidung, wasserdichte Handschuhe und unsere dicken Motorradjacken. Natürlich sind die Motorräder mit einer dünnen Schneeschicht bedeckt. Wir fegen sie also sauber, checken die Maschinen und starten die Motoren. Zum Glück springen sie sofort an.

Anfangs läuft es ganz gut. Die Straße ist unbefestigt, eher ein Kiesweg, aber es ist nicht zu glatt. Die verschneite Landschaft um uns herum wirkt wie verzaubert. Doch je höher wir den Pass hinauffahren, desto schwieriger werden die Bedingungen. Der Schnee wird tiefer, die Straße verwandelt sich in eine schlammige Matschpiste. Die Wege, die am Tag zuvor noch staubig und trocken waren, gleichen jetzt einem Hindernisparcours aus Schlamm. Unsere Motorräder sind zwar robust, aber für solche Bedingungen nur bedingt gemacht. Die Reifen finden kaum Halt, sodass die schweren Maschinen immer mühsamer zu kontrollieren sind.

Plötzlich spüre ich, wie mein Hinterrad wegrutscht. Ich versuche gegenzusteuern, aber es ist zu spät. Die Maschine kippt zur Seite, ich lande voll im Matsch. Ein dumpfer Schmerz schießt durch meinen Fuß. Ich merke sofort, dass er unter einer der Gepäckboxen eingeklemmt ist. Das Gewicht von über 250 Kilogramm drückt auf mich.

Auf 4.500 Metern Höhe kämpfst du dich durch dünne Luft und Schnee, um den Übergang nach Lietang zu meistern – das ist Abenteuer pur, das man sich verdienen muss.

250 Kilo Motorradliebe können verdammt schwer werden, wenn sie sich im Matsch ungefragt auf deinen Fuß legen.

DOOSAN

»Martin!«, schreit Thomas, der direkt hinter mir ist und sofort anhält. Zusammen mit Ralf hebt er das Motorrad hoch, und ich kann meinen Fuß befreien. Für einen kurzen Moment habe ich große Sorge: Ist was gebrochen? Aber nachdem ich den Fuß ein paar Mal bewegt habe, bin ich erleichtert. Alles scheint intakt zu sein. Er schmerzt, aber offenbar ist nichts Schlimmeres passiert.

»Danke, Leute!«, sage ich, während ich mir den Schlamm von den Klamotten klopfe. Ich bin auf einer Seite komplett eingesaut, aber das ist mein kleinstes Problem.

Die Passüberquerung wird zu einer echten Tortur. Diese Mischung aus Schnee, Matsch und der steilen Strecke verlangt uns alles ab. Aber trotz der ganzen Anstrengung und trotz meines Unfalls habe ich auch eine diebische Freude daran. Wir erleben ein ungeplantes Abenteuer.

Vom Schlamm-Wrestling direkt auf die Ideallinie – dieser Asphalt Richtung Litang ist die Belohnung für jeden harten Kilometer davor.

Während wir die Welt im Eiltempo entdecken, findet er das Glück in der Beständigkeit – jede Umdrehung der Gebetsmühle ein leiser Sieg über die Hektik der Zeit.

Ziel im Visier: Yarchen Gar. Wenn aus einem alten Foto die Route für morgen wird.

Oben auf dem Pass bietet sich uns dann auch ein atemberaubender Anblick. Die Berge um uns herum sind schneeweiß, die Welt wirkte still und unberührt. noch bevor wir den Moment richtig genießen können, hören wir ein Motorengeräusch hinter uns. Ein Tibeter auf einem kleinen Motorrad taucht auf. Hinter ihm sitzt seine Frau, beide in traditioneller Kleidung. Mit unglaublicher Geschwindigkeit ziehen sie an uns vorbei, trotz der miesen Verhältnisse. Ihr Motorrad ist klein, hat dünne Reifen, und scheint mühelos über die Strecke zu gleiten. Wir können nur staunen. Unsere schweren Maschinen sind hier klar im Nachteil. Aber es zeigt uns mal wieder, wie sehr die Menschen hier im Einklang mit ihrer Umgebung leben.

Die Abfahrt beginnt nicht weniger anspruchsvoll. Die Straße ist extrem rutschig, wir müssen das Tempo stark drosseln. Es fühlt sich an, als würden wir mehr rutschen als fahren. Jeder von uns ist hochkonzentriert, ein Fehler kann hier fatale Folgen haben.

Nach ein paar Stunden erreichen wir endlich die Hauptstraße auf der anderen Seite. Die Erleichterung ist riesig. Die Straße ist geräumt, und der Asphalt bietet wieder sicheren Halt. Wir halten an, um durchzuatmen und einen heißen Tee aus der Thermoskanne zu trinken.

Die weitere Fahrt führt uns über mehrere Bergpässe, die ebenfalls verschneit, aber gut geräumt sind. Teilweise liegen sie auf über 4.000 Metern Höhe. Der Kontrast zwischen dem schwarzen Asphalt und dem weißen Schnee ist beeindruckend. Die Sonne bricht langsam durch die Wolken, und die Landschaft glitzert im Licht.

Unsere Winterausrüstung leistet uns jetzt beste Dienste. Trotz der Kälte fühlen wir uns warm. Der Wind bläst eisig, aber die Schönheit der Umgebung lenkt uns von der Kälte ab.

Nach vielen Kilometern erreichen wir schließlich Litang. Diese tibetische Stadt liegt auf fast 4.000 Metern und ist bekannt für ihre Reittraditionen und das berühmte Litang-Kloster. Die Ankunft in der Stadt fühlt sich für uns fast surreal an. Nach der Einsamkeit der Bergstrecken sind die belebten Straßen und die vielen Menschen ein krasser Gegensatz.

Ibin hatte ein hübsches Hotel in der Altstadt für uns reserviert. Die Zimmer sind einfach, aber gemütlich, und vor allem haben sie funktionierende Heizungen. Nach einer heißen Dusche fühle ich mich wie ein neuer Mensch.

Abends treffen wir uns in einem lokalen Restaurant, um den Tag Revue passieren zu lassen und die nächsten Schritte zu planen. Bei einem traditionellen Hotpot – einem Eintopf, bei dem man die Zutaten direkt am Tisch gart – sitzen wir zusammen und genießen das wärmende Essen.

»Und wie geht es jetzt weiter?«, fragt Ralf, während er in seinem Topf rührt. Das ist mein Stichwort. »Ich hätte da einen Vorschlag«, beginne ich und lege mein Smartphone auf den Tisch. »Ein guter Freund von mir, der auch Fotograf ist, war vor zwölf Jahren in dieser Gegend. Er hat mir von einer Klosterstadt namens Yarchen Gar erzählt. Die soll unglaublich sein und steht in kaum einem Reiseführer.«

Ich zeige der Runde ein paar Fotos, die mir mein Freund geschickt hat: Tausende kleine Hütten, die sich an einem Fluss entlangschlängeln, bewohnt von buddhistischen Mönchen und Nonnen. Ein Anblick wie aus einer anderen Zeit.

»Ibin, kennst du den Ort?«, fragt Thomas. Ibin nickt langsam. »Ich war schon mal dort, allerdings über eine andere Route. Das ist ein besonderer Ort, aber er ist schwer zu erreichen.«

»Ich habe eine Strecke gefunden«, erkläre ich und zeige auf die Karte in meinem Smartphone. »Etwa 150 Kilometer über ein Plateau, die Direktroute.«

»Sollen wir im Hotel fragen, ob die Straße passierbar ist?«, schlägt Oliver vor. Ibin zuckt mit den Schultern. »Können wir versuchen, aber am besten probieren wir es einfach. Der Weg ist das Ziel, und im schlimmsten Fall müssen wir eben umkehren.«

Wer sich auf über 4.000 Metern durch den Dreck kämpft, hat sich das Festmahl redlich verdient – Hot Pot, beste Freunde und das Wissen, dass wir heute alles gegeben haben.

Wir schauen uns an und nicken. Das klingt nach einem Plan. Unerwartete Entscheidungen haben uns bisher immer zu den besten Erlebnissen geführt. »Alles klar, auf nach Yarchen Gar!«, ruft Ralf begeistert.

Wir stoßen an und freuen uns auf das nächste Abenteuer. Nach dem Essen schlendern wir noch ein bisschen durch die Straßen von Litang. Die Stadt hat ihren ganz eigenen Charme. Bunte Gebetsfahnen flattern im Wind, Händler bieten ihre Waren an, der Duft von Räucherstäbchen liegt in der Luft.

Diese Hochebene kennt keine Pauschaltouristen – und erst recht keine Jungs auf Bikes. Ein bizarres Gefühl, wenn du merkst, dass du auf keiner Standard-Route mehr bist. Nur wir, der Wind und eine Weite, die deinen Kopf mal eben auf Werkseinstellung zurücksetzt.

8

Die verbotene Klosterstadt Yarchen Gar

Wenn Türen sich schließen, öffnen sich neue Wege

Thomas in seinem Element: Wenn der Weg im Fluss endet, fängt der Spaß erst richtig an. Visier hoch, Fokus auf das andere Ufer und mit ordentlich Speed durch die Fluten. Wer braucht schon Brücken, wenn man das Wasser so stilvoll aufwirbeln kann?

Der Morgen in Litang beginnt für uns früh. Noch vor dem Frühstück sind wir zum Litang-Kloster gelaufen, das auf über 4.000 Metern Höhe zu den höchsten Klöstern der Welt gehört. Die klare, kühle Luft der Bergstadt macht uns beim Gang durch die noch stillen Straßen sofort munter. Die Sonne geht gerade auf, während ein leichter Nebel über den Dächern hängt. Bereits auf dem 15-minütigen Fußweg treffen wir auf ein paar Pilger, in bunte Gewänder gehüllt und mit Gebetsmühlen in den Händen, die ebenfalls zum Kloster unterwegs sind. Ihre leisen Gebete und Gesänge mischen sich mit dem Geräusch unserer Schritte auf dem Kopfsteinpflaster. Die Atmosphäre packt dich einfach, total friedlich, fast schon spirituell.

Ein letztes Mal tief durchatmen und die Ruhe im Kloster Litang aufsaugen, bevor wir den Kompass endgültig Richtung Ungewissheit drehen. Zwischen bunten Gebetsfahnen und massiven Tempelwänden holen wir uns die nötige Portion Kultur und Gelassenheit.

Leitplanke besiegt Motorrad: Ein Totalschaden, der weh- tut, aber Hauptsache, Ibins Knochen sind noch ganz.

Der Schock sitzt noch in den Knochen, aber die Reise muss weitergehen. Ohne Ibin, dafür mit einem seltsamen Gefühl im Bauch, ziehen wir weiter über die endlose Hochebene. Links und rechts ziehen riesige Yak-Herden an uns vorbei – ein Anblick, der zeigt, wie gewaltig diese Natur eigentlich ist. Wir sind jetzt auf uns allein gestellt, mitten im Nirgendwo.

Du fährst stundenlang durch das absolute Nichts und plötzlich taucht aus dem Staub diese gewaltige Klosteranlage auf. In solchen Momenten gibt es kein Halten mehr: Kurz rechts ran, Drohne in die Luft und diesen krassen Kontrast zwischen der kargen Pampa und der prunkvollen Architektur einfangen. Ein Erinnerungsbild, das genau zeigt, warum wir diese Route gewählt haben.

Am Kloster angekommen, sind wir vollkommen überwältigt von der imposanten Architektur und dieser unglaublichen Stille, die über dem Ort liegt. Weil wir so früh dran sind, haben wir das Gelände beinahe für uns allein. Die goldenen Dächer leuchten im Morgenlicht, bunte Gebetsfahnen flattern im Wind. Wir beobachten die Mönche bei ihren Morgenritualen, lauschen dem leisen Rezitieren von Mantras und lassen die Energie dieses Ortes einfach auf uns wirken. Nach einer Weile entscheiden wir uns, einen Hügel gegenüber zu erklimmen, der mit unzähligen Gebetsfahnen übersät ist. Von dort oben haben wir einen atemberaubenden Blick auf das Kloster und auf die umliegende Landschaft. Ich hole natürlich sofort meine Kamera raus und mache ein paar Aufnahmen. Die bunten Fahnen im Vordergrund und das Kloster dahinter – ein perfektes Bild.

Fotografen-Privileg: Von oben sieht diese gewaltige Klosteranlage sogar noch imposanter aus, als wir es uns erträumt hätten.

Zurück im Hotel stärken wir uns mit einem kräftigen Frühstück. Ibin checkt noch einmal die Route für den Tag. Ich habe sie auf meiner Karte markiert und bin echt gespannt, was uns erwartet. »Die ersten 50 Kilometer führen über die Hauptstraße, dann biegen wir rechts ab auf eine Nebenstrecke«, erkläre ich den anderen. »Da gibt es keine Schilder, aber laut meiner Karte müsste das der richtige Weg sein.«

»Bist du sicher, dass man da durchkommt?«, fragt Thomas leicht zweifelnd. – »Mein Fotografenfreund ist die Strecke vor zwölf Jahren mit dem Auto gefahren«, erwidere ich. »Damals hat er zehn Stunden für die holprige Piste gebraucht. Aber ich denke, seitdem hat sich die Infrastruktur stark verbessert«, versuche ich Zuversicht zu verbreiten.

Wir packen unsere Sachen und machen uns startklar. Die ersten Kilometer fahren wir auf der Hauptstraße entlang, die von riesigen Betonpfeilern gesäumt ist. Die gehören zum neuen Hochgeschwindigkeits-Zugnetz, das von Chengdu nach Tibet gebaut wird – ein beeindruckendes Zeichen für Chinas rasante Entwicklung. Nach etwa einer Stunde biegen wir auf die Nebenstrecke ab. Die Straße ist überraschend gut ausgebaut und führt uns hoch auf ein Plateau. Die Landschaft verändert sich: Aus sanften Hügeln werden karge Weiten, und wir sehen vereinzelt die weißen Zelte von Yak-Hütern. Mit einer Durchschnittsgeschwindigkeit von über 80 km/h kommen wir gut voran.

In diesen Dörfern sind wir keine Touristen, sondern ein echtes Novum auf zwei Rädern.

Nach einiger Zeit erreichen wir eine größere Siedlung mitten im Nirgendwo. Die Häuser wirken einfach, es gibt kaum Verkehr. Am Ortsausgang entdecken wir einen imposanten Tempelkomplex. Da kann ich nicht widerstehen: »Leute, fahrt mal ums Tempelgelände, ich lasse die Drohne steigen und mache ein paar Luftaufnahmen.« Oliver, Thomas und Ralf sind sofort dabei und drehen ihre Runden. Während ich filme, bleibt Ibin bei mir und schaut zu.

Dass es selbst einem Profi wie Thomas passiert, zeigt nur, wie tückisch dieser Boden sein kann. Eine kleine Unachtsamkeit, ein falscher Winkel, und schon wollen die 250 Kilo Eisen ein Nickerchen im Dreck machen. Zum Glück ist nichts passiert – außer einer ordentlichen Trainingseinheit für die Rückenmuskulatur beim Aufstellen.

Nachdem ich die Aufnahmen im Kasten habe, fährt Ibin schon vor, um die anderen einzuholen, während ich die Drohne einpacke und mich dann ebenfalls auf den Weg mache. Nach ein paar Hundert Metern sehe ich in der Ferne einen Tibeter, der wild mit den Armen fuchtelt und aufgeregt in eine Richtung zeigt. Mein Herz macht einen Satz – da stimmt was nicht! Als ich näher komme, sehe ich die Bescherung: Ibin liegt neben seinem Motorrad auf dem Boden, er ist gestürzt. Sein Gesicht ist kreidebleich, er wirkt total geschockt. »Was ist passiert?«, frage ich beunruhigt. »Ibin hat auf einer langen Geraden die Kurve verpasst und ist geradewegs in die Leitplanke gerauscht«, erklärt Ralf, der schon bei ihm ist. Zum Glück hat Ibin nur ein paar Schürfstellen an der Lederjacke abbekommen. Sein Motorrad allerdings steckt unter der Leitplanke fest.

Gemeinsam ziehen wir es hervor und schauen uns den Schaden an: Die Gabel verliert Öl, Brems- und Kupplungshebel sind verbogen, der Lenker verzogen, das Licht eingedellt. Eine Weiterfahrt ist unmöglich. »Wir müssen dich nach Litang zurückbringen«, entscheidet Thomas bestimmt. Ibin will zuerst nicht aufgeben. »Vielleicht kann ich es irgendwie wieder hinbiegen«, murmelt er, aber alle Beteiligten wissen, dass das nichts bringen würde. In diesem Moment hält ein kleiner Lieferwagen neben uns. Der Fahrer, ein freundlicher Tibeter, schaut besorgt aus dem Fenster. »Braucht ihr Hilfe?«, fragt er in gebrochenem Mandarin. Unglaublich, wie uns das Glück genau in diesem Moment einen Helfer schickt. Wir erklären die Situation, und der Mann erklärt sich sofort bereit, Ibin samt Motorrad zurück nach Litang zu bringen.

Echte Abenteuer misst man nicht in GPS-Daten, sondern in den Schrammen am Sturzbügel.

Nachdem wir uns von Ibin verabschiedet haben, stehen wir vor der Frage, ob wir die Fahrt nach Yarchen Gar allein fortsetzen sollen. »Wir haben doch das Kartenmaterial und unsere Übersetzungs-Apps. Ich denke, wir kommen klar«, meint Oliver zuversichtlich. Also setzen wir unseren Weg fort.

Die Straße führt uns weiter über das Plateau, während die Landschaft um uns herum immer karger und einsamer wird. Kein Handyempfang, keine Menschenseele weit und breit. »Was, wenn wir hier eine Panne haben?«, geht es mir kurz durch den Kopf. Doch dann fällt mir das Satellitentelefon ein, das ich als Backup dabeihabe – eine weise Entscheidung, wie sich jetzt zeigt. »Unglaublich, wie gut die Straße hier oben ausgebaut ist«, sage ich zu den anderen. Kaum sind meine Worte verklungen, hört der Asphalt plötzlich auf. Vor uns liegt eine Schotterpiste, genau wie meine Karte angekündigt hat. Die nächsten 25 bis 30 Kilometer werden unbefestigt sein.

Die Strecke selbst bietet reichlich Abwechslung: Mal ist sie einfach zu fahren, mal wird das Fortkommen durch tiefe Schlaglöcher und Unebenheiten erschwert. Wir müssen sogar kleine Flüsse durchqueren. Im Oktober ist das kein Problem, aber im Sommer wäre das sicher eine ganz andere Herausforderung gewesen. Trotz der rauen Bedingungen genießen wir die Fahrt. Mit 20 bis 35 Stundenkilometern kommen wir gut voran. Die unberührte Natur um uns herum ist atemberaubend. Dieser Abschnitt gehört mit zu den schönsten unserer Reise.

Nach einigen Stunden erreichen wir wieder bewohntes Gebiet. Kleine tibetische Dörfer tauchen auf, Hirten sitzen am Straßenrand und beäugen uns neugierig. Jedes Mal, wenn wir durch ein Dorf fahren, klappen wir unsere Visiere hoch und ernten erstaunte Blicke. Westliche Touristen auf Motorrädern sind hier wohl echte Mangelware.

Visier hoch, Pässe weg, Blaulicht an – wenn die Polizei dich zum nächsten Hotel lotst, weißt du: Das ist kein Urlaub, das ist ein verdammtes Abenteuer.

Nach weiteren 30 Kilometern erreichen wir eine gut ausgebaute Hauptstraße. Doch dann schlägt das Wetter um: Der Himmel wird grau, bald darauf setzt Schneefall ein – zuerst noch leicht, doch er wird immer dichter. »Wir sollten unsere Regensachen überziehen«, ruft Thomas gegen den Wind. Guter Gedanke. Entsprechend ausgerüstet setzten wir die Fahrt fort. Die Bedingungen sind hart – der Wind peitscht uns entgegen, und die Sicht ist schlecht. Wir fahren an Yarchen Gar vorbei, können aber wegen des Wetters nichts von der Klosterstadt erkennen. Irgendwann kommen wir an einem Hotel an, das Ibin empfohlen hat, und freuen uns schon auf die Pause. Wir parken die Motorräder und betreten erwartungsvoll das Gebäude. An der Rezeption steht ein Mann, der uns fragend anschaut. »Hallo, wir haben eine Reservierung«, sagte ich mittels der Übersetzungs-App auf meinem Handy und zeige ihm die Bestätigung. Er mustert uns und schüttelte den Kopf. »Ausweis?«, fragt er knapp. Ich gebe ihm unsere Pässe. Nach kurzem Studium spricht er in sein Telefon, was die App so übersetzt: »Das geht nicht. Ausländer sind hier nicht erlaubt.«

Verwirrt rufe ich Ibin an und schildere die Lage. »Tut mir leid«, sagt er. »Ich wusste nicht, dass Ausländer dort nicht zugelassen sind. Versucht am besten, ein Hotel außerhalb zu finden.« Kaum habe ich aufgelegt, fährt ein Polizeiwagen vor. Vier Beamte steigen aus und kommen auf uns zu. »Papiere!«, fordern sie uns barsch auf. Wir geben ihnen unsere Pässe. Die Kommunikation gestaltet sich schwierig, da sie kein Englisch sprechen und wir kein Chinesisch. Ich versuche es erneut mit Ibin als Vermittler, aber der hält sich zurück: »Gebt ihnen nicht das Handy. Ihr müsst das allein regeln.«

Die Situation ist angespannt. Die Polizisten erklären uns, dass Touristen in dieser Region nicht erlaubt sind und wir sofort weiterfahren müssen. Wir beteuern, dass wir nur die Klosterstadt besuchen wollen, von der uns ein Freund erzählt hat. »Keine Touristen erlaubt«, wiederholen sie immer wieder. Schließlich heißt es: »Folgen Sie uns!« Sie behalten unsere Pässe und fahren mit Blaulicht voraus. Eine unangenehme Lage, aber wir haben keine Wahl und folgen ihnen. Nach einigen Kilometern erreichen wir einen weiteren Polizeiposten und schließlich ein Hotel außerhalb der verbotenen Zone, wo wir unsere Pässe zurückbekommen. Erleichtert checken wir ein.

Auch die Frau an der Rezeption spricht kein Englisch, aber dank unserer Übersetzungs-App können wir Zimmer für uns buchen. Wir erfahren, dass es nebenan ein Restaurant gibt, in dem wir essen können. Auf dem Vorplatz sehen wir eine Gruppe junger Tibeter, die um einen Bluetooth-Lautsprecher herum tanzen. Sie lachen und wirkten unbeschwert, trotz der Kälte und des Schnees. Wir gesellen uns dazu und werden herzlich aufgenommen, obwohl wir keine gemeinsame Sprache haben. Im Restaurant reservieren wir mit Gesten und unserer App einen Tisch zum Abendessen.

Vorher jedoch kaufen wir uns in einem kleinen Laden vier Bier und stoßen auf den ereignisreichen Tag an. Wir schicken Ibin eine Nachricht, dass alles in Ordnung ist und dass wir hoffen, ihm gehe es auch gut. Beim Abendessen genießen wir noch einmal die tibetische Küche. Ohne Ibin dauert das Bestellen etwas länger, aber es klappt. Müde und zufrieden ziehen wir uns später in unsere Zimmer zurück. Ein Blick aus dem Fenster zeigt, dass der Schneefall noch einmal zugenommen hat.

Dreckig, erschöpft und glücklich: Das beste Feierabendbier der Welt nach einem Tag, der uns alles abverlangt hat.

Sonne auf dem Asphalt, Winter am Straßenrand – ein einsamer Farbtupfer auf der Jagd nach dem nächsten Pass.

9

冰雪路段
慢
减速慢行

9

Unerwartete Rückwege

Von der Kunst, im Rückweg das Glück zu finden

Das Schneeflocken-Symbol auf dem Schild verstehen wir gerade noch so – beim Rest schauen wir in die Röhre. Ohne Ibin als unseren wandelnden Google-Translate sind wir offiziell im »Raten und Hoffen«-Modus angekommen. Wir interpretieren das jetzt einfach mal als: »Schöne Aussicht, bitte lächeln«, und ziehen weiter unsere Bahnen durch den Schnee.

Der Morgen dämmert über dem entlegenen Hotel, in dem wir die Nacht verbracht haben. Thomas ist der Erste, der aufsteht. Ich höre, wie er zum Fenster geht und einen überraschten Laut von sich gibt. »Ihr wollt nicht wissen, wie es draußen aussieht«, sagt er mit unheilvoller Stimme. Mir schwant Böses, aber neugierig werfe ich trotzdem die warme Decke von mir und spüre sofort die Kälte im Raum. Ich trete zum Fenster und ziehe den Vorhang beiseite. Ein unglaublicher Anblick liegt vor mir: eine dicke Schneeschicht, schätzungsweise 20 bis 30 Zentimeter tief. Alles ist in Weiß getaucht. Unsere Motorräder sind kaum noch zu erkennen, begraben unter dicken Schneehauben. Draußen wirkt alles still und friedlich, als hätte jemand die Pausentaste gedrückt. »Nun, heute werden wir wohl nicht fahren«, stellt Oliver trocken fest. –

30 cm Neuschnee über Nacht: Heute beginnt die Tour nicht mit dem Zündschlüssel, sondern mit dem Freischaufeln.

»Immerhin haben wir warme Zimmer«, meint Ralf und kuschelt sich in seinen Pullover. Wir entschließen uns, erst einmal abzuwarten, wie sich das Wetter entwickelt. Gegen 11 Uhr stellen wir fest, dass die Hauptstraße vor dem Hotel wieder befahrbar ist. Offenbar haben die Einheimischen den Schnee geräumt, ab und zu sind auch Fahrzeuge zu sehen. Wir halten kurz Kriegsrat und beschließen, uns auf den Rückweg zu machen.

Am Ende sind es nicht die Pässe oder die Kilometer, die zählen, sondern das Lächeln an einem Tisch voller fremder Freunde.

Oliver wollte zwei Teller Momos, die App lieferte acht. Jetzt essen wir um unsere Ehre – ein klassischer Übersetzungsfehler mit sehr leckeren Folgen.

Bestelle für zwei, bezahle für zwei, aber iss für acht – Tibetische Gastfreundschaft lässt sich nicht übersetzen, man muss sie verdauen.

Echte Gastfreundschaft: Die Köchin schenkt uns die restlichen Teller einfach. Wir sind gerührt, pappsatt und kommen aus dem Staunen kaum heraus.

Allerdings ist klar, dass wir nicht über das Plateau zurückkönnen, so wie eigentlich geplant. Die unbefestigten Wege wären unter diesen Bedingungen viel zu gefährlich.

Bevor wir aber aufbrechen, möchten wir noch einmal in dem tibetischen Restaurant essen, das uns am Abend zuvor so herzlich aufgenommen hatte. Oliver übernimmt das Bestellen und will mithilfe der Übersetzungs-App zwei Teller Momos – diese leckeren tibetischen Teigtaschen – ordern. Als das Essen kommt, staunen wir nicht schlecht: Anstelle von zwei Tellern für uns vier stehen plötzlich acht Teller Momos – also zwei für jeden von uns – auf dem Tisch. »Da ist wohl was schiefgelaufen«, lacht Thomas. Die tibetische Köchin bemerkt unsere Verwirrung und kommt zu uns. Mit Händen, Füßen und der App versuchen wir, die Situation zu klären. Sie winkt nur ab und meint, wir bräuchten für die extra Momos nichts zu bezahlen, das sei ihr Geschenk an uns. Uns ist das etwas unangenehm, aber wir sind auch total gerührt von ihrer Großzügigkeit. Um sie nicht zu enttäuschen, essen wir so viel wie eben möglich. Am Ende bleibt trotzdem einiges übrig, aber sie versichert uns, das sei schon in Ordnung.

Gut gestärkt kehren wir zum Hotel zurück. Wir fegen den Schnee von den Motorrädern und machen uns startklar. Eine Herausforderung wartet aber noch auf uns: Wir müssen wieder an der Polizeistation vorbei, mit der wir schon am Vortag solche Scherereien hatten. »Ich habe keine Lust auf

Mit dem Bauch voller Momos geht es zurück in die Kälte. Die Straße ist ein einziges weißes Abenteuer, das wieder volle Konzentration fordert. Die Jungs nehmen's gelassen – Visier runter, Fokus auf den Weg und einfach weiterkämpfen durch diese surreale Winterlandschaft.

Auf dieser Höhe gilt eine einfache Verkehrsregel: Das Yak hat immer Vorfahrt.

向群众身边不正之风和腐败问题亮剑
切实维护群众切身利益
中共新龙县委 新龙县纪委监委
66
S314

weitere Diskussionen mit der Polizei«, sage ich, und spreche damit wohl für uns alle. »Vielleicht gibt es ja eine Möglichkeit, den Kontrollpunkt zu umfahren.« Ich gehe zur Hotelrezeption und frage mit der Übersetzungs-App, ob es eine Alternativroute gäbe. Die Dame hinter der Empfangstheke lächelte wissend und führt uns nach draußen. Hinter dem Hotel zeigt sie auf einen schmalen Pfad, der sich durch das verschneite Feld schlängelt. »Die Hirten nehmen diesen Weg, um die Polizeisperre zu umgehen«, erklärt sie.

Lieber illegal durch den Matsch rutschen, als legal 450 Kilometer Umweg fahren.

Der Pfad sieht alles andere als einladend aus: matschig, voller Schnee und offensichtlich schwer zu befahren. Aber die Alternative ist ein 450 Kilometer langer Umweg, den wir auf jeden Fall vermeiden wollen. Also beschließen wir, es zu versuchen. Der Pfad erweist sich als extrem rutschig. Zweimal verliert Thomas die Kontrolle über sein Motorrad und fällt in den Matsch. Zum Glück bleibt er unverletzt, aber seine Kleidung und das Motorrad sind komplett eingesaut. Nach ein paar anstrengenden Minuten haben wir die Polizeisperre erfolgreich umfahren und sind wieder auf der Hauptstraße. Erleichterung macht sich breit

Die Landschaft präsentiert sich winterlich. Die schneebedeckten Hügel und Berge glitzern jetzt in der Sonne, die langsam durch die Wolken bricht. Yak-Herden trotten gemütlich über die Ebene, manchmal winken uns Hirten freundlich zu. Die Fahrt über den ersten Pass ist beeindruckend. Die Straße zieht sich durch die Berge, kaum stört Verkehr unsere Ruhe. Wir genießen den atemberaubenden Ausblick und das Gefühl der Freiheit. Jeder von uns ist in seine Gedanken versunken und lässt die Erlebnisse der letzten Tage Revue passieren.

Nach ein paar Stunden kommen wir in eine tiefe Schlucht, durch die sich ein mächtiger Fluss zieht. Eine Hängebrücke führt über das Wasser, und wir halten an, um die Aussicht zu genießen. Uns wird langsam klar, dass uns dieser ungeplante Umweg zu einem der Höhepunkte unserer Reise geführt hat. Die Begegnungen mit den Menschen, das Gefühl von Abenteuer und die überwältigende Natur haben jeden von uns tief berührt.

Am späten Nachmittag erreichen wir wieder Litang. Ibin wartet bereits im Hotel auf uns und begrüßt uns mit einem breiten Lächeln. »Wie geht es deinem Motorrad?«, fragt Oliver. Ibin seufzt: »Es war nicht zu reparieren. Aber der Vermieter war sehr kulant, hat das kaputte Motorrad abgeholt und mir ein neues gebracht.« Wir erzählen ihm von unseren Erlebnissen: dem Schneefall, dem Umfahren der Polizeikontrolle und den großartigen Landschaften. Ibin hört aufmerksam zu und wirkt froh, dass wir trotz der Schwierigkeiten so positive Eindrücke gewonnen haben. »Tut mir leid, dass ich nicht dabei sein konnte«, sagt er. »Aber ich bin stolz auf euch, dass ihr euch so gut zurechtgefunden habt.«

Man könnte meinen, irgendwann tritt eine Sättigung ein – aber Fehlanzeige. Obwohl wir schon unzählige dieser Anlagen passiert haben, haut uns der Anblick jedes Mal wieder um. Wie sich die goldenen Dächer in den Hang krallen, während wir uns durch die Kurven schrauben, bleibt einfach magisch. Es wird nie langweilig, versprochen.

Manchmal führt der falsche Weg zum absolut richtigen Ort.

Unter den Stollenreifen klappern die losen Holzplanken, während die Brücke unter dem Gewicht der Bikes sanft schaukelt. Kein TÜV, kein Asphalt, nur pures Abenteuer über dem Fluss – genau die Belohnung, die wir nach der Schlammschlacht gebraucht haben.

Am Abend gehen wir zusammen in ein lokales Restaurant. Bei einem herzhaften Essen und wärmendem Tee lassen wir den Tag ausklingen. Die Stimmung ist gelassen, wir lachen viel. Später im Hotelzimmer sitze ich noch eine Weile am Fenster und schaue in die Nacht hinaus. Die Sterne leuchten am klaren Himmel, die Lichter der Stadt funkeln in der Dunkelheit. Ich denke über die vergangenen Tage nach. So sehr ich Yarchen Gar auch sehen wollte, so sehr begreife ich jetzt, dass nicht der Ort an sich den Zauber ausmacht, sondern oft der Weg dorthin. Die unerwarteten Begegnungen, die Herausforderungen, die Momente, in denen wir über uns selbst hinauswachsen.

Entertainment-Chef Oliver: Während wir aufs Essen warten, gibt's für den neugierigen Nachwuchs eine exklusive Diashow unserer Abenteuer auf dem Handy.

Kulturschock im Partner-Look: Raus aus dem Gore-Tex, rein in den Pyjama. Die Verständigung lief per Pantomime und Dauer-Kichern. Wir haben zwar kein Wort verstanden, aber selten so gut entspannt.

Manche pilgern zu Fuß, wir nehmen die Außenkurve – Erleuchtung findest du hier genau zwischen Scheitelpunkt und Vollgas.

High-Altitude-Cruising: Wenn Freiheit bedeutet, auf 4.500 Metern den perfekten Flow zwischen Himmel und Schotter zu finden.

10

栖云·美宿
重庆小面
停车场

10

Enttäuschte Erwartungen in Shangri-La Town

Wenn Träume auf die Wirklichkeit treffen

Viel Lärm um einen großen Namen: Shangri-La Town klingt nach Legende, fühlt sich vor Ort aber leider ziemlich durchschnittlich an.

Der Morgen begrüßt uns mit strahlendem Himmel und dieser frischen, kühlen Bergluft. Nach den ereignisreichen Tagen sind wir froh, wieder komplett zu sein. Ibin hat ein neues Motorrad bekommen und kann uns wieder begleiten. Seine Erleichterung ist mit Händen zu greifen, als wir ihm von unseren Abenteuern erzählten – vor allem von der Polizei-Nummer, die zum Glück glimpflich für uns ausgegangen war.

»Wohin geht es heute?«, fragt Ralf neugierig, während wir die Motorräder klarmachen. Ibin grinst verschmitzt. »Ich will euch nach Shangri-La Town mitnehmen«, erklärt er verheißungsvoll. »Ein Ort, der euch bestimmt gefallen wird.« – »Zurück nach Shangri-La?«, schaut Oli Ibin fragend an.

»Nein, nein«, lacht Ibin, »Shangri-La Town hat nichts mit unserem ersten Shangri-La zu tun. Die Ortschaft hieß früher anders. Um Touristen anzuziehen, hat man sich vor ein paar Jahren aber entschieden, die Stadt in »Shangri-La Town« umzubenennen, da man sich durch die Strahlkraft des Namens mehr Aufmerksamkeit erhofft«. Das Motiv »Shangri-La« zieht sich ja wie ein roter Faden durch unsere Reise. Nach all den Erlebnissen habe ich riesige Erwartungen an diesen Ort. Ich stellte mir ein Tor nach Tibet vor, einen Ort voller Spiritualität und authentischer tibetischer Kultur.

Ein Blick aufs Handgelenk beweist es: Wir kratzen an der 5.000er-Marke. Hier oben, wo die Luft dünn und die Straßen aus Schotter sind, haben wir fernab der Hauptrouten genau die Freiheit gefunden, die wir gesucht haben.

Wir brechen auf. Zuerst geht es über eine offiziell gesperrte Schnellstraße, auf der gebaut wird. Aber mit den Motorrädern können wir an den Absperrungen vorbeifahren. Die Fahrbahn ist teilweise aufgerissen, teilweise frisch asphaltiert, man muss also aufpassen. Nach einer Weile erreichen wir eine Baustelle, die zunächst unpassierbar erscheint. Frischer Teer dampft unter der heißen Sonne, riesige Maschinen walzen den Boden und Arbeiter in orangefarbenen Westen wuseln durcheinander. Wir zögern kurz, entscheiden uns dann aber, die Chance zu nutzen und uns zwischen den Teermaschinen hindurchzuschlängeln. Ein paar Arbeiter rufen uns etwas zu, in ihren Gesichtern lese ich puren Unmut. Wir verstehen kein Wort, aber uns ist klar, dass sie unser Manöver alles andere als gut finden.

Nachdem wir die Baustelle hinter uns gelassen haben, verändert sich die Landschaft. Vor uns erstrecken sich Alleen aus leuchtend gelben und orangenen Laubbäumen. Diese herbstliche Farbenpracht ist der absolute Wahnsinn. Die Sonne bringt die Blätter zum Leuchten, als wären sie aus flüssigem Gold, der Kontrast zum tiefblauen Himmel ist atemberaubend. Wir fahren kilometerweit durch diese Bilderbuchkulisse. Da Ibin jetzt auf einem kleineren Motorrad unterwegs ist – ich glaube, es hat nur 250 ccm Hubraum – geben wir vorn das Tempo vor. Wir haben die Route vorher auf der Karte besprochen und warten regelmäßig an besonders schönen Stellen auf ihn, während ich die Zeit zum Fotografieren nutze.

Atmen wird völlig überbewertet, wenn man dafür eine solche Aussicht ganz für sich alleine hat.

Die Straße führt uns immer höher in die Berge, während die Sonne sich bereits senkt und das Licht weicher wird. Wir nähern uns einem Pass auf etwa 4.600 Metern Höhe. Die Luft wird dünner, die Temperaturen fallen merklich. Wir setzen unseren Weg fort; die Straße schlängelt sich in Serpentinen nach oben. Die Berge sind geprägt von goldenen Wäldern, schroffen Felsen und tiefen Tälern. Wir erleben einen dieser Momente, in denen du dich winzig klein fühlst angesichts dieser gewaltigen Natur.

4701
4694
4.8k
4.5k
4.2k
3.9k
3707
LETZTE 4 STUNDEN
GARMIN
BACK

Gipfelfoto im Farbenrausch: Umringt von einem Meer aus tausenden Gebetsfahnen halten wir diesen Moment auf der Passhöhe fest. Der Wind peitscht, die Luft ist dünn, aber das Gefühl, hier oben zu stehen, ist unbezahlbar – ein Augenblick, der bunter ist als jedes Postkartenmotiv.

ARCTERYX

Der Wegweiser nach Shangri-La hält eine Überraschung bereit, die wir erst später entdecken. Als Ibin das Bild sieht, bekommt er Gänsehaut: Die 46 ist seine absolute Glückszahl. Ein bloßer Zufall am Straßenrand oder ein kleines Augenzwinkern des Schicksals, das uns auf dem richtigen Weg bestätigt?

Kurz vor dem Passgipfel spüre ich plötzlich, dass etwas nicht stimmt. Ich will hochschalten, ziehe die Kupplung und hörte ein leises Knacken. Der Hebel fällt einfach ins Leere, ohne jeden Widerstand. »Was ist los?«, fragt Ralf über Funk. – »Ich glaube, mein Kupplungszug ist gerissen«, antwortete ich und rollte vorsichtig an den Straßenrand. Wir halten an und begutachten das Motorrad. Tatsächlich, der Kupplungszug ist gerissen. Keine Chance, in diesem Gelände ohne Kupplung weiterzufahren. »Dann muss ich mein Motorrad wohl hierlassen und bei einem von euch mitfahren«, stelle ich resigniert fest.

Ich bin kein guter Beifahrer – weder im Auto noch auf dem Motorrad. Die Kontrolle abzugeben, fällt mir verdammt schwer. Trotzdem steige ich hinter Oliver auf die Maschine. Die nächsten 60 Kilometer bis Shangri-La Town liegen vor uns. Die Abfahrt ist für mich der blanke Horror. Jede Kurve, jede Bodenwelle lässt mein Herz schneller schlagen. Ich versuche, mich zu entspannen, aber es gelingt mir kaum. Ibin, der hinter uns fährt, hat inzwischen einen Mechaniker kontaktiert. Er meint, wir sollten zur Unterkunft fahren, er kümmert sich um den Rest.

Bei der Ankunft in Shangri-La Town erlebe ich dann einen herben Rückschlag. Statt eines malerischen tibetischen Dorfes erwartet mich eine graue, gesichtslose Stadt. Betonblöcke reihen sich aneinander, Neubauten ohne jeden Charme. Nichts von der erhofften buddhistischen Atmosphäre, nichts von tibetischer Kultur ist zu spüren. Zu allem Überfluss können wir auch das Hotel nicht finden, das Ibin uns genannt hat. Die Adresse auf der Karte führt ins Leere, niemand scheint den Namen zu kennen. In diesem Moment ruft Ibin an. »Ich brauche die genaue Länge deines Kupplungszugs«, sagt er. »Die Werkstatt muss wissen, welches Ersatzteil sie besorgen soll.«

»Alles klar, wir kümmern uns drum«, sage ich. Das ist aber leichter gesagt als getan. Zwar können wir den Zug einer baugleichen Maschine meiner Gefährten als Vergleich nehmen, aber wir benötigen ein Lineal oder ein Maßband, um die genaue Länge zu messen. Niemand in der Umgebung spricht Englisch, und sämtliche Versuche, unser Anliegen mit Händen und Füßen zu schildern, bleiben ohne Erfolg. Schließlich erfahren wir, dass es in der Stadt einen Chinesen gibt, der 15 Jahre in Mailand gelebt hat und Italienisch spricht. Wir machen ihn ausfindig, und tatsächlich begrüßt er uns in fließendem Italienisch: »Buongiorno! Come posso aiutarvi?« Mein Italienisch ist nicht viel besser als mein Chinesisch, aber mit der App und ein paar Erinnerungsfetzen aus früheren Urlauben versuchen wir, unser Anliegen zu erklären.

Kommunikation am Limit: Wir erklären einem Chinesen in Tibet auf Italienisch, was ein Maßband ist. Ciao bella Logik, benvenuti im Abenteuer!

»Wir brauchen ein Maßband, um ein Kabel zu messen«, erkläre ich unbeholfen. Übersetzt vom Deutschen ins Italienische, damit ein Chinese versteht, was wir wollen. Nach einigem Hin und Her kapiert er endlich, was wir suchen, und besorgt uns ein Maßband. Endlich können wir die Länge des Kupplungszugs messen und geben die Info an Ibin weiter, der sie sofort an die Werkstatt weiterleitet.

Die Sonne ist inzwischen untergegangen, und wir warten am Stadteingang auf Ibin. Trotz Übersetzungshilfe haben wir das Hotel immer noch nicht gefunden. Die Straßen liegen jetzt im Dunkeln, ein kalter Wind kommt auf. Endlich sehen wir unseren Guide. Er winkt uns zu und wir folgen ihm auf unseren Maschinen zum Hotel. Es liegt in einer Seitenstraße, abseits der Hauptwege, und ist ohne Ortskenntnis kaum zu finden. Wir sind erleichtert. Nach dem Check-in machen wir uns zu Fuß auf, um uns die Beine zu vertreten und vielleicht doch noch etwas Interessantes zu entdecken. Aber die Stadt kann uns nicht viel bieten. Wir alle haben etwas anderes erwartet – einen Ort der Ruhe, der Spiritualität, einen Hauch von Tibet. Stattdessen stehen wir in einer modernen Stadt ohne Seele.

Zurück im Hotel treffen wir uns in der Lobby und verabschieden uns ins Bett. Ich verbringe eine unruhige Nacht. Immer wieder geht mir der Tag durch den Kopf – die Pannen, die Sprachbarrieren, die enttäuschten Erwartungen. Dabei denke ich auch an die wunderschöne Landschaft, die goldenen Wälder, die mächtigen Berge. »Vielleicht ist Shangri-La kein Ort, sondern ein Gefühl«, geht es mir durch den Kopf. Ein Zustand, den man nicht erzwingen kann.

Erst reißt der Kupplungszug, dann meine Nerven. Die Ankunft in Shangri-La Town setzt dem Ganzen die Krone auf: Statt mystischer Erleuchtung erwartet uns eine graue, seelenlose Betonwüste. Von wegen Paradies – die Realität ist hier leider knallhart und völlig ohne Charme.

Man kehrt nie ganz
zurück – ein Teil von
uns bleibt immer dort
oben zwischen den
Wolken hängen.

11

11

Stürze und schmerzhafte Erkenntnisse

Wenn das Abenteuer die Grenzen aufzeigt

Noch ist die Welt in Ordnung: Wir schwingen durch die Kurven, genießen die goldene Herbstsonne und den perfekten Asphalt. Keiner ahnt, dass das Glück nur ein paar Kehren weiter abrupt endet und ich schmerzhaften Bodenkontakt haben werde. Ein trügerisch schöner Moment der Stille vor dem Knall.

Der Morgen bricht an in Shangri-La Town. Ich strecke mich und schaue aus dem Fenster. Auf der Straße herrscht geschäftiges Treiben, die Menschen gehen ihren alltäglichen Dingen nach, und ein leichter Duft von Räucherstäbchen zieht herauf. Unser Plan für den Tag ist klar: Ibin fährt mit einem Mechaniker im Auto zurück zu dem Pass, um dort mein liegengebliebenes Motorrad zu reparieren. Keine ganz einfache Strecke, aber wir sind zuversichtlich, dass es funktioniert.

»Bis Mittag bin ich wieder da«, verspricht Ibin, bevor er losfährt. »Dann können wir weiterfahren.« Während er unterwegs ist, entscheiden wir uns, in Ruhe zu frühstücken. Thomas, Oliver, Ralf und ich lassen uns in einem kleinen Café nieder und genießen heißen Tee und frische Gebäckstücke. Die Stimmung ist gelöst, wir erzählen uns Anekdoten. Gegen 11 Uhr erreicht uns eine Nachricht von Ibin. Er schickt ein kurzes Video, das ihn vor einer Straßensperre zeigt. Ein Erdrutsch hat den Weg versperrt, er kommt nicht weiter. Die Stunden ziehen sich. Wir nutzen die Zeit, uns wieder ein wenig in der Stadt umzuschauen, aber viel gibt es immer noch nicht zu entdecken. Shangri-La Town blieb ein ernüchterndes Erlebnis.

Erst am frühen Nachmittag kommt Ibin mit meinem Motorrad zurück. »Tut mir leid wegen der Verspätung«, entschuldigt er sich. »Der Erdrutsch hat alles aufgehalten, aber wir haben es geschafft.« Wir wollen keine weitere Zeit verlieren, denn vor uns liegen gut 350 Kilometer bis zum Lugu-See – eine Distanz, die auch unter idealen Bedingungen anspruchsvoll ist. Mit durchschnittlich 50 km/h bedeutet das mindestens sieben Stunden reine Fahrzeit – ohne Pausen oder Fotostopps.

Wir verlassen Shangri-La Town und folgen einem malerischen Fluss. Die Straße führt durch enge Täler, anspruchsvolle Kurven reihen sich aneinander, der Zustand des Asphalts ist nicht immer der beste. Sand oder Schotter in den Kurven machen umsichtiges Fahren nötig. »Passt auf die Fahrbahn auf«, warnt Ibin über Funk. »Kann rutschig sein!« Zudem müssen wir auf die zahlreichen Yak-Herden achten, die die Straßen kreuzen. Die Tiere lassen sich von unseren Motorrädern kaum beeindrucken, gleichzeitig verwandeln ihre Hinterlassenschaften Teile der Fahrbahn in eine echte Rutschpartie.

Die Landschaft kann man dagegen nur als überwältigend bezeichnen. Hohe Berge auf beiden Seiten, die Herbstfarben strahlen in der Nachmittagssonne. Wir überqueren mehrere Pässe und erreichen Höhen weit über 4.000 Meter. Etwa auf halber Strecke, bei der Abfahrt von einem dieser Pässe, passiert das, was ich insgeheim befürchtet habe: Eine Haarnadelkurve mit fast 180 Grad liegt vor uns. Ibin fährt voraus, ich mit einigem Abstand dahinter. Ich bin nicht schnell unterwegs, konzentriere mich auf die Straße und die enge Kurve. Plötzlich spüre ich, wie das Vorderrad auf losem Schotter wegrutscht. In Sekundenbruchteilen verliere ich die Kontrolle, die Maschine klappt weg und schlittert auf die Gegenseite. Ein Schock durchfährt mich. Zum Glück kommt kein Gegenverkehr, sonst hätte das böse enden können.

Ich spüre einen stechenden Schmerz im Fuß, als das schwere Motorrad auf ihn fällt. Zuerst bin ich benommen, mein Adrenalinspiegel schießt in die Höhe. Ich rappele mich auf, schüttele den Kopf und versuche, klar zu denken. »Alles okay bei dir?«, fragt Oliver, der angehalten hat und zu mir läuft. »Ja, ja, denke schon«, antwortete ich, obwohl ich genau spüre, dass etwas nicht stimmt.

Vordergrund: Wehende Gebetsfahnen und weiße Stupas. Hintergrund: Gigantische 7.000er-Gipfel. Wenn sich diese Kulisse vor dem Visier aufbaut, braucht es kein GPS mehr: Das ist der definitive Beweis, dass wir uns nun tief auf tibetischem Boden bewegen.

Straßensperrungen sind auch nur unausgesprochene Einladungen zum kreativen Offroad-Fahren.

SANY

»Setz dich erstmal hin«, schlägt Ralf vor. »Nein, es geht schon«, beharre ich und versuche, ein paar Schritte zu gehen. Mein Fuß tut weh, aber ich will es nicht zugeben. »Vielleicht solltest du den Stiefel ausziehen und nachsehen«, rät Thomas. »Wenn du ihn jetzt ausziehst und der Fuß anschwillt, bekommst du den Stiefel nicht mehr an. Lass uns weiterfahren«, meint Oliver. Ich nicke widerwillig. »Okay, wir fahren weiter.« Wir stellen das Motorrad auf. Es hat einige Kratzer abbekommen, ist aber noch fahrbereit. Mit klopfendem Herzen und schmerzendem Fuß setze ich mich wieder auf den Sattel. Die nächsten Stunden sind eine Qual. Der Schmerz im Fuß wird stärker, ein pochendes Gefühl breitet sich von dort aus. Mir gehen tausend Gedanken durch den Kopf. »Was, wenn etwas gebrochen ist? Was ist mit den Shootings, die in der Schweiz auf mich warten?«

Meine Aufmerksamkeit für die Straße lässt nach. Jede Kurve wird zum mentalen Hindernis, denn ich vertraue weder mir noch dem Motorrad noch dem Asphalt. Die Route führt uns weiter über schmale Bergstraßen, auf teils über 4.000 Meter Höhe. Die Landschaft, die ich normalerweise genossen hätte, kann mich nicht trösten. Ich fühle mich ausgelaugt, und der Schmerz wird nicht besser. Als wir den letzten Pass hinter uns gelassen haben und uns dem Lugu-See nähern, beginnt die Dämmerung. Die Dunkelheit bricht schnell herein und machte das Fahren noch anstrengender. Unsere Scheinwerfer schneiden durch die Nacht, doch die Sicht ist begrenzt.

Kulinarische Grenzerfahrung: Als der Kellner anbietet, das Huhn frisch am Tisch zu schlachten, stellen wir fest, dass wir unser Abendessen doch lieber »bereits tot« serviert bekommen.

»Wir müssen aufpassen«, warnt Ibin. »Die Straßen sind unbeleuchtet, und es kann jederzeit Hindernisse geben.« Ich beiße die Zähne zusammen und fahre einfach weiter. Jeder Meter bringt mich meinem Ziel näher. Gegen 20:30 Uhr erreichen wir endlich unser Hotel am Lugu-See. Erschöpft steige ich ab und spüre sofort wieder einen stechenden Schmerz. Die wenigen Schritte bis zum Hoteleingang fallen mir schwer. Oben im Zimmer ziehe ich vorsichtig den Stiefel aus. Mein Fuß ist geschwollen, ein dumpfer Schmerz durchzuckt ihn. Zwar ist von außen wenig zu sehen, aber ich weiß genau, dass da etwas nicht in Ordnung ist.

Trotzdem gehen wir noch gemeinsam zum Abendessen. In einem gemütlichen Restaurant sitzen wir an einem Tisch mit einer zischenden Eisenplatte. Huhn, Tofu und Gemüse werden darauf frisch zubereitet. »Wir haben auch frisches Huhn«, erklärt der Kellner freundlich. »Dauert etwa 20 Minuten. Wir schlachten es direkt am Tisch, rupfen es und kochen es dann.« Ich sehe ihn entgeistert an. »Danke, aber wir hätten lieber ein Huhn, das schon länger tot ist«, erwidere ich mit einem matten Lächeln. Der Gedanke an eine Schlachtung am Tisch ist uns dann doch zu heftig.

In der Haarnadelkurve rutscht das Vorderrad weg und begräbt den Fuß unter der Maschine. Statt den Schaden zu begutachten, gilt die goldene Tourenfahrer-Regel: »Stiefel anlassen und Zähne zusammenbeißen.« Wer ihn jetzt auszieht, kommt wegen der Schwellung nie wieder rein – und die Tour wäre vorbei, bevor wir den Lugu-See erreichen.

Trotzdem genießen wir das Essen. Die Aromen sind intensiv, die Wärme des Gerichts tut gut. Ibin skizziert unterdessen seine Pläne für den nächsten Tag. »Der Lugu-See ist wirklich wunderschön. Ich würde gern mit euch eine Tour rund um den See machen, denn da gibt viele malerische Stellen und eine interessante Kultur zu entdecken.«

Ich nicke, bin mir aber nicht sicher, ob ich mit meinem Fuß dabei sein kann. Außerdem bin ich skeptisch. »Wir kommen aus der Schweiz, dem Land der Seen«, geht es mir durch den Kopf. »Was kann uns hier noch überraschen?« Nach dem Essen kehren wir zum Hotel zurück. Ich gehe früh ins Bett, lege meinen Fuß hoch und hoffe, dass der Schmerz bis zum Morgen nachlassen wird.

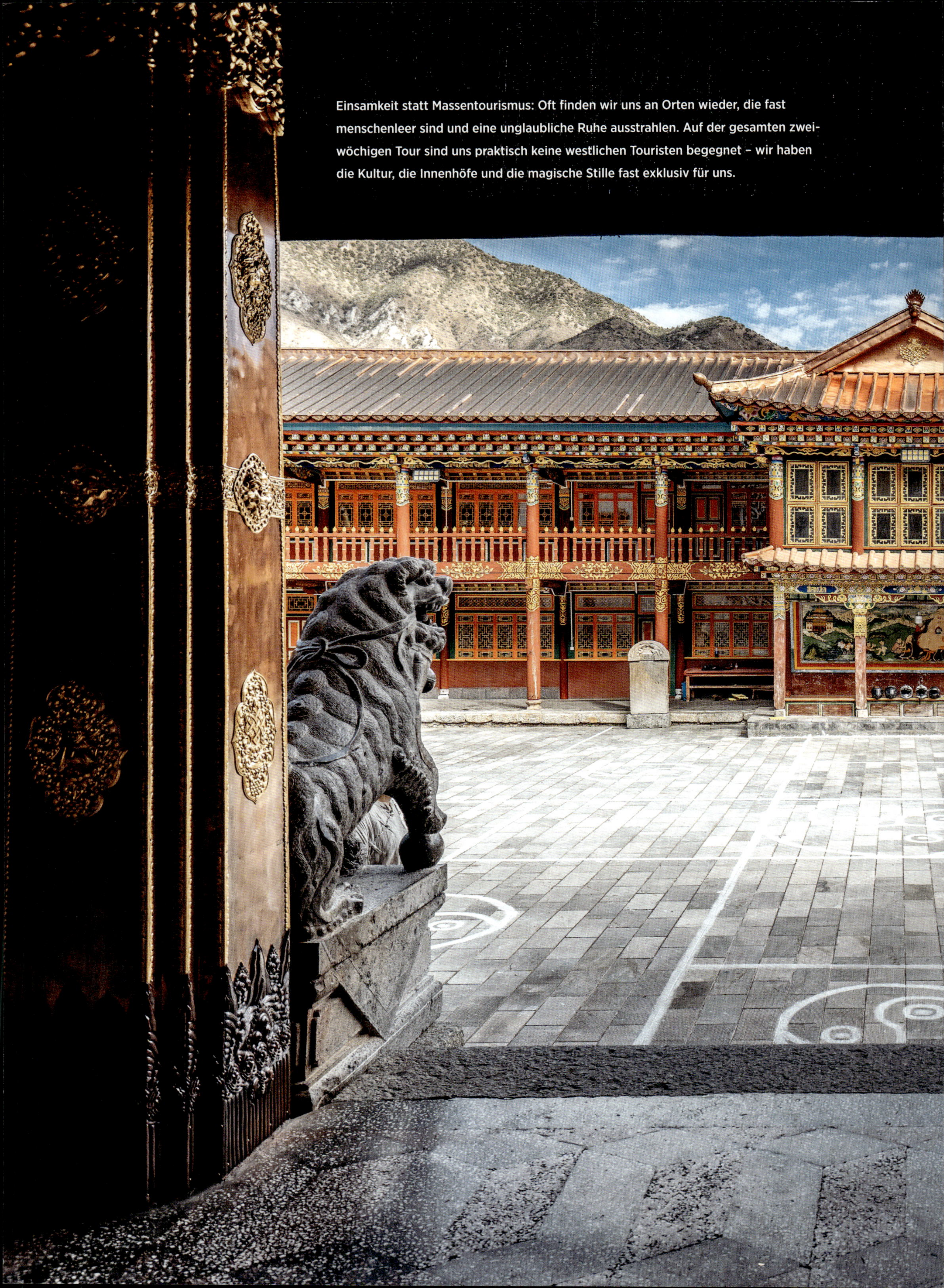

Einsamkeit statt Massentourismus: Oft finden wir uns an Orten wieder, die fast menschenleer sind und eine unglaubliche Ruhe ausstrahlen. Auf der gesamten zweiwöchigen Tour sind uns praktisch keine westlichen Touristen begegnet – wir haben die Kultur, die Innenhöfe und die magische Stille fast exklusiv für uns.

12

12

Abschied vom Abenteuer

Wenn ein Kapitel endet und eine neue Vision entsteht

Action-Garant Thomas: Kaum taucht ein Hindernis oder eine tiefe Pfütze auf, ist er an vorderster Front zu finden. Statt zu bremsen, heißt die Devise »Vollgas« – schließlich muss das Wasser für das perfekte Foto ordentlich spritzen, und Thomas lässt sich keine Gelegenheit für eine spektakuläre Fontäne entgehen.

Es wird Morgen am Lugu-See, die ersten Sonnenstrahlen zaubern goldene Streifen auf die ruhige Wasseroberfläche. Schon in meinem Zimmer spüre ich die Stille des Sees, nur unterbrochen vom gelegentlichen Schrei eines Vogels. Aber neben der schönen Kulisse spüre ich immer noch ein leichtes Ziehen im Fuß, das mir klarmacht, dass ich bei der geplanten Seeumrundung nicht mitmachen kann.

Wie üblich beginnt unser Tag mit der Suche nach einem guten Café. In den letzten Jahren hat sich Chinas Kaffeekultur krass verändert. Wo es früher nur Nudelsuppe und vielleicht ein Glas heißes Wasser zum Frühstück gab, finden sich jetzt Cafés, die Cappuccino und sogar Flat White anbieten. Oft brauchen die Baristas zwar 10 bis 15 Minuten für die Zubereitung, aber das Ergebnis ist ein wunderbar aromatisches Getränk, das uns den Start in den Tag versüßt.

Während wir unseren Kaffee schlürfen, besprechen wir den Tagesablauf. Ibin schwärmt wieder von der Tour um den Lugu-See, doch für mich ist klar, dass ich nicht mitfahren kann. Mein Fuß schmerzt zu sehr, und ich will kein Risiko eingehen. »Wenn ich in eine brenzlige Situation komme, kann ich mich nicht vernünftig abfangen«, erkläre ich den anderen. »Ich kann mich nicht auf den rechten Fuß stützen.« Nach kurzer Diskussion beschließen wir gemeinsam, auf die Seerunde zu verzichten und stattdessen nach Lijiang zurückzufahren – zu dem Ausgangspunkt, an dem alles angefangen hat. Die Entscheidung fällt uns nicht schwer, denn wir alle spüren das Bedürfnis, die Reise in Ruhe ausklingen zu lassen.

Wir packen unsere Sachen, checken die Motorräder und machen uns auf den Weg. Die Straße führte uns noch einmal über einen beeindruckenden Bergpass, diesmal allerdings breiter und besser ausgebaut. Man merkt deutlich, dass wir wieder in Richtung Zivilisation fahren. Der Verkehr wird dichter, uns begegneten immer mehr Lkws, Autos und sogar Reisebusse. Der Aufstieg zum Pass ist beeindruckend, doch die Abfahrt scheint endlos. Je tiefer wir kommen, desto wärmer wird es. Als wir uns dem Jangtse-Fluss nähern, verändert sich die Vegetation deutlich. Karge Berglandschaft geht auf einmal in grünes Hügelland über, plötzlich sehen wir sogar Bananenpflanzen am Wegesrand. Faszinierend, wie schnell sich Klima und Umgebung hier ändern. Ich erinnere mich an Ibins Worte, der uns am Anfang der Reise gesagt hat, wir würden Temperaturschwankungen von unter null bis 25 Grad erleben – manchmal an einem einzigen Tag. Er hat nicht übertrieben.

Etwa 50 Kilometer vor Lijiang bemerke ich zu allem Überfluss, dass mit meiner Kupplung etwas nicht stimmt. Der Hebel lässt sich weiter durchziehen, doch ich spüre den Druckpunkt nur noch auf den letzten Millimetern. Zuerst vermute ich, der Zug habe sich wieder verabschiedet. Ich will nicht noch einmal liegenbleiben, so wie beim letzten Mal auf dem Pass. Wir sind per Bluetooth-Headset verbunden, und ich teile Ralf mein Problem mit. »Die Kupplung spinnt wieder«, sage ich. »Aber ich glaube, bis Lijiang komme ich noch.«

»Verstanden«, erwidert Ralf. Es ist ja nicht mehr weit.« Er informiert Ibin, der hinter uns fährt. Doch irgendwie geht die Info unter, und Ibin denkt offenbar, ich könne nur noch im dritten Gang fahren. Kommunikation kann manchmal kompliziert sein, besonders mit verschiedenen Sprachen und Akzenten. Tatsache war, dass Anfahren mit meiner Maschine schwierig bis unmöglich sein würde. Solange wir auf der Schnellstraße und breiten Straßen unterwegs waren, klappte alles ganz gut. Aber je näher wir Lijiang kamen, desto dichter wurde der Verkehr und die Straßen unübersichtlicher. Klar war: Anhalten durfte ich auf keinen Fall mehr. Einmal stehenbleiben, und ich käme ohne Kupplung nicht wieder vom Fleck.

In China haben die Ampeln digitale Anzeigen, die runterzählen, wie lange sie noch grün oder rot sind. Dieses System ist jetzt mein Lebensretter. Ralf fährt etwa 150 Meter vor mir und gibt mir über Funk Anweisungen. »Nächste Ampel, noch 35 Sekunden Rot«, höre ich ihn sagen. »Langsam machen.« Ich reduziere das Tempo und rolle langsam auf die Kreuzung zu. »Jetzt sind's noch zehn Sekunden Rot«, ruft Ralf. »Mach dich bereit.« Sobald es grün wird, kann ich durchfahren, ohne anhalten zu müssen. Dieses Spiel wiederholen wir mehrmals. Ralf versucht sogar, den Verkehr für mich zu blockieren, damit ich reibungslos durchkomme. »Jetzt beeil dich, 12 Sekunden Grün!«, ruft er einmal. Ich reiße am Gasgriff und erwische die Ampel gerade noch.

Ironie des Schicksals: Wir quälen uns kilometerweit im ersten Gang durch Lijiang, nur um im Ziel festzustellen, dass die »defekte« Kupplung mit einem einzigen Handgriff repariert gewesen wäre.

Komplizierter wird es, als Ibin scheinbar eine Abkürzung nehmen will. Er bremst und sucht nach einer Einmündung. Ich hingegen kann nicht langsamer werden, ohne Gefahr zu laufen, dass der Motor abstirbt. »Ich kann nicht anhalten!«, rufe ich verzweifelt ins Headset. »Wir müssen weiter!« Ralf begreift sofort und lotst mich durch die Straßen. Wir umfahren einen Teil von Lijiang, um weniger Ampeln zu haben. Doch dann landen wir hinter einem Lkw, der im Schneckentempo einen Hügel hochkriecht, vielleicht mit 5 km/h. Mein Motorrad droht auszugehen, also muss ich in den ersten Gang schalten und die Drehzahl hochhalten.

»Ich muss überholen!«, sage ich. »Okay, warte, ich check das«, antwortet Ralf und fährt voraus. In einer nicht einsehbaren Kurve gibt er mir das Signal, dass die Straße frei ist. Ich drehe am Gasgriff und ziehe am Lkw vorbei. Die letzten drei Kilometer durch Lijiang fahre ich dann im ersten Gang, der Motor heult auf, und die Passanten schauen uns verwundert an. Endlich erreichen wir das Hotel, an dem unsere Reise begonnen hat. Mit letzter Kraft stelle ich das Motorrad ab. Wir schauen uns die Maschine an und stellen mit ungläubigem Staunen fest, dass nur die Einstellschraube der Kupplung nachgezogen werden muss. Ein kurzer Dreh und alles funktioniert wieder perfekt. »Das hätten wir unterwegs erledigen können«, bemerkt Oliver grinsend. »Hinterher ist man immer schlauer«, sage ich und zucke mit den Schultern.

Wir sind nun einen Tag früher als geplant in Lijiang. Während die anderen sich am nächsten Tag noch eine kleine Tour gönnen wollen, beschließe ich, ins Krankenhaus zu gehen und meinen Fuß röntgen zu lassen. Ich bin außerdem neugierig, wie das chinesische Gesundheitssystem funktioniert. Zu meiner Überraschung dauert der ganze Ablauf – von der Anmeldung über die Untersuchung bis zum Röntgen – keine 15 Minuten. Die Kosten belaufen sich auf umgerechnet 10,20 Euro, die ich direkt vor Ort bezahlen kann. Der Arzt schaut sich die Bilder an und meint, mein großer Zeh sei gebrochen, aber eine Operation sei nicht nötig. »Schonen und nicht belasten«, rät er mir. Ibin besorgt mir ein Paar Krücken, allerdings mit chinesischem Standardmaß. Bei meinen 1,86 Metern muss ich mich etwas krumm machen, aber ich bin froh, meinen Fuß entlasten zu können.

Abends treffen wir uns alle wieder in einem gemütlichen Restaurant, um die Reise ausklingen zu lassen. Wir bestellen eine bunte Auswahl an Gerichten – von scharfen Sichuan-Speisen bis zu lokalen Spezialitäten. Die Stimmung ist super, wir lachen viel. »Ibin, wir wollen uns bedanken«, beginnt Thomas und hebt sein Glas. »Ohne dich hätte es diese Reise nicht gegeben.« – »Ja, deine Organisation und deine Hilfe waren unbezahlbar«, fügt Oliver hinzu. Ibin lächelt bescheiden. »Es war mir eine Freude, euch mein Land zu zeigen. Ich habe auch viel von euch gelernt.«

Es gibt exklusive Einblicke, die man wirklich nicht braucht: Die Innenansicht der Notaufnahme war definitiv der Teil der Reise, den ich mir gerne gespart hätte.

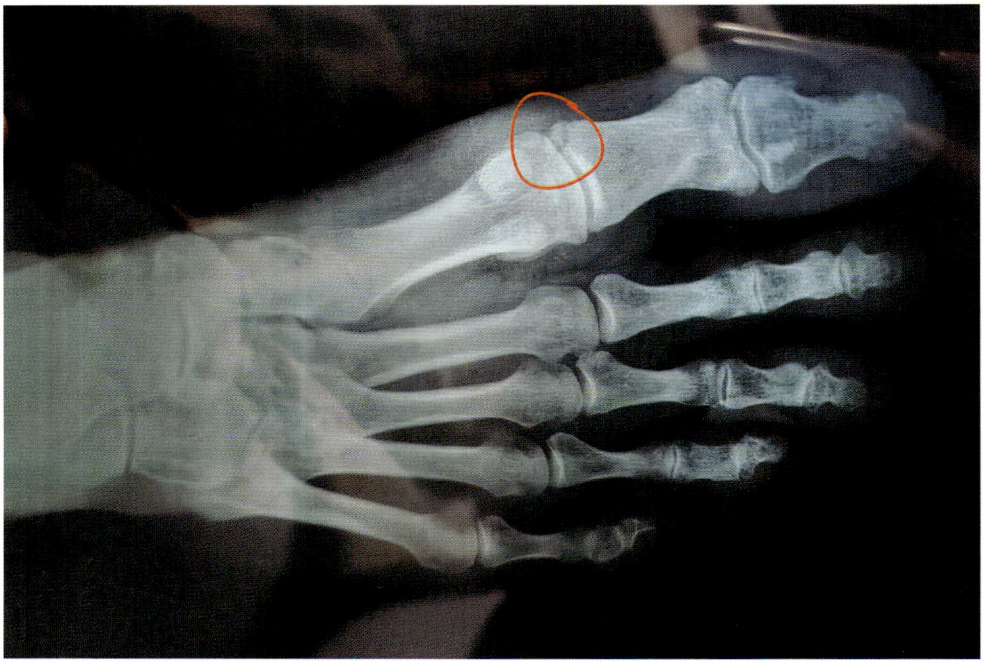

Diagnose im Discounter-Tarif: Für umgerechnet 10,20 Euro und in unter 15 Minuten gibt es den Beweis Schwarz auf Weiß – der große Zeh ist durch. Dazu gibt es Krücken im chinesischen Standardmaß, die für meine 1,86 Meter leider eher eine Bückling-Garantie als eine Gehhilfe sind.

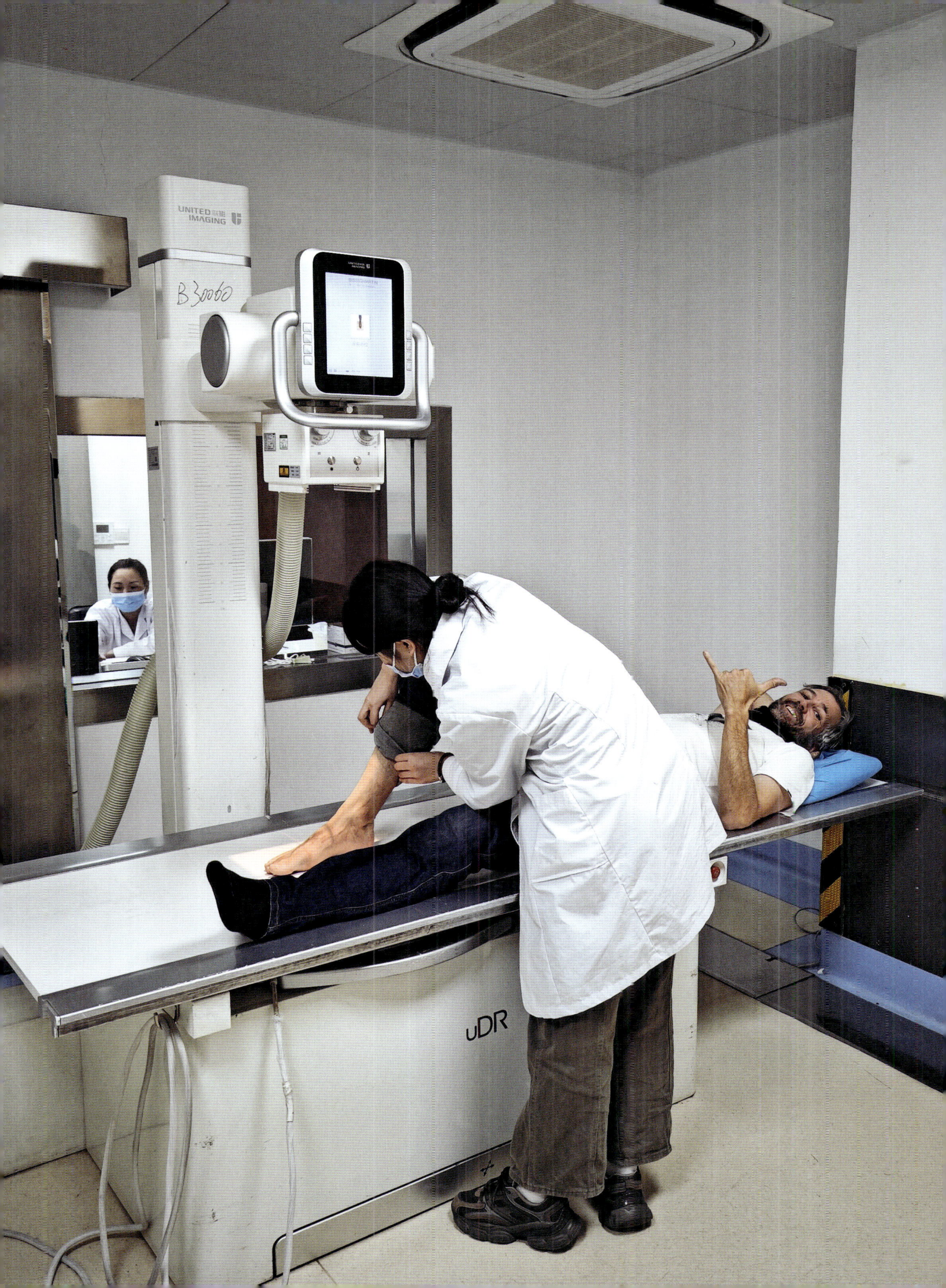
UNITED IMAGING
B30060
uDR

Finale im Abendrot: Wir cruisen über das tibetische Hochplateau, während die tiefstehende Sonne die Berge in warmes Gold taucht. In den Pfützen auf der Schotterpiste spiegelt sich der weite Himmel – ein Moment absoluter Ruhe und Perfektion, bei dem man sich nur eines denkt: Besser geht es nicht.

13

13

Rückblick und neue Horizonte

Jedes Ende ist der Anfang eines neuen Weges

Wenn der Weg aussieht wie ein Gemälde, hat es das Ziel schwer, da noch mitzuhalten.

Die letzten Sonnenstrahlen fallen durch das Fenster meines Hotelzimmers in Lijiang. Ich sitze mit einer Tasse heißen Tees am Schreibtisch. Die Motorräder haben wir schon wieder abgegeben, die Koffer sind gepackt. Morgen früh geht unser Flieger zurück in die Schweiz. Ein perfekter Moment, um die Reise nochmal im Kopf Revue passieren zu lassen und die Gedanken zu sortieren.

Auch vor dieser Tour hatte ich schon so meine Vorstellungen von China. Seit über 20 Jahren reise ich immer wieder durch dieses riesige Land, hab seinen rasanten Wandel miterlebt und viele verschiedene Erfahrungen gemacht. Und trotzdem hat es China auch diesmal wieder geschafft, mich zu überraschen. Dafür ist es einfach zu groß, zu vielschichtig, als dass man es je komplett begreifen könnte.

Meine Freundschaft zu Ibin war dabei immer ein besonderer Anker. Uns verbindet mehr als nur das gemeinsame Interesse am Reisen und Fotografieren. Unsere Gespräche über das Weltgeschehen, fremde Kulturen und persönliche Erlebnisse haben unser Verständnis für uns selbst und für die Welt jedes Mal ein Stück vertieft.

Für meine Freunde Thomas, Oliver und Ralf aber war es die erste Reise nach China. Sie hatten keine konkreten Erwartungen und wussten nicht, was sie hier erwarten würde. Das Bild, das in den westlichen Medien von China gezeichnet wird, ist ja oft von Politik und Wirtschaft geprägt, aber selten von den Menschen selbst. Dabei habe ich das schon auf früheren Reisen in Länder wie Iran, Pakistan oder Indien erlebt: Eine Regierung entspricht nicht immer dem Charakter eines ganzen Landes oder seiner Bevölkerung.

Wir sind mit offenen Herzen und offenem Geist gereist. Durch Ibin, der als Übersetzer und Brückenbauer fungierte, konnten wir viel tiefer in die Kultur eintauchen, als es uns allein je möglich gewesen wäre. Besonders in den Regionen, die wir bereist haben, war der tibetische Einfluss extrem stark zu spüren. Deshalb spreche ich auch weniger von einer Reise durch China, sondern mehr von einer Begegnung mit den Tibetern, die in diesen Provinzen leben.

Was uns in diesen zwei Wochen am meisten beeindruckt hat, war die unglaubliche Gastfreundschaft der Menschen. Ihre Offenheit, ihre Neugierde und ihre Herzlichkeit haben uns tief berührt. Sie wollten wissen, woher wir kamen, wohin wir gingen, und haben uns bereitwillig von sich selbst erzählt. Die reiche Kultur, die wir erleben durften, das vielfältige Essen – mal scharf, mal unbeschreiblich scharf – und der Austausch mit Menschen, mit denen wir nicht einmal dieselbe Sprache teilten, haben diese Reise so besonders gemacht.

Der Satz »Der Weg ist das Ziel« hat für mich noch nie so sehr zugetroffen wie auf dieser Tour. Es war meine erste große Motorradreise, und sie war komplett anders als meine bisherigen Fahrradexpeditionen. Auf dem Fahrrad nehme ich meine Umgebung zwar sehr intensiv wahr, habe aber nur eine begrenzte Reichweite. Mit dem Motorrad haben wir Tagesetappen zurückgelegt, für die ich mit dem Fahrrad Wochen gebraucht hätte – ohne dabei das Gefühl für die Natur und die Elemente zu verlieren.

Auf dem Motorrad waren wir mittendrin. Wir spürten die Kälte auf den Bergpässen, den Wind auf den Hochebenen, den Duft der Wälder und die Hitze in den Tälern. Als Fotograf gab mir das außerdem die Freiheit, jederzeit anzuhalten, um den perfekten Moment einzufangen. Nicht das Ziel stand im Vordergrund, sondern das Unterwegssein – mit all seinen Überraschungen und Eindrücken.

> **Manchmal braucht es einen Schneesturm und einen gebrochenen Zeh, um zu erkennen: Nicht das Ziel auf der Karte zählt, sondern die Menschen und Momente, die uns erst auf den Umwegen dazwischen begegnen.**

Das hat sich besonders bei unserem Versuch gezeigt, die Klosterstadt Yarchen Gar zu besuchen. Vorher war ich mir sicher gewesen, dass dieser Ort der absolute Höhepunkt der Reise werden würde. Ich hatte mich monatelang darauf gefreut, war voller Vorfreude und Spannung. Und dann kam alles anders. Zuerst war ich enttäuscht. Doch im Rückblick wurde mir klar, dass gerade diese unerwartete Wendung zu einigen der schönsten Momente der Reise geführt hat. Die Begegnungen mit den Menschen außerhalb der Klosterstadt, die Stunden in dem kleinen Hotel, die Herzlichkeit der Tibeter – all das hätten wir verpasst, wenn wir stur an unserem Plan festgehalten hätten.

Ich bin dankbar für den Schneefall, der uns zum Umdenken gezwungen und auf neue Wege geführt hat. Er hat uns an Orte und in Situationen gebracht, die unsere Reise unglaublich bereichert haben. Sogar der gebrochene Zeh, den ich mir bei meinem Sturz zugezogen hatte, konnte die positiven Erlebnisse nicht schmälern – im Gegenteil, er wurde einfach Teil der Geschichte, die ich jetzt erzählen kann.

Auch meine Freunde waren am Ende genauso begeistert wie ich. Sie haben ein China kennengelernt, das sie so nicht erwartet hatten – ein Land voller Kontraste, Herzlichkeit und Kultur. Gemeinsam haben wir Abenteuer bestanden, gelacht, gestaunt und manchmal geflucht. Vor allem aber haben wir Erinnerungen geschaffen, die uns für immer verbinden werden.

Als ich an unserem letzten Abend mit Ibir am Ufer des Lijiang-Flusses sitze und die Lichter der Stadt beobachte, wird mir klar, wie kostbar solche Begegnungen sind. »Weißt du«, sage ich zu ihm, »es sind die Menschen, die eine Reise unvergesslich machen.« Er nickt und lächelt. »Das stimmt. Und manchmal muss man eben Umwege gehen, um das Wesentliche zu entdecken.«

Unsere Reise war mehr als nur eine Fahrt durch beeindruckende Landschaften. Sie war eine Entdeckungsreise zu uns selbst, an unsere Grenzen und darüber hinaus. Sie hat uns Demut gelehrt, Offenheit und den Wert von Freundschaft. Ich weiß, das war nicht meine letzte Reise. Es gibt noch so viel zu entdecken, so viele Geschichten zu hören und zu erzählen. Und vielleicht kehren wir eines Tages zurück – nicht, um ein bestimmtes Ziel zu erreichen, sondern um einfach wieder aufzubrechen und uns überraschen zu lassen von dem, was hinter der nächsten Kurve liegt.

Denn am Ende stimmt es wirklich: Der Weg ist das Ziel. Und ich bin bereit, diesen Weg immer wieder aufs Neue zu gehen.

4.700 Meter Höhe, strahlend blauer Himmel und die besten Wingmen an der Seite. Was gibt es Besseres, als solche Momente mit einer Truppe zu teilen, die jeden Spaß mitmacht und in jeder Kurve zusammenhält? Wir stehen hier oben nicht nur als Motorradfahrer, sondern als Freunde fürs Leben – erschöpft, aber überglücklich.

Für Momo und Mila – mein liebstes Basislager. Danke, dass ihr mich ziehen lasst und das Zurückkehren zum besten Teil jedes Abenteuers macht.

Bildnachweis
alle Fotos: Martin Bissig, mit Ausnahme von:
istockphoto/Frank Ramspott: S. 16/17
Hersteller: S. 20/21

Bibliografische Information der Deutschen Nationalbibliothek
Die Deutsche Nationalbibliothek verzeichnet diese Publikation in der Deutschen Nationalbibliografie; detaillierte bibliografische Daten sind im Internet über http://dnb.dnb.de abrufbar.

1. Auflage
ISBN 978-3-667-13202-4

Text und Fotos: Martin Bissig
Lektorat: Hanno Vienken
Einbandgestaltung, Layout und Lithografie: Jörg Weusthoff, Weusthoff & Reiche Design, Hamburg
Druck: Print Consult GmbH, München
Printed in Czech Republic 2026

Delius Klasing Verlag GmbH, Siekerwall 21, D - 33602 Bielefeld
Tel.: 0521/559-0
E-Mail: info@delius-klasing.de
www.delius-klasing.de

VOLUME FIVE HUNDRED AND NINETY THREE

METHODS IN ENZYMOLOGY

Cannabinoids and Their Receptors

METHODS IN ENZYMOLOGY

VOLUME FIVE HUNDRED AND NINETY THREE

METHODS IN ENZYMOLOGY

Cannabinoids and Their Receptors

Edited by

PATRICIA H. REGGIO

University of North Carolina at Greensboro, Greensboro, NC, United States

ACADEMIC PRESS

An imprint of Elsevier

ELSEVIER

Academic Press is an imprint of Elsevier
50 Hampshire Street, 5th Floor, Cambridge, MA 02139, United States
525 B Street, Suite 1800, San Diego, CA 92101–4495, United States
The Boulevard, Langford Lane, Kidlington, Oxford OX5 1GB, United Kingdom
125 London Wall, London, EC2Y 5AS, United Kingdom

First edition 2017

ISBN: 978-0-12-812156-6
ISSN: 0076-6879

For information on all Academic Press publications
visit our website at https://www.elsevier.com/books-and-journals

Publisher: Zoe Kruze
Acquisition Editor: Zoe Kruze
Editorial Project Manager: Helene Kabes
Production Project Manager: Magesh Kumar Mahalingam
Cover Designer: Matthew Limbert

Typeset by SPi Global, India

CONTENTS

CONTRIBUTORS

Mary E. Abood
Center for Substance Abuse Research, Lewis Katz School of Medicine at Temple University, Philadelphia, PA, United States

Laura M. Bohn
The Scripps Research Institute, Jupiter, FL, United States

Katharine Bortoff
Bioagilytix, Durham, NC, United States

Heather B. Bradshaw
Indiana University, Bloomington, IN, United States

Jian Cai
University of Louisville School of Medicine, Louisville, KY, United States

Erin E. Cawston
University of Auckland, Auckland, New Zealand

Linda M. Console-Bram
Center for Substance Abuse Research, Lewis Katz School of Medicine at Temple University, Philadelphia, PA, United States

Luigia Cristino
Endocannabinoid Research Group, Institute of Biomolecular Chemistry, CNR, Pozzuoli, Italy

Christopher W. Cunningham
Concordia University Wisconsin School of Pharmacy, Mequon, WI, United States

Vincenzo Di Marzo
Endocannabinoid Research Group, Institute of Biomolecular Chemistry, CNR, Pozzuoli, Italy

Khalil Eldeeb
Wake Forest School of Medicine, Winston-Salem; Campbell University School of Osteopathic Medicine, Lillington, NC, United States; AL-Azhar Faculty of Medicine, New Damietta, Egypt

David L. Farrens
Oregon Health and Science University, Portland, OR, United States

Jonathan F. Fay
Oregon Health and Science University, Portland, OR, United States

Javier Fernández-Ruiz
Instituto Universitario de Investigación en Neuroquímica, Facultad de Medicina, Universidad Complutense; Centro de Investigación Biomédica en Red de Enfermedades Neurodegenerativas (CIBERNED); Instituto Ramón y Cajal de Investigación Sanitaria (IRYCIS), Madrid, Spain

Laura Figuerola-Asencio
Instituto de Química Médica, Consejo Superior de Investigaciones Científicas, Unidad Asociada I+D+i IQM/Universidad Rey Juan Carlos (URJC), Madrid, Spain

David B. Finlay
University of Auckland, Auckland, New Zealand

Sumanta Garai
School of Pharmacy, Bouvé College of Health Sciences, Northeastern University, Boston, MA, United States

Concepción García
Instituto Universitario de Investigación en Neuroquímica, Facultad de Medicina, Universidad Complutense; Centro de Investigación Biomédica en Red de Enfermedades Neurodegenerativas (CIBERNED); Instituto Ramón y Cajal de Investigación Sanitaria (IRYCIS), Madrid, Spain

Klaus Gawrisch
Laboratory of Membrane Biochemistry and Biophysics, NIAAA, NIH, Bethesda, MD, Unites States

Michelle Glass
University of Auckland, Auckland, New Zealand

María Gómez-Ruiz
Instituto Universitario de Investigación en Neuroquímica, Facultad de Medicina; Facultad de Psicología, Universidad Complutense; Centro de Investigación Biomédica en Red de Enfermedades Neurodegenerativas (CIBERNED); Instituto Ramón y Cajal de Investigación Sanitaria (IRYCIS), Madrid, Spain

Pedro Grandes
Faculty of Medicine and Nursing, University of the Basque Country UPV/EHU; Achucarro Basque Center for Neuroscience, Science Park of the UPV/EHU, Leioa, Spain; University of Victoria, Victoria, BC, Canada

Natasha L. Grimsey
University of Auckland, Auckland, New Zealand

Etienne Hebert-Chatelain
Université de Moncton, Moncton, NB, Canada

Jay Henson
QuintilesIMS, RTP, NC, United States

Mariluz Hernández
Instituto Universitario de Investigación en Neuroquímica, Facultad de Medicina; Facultad de Psicología, Universidad Complutense; Centro de Investigación Biomédica en Red de Enfermedades Neurodegenerativas (CIBERNED); Instituto Ramón y Cajal de Investigación Sanitaria (IRYCIS), Madrid, Spain

Laura Hernandez-Folgado
Instituto de Química Médica, Consejo Superior de Investigaciones Científicas, Unidad Asociada I+D+i IQM/Universidad Rey Juan Carlos (URJC), Madrid, Spain

Cecilia J. Hillard
Medical College of Wisconsin, Milwaukee, WI, United States

Allyn C. Howlett
Wake Forest School of Medicine, Winston-Salem, NC, United States

Huan Huang
Texas A&M University, TVMC, College Station, TX, United States

Morag R. Hunter
University of Auckland, Auckland, New Zealand

Dow P. Hurst
University of North Carolina at Greensboro, Greensboro, NC, United States

Roberta Imperatore
Endocannabinoid Research Group, Institute of Biomolecular Chemistry, CNR, Pozzuoli; University of Sannio, Benevento, Italy

Nadine Jagerovic
Instituto de Química Médica, Consejo Superior de Investigaciones Científicas, Unidad Asociada I + D + i IQM/Universidad Rey Juan Carlos (URJC), Madrid, Spain

David R. Janero
School of Pharmacy, Bouvé College of Health Sciences; Center for Drug Discovery; College of Science; Health Sciences Entrepreneurs, Northeastern University, Boston, MA, United States

Debra A. Kendall
University of Connecticut, Storrs, CT, United States

Anisha Korde
School of Pharmacy, Bouvé College of Health Sciences; Center for Drug Discovery; College of Science; Health Sciences Entrepreneurs, Northeastern University, Boston, MA, United States

Abhijit R. Kulkarni
School of Pharmacy, Bouvé College of Health Sciences, Northeastern University, Boston, MA, United States

Ana Lago-Fernandez
Instituto de Química Médica, Consejo Superior de Investigaciones Científicas, Unidad Asociada I + D + i IQM/Universidad Rey Juan Carlos (URJC), Madrid, Spain

Robert B. Laprairie
The Scripps Research Institute, Jupiter, FL, United States

Alyssa S. Laun
University of Louisville School of Medicine, Louisville, KY, United States

Emma Leishman
Indiana University, Bloomington, IN, United States

Sandra Leone-Kabler
Wake Forest School of Medicine, Winston-Salem, NC, United States

Diane L. Lynch
University of North Carolina at Greensboro, Greensboro, NC, United States

Christa E. Macdonald
University of Auckland, Auckland, New Zealand

Rangan Maitra
Center for Drug Discovery, Research Triangle Institute, Research Triangle Park, NC, United States

Alexandros Makriyannis
School of Pharmacy, Bouvé College of Health Sciences; Center for Drug Discovery; College of Science; Health Sciences Entrepreneurs, Northeastern University, Boston, MA, United States

Giovanni Marsicano
INSERM U1215, NeuroCentre Magendie, Team "Endocannabinoids and Neuroadaptation"; Université de Bordeaux, Bordeaux, France

Su Melser
INSERM U1215, NeuroCentre Magendie, Team "Endocannabinoids and Neuroadaptation"; Université de Bordeaux, Bordeaux, France

Paula Morales
University of North Carolina at Greensboro, Greensboro, NC, United States

Terrence S. Neumann
Concordia University Wisconsin School of Pharmacy, Mequon, WI; Texas Wesleyan University, Fort Worth, TX, United States

Antonio C. Pagano Zottola
INSERM U1215, NeuroCentre Magendie, Team "Endocannabinoids and Neuroadaptation"; Université de Bordeaux, Bordeaux, France

Mike C. Pitman
University of North Carolina at Greensboro, Greensboro, NC, United States

Nagore Puente
Faculty of Medicine and Nursing, University of the Basque Country UPV/EHU; Achucarro Basque Center for Neuroscience, Science Park of the UPV/EHU, Leioa, Spain

José A. Ramos
Instituto Universitario de Investigación en Neuroquímica, Facultad de Medicina, Universidad Complutense; Centro de Investigación Biomédica en Red de Enfermedades Neurodegenerativas (CIBERNED); Instituto Ramón y Cajal de Investigación Sanitaria (IRYCIS), Madrid, Spain

Vanessa Redondo
Instituto de Química Médica, Consejo Superior de Investigaciones Científicas, Unidad Asociada I+D+i IQM/Universidad Rey Juan Carlos (URJC), Madrid, Spain

Patricia H. Reggio
University of North Carolina at Greensboro, Greensboro, NC, United States

Beatriz E. Rodrigues
Concordia University Wisconsin School of Pharmacy, Mequon, WI, United States

Friedhelm Schroeder
Texas A&M University, TVMC, College Station, TX, United States

Caitlin E. Scott
University of Connecticut, Storrs, CT, United States

Herbert H. Seltzman
Center for Drug Discovery, Research Triangle Institute, Research Triangle Park, NC, United States

Daniel S. Sem
Concordia University Wisconsin School of Pharmacy, Mequon, WI, United States

Roman Serrat
INSERM U1215, NeuroCentre Magendie, Team "Endocannabinoids and Neuroadaptation"; Université de Bordeaux, Bordeaux, France

Derek M. Shore
University of North Carolina at Greensboro, Greensboro, NC, United States

Zhao-Hui Song
University of Louisville School of Medicine, Louisville, KY, United States

Edward L. Stahl
The Scripps Research Institute, Jupiter, FL, United States

Joseph Tam
Obesity and Metabolism Laboratory, Institute for Drug Research, School of Pharmacy, Faculty of Medicine, The Hebrew University of Jerusalem, Jerusalem, Israel

Ganesh A. Thakur
School of Pharmacy, Bouvé College of Health Sciences, Northeastern University, Boston, MA, United States

Caleb D. Vogt
Concordia University Wisconsin School of Pharmacy, Mequon, WI, United States

Daniel Wesley
Laboratory of Physiologic Studies, National Institute on Alcohol Abuse and Alcoholism, NIH, Bethesda, MD, United States

Alexei Yeliseev
Laboratory of Membrane Biochemistry and Biophysics, NIAAA, NIH, Bethesda, MD, Unites States

Pingwei Zhao
Center for Substance Abuse Research, Lewis Katz School of Medicine at Temple University, Philadelphia, PA, United States

PREFACE

I would like to start this Preface by giving the reader a very short synopsis of what I call the history of the modern era of cannabinoid research. Although cannabinoids have been shown to act at other sites such as TRP channels (Di Marzo & De Petrocellis, 2010), this summary focuses on cannabinoid action at the cannabinoid CB1 and CB2 receptors. Because of its brevity, this synopsis leaves out the work of many important cannabinoid researchers, and for this I apologize.

The cannabinoid field entered its modern era in 1964 when Raphael Mechoulam reported that the principal psychoactive compound in hashish was (−)-trans-Δ^9-tetrahydrocannabinol ((−)-Δ^9-THC) (Gaoni & Mechoulam, 1964; Mechoulam, Braun, & Gaoni, 1967; Mechoulam & Gaoni, 1967). This identification ushered in two important lines of research: (1) the isolation and synthesis of phytocannabinoid compounds such as cannabidiol (CBD) and their metabolites (Lander et al., 1976) and (2) the synthetic elaboration of new cannabinoid compounds based initially on the (−)-Δ^9-THC structure. This led to the identification of nonclassical cannabinoids such as the potent CB1 ligand, CP55940 (Melvin, Milne, Johnson, Wilken, & Howlett, 1995), and the identification of aminoalkylindoles as CB1 ligands (D'Ambra et al., 1992). Animal models were developed for testing compounds. The most used in vivo assay over the years has been the mouse tetrad assay which includes measurements of rectal temperature, catalepsy, locomotor behavior, and the tail flick assay. When I entered the field in 1985, hundreds of cannabinoid compounds had been synthesized and evaluated in vivo. So, I began my work by developing a structure–activity relationship for psychoactive cannabinoids. At this point, no cannabinoid receptor had been identified and many thought that cannabinoid effects were not receptor mediated, but rather were the result of changes in membrane fluidity produced by highly lipophilic cannabinoids.

Allyn Howlett began to build a case for the existence of a cannabinoid receptor. She first demonstrated that psychoactive cannabinoids produced an inhibition of adenylate cyclase in neuroblastoma cell membranes (Howlett & Fleming, 1984). Then in 1988, Allyn's lab proved that a cannabinoid receptor was present in rat brain and that this receptor was a G-protein-coupled receptor (Devane, Dysarz, Johnson, Melvin, & Howlett, 1988). This permitted for the first time the development of an SAR based on receptor affinity.

Two important pieces of the cannabinoid receptor story were still missing. No antagonist of the CB1 receptor had been discovered and the endogenous ligand of the cannabinoid receptor was yet unknown. In 1994, Sanofi Recherche published their development of SR141716A, the first cannabinoid receptor antagonist (Rinaldi-Carmona et al., 1994). Then in 1992, the Mechoulam lab reported that anandamide (*N*-arachidonoylethanolamine; AEA), an arachidonic acid derivative, was the endogenous ligand of the cannabinoid receptor in brain (Devane et al., 1992). The DNA sequence of the CB1 receptor was published by Tom Bonner's group in 1990 (Matsuda, Lolait, Brownstein, Young, & Bonner, 1990). This discovery permitted the creation of the first CB1 computer model (Bramblett, Panu, Ballesteros, & Reggio, 1995).

Given the wide-ranging effects of THC that included many non-neuronal effects, such as immune system modulation, the existence of at least one other cannabinoid receptor seemed likely. In 1993, Munro and coworkers cloned a peripheral cannabinoid receptor, CB_2, from a human promyelocytic leukemia cell HL60 DNA library (Munro, Thomas, & Abu-Shaar, 1993). Then in 1995, two groups identified the endogenous ligand of the CB2 receptor to be 2-arachidonoylglycerol (2-AG) (Mechoulam et al., 1995; Sugiura et al., 1995). 2-AG was also found to bind to CB1. Many cannabinoid compounds had similar affinities at both CB_1 and CB_2, so the search was on for CB_2 selective compounds, including a CB_2 antagonist. In 1998, Sanofi Recherche reported the development of the first CB2 antagonist, SR144528 (Rinaldi-Carmona et al., 1998).

For many years, the cannabinoid receptor was closely associated only with receptors for drugs of abuse. However, in 2001, Wilson and Nicoll (Wilson & Nicoll, 2001) identified the central role of CB1 receptors and the endocannabinoid system in brain to be a mechanism by which neurons can communicate backward across GABAergic synapses to modulate their inputs (i.e., retrograde signaling) using 2-AG as the messenger. The biosynthetic enzymes for 2-AG were discovered to be localized on postsynaptic neurons in dendritic spines and somatodendritic compartments. Released 2-AG was found to control the activity of the complementary presynaptic neuron by binding to the CB1 receptor which is often expressed there (Di Marzo, 2009). Degradation of 2-AG was found to be accomplished presynaptically, principally by a membrane-associated enzyme, monoacylglycerol lipase (Dinh et al., 2002).

AEA synthetic pathways are still the subject of active research. One synthetic pathway that has been reported by Nyilas and coauthors involves

N-acylphosphatidylethanolamine-hydrolyzing phospholipase D, a biosynthetic enzyme (Okamoto, Wang, Morishita, & Ueda, 2007) that is concentrated presynaptically and is associated with intracellular calcium stores. This indicates that, in contrast to 2-AG, endocannabinoids like AEA may have a presynaptic origin and their production may reflect the status of axon terminal [Ca^{2+}] (in part following release from intracellular stores) (Nyilas et al., 2008). After acting at presynaptic CB1 receptors, AEA was found to be taken up by postsynaptic cells. Ben Cravatt's lab reported that AEA degradation was produced by a membrane-bound enzyme, fatty acid amide hydrolase (FAAH) (Bracey, Hanson, Masuda, Stevens, & Cravatt, 2002). This enzyme was shown by immunohistochemistry to be localized to the endoplasmic reticulum (Arreaza & Deutsch, 1999; Giang & Cravatt, 1997). One of the lingering questions in the cannabinoid field is how does AEA reach FAAH for degradation? Are there proteins that act as carriers for the endocannabinoids either in membranes or aqueous compartments, including the cytosol and extracellular space, or does AEA move via simple diffusion? A specific anandamide transporter and carriers that transport multiple classes of lipid-related ligands, such as fatty acid-binding protein and sterol-carrier protein-2, have been proposed, but the field has not reached consensus on this yet (Di Marzo et al., 1994; Hillard & Jarrahian, 2000; Kaczocha, Glaser, & Deutsch, 2009; Liedhegner, Vogt, Sem, Cunningham, & Hillard, 2014; Piomelli, Beltramo, Giuffrida, & Stella, 1998). It may be that more than one carrier protein is involved in this process.

Since 2005, new classes of cannabinoid ligands have emerged. The first allosteric modulator of the CB1 receptor, ORG27569, was reported by Ruth Ross and coauthors (Price et al., 2005). This compound is a positive allosteric modulator for CP55940 affinity, but a negative allosteric modulator of CP55940 signaling. In 2014, Pier-Vincenzo Piazza and coauthors reported the first endogenous allosteric modulator of the CB1 receptor, pregnenolone (Vallee et al., 2014). Deborah Kendall's lab discovered that ORG27569 can act as a biased agonist of the CB1 receptor, signaling via beta-arrestin-1 (Ahn, Mahmoud, Shim, & Kendall, 2013). This was the first demonstration of a purely biased cannabinoid ligand and the first demonstration that a CB1 compound can signal via a G-protein-independent beta-arrestin signaling pathway.

Finally, in 2016, the first crystal structures of the cannabinoid CB1 receptor were published (Hua et al., 2016; Shao et al., 2016). Both structures were crystallized with CB1 antagonists/inverse agonists and therefore represent the inactive state of the receptor. Each has a portal formed by the extracellular portions of TMH1/TMH7 that can serve as an entry point for antagonists/inverse agonists from the lipid bilayer. These results are consistent with earlier molecular dynamics studies which suggested that 2-AG can access the CB2 receptor via the lipid bilayer (Hurst et al., 2010). As this chapter went to press, the first agonist-bound structure of CB1 was published (Hua et al., 2017).

The chapters in this volume describe methods that can be used to take the cannabinoid field in new, interesting directions. Chapters 1–3 describe new, more efficient ways to assay for G-protein-dependent signaling of the cannabinoid receptors. These include Allyn Howlett and Khalil Eldeeb's chapter entitled "Mouse Neuroblastoma CB1 Cannabinoid Receptor-Stimulated [^{35}S]GTPγS Binding: Total and Antibody-Targeted Gα Protein-Specific Scintillation Proximity Assays" (Chapter 1); Mary Abood's chapter entitled "Protocols and Good Operating Practices in the Study of Cannabinoid Receptors" (Chapter 2); and Michelle Glass' chapter entitled "Real-Time Measurement of Cannabinoid Receptor-Mediated cAMP Signaling" (Chapter 3).

Chapters 4–6 focus on assays used to study the endocannabinoid system. Vincenzo Di Marzo presents "Techniques for the Cellular and Subcellular Localization of Endocannabinoid Receptors and Enzymes in the Mammalian Brain" (Chapter 4). Cecilia Hillard's chapter entitled "Endocannabinoid Transport Proteins: Discovery of Tools to Study Sterol Carrier Protein-2" looks at assays for studying endocannabinoid transport and methods for identifying new candidate transport inhibitors (Chapter 5). Heather Bradshaw's chapter entitled "Lipidomics: A Corrective Lens for Enzyme Myopia" (Chapter 6) makes the argument that using lipidomics as a tool for characterizing enzymatic function over more traditional toolkit options will allow investigators to see the consequences of a selective knockout of an endocannabinoid system enzyme for the entire brain lipidome.

Giovanni Marsicano's chapter, entitled "Functional Analysis of Mitochondrial CB1 Cannabinoid Receptors (mtCB1) in the Brain" (Chapter 7), presents some key experimental approaches established in the Marsicano lab to identify anatomical, biochemical, and functional features of mtCB1 receptors in the brain. This includes procedures to obtain reliable and controlled detection of mtCB1 receptors by immunogold electron microscopy and by immunoblotting methods; and methods for studying direct cannabinoid effects on the electron transport system and oxidative phosphorylation.

Javier Fernández-Ruiz's chapter is entitled "Modeling Neurodegenerative Disorders for Developing Cannabinoid-Based Neuroprotective Therapies" (Chapter 8). The chapter proposes that the cannabinoids and their classic (e.g., endocannabinoid receptors and enzymes) and nonclassic (e.g., PPARs, transcription factors) targets can be a useful system for developing novel therapies for neurological disorders.

Chapters 9–11 describe the development of new cannabinoid ligands. Herb Seltzman's chapter, entitled "Metabolic Profiling of CB1 Neutral Antagonists," explores the therapeutic potential of the neutral antagonist, PIMSR (Chapter 9). Alexandros Makriyannis' chapter, entitled "Ligand-Assisted Protein Structure (LAPS): An Experimental Paradigm for Characterizing Cannabinoid-Receptor Ligand-Binding Domains" (Chapter 10), discusses an experimental paradigm employed in the Makriyannis lab termed "ligand-assisted protein structure" (LAPS) that affords a means of characterizing, at the amino-acid level, CB1R and CB2R structural features key to ligand engagement and receptor-dependent information transmission. The nonpsychoactive phytocannabinoid, CBD, has been shown to have neuroprotective effects. In Nadine Jagerovic's chapter entitled "New Methods for the Synthesis of Cannabidiol Derivatives" (Chapter 11), Nadine illustrates new synthetic routes for CBD derivatives.

There is growing interest in using biased signaling of ligands to direct signaling downstream of CB1R toward desirable therapeutic outcomes and to avoid adverse side effects. In Laura Bohn's chapter entitled "Approaches to Assess Biased Signaling at the CB1R Receptor" (Chapter 12), Laura shares the methodology employed in her lab to characterize biased ligands.

Chapters 13 and 14 focus on the synthesis and identification of CB1 allosteric modulators. In Ganesh Thakur's chapter entitled "Design and Synthesis of Cannabinoid 1 Receptor (CB1R) Allosteric Modulators: Drug Discovery Applications" (Chapter 13), Ganesh shows new synthetic routes to CB1 allosteric ligands, while in Chapter 14, entitled "Assessing Allosteric Modulation of CB1 at the Receptor and Cellular Levels," Debra Kendall describes methodology used in her lab to characterize such allosteric modulators.

Chapters 15–17 are devoted to the use of biophysical/analytical methods to study the structure/function of CB1 and CB2. In Chapter 15, entitled "Purification of Functional CB1 and Analysis by Site-Directed Fluorescence Labeling Methods," David Farrens describes methodology used in his lab to characterize CB1 receptor conformational changes. Chapter 16, by

Zhao-Hui Song, is entitled "Mass Spectrometry Analysis of Human CB2 Cannabinoid Receptor and Its Associated Proteins." Here, Zhao-Hui describes the use of cross-linking followed by mass spectroscopic analysis to identify interaction sites between CB2 and its associated proteins. In Chapter 17, entitled "Expression and NMR Structural Studies of Isotopically Labeled Cannabinoid Receptor Type II," Klaus Gawrisch presents methodology for studying NMR structural studies of CB2.

The final two chapters here describe methods to construct and study the dynamical behavior of computer models of Class A G-protein-coupled receptors such as CB1 and CB2. Paula Morales' chapter (Chapter 18), entitled "Methods for the Development of In Silico GPCR Models," describes methodology to construct these models, and Diane Lynch's chapter (Chapter 19), entitled "Molecular Dynamics Methodologies for Probing Cannabinoid Ligand/Receptor Interaction," describes molecular dynamics methodology for studying the behavior of such models in fully hydrated lipid bilayers.

As you can see, the cannabinoid field has progressed since 1964. It has been exciting to be part of this story. It is my hope that this volume will help new scientists entering the cannabinoid field. I wish you the best of luck.

Video file is available on http://dx.doi.10.1016/S0076-6879(17)30257-4.

Patricia H. Reggio, PhD
Marie Foscue Rourk Professor

REFERENCES

Ahn, K. H., Mahmoud, M. M., Shim, J. Y., & Kendall, D. A. (2013). Distinct roles of beta-arrestin 1 and beta-arrestin 2 in ORG27569-induced biased signaling and internalization of the cannabinoid receptor 1 (CB1). *The Journal of Biological Chemistry*, *288*(14), 9790–9800. http://dx.doi.org/10.1074/jbc.M112.438804.

Arreaza, G., & Deutsch, D. G. (1999). Deletion of a proline-rich region and a transmembrane domain in fatty acid amide hydrolase. *FEBS Letters*, *454*, 57–60.

Bracey, M. H., Hanson, M. A., Masuda, K. R., Stevens, R. C., & Cravatt, B. F. (2002). Structural adaptations in a membrane enzyme that terminates endocannabinoid signaling. *Science*, *298*(5599), 1793–1796.

Bramblett, R. D., Panu, A. M., Ballesteros, J. A., & Reggio, P. H. (1995). Construction of a 3D model of the cannabinoid CB1 receptor: Determination of helix ends and helix orientation. *Life Sciences*, *56*(23–24), 1971–1982.

D'Ambra, T. E., Estep, K. G., Bell, M. R., Eissenstat, M. A., Josef, K. A., Ward, S. J., … Daley, G. T. (1992). Conformationally restrained analogues of pravadoline: Nanomolar potent, enantioselective, (aminoalkyl)indole agonists of the cannabinoid receptor. *Journal of Medicinal Chemistry*, *35*(1), 124–135.

Devane, W. A., Dysarz, F. A., 3rd, Johnson, M. R., Melvin, L. S., & Howlett, A. C. (1988). Determination and characterization of a cannabinoid receptor in rat brain. *Molecular Pharmacology*, *34*(5), 605–613.

Devane, W. A., Hanus, L., Breuer, A., Pertwee, R. G., Stevenson, L. A., Griffin, G., … Mechoulam, R. (1992). Isolation and structure of a brain constituent that binds to the cannabinoid receptor. *Science*, *258*(5090), 1946–1949.

Di Marzo, V. (2009). The endocannabinoid system: Its general strategy of action, tools for its pharmacological manipulation and potential therapeutic exploitation. *Pharmacological Research*, *60*(2), 77–84.

Di Marzo, V., & De Petrocellis, L. (2010). Endocannabinoids as regulators of transient receptor potential (TRP) channels: A further opportunity to develop new endocannabinoid-based therapeutic drugs. *Current Medicinal Chemistry*, *17*(14) 1430–1449.

Di Marzo, V., Fontana, A., Cadas, H., Schinelli, S., Cimino, G., Schwartz, J. C., & Piomelli, D. (1994). Formation and inactivation of endogenous cannabinoid anandamide in central neurons. *Nature*, *372*(6507), 686–691.

Dinh, T. P., Carpenter, D., Leslie, F. M., Freund, T. F., Katona, I., Sensi, S. L., … Piomelli, D. (2002). Brain monoglyceride lipase participating in endocannabinoid inactivation. *Proceedings of the National Academy of Sciences of the United States of America*, *99*(16), 10819–10824.

Gaoni, Y., & Mechoulam, R. (1964). Hashish III: The isolation, structure, and partial synthesis of an active constituent of hashish. *Journal of the American Chemical Society*, *86*, 1646–1647.

Giang, D. K., & Cravatt, B. F. (1997). Molecular characterization of human and mouse fatty acid amide hydrolases. *Proceedings of the National Academy of Sciences of the United States of America*, *94*(6), 2238–2242.

Hillard, C. J., & Jarrahian, A. (2000). The movement of N-arachidonoylethanolamine (anandamide) across cellular membranes. *Chemistry and Physics of Lipids*, *108*(1–2), 123–134.

Howlett, A. C., & Fleming, R. M. (1984). Cannabinoid inhibition of adenylate cyclase. Pharmacology of the response in neuroblastoma cell membranes. *Molecular Pharmacology*, *26*(3), 532–538.

Hua, T., Vemuri, K., Nikas, S. P., Laprairie, R. B., Wu, Y., Qu, L., … Liu, Z. J. (2017). Crystal structures of agonist-bound human cannabinoid receptor CB1. *Nature*. http://dx.doi.org/10.1038/nature23272.

Hua, T., Vemuri, K., Pu, M., Qu, L., Han, G. W., Wu, Y., … Liu, Z. J. (2016). Crystal structure of the human cannabinoid receptor CB1. *Cell*, *167*(3), 750–762. http://dx.doi.org/10.1016/j.cell.2016.10.004, e714.

Hurst, D. P., Grossfield, A., Lynch, D. L., Feller, S., Romo, T. D., Gawrisch, K., … Reggio, P. H. (2010). A lipid pathway for ligand binding is necessary for a cannabinoid G protein-coupled receptor *The Journal of Biological Chemistry*, *285*(23), 17954–17964.

Kaczocha, M., Glaser, S. T., & Deutsch, D. G. (2009). Identification of intracellular carriers for the endocannabinoid anandamide. *Proceedings of the National Academy of Sciences of the United States of America*, *106*(15), 6375–6380.

Lander, N., Ben-Zvi, Z., Mechoulam, R., Martin, B., Nordqvist, M., & Agurell, S. (1976). Total synthesis of cannabidiol and delta1-tetrahydrocannabinol metabolites. *Journal of the Chemical Society. Perkin Transactions 1*, (1), 8–16.

Liedhegner, E. S., Vogt, C. D., Sem, D. S., Cunningham, C. W., & Hillard, C. J. (2014). Sterol carrier protein-2: Binding protein for endocannabinoids. *Molecular Neurobiology*, *50*(1), 149–158. http://dx.doi.org/10.1007/s12035-014-8651-7.

Matsuda, L. A., Lolait, S. J., Brownstein, M. J., Young, A. C., & Bonner, T. I. (1990). Structure of a cannabinoid receptor and functional expression of the cloned cDNA. *Nature*, *346*(6284), 561–564.

Mechoulam, R., Ben-Shabat, S., Hanus, L., Ligumsky, M., Kaminski, N. E., Schatz, A. R., ... Vogel, Z. (1995). Identification of an endogenous 2-monoglyceride, present in canine gut, that binds to cannabinoid receptors. *Biochemical Pharmacology*, *50*(1), 83–90.

Mechoulam, R., Braun, P., & Gaoni, Y. (1967). A stereospecific synthesis of (-)-delta 1- and (-)-delta 1(6)-tetrahydrocannabinols. *Journal of the American Chemical Society*, *89*(17), 4552–4554.

Mechoulam, R., & Gaoni, Y. (1967). The absolute configuration of delta-1-tetrahydrocannabinol, the major active constituent of hashish. *Tetrahedron Letters*, *12*, 1109–1111.

Melvin, L. S., Milne, G. M., Johnson, M. R., Wilken, G. H., & Howlett, A. C. (1995). Structure-activity relationships defining the ACD-tricyclic cannabinoids: Cannabinoid receptor binding and analgesic activity. *Drug Design and Discovery*, *13*(2), 155–166.

Munro, S., Thomas, K. L., & Abu-Shaar, M. (1993). Molecular characterization of a peripheral receptor for cannabinoids. *Nature*, *365*(6441), 61–65.

Nyilas, R., Dudok, B., Urban, G. M., Mackie, K., Watanabe, M., Cravatt, B. F., ... Katona, I. (2008). Enzymatic machinery for endocannabinoid biosynthesis associated with calcium stores in glutamatergic axon terminals. *The Journal of Neuroscience*, *28*(5), 1058–1063.

Okamoto, Y., Wang, J., Morishita, J., & Ueda, N. (2007). Biosynthetic pathways of the endocannabinoid anandamide. *Chemistry & Biodiversity*, *4*(8), 1842–1857.

Piomelli, D., Beltramo, M., Giuffrida, A., & Stella, N. (1998). Endogenous cannabinoid signaling. *Neurobiology of Disease*, *5*(6 Pt. B), 462–473.

Price, M. R., Baillie, G. L., Thomas, A., Stevenson, L. A., Easson, M., Goodwin, R., ... Ross, R. A. (2005). Allosteric modulation of the cannabinoid CB1 receptor. *Molecular Pharmacology*, *68*(5), 1484–1495.

Rinaldi-Carmona, M., Barth, F., Heaulme, M., Shire, D., Calandra, B., Congy, C., et al. (1994). SR141716A, a potent and selective antagonist of the brain cannabinoid receptor. *FEBS Letters*, *350*(2–3), 240–244.

Rinaldi-Carmona, M., Barth, F., Millan, J., Derocq, J. M., Casellas, P., Congy, C., ... Le Fur, G. L. (1998). SR 144528, the first potent and selective antagonist of the CB2 cannabinoid receptor. *The Journal of Pharmacology and Experimental Therapeutics*, *284*(2), 644–650.

Shao, Z., Yin, J., Chapman, K., Grzemska, M., Clark, L., Wang, J., & Rosenbaum, D. M. (2016). High-resolution crystal structure of the human CB1 cannabinoid receptor. *Nature*, *540*, 602–606. http://dx.doi.org/10.1038/nature20613.

Sugiura, T., Kondo, S., Sukagawa, A., Nakane, S., Shinoda, A., Itoh, K., ... Waku, K. (1995). 2-Arachidonoylglycerol: A possible endogenous cannabinoid receptor ligand in brain. *Biochemical and Biophysical Research Communications*, *215*(1), 89–97.

Vallee, M., Vitiello, S., Bellocchio, L., Hebert-Chatelain, E., Monlezun, S., Martin-Garcia, E., ... Piazza, P. V. (2014). Pregnenolone can protect the brain from cannabis intoxication. *Science*, *343*(6166), 94–98. http://dx.doi.org/10.1126/science.1243985.

Wilson, R. I., & Nicoll, R. A. (2001). Endogenous cannabinoids mediate retrograde signalling at hippocampal synapses. *Nature*, *410*(6828), 588–592.

CHAPTER ONE

Mouse Neuroblastoma CB_1 Cannabinoid Receptor-Stimulated [^{35}S]GTPγS Binding: Total and Antibody-Targeted Gα Protein-Specific Scintillation Proximity Assays

Khalil Eldeeb*[,†,‡,1], Sandra Leone-Kabler*, Allyn C. Howlett*[,1]
*Wake Forest School of Medicine, Winston-Salem, NC, United States
†Campbell University School of Osteopathic Medicine, Lillington, NC, United States
‡AL-Azhar Faculty of Medicine, New Damietta, Egypt
[1]Corresponding authors: e-mail address: eldeeb@campbell.edu; ahowlett@wakehealth.edu

Contents

Methods in Enzymology, Volume 593
ISSN 0076-6879
http://dx.doi.org/10.1016/bs.mie.2017.06.028

Abstract

G protein-coupled receptors (GPCRs) are important regulators of cellular signaling functions and therefore are a major target for drug discovery. The CB_1 cannabinoid receptor is among the most highly expressed GPCRs in neurons, where it regulates many differentiated neuronal functions. One model system for studying the biochemistry of neuronal responses is the use of neuroblastoma cells originating from the C1300 tumor in the A/J mouse, including cloned cell lines NS20, N2A, N18TG2, N4TG1, and N1E-115, and various immortalized hybrids of neurons with N18TG2 cells. GPCR signal transduction is mediated through interaction with multiple types and subtypes of G proteins that transduce the receptor stimulus to effectors. The [^{35}S]GTPγS assay provides a valuable pharmacological method to evaluate efficacy and potency in the first step in GPCR signaling. Here, we present detailed protocols for the [^{35}S]GTPγS-binding assay to measure the total G protein binding and the antibody-targeted scintillation proximity assay to measure specific Gα proteins in neuroblastoma cell membrane preparations. This chapter presents step-by-step methods from cell culture, membrane preparation, assay procedures, and data analysis.

ABBREVIATIONS

BCA bicinchoninic acid
BSA bovine serum albumin
DTT dithiothreitol
GTPγS guanosine-5′-*O*-(3-[^{35}S]thio)triphosphate
PBS phosphate-buffered saline
SDS-PAGE sodium dodecyl sulfate-polyacrylamide gel electrophoresis
SPA scintillation proximity assay

1. INTRODUCTION

In seeking a model system to investigate cellular signaling using biochemical methods, the use of proliferating cloned cell lines in culture offers the advantages of the ability to grow large numbers of cells that express differentiated properties, are genotypically and phenotypically identical, and can be maintained under controlled experimental conditions. For studies of CB_1 cannabinoid receptor stimulation and signal transduction, cultured neuroblastoma cells exhibit many neuronal characteristics, but offer experimental advantages over primary neuronal cultures that do not proliferate and thereby have limited capacity, and are likely to be phenotypically heterogeneous. A number of cloned cell lines have been derived from the C1300 tumor, a spontaneous neuroblastoma found near the spinal cord of the A/J mouse (Augusti-Tocco & Sato, 1969; Schubert, Humphreys, Baroni, & Cohn, 1969). When injected into the A/J or nude mouse host, these cells form a tumor of cells appearing as neuroblasts, being round and devoid of fibers and having a high [nuclear:cytoplasmic] ratio (Augusti-Tocco & Sato, 1969; Heumann, Stavrou, Reiser, Ocalan, & Hamprecht, 1977; Schubert et al., 1969). When the cells adapt to a monolayer culture, a morphological change can be observed, characterized by elaboration of elongated neuritic processes forming a network of extensions, and uptake of Bodian stain (Augusti-Tocco & Sato, 1969; Schubert et al., 1969). Initial evaluation of a number of clones from the C1300 tumor revealed that most expressed acetylcholinesterase, and some expressed either tyrosine hydroxylase (e.g., N1E-115) or choline acetyltransferase (NS20), and some were nonadrenergic, noncholinergic (N18, N4) (Klee & Nirenberg, 1974). Some neuroblastoma cloned lines were shown to synthesize neuropeptides, such as met-enkephalin (N1E-115 and the NG108-15 hybrid cells) (Gilbert, Knodel, Stenstrom, & Richelson, 1982; Glaser, Hubner, & Hamprecht, 1982), or vasoactive intestinal peptide by N1E-115, NS20, and N18TG2 clones and NG108-15 hybrid cells (Brick, Howlett, & Beinfeld, 1985; Glaser, Besson, Rosselin, & Hamprecht, 1983; Said & Rosenberg, 1976). When selected and subcloned for thioguanine resistance, N18TG2 and N4TG1 cells were useful for hybridization with either the rat C6BU1 bromouridine deoxyribose (BUdR)-resistant glioma (NG108-15) (Gilman & Minna, 1973; Hamprecht, 1977; Klee & Nirenberg, 1974), and these hybrid cells have been utilized for studies of CB_1 receptors (Devane, Spain, Coscia, & Howlett, 1986; Howlett, Qualy, & Khachatrian, 1986; Mackie, Devane, & Hille, 1993). N18TG2 cells have also been used to "immortalize" neurons by hybridization: with mesencephalic neurons (MN9D) (Choi et al., 1991), which have been used for studies of interactions between CB_1 cannabinoid and D_2 dopamine receptors (Calipari et al., 2014; Eldeeb, Leone-Kabler, & Howlett, 2016); dorsal root ganglia cells (F-11) (Cruciani, Dvorkin, Morris, Crain, & Makman, 1993; Francel et al., 1987; Platika, Boulos, Baizer, & Fishman, 1985), which have been used for investigation of the endocannabinoid system (Fan et al., 2011; Fioravanti et al., 2008; Rimmerman et al., 2008; Ross et al., 2001) and other reports; and spinal cord neurons (NSC-34) (Cashman et al., 1992), which have been used for studies of neuroprotection by cannabinoids (Moreno-Martet et al., 2012). A 2017 PubMed search shows that since their initial characterization, cloned cell lines from the C1300 tumor have been the model system of choice for nearly 2000 publications. A number of cloned neuronal cell lines from the C1300 tumor express CB_1 cannabinoid receptors (Fig. 1), and over 50 publications indexed in PubMed have utilized N2A, N4TG1, N1E-115, or N18TG2 cells to investigate the endocannabinoid system.

Morphological, biochemical, and physiological differentiation of C1300-derived clones could be promoted by conditions that restricted the rate of cell division (Denis-Donini, Estenoz, & Augusti-Tocco, 1978). Following serum deprivation, cells elaborated neuritic processes and increased in size and protein content (Schubert et al., 1969; Schubert, Humphreys, Jacob, & de Vitry, 1971; Seeds, Gilman, Amano, & Nirenberg, 1970). Biochemically, the specific activity of acetylcholinesterase increased (Blume et al., 1970; Wilson et al., 1972); however, such conditions deprive the cells of nutrients normally obtained from serum. It has been demonstrated that cell viability decreases under such conditions (Blume et al., 1970). Morphological differentiation may also be induced by growth in BUdR or by inhibiting DNA synthesis with agents such as cytosine arabinoside, FUdR, and mitomycin C (Denis-Donini et al., 1978; Schubert et al., 1971). Agents that increase intracellular cyclic AMP also promoted morphological differentiation in neuroblastoma and hybrid cells (reviewed by Hamprecht, 1977; Nirenberg et al., 1983; Prasad, 1975). Such agents include analogs of cyclic AMP (dibutyryl-cyclic AMP (db-cAMP), 8-bromo-cyclic AMP), cyclic AMP phosphodiesterase inhibitors (3-isobutyl-1-methylxanthine, theophylline, Ro20-1724), and activators of adenylyl cyclase (forskolin). In the presence of db-cAMP, the doubling time of neuroblastoma cells increased (Charalampous, 1977), the average cell DNA content decreased, RNA and protein contents increased (Prasad, 1975), and key genes related to cell cycle were altered (Rudie, Nahreini, Andreatta, Edwards-Prasad, & Prasad, 2001). Treatment with db-cAMP increased protein kinase A activity and the content of cyclic AMP-binding proteins (Prashad & Rosenberg, 1978; Rosenberg et al., 1978; Walter, Costa, Breakefield, & Greengard, 1979). Functional differentiation also resulted from growth for several days in db-cAMP. The ability of norepinephrine and dopamine to regulate cyclic AMP accumulation was altered in neuroblastoma cells and in sympathetic ganglion X neuroblastoma hybrid cells (Myers, Blosser, & Shain, 1978; Prasad, 1975). Neuronal enzymes such as choline acetyltransferase, tyrosine hydroxylase, and dopamine-β-hydroxylase were increased in neuroblastoma cells (Prasad, 1975; Waymire, Gilmer-Waymire, & Boehme, 1978; Waymire et al., 1979), and tyrosine hydroxylase and DOPA decarboxylase were increased in a sympathetic ganglion X neuroblastoma hybrid clone

Fig. 1 Verification of CB_1 cannabinoid receptor protein expression in cell membranes from mouse C1300 neuroblastoma clones. (A) CB_1 cannabinoid receptor protein immunoreactivity in membranes from NS20, N4TG2, N18TG2, and N E-115 neuroblastoma cell lines. Protein sources are: lanes A&E, NS20 cells; lanes B&F, N4TG1 cells; lanes C&G, N18TG2 cells; lanes D&H, NIE 115 cells. (B) CB_1 cannabinoid receptor immunoreactivity in cell membranes from NG108-15 neuroblastoma–glioma compared with parental N18TG2 neuroblastoma cells. Protein sources are: lanes A&C, N18TG2 cells; lanes B&D, NG108-15 cells. The *left half* of each blot was stained with anti-$CB_1$1-14. The *right half* stained with nonimmune serum shows no protein staining, verifying the lack of nonspecific antibody binding to proteins during the procedure. Procedures and experimental protocols (Howlett, Song, Berglund, Wilken, & Pigg, 1998; McIntosh, Song, & Howlett, 1998; Mukhopadhyay, McIntosh, Houston, & Howlett, 2000; Song & Howlett, 1995) are summarized as follows: Neuroblastoma cells were homogenized in 10 volumes of hypotonic buffer (10 m*M* Tris–Cl, pH 7.4, 5 m*M* EDTA, 2.5 m*M* DTT) with protease inhibitors (2 μg aprotinin/mL, 2.25 μg leupeptin/mL, 200 μ*M* AEBSF, 10 m*M* benzamidine, and 1 μg pepstatin A/mL (Sigma Chemical Company, St Louis, MO)). Nuclei and debris were removed by centrifugation (1500 × *g*) for 10 min The supernatants were centrifuged at 40,000 × *g* for 30 min to collect membranes for analysis by PAGE and Western blot. Pellets were resuspended in 50 m*M* Tris–Cl, pH 7.4, and protein concentration was measured by the Coomassie blue-binding method of Bradford (Bradford, 1976). Proteins resuspended in Laemmli sucrose sample buffer with 5 m*M* EDTA and 10% SDS, and all lanes were loaded with 100 μg of membrane protein on 10% PAGE minigels. PAGE was performed, and proteins were transferred electrophoretically to polyvinylidene difluoride membranes (0.2 μm pore size) (BioRad, Hercules, CA). Western blots were probed with rabbit polyclonal antibody against the CB_1 N-terminal residues 1–14 (item #101500 Cayman Chemical, Ann Arbor, MI), shown to be specific for a protein that has electrophoretic mobility characteristic of the glycosylated form of the CB_1 cannabinoid receptor (Mukhopadhyay et al., 2000; Song & Howlett, 1995). Conjugated secondary goat–antirabbit-IgG-horseradish peroxidase was from Jackson ImmunoResearch Laboratories (West Grove, PA). Detection of immunoblots was performed with enhanced chemiluminescence (ECL). Rainbow molecular weight markers, ECL reagents, and Hyperfilm were from Amersham, Inc. (Chicago, IL). Note: N-terminal amino acids 1–14 of the CB_1 receptor protein remain in G418 resistance protein that is produced by the Zimmer CB_1 receptor knockout mouse (Zimmer Zimmer, Hohmann, Herkenham, & Bonner, 1999), and therefore caution must be used in interpreting the results of Western blots in which antibodies to the N-terminal domain are used to verify the failure to express CB_1 receptor protein (Gerald, Ward, Howlett, & Franklin, 2006).

(Greene & Rein, 1977). Release of acetylcholine was increased in neuroblastoma–glioma hybrid cells by growth in db-cAMP (McGee et al., 1978). Because of the importance of the cyclic AMP pathway in differentiated neuronal functions, the investigation of CB_1 receptor coupling to G proteins that stimulate (Gs) or inhibit (Gi/o) adenylyl cyclase activity is of particular interest (Dalton, Bass, Van Horn, & Howlett, 2009; Howlett, 2004; Howlett et al., 2002; Mackie, 2008). In addition, CB_1 receptor coupling to Gq or G11 has been implicated in CB_1 receptor stimulation by certain agonists to stimulate a Ca^{2+} mobilization (Lauckner, Hille, & Mackie, 2005), and coupling to G12 and G13 are important in pathways that involve the small G proteins Rho and Rac (Dalton, Peterson, & Howlett, 2013; Howlett, 2005; Ishii & Chun, 2002).

The first interaction in agonist-stimulated CB_1 receptor cellular signaling is the interaction with the Gα protein that results in dissociation of a GDP from the Gα, thereby allowing GTP to bind within the guanine nucleotide-binding site, and for the Gα to dissociate from the Gβγ dimer. If a poorly hydrolyzable analog of GTP, such as guanosine-5′-*O*-(3-[^{35}S] thio)triphosphate (GTPγS) labeled with radioactive ^{35}S, is provided in an in vitro assay, the radioactive analog will bind to the vacated guanine nucleotide site on the guanine nucleotide-coupled receptor-stimulated Gα protein. This method was first described for use with agonist-stimulated receptors and their associated G proteins in membranes from brain (Lorenzen, Fuss, Vogt, & Schwabe, 1993) and cultured neuroblastoma cells (Traynor & Nahorski, 1995). The use of this [^{35}S]GTPγS-binding assay for CB_1 cannabinoid receptor-stimulated G proteins was described shortly thereafter (Griffin, Atkinson, Showalter, Martin, & Abood, 1998; Petitet, Jeantaud, Capet, & Doble, 1997; Sim, Selley, Xiao, & Childers, 1996).

One conundrum that we have faced in identifying G protein-coupled pathways is that the [^{35}S]GTPγS-binding assay provides a net sum of all G proteins activated and is influenced by the rates at which the GDP is able to dissociate from the various Gα proteins. Identification of the relative activation of coupled Gα proteins can be determined via [^{35}S]GTPγS binding using an antibody-targeted GTPγS scintillation proximity assay (SPA) (Delapp et al., 1999; Kahl & Felder, 2005), which quantitates [^{35}S]GTPγS binding to each G protein individually. This procedure can mitigate concerns related to activation or inhibition of multiple G proteins and reduces the variability in sensitivity by different G proteins (Milligan, 2003; Strange, 2010). This assay has since been used to identify specific CB_1 receptor–G protein interactions (Blume, Eldeeb, Bass, Selley, & Howlett, 2015; Diez-Alarcia et al., 2016; Eldeeb et al., 2016; Erdozain, Diez-Alarcia, Meana, & Callado, 2012).

2. MEMBRANE PREPARATIONS FOR CULTURED NEURONAL CELLS

2.1 Equipment and Supplies

- CO_2-incubator Panasonic MCO-19-PE incubator or similar.
- Biosafety Cabinet-Purifier Cell Logic Class II, Type A2 Biosafety Cabinets LabConco (Kansas City, MO) or similar.
- Centrifuges: Beckman Coulter Allegra 6R Allegra 6 Series, Beckman Avanti J-26XPI High Performance Centrifuge and Microcentrifuge—Eppendorf 5417R (max speed 13,000 × *g*, refrigerated).
- Cell culture labware: sterile flasks, plastic pipets, centrifuge tubes, and microfuge tubes (Corning or Falcon products).
- Glass–glass homogenizer.

2.2 Buffers and Reagents

1. Dulbecco's Modified Eagle's Medium (DMEM):Ham's F-12 (1:1) (Gibco Life Technologies, cat #11330032, Gaithersburg, MD).
2. Penicillin (100 U/mL) and streptomycin (100 μg/mL) (Gibco Life Technologies, cat #15140-63, Gaithersburg, MD).
3. Heat-inactivated bovine serum (Gemini Bioproducts, Sacramento, CA, cat #100-101) added at 10% volume of media.
4. TME (Tris–Cl, $MgCl_2$, EDTA) buffer (20 m*M* Tris–Cl, pH 7.4, 5 m*M* $MgCl_2$, and 1 m*M* Tris–EDTA).
5. Phosphate-buffered saline (PBS) 137 m*M* NaCl, 2.7 m*M* KCl, 10 m*M* NaH_2PO_4, 1.8 m*M* KH_2PO_4.
6. PBS–EDTA (0.625 m*M*) in PBS.
7. Protease inhibitor (protease inhibitor cocktail set III, EDTA free CALBIOCHEM, cat #539134).
8. Dithiothreitol (DTT) 100 m*M* (Sigma Chemical, St. Louis, MO).
9. Pierce™ BCA Protein Assay Kit (Thermo Scientific, cat #23225).

2.3 Neuroblastoma Cell Lines: Mouse N18TG2 Cell Culture Conditions

1. N18TG2 mouse neuroblastoma cells were cultured and maintained in complete media containing Dulbecco's Modified Eagle's Medium (DMEM):Ham's F-12 (1:1) with GlutaMax, sodium bicarbonate, and pyridoxine-HCl, supplemented with penicillin (100 U/mL) and streptomycin (100 μg/mL) and 10% heat-inactivated bovine serum, and incubated at 37°C in a humidified atmosphere containing 95% air and 5% CO_2 gas.
2. Cells were grown to confluence in a 175-cm^2 flask, harvested with 7 mL PBS–EDTA, and centrifuged at 1700 RPM for 5 min.
3. The cell pellet was used immediately, or stored at –80°C.

Notes: Various types of serum, including fetal bovine serum, have been compared for growth of N18TG2 cells, and the heat-inactivated bovine serum or heat-inactivated bovine calf serum provided the greatest viability and cellular signaling in cyclic AMP accumulation assays. Horse serum was toxic to the N18TG2 cells. For further discussion of serum for neuroblastoma cell culture, see Prasad, Spuhler, Arnold, and Vernadakis (1979).

2.4 Procedure

1. Resuspend cells with TME and protease inhibitor cocktail (10 μL/mL) and incubate at 0–4°C for 20 min to swell.
2. Homogenize using glass–glass homogenizer (7 mL).
3. Centrifuge at 600 × *g* for 3 min at 4°C and collect the supernatant.
4. Rehomogenize pellet and recentrifuge for 3 min at 600 × *g*.
5. Combine supernatants.
6. Centrifuge the supernatant at 40,000 × *g* for 20 min.
7. Resuspend the pellet (membranes) in TME containing DTT (1 m*M*).
8. Assay for protein content using the bicinchoninic acid (BCA) assay (Smith et al., 1985).

The BCA assay is a detergent-compatible formulation based on the colorimetric detection and quantitation of total protein. This method combines the reduction of Cu + 2 to Cu + 1 by protein in an alkaline medium (the biuret reaction) with the highly sensitive and selective colorimetric detection of the cuprous cation (Cu + 1) using a unique reagent containing BCA.

1. Prepare BCA working reagent 10 mL of BCA and 200 mL copper sulfate.

2. Prepare standard curve dilutions from the stock 2 mg/mL bovine serum albumin (BSA) to the following concentrations (mg/mL): 2, 1.5, 1, 0.75, 0.5, 0.25, 0.125, and blank = 0.
3. Dilute samples in 50 m*M* Na HEPES. It can be expected that 10^6 cells will yield 0.5 mg total cell protein. Dilutions can be made to be predicted to be on the standard curve.
4. Add 10 μL of standard, blank, or samples per well into a 96-well plate, in triplicate.
5. Add 200 μL of working reagent to each well.
6. Cover and incubate at 37°C for 60 min.
7. Cool plate and read at 562 nm using a Molecular Devices Spectra Max and quantifying using Soft Max software.
8. Calculation of protein concentration: The standard curve is a straight line $Y = mX + b$, where m is the slope and b is the y intercept. X is the protein concentration. $X = (Y - b)/m$.

3. METHODS OF DETERMINING [^{35}S]GTPγS BINDING TO TOTAL Gα IN MEMBRANE PREPARATIONS

3.1 Equipment and Supplies (PerkinElmer)

1. Unifilter-96 Harvester part number C961960 or similar
2. Top Count NXT model C990200 or similar
3. UniFilter-96 GF/B, White 96-well Barex Microplate with GF/B filter of 1 μm pore size part number 6005177
4. Scintillation cocktail MicroScint™-20 cocktail or similar
5. Clear Polystyrene 96-well Microplates (Corning)
6. 96-well Filter bottom seals (PerkinElmer)
7. Top Seal-A PLUS Perkin Elmer Life Sciences 6050185

3.2 Buffers and Reagents

A. Stock buffers
   1. Tris–Cl 500 m*M* Trizma base, adjust pH with HCl
   2. $MgCl_2$ 100 m*M*
   3. EDTA: 250 m*M*, adjust pH and solubility with NaOH
   4. Na HEPES: 500 m*M* HEPES, adjust pH with NaOH
   5. TME (20 mM Tris–Cl, 5 m*M* $MgCl_2$ and 1 m*M* Tris–EDTA)
   6. Washing buffer (TME + 10 m*M* NaCl)
   7. GTPγS (Sigma G8634) MW = 562.98 10 m*M* stock: store in aliquots at –20°C

8. GDP (Sigma G127 100 mg) MW = 443.2 10 m*M* stock: store in aliquots at –20°C
9. Dithiothreitol MW = 154.25 100 m*M* stock: store in aliquots at –20°C

B. Assay buffers and drugs

1. Drugs (e.g., CP55940) are provided as solutions in ethanol by the Drug Supply Program of the National Institute on Drug Abuse (NIDA, Rockville, MD). Commercial sources include Cayman Chemical (Ann Arbor, MI) and Tocris (Bristol, UK). Cannabinoid agonists and antagonists are lipophilic and may not be soluble in aqueous solution above 5–10 μ*M*. Aqueous solubility can be found for each ligand indexed in PubChem or other reliable source. To avoid solvents such as ethanol in the assays, the ethanol is removed and ligands are suspended in fatty acid-free BSA, with the rationale that albumin is the primary carrier of lipophilic small molecules in the serum. Stock solutions are stored as 10 m*M* in ethanol at –20°C. To prepare, blow dry 10 μL under a stream of filtered N_2 gas in a Regisil-treated glass test tube. Resuspend immediately in 1 mL 5 mg/mL fatty acid-free BSA by vortexing and then serially dilute to the desired concentration in 0.1 mg/mL fatty acid-free BSA in TME buffer. The suspension is more efficient if the fatty acid-free BSA is warmed to 37°C. Adherence to surfaces is avoided if the dilutions are made in Regisil-treated glass test tubes and the pipet tips are preconditioned by pipetting the volume 5–10 times before the aliquot is taken to the next dilution tube.
2. [^{35}S]GTPγS (Perkin Elmer Life Sciences NEG030250UC)

   Apply 180 μL 50 m*M* Na HEPES to the stock vial containing [^{35}S]GTPγS and pipet solution 3× to mix; then transfer 200 μL to 1800 μL 50 m*M* Na HEPES and mix well. Aliquot and store at –20°C.

   Use the PerkinElmer Radioactive Decay Calculator to calculate the necessary concentration and specific activities for the intended date of use: https://www.perkinelmer.com/tools/CalculatorRAD#/product

3.3 Procedures

1. Preparation of reaction mix (final concentrations in the assay are: 500 p*M* [^{35}S]GTPγS, 1 m*M* DTT, 10 μ*M* GDP, and 100 m*M* NaCl).

For example, to prepare 6 mL of reaction mix according to the calculation of the concentrations and specific activities for the intended date of use, add 1 n*M* from the [^{35}S]GTPγS stock, 120 μL 100 m*M* DTT, 12 μL 10 m*M* GDP, and 240 μL 5 *M* NaCl and then adjust the final volume to 6 mL with TME.

2. Pipet 50 μL reaction mix into all wells except the ones designated for nonspecific binding.
3. To determine basal activity, add 20 μL TME buffer to designated wells.
4. To determine up to two drugs per well, add the drugs as 10 μL of a 10 × concentration in TME–BSA vehicle, up to two drugs per well. This can be adjusted to more than two drugs by reducing the volume added. Additional volume is made up in TME–BSA vehicle.
5. To determine nonspecific binding, dilute 100 μL GTPγS (100 μ*M*) into 600 μL reaction mix and add 70 μL/well into designated wells. The final concentration is 10 μ*M*.
6. Initiate the assay by adding 5 μg cell membranes in 30 μL 0.1 mg/mL fatty acid-free BSA in TME to all wells. The final reaction volume is 100 μL.
7. Incubate plate for 1 h at 30°C.
8. Harvest the Unifilter plates by vacuum filtration on the Unifilter-96 Harvester and wash extensively using 4°C TME with 10 m*M* NaCl buffer
9. Seal the bottom of the filter plate and add 30 μL of scintillation cocktail to each well and seal the top.
10. Quantitate bound radioactivity using the Top Count scintillation spectrometer, counting at 1 min per well.
11. Data and statistical analyses.

For each data point, nonspecific binding measured in the presence of 10 μ*M* unlabeled GTPγS was subtracted from total bound DPMs to obtain specific binding. Ligand-stimulated values were transformed to "percent of basal" [% = (stimulated − basal)/(basal) * 100]. Graphs and statistical analyses were generated using GraphPad Prism V software (La Jolla, CA). For dose–response experiments, EC_{50} values were determined by nonlinear regression analysis of the sigmoidal log [agonist] vs response, either one or two component, without constraint to the basal or the maximum. Other values obtained in the analyses include the Hill number (n_H) (often referred to as the slope factor), the maximum and the minimum (Fig. 2).

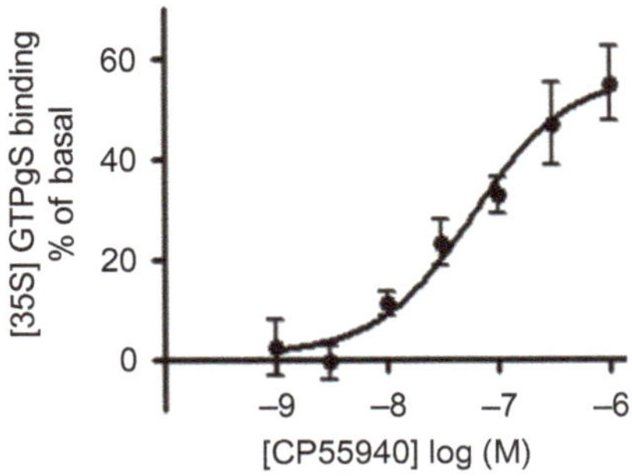

Fig. 2 A log concentration–response curve of the [^{35}S]GTPγS stimulation in N18TG2 membranes by CP55940. N18TG2 cell membranes were subjected to [^{35}S]GTPγS assay to quantitate ligand-mediated coupling to total G proteins. Nonspecific binding measured in presence of 10 μ*M* GTPγS was subtracted from total binding to obtain specific binding. Ligand-stimulated values were transformed to "percent over basal" [% = ((stimulated * 100/basal) – 100)]. Data are shown as the mean ± SEM values of three or more independent experiments.

4. ANTIBODY-TARGETED SCINTILLATION PROXIMITY ASSAY FOR [^{35}S]GTPγS BINDING TO SPECIFIC Gα PROTEINS IN MEMBRANE PREPARATIONS

4.1 Equipment and Supplies

1. OptiPlate-96, White Opaque 96-Well Microplate (Perkin Elmer Life Sciences)
2. Top Seal-A PLUS (Perkin Elmer Life Sciences part number 6050185)
3. Centrifuge and Rotor for 96-well plates for SPA
4. Top Count NXT model C990200

4.2 Buffers and Reagents

1. Assay reagents are the same as in Section 3.2
2. Primary antibodies
   - Gαo: Santa Cruz K-20 (sc-387) Antibody rabbit polyclonal IgG 200 μg/mL
   - Gαi1: Santa Cruz (sc-56536) Antibody mouse polyclonal IgG 200 μg/mL
   - Gαi2: Santa Cruz (sc-13534) Antibody mouse polyclonal IgG 200 μg/mL
   - Gαi3: Santa Cruz (sc-262) Antibody rabbit polyclonal IgG 200 μg/mL

- Gαs: Santa Cruz (sc-823) Antibody rabbit polyclonal
- Gαq/11: Santa Cruz (sc-392) Antibody rabbit polyclonal
- Gα12: Santa Cruz (sc-409) Antibody rabbit polyclonal

3. SPA beads

   Antirabbit PVT 500 MG (Perkin Elmer Life Sciences RPNQ0016)
   Antimouse PVT 500 MG (Perkin Elmer Life Sciences RPNQ0017)
   Dilute beads in 50 mL TME and keep covered in foil at 4°C

4.3 Procedures

Procedures are the same as for Section 3.3 steps 1 through 7.

8. After incubation (1 h at 30°C), then transfer plate to cold pack or ice at 4°C.
9. Add 20 μL 3% ice-cold IGEPAL in TME and incubate for 30 min in the refrigerator at 4°C.
10. Add 10 μL of primary antibody diluted 1:100 in TME and incubate for 1 h at 4°C.
11. Add 50 μL/well SPA beads covalently coupled to appropriate secondary antibody. Seal the top of the plate and incubate for 30 min at 4°C.
12. Centrifuge at 1000 × *g* for 5 min.
13. Quantitate bound radioactivity using Top Count counting for 1 min/well.
14. Data and statistical analyses as in Section 3.3 (step 11; Fig. 3).

4.4 Antibody Verification by Western Blotting

Western blot equipment and supplies

1. Mini-PROTEAN TGX 4%–20% gradient SDS-PAGE gels (BioRad Hercules, CA).
2. Nitrocellulose membranes (Li-Cor, Lincoln, NE).
3. Mini-PROTEAN-Electrophoresis chambers (BioRad).
4. PowerPac™ Universal Power Supply-(BioRad).
5. Wet/Tank Blotting Systems or similar (BioRad).

Buffers and reagents

1. Laemmli's sample buffer (62.5 m*M* Tris–Cl, pH 6.8, 2% SDS, 10% glycerol, 0.002% bromophenol blue, 100 m*M* DTT) (BioRad).
2. 5% β-Mercaptoethanol (Sigma Chemical) added to Laemmli sample buffer before use.
3. Running buffer (25 m*M* Tris base, 192 m*M* glycine, 0.1% SDS) (BioRad, cat #161-0732).

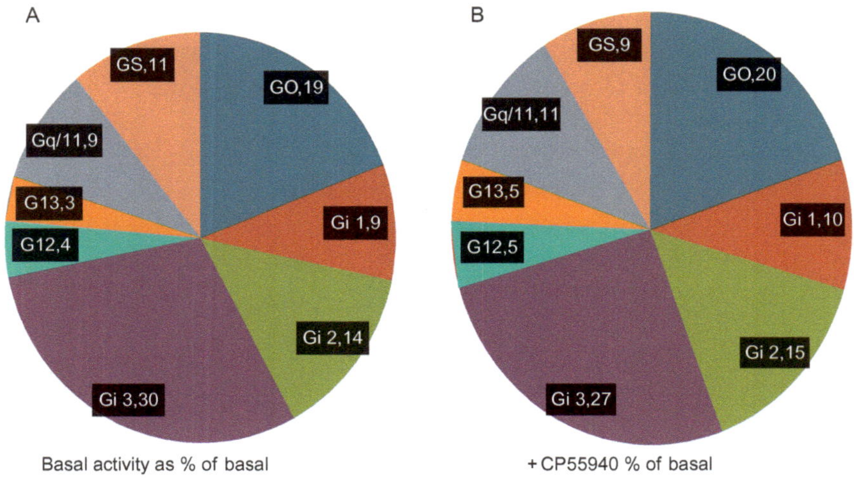

Fig. 3 Statistical analysis showing the percentage of individual G protein subtypes contributing toward total G protein activation in N18TG2 membranes. (A) The specific basal binding of each G protein subtype as a percentage of the sum of all measured subtypes. (B) The CP55940 (100 n*M*)-stimulated specific binding of each individual G protein subtype as a percentage of the sum of all measured subtypes.

4. Tris-buffered saline (TBS; 20 m*M* Tris–Cl, pH 7.4, 137 m*M* NaCl).
5. Towbins buffer (25 m*M* Tris base, 192 m*M* glycine, and 20% methanol, pH 8.3).
6. TBST (TBS containing 0.1% Tween-20).
7. Odyssey blocking buffer (Li-Cor, Lincoln, NE, cat #92740000).
8. IRDye 800CW goat antirabbit or IRDye 680CW goat antimouse secondary antibodies (1:15,000) (Li-Cor, Lincoln, NE).
9. PBS

Procedure immunoblotting

1. Grow cells to confluence in a 75-cm^2 flask (expect approximately 10^6 cells), harvest cells with PBS–EDTA, and sediment to obtain a cell pellet (see Section 2.3, steps 1–3).
2. Homogenize the cell pellet in (150–200 μL) 1% Triton X-100 in PBS plus protease inhibitors (see Section 2.2, step 6).
3. Sediment lysed cell homogenate for 2 min at 1500 × *g* at 4°C to remove unbroken cells and nuclear debris.
4. Collect supernatant and perform BCA assay for protein as described in Section 2.4 (step 8).
5. Adjust protein concentration to 4 μg/μL.
6. Dilute 1:1 with 2 × Laemmli buffer and heat 65°C for 8 min.

7. Apply 20–50 μg protein/lane using a 4%–20% gradient gel.
8. Run PAGE at 180 V for 45 min at room temperature.
9. Transfer proteins to nitrocellulose membranes at 80 V for 50 min at 4°C.
10. Block in Odyssey blocking buffer for 45 min at room temperature.
11. Incubate with primary antibody overnight, gently shaking, covered at 4°C.
12. Remove primary antibody and wash 4× for 5 min each with TBST.
13. Incubate, covered from light, with secondary antibody in Odyssey buffer with 0.2% Tween-20. Gently shake at room temperature for 1–2 h.
14. Wash 4× for 5 min each in TBST.
15. Wash 1× PBS without Tween.
16. Scan using Odyssey Infrared Imaging System (Li-Cor, Lincoln, NE).
17. Quantitate band densities using Odyssey Infrared Imaging System software (Li-Cor, Lincoln, NE).

5. SUMMARY AND CONCLUSION

Our investigations demonstrate that in N18TG2 neuroblastoma cell membranes under our experimental conditions, the cannabinoid receptor agonist CP55940 stimulates [^{35}S]GTPγS binding in a concentration-dependent manner (Fig. 2). In order to investigate the contribution of different members of the G protein family to this effect, we employed the SPA assay using a specific antibody to each G protein type or subtype. Using Western blotting techniques, we found that N18TG2 cells express a variety of Gi/o family members and also express non-Gi/o proteins such as GS, Gq/11, G12, and G13 (Fig. 4). This also demonstrates the specificity of the antibodies, with bands appearing at the appropriate apparent molecular weights. Note that the Gs antibody recognizes both Gs long and short forms.

Here, we demonstrate that CP55940 is able to stimulate [^{35}S]GTPγS binding mediated by Go, Gi1, Gi2, Gi3, Gq/11, Gi12, G13, and Gs. Allowing for the different basal values for different G proteins that we assessed, we were able to characterize the contribution of each member of the G protein family. To do so, the basal values of each subtype were counted toward the total of 100%. Then, each value was compared to this total. Using this analysis, we found that the Gi/o family represents the majority of the unstimulated [^{35}S]GTPγS-binding activity, with 72% of the total

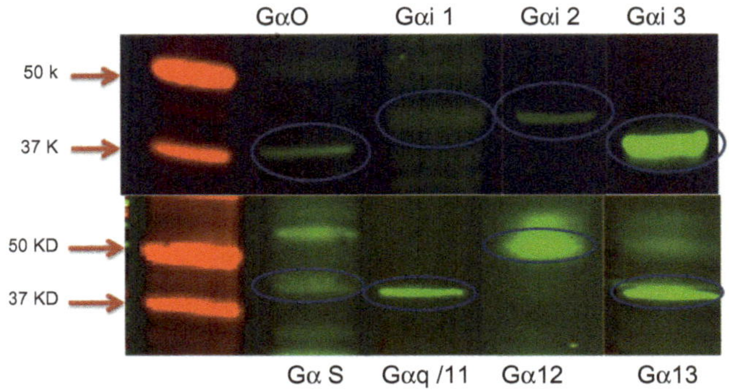

Fig. 4 Western immunoblot demonstrating the presence of each individual G protein subtype on N18TG2 cell membranes. Membranes from N18TG2 cells were analyzed by Western blotting for Gαo, Gαi1, Gαi2, or Gαi3 (*upper blot*) or Gαs, Gαq/11, Gα12, or Gα13 (*lower blot*). This demonstrates that (1) each subtype of G protein is expressed on membranes from N18TG2 cells and (2) the bands appear at the predicted apparent molecular weight for each G protein.

measured in N18TG2 cells (Fig. 3A). Within the Gi/o family, the order was: Gi3: 30%, Go: 19%, Gi2: 14%, and Gi1: 9%. The percentages of non-Gi/o family [^{35}S]GTPγS-binding activity was Gs: 11%, Gq/11: 9%, G12: 4%, and G13: 3%. This characterization will help us to properly interpret the contributions to basal [^{35}S]GTPγS-binding activity of different G protein subtypes, especially the non-Gi/o proteins. Of particular interest, the calculation of the agonist-stimulated CB_1 receptor [^{35}S]GTPγS-binding activity (above basal) followed a parallel distribution (Fig. 3B).

The [^{35}S]GTPγS-binding SPA provides valuable pharmacological information to better understand the role of G proteins in CB_1 receptor signaling and is helpful in understanding the CB_1 receptor interaction with other interacting proteins, such as the cannabinoid receptor-interacting protein 1a (CRIP1a) and β-arrestins (Blume et al., 2015). Our studies suggest a mechanism by which endogenous levels of CRIP1a modulate CB_1 receptor-mediated signal transduction by facilitating a Gi/o protein subtype preference for Gi1 and Gi2, accompanied by an overall suppression of G protein-mediated signaling in the N18TG2 cell model.

ACKNOWLEDGMENTS

The authors acknowledge the late Dr. Helen H. McIntosh (Saint Louis University School of Medicine) for generation of Fig. 1.

Research funding: This work was supported by National Institutes of Health Awards R01-DA03690 and K12-GM102773.

REFERENCES

Augusti-Tocco, G., & Sato, G. (1969). Establishment of functional clonal lines of neurons from mouse neuroblastoma. *Proceedings of the National Academy of Sciences of the United States of America*, *64*, 311–315.

Blume, L. C., Eldeeb, K., Bass, C. E., Selley, D. E., & Howlett, A. C. (2015). Cannabinoid receptor interacting protein (CRIP1a) attenuates CB1R signaling in neuronal cells. *Cellular Signalling*, *27*, 716–726.

Blume, A., Gilbert, F., Wilson, S., Farber, J., Rosenberg, R., & Nirenberg, M. (1970). Regulation of acetylcholinesterase in neuroblastoma cells. *Proceedings of the National Academy of Sciences of the United States of America*, *67*, 786–792.

Bradford, M. M. (1976). A rapid and sensitive method for the quantitation of microgram quantities of protein utilizing the principle of protein-dye binding. *Analytical Biochemistry*, *72*, 248–254.

Brick, P. L., Howlett, A. C., & Beinfeld, M. C. (1985). Synthesis and release of vasoactive intestinal polypeptide (VIP) by mouse neuroblastoma cells: Modulation by cyclic nucleotides and ascorbic acid. *Peptides*, *6*, 1075–1078.

Calipari, E. S., Sun, H., Eldeeb, K., Luessen, D. J., Feng, X., Howlett, A. C., et al. (2014). Amphetamine self-administration attenuates dopamine D2 autoreceptor function. *Neuropsychopharmacology*, *39*, 1833–1842.

Cashman, N. R., Durham, H. D., Blusztajn, J. K., Oda, K., Tabira, T., Shaw, I. T., et al. (1992). Neuroblastoma x spinal cord (NSC) hybrid cell lines resemble developing motor neurons. *Developmental Dynamics*, *194*, 209–221.

Charalampous, F. C. (1977). Differences in plasma membrane organization of neuroblastoma cells grown in the differentiated and undifferentiated states. *Archives of Biochemistry and Biophysics*, *181*, 103–116.

Choi, H. K., Won, L. A., Kontur, P. J., Hammond, D. N., Fox, A. P., Wainer, B. H., et al. (1991). Immortalization of embryonic mesencephalic dopaminergic neurons by somatic cell fusion. *Brain Research*, *552*, 67–76.

Cruciani, R. A., Dvorkin, B., Morris, S. A., Crain, S. M., & Makman, M. H. (1993). Direct coupling of opioid receptors to both stimulatory and inhibitory guanine nucleotide-binding proteins in F-11 neuroblastoma-sensory neuron hybrid cells. *Proceedings of the National Academy of Sciences of the United States of America*, *90*, 3019–3023.

Dalton, G. D., Bass, C. E., Van Horn, C. G., & Howlett, A. C. (2009). Signal transduction via cannabinoid receptors. *CNS & Neurological Disorders Drug Targets*, *8*, 422–431.

Dalton, G. D., Peterson, L. J., & Howlett, A. C. (2013). CB(1) cannabinoid receptors promote maximal FAK catalytic activity by stimulating cooperative signaling between receptor tyrosine kinases and integrins in neuronal cells *Cellular Signalling*, *25*, 1665–1677.

Delapp, N. W., McKinzie, J. H , Sawyer, B. D., Vandergriff, A., Falcone, J., McClure, D., et al. (1999). Determination of [35S]guanosine-5′-O-(3-thio)triphosphate binding mediated by cholinergic muscarinic receptors in membranes from Chinese hamster ovary cells and rat striatum using an anti-G protein scintillation proximity assay. *The Journal of Pharmacology and Experimental Therapeutics*, *289*, 946–955.

Denis-Donini, S., Estenoz, M., & Augusti-Tocco, G. (1978). Cell surface modifications in neuronal maturation. *Cell Differentiation*, 7, 193–201.

Devane, W. A., Spain, J. W., Coscia, C. J., & Howlett, A. C. (1986). An assessment of the role of opioid receptors in the response to cannabimimetic drugs. *Journal of Neurochemistry*, *46*, 1929–1935.

Diez-Alarcia, R., Ibarra-Lecue, I., Lopez-Cardona, A. P., Meana J., Gutierrez-Adan, A., Callado, L. F., et al. (2016). Biased agonism of three different cannabinoid receptor agonists in mouse brain cortex. *Frontiers in Pharmacology*, 7, 415.

Eldeeb, K., Leone-Kabler, S., & Howlett, A. C. (2016). CB1 cannabinoid receptor-mediated increases in cyclic AMP accumulation are correlated with reduced Gi/o function. *Journal of Basic and Clinical Physiology and Pharmacology*, *27*, 311–322.

Erdozain, A. M., Diez-Alarcia, R., Meana, J. J., & Callado, L. F. (2012). The inverse agonist effect of rimonabant on G protein activation is not mediated by the cannabinoid CB1 receptor: Evidence from postmortem human brain. *Biochemical Pharmacology*, *83*, 260–268.

Fan, Y., Hooker, B. A., Garrison, T. R., El-Kouhen, O. F., Idler, K. B., Holley-Shanks, R. R., et al. (2011). Pharmacological and molecular characterization of a dorsal root ganglion cell line expressing cannabinoid CB(1) and CB(2) receptors. *European Journal of Pharmacology*, *659*, 161–168.

Fioravanti, B., De, F. M., Stucky, C. L., Medler, K. A., Luo, M. C., Gardell, L. R., et al. (2008). Constitutive activity at the cannabinoid CB1 receptor is required for behavioral response to noxious chemical stimulation of TRPV1: Antinociceptive actions of CB1 inverse agonists. *The Journal of Neuroscience*, *28*, 11593–11602.

Francel, P. C., Harris, K., Smith, M., Fishman, M. C., Dawson, G., & Miller, R. J. (1987). Neurochemical characteristics of a novel dorsal root ganglion X neuroblastoma hybrid cell line, F-11. *Journal of Neurochemistry*, *48*, 1624–1631.

Gerald, T. M., Ward, G. R., Howlett, A. C., & Franklin, S. O. (2006). CB1 knockout mice display significant changes in striatal opioid peptide and D4 dopamine receptor gene expression. *Brain Research*, *1093*, 20–24.

Gilbert, J. A., Knodel, E. L., Stenstrom, S. D., & Richelson, E. (1982). Function and regulation of methionine5-enkephalin and its receptors in murine neuroblastoma cells. *The Journal of Biological Chemistry*, *257*, 1274–1281.

Gilman, A. G., & Minna, J. D. (1973). Expression of genes for metabolism of cyclic adenosine 3′:5′-monophosphate in somatic cells. I. Responses to catecholamines in parental and hybrid cells. *The Journal of Biological Chemistry*, *248*, 6610–6617.

Glaser, T., Besson, J., Rosselin, G., & Hamprecht, B. (1983). Vasoactive intestinal polypeptide: Presence in neuroblastoma X glioma hybrid cells. *European Journal of Pharmacology*, *90*, 121–123.

Glaser, T., Hubner, K., & Hamprecht, B. (1982). Production and regulation of enkephalin-like peptides in neuroblastoma x glioma cells. *Advances in Biochemical Psychopharmacology*, *33*, 243–250.

Greene, L. A., & Rein, G. (1977). Dopaminergic properties of a somatic cell hybrid line of mouse neuroblastoma X sympathetic ganglion cells. *Journal of Neurochemistry*, *29*, 141–150.

Griffin, G., Atkinson, P. J., Showalter, V. M., Martin, B. R., & Abood, M. E. (1998). Evaluation of cannabinoid receptor agonists and antagonists using the guanosine-5′-O-(3-[35S]thio)-triphosphate binding assay in rat cerebellar membranes. *The Journal of Pharmacology and Experimental Therapeutics*, *285*, 553–560.

Hamprecht, B. (1977). Structural, electrophysiological, biochemical, and pharmacological properties of neuroblastoma-glioma cell hybrids in cell culture. *International Review of Cytology*, *49*, 99–170.

Heumann, R., Stavrou, D., Reiser, G., Ocalan, M., & Hamprecht, B. (1977). Tumorigenicity of neuroblastoma X glioma hybrid cells in nude mice and reintroduction of transplanted cells into culture. *European Journal of Cancer*, *13*, 1417–1420.

Howlett, A. C. (2004). Efficacy in CB1 receptor-mediated signal transduction. *British Journal of Pharmacology*, *142*, 1209–1218.

Howlett, A. C. (2005). A short guide to the nomenclature of seven-transmembrane spanning receptors for lipid mediators. *Life Sciences*, *77*, 1522–1530.

Howlett, A. C., Barth, F., Bonner, T. I., Cabral, G., Casellas, P., Devane, W. A., et al. (2002). International Union of Pharmacology. XXVII. Classification of cannabinoid receptors. *Pharmacological Reviews*, *54*, 161–202.

Howlett, A. C., Qualy, J. M., & Khachatrian, L. L. (1986). Involvement of Gi in the inhibition of adenylate cyclase by cannabimimetic drugs *Molecular Pharmacology*, *29*, 307–313.

Howlett, A. C., Song, C., Berglund, B. A., Wilken, G. H., & Pigg, J. J. (1998). Characterization of CB1 cannabinoid receptors using receptor peptide fragments and site-directed antibodies. *Molecular Pharmacology*, *53*, 504–510.

Ishii, I., & Chun, J. (2002). Anandamide-induced neuroblastoma cell rounding via the CB1 cannabinoid receptors. *Neuroreport*, *13*, 593–596.

Kahl, S. D., & Felder, C. C. (2005). Scintillation proximity assay. *Current Protocols in Neuroscience*. 30:7.15:7.15.1–7.15.55.

Klee, W. A., & Nirenberg, M. (1974). A neuroblastoma times glioma hybrid cell line with morphine receptors. *Proceedings of the National Academy of Sciences of the United States of America*, *71*, 3474–3477.

Lauckner, J. E., Hille, B., & Mackie, K. (2005). The cannabinoid agonist WIN55,212-2 increases intracellular calcium via CB1 receptor coupling to Gq/11 G proteins. *Proceedings of the National Academy of Sciences of the United States of America*, *102*, 19144–19149.

Lorenzen, A., Fuss, M., Vogt, H., & Schwabe, U. (1993). Measurement of guanine nucleotide-binding protein activation by A1 adenosine receptor agonists in bovine brain membranes: Stimulation of guanosine-5′-O-(3-[35S]thio)triphosphate binding. *Molecular Pharmacology*, *44*, 115–123.

Mackie, K. (2008). Signaling via CNS cannabinoid receptors. *Molecular and Cellular Endocrinology*, *286*, S60–S65.

Mackie, K., Devane, W. A., & Hille, B. (1993). Anandamide, an endogenous cannabinoid, inhibits calcium currents as a partial agonist in N18 neuroblastoma cells. *Molecular Pharmacology*, *44*, 498–503.

McGee, R., Simpson, P., Christian, C., Mata, M., Nelson, P., & Nirenberg, M. (1978). Regulation of acetylcholine release from neuroblastoma x glioma hybrid cells. *Proceedings of the National Academy of Sciences of the United States of America*, *75*, 1314–1318.

McIntosh, H. H., Song, C., & Howlett, A. C. (1998). CB1 cannabinoid receptor: Cellular regulation and distribution in N18TG2 neuroblastoma cells. *Brain Research. Molecular Brain Research*, *53*, 163–173.

Milligan, G. (2003). Principles: Extending the utility of [35S]GTP gamma S binding assays. *Trends in Pharmacological Sciences*, *24*, 87–90.

Moreno-Martet, M., Mestre, L. Loria, F., Guaza, C., Fernandez-Ruiz, J., & de, L. E. (2012). Identification of receptors and enzymes for endocannabinoids in NSC-34 cells: Relevance for in vitro studies with cannabinoids in motor neuron diseases. *Neuroscience Letters*, *508*, 67–72.

Mukhopadhyay, S., McIntosh, H. H., Houston, D. B., & Howlett A. C. (2000). The CB(1) cannabinoid receptor juxtamembrane C-terminal peptide confers activation to specific G proteins in brain. *Molecular Pharmacology*, *57*, 162–170.

Myers, P. R., Blosser, J., & Shain, W. (1978). Neurotransmitter modulation of prostaglandin E1-stimulated increases in cyclic AMP. II. Characterization of a cultured neuronal cell line treated with dibutyryl cyclic AMP. *Biochemical Pharmacology*, *27*, 1173–1177.

Nirenberg, M., Wilson, S., Higashida, H., Rotter, A., Krueger, K., Busis, N., et al. (1983). Modulation of synapse formation by cyclic adenosine monophosphate. *Science*, *222*, 794–799.

Petitet, F., Jeantaud, B., Capet, M., & Doble, A. (1997). Interaction of brain cannabinoid receptors with guanine nucleotide binding protein: A radioligand binding study. *Biochemical Pharmacology*, *54*, 1267–1270.

Platika, D., Boulos, M. H., Baizer, L., & Fishman, M. C. (1985). Neuronal traits of clonal cell lines derived by fusion of dorsal root ganglia neurons with neuroblastoma cells. *Proceedings of the National Academy of Sciences of the United States of America*, *82*, 3499–3503.

Prasad, K. N. (1975). Differentiation of neuroblastoma cells in culture. *Biological Reviews of the Cambridge Philosophical Society*, *50*, 129–165.

Prasad, K. N., Spuhler, K., Arnold, E. B., & Vernadakis, A. (1979). Modification of response of mouse neuroblastoma cells in culture by serum type. *In Vitro*, *15*, 807–812.

Prashad, N., & Rosenberg, R. N. (1978). Induction of cyclic AMP-binding proteins by dibutyryl cyclic AMP in mouse neuroblastoma cells. *Biochimica et Biophysica Acta*, *539*, 459–469.

Rimmerman, N., Hughes, H. V., Bradshaw, H. B., Pazos, M. X., Mackie, K., Prieto, A. L., et al. (2008). Compartmentalization of endocannabinoids into lipid rafts in a dorsal root ganglion cell line. *British Journal of Pharmacology*, *153*, 380–389.

Rosenberg, R. N., Vance, C. K., Morrison, M., Prashad, N., Meyne, J., & Baskin, F. (1978). Differentiation of neuroblastoma, glioma, and hybrid cells in culture as measured by the synthesis of specific protein species: Evidence for neuroblast-glioblast reciprocal genetic regulation. *Journal of Neurochemistry*, *30*, 1343–1355.

Ross, R. A., Coutts, A. A., McFarlane, S. M., Anavi-Goffer, S., Irving, A. J., Pertwee, R. G., et al. (2001). Actions of cannabinoid receptor ligands on rat cultured sensory neurones: Implications for antinociception. *Neuropharmacology*, *40*, 221–232.

Rudie, H. A., Nahreini, P., Andreatta, C. P., Edwards-Prasad, J., & Prasad, K. N. (2001). Identifying genes involved in regulating differentiation of neuroblastoma cells. *Journal of Neuroscience Research*, *64*, 302–310.

Said, S. I., & Rosenberg, R. N. (1976). Vasoactive intestinal polypeptide: Abundant immunoreactivity in neural cell lines and normal nervous tissue. *Science*, *192*, 907–908.

Schubert, D., Humphreys, S., Baroni, C., & Cohn, M. (1969). In vitro differentiation of a mouse neuroblastoma. *Proceedings of the National Academy of Sciences of the United States of America*, *64*, 316–323.

Schubert, D., Humphreys, S., Jacob, F., & de Vitry, F. (1971). Induced differentiation of a neuroblastoma. *Developmental Biology*, *25*, 514–546.

Seeds, N. W., Gilman, A. G., Amano, T., & Nirenberg, M. W. (1970). Regulation of axon formation by clonal lines of a neural tumor. *Proceedings of the National Academy of Sciences of the United States of America*, *66*, 160–167.

Sim, L. J., Selley, D. E., Xiao, R., & Childers, S. R. (1996). Differences in G-protein activation by mu- and delta-opioid, and cannabinoid, receptors in rat striatum. *European Journal of Pharmacology*, *307*, 97–105.

Smith, P. K., Krohn, R. I., Hermanson, G. T., Mallia, A. K., Gartner, F. H., Provenzano, M. D., et al. (1985). Measurement of protein using bicinchoninic acid. *Analytical Biochemistry*, *150*, 76–85.

Song, C., & Howlett, A. C. (1995). Rat brain cannabinoid receptors are N-linked glycosylated proteins. *Life Sciences*, *56*, 1983–1989.

Strange, P. G. (2010). Use of the GTPgammaS ([35S]GTPgammaS and Eu-GTPgammaS) binding assay for analysis of ligand potency and efficacy at G protein-coupled receptors. *British Journal of Pharmacology*, *161*, 1238–1249.

Traynor, J. R., & Nahorski, S. R. (1995). Modulation by mu-opioid agonists of guanosine-5′-O-(3-[35S]thio)triphosphate binding to membranes from human neuroblastoma SH-SY5Y cells. *Molecular Pharmacology*, *47*, 848–854.

Walter, U., Costa, M. R., Breakefield, X. O., & Greengard, P. (1979). Presence of free cyclic AMP receptor protein and regulation of its level by cyclic AMP in neuroblastoma-glioma hybrid cells. *Proceedings of the National Academy of Sciences of the United States of America*, *76*, 3251–3255.

Waymire, J. C., Gilmer-Waymire, K., & Boehme, R. E. (1978). Concomitant elevation of tyrosine hydroxylase and dopamine beta-hydroxylase by cyclic AMP in cultured mouse neuroblastoma cells. *Journal of Neurochemistry*, *31*, 699–705.

Waymire, J. C., Gilmer-Waymire, K., Noritake, D., Gibson, G., Kitayama, D., & Haycock, J. W. (1979). Induction of tyrosine hydroxylase and dopamine beta-hydroxylase in cultured mouse neuroblastoma by 8Br-cAMP. Involvement of RNA and protein synthesis. *Molecular Pharmacology*, *15*, 78–85.

Wilson, S. H., Schrier, B. K., Farber, J. L., Thompson, E. J., Rosenberg, R. N., Blume, A. J., et al. (1972). Markers for gene expression in cultured cells from the nervous system. *The Journal of Biological Chemistry*, *247*, 3159–3169.

Zimmer, A., Zimmer, A. M., Hohmann, A. G., Herkenham, M., & Bonner, T. I. (1999). Increased mortality, hypoactivity, and hypoalgesia in cannabinoid CB1 receptor knockout mice. *Proceedings of the National Academy of Sciences of the United States of America*, *96*, 5780–5785.

CHAPTER TWO

Protocols and Good Operating Practices in the Study of Cannabinoid Receptors

Linda M. Console-Bram, Pingwei Zhao, Mary E. Abood[1]
Center for Substance Abuse Research, Lewis Katz School of Medicine at Temple University, Philadelphia, PA, United States
[1]Corresponding author: e-mail address: mabood@temple.edu

Contents

Abstract

With the approach of the 30th year since the pioneering discovery of a cannabinoid receptor in rat brain (Devane et al., 1988), the field of cannabinoid pharmacology and physiology has impacted human physiology at multiple levels. The development of highly specific and potent orthosteric ligands, as well as the blossoming field of allosteric ligand development, has placed the endocannabinoid system in the forefront as a modulator of a multitude of physiologic processes. Reproducibility among laboratories is especially important due to the development of novel tools to investigate the role(s) of the endocannabinoid system in human physiology, and to clarify the roles for medicinal marijuana. Any definitive role in normal, or diseased states, must be satisfied through the demonstration of a specific receptor-mediated event. This chapter provides working protocols for the study of cannabinoid receptor–ligand binding, as well as immediate and downstream G protein-dependent signaling assays to assess receptor function.

Methods in Enzymology, Volume 593
ISSN 0076-6879
http://dx.doi.org/10.1016/bs.mie.2017.06.027

ABBREVIATIONS

BSA bovine serum albumin
cAMP cyclic adenosine monophosphate
CB_1 cannabinoid CB_1 receptor
CB_2 cannabinoid CB_2 receptor
DMEM Dulbecco's modified eagle medium
DMSO dimethyl sulfoxide
EDTA ethylenediaminetetraacetic acid
EGTA ethylene glycol-bis(β-aminoethyl ether)-*N*,*N*,*N'*,*N'*-tetraacetic acid
ERK extracellular signal-regulated kinases
EtOH ethanol
FBS fetal bovine serum
GDP guanosine diphosphate
GFP green fluorescent protein
GPCR G protein-coupled receptor
GTP guanosine-5′-triphosphate
GTPγS guanosine 5′-[γ-thio]triphosphate
HBSS Hank's balanced salt solution
HEPES 4-(2-hydroxyethyl)-1-piperazineethanesulfonic acid
MAPK mitogen-activated protein kinase
PBS phosphate-buffered saline
PEI polyethylenimine
RLU relative luminescence units
RT room temperature
SRE serum response element
TR-FRET time-resolved fluorescence resonance energy transfer

1. INTRODUCTION

The last quarter century brought a tremendous breadth of knowledge regarding the interaction of *Cannabis sativa* substituents with physiologic targets. Since the discovery of a G protein-coupled receptor (GPCR) that binds the major psychoactive ingredient of *Cannabis*, (−)-Δ^9tetrahydrocannabinol (Devane, Dysarz, Johnson, Melvin, & Howlett, 1988), the field of cannabinoid receptor pharmacology and physiology has flourished. In the 2 decades following the discovery of the cannabinoid receptor, a range of pharmacological and genetic tools have been developed and used to delineate "cannabinoid receptor"-mediated activity. To date the nomenclature of cannabinoid receptors, as adopted by the International Union of Basic and Clinical Pharmacology (IUPHAR), includes two receptors, CB_1 and

CB_2 (Pertwee et al., 2010). With the isolation of endogenous substances (endocannabinoids) that bind these receptors (Devane et al., 1992; Mechoulam et al., 1995) as well as a large body of evidence indicating that the resulting effects of *endo-*, *phyto-*, and synthetic cannabinoid interactions that cannot be definitively explained based on the two-cannabinoid receptor theory, multiple cellular targets have emerged (Lu & Anderson, 2017). In the most classical sense, a receptor is considered a membrane bound protein, which elicits an effect from the plasma membrane. There have been several reports involving many GPCRs (Jalink & Moolenaar, 2010), including cannabinoid receptors (Brailoiu et al., 2014; Nogueras-Ortiz & Yudowski, 2016; Zhang, Kolaj, & Renaud, 2015), that demonstrate receptor-mediated signaling in additional cellular compartments. Identification of putative cannabinoid ligand–receptor-mediated events requires standardization of binding and signal transduction studies if any meaningful comparisons are to be made between different laboratories. It is important to consider experimental conditions for these assays as slight changes in materials can lead to alterations in binding values and discrepancies in other experimental endpoints. The detailed methodologies presented here encompass radioligand, membrane–receptor binding as well as functional correlates of binding, G protein activity, and downstream cellular signaling.

2. RECEPTOR ASSAYS

Radioligand binding assays provide a measure of the interactions between ligands and receptor, as well as the degree of affinity for which the reactants bind together (Pollard, 2010). Radioligands used to measure the ligand binding to receptors should ideally have high affinity, low nonspecific binding, high specific activity to detect low receptor densities, and receptor selectivity (Davenport & Russell, 1996). Saturation binding analysis can determine receptor affinity and density. The saturation binding assay requires that the concentration chosen must be determined empirically for a new ligand. In addition, the concentration of tissue, i.e., receptor concentration, used in an experiment should also be determined to ensure the best ratio of specific to nonspecific binding. In carrying out an experiment to establish this ratio, vary the concentration of tissue and maintain a constant concentration of labeled ligand. The concentration of tissue should be chosen from the linear portion of the specific activity vs tissue concentration curve. Upon obtaining ideal concentrations of tissue, at least six concentrations of labeled ligand should be tested, generally a 100-fold concentration range, to ensure that saturation is achieved and a reliable K_D is obtained. Unlabeled ligand, at a concentration 100–1000 × more than the highest concentration of labeled drug is included to determine nonspecific binding.

In addition to saturation assays, competition binding is used to determine the selectivity of a particular ligand for receptor subtypes, and the density and proportion of each subtype in the tissue. The concentration of radioligand employed is approximately equal to the K_D of the radioligand (final concentration, 5 n*M* as indicated in Table 1). Nonspecific binding is determined using unlabeled ligand (final concentration, 100–1000 × that of labeled ligand concentration; 500 × as indicated in Table 1). Cannabinoid drugs of interest are generally tested in a 100-fold range of concentrations. The protocol described later is appropriate for both radioligand saturation and competition/displacement binding studies.

2.1 Competitive Radioligand Binding

2.1.1 Equipment

- Ultracentrifuge
- Brandel cell harvester
- Liquid scintillation analyzer
- Potter–Elvehjem tissue grinder (glass homogenizer)

Table 1 Dilution Series

Tube No.	Buffer (μL)	Cold Drug (μL) 10 μ*M* Stock	Hot Drug (μL) 50 n*M* Stock	Protein (μL) 1 μg/μL	Binding
1	400	—	50	50	Total
2	400	50	—	50	Nonspecific
3	350	50 [Drug] 1	50	50	Displacement [Drug] 1
4	350	50 [Drug] 2	50	50	Displacement [Drug] 2
5	350	50 [Drug] 3	50	50	Displacement [Drug] 3
6	350	50 [Drug] 4	50	50	Displacement [Drug] 4
7	350	50 [Drug] 5	50	50	Displacement [Drug] 5
8	350	50 [Drug] 6	50	50	Displacement [Drug] 6

2.1.2 Buffers and Reagents

- Buffer 1 (100 mL): 320 m*M* sucrose, 2 m*M* EDTA, 5 m*M* $MgCl_2$, adjust pH 7.4.
- Buffer 3 (50 mL): 50 m*M* Tris–HCl, 1 m*M* EDTA, 3 m*M* $MgCl_2$, adjust pH 7.4 at 30°C.
- Buffer A: Tris-Base (50 m*M*), EDTA (1 m*M*), $MgCl_2$ (3 m*M*), and bovine serum albumin (BSA) (5 mg/mL), adjust pH 7.4 (30°C), filter sterile, and store at 4°C.
- Buffer B: Tris-Base (50 m*M*), BSA (1 mg/mL), adjust pH 7.4 (4°C), store at 4°C.
- Siliconized glass tubes (rinse tubes twice with 0.2% AquaSil siliconizing reagent, dry overnight).
- Whatman GF/C filter paper.
- Polyethylenimine (PEI).
- Scintillation fluid cocktail.

2.1.3 Note

The pH of all solutions should be adjusted with 1–2 *M* potassium hydroxide (KOH) and **NOT** sodium hydroxide (NaOH) as increased concentrations of sodium ions may affect ligand binding.

2.1.4 Procedure

2.1.4.1 Membrane Protein Preparation

1. Pellet CB_1 (or CB_2)-expressing cells from two T-150 flasks, add 5 mL of cold (4°C) buffer #1 to each flask. (Alternatively, brain tissue can be used.)
2. Take this cell suspension and add it to a chilled Potter–Elvehjem tissue grinder on ice.
3. Insert the Teflon grinder into the GLAS-COL power unit chuck and then insert the grinder into the glass homogenizer.
4. Set the power unit speed to 50 or the midrange setting. Homogenize the tissue using 15 up and down strokes.
5. Pour the homogenate into a low-speed centrifuge tube, then centrifuge (1000 × *g*) the tissue at 4°C for 10 min.
6. Pour off the supernatant and foamy residue (save for later) into a separate centrifuge tube (this tube must be ultrahigh speed centrifuge tube and will usually have a screw on top).
7. Resuspend and then rehomogenize the remaining pellet in 4 mL of buffer #1. Make sure all of the pellet is removed from the side of

the centrifuge tube. Homogenize the tissue using 5 up and down strokes at a midrange setting, Pour the homogenate into a low-speed centrifuge tube, then centrifuge (1000 × *g*) the tissue at 4°C for 10 min. Collect the supernatant; add to the supernatant tube in step 6.

8. Repeat the homogenizing and centrifuging step 1 more time; add the supernatant to the tube in step 6. Discard the final pellet.
9. Centrifuge the combined supernatants at 39,000 × *g* (20,900 rpm) at 4°C for 1 h. Begin preparations for protein determination 15 min before the end of this spin.
10. Pour off the supernatants. Resuspend each pellet in 1.5 mL of buffer #3. Make sure all of the pellets are removed from the side of the centrifuge tube. You can combine resuspended pellets if they are from the same cell line. Homogenize the pellet(s) using 5 up and down strokes at a midrange (50).
11. Determine protein concentration. Aliquot pellet (~1 mg/mL) in quantities necessary to complete one assay (50 μg of protein/assay tube; generally 1 mL of membrane protein). Store membrane protein at −80°C. Generally 1 microcentrifuge tube/resuspended pellet is needed.

2.1.4.2 Siliconization of Assay Tubes

1. Prepare a 0.2% solution of siliconizing reagent (AquaSil; Pierce) using distilled, deionized water. Rinse tubes 2× in AquaSil solution and dry overnight.

2.1.4.3 Radioligand Binding and Detection

1. Presoak Whatman GF/C filter paper for about 2 h in a 0.1% PEI solution.
2. Prepare radioligand (hot drug) and displacement ligand (not radioactive, cold drug) as 10× solutions in buffer A, keep on ice.
3. Add appropriate amount of buffer (a) into the siliconized glass tubes, followed by 50 μL cold drug, then 50 μL hot drug, and finally 50 μL CB_1 membrane protein (1 μg/μL) is added to begin the reaction. The total volume/tube is 500 μL. The assay is performed in triplicate; a sample template is shown in Table 1.
4. Incubate tubes at 30°C in a shaking water bath for 1 h.
5. Place rack with the reaction glass tubes on the Brandel harvester, inject 2 mL of buffer B (cold 4°C) to each tube. Harvest the solution in the tubes on to filters. Rinse each tube with another 2 mL and harvest on to filters. Repeat rinse and harvest one more time. Take filters off the

harvester and place them into scintillation tubes. Add 5 mL scintillation fluid, cap every tube, and shake tubes for an hour. Place tubes into racks for the liquid scintillation analyzer and count the scintillation cocktail.

6. The specific binding (DPM) of the radioligand is determined by subtracting the nonspecific binding (DPM; Tube 2 above) from the counts of all other tubes.

2.2 Functional Receptor Assay—[^{35}S]GTPγS

Signal transduction via GPCRs is mediated through binding of GTP to GTP-binding proteins. The [^{35}S]GTPγS assay measures the activation of G protein following agonist binding of a GPCR, by determining the binding of the nonhydrolysable analog [^{35}S]GTPγS to Gα subunits. Thus, the assay measures a functional consequence of CB_1 receptor occupancy at one of the earliest receptor-mediated events. Although GTPγS binding assays are carried out using membrane preparations in much the same way as radioligand binding assays, these are functional assays and can thus be used to differentiate agonist, antagonist, and inverse agonist activities. They have the advantage that agonist measures are not subject to amplification or other modulation that may occur when detecting parameters further downstream of the receptor (Harrison & Traynor, 2003).

2.2.1 Equipment

- Ultracentrifuge
- Brandel harvester
- Liquid scintillation analyzer
- Potter–Elvehjem tissue grinder (glass)

2.2.2 Buffers and Reagents

- Membrane buffer: 50 mM Tris, 3 mM $MgCl_2$, 1 mM EGTA. Bring to pH 7.4, and store at 4°C.
- Assay buffer: 50 mM Tris, 0.2 mM EGTA, 3 mM $MgCl_2$, 100 mM NaCl, 1 mg/mL BSA, adjust pH to 7.4, and store at 4°C.
- Wash buffer: 50 mM Tris, adjust pH to 7.2, and store buffer at 4°C.
- 1 mM EDTA in PBS (w/o Ca^{2+} and Mg^{2+}).
- [^{35}S]GTPγS, 250 μCi/mmol (diluted to 1.25 μCi/mmol).
- 200 μM GTPγS; prepare single use aliquots and store at −80°C.
- Guanosine-5′-diphosphate sodium salt, make a 10 mM solution, then aliquot on ice and store at −80°C.

2.2.3 Notes

1. The pH of all solutions should be adjusted with 1–2 *M* potassium hydroxide (KOH) and NOT sodium hydroxide (NaOH) as increased concentrations of sodium ions may affect ligand binding.

2.2.4 Procedure

2.2.4.1 Crude Whole Cell Protein Preparation

1. Remove cells from T-150 flask (90%–100% confluent): Pour or pipette out media and add 15 mL of 1 m*M* EDTA in PBS to each flask. Incubate at room temperature (RT) for 5 min, shake flask (to detach cells), and pour (or pipette) into 50 mL centrifuge tubes.
2. Centrifuge for 10 min at 1000 × *g* at RT. Discard supernatant. From here on, keep materials (cells, buffers, tubes, etc.) on ice.
3. Resuspend pellet in 6–7 mL of cold membrane buffer (per flask) and homogenize for 10 s in a Potter–Elvehjem tissue grinder (Glass homogenizer) on ice.
4. Centrifuge at 50,000 × g and 4°C for 10 min.
5. Discard supernatant and resuspend pellet in ~10–14 mL (per flask) of cold membrane buffer. Homogenize the resuspended pellet.
6. Perform macro Bradford assay to determine protein concentration. Aliquot membranes into cryovials on ice in appropriate quantities for one binding assay (approximately 20 μg protein/tube). Avoid multiple freeze–thaw cycles. Freeze membrane preparations at −80°C until use.

2.2.4.2 Siliconization of Assay Tubes

1. Prepare a 0.2% solution of siliconizing reagent (AquaSil; Pierce) using distilled, deionized water. Rinse tubes 2 × in AquaSil solution and dry overnight.

2.2.4.3 Binding Assay

1. Presoak Whatman GF/B filter paper for about 1 h in assay buffer 2.
2. Prepare working stock solutions of [^{35}S]GTPγS (1 n*M*), "Cold" GTPγS (200 μ*M*), guanosine diphosphate (GDP) (100 μ*M*), and test ligand using siliconized assay tubes. Dilutions should be made with assay buffer. Drugs are diluted to 10 × of final concentrations.
3. To the siliconized assay tubes, add the following in order: ice cold assay buffer so that total assay volume is 500 μL; GTPγS 20 μ*M* for nonspecific binding tubes; GDP 10 μ*M* for all tubes (this can vary from 10 to 30 μ*M*); ligand to be tested; [^{35}S]GTPγS 0.1 n*M* for all tubes; whole cell protein

solution (20 μg/tube, though this can be changed depending on the receptor expression levels). Thaw membranes slowly on ice with occasional vortexing (Table 2).

4. Incubate all tubes at 30°C for 90 min in a shaking water bath. Place rack with the reaction glass tubes on the Brandel harvester, inject ~2 mL of buffer B (cold 4°C) to each tubes. Harvest the solution in the tubes on to filters. Rinse each tube with another 2 mL and harvest on to filters. Repeat rinse and harvest one more time. Remove filters from the harvester and place them into scintillation tubes. Add 5 mL scintillation fluid, cap tubes, shake for an hour, and count samples in a scintillation counter. Alternatively, filters and scintillation fluid can remain in tubes overnight at RT, and counted the following day after brief vortexing of tubes.

2.2.5 Notes

1. GTPγS, [^{35}S]GTPγS, GDP, and protein samples are all very unstable, so whenever they are not being incubated, they are kept on ice.
2. Ligand stocks are often stored dissolved in dimethyl sulfoxide (DMSO) or EtOH, so careful attention is made to ensure that there is a constant concentration of vehicle in all tubes, as small amounts of these substances have been found to affect binding.
3. These conditions are optimized to work for the HEK293 cells used in our laboratory. Other cell lines, or tissues, may require adjusting the concentrations of GDP, $MgCl_2$, NaCl, and/or EGTA.

2.3 Principle Receptor Signaling Assay—cAMP

Upon ligand activation of the GPCR and exchange of GDP for GTP, the dissociation of the G protein trimer results in a G_α–GTP complex and a $G_{\beta\gamma}$ dimer. Depending upon the G_α, subtype, $G_{\alpha i}$ or $G_{\alpha s}$, the G_α–GTP complex will increase or inhibit adenylate cyclase, leading to an increase or decrease of cellular levels of cyclic adenosine monophosphate (cAMP), respectively. CB receptors predominantly couple to $G_{\alpha i}$ subunits resulting in a decrease in cAMP levels upon receptor activation (Howlett & Fleming, 1984). Hence, the cAMP assay is a functional assessment of CB receptor activity. As CB receptor activation leads to a decrease in cellular levels of cAMP, measurements of receptor activity are determined by inhibition of Forskolin-induced stimulation of adenylate cyclase. Of the many commercially available cAMP assays, the protocol included in this chapter is a time-resolved fluorescence resonance energy transfer (TR-FRET) immunoassay (Lance® Ultra cAMP kit; PerkinElmer). The premise of this assay is that

Table 2 Dilution Series for GTPγS Assay

Tube #	Assay Buffer (μL)	GDP (μL) 100 μ*M* (10 μ*M* final)	Cold GTPγS(μL) 200 μ*M* (20 μ*M* Final)	Vehicle Control Basal	Drug (μL) [Final]	Hot GTPγ S (μL) 1 n*M* (0.10 n*M* Final)	Tissue 0.4 μg/μL 20 μg/tube
1. Nonspecific	300	50	50			50	50
2. Vehicle	300	50	—	50		50	50
3	300	50	50	—	50 [Drug] 1	50	50
4	300	50	50	—	50 [Drug] 2	50	50
5	300	50	50	—	50 [Drug] 3	50	50
6	300	50	50	—	50 [Drug] 4	50	50
7	300	50	50	—	50 [Drug] 5	50	50
8	300	50	50	—	50 [Drug] 6	50	50

binding of cAMP antibodies with europium-labeled cAMP included in the assay buffer will yield maximal TR-FRET emission. Unlabeled cAMP present within a sample, generated as a result of adenylate cyclase activation, competes with europium-labeled cAMP for the cAMP antibodies resulting in a decrease/lack of signal. The FRET signal is directly related to CB receptor activation, i.e., lack or inhibition of cAMP production. Optimal concentrations of cAMP and Forskolin, as well as cell density per well should be independently determined for each cell line. The concentrations and cell numbers reported here are provided as a guide.

2.3.1 Equipment

- Fluorescence plate reader (320 or 340 nm excitation; 665 nm emission, Perkin Elmer EnVision)
- Optiplate 384-well white assay plate
- ProxiPlate-384-well white drug dilution plate
- Plate sealer

2.3.2 Buffers and Reagents

- Forskolin
- 1 × Hank's balanced salt solution (HBSS) with calcium, magnesium, sodium bicarbonate, and glucose, w/o phenol red.
- 1 × HBSS w/o calcium and magnesium, with sodium bicarbonate and glucose, w/o phenol red.
- 5 mm EDTA in HBSS.
- IBMX (3-isobutyl-1-methylxanthine).
- HEPES buffer solution, pH 7.4.
- Stimulation buffer (1 × HBSS, 0.1% BSA stabilizer, 0.5 m*M* IBMX, 5 m*M* HEPES, pH 7.4).
- LanceUltra cAMP detection kit (Perkin Elmer).

2.3.3 Procedure

1. Allow cells reach 90%–100% confluences and detach from tissue culture flask: Pour or pipette out media and add 2 mL of 5 m*M* EDTA in HBSS, without calcium and magnesium, to each flask. Incubate at RT for 5 min, shake flask (to detach cells), and pour (or pipette) into 15 mL centrifuge tubes.
2. Wash cells with 13 mL of HBSS, w/o calcium and magnesium, and centrifuge at 275 × *g* for 10 min at RT. Discard supernatant. Resuspend

pellet in 3 mL HBSS, w/o calcium and magnesium, and determine cell concentration.

3. Pellet cells at 275 × *g* for 5 min, at RT, and resuspend pellet in stimulation buffer at a concentration of 600 cells/μL.
4. Plate cells in a volume of 5 μL (3000 cells/well) in optiplates.
5. Stimulate cells with 10 μ*M* Forskolin (2.5 μL volume; final concentration) in the presence of test ligand (2.5 μL volume) at RT for 30 min. Both Forskolin and test compounds are prepared in stimulation buffer. Ligands are prepared in drug dilution plates according to the manufacturer's protocol.
6. Incubate with 5 μL of europium-labeled cAMP and 5 μL of anti-cAMP (working solutions of both are prepared in detection buffer according to manufacturer's specification) for 1 h at RT.
7. Read in TR-FRET capable plate reader (EnVision) at an emission of 665 nm.
8. The concentration of cAMP in the sample is determined from the cAMP standard curve, included on the test plate.

2.3.4 Notes

1. The total volume of the assay is 20 μL; adjust volumes accordingly in the presence/absence of agonists and antagonists. For example, when titrating the Forskolin concentration, in the absence of test ligand, 5 μL of Forskolin is used in the assay.
2. Cover test plate with plate sealer during incubations to avoid evaporation. Remove seal prior to reading plate in the EnVision.

2.4 Non-G Protein Signaling Assay—β-Arrestin

Termination of GPCR signaling has traditionally been thought to involve desensitization/phosphorylation of the receptor through G protein kinases (GRKs) and concomitant internalization of the receptor through binding of scaffolding proteins such as β-arrestin (Cheng, Yu, Wu, Ma, & Pei, 1998; Lefkowitz, 1998; Pitcher, Freedman, & Lefkowitz, 1998). The significance and capability of β-arrestin signaling are a story actively unraveling. Research focusing on the cannabinoid receptors and β-arrestin signaling has been propelled by the β-adrenergic receptor–β-arrestin interactions. Since the demonstration of β-arrestin involvement in cannabinoid receptor desensitization (Jin et al., 1999), a role for β-arrestin in cellular-mediated events distinct from G protein signaling has ensued. Methodologies have been developed to quantitate agonist-induced β-arrestin activity; a fluorescent cell imaging-based approach and an enzymatic chemiluminescent protocol. Both methods involve coexpression of the cannabinoid receptor and β-arrestin in cell lines. The cell imaging-based approach involves modification of the GPCR C-terminus using vasopressin sequences, and incorporation of green fluorescent protein (GFP) to the C-terminal end of β-arrestin cDNA. The principle being that β-arrestin expression, homogenously distributed in the cytoplasma under basal conditions, translocates to the membrane to interact with the GPCR, and chaperones it to intracellular locations, upon ligand activation of the receptor. The complex is visualized as puncta within the cytoplasm using fluorescent microscopy. Details of the protocol have been described previously (Kapur et al , 2009). Although this methodology is quite specific, it is time consuming to visualize concentration responses of ligands and antagonists under fluorescent microscopy, where photobleaching can be an issue. For quantification of puncta, to obtain EC and IC_{50}s, the images must then be subjected to an image analysis program. Recently a commercially available, specific and very sensitive protocol has been developed. The basic premise remains the same, except that the methodology uses β-galactosidase complementation technology. Cells coexpress a GPCR fused to a β-galactosidase enzyme fragment, and β-arrestin fused to an N-terminal deletion β-galactosidase mutant. In the presence of agonist, and detection reagents containing β-galactosidase substrate, a chemiluminescent signal is generated due to the forced complementation of the GPCR-fused β-galactosidase fragment and the β-arrestin fused N-terminal mutant fragment of β-galactosidase. Quantitation of agonist-induced increases in chemiluminescent signal, and attenuation of the signal in the presence of antagonist are easily accomplished using a multiplate reader. The protocol for the DiscoverX PathHunter® complementation assay is included below.

2.4.1 Equipment

- Luminescent microplate reader
- 37°C/5% CO_2, humidified cell culture incubator
- 384-Well white bottom sterile tissue culture plates with lid
- 383-Well dilution plates
- Plate sealer

2.4.2 Buffers and Reagents

- DiscoverX Assay complete culture kit
- Cell plating reagent (specific for GPCR of interest)
- PathHunter® detection kit
- 1 m*M* EDTA/PBS pH 7.4

2.4.3 Protocol

- Grow cells to confluency (90%) using select media provided by manufacture.
- Remove media, and rinse with PBS, pH 7.4.
- Detach cells using 1–1.5 mL, 1 m*M* EDTA/PBS, pH 7.4, and incubate at 37°C/5% CO_2 for 5 min.
- Add 3.5 mL of appropriate cell plating media to the 1 m*M* EDTA/PBS cell suspension, and count cells.
- Adjust volume of cell suspension to 2.5×10^5 cells/mL with appropriate cell plating media.
- Plate 20 μL of the cell suspension/well to yield 5000 cells/well.
- Incubate cells for 18–24 h at 37°C/5% CO_2, in a humidified incubator.
- Prepare serial dilutions of ligand concentrations in drug dilution plates using the appropriate cell plating media, and vehicle concentrations, as described by the manufacturer's protocol. Add 5 μL of agonist to the wells, and incubate for 90 min at 37°C, in a humidified incubator (5% CO_2).
- Add 12 μL of detection reagent to wells and incubate for 1 h at RT.
- Cover plate with plate sealer and read for 1 s in a standard luminescence plate reader to obtain relative luminescence units (RLU).
- Control RLU are subtracted from all wells to obtain, luminescence due to ligand–receptor activation.

2.4.4 Notes

1. The number of cells/well should be determined for each GPCR of interest. The number used in the protocol above is provided as a guide.
2. The total assay volume is 25 μL, prior to the addition of detection reagent.
3. When testing antagonism of an agonist's effect, add 2.5 μL of the antagonist, incubate for 30 min at 37°C/5% CO_2, in a humidified incubator, followed by addition of the agonist (2.5 μL; 90 min, 37°C/5% CO_2, in a humidified incubator).

2.5 Reporter Assays of Downstream Signaling—Serum Response Element (SRE)

Stimulation of CB_1 receptor induces the activation of ERK1/2 kinases in various types of cells (Howlett, 2005). The SRE luciferase assay is one of the many methods for detecting the MAPK/ERK signaling pathway (Cheng et al., 2010). The SRE luciferase assay has inherently high sensitivity, large dynamic range, and low susceptibility to compound interference. Thus, the SRE assay provides an efficient approach in one simple assay format, which can be applied to develop high-throughput assay for drug discovery. Here we use Lipofectamine 2000 to transiently transfect the CB_1 receptor and SRE luciferase reporter into HEK-293 cells. Activity of MAPK/ERK can then be detected by luminescence following CB_1 ligand application.

2.5.1 Equipment

- Luminescent microplate reader
- 5% CO_2 cell culture incubator

2.5.2 Buffers and Reagents

- PBS w/o Ca^{2+} and Mg^{2+}.
- Trypsin/EDTA (0.25%).
- DMEM with and w/o 10% FBS, warm to 37°C before use.
- Opti-MEM reduced serum medium.
- Lipofectamine 2000 transfection reagent.
- pGL4.33[luc2P/SRE/Hygro] Vector (Promega).
- Reporter lysis 5 × buffer (Promega E397A), Prepare fresh 1 × lysis buffer using dH_2O on the assay day.
- D-Luciferin, sodium salt. 0.1 M stock solution in 10 mM HEPES buffer (pH 7.5), store at −80°C. Dilute 400× to final 250 μM in 10 mM HEPES on the assay day.
- White wall 96-well plate for cell culture and luminescent reading.

2.5.3 Procedure

1. Grow HEK-293 cells using DMEM with 10% FBS until 90% confluent.
2. Wash cells once with PBS w/o Ca^{2+} and Mg^{2+}, add Trypsin/EDTA (0.25%) (using minimal amount to cover cells), incubate several minutes to lift cells.
3. Add DMEM w/o 10% FBS, collect all the media with suspended cells, centrifuge cells at 1000 × g for 5 min to form cell pellet. Discard the supernatant media.
4. Resuspend cells with fresh DMEM w/o 10% FBS, count cells, then dilute cells to 600,000/mL using fresh DMEM w/o 10% FBS.

5. Add 25 μL lipofectamine reagent to 1250 μL Opti-MEM in one tube, mix well. Add 10 μg SRE vector and 0.5 μg CB1 plasmid to 1250 μL Opti-MEM in another tube, mix well. Incubate 5 min at RT.
6. Combine the media in the above two tubes into one single tube, mix well, then incubate for 20 min at RT.
7. Mix 10 mL cells (600,000 cells/mL) with the 2.5 mL (1250 μL + 1250 μL) transfection solution. Plate the above mixture 125 μL/well into a 96-well plate. Culture cells for 5 h in the 5% CO_2 cell culture incubator.
8. Dump out media in the 96-well plate gently, add 100 μL DMEM w/o 1% FBS each well. Culture cells overnight.
9. In the next morning prepare drugs and vehicles as 3 × solution in serum free DMEM, warm up to 37°C, add 50 μL to each well in the 96-well plate. Incubate the cells for 4–6 h in incubator.
10. Remove media in the plate by dumping gently, add 20 μL 1 × lysis buffer for each well, and incubate cells at RT for 10 min.
11. Add 40 μL luciferin (250 μ*M* in 10 m*M* HEPES) to each well, quick shake plate to mix then put the plate in the plate reader to read luminescent.

2.5.4 Notes

1. 96-Well plates may be coated with poly-D-lysine to improve cell attaching to plate bottom. In addition, AD-293 cells (with enhanced attachment ability) may be used instead of regular HEK-293. Handle the 96-well plate gently to minimize the chance of cells detaching from the plate.
2. The luminescent readout peaks at 3–5 min after adding luciferin in the plate. Plate may be read several times consequently with 1 min interval to better capture the optimal signal.

2.6 Methods for Compound Suspension

2.6.1 In Vitro Cellular Assays

Solvents used to dissolve water-insoluble compounds are typically ethanol (EtOH), DMSO or a 1:1 combination of both solvents. While some compounds are placed in methyl acetate for stability, this solvent must be evaporated (blown down with a gentle stream of Nitrogen) as it is toxic to living cells. The compound is then resuspended in either DMSO or EtOH with a desired volume. When choosing which of these polar solvents to use, it is best to dissolve a milligram or two of the compound into 100% DMSO or EtOH, visually inspect the solution with microscopic verification. A gentle stream of Nitrogen should be passed over the solvent (10–20 s) prior to adding solvent to the compound. Brief sonication (2 min or less), without heat, may be warranted. Longer, and repeated, sonication times are not recommended due to the generation of heat; low levels of heat maybe sufficient to inactivate a compound. Whenever possible, 10 m*M* stock solutions should be prepared as single use aliquots (10–20 μL), in small volume plastic microcentrifuge tubes. Store stock aliquots at −20°C for synthetic compounds and −80°C for endogenous lipid compounds.

2.6.2 In Vivo Assays

For in vivo testing of compounds, typically a 1:1 18 mixture of EtOH, Cremophor, and saline is used to dissolve the compound. Generally, a 1 mg/mL solution is prepared such that the volume of injection is equal to the weight of the animal (kg weight). The protocol for dissolution is as follows: the compound is first dissolved in EtOH, and then slowly an equal volume of Cremophor EL (Kollifor EL) is added to the EtOH/compound solution. Saline is then added to the mixture. Solutions of compounds should be prepared fresh from powder just prior to experimentation. Ensure that all solutions are sterile prior to dissolution of the compound.

2.6.3 Notes

1. In instances of a known, highly reactive compound, it is best to keep the compound in powder form and store desiccated at 4°C. Freshly prepare working solutions of the ligand on the day of the assay; just prior to addition of the test compound to the cells. When opening the vial of powder, caution should be exercised to minimize exposure to air. Employing a gentle stream of Nitrogen over the vial prior to sealing is recommended.

3. SUMMARY AND CONCLUSIONS

The physical interactions and biochemical sequelae of a ligand and receptor are characteristic of a given pair, or complex. Despite these attributes, the exact nature of the interactions may be altered from one specifies to another, or one cell system to another. Identification of a particular receptor in a tissue or cell system is generally accepted when binding of the entity to its specific radiolabeled ligand is demonstrated. This seemingly simply interaction can be complicated by temperature, ion composition of the assay buffer, receptor density in the tissue/cell, affinity of the ligand for the receptor, and other physiochemical characteristics of the ligand. For example, *endo-* and *phyto*-cannabinoid ligands are resin-like substances which can easily stick to glass tubes. Additionally, nonspecific binding of radioligands to assay tubes, and/or filters may also pose challenges to data interpretation.

To overcome adherence of ligands to the glass, tubes are generally coated with a siliconizing solution. This practice also minimizes nonspecific binding of the radioligand to assay tubes. Additionally, the minimization of nonspecific binding of the radioligand to filters during vacuum filtration of bound vs free ligand is achieved by soaking the filters in an aqueous polyethylenimine solution prior to use. Specific binding, and/or the affinity of ligands can also be comprised due to ion composition of buffers, as well as GDP concentration, in the case of the GTPγS assay. The optimal concentrations of sodium and magnesium ions, and GDP concentration included in the GTPγS protocols presented here have been determined previously (Griffin, Atkinson, Showalter, Martin, & Abood, 1998; McAllister et al., 2004).

Similar to impediments of receptor binding assays, there are also issues that may complicate performance and/or assessment of signal transduction assays. In particular, the presence of serum or serum proteins. When at all possible, assays should be conducted in low serum or serum free media. Serum proteins can bind to ligands removing them from effectively binding to the receptor. Although for some assays, low levels of serum proteins can alleviate nonspecific activity. It is the best to test the function of each receptor, and the tissue or cell line in which it is expressed, to determine the efficacy of low/no serum in an assay. In the cAMP Lance assay described here, a final concentration of 0.1% BSA is included in the stimulation buffer to yield the highest signal-to-noise ratio. However, since trace levels of europium are found naturally, use of the highest purity of albumin is a necessity.

Proper storage of buffers and reagents, especially ligands, is of the utmost importance in any laboratory experiment, and most certainly with receptor studies. Some working detection solutions maintain their stability up to 24 h without any effect on assay performance. However, it may be required that the solution be stored at either 4°C or RT. The best practice is to prepare solutions minimally in advance of use. Always avoid repetitive freeze–thaw cycles of reagents and ligands to ensure that degradation of compounds does not occur. Accuracy and reproducibility of results from day to day and laboratory to laboratory is imperative if any meaningful data are to be obtained. A negative result due to improper handling of reagents, or ligands leads to confusion and obstruction of scientific progress.

The protocols included in this chapter are not all-inclusive methodologies in the study of cannabinoid receptors, but are a sampling of the fundamentals of receptor function. Beginning with the characterization of the initial ligand–receptor complex to identification of the cellular communication route encoded by the ligand–receptor interaction, working protocols for receptor binding, and immediate and downstream intracellular signaling has been documented in this chapter.

REFERENCES

Brailoiu, G. C., Deliu, E., Marcu, J., Hoffman, N. E., Console-Bram, L., Zhao, P., et al. (2014). Differential activation of intracellular versus plasmalemmal CB2 cannabinoid receptors. *Biochemistry*, *53*(30), 4990–4999.

Cheng, Z., Garvin, D., Paguio, A., Stecha, P., Wood, K., & Fan, F. (2010). Luciferase reporter assay system for deciphering GPCR pathways. *Current Chemical Genomics*, *4*, 84–91.

Cheng, Z. J., Yu, Q. M., Wu, Y. L., Ma, L., & Pei, G. (1998). Selective interference of beta-arrestin 1 with kappa and delta but not mu opioid receptor/G protein coupling. *The Journal of Biological Chemistry*, *273*(38), 24328–24333.

Davenport, A. P., & Russell, F. D. (1996). Radioligand binding assays: Theory and practice. In S. J. Mather (Ed.), *Current directions in radiopharmaceutical research and development* (pp. 169–179). Dordrecht, Netherlands: Springer.

Devane, W. A., Dysarz, F. A., 3rd., Johnson, M. R., Melvin, L. S., & Howlett, A. C. (1988). Determination and characterization of a cannabinoid receptor in rat brain. *Molecular Pharmacology*, *34*(5), 605–613.

Devane, W. A., Hanus, L., Breuer, A., Pertwee, R. G., Stevenson, L. A., Griffin, G., et al. (1992). Isolation and structure of a brain constituent that binds to the cannabinoid receptor. *Science*, *258*(5090), 1946–1949.

Griffin, G., Atkinson, P. J., Showalter, V. M., Martin, B. R., & Abood, M. E. (1998). Evaluation of cannabinoid receptor agonists and antagonists using the guanosine-5′-O-(3-[35S]thio)-triphosphate binding assay in rat cerebellar membranes. *The Journal of Pharmacology and Experimental Therapeutics*, *285*(2), 553–560.

Harrison, C., & Traynor, J. R. (2003). The [35S]GTPγS binding assay: Approaches and applications in pharmacology. *Life Sciences*, *74*(4), 489–508.

Howlett, A. C. (2005). Cannabinoid receptor signaling. *Handbook of Experimental Pharmacology*, *168*(168), 53–79.

Howlett, A. C., & Fleming, R. M. (1984). Cannabinoid inhibition of adenylate cyclase. Pharmacology of the response in neuroblastoma cell membranes. *Molecular Pharmacology*, *26*(3), 532–538.

Jalink, K., & Moolenaar, W. H. (2010). G protein-coupled receptors: The inside story. *BioEssays: News and Reviews in Molecular, Cellular and Developmental Biology*, *32*(1), 13–16.

Jin, W., Brown, S., Roche, J. P., Hsieh, C., Celver, J. P., Kovoor, A., et al. (1999). Distinct domains of the CB1 cannabinoid receptor mediate desensitization and internalization. *The Journal of Neuroscience: The Official Journal of the Society for Neuroscience*, *19*(10), 3773–3780.

Kapur, A., Zhao, P., Sharir, H., Bai, Y., Caron, M. G., Barak, L. S., et al. (2009). Atypical responsiveness of the orphan receptor GPR55 to cannabinoid ligands. *The Journal of Biological Chemistry*, *284*(43), 29817–29827.

Lefkowitz, R. J. (1998). G protein-coupled receptors. III. New roles for receptor kinases and beta-arrestins in receptor signaling and desensitization. *The Journal of Biological Chemistry*, *273*(30), 18677–18680.

Lu, Y., & Anderson, H. D. (2017). Cannabinoid signaling in health and disease. *Canadian Journal of Physiology and Pharmacology*, 1–17.

McAllister, S. D., Hurst, D. P., Barnett-Norris, J., Lynch, D., Reggio, P. H., & Abood, M. E. (2004). Structural mimicry in class A G protein-coupled receptor rotamer toggle switches: The importance of the F3.36(201)/W6.48(357) interaction in cannabinoid CB1 receptor activation. *The Journal of Biological Chemistry*, *279*(46), 48024–48037.

Mechoulam, R., Ben-Shabat, S., Hanus, L., Ligumsky, M., Kaminski, N. E., Schatz, A. R., et al. (1995). Identification of an endogenous 2-monoglyceride, present in canine gut, that binds to cannabinoid receptors. *Biochemical Pharmacology*, *50*(1), 83–90.

Nogueras-Ortiz, C., & Yudowski, G. A. (2016). The multiple waves of cannabinoid 1 receptor signaling. *Molecular Pharmacology*, *90*(5), 620–626.

Pertwee, R. G., Howlett, A. C., Abood, M. E., Alexander, S. P., Di Marzo, V., Elphick, M. R., et al. (2010). International Union of Basic and Clinical Pharmacology. LXXIX. Cannabinoid receptors and their ligands: Beyond CB(1) and CB(2). *Pharmacological Reviews*, *62*(4), 588–631.

Pitcher, J. A., Freedman, N. J., & Lefkowitz, R. J. (1998). G protein-coupled receptor kinases. *Annual Review of Biochemistry*, *67*, 653–692.

Pollard, T. D. (2010). A guide to simple and informative binding assays. *Molecular Biology of the Cell*, *21*(23), 4061–4067.

Zhang, L., Kolaj, M., & Renaud, L. P. (2015). Intracellular postsynaptic cannabinoid receptors link thyrotropin-releasing hormone receptors to TRPC-like channels in thalamic paraventricular nucleus neurons. *Neuroscience*, *311*, 81–91.

CHAPTER THREE

Real-Time Measurement of Cannabinoid Receptor-Mediated cAMP Signaling

Morag R. Hunter[2], David B. Finlay, Christa E. Macdonald, Erin E. Cawston, Natasha L. Grimsey, Michelle Glass[1]
University of Auckland, Auckland, New Zealand
[1]Corresponding author: e-mail address: m.glass@auckland.ac.nz

Contents

Abstract

Cannabinoid receptors, like other GPCRs, signal via a spectrum of related signaling pathways. Recently, monitoring GPCR-mediated cAMP signaling has become significantly easier with the development of genetically encoded, transfectable cAMP biosensors. Cell lines transfected with these biosensors can be monitored continuously, allowing the analysis of receptor-mediated signaling in unprecedented detail. Here, we describe a protocol for transfectable biosensors which report cellular cAMP concentrations by bioluminescence resonance energy transfer (BRET). This assay system has been utilized to elucidate the temporal nature of agonists and allosteric modulators of the cannabinoid receptor CB1. In particular, the CB1 allosteric modulator ORG27569 has been shown to modify receptor agonism in a time-dependent fashion; a characteristic which would not have been observed via traditional endpoint methods of detecting cAMP

[2] Current address: Department of Pathology, University of Cambridge, United Kingdom.

Methods in Enzymology, Volume 593
ISSN 0076-6879
http://dx.doi.org/10.1016/bs.mie.2017.05.001

signaling. BRET cAMP biosensors are suitable for miniaturization and automation, and as such are valuable and cost-effective tools for moderate- to high-throughput experimental protocols.

ABBREVIATIONS

AUC area-under-the-curve
BRET bioluminescence resonance energy transfer
CAMYEL cAMP sensor using YFP-Epac-Rluc
cAMP cyclic adenosine monophosphate
CB1 cannabinoid receptor 1
CB2 cannabinoid receptor 2
EPAC exchange proteins activated by cAMP
FRET Förster resonance energy transfer
GPCR G protein-coupled receptor
HBSS Hank's-buffered saline solution
PBS phosphate-buffered saline
PDE phosphodiesterase
PEI polyethyleneimine
PKA protein kinase A
V8-CAMYEL Venus-Rluc8 cAMP sensor using YFP-Epac-Rluc

1. INTRODUCTION

1.1 Canonical Cannabinoid Receptors Are GPCRs

The effects of cannabinoid ligands are mediated through at least two G protein-coupled receptors (GPCRs). The canonical cannabinoid receptors are cannabinoid receptor 1 (CB1) and 2 (CB2), which are most abundant in the central nervous system (Howlett et al., 2004) and in cells of the immune system (lymphocytes, monocytes, and microglia; Howlett et al., 2004; Klein et al., 2003), respectively. Furthermore, there is evidence for at least one more cannabinoid receptor; current candidate receptors for "CB3" include the GPCRs GPR18 and GPR55 (Pertwee et al., 2010).

GPCRs are a large family of transmembrane proteins. As their name suggests, GPCRs activate G proteins, which are heterotrimeric structures containing α, β, and γ subunits (Dupré, Robitaille, Rebois, & Hébert, 2009). Once activated, the cellular effects of G proteins depend on the particular G protein subtype and cellular environment of the receptor/G protein system. There are four groups of G proteins, traditionally defined by their Gα subunit. The signaling profiles of the various Gβγ subunits are less well characterized, but these also affect a wide range of effectors (Altier, 2012;

Currie, 2010; Doupnik, 2008; Dupré et al., 2009; Huang, Slesinger, Casey, Jan, & Jan, 1995).

Activated GPCRs can also recruit arrestins, a step which has previously been considered as a stage in the desensitization sequence (Magalhaes, Dunn, & Ferguson, 2012). However, arrestins have been demonstrated to initiate some signaling, including activation of multiple MAPK pathways (Luttrell & Lefkowitz, 2002; Zhan, Kook, Gurevich, & Gurevich, 2014) This provides a second complement of GPCR signaling cascades beyond canonical G protein effects.

1.2 Importance of cAMP Signaling

Adenylate cyclases catalyze the formation of cyclic adenosine monophosphate (cAMP), and are stimulated by Gαs and inhibited by Gαi G protein subunits. In addition, different adenylate cyclase subtypes are regulated by Gβγ and Ca^{2+} (Hanoune & Defer, 2001; Kamenetsky et al., 2006). cAMP is a key regulator of cellular metabolism and modulates several cellular processes differentially depending on cAMP concentration. Protein kinase A (PKA) activity is saturated by low cAMP concentrations (1 μ*M*) (Antoni, 2012); activation of PKA leads to the phosphorylation of a wide variety of protein targets (Logue & Scott, 2010; Taylor et al., 2004). Two types of ion channel are activated by cAMP: hyperpolarization-activated and cyclic nucleotide-modulated channels, and channels directly modulated by cyclic nucleotides. These channels are maximally responsive to 10 μ*M* cAMP, and when activated they increase the electrical activity of the cell (Antoni, 2012). Exchange proteins activated by cAMP (Epac) require high levels of cAMP (40 μ*M*), and in turn activate Rap pathways, which can affect processes including phospholipase activity and cytoskeletal changes (Gloerich & Bos, 2010; Raaijmakers & Bos, 2009).

Phosphodiesterases (PDEs) reduce cellular cAMP concentrations by hydrolyzing it into 5′AMP. Some PDEs are also regulated by cAMP, with the cAMP-binding sensitivity varying significantly between PDE subtypes (Keravis & Lugnier, 2010).

1.3 cAMP Signaling of Cannabinoid Receptors

Both CB1 and CB2 are primarily classified as Gαi-coupled receptors (Felder et al., 1995; Howlett, Qualy, & Khachatrian, 1986; Matsuda, Lolait, Brownstein, Young, & Bonner, 1990; Munro, Thomas, & Abu-Shaar, 1993), with a signaling profile which, on the whole, reflects the canonical

Gαi pathways. The traditional test for Gαi dependence in a cell signaling assay is to pretreat cells with pertussis toxin. This ADP-ribosylates the Gαi subunit, preventing Gαi turnover (Milligan, 1988). Using this approach, both CB1 and CB2 have been shown to inhibit the activity of adenylate cyclases, thus reducing cAMP production, via activation of Gαi proteins (Bouaboula et al., 1996; Matsuda et al., 1990).

Although CB1 is typically described as a Gαi-linked GPCR, there is robust evidence that CB1 is capable of activating non-Gαi-type signaling pathways. The most frequently reported "secondary" signaling pathway of CB1 is through activation of cAMP, likely through Gαs, first reported in medium spiny neurons (Glass & Felder, 1997). This signaling pathway can be unmasked by application of pertussis toxin, which prevents Gαi signaling (Bonhaus, Chang, Kwan, & Martin, 1998; Felder et al., 1998; Glass & Felder, 1997; Kearn, Blake-Palmer, Daniel, Mackie, & Glass, 2005; Scotter, Goodfellow, Graham, Dragunow, & Glass, 2010). To date, few other experimental designs have demonstrated CB1-mediated cAMP accumulation in untreated cells. For example, WIN55,212-2 gave a Gαs-like response when applied to rat globus pallidus cells (Maneuf & Brotchie, 1997), as did desacetyllevonantradol when applied to a neuroblastoma cell line (Bash, Rubovitch, Gafni, & Sarne, 2003), and CP55,940 applied to human trabecular mesh cells (Stamer et al., 2001). Additionally, Gαq (Lauckner, Hille, & Mackie, 2005; McIntosh, Hudson, Yegorova, Jollimore, & Kelly, 2007), Gα12/13 (Ishii & Chun, 2002), and Gαz (Garzon, de la Torre-Madrid, Rodriguez-Munoz, Vicente-Sanchez, & Sanchez-Blazquez, 2009) coupling by the CB1 receptor have also been reported.

1.4 Temporal Control of GPCR Signaling

Several cellular signaling pathways exercise control over the spatial and temporal profile of GPCR-mediated cAMP signaling (reviewed extensively, e.g., by Caldieri & Sigismund, 2016; Ellisdon & Halls, 2016). These mechanisms can be investigated by using real-time analysis of signaling pathways. The use of such methods are also being driven by an increasing interest in characterizing functional selectivity—the ability of GPCR ligands to stabilize different receptor conformations, and thus elicit diverse balances of the various signaling pathways (Mallipeddi, Janero, Zvonok, & Makriyannis, 2016). Specifically, real-time analyses of cAMP signaling can and have been used for characterizing biased agonists (Redmond et al., 2016) and allosteric modulators (Cawston, Connor, Di Marzo, Silvestri, & Glass, 2015; Cawston et al., 2013) of CB1.

1.5 Types of cAMP Biosensor

There are many options for measuring cAMP in biological samples. Biochemical detection methods, including radioimmunoassays and kit-based immunodetection assays (e.g., Hunter & Glass, 2015), lyse cells at an end point and analyze the final concentration of cAMP present in the lysate. Stimulating the cells in the presence of isobutylmethylxanthine (IBMX) prevents the degradation of cAMP, accumulating total cAMP during the assay incubation time. However, an inherent limitation of these end-point assays is the inability to see fluctuations in signaling profiles which are ultimately hidden in the final cAMP reading. More sophisticated cAMP assays are required if we wish to observe the complexity of these cAMP temporal signaling profiles.

The earliest iterations of cAMP sensors capable of real-time reporting were injectable, or multisubunit transfectable systems (reviewed in Sprenger & Nikolaev, 2013). These have now been surpassed by transfectable single-chain reporters, utilizing Förster resonance energy transfer (FRET, fluorescence-based) or bioluminescent resonance energy transfer (BRET). Both FRET and BRET are based on the transfer of energy from one fluorophore to another, based on physical proximity; binding of cAMP to these sensors moves the fluorophores, thus altering the efficiency of the energy transfer (Stryer, 1978; Wolber & Hudson, 1979; Wu & Brand 1994).

Transfectable biosensors offer the opportunity to monitor cellular signaling profiles in real time. Many cAMP biosensors are available and are based on the cAMP-binding domains of PKA, cyclic nucleotide-gated channels, or Epac proteins (Nikolaev, Bünemann, Hein, Hannawacker, & Lohse, 2004; Norris et al., 2009; Ponsioen et al., 2004). There are a variety of FRET-based biosensors for cAMP (reviewed in Castro, Guiot, Polito, Paupardin-Tritsch, & Vincent, 2014), which are invaluable for microscopy-based assays. However, they are less useful for moderate- to high-throughput signaling assays, which require the analysis of dozens or hundreds of experimental conditions. Assays such as these greatly benefit from using BRET biosensors, which are unaffected by the complications of fluorophore bleaching and sample autofluorescence (Boute, Jockers, & Issad, 2002). Furthermore, BRET assays have proven easily amenable to miniaturization (i.e., scaling to microtiter plates), and automation of both assay execution and analysis (Mo & Fu, 2016).

Here, we first describe the use of a cAMP sensor using YFP-Epac-Rluc (CAMYEL), which utilizes the Epac1 cAMP-binding domain to separate a BRET pair of wildtype Rluc and a Citrine YFP variant and has a moderate affinity for cAMP (K_d 8.8 μ*M*) (Jiang et al., 2007). Later, we describe the design, validation, and use of a BRET biosensor with increased light output, in which Rluc is replaced with Rluc8, and the YFP variant with Venus (termed V8-CAMYEL).

2. DETECTING CYTOPLASMIC cAMP USING CAMYEL

2.1 Protocol

2.1.1 Equipment

Widefield microscope, preferably with fluorescence capabilities.

Plate reader capable of bioluminescence detection, e.g., VictorXLight (PerkinElmer), LumiStar (BMG LabTech). Optionally, this can include injector capabilities.

Single- and multichannel stepper pipettes.

2.1.2 Cell Line Considerations

Here, we describe the use of HEK293 cells (and lines derived from this parental line), transfected with plasmid DNA utilizing polyethyleneimine (PEI). HEK293 cells are commonly used in cell signaling assays and are amenable to transfection by a range of methods. PEI is a low-cost and reliable transfection reagent, making it ideal for frequent and large-scale experiments. However, any transfectable cell line can be substituted, grown in an appropriate media and transfected by any efficient method.

2.1.3 Reagents

HEK293 or an appropriate cell line (wildtype, or stably transfected with a receptor of interest).

Tissue culture reagents:

DMEM with 10% fetal bovine serum (before transfection, penicillin/streptomycin can be included in the growth medium; however, this should be removed before addition of the transfection reagents).

Trypsin–EDTA.

Phosphate-buffered saline (PBS).

150 m*M* NaCl.

Linear PEI, MW 25 kDa (Polysciences Inc., cat. 23,966, or equivalent)—dissolved to 1 mg/mL in 150 m*M* NaCl with gentle heating, stored in single-use aliquots and stored at −20°C (we do not find it necessary to filter sterilize these preparations).

pcDNA3L-His-CAMYEL (ATCC, cat. MBA-277), transfection-grade plasmid.

White 96-well plates, such as CulturPlate-96 (PerkinElmer, cat. 6,005,680).

Clear 96-well plates, suitable for microscopy.

Poly-L-lysine or poly-D-lysine.

Hank's balanced salt solution (HBSS).

Assay buffer: HBSS +1 mg/mL bovine serum albumin.

Coelenterazine h, 2400 μ*M* in ethanol (store at −20°C, protect from light) (Nanolight Technology, cat. 301, or equivalent).

Drugs:

Forskolin 10 m*M* in DMSO.

CP55,940 10 m*M* in ethanol, or other agonists.

Test compounds, such as allosteric modulators or antagonists.

2.1.4 Preparation of Cells—Seeding, Transfection, Reseeding of Adherent Cells

Day 1: Seed 5,000,000–10,000,000 HEK293 cells per 10 cm dish, in order to achieve 70% confluency the following day.

Day 2: Transfect cells

- Dilute 5 μg of CAMYEL plasmid in 250 μL of 150 m*M* sterile NaCl. In a second tube, dilute 30 μL of 1 mg/mL PEI stock in 220 μL of 150 m*M* NaCl (i.e., a 1:6 DNA:PEI ratio).
- Combine all the diluted DNA with all the diluted PEI, and immediately vortex very well for at least 3 s.
- Incubate the PEI/DNA mixture for 10 min.
- Just before the 10 min incubation is finished, replace media on cells with 8 mL fresh growth media.
- Add 500 μL PEI/DNA mixture per plate to media (gently, dropwise). Rock plates to mix and then return cells to the 37°C CO_2 incubator.

Day 3: Replate cells into microtiter plates.

- Treat white and clear 96-well plates with poly-L- or poly-D-lysine in order to facilitate cell adhesion. (Some cell lines will not require treated plasticware and will remain adherent throughout several wash steps.)

- Lift cells by trypsinization, resuspend in standard growth media, and seed into white 96-well plates (for BRET assay detection) and clear 96-well plates (for microscopy). Cells should be seeded at 25,000–60,000 cells/well, in order to achieve at least 70% confluency the following day.

2.1.5 Performing the Assay, Including Strategies for Seeing Gi vs Gs Signaling

- Inspect the cells in the clear 96-well plate, checking for cell health, confluency, and expression of CAMYEL (using the intrinsic fluorescence of the biosensor). Cells on this plate can be processed for immunocytochemistry (e.g., for receptor expression) if required.
- Prepare and assay 1–2 rows of wells at a time. Prolonged incubation times (>90 min) in assay media can alter cell signaling profiles, so it is advisable to prepare the rows in a staggered fashion. (See Note 1.)
- Using a vacuum aspirator, remove the growth media (containing phenol red), wash the cells once with 150 μL/well HBSS, then add 80 μL/well assay media. Equilibrate for 30 min, either in a 37°C CO_2 incubator or in the plate reader with temperature control (for HEK293 cells, either is acceptable).
- Prepare coelenterazine h at 10× concentration in assay buffer (i.e., 50 μ*M*, to be used at 5 μ*M*). Keep diluted coelenterazine h on ice, protected from light.
- Prepare drugs, including vehicle controls, at 10× concentration in assay buffer and store on ice. As CB1 and CB2 are Gαi-linked receptors, adenylate cyclase activity must first be raised in order to provide a window for observing inhibitory activity. Generally, this is done by coincubation with forskolin, which is an agonist of adenylate cyclase (Seamon, Padgett, & Daly, 1981). Cell lines vary in their sensitivity to forskolin and so a concentration–response curve should be generated to choose a suitable concentration; we find 5–10 μ*M* is appropriate for HEK293 cells.
- Incubate cells with coelenterazine h: Add 10 μL/well of 10× coelenterazine h into the assay buffer of every well, and agitate plate to mix (manually, or using a gentle shake function in the plate reader). Incubate for 5 min inside the plate reader (with temperature control held at 37°C). We recommend measuring the luminescence during this time, to monitor the diffusion of the coelenterazine h substrate into the cells.

- Add drugs to cells: Add 10 μL/well of 10 × drugs into the assay buffer (therefore, total volume per well is 100 μL), and agitate plate to mix, and start measuring the luminescence immediately. (See Note 2.)
- Luminescence measurements (0.25–1 s per well) should be made at 460 nm (Rluc) and 535 nm (YFP), using a suitable bandwidth (25 nm, for example). Using this protocol for CAMYEL cAMP detection, biosensor data can be gathered for at least 30 min before the signal-to-noise ratio becomes unfavorable (primarily due to consumption of the coelenterazine h). (See Note 3.)

Notes:

1. Up to a whole 96-well plate can be measured in a single assay run, provided that the plate reader settings allows either rapid, sequential detection of luminescence in each well, or simultaneous detection of both 460 and 535 nm wavelengths (possible in some luminometers, including the BMG LumiStar). The longer the time between reads of the same well, the less refined the time course data will be.
2. If the injector functions of the plate reader are used, it is important to ensure that the injector lines are made of a low-binding plastic suitable for cannabinoids.
3. If time courses beyond 30 min are required, additional coelenterazine h can be added to the samples during the assay.

2.1.6 Cell Suspension Assay Variation

Do not replate cells on day 3. On day 3 or 4, lift adherent cells by EDTA or scraping (not trypsin, which would cleave cell surface proteins). Remove the EDTA and growth media from the cells by centrifugation, and resuspend in assay buffer. After determining the cell concentration, distribute the cells into 96- or 384-well white plates and perform a BRET assay immediately.

2.2 Data Analysis

The most intuitive way to display the activity of the CAMYEL biosensor is by plotting the inverse BRET ratio as a function of time, as shown in Fig. 1. The inverse BRET ratio is calculated by dividing the donor signal (460 nm) by the acceptor signal (535 nm), such that higher BRET ratio reflects more cytoplasmic cAMP concentration. Normalization can be performed, for example by setting the "basal" inverse BRET ratio as 0% and forskolin to 100%, which can be particularly useful in comparing between experiments performed on different plate readers or cell lines, which can give different baseline readings. Graphing, curve fitting and most statistical analysis can

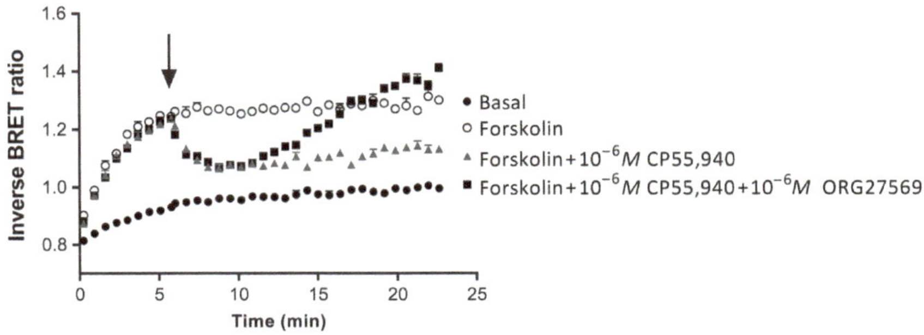

Fig. 1 HEK293 cells were treated with vehicle (for basal samples) or forskolin at 0 min, and CP55,940 ± ORG27569 was added to the appropriate samples at approximately 5 min (indicated by *arrow*). Biosensor activity is shown on the vertical axis, plotted as a nonnormalized inverse BRET assay.

be performed by a program such as Prism (GraphPad). Area-under-the-curve (AUC) analysis provides results most similar to a traditional cumulative cAMP assay (see Fig. 2), albeit with the obvious shortcoming of removing the time-course data. However, it is also useful to inspect the raw data (as graphed in Fig. 1) for deviations from single-phase signaling profiles.

As an example, Fig. 1 shows that the CB1 allosteric modulator (ORG27569), when applied with an agonist (CP55,940), mediates a two-phase cAMP response. In this assay design, forskolin was added first, and then at 5 min (at nearly the plateau of the forskolin response) the other ligands were added together to the appropriate wells. The results demonstrate a strikingly different time-response trace when compared to the one-phase response of CP55,940. When initially applied, ORG27569 does not appear to alter the inhibitory effect of CP55,940. Then, approximately 5 min after drug addition, the cAMP concentration in samples treated with ORG27569 diverge from the CP55,940-alone condition; increasing, and eventually rising above, the forskolin-alone condition. This phenomenon, and the analysis approach used to analyze such data, is described in detail in Cawston et al. (2013).

3. DESIGN AND VALIDATION OF V8-CAMYEL

While CAMYEL (Jiang et al., 2007) is excellent for use in large samples of easily transfectable cell lines, there are various experimental designs which would benefit from a biosensor with an increased bioluminescent output. Experiments on very small populations of cells, for example, are

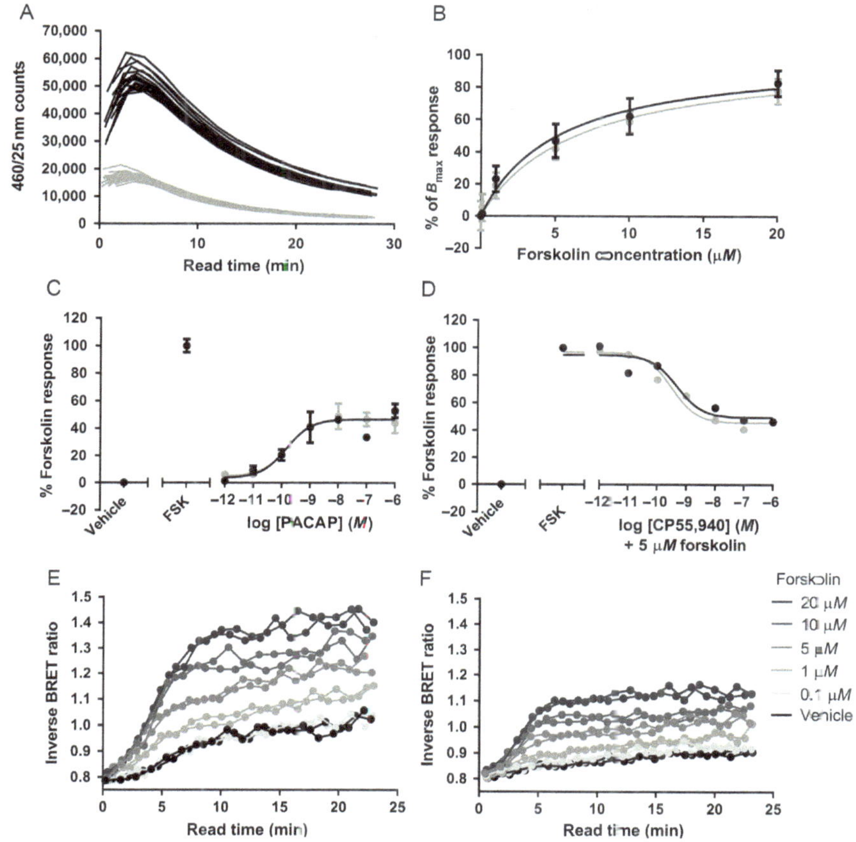

Fig. 2 Comparison of transiently transfected CAMYEL (*grey*) and V8-CAMYEL (*black*). (A) V8-CAMYEL has much higher light emission in the 460/25 nm channels, on average a 2.5-fold increase when transiently transfected ($P < 0.05$). (B–D) CAMYEL and V8-CAMYEL are similarly responsive to forskolin-, PACAP-, and CP-55,940-mediated changes to cellular cAMP. (E and F) Real-time responses of CAMYEL (E) and V8-CAMYEL (F) to various concentrations of forskolin.

technically challenging because there can be too few photons released from the biosensor per well to be efficiently detected by standard plate readers. In order to increase the bioluminescent output and increase stability in mammalian cytoplasm, the luciferase in CAMYEL was changed to the mutant Rluc8 (Loening, Fenn, Wu, & Gambhir, 2006) and the fluorescent acceptor was changed to Venus (Nagai et al., 2002). This pairing was predicted to increase the quantum yield of the biosensor. The new biosensor was called "V8-CAMYEL" (pcDNA3L-His-V8-CAMYEL) and can be obtained from the corresponding author of this chapter. The modifications in V8-CAMYEL have allowed the measurement of biosensor activity from much smaller samples of cells in a conventional plate reader.

3.1 Validation of V8-CAMYEL

In order to validate V8-CAMYEL, it was tested alongside the original CAMYEL biosensor. These assays were designed to verify that modifications to the BRET pair did not alter the responsiveness of the biosensor to changes in cytoplasmic cAMP in mammalian cells. First, the biosensors were compared in their responsiveness to forskolin, an adenylate cyclase agonist, which directly modifies the production of cAMP. Then the biosensors were assayed for responsiveness to an endogenously expressed Gαs-coupled GPCR (PAC1, agonist: PACAP) and a stably transfected Gαi-coupled GPCR (CB1, agonist: CP55,940).

To determine that the V8-CAMYEL biosensor acted equivalently to the original CAMYEL construct, cAMP assays were performed using both biosensors. The HEK 3HA-hCB1 cell line was transiently transfected with either the CAMYEL or V8-CAMYEL construct and assayed as per the protocol for adherent cells described earlier.

The results of these assays are shown in Fig. 2. As predicted, V8-CAMYEL had much higher light emissions in both the 460/25 nm and 535/25 nm channels, on average a 2.5-fold increase when transiently transfected (Fig. 2A). AUC measurements were taken across 20 min and used to generate concentration–response curves for forskolin and CP55,940. In the case of PACAP, data were collected 5 min after agonist addition for 15 min. V8-CAMYEL showed equivalent sensitivity to these agonist-induced cAMP changes compared to the original CAMYEL biosensor.

The overall range of inverse BRET ratios measured is reduced in V8-CAMYEL compared to the parental construct, as shown in Fig. 2E and F. This indicates that, ratiometrically, Venus emissions in V8-CAMYEL are higher relative to luciferase than in the original construct, thus making the inverse BRET ratio lower. This is not entirely surprising, as the increased quantum yield of Rluc8 (Loening et al., 2006) may increase the energy transfer to Venus. There is also likely to be a higher proportion of functional Venus fluorophore in V8-CAMYEL, as this acceptor protein matures faster than other YFP derivatives (Nagai et al., 2002). However, when drug responses are normalized to an internal control (e.g., 5 μM forskolin), V8-CAMYEL shows an improved signal-to-noise ratio, approximately 1.78 ± 0.03-fold higher than the original CAMYEL biosensor across the dynamic range.

Overall, V8-CAMYEL was found to perform equivalently to the original CAMYEL biosensor, but with the considerable advantage of increased total luminescence. This allows us to obtain a useable biosensor signal from extremely small samples of cells, using a standard luminescence plate reader.

3.1.1 Stable Cell Lines

Stable cells lines expressing V8-CAMYEL can be used to streamline experimental workflow. In this example, HEK293 FlpIn cells (Invitrogen, CA, USA) were stably transfected with CAMYEL or V8-CAMYEL using the standard, random-integration transfection method, in order to allow the FlpIn site to be used for future transfection. After selection, both cell lines contained very similar levels of biosensor expression. Here, we show example data from these cell lines assayed in the suspension assay format described above, using 384-well microtiter plates.

Fig. 3 shows that a stable cell line expressing V8-CAMYEL maintains a useable window for measuring cAMP signaling, even when diluted to very low cell numbers. Furthermore, when AUC analysis is an acceptable

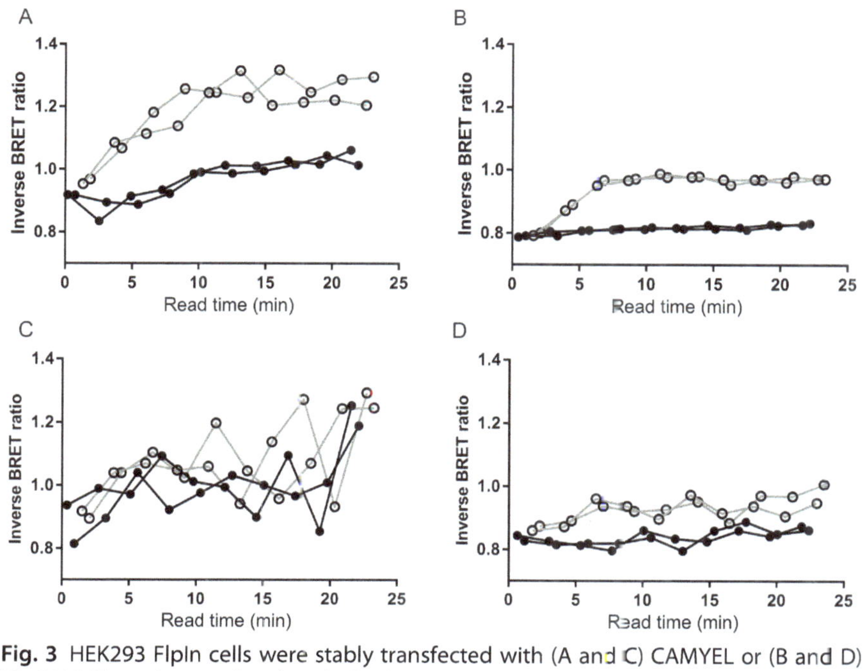

Fig. 3 HEK293 FlpIn cells were stably transfected with (A and C) CAMYEL or (B and D) V8-CAMYEL and treated with vehicle (*black*) and forskolin (*gray*). Cells were diluted to (A and B) 20,000 cells/well or (C and D) 1250 cells/well in a 384-well plate. Duplicate wells of cells treated at the same time are shown for each condition, plotted as non-normalized inverse BRET ratios.

measurement (thus averaging out some assay noise), HEK293 FlpIn V8-CAMYEL cells can be diluted much further; we have found these cells can be diluted to 312 cells/well. This opens the possibility of using this biosensor with hard to transfect cells, or primary cells where cells are less abundant.

4. SUMMARY

Transfectable cAMP biosensors have proven to be an invaluable tool in the analysis of cannabinoid receptor signaling. These biosensors allow for measurement of cellular cAMP in real time, and permit the detection of subtle and transient changes in ligand-induced signaling. Here, we describe the use of BRET-based biosensors, which are particularly suited to moderate- and high-throughput assays, such as drug screening. These assay systems can be modified to measure many different variables, for example, by altering the order of drug additions. The only requirement of a BRET-based biosensor is that the luciferase substrate is added before measurement begins. Using an extra-bright BRET biosensor, such as V8-CAMYEL, or stably transfecting cells with biosensor, allows for a more robust assay protocol. These revisions permit further assay miniaturization, and reduce assay preparation time and interexperimental variation.

REFERENCES

Altier, C. (2012). GPCR and voltage-gated calcium channels (VGCC) signaling complexes. In *GPCR signalling complexes—Synthesis, assembly, trafficking and specificity* (pp. 241–262). Netherlands: Springer.

Antoni, F. A. (2012). New paradigms in cAMP signalling. *Molecular and Cellular Endocrinology, 353*(1–2), 3–9. http://dx.doi.org/10.1016/j.mce.2011.10.034.

Bash, R., Rubovitch, V., Gafni, M., & Sarne, Y. (2003). The stimulatory effect of cannabinoids on calcium uptake is mediated by Gs GTP-binding proteins and cAMP formation. *Neurosignals, 12*(1), 39–44.

Bonhaus, D. W., Chang, L. K., Kwan, J., & Martin, G. R. (1998). Dual activation and inhibition of adenylyl cyclase by cannabinoid receptor agonists: Evidence for agonist-specific trafficking of intracellular responses. *Journal of Pharmacology and Experimental Therapeutics, 287*(3), 884–888.

Bouaboula, M., Poinot-Chazel, C., Marchand, J., Canat, X., Bourrié, B., Rinaldi-Carmona, M., et al. (1996). Signaling pathway associated with stimulation of CB2 peripheral cannabinoid receptor. *European Journal of Biochemistry, 237*(3), 704–711. http://dx.doi.org/10.1111/j.1432-1033.1996.0704p.x.

Boute, N., Jockers, R., & Issad, T. (2002). The use of resonance energy transfer in high-throughput screening: BRET versus FRET. *Trends in Pharmacological Sciences, 23*(8), 351–354.

Caldieri, G., & Sigismund, S. (2016). Spatial resolution of cAMP signaling by soluble adenylyl cyclase. *The Journal of Cell Biology*, *214*(2), 125–127.

Castro, L. R., Guiot, E., Polito, M., Paupardin-Tritsch, D., & Vincent, P. (2014). Decoding spatial and temporal features of neuronal cAMP/PKA signaling with FRET biosensors. *Biotechnology Journal*, *9*(2), 192–202.

Cawston, E. E., Connor, M., Di Marzo, V., Silvestri, R., & Glass, M. (2015). Distinct temporal fingerprint for cyclic adenosine monophosphate (cAMP) signaling of indole-2-carboxamides as allosteric modulators of the cannabinoid receptors. *Journal of Medicinal Chemistry*, *58*(15), 5979–5988.

Cawston, E. E., Redmond, W. J., Breen, C. M., Grimsey, N. L., Connor, M., & Glass, M. (2013). Real-time characterization of cannabinoid receptor 1 (CB1) allosteric modulators reveals novel mechanism of action. *British Journal of Pharmacology*, *170*(4), 893–907. http://dx.doi.org/10.1111/bph.12329.

Currie, K. P. (2010). G protein modulation of CaV2 voltage-gated calcium channels. *Channels*, *4*(6), 497–509.

Doupnik, C. A. (2008). GPCR-Kir channel signaling complexes: Defining rules of engagement. *Journal of Receptors and Signal Transduction*, *28*(1–2), 83–91.

Dupré, D. J., Robitaille, M., Rebois, R. V., & Hébert, T. E. (2009). The role of Gβγ subunits in the organization, assembly, and function of GPCR signaling complexes. *Annual Review of Pharmacology*, *49*, 31–56.

Ellisdon, A. M., & Halls, M. L. (2016). Compartmentalization of GPCR signalling controls unique cellular responses. *Biochemical Society Transactions*, *44*(2), 562–567.

Felder, C. C., Joyce, K. E., Briley, E. M., Glass, M., Mackie, K. P., Fahey, K. J., et al. (1998). LY320135, a novel cannabinoid CB1 receptor antagonist, unmasks coupling of the CB1 receptor to stimulation of cAMP accumulation. *The Journal of Pharmacology and Experimental Therapeutics*, *284*(1), 291–297.

Felder, C. C., Joyce, K. E., Briley, E. M., Mansouri, J., Mackie, K., Blond, O., et al. (1995). Comparison of the pharmacology and signal transduction of the human cannabinoid CB1 and CB2 receptors. *Molecular Pharmacology*, *48*(3), 443–450.

Garzon, J., de la Torre-Madrid, E., Rodriguez-Munoz, M., Vicente-Sanchez, A., & Sanchez-Blazquez, P. (2009). Gz mediates the long-lasting desensitization of brain CB1 receptors and is essential for cross-tolerance with morphine. *Molecular Pain*, *5*, 11. http://dx.doi.org/10.1186/1744-8069-5-11.

Glass, M., & Felder, C. C. (1997). Concurrent stimulation of cannabinoid CB1 and dopamine D2 receptors augments cAMP accumulation in striatal neurons: Evidence for a Gs linkage to the CB1 receptor. *The Journal of Neuroscience*, *17*(14), 5327–5333.

Gloerich, M., & Bos, J. L. (2010). Epac: Defining a new mechanism for cAMP action. *Annual Review of Pharmacology and Toxicology*, *50*, 355–375.

Hanoune, J., & Defer, N. (2001). Regulation and role of adenylyl cyclase isoforms. *Annual Review of Pharmacology and Toxicology*, *41*, 145–174. http://dx.doi.org/10.1146/annurev.pharmtox.41.1.145.

Howlett, A. C., Breivogel, C. S., Childers, S. R., Deadwyler, S. A., Hampson, R. E., & Porrino, L. J. (2004). Cannabinoid physiology and pharmacology: 30 years of progress. *Neuropharmacology*, *47*(Suppl. 1), 345–358. http://dx.doi.org/10.1016/j.neuropharm.2004.07.030.

Howlett, A. C., Qualy, J. M., & Khachatrian, L. L. (1986). Involvement of Gi in the inhibition of adenylate cyclase by cannabimimetic drugs. *Molecular Pharmacology*, *29*(3), 307–313.

Huang, C. L., Slesinger, P. A., Casey, P. J., Jan, Y. N., & Jan, L. Y. (1995). Evidence that direct binding of G beta gamma to the GIRK1 G protein-gated inwardly rectifying K+ channel is important for channel activation. *Neuron*, *15*(5), 1133–1143.

Hunter, M. R., & Glass, M. (2015). Increasing the flexibility of the LANCE cAMP detection kit. *Journal of Pharmacological and Toxicological Methods*, *71*, 42–45.

Ishii, I., & Chun, J. (2002). Anandamide-induced neuroblastoma cell rounding via the CB1 cannabinoid receptors. *Neuroreport*, *13*(5), 593–596.

Jiang, L. I., Collins, J., Davis, R., Lin, K.-M., DeCamp, D., Roach, T., et al. (2007). Use of a cAMP BRET sensor to characterize a novel regulation of cAMP by the sphingosine 1-phosphate/G13 pathway. *Journal of Biological Chemistry*, *282*(14), 10576–10584. http://dx.doi.org/10.1074/jbc.M609695200.

Kamenetsky, M., Middelhaufe, S., Bank, E. M., Levin, L. R., Buck, J., & Steegborn, C. (2006). Molecular details of cAMP generation in mammalian cells: A tale of two systems. *Journal of Molecular Biology*, *362*(4), 623–639. http://dx.doi.org/10.1016/j.jmb.2006.07.045.

Kearn, C. S., Blake-Palmer, K., Daniel, E., Mackie, K., & Glass, M. (2005). Concurrent stimulation of cannabinoid CB1 and dopamine D2 receptors enhances heterodimer formation: A mechanism for receptor cross-talk? *Mol Pharmacol*, *67*(5), 1697–1704.

Keravis, T., & Lugnier, C. (2010). Cyclic nucleotide phosphodiesterases (PDE) and peptide motifs. *Current Pharmaceutical Design*, *16*(9), 1114–1125.

Klein, T. W., Newton, C., Larsen, K., Lu, L., Perkins, I., Nong, L., et al. (2003). The cannabinoid system and immune modulation. *Journal of Leukocyte Biology*, *74*(4), 486–496. http://dx.doi.org/10.1189/jlb.0303101.

Lauckner, J. E., Hille, B., & Mackie, K. (2005). The cannabinoid agonist WIN55,212-2 increases intracellular calcium via CB1 receptor coupling to Gq/11 G proteins. *Proceedings of the National Academy of Sciences of the United States of America*, *102*(52), 19144–19149.

Loening, A. M., Fenn, T. D., Wu, A. M., & Gambhir, S. S. (2006). Consensus guided mutagenesis of Renilla luciferase yields enhanced stability and light output. *Protein Engineering Design and Selection*, *19*(9), 391–400. http://dx.doi.org/10.1093/protein/gzl023.

Logue, J. S., & Scott, J. D. (2010). Organizing signal transduction through A-kinase anchoring proteins (AKAPs). *The FEBS Journal*, *277*(21), 4370–4375.

Luttrell, L. M., & Lefkowitz, R. J. (2002). The role of β-arrestins in the termination and transduction of G-protein-coupled receptor signals. *Journal of Cell Science*, *115*(3), 455–465.

Magalhaes, A. C., Dunn, H., & Ferguson, S. S. (2012). Regulation of GPCR activity, trafficking and localization by GPCR-interacting proteins. *British Journal of Pharmacology*, *165*(6), 1717–1736. http://dx.doi.org/10.1111/j.1476-5381.2011.01552.x.

Mallipeddi, S., Janero, D. R., Zvonok, N., & Makriyannis, A. (2017). Functional selectivity at G-protein coupled receptors: Advancing cannabinoid receptors as drug targets. *Biochemical Pharmacology*, *128*, 1–11.

Maneuf, Y. P., & Brotchie, J. M. (1997). Paradoxical action of the cannabinoid WIN 55,212-2 in stimulated and basal cyclic AMP accumulation in rat globus pallidus slices. *British Journal of Pharmacology*, *120*, 1397–1398.

Matsuda, L. A., Lolait, S. J., Brownstein, M. J., Young, A. C., & Bonner, T. I. (1990). Structure of a cannabinoid receptor and functional expression of the cloned cDNA. *Nature*, *346*(6284), 561–564. http://dx.doi.org/10.1038/346561a0.

McIntosh, B. T., Hudson, B., Yegorova, S., Jollimore, C. A. B., & Kelly, M. E. M. (2007). Agonist-dependent cannabinoid receptor signalling in human trabecular meshwork cells. *British Journal of Pharmacology*, *152*(7), 1111–1120. http://dx.doi.org/10.1038/sj.bjp.0707495.

Milligan, G. (1988). Techniques used in the identification and analysis of function of pertussis toxin-sensitive guanine nucleotide binding proteins. *Biochemical Journal*, *255*(1), 1–13.

Mo, X.-L., & Fu, H. (2016). BRET: NanoLuc-based bioluminescence resonance energy transfer platform to monitor protein-protein interactions in live cells. *High Throughput Screening: Methods and Protocols*, 263–271.

Munro, S., Thomas, K. L., & Abu-Shaar, M. (1993). Molecular characterization of a peripheral receptor for cannabinoids. *Nature*, *365*(6441), 61–65. http://dx.doi.org/10.1038/365061a0.

Nagai, T., Ibata, K., Park, E. S., Kubota, M., Mikoshiba, K., & Miyawaki, A. (2002). A variant of yellow fluorescent protein with fast and efficient maturation for cell-biological applications. *Nature Biotechnology*, *20*(1), 87–90.

Nikolaev, V. O., Bünemann, M., Hein, L., Hannawacker, A., & Lohse, M. J. (2004). Novel single chain cAMP sensors for receptor-induced signal propagation. *Journal of Biological Chemistry*, *279*(36), 37215–37218.

Norris, R. P., Ratzan, W. J., Freudzon, M., Mehlmann, L. M., Krall, J., Movsesian, M. A., et al. (2009). Cyclic GMP from the surrounding somatic cells regulates cyclic AMP and meiosis in the mouse oocyte. *Development*, *136*(11), 1869–1878.

Pertwee, R. G., Howlett, A. C., Abood, M. E., Alexander, S. P. H., Di Marzo, V., Elphick, M. R., et al. (2010). International union of basic and clinical pharmacology. LXXIX. Cannabinoid receptors and their ligands: Beyond CB1 and CB2. *Pharmacological Reviews*, *62*(4), 588–631.

Ponsioen, B., Zhao, J., Riedl, J., Zwartkruis, F., van der Krogt, G., Zaccolo, M., et al. (2004). Detecting cAMP-induced Epac activation by fluorescence resonance energy transfer: Epac as a novel cAMP indicator. *EMBO Reports*, *5*(12), 1176–1180.

Raaijmakers, J. H., & Bos, J. L. (2009). Specificity in ras and rap signaling. *Journal of Biological Chemistry*, *284*(17), 10995–10999.

Redmond, W. J., Cawston, E. E., Grimsey, N. L., Stuart, J., Edington, A. R., Glass, M., et al. (2016). Identification of N-arachidonoyl dopamine as a highly biased ligand at cannabinoid CB1 receptors. *British Journal of Pharmacology*, *173*(1), 115–127.

Scotter, E. L., Goodfellow, C. E., Graham, E. S., Dragunow, M., & Glass, M. (2010). Neuroprotective potential of CB1 receptor agonists in an in vitro model of Huntington's disease. *British Journal of Pharmacology*, *160*(3), 747–761. http://dx.doi.org/10.1111/j.1476-5381.2010.00773.x.

Seamon, K. B., Padgett, W., & Daly, J. W. (1981). Forskolin: Unique diterpene activator of adenylate cyclase in membranes and in intact cells. *Proceedings of the National Academy of Sciences*, *78*(6), 3363–3367.

Sprenger, J. U., & Nikolaev, V. O. (2013). Biophysical techniques for detection of cAMP and cGMP in living cells. *International Journal of Molecular Sciences*, *14*(4), 8025–8046.

Stamer, W., Golightly, S., Hosohata, Y., Ryan, E., Porter, A., Varga, E., et al. (2001). Cannabinoid CB 1 receptor expression, activation and detection of endogenous ligand in trabecular meshwork and ciliary process tissues. *European Journal of Pharmacology*, *431*(3), 277–286.

Stryer, L. (1978). Fluorescence energy transfer as a spectroscopic ruler. *Annual Review of Biochemistry*, *47*, 819–846. http://dx.doi.org/10.1146/annurev.bi.47.070178.004131.

Taylor, S., Yang, J., Wu, J., Haste, N., Radzio-Andzelm, E., & Anand, G. (2004). PKA: A portrait of protein kinase dynamics. *Biochimica et Biophysica Acta*, *1697*(1), 259–269.

Wolber, P. K., & Hudson, B. S. (1979). An analytic solution to the Förster energy transfer problem in two dimensions. *Biophysical Journal*, *28*(2), 197–210. http://dx.doi.org/10.1016/S0006-3495(79)85171-1.

Wu, P. G., & Brand, L. (1994). Resonance energy transfer: Methods and applications. *Analytical Biochemistry*, *218*(1), 1–13. http://dx.doi.org/10.1006/abio.1994.1134.

Zhan, X., Kook, S., Gurevich, E., & Gurevich, V. (2014). Arrestin-dependent activation of JNK family kinases. In V. V. Gurevich (Ed.), *Vol. 219. Arrestins—Pharmacology and therapeutic potential* (pp. 259–280). Berlin, Heidelberg: Springer-Verlag.

CHAPTER FOUR

Techniques for the Cellular and Subcellular Localization of Endocannabinoid Receptors and Enzymes in the Mammalian Brain

Luigia Cristino*, Roberta Imperatore*,†, Vincenzo Di Marzo*,[1]
*Endocannabinoid Research Group, Institute of Biomolecular Chemistry, CNR, Pozzuoli, Italy
†University of Sannio, Benevento, Italy
[1]Corresponding author: e-mail address: vdimarzo@icb.cnr.it

Contents

Abstract

This chapter attempts to piece together knowledge about new advanced microscopy techniques to study the neuroanatomical distribution of endocannabinoid receptors and enzymes at the level of cellular and subcellular structures and organelles in the brain. Techniques ranging from light to electron microscopy up to the new advanced LBM, PALM, and STORM super-resolution microscopy will be discussed in the context of their contribution to define the spatial distribution and organization of receptors and enzymes of the endocannabinoid system (ECS), and to better understand ECS brain functions.

Methods in Enzymology, Volume 593
ISSN 0076-6879
http://dx.doi.org/10.1016/bs.mie.2017.05.003

ABBREVIATIONS

2-AG 2-arachidonoylglycerol
3D LBM three-dimension localization-based microscopy
Å Ångström
AR activator-dependent recovery
BLA basolateral amygdala
CB1 cannabinoid receptor type 1
CHO chinese hamster ovary
CLEM combination light electron microscopy
CLIP class II-associated invariant chain peptide
Cy3 cyanine dye 3
Cy5 cyanine dye 5
DAB-Ni nickel-intensified 3,3′-diaminobenzidine-4HCl
DAGLα diacylglycerol lipase-alpha
DAGLβ diacylglycerol lipase-beta
ECS endocannabinoid system
ERK1/2 extracellular signal-regulated protein kinases 1 and 2
FAAH fatty acid amide hydrolase
FP photoactivatable fluorophores
fPALM fluorescence photoactivated localization microscopy
FRET fluorescence resonance energy transfer
GPCR G protein-coupled receptor
KO knock-out
L15 last 15 amino acids
L31 last 31 amino acids
LBM localization-based microscopy
MAGL monoacylglycerol lipase
Mm millimeters
mtCB$_1$ mitochondrial CB1
NA numerical aperture
NAPE *N*-arachidonoyl-phosphatidylethanolamine
NAPE-PLD *N*-acylphosphatidylethanolamine-specific-phospholipase D
Nm nanometer
NPY/AgRP neuropeptide Y/Agouti-related protein
OsO4 osmium tetroxide
OX-1R orexin-A receptor
OX-A orexin A
PAG periaqueductal gray area
PALM photoactivated localization microscopy
PSF point-spread function
SNAP soluble *N*-ethylmaleimide-sensitive fusion attachment protein
STORM stochastic optical reconstruction microscopy
TEM transmission electron microscopy
VGAT vesicular GABA transporter
VGluT2 vesicular glutamate transporter type 2
vol/vol volume/volume

1. INTRODUCTION

A major challenge in neuroscience is to correlate, at the nanoscale level, the localization of specific molecules with related structural and functional parameters in cellular and subcellular brain compartments. The analysis of these parameters, together with the knowledge of related molecular signaling, is necessary to advance our understanding of the pathophysiological mechanisms underlying biological processes. This is of special importance since many receptors belonging to the pre- and postsynaptic site, as well as subcellular proteins and enzymes, are organized within a thickness of a few tens of nanometers (Kennedy, 2000; Sheng & Kim, 2011) and have a molecular organization which impacts profoundly on neuronal function (MacGillavry, Kerr, & Blanpied, 2011).

For several decades, a bulk of knowledge concerning the neuronal localization and interactions of proteins has been accumulated by exploiting fluorescence light microscopy, such as confocal laser microscopy. However, the "diffraction limit" of conventional fluorescence microscopy, resulting from the wave properties of light, prevents the resolution of details below 200 nm (Gauthier & Brandt, 2010; Haraguchi, 2002; Laurent et al., 1994 Michalet et al., 2003; Müller & Enderlein, 2010). In the last 15 years, however several super-resolution techniques have been developed to overcome the diffraction limit of conventional fluorescence light microscopy (Gould & Hess, 2008; Hell, 2007; Huang, Babcock, & Zhuang, 2010; Sengupta, Van Engelenburg, & Lippincott-Schwartz, 2012). The most recent advanced microscopy techniques have opened the possibility to observe cellular and subcellular structures and organelles, thereby allowing to define the position and density of hundreds of signaling molecules, thanks to the development of more sensitive and faster optical techniques like the new super-resolution microscopy and advanced fluorescent labeling methods (Sengupta et al., 2012).

To date, in order to study the cellular and subcellular organization of proteins and molecules localization-based microscopy (LBM) is the technique primarily used. LBM includes several conceptually similar methods based on the single-molecule localization, such as photoactivated localization microscopy (PALM), stochastic optical reconstruction microscopy (STORM), fluorescence PALM (fPALM), and other related techniques (Betzig et al., 2006; Burnette, Sengupta, Dai, Lippincott-Schwartz, & Kachar, 2011; Egner et al., 2007; Folling et al., 2008; Heilemann et al., 2008; Hess, Girirajan, & Mason, 2006;

Rust, Bates, & Zhuang, 2006). The recently developed method of super-resolution LBM is becoming a powerful tool in neuroscience research, as it affords a resolving power at the 10 nm scale. However, super-resolution microscopy lacks ultrastructural information, thus hampering a clear interpretation of results. On the contrary, the transmission electron microscopy (TEM) provides subcellular detail and extremely high-resolution images (sub-nanometer resolution), thereby overcoming the diffraction limit by evading the use of visible light waves and allowing a detailed ultrastructural analysis.

Although one of the main endocannabinoid receptors, a G protein-coupled receptor (GPCR) known as cannabinoid receptor type 1 (CB1), is thoroughly involved in many forms of synaptic plasticity (Kano, Ohno-Shosaku, Hashimotodani, Uchigashima, & Watanabe, 2009; Katona & Freund, 2012), and is one of the most widespread presynaptic regulators of neurotransmitter release in the brain (Lovinger, 2008), its neuronal-type-specific subcellular distribution and density are yet to be fully clarified. This challenge is of crucial importance given the wide distribution of the endocannabinoid system (ECS) in the mammalian brain and its role in numerous pathophysiological functions, including brain development, learning and memory, motor behavior, regulation of appetite and metabolism, body temperature, pain perception, and inflammation (Heifets & Castillo, 2009; Katona & Freund, 2012; Lu & Mackie, 2016; Lutz, Marsicano, Maldonado, & Hillard, 2015; Mechoulam & Parker, 2013). During the last 15 years, the cellular distribution of the protein components of the ECS has been tested by means of many of the aforementioned super-resolution techniques, raising the possibility to discern the biological details of receptors and enzymes to the single-nanometer resolution (Dudok et al., 2015; Lee et al., 2015). Unlike confocal or conventional fluorescence microscopy, the STORM and TEM techniques allow the cell-type-specific nanoscale analysis of endogenous protein distribution in brain circuits and may help to identify novel molecular properties controlling endocannabinoid signaling in physiological and pathophysiological function. However, TEM remains, to date, the best method to overcome the light diffraction limit and define the nanoscale organization of the ECS in cells and cellular organelles with high spatial resolution.

2. USE OF CONVENTIONAL FLUORESCENCE MICROSCOPY TO STUDY THE ECS

For many years, conventional fluorescence light microscopy, such as confocal microscopy, has been widely used to study the cellular and subcellular organization of ECS protein components (receptors, metabolic enzymes, etc.). At first, fluorescence microscopy revolutionized the ability to visualize life processes within cells, giving the possibility to select, with fluorophores or fluorescent dyes, specific structures of interest, such as proteins, organelles, and other biological matter. The signals generated by these fluorophores are used to image specific subcellular structures in both "fixated" and living biological systems (Marks & Nolan, 2006). Optical microscopy is an imaging methodology with a diffraction-limit given by the wavelength(s) of light used to generate a diffraction pattern and the aperture of the objective lens used to collect the diffracted light source. These limitations have been mathematically described by Ernst Karl Abbe with the "lateral resolution limit" (d), which is the ratio between the light wavelength and two times the numerical aperture (NA) of the objective lens ($d=\lambda/2\mathrm{NA}$) (Abbe, 1873). The diffraction creates an intensity distribution defined as the "point-spread function" (PSF), and the smallest distance at which two PSF of the same brightness can be resolved defines the resolution limit of the microscope. When the PSFs of multiple fluorescent molecules overlap with one other we talk about "diffraction limit." The Rayleigh's limit $R\approx 0.6\lambda/\mathrm{NA}$, where λ is the light wavelength and NA is the numerical aperture of the objective, defines the "resolution limit" (Carlton, 2008; Schermelleh, Heintzmann, & Leonhardt, 2010). The "diffraction limit" of the conventional fluorescence microscopy prevents the resolution of details below ~180 nm, which is the best resolution obtained in a conventional microscope using short light wavelength (~488 nm). Hence, many techniques have been developed to improve the quality of the images, such as deconvolution microscopy (Agard, 1984) and confocal microscopy (Minsky, 1988; Webb, 1996). These approaches allow resolving objects that are slightly below the diffraction limit. During the evolution of optical imaging, an important step has been the introduction of the confocal laser scanning microscope (Pawley, 2006; Wilson & Sheppard, 1984). Confocal microscopy is optimal for the simultaneous detection of multiple target proteins and cellular markers, but it does not have the spatial resolution necessary to obtain important molecular information at the nanoscale level. However, during the last 20 years, confocal microscopy has been very often used to study the cellular and subcellular distribution of the ECS protein members in the mammalian brain.

The CB1 receptor is the main EC receptor expressed in the brain, where it has been found primarily in axons terminals and shown to mediate retrograde neuronal signaling (Di et al., 2005; Domenici et al., 2006; Freund, Katona, & Piomelli, 2003; Kreitzer & Regehr, 2001a, 2001b; Melis,

Perra, et al., 2004; Melis, Pistis, et al., 2004; Ohno-Shosaku, Maejima, & Kano, 2001; Ohno-Shosaku et al., 2002; Wilson & Nicoll, 2001; Yoshida et al., 2002). Through confocal laser microscopy, many authors have demonstrated that CB1 receptors are widely distributed in several brain areas (Tsou, Brown, Sanudo-Pena, Mackie, & Walker, 1998), such as the prefrontal cortex, the hippocampus, the hypothalamus, the amygdala, and the nucleus accumbens, suggesting that these areas may contribute to the ECS functions (Egertova & Elphick, 2000; Tsou et al., 1998). Starting from this evidence, many efforts have been made to elucidate the precise distribution of CB1 receptors at the synaptic, cellular, subcellular and network levels, and their role in these regions. Immunocytochemical methods, using antibodies raised against the extracellular N-terminal or intracellular C-terminal tail of the CB1 receptor, have provided essential information about its distribution within the mouse and primate brains (Cristino et al., 2006; Egertova, Cravatt, & Elphick, 2003; Eggan & Lewis, 2007; Katona et al., 2001; Ong & Mackie, 1999; Tsou et al., 1998; Wittmann et al., 2007). In agreement with the prominent effects of CB1 on synaptic transmission, high levels have been found on presynaptic terminals and preterminal axonal segments using immunohistochemical methods (Katona et al., 1999; Nyiri, Cserep, Szabadits, Mackie, & Freund, 2005). Moreover, in agreement with the effect of the endocannabinoids on the control of interneurons and the activity of certain pyramidal cells, CB1 receptors have also been found on neuron somata (Marinelli, Pacioni, Cannich, Marsicano, & Bacci, 2009). A dense CB1 expression has been detected, using confocal miscroscopy, in the majority of hypothalamic nuclei, such as the arcuate, ventromedial, dorsomedial, and paraventricular nuclei, where the ECS is involved in the regulation of energy homeostasis and neuroendocrine functions.

The expression of CB1 in specific cell compartments of same brain areas may shed light onto its potential modulatory function, whereas the exploration of the neuroanatomical distribution of ECS metabolic enzyme expression may further reveal the role of EC signaling within the mammalian brain by determining the exact site of EC biosynthesis and inactivation. Hence, confocal microscopy has been used also to investigate the subcellular localization of diacylglycerol lipase-α (DAGLα), the major biosynthetic enzyme for the endocannabinoid 2-arachidonoylglycerol (2-AG) in the adult brain (Bisogno et al., 2003), to better understand its site and mechanism of action in the mouse brain. In different brain areas, DAGLα was mainly detected on the dendritic and somatic surfaces or highly concentrated at the base of the spine neck and the somatodendritic membrane around the spine neck, or even accumulated in spines (Yoshida et al., 2006). The synaptic distribution of DAGLα was studied also in the human brain and showed a distribution pattern similar to that found in rodents (Ludányi et al., 2011).

Also the brain cellular and subcellular distribution of the main hydrolytic enzyme for the other endocannabinoid anandamide, the fatty acid amide hydrolase (FAAH), has been investigated using immunohistochemical techniques, such as confocal microscopy, which revealed a prevalent distribution in proximal dendrites and in the large neurons postsynaptic to CB1 (Egertova et al., 2003). Immunohistochemical studies showed the specific cell localization of FAAH in large principal neurons, such as pyramidal cells in the cerebral cortex and hippocampus, Purkinje cells in the cerebellar cortex, and in the brainstem and hypothalamus (Cristino et al., 2008; Egertova et al., 2003). Moreover, by using confocal microscopy and labeling with an N-terminal antibody, also the main hydrolytic enzyme for 2-AG in the brain, that is monoacylglycerol lipase (MAGL), has been investigated and its expression shown as punctuate staining within the neuropil in, for example, the basolateral amygdala (BLA), without cytoplasmic staining (Cristino et al., 2008; Ludányi et al., 2011). In summary, using conventional fluorescence microscopy, a detailed analysis of the distribution of ECS relevant proteins, including the two main cannabinoid receptors (CB1 and CB2), the main enzymes involved in EC biosynthesis (DAGLα, DAGLβ, and the *N*-acylphosphatidylethanolamine-specific-PLD [NAPE-PLD], which is one of the enzymes responsible for anandamide production from its phospholipid precursor, *N*-arachidonoyl-phosphatidylethanolamine [Cristino et al., 2008; Okamoto, Wang, Morishita, & Ueda, 2007]), and in EC inactivation (FAAH and MAGL), has been performed in the amygdala, cerebellar cortex, hippocampus and hypothalamus of rodents, and in many brain regions of primates.

Though the distribution of ECS elements in neurons has received the greatest attention due to the fact that endogenous and exogenous cannabinoid receptor ligands strongly affect neuronal function, also glial cells, independently or in concert with neurons, strongly influence EC signaling thanks the presence of cannabinoid receptor and endocannabinoid synthesizing and degrading enzymes in astrocytes, microglia, and oligodendrocytes (Bosier et al., 2013; Rodriguez, Mackie, & Pickel, 2001; Stella, 2009, 2010; Walter, Franklin, Witting, Moller, & Stella, 2002). Furthermore, recent findings have suggested the expression of CB1 receptors in the mitochondria of some neuronal and glial cells (Benard et al., 2012; Hebert-Chatelain et al., 2014a, 2014b; Koch et al., 2015; Morozov et al., 2013), where they seem to contribute to energy balance and synaptic plasticity (see later).

3. LOCALIZATION-BASED MICROSCOPY

LBM shows several strengths such as a resolution of 10–20 nm with biological samples and the capability to allow for the assessment of cellular and subcellular single protein characteristics, through the most efficient photon signal utilization method (Shroff, White, & Betzig, 2008; Wilson & Sheppard, 1984). To date, LBM is widely used in neuroscience research to reveal neuronal organization at a new level of detail. However, the choice of the fluorophore, the high-quality sample preparation, and the adequate labeling and preservation of native macromolecular structures are needed to obtain the best resolution. LBM overcomes the diffraction limit by using two opposite techniques: low labeling density to obtain highly precise localization of single fluorophores and high density labeling to detect the spatial features. This is possible using photoactivatable or photoswitchable fluorescent proteins as fluorophores or organic caged dyes (Patterson & Lippincott-Schwartz, 2002; Shcherbakova, Sengupta, Lippincott-Schwartz, & Verkhusha, 2014; van de Linde, Heilemann, & Sauer, 2012). Usually, the sample is labeled at high density with photoactivatable/photoswitchable fluorophores, which are invisible in the dark, and a very low dose of activation light is used to convert only a stochastic sparse subset of fluorophores to the bright state. In this way, it is possible to resolve and image the single PSF, and single molecules can be precisely localized. When the activated molecules are bleached or return to the dark state, a second subset of fluorophores can be activated and imaged (Zhong, 2015). This action is repeated until all single molecules are localized and imaged. Over time, the localization of all the labeled molecules is collected and overlaid to obtain a final image at a resolution of 10–20 nm. Moreover, with the use of the total internal reflection fluorescence imaging scheme or 3D LBM methods it is possible to improve also the "z resolution," i.e., the depth along the z-dimension or optical axis which has typically only half the resolution of the pixel in the x- and y-dimension. Factors affecting axial resolution are the objective NA and pinhole diameter. Increasing the NA and/or decreasing the diameter of the pinhole will increase the z resolution (Huang, Wang, Bates, & Zhuang, 2008; Juette et al., 2008; Lew, Thompson, Badieirostami, & Moerner, 2010; Shtengel et al., 2009).

Thanks to its features, the powerful LBM method is used to examine details of biological architectures and has allowed many important discoveries, particularly in the field of neuroscience. Using LBM methods, it has been possible to examine the ECS and its synaptic architectures (Dudok et al., 2015; Kennedy, 2000; Sheng & Kim, 2011) and to reveal the local organization, heterogeneity, and number of specific molecules within excitatory and inhibitory synapses (Fukata et al., 2013; MacGillavry, Song, Raghavachari, & Blanpied, 2013; Nair et al., 2013; Specht et al., 2013). However, LBM methods have as a limitation the fact that the precise localization of distinct fluorophores and the finite labeling density of the protein target is seldom possible (Nieuwenhuizen et al., 2013; Shroff, Galbraith, Galbraith, & Betzig, 2008). The localization precision depends on the higher photon counts, the size of the fluorescent indicator, different camera pixels, and sample preparation. On the other hand, the finite labeling density is one of LBM primary limits toward obtaining imaging resolution and depends on the size of individual probes. High-resolution images require high labeling density, with which the weak dark-state fluorescence of molecules with a low contrast ratio (i.e., the ratio of fluorescence emission before and after photoactivation or photoconversion) can create high levels of background, preventing the detection of single molecules. Hence, the choice of the photoactivatable fluorophores, which depends on the individual experiment (Bates, Jones, & Zhuang, 2013a, 2013b; Shcherbakova et al., 2014), and the labeling technique are crucial in LBM methods. The affinity labeling (e.g., with antibodies) and genetic tagging (e.g., with FP tagging) are the two most used methods to visualize endogenous proteins. However, the big size of antibodies (~12 nm for a single antibody and ~25 nm for primary and secondary antibodies) makes their brain tissue penetration difficult and may modify the labeling density, thus introducing uncertainty in the localization of target protein. Moreover, the labeling with antibodies is not compatible with live imaging of intracellular molecules. This problem can be solved by tagging live cells with an FP (Fukata et al., 2013; Gross et al., 2013; Nizak et al.,2003). To date, since that single molecule technique is sensitive to the light scattering and aberration induced by thick brain samples, the application of LBM methods in neuroscience has regarded mainly single layer and dissociated neuronal cultures. In order to work on brain tissue, it is necessary to obtain very thin sections and correct fixation conditions. It has therefore been proposed to adapt to LBM the sample preparation methods used to prepare ultrathin sections for EM (Brown, Fetter, Tkachuk, & Clayton, 2010; Micheva & Smith, 2007; Watanabe et al., 2014, 2011; Yao, Fetter, Hu, Betzig, & Tjian, 2011). With this technique, it is possible to improve the *z* resolution by decreasing background fluorescence and light aberration, and at the same time maintaining a high degree of structural preservation. Moreover, using ultrathin sections, we can first image a section with LBM and then with TEM, and subsequently align both images to define the information about protein localization obtained with LBM in the context of TEM-visible ultrastructures (Betzig et al., 2006; Sochacki, Shtengel, van Engelenburg, Hess, & Taraska, 2014; Watanabe et al., 2011). The correlation of TEM with LBM could revolutionize our understanding of protein organization at the ultrastructural level or, at least, allow the evaluation by TEM of the structural preservation of LBM preparations. Recent progress in LBM has made possible to investigate subcellular protein architecture, describe structures previously unknown, such as macromolecular complexes, and reveal synaptic protein dynamics.

Next, we introduce the principles of LBM–STORM microscopy and its potential to define the cellular and subcellular localization of EC receptors and enzymes in the mammalian brain.

3.1 STORM to Study the ECS

The STORM is based on single-molecule localization using stochastic activation of photoactivatable or photoswitchable fluorescent probes. In particular, the activation of the photoswitchable molecule leads to the emission of a number of photons sufficient to permit its precise localization before it is photobleached. Using STORM, it is possible to obtain high-resolution imaging, although chromatic aberrations and alignment errors can create problems for multichannel 3D imaging. For this reason, the activator-dependent STORM, in which activators spectrally distinct are coupled with a single reporter, can be useful. The link of activators and reporters to a single antibody molecule is difficult because of low labeling density and the large size of the antibody. Small molecule labels could be used if the reporter or activator is linked to different small molecules that bind each other within 3.5 nm, thus increasing the labeling density and resolution (Chen, Gu, Gunning, & Russell, 2016). The multichannel 3D-STORM imaging technique allows one also to obtain a super-resolved mapping of labeled structure conformation, giving information about the local proximity between labels. The reporters, which are the fluorophores used for the localization, are first converted into a dark state and then return to the ground state through light-facilitated recovery or spontaneous recovery. The light-facilitated recovery can be obtained by an ultraviolet-to-blue light direct activation of the reporter (Heilemann et al., 2008) or through the activator-dependent recovery (AR) mediated by a nearby fluorophore (Rust et al., 2006). The light for AR has to match the activator absorption. The AR STORM method requires only one type of reporter for the localization (Bates, Huang, Dempsey, & Zhuang, 2007) and can be used for the multichannel 3D imaging, being free of chromatic aberration and registration error (Huang, Jones, Brandenburg, & Zhuang, 2008). The key for the high resolution in STORM techniques is a high labeling density (Hess, Gould, Gunewardene, Bewersdorf, & Mason, 2009), which is difficult to obtain with AR STORM, since the activator and reporter fluorophores are usually coupled to the same antibody (Bates et al., 2007). However, to allow activator-dependent STORM for multichannel 3D imaging, Xu and colleagues suggest that the reporter and activator have to be on different small molecule labels, and the distance of binding between label and target has to be within 3.5 nm (Xu, Babcock, & Zhuang, 2012). In this manner, an activator linked to a molecule can activate a reporter linked to a neighboring molecule allowing high labeling intensity activation-dependent STORM (Revelo et al., 2014). Thereby, using small molecules separately conjugated to activators and reporters, it is possible to increase labeling density for STORM imaging and provide, with nanometer sensitivity, further information on the organization of neighboring binding sites. Therefore, the activator-dependent STORM technique can be used as a measure of molecular proximity providing a potential alternative to fluorescence resonance energy transfer (FRET) for the measure of molecular distance (focusing on a proximity of 3–4 nm instead of 10 nm), although it must be taken into account that the STORM technique is very expensive.

Dudok and colleagues have introduced the application of STORM to study the molecular and structural heterogeneity and plasticity of the synaptic ECS with cell-type-specific super-resolution imaging. The authors show how, with this technique, it is possible define the cell-type-specific molecular properties of the ECS at nanoscale resolution elucidating also changes in CB1 distribution after chronic activation and the distance between CB1 receptors and the synaptic machinery releasing neurotransmitter vesicles (Dudok et al., 2015). Since the effects of endocannabinoids depend on the specific subcellular localization and distribution of their receptors and enzymes, the traditional fluorescence microscopy techniques had not sufficient resolution to define them. The new super-resolution techniques have opened new horizons for the study of endocannabinoid signaling. By STORM technique, it is possible to characterize the expression of the ECS in a specific cell group, the distribution on the cell surface and the localization in intracellular compartments. Using 3D-STORM imaging, it has been found that CB1 receptors are homogenously diffused on presynaptic terminals and more strongly expressed on larger axosomatic terminals. Hence, with the 3D-STORM imaging, it is possible to investigate cellular and subcellular molecule distribution at the nanoscale level and compare, quantitatively and with strong sensitivity and specificity, receptor distribution between different anatomical sites and molecular changes within the same site. Since the relative abundance of endocannabinoids and their receptors in specific cells may alter the efficacy of endocannabinoid signaling, the capability to quantify molecule distribution in brain tissues is very important. Moreover, when comparing the data obtained by 3D-STORM and TEM, no difference in the distribution of CB1 was found, thus demonstrating that the information generated by these two approaches is comparable (Barna et al., 2016; Dudok et al., 2015).

Furthermore, double 3D-STORM imaging allows one to analyze, in the same sample, nanodomain-specific distribution of multiple target proteins (Dani, Huang, Bergan, Dulac, & Zhuang, 2010; Jones, Shim, He, & Zhuang, 2011). With this new super-resolution methodology, it is possible to perform a quantitative cell-specific distribution analysis by defining the subcellular localization and measurements of molecular distance. Hence, the cell-specific distribution, the expression at pre-, post-, and active synaptic zones, the nanoscale distribution of density at subcellular structures, the molecular distances and any changes in the distribution on the surface of identified subcellular compartments can be determined by using this microscopy technique both in vitro and in vivo.

Physiological and pathophysiological processes lead to variation of subcellular localization and density of endocannabinoid receptors in specific cell types. By combining patch-clamp electrophysiology, confocal imaging, TEM, and STORM super-resolution imaging of target proteins, it is possible to collect, from the same neuron, physiological, morphological, and ultrastructural information (Dudok et al., 2015; Lee et al., 2015). For example, by using 3D-STORM imaging, it is possible to analyze the typical downregulation of CB1 under chronic stimulation, by imaging its marked internalization and disappearance from the synaptic boutons at the nanoscale level (Cristino et al., 2016, Dudok et al., 2015; Imperatore et al., 2015).

Hence, 3D-STORM imaging has the power to reveal the nanoscale physiological and pathophysiological molecular changes within identified subcellular compartments of the targeted cell.

4. TRANSMISSION ELECTRON MICROSCOPY

Super-resolution fluorescence microscopy can reveal the molecular expression at nanometer scale, but no information about cell ultrastructure is available, thus hampering a clear interpretation of results. On the contrary, TEM provides the highest image resolution with subcellular detail (Hayat, 2000), such as lipid bilayer-based membranes and a large number of specific cellular structures. TEM has been used as a key method to investigate biological ultrastructure for over six decades and has allowed the direct demonstration of synapses and their fine structural details. The book "The Fine Structure of the Nervous System" provides the best general TEM methodology still widely used to preserve and observe the morphology and structure of cellular and subcellular components of the nervous system (Peters, Palay, & Webster, 1991). TEM leads to unravel the neural circuits at the subcellular level, thus allowing also the understanding of the morphological basis of synaptic plasticity (Cajal, 1911; Edwards, 1995; Harris, Fiala, & Ostroff, 2003) or the relationships between axon terminals size and their synaptic efficacy (Pierce & Lewin, 1994). Using TEM methods on serial sections, it is possible to analyze subcellular structures involved in synaptic plasticity by a three-dimensional reconstruction of spines and axon terminals. Hence, TEM has greatly contributed to the understanding of brain cell structures and their functional relationships, and particularly of the complex and dynamic ways through which neurons interact with each other. Moreover, TEM allows an unparalleled lateral resolution at a subnanometer scale (2–4 nm) (Anderson et al., 2011; Bock et al., 2011; Cardona et al., 2010). Usually, for serial section TEM, individual ultrathin sections, typically around 600 Å in thickness (Anderson et al., 2011; Bock et al., 2011; Cardona et al., 2010), are cut in an ultramicrotome with a diamond knife and picked up onto a 3-mm diameter metal support grid (slot of length 2 mm and width 0.2–1 mm). After counterstaining with heavy metals to enhance the contrast of metal particles, a small area of ∼1–2 mm of sample is selected for imaging the grid by TEM. The heavy metals in the sample scatter some electrons, which generate contrast acquired by a digital camera where each pixel corresponds to the localization of the signal in the section (Briggman & Bock, 2012).

Using TEM, a detailed investigation of ECS elements has been performed, thereby providing a very high-resolution description of cannabinoid receptor, DAGL, NAPE-PLD, FAAH, and MAGL localization in specific cellular and subcellular compartments of many different neuronal networks. TEM has helped to define the prevalently presynaptic localization of CB1 receptors on axon terminals by establishing their distribution on symmetrical GABAergic synapses or asymmetrical glutamatergic synapses in specific brain regions, and in apposition to specific postsynaptic targets. Quantitative TEM studies have determined that CB1 is mainly distributed on the preterminal and terminal axonal segment (Nyiri et al., 2005), although a significant amount has been found also in dendrites and cell bodies. The results obtained have suggested that endocannabinoids modulate synaptic transmission presynaptically in several brain regions, thereby contributing to the establishment of neuronal plasticity forms and, consequently, to the activity of specific neurons. Moreover, by immunogold labeling it has been possible to describe the subcellular distribution of the CB1 receptor (Katona & Freund, 2012; Katona et al., 2001). In particular, CB1 was observed within intracellular membrane compartments, such as rough endoplasmic reticulum and Golgi. Similar results were obtained by Ong and Mackie in the primate brain (*Macaca fascicularis*). By using an N-terminal anti-CB1 antibody and TEM, they revealed the large and specific cellular and subcellular CB1 receptor distribution in the BLA. They showed CB1-immunoreactivity on pyramidal projection neurons and small interneurons but also on many dendrites forming symmetric or asymmetric contacts with unlabeled or occasionally labeled axon terminals (Ong & Mackie, 1999). Hence, TEM studies have revealed the dense CB1 expression at symmetric and asymmetric axospinous, axodendritic, and axosomatic synapses. In particular, CB1 expression is very high in inhibitory GABAergic synaptic terminals (Agarwal et al., 2007; Cristino et al., 2013; De-May & Ali, 2013; Hu & Mackie, 2015; Katona & Freund, 2012; Katona et al., 1999; Kawamura et al., 2006; Ludányi et al., 2008; Steindel et al., 2013), and lower in glutamatergic neurons (Bellocchio et al., 2010; Cristino et al., 2016; Domenici et al., 2006; Kamprath et al., 2009; Katona et al., 2006; Monory et al., 2006; Puente et al., 2011; Reguero et al., 2011; Ruehle et al., 2013; Soria-Gomez, Bellocchio, & Marsicano, 2014; Takahashi & Castillo, 2006) and in brain astrocytes (Bosier et al., 2013; Metna-Laurent & Marsicano, 2015; Navarrete & Araque, 2008, 2010; Oliveira da Cruz, Robin, Drago, Marsicano, & Metna-Laurent, 2016; Stella, 2010; Viader et al., 2015). Subcellularly, CB1 has been revealed in the plasma membranes

(Bellocchio et al., 2010; Busquets-Garcia et al., 2015; Castillo, Younts, Chávez, & Hashimotodani, 2012; Hu & Mackie, 2015; Katona, 2015; Katona & Freund, 2012; Marsicano et al., 2002; Monory et al., 2006; Monory, Polack, Remus, Lutz, & Korte, 2015 Puente et al., 2011; Ruehle et al., 2013; Soria-Gomez et al., 2014; Soria-Gómez et al., 2015; Steindel et al., 2013) and in intracellular organelles, such as brain mitochondria (Benard et al., 2012. Hebert-Chatelain et al., 2014a, 2014b; Koch et al., 2015). Because of the hugely different levels of expression among different cell types (Marsicano & Lutz, 1999), it is often quite difficult to identify low CB1 receptor expression in neuronal types and/or in their subcellular compartments.

Cristino and colleagues have extensively applied preembedding double-immunogold labeling to study CB1 expression in the hypothalamus and periaqueductal gray (PAG) of mice by TEM and revealed (i) the presynaptic expression and relative abundance of CB1 inhibitory or excitatory inputs to DAGL-α expressing orexin A (OX-A) neurons and their synaptic rewiring during obesity (Cristino et al., 2013); (ii) the presynaptic expression of CB1 to OX-A and DAGL-α expressing glutamatergic neurons of the ventrolateral PAG participating in the control of the descending antinociceptive pathway (Cristino et al., 2016); (iii) the postsynaptic expression of CB1 in DAGL-α expressing preopiomelanocortin neurons of the arcuate nucleus receiving excitatory synapses (Morello et al., 2016). For the preembedding double-immunogold technique, 50-μm thick sections were cut through a microslicer (VT1000S; Leica) from the hypothalamus or PAG of mouse and dipped in 5% bovine serum albumin 0.02% saponin (wt/vol) phosphate-buffered saline (PBS) for 30 min before incubation overnight free-floating at +4°C in a mixture of the following primary antibodies: anti-CB1/anti-DAGLα or anti-OX-A/anti-CB1 or anti-OX-A/anti-DAGLα, all diluted 1:100 in donkey serum blocking solution with 0.02% saponin in PBS (rabbit anti-CB1, Calbiochem, Merck; goat anti-OX-A, Santa Cruz Biotechnology; guinea pig anti-DAGLα kindly provided by Kenneth Mackie). The sections were incubated 4 h in a mixture of 10-nm and 6-nm gold-conjugated secondary antibodies (Aurion), diluted 1:30 in donkey serum blocking solution with 0.02% saponin. Sections were then treated with 0.5% OsO_4 in PB for 10 min at 4°C, dehydrated in an ascending series of ethanol and propylene oxide and embedded in TAAB 812 resin (TAAB). During dehydration, sections were treated with 1% uranyl acetate in 70% ethanol (vol/vol) for 15 min at 4°C. Ultrathin (60 nm) sections were cut perpendicularly to the surface of 50-μm vibratome sections, collected on Formovar-coated, single- or multiple-slot (50-mesh) grids and stained with 0.65% lead citrate. Electron micrographs were taken with a TEM microscope (LEO 912AB; Zeiss) and the TEM observation was limited to series sectioned up to 0.6–0.8 μm of depth of the preembedded immunolabeled tissue. Additional sections were processed in parallel as controls of reaction by omitting one or both of the primary antibodies from the mixture. The morphological characterization of synapses was performed at 30,000 magnification. Excitatory synapses were identified by their asymmetrical morphology and the inhibitory ones by their symmetrical morphology. The synapses were counted only if the pre- and postsynaptic symmetrical and asymmetrical membrane specializations were clearly seen and synaptic vesicles were present in the presynaptic bouton.

Using this method, Cristino et al. (2013) revealed the occurrence of an obesity-driven synaptic rewiring to OX-A neurons in *ob/ob* leptin knockout mice and in mice made obese by a with high fat diet. By using a rabbit anti-CB1 antibody (C-terminus, 1:500; Calbiochem, Merck), whose immunospecificity for CB1 receptors had been validated on hypothalamic and brain sections from CB1KO mice (Cristino et al., 2006), electron and fluorescence CB1 labeling was hardly ever observed in mitochondrial or subcellular neuronal compartments. However, a current question is whether the presence of CB_1 in the outer membrane of neuronal mitochondria ($mtCB_1$) (Benard et al., 2012; Hebert-Chatelain et al., 2014a, 2014b) can be described by conventional TEM approaches as constitutive or depend on the cell state, neuronal activity, or pathologies. Morozov, Sun, Kuan, and Rakic (2016) by applying a sensitive method of optical immunoperoxidase reaction with DAB-Ni and preembedding ultra-small gold immunolabeling technique for ultrastructural revelation unexpectedly discovered that anti-CB_1 sera in parallel with CB_1, also bind the mitochondrial protein stomatin-like protein 2 on the outer membrane and in the cristae. They used the following polyclonal sera: anti-CB_1 against the last 31 amino acids (L31; C-terminus) of mouse CB_1 raised in guinea pig (Frontier Science, Japan; catalog no. CB1-GP-Af530-1; dilution 1: 2000) or goat (Frontier Science, Japan; catalog no. CB1-Go-Af450; 1: 1000); the last 15 amino acids (L15; C-terminus; 1: 1000) or amino-terminus (NH; 1: 4000) of rat CB_1 (both made in rabbit; gifts from K. Mackie, University of Washington, WA, USA). Biotinylated antiguinea pig, antigoat, or antirabbit IgGs (1: 300) and the Elite ABC kit (all from Vector Laboratories, Burlingame, CA, USA) with Ni-intensified 3,3′-diaminobenzidine-4HCl (DAB-Ni) as a chromogen were applied. Immunogold labeling of CB_1 was performed using goat antiguinea pig IgG conjugated with 1-nm gold particles (1: 80) and subsequent silver intensification with R-Gent SE-LM kit (all from Aurion, Wageningen, The Netherlands). The discrepancy between the findings of Morozov et al. (2016) and those of Benard et al. (2012) may be due to the application by Benard et al. (2012) of a less sensitive ultra-small gold immunolabeling method with silver amplification vs a more sensitive immunoperoxidase reaction procedure with DAB-Ni as a chromogen.

Concerning EC biosynthetic enzymes, the subcellular distribution of NAPE-PLD and DAGL-α has been investigated by high-resolution immunogold TEM, revealing the presence of NAPE-PLD in both presynaptic and postsynaptic sites, mainly in dendrites. On the other hand, the expression of DAGL-α is mostly found in dendrites and dendritic spines of the postsynaptic compartment, with accumulation in dendritic spine heads. Using TEM, MAGL has been localized instead in axon terminals of both symmetric and asymmetric synapses (Gulyas et al., 2004). Hence, by using TEM it has been possible to demonstrate how the enzymes responsible for biosynthesis and inactivation of 2-AG are distributed at the post- and presynaptic compartments, respectively, supporting the role of endocannabinoids in the retrograde regulation of synaptic activity. On the other hand, the ultrastructural distribution of FAAH by TEM has shown that expression of this enzyme in the membranes of cytoplasmic vesicles, mitochondria, and endoplasmic reticulum of hippocampal cells. Similarly, many authors have described the ultrastructural postsynaptic distribution of FAAH in dendrites and somata of neurons of many other brain regions (Bracey, Hanson, Masuda, Stevens, & Cravatt, 2002; Egertova et al., 2003; Gulyas et al., 2004). Moreover, quantification by high-resolution immunoelectron microscopy showed a high compartmentalization of this enzyme at the cellular and subcellular levels. The mostly postsynaptic localization of FAAH and, seemingly, NAPE-PLD supports the role of anandamide as an anterograde, rather than retrograde regulator of synaptic transmission and plasticity in many brain circuitries, thus underlying many important physiological and pathophysiological functions.

5. CONFOCAL, TEM, AND STORM MICROSCOPY APPLIED TO STUDY THE ECS: A TECHNICAL COMPARISON

To date, confocal, electron, and super-resolution microscopy are the most used methods to perform molecular investigations of the ECS in complex brain circuits. CB1 and CB2 receptors and the enzymatic machinery of the ECs, including DAGLα, DAGLβ, NAPE-PLD, FAAH, and cyclooxygenase-2 have been extensively investigated by classical bright-field and epifluorscence, as well as by modern confocal microscopy, which provides a strong improvement in the resolution limit for the simultaneous detection of multiple cellular markers and target proteins, but does not provide the spatial resolution necessary to obtain nanoscale molecular information (see Table 1 for details). Conventional fluorescence microscopy is still the main method used in life sciences, since it is easy to use and allows versatile labeling modes and realtime dynamic observations. However, it is limited by the diffraction of the rays or photons used.

In particular, the resulting image depends on the light wavelength, the refractive index of the imaging medium, and the NA of the objective. Moreover, if light sources are close together they cannot be separated in the image. Due to these limitations, conventional optical microscopy cannot resolve two point-like emitters separated by less than 200 nm (Requejo-Isidro, 2013; Tønnesen & Nägerl, 2013). This distance has a magnitude higher than macromolecules and much bigger than the size range of synapses, thus representing a serious limitation of the use of light microscopy in biological analysis.

As mentioned earlier, in the last decades, different groups of innovative super-resolution microscopy approaches have overcome the diffraction limit and allowed fluorescence imaging with resolution up to nanometer scale (Godin, Lounis, & Cognet, 2014; Maglione & Sigrist, 2013; Oddone, Vilanova, Tam, & Lakadamyali, 2014; Yamanaka, Smith, & Fujita, 2014). In particular, the super-resolution microscopy approach has improved the use of fluorescence imaging to determine nanoscale cellular and subcellular molecule distribution. This method is based on the detection of light from temporally separated individual emitters and is mainly represented by STORM (Betzig et al., 2006; Hess et al., 2006; Rust et al., 2006). The principle of STORM is the switching between nonfluorescent and fluorescent states of distinct fluorescent proteins or organic dyes (Allen, Ross, & Davidson, 2013). Continuous illumination of the field of view with high light intensity leads the photoswitchable fluorophores to emit photons, and then quickly to enter in nonfluorescent state. The stochastic return to excitable state creates sparse blinking of distinct fluorophores, which are recorded on a fast camera and the position of each event is calculated, reconstructing the molecule spatial distribution (Rust et al., 2006). The fluorophore activation and a

Table 1 Comparison Among the Different Conventional, Super-Resolution, and Electron Microscopy Techniques Used to Study the Proteins of the Endocannabinoid System

	Conventional Microscopy			Super-Resolution Microscopy	Electron Microscopy
	Brightfield	**Epifluorescence**	**Confocal Laser Scanning**	**STORM**	**TEM**
Application	MAGL, DAGLα, DAGLβ, NAPE-PLD, FAAH, CB1, CB2	MAGL, DAGLα, DAGLβ, NAPE-PLD, FAAH, CB1, CB2	MAGL, DAGLa, DAGLβ, FAAH, CB1, CB2	CB1	NAPE-PLD, DAGLa, CB1
	Bisogno et al., 2003; Cristino et al., 2006, 2008; Imperatore et al., 2015; Ludányi et al., 2011; Nyilas et al., 2008; Ong & Mackie, 1999; Suárez et al., 2008, 2010; Wittmann et al., 2007	Cristino et al., 2013, 2006, 2008; Morello et al., 2016	Benard et al., 2012; Cristino et al., 2013; Koch et al., 2015; Ludányi et al., 2011; Morello et al., 2016; Rivera et al., 2014	Dudok et al., 2015; Younts et al., 2016	Benard et al., 2012; Cristino et al., 2013; Ludányi et al., 2011; Morello et al., 2016; Morozov et al., 2016; Nyilas et al., 2008; Ong & Mackie, 1999; Wittmann et al., 2007
Lateral resolution (*xy*)	230 nm	200 nm	180 nm	10 nm	0.1 nm
Axial resolution (*z*)	1000 nm	500 nm	500 nm	50 nm	
Probes	Chemical probes	Conventional fluorescent probes	Conventional fluorescent probes	Photoswitchable dyes, blinking fluorophores	Heavy metals
Source of radiation	Light rays	Light rays	Laser light beams	Laser light beams	Electrone beams

Continued

Table 1 Comparison Among the Different Conventional, Super-Resolution, and Electron Microscopy Techniques Used to Study the Proteins of the Endocannabinoid System—cont'd

	Conventional Microscopy			Super-Resolution Microscopy	Electron Microscopy
	Brightfield	**Epifluorescence**	**Confocal Laser Scanning**	**STORM**	**TEM**
Specimen	Living or dead	Living or dead	Living or dead	Living or dead	Ex vivo or dead
Preparation of material	Quick and simple	Quick and simple	Quick and simple	High-quality sample preparation	Time-consuming and complex
Image				In color	Black and white
3D			Yes	Yes	Yes
Disadvantages	• Low resolution does not allow much subcellular detail to be observed • Lack of specific labeling	• Low resolution does not allow much subcellular detail to be observed • Axial resolution poor • Light contamination from other phocal planes	• Low resolution does not allow much subcellular detail to be observed • Slow acquisition times • Cost	• Large data processing • Specialized fluorophores required • Slow	• Specimens are always dead and may contain artefacts as a result of preparation techniques • Very expensive • Laborious sample preparation
Advantages	• Can be used to view live whole specimens under low magnification • Speed • Cost • Simplicity	• Speed • Multicolor acquisition • Cost	• Optical sectioning • Multicolor acquisition	• High lateral, axial, and spatial resolution	• Very powerful magnification and resolution images of cells and organelles • Provides information on element and compound structure • Images are high-quality and detailed

good probability of its return to excitable state are necessary for a precise reconstruction of the sample. STORM has been used to map the synaptic inputs onto neurons and to provide quantitative and morphological analysis of dendritic spines in the healthy and diseased brain (MacGillavry & Hoogenraad, 2015; Sigal, Speer, & Babcock, 2015; Wijetunge, Angibaud, Frick, Kind, & Nägerl, 2014; Xu, Zhong, & Zhuang, 2013). Importantly, contrary to intensity-based imaging such as widefield and confocal microscopy, not only the resolution, but also the sensitivity is improved, due to a decrease of background intensity and to a constant brightness of individual fluorophore images. Therefore, if a sensitive antibody or a good labeling method is used, STORM is able to detect molecules present in low numbers. Unlike preembedding immunogold TEM, one of the major advantages of STORM imaging is the tissue processing, which is much faster and less laborious, and allows larger sample sizes and a similar localization precision of target protein identification. Moreover, STORM imaging, by lacking light diffraction or anisotropic shrinkage, which are two limiting factors of confocal microscopy and TEM, respectively, supports a detailed CB1 localization (Barna et al., 2016; Heilemann et al., 2008). The improvement in localization precision makes STORM a method suitable to allow the separation of molecule pools in functionally different subcellular compartments and the quantitative determination of their relative changes upon physiological and pathophysiological conditions. STORM imaging has helped to reveal, for the first time, the distribution pattern of CB1 on the synaptic bouton surface, and gives the possibility to define also the organization, the amount and spatial relation between the ECS and the effector machinery components, within a specific cell type.

However, TEM remains the definitive method for morphological parameter revelation and cellular ultrastructure imaging of biological samples (Betzig et al., 2006; Hell, 2007; Huang, Bates, & Zhuang, 2009), as well as the best approach to study the specific subcellular localization of ECS receptors and enzymes at pre- or postsynaptic sites in any cell type. Indeed, by using electrons and electromagnetic lenses, TEM overcomes the diffraction limits, thereby allowing extremely high resolution of subcellular detail and providing excellent ultrastructural information up to <2 nm. This information cannot be obtained with STORM. However, TEM imaging of more than two molecular targets still remains challenging.

Combination of light and electron imaging with confocal microscopy and TEM, respectively (denoted as CLEM), can be a powerful correlative approach to obtain the spatial localization of specific molecules with ultrastructural determination of their distribution in brain circuits. Furthermore, correlative CLEM incorporates and combines the advantages of both techniques. Recently, several methods have been improved to prepare resin embedded brain tissues by preserving their characteristics and allowing the accessibility to intracellular epitopes (Collman et al., 2015) and fluorescent molecules (Paez-Segala et al., 2015). The specific slice processing and immunostaining protocols developed in the last years, together with the combination of confocal with TEM, have allowed the development of quantitative methods to define morphological and molecular parameters at the nanoscale level within subcellular compartments. By exploiting the CLEM approach, recently we have validated the quali-quantitative method to analyze the obesity-induced synaptic rewiring of CB1 expressing inputs onto OX-A neurons in the hypothalamus of mice (Cristino et al., 2013). In this paper, we determined, by epifluorescence microscopy integrated with a deconvolution system (MetaMorph Leica software), the colocalization of CB1/VGluT2 and CB1/VGAT in the synapses apposed to OX-A neurons. OX-A/VGAT/CB1 and OX-A/CB1/VGluT2 triple immunostained sections were observed with a DMI6000 (Leica, Manheim, Germany) microscope equipped with x-y-z motorized stage, a digital camera Leica DFC340FX, and the Leica Metamorph imaging software (Leica MetaMorph AF, Manheim, Germany). Multichannel images were acquired and analyzed using the Leica Application Suite (LAS) AF 2.2.0 software. OX-A-positive cell bodies with the full extent of the nucleus were randomly sampled through the perifornical area, where these cells are densely distributed, using the fornix as landmark. Sixty cells per vesicular transporter (vesicular glutamate transporter type 2 (VGluT2) or vesicular GABA transporter (VGAT)) and per animal were analyzed, and four images per cell in $n=3$ serial Z planes of 0.8 μm each, using a 63 × oil-immersion objective with NA 1.4, were acquired. Images were deconvoluted using the Metamorph imaging deconvolution software (Leica, Germany) by the application of 10 iterations. Varicosities were examined in single optical slices and considered as appositions to cells when overlap among the elements was evident upon full rotation of the images. Counts of appositions were performed with a semiautomated method using the Metamorph Imaging Investigator software (Cristino et al., 2013). To verify whether appositions of these varicosities represented axosomatic synaptic contacts, the analysis was repeated with the CLEM technique, which offers the ability to not only quickly and accurately identify a cellular process by light microscopy but also to obtain a higher resolution image of the same cell for structural analysis by TEM (see Fig. 1 for details). Nevertheless, special attention needs to be made by selecting the appropriate fixatives, permeabilizing agents, and solvents when processing a specimen to be imaged by both light and electron microscopy. To this end, various reagents, solvents, and resins were tested to develop a standardized processing technique that would enable favorable imaging using fluorescent light and electron microscopes. As summarized in Table 2, similar results were obtained by comparison of counts carried out by epifluorescence and CLEM. Noteworthy, a direct correlation was also confirmed between VGAT-expressing, i.e., inhibitory, and VGluT2-expressing, i.e., excitatory, synapses, and the morphological features of symmetrical and asymmetrical contacts, respectively, at least for those presynaptic terminals carrying CB1 and apposed to OX-A neurons (see Fig. 1).

6. FRET

CB_1 receptors are among the most abundant GPCRs in the human brain. Evidence suggests the existence of molecular and functional interactions among them and other GPCRs. In order to define the physical interactions between proteins or molecules involved in specific biological processes, the technique of FRET has been applied to optical microscopy, thereby permitting to investigate the interaction between two GPCRs within a distance of several nanometers. The determination of an interaction between biomolecules is not possible using the normal diffraction-limited fluorescence microscope resolution. On the contrary, the FRET method, based on the energy transfer from an excited fluorophore to a second chromophore in ~10 nm proximity, can be a valuable tool to identify molecular interactions. The energy transfer efficiency is very sensitive to the distance between the fluorophores. The FRET technique involves an excited donor fluorophore, which may transfer its excitation energy to a nearby acceptor fluorophore through dipole–dipole interactions. In particular, the excited fluorophore is like an oscillating dipole exchanging energy with a second dipole possessing a similar resonance frequency. Using resonance energy transfer, a great number of structural data about the donor–acceptor pair can be obtained. In fact, resonance energy transfer efficacy depends mainly on the distance between the donor and acceptor fluorophore. Usually, both donor and acceptor are fluorescent, and the energy transfer manifests itself as the quenching of donor fluorescence, subsequent reduction of

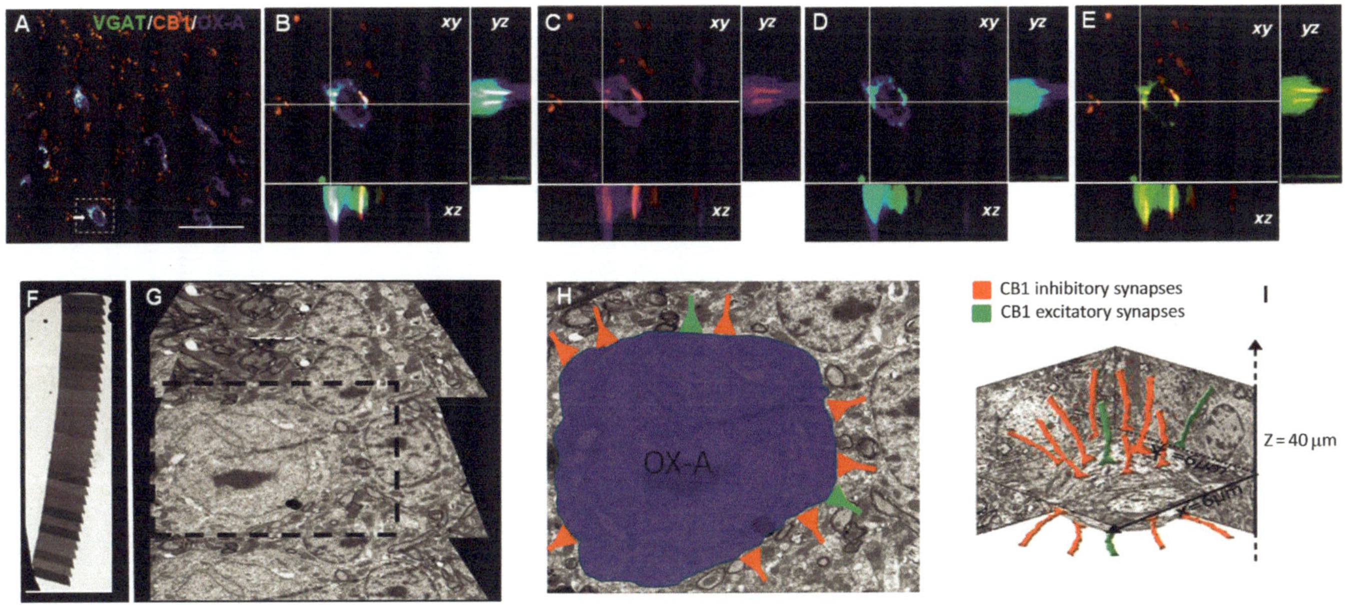

Fig. 1 Correlative live-cell fluorescence and transmission electron microscopy (TEM) of inhibitory (VGAT) synapses apposed to a selected OX-A-immunoreactive neuron. (A–E) Confocal images of VGAT/CB1/OX-A immunoreactivity showing inhibitory synapses on OX-A neurons in mice. (A) The *arrow* indicates an inhibitory ($VGAT^+/CB1^+$) synapse apposed to an OX-A neuron visualized in a single optical section (*xy*). (B) High magnification of the OX-A cell from the *inset* in (A). The intersection of the *white lines* identifies one of the synapses analyzed along orthogonal projections. Inhibitory synapses are defined as their apposition between the presynaptic element expressing VGAT/CB1 in three dimensions, i.e., along all the combinations of the axis (*xy; yz; xz*). (C–E) The orthogonal views of the synapses as double immunostaining at high magnification. Scale bar 20 μm in (A) and 8 μm in (B–E). (F) Serial ultrathin sections of the region from the *inset* in (A). (G) Ultrastructure of the OX-A cell from the *inset* in (A). (H) Overlay of the OX-A (*blue*), CB1 (*red*), and VGAT (*green*) immunofluorescence with ultrastructure of the same OX-A neuron that is shown in the *inset* from (A) and (G). (I) A 3D image of the synaptic arrangement on a portion of an OX-A soma ~2-μm thick is produced by rendering 36 consecutive ultrathin slices, each 60-nm thick, according to the synaptological method used by Horvath and Gao (2005). The inhibitory and excitatory CB1-positive inputs were identified according to their symmetrical or asymmetrical morphology, respectively.

Table 2 Number of CB1 Presynaptic Inputs to the Somata of Orexin-A Neuron: Comparison Between Light and CLEM Microscopy Analysis

	ob/ob		*wt*	
Perisomatic CB1-Expressing Boutons on OX-A Neurons	**CB1 Symm.**	**CB1 Asymm.**	**CB1 Symm.**	**CB1 Asymm.**
Light microscopy deconvolution system	137 ± 6.8	38 ± 5.8	43 ± 3.9	127 ± 5.2
CLEM	131 ± 5.8	42 ± 4.8	45 ± 4.4	123 ± 4.9

CB1symm: number of symmetrical, i.e., inhibitory synapses carrying CB1 receptors; CB1asymm: number of asymmetrical, i.e., excitatory synapses carrying CB1 receptors.

fluorescence lifetime and increase of acceptor fluorescence emission. According to the theory of Theodor Förster in the late 1940s, if the donor fluorescence emission overlaps with the acceptor absorption spectrum and the two moieties are within a minimal space, the donor can transfer its excitation energy to the acceptor. In order for this interaction to occur, the two fluorophores must be within a range of 1–10 nm of each other. Thus, FRET can be used to confirm that the distance between biomolecules is within 10 nm of each other by labeling them with appropriate donor and acceptor fluorochromes.

Although FRET has often been applied to study structural and functional inter- and intramolecular modifications in proteins and lipids, a limitation is due to the lack of appropriate methods for labeling specific intracellular proteins in living cells with appropriate fluorophores. However, the recent development of methods that make the donor and acceptor fluorophores part of the biomolecules themselves has allowed the visualization of dynamic interactions between proteins within living cells. As mentioned earlier, the distance range in which the resonance energy transfer usually occurs is within 2–6 nm, corresponding to many protein molecular dimensions, cell membrane thickness, and distance between some proteins or multiple subunits of a protein. Therefore, the most important factor to keep in mind when choosing the fluorescent dye pair is the approximate distance between the target molecules. Among other factors to consider are the chemical stability, quantum yield, and lifetimes of fluorophores. FRET can be applied to widefield fluorescence microscopy, although its coupling to laser scanning confocal microscopy can produce a significant improvement in lateral resolution.

During the last decade, many efforts have been made to analyze interactions between two different GPCRs to elucidate their physiological functions.

Particularly, since GPCR heteromerization can alter the actions of extracellular signals leading to significant changes in their intracellular signaling, thus opening new horizons for the development of potential pharmacotherapy, many researchers have investigated CB1 interaction with other GPCRs. Hilairet, Bouaboula, Carrière, Le Fur, & Casellas (2003) started to work on CHO cells stably cotransfected with CB1 and another important GPCR the orexin receptor 1 (OX-1R), a receptor with which the ECS collaborates to control many physiological and pathophysiological functions. The authors showed for the first time the heteromultimerization between these receptors and how this interaction leads to the enhancement of intracellular signaling, suggesting a direct functional involvement of CB1 in the formation of heteromeric complexes (Hilairet et al., 2003). Similar results were obtained by Ellis, Pediani, Canals, Milasta, & Milligan (2006) in HEK293 cells coexpressing both receptors. However, further evidence of OX-1R/CB1 physical interactions was obtained using a FRET assay after labeling CB1 and OX-1R extracellular domains with SNAP-tag® and CLIP-tag™, respectively (Ward, Pediani, & Milligan, 2011). It was thus established that if CB1 and OX-1R are close enough to produce true heteromers (dimers or oligomers), this produces an enhancement of orexin-mediated 2-AG synthesis (Turunen, Jäntti, & Kukkonen, 2012). Moreover, since both OX-1R and CB1 activate ERK1/2 (Ammoun, Lindholm, Wootz, Åkerman, & Kukkonen, 2006; Bouaboula et al., 1995), the coexpression of OX-1R and CB1 in cells can strongly potentiate this intracellular signaling cascade through the formation of such heteromers (Jäntti et al., 2013; Kukkonen & Leonard, 2014; Turunen et al., 2012).

Emerging studies in different rodent brain regions, such as the lateral hypothalamus, periaqueductal gray, and arcuate nucleus, have shown that OX-1R activation enhances 2-AG production (Cristino et al., 2013, 2016; Morello et al., 2016), thereby modulating autocrine and paracrine functions and synaptic transmission. Starting from these bases, we used the acceptor photobleaching FRET technique to study CB1/OX-1R structural and functional interaction in native hypothalamic NPY/AgRP neurons constitutively expressing both OX-1R and CB1, a condition found in the hypothalamic circuits involved in the control of important physiological functions. With the acceptor photobleaching techniques, the change in donor fluorescence intensity in the same regions is measured before and after photobleaching of the acceptor. This technique has the advantage of requiring only a single specimen preparation. Using FRET, coupled with functional analysis, we revealed the formation of OX-1R/CB1 heteromeric

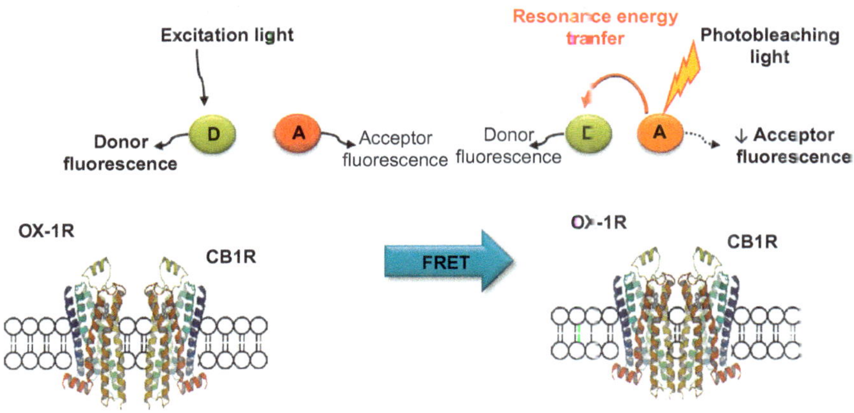

Fig. 2 Schematic representation of the acceptor photobleaching fluorescence resonance energy transfer technique used to study the CB1/OX-1R structural interaction. OX-1R and CB1 were immunolabeled with appropriate antibodies conjugated, respectively, to Cy3 (donor) and Cy5 (acceptor), where the Cy3/Cy5 couple has a Förster distance of ~5 nm. The sample is excited sequentially for Cy3 and Cy5 and then the emission is recorded. The acceptor fluorophore Cy5 is photobleached and pre- and postbleach images are captured simultaneously. The FRET efficiency can be calculated by comparing Cy3 donor fluorescence intensity before and after destroying the Cy5 acceptor by photobleaching. If the two receptors are at a distance less than 5 nm and interact with one another, FRET occurs, accompanied by a resultant increase in donor fluorescence following acceptor photobleaching.

complexes in a neuronal cell model and showed how this molecular interaction leads to a significant increase of 2-AG production, hence regulating endocannabinoid signaling (Imperatore et al., 2016; see Fig. 2). Future techniques will have to be developed to respond to the ever increasing demand of identifying CB1 heteromers also in intact nervous tissues.

7. CONCLUSIONS

In summary, it can be concluded that, to date, a wide array of medium-high resolution microscopy methods, suitable for the analysis of the cellular and subcellular distribution of proteins, particularly in the brain, exist. Most of these techniques, which we have reviewed in this chapter, have been applied to the study of most of the proteins belonging to the ECS, or at least those that are abundantly expressed in the central nervous system, such as the CB1 receptor, the DAGLα and NAPE-PLD biosynthetic enzymes, and the MAGL and FAAH inactivating enzymes, either as single targets or together with coexpressed, and often interacting, proteins, and, as in the case of

TEM, also in relation to the ultrastructural environment of the cell. It can be predicted that some of these techniques, such as 3D-STORM and TEM, will be utilized more and more often by researchers working in the field, provided that, when their applications requires the use of antibodies, increasingly specific such tools are developed (see Baek, Darlington, Smith, & Ashton, 2013; Grimsey et al., 2008 for a critical discussion of the use of antibodies for the immunohistochemical detection of CB1 and CB2 receptors). It can also be foreseen that ever more sensitive and high-resolution methods based on microscopy will be developed in the near future.

REFERENCES

Abbe, E. (1873). Contributions to the theory of the microscope and microscopic detection (translated from German). *Archiv für Mikroskopische Anatomie*, *9*, 413–468.

Agard, D. A. (1984). Optical sectioning microscopy: Cellular architecture in three dimensions. *Annual Review of Biophysics and Bioengineering*, *13*, 191–219.

Agarwal, N., Pacher, P., Tegeder, I., Amaya, F., Constantin, C. E., Brenner, G. J., et al. (2007). Cannabinoids mediate analgesia largely via peripheral type 1 cannabinoid receptors in nociceptors. *Nature Neuroscience*, *10*, 870–879.

Allen, J. R., Ross, S. T., & Davidson, M. W. (2013). Single molecule localization microscopy for superresolution. *Journal of Optics*, *15*, 094001.

Ammoun, S., Lindholm, D., Wootz, H., Åkerman, K. E., & Kukkonen, J. P. (2006). G protein-coupled ox1 orexin/hcrtr-1 hypocretin receptors induce caspase-7 3 dependent and -independent cell death through p38 mitogen-/stress-activated protein kinase. *The Journal of Biological Chemistry*, *281*, 834–842.

Anderson, J. R., Jones, B. W., Watt, C. B., Shaw, M. V., Yang, J. H., Demill, D., et al. (2011). Exploring the retinal connectome. *Molecular Vision*, *17*, 355–379.

Baek, J. H., Darlington, C. L., Smith, P. F., & Ashton, J. C. (2013). Antibody testing for brain immunohistochemistry: Brain immunolabeling for the cannabinoid CB_2 receptor. *Journal of Neuroscience Methods*, *216*, 87–95.

Barna, L., Dudok, B., Miczán, V., Horváth, A., László, Z. I., & Katona, I. (2016). Correlated confocal and super-resolution imaging by VividSTORM. *Nature Protocols*, *11*, 163–183.

Bates, M., Huang, B., Dempsey, G. T., & Zhuang, X. (2007). Multicolor superresolution imaging with photo-switchable fluorescent probes. *Science*, *317*, 1749–1753.

Bates, M., Jones, S. A., & Zhuang, X. (2013a). Preparation of photoswitchable labeled antibodies for STORM imaging. *Cold Spring Harbor Protocols*, 540–541.

Bates, M., Jones, S. A., & Zhuang, X. (2013b). Transfection of genetically encoded photoswitchable probes for STORM imaging. *Cold Spring Harbor Protocols*, 537–539.

Bellocchio, L., Lafenêtre, P., Cannich, A., Cota, D., Puente, N., Grandes, P., et al. (2010). Bimodal control of stimulated food intake by the endocannabinoid system. *Nature Neuroscience*, *13*, 281–283.

Benard, G., et al. (2012). Mitochondrial CB(1) receptors regulate neuronal energy metabolism. *Nature Neuroscience*, *15*, 558–564.

Betzig, E., Patterson, G. H., Sougrat, R., Lindwasser, O. W., Olenych, S., Bonifacino, J. S., et al. (2006). Imaging intracellular fluorescent proteins at nanometer resolution. *Science*, *313*, 1642–1645.

Bisogno, T., Howell, F., Williams, G., Minassi, A., Cascio, M. G., Ligresti, A., et al. (2003). Cloning of the first sn1-DAG lipases points to the spatial and temporal regulation of endocannabinoid signaling in the brain. *The Journal of Cell Biology*, *163*, 463–468.

Bock, D. D., Lee, W. C., Kerlin, A. M., Andermann, M. L., Hood, G., Wetzel, A. W., et al. (2011). Network anatomy and in vivo physiology of visual cortical neurons. *Nature*, *471*, 177–182.
Bosier, B., Bellocchio, L., Metna-Laurent, M., Soria-Gomez, E., Matias, I., Hebert-Chatelain, E., et al. (2013). Astroglial CB1 cannabinoid receptors regulate leptin signaling in mouse brain astrocytes. *Molecular Metabolism*, *2*, 393–404.
Bouaboula, M., Poinot-Chazel, C., Bourrié, B., Canat, X., Calandra, B., Rinaldi-Carmona,-M., et al. (1995). Activation of mitogen-activated protein kinases by stimulation of the central cannabinoid receptor CB1. *The Biochemical Journal*, *312*, 637–641.
Bracey, M. H., Hanson, M. A., Masuda, K. R., Stevens, R. C., & Cravatt, B. F. (2002). Structural adaptations in a membrane enzyme that terminates endocannabinoid signaling. *Science*, *298*, 1793–1796.
Briggman, K. L., & Bock, D. D. (2012). Volume electron microscopy for neuronal circuit reconstruction. *Current Opinion in Neurobiology*, *22*, 154–161.
Brown, T. A., Fetter, R. D., Tkachuk, A. N., & Clayton, D. A. (2010). Approaches toward super-resolution fluorescence imaging of mitochondrial proteins using PALM. *Methods*, *51*, 458–463.
Burnette, D. T., Sengupta, P., Dai, Y., Lippincott-Schwartz, J., & Kachar, B. (2011). Bleaching/blinking assisted localization microscopy for superresolution imaging using standard fluorescent molecules. *Proceedings of the National Academy of Sciences of the United States of America*, *108*, 21081–21086.
Busquets-Garcia, A., Desprez, T., Metna-Laurent, M., Bellocchio, L., Marsicano, G., & Soria-Gomez, E. (2015). Dissecting the cannabinergic control of behavior: The where matters. *BioEssays*, *37*, 1215–1225.
Cajal, S. R. (1911). *Histologie du Systeme Nerveux de l'Homme et des Vertebrés*. Paris: Maloine.
Cardona, A., Saalfeld, S., Preibisch, S., Schmid, B., Cheng, A., Pulokas, J., et al. (2010). An integrated micro- and macroarchitectural analysis of the Drosophila brain by computer-assisted serial section electron microscopy. *PLoS Biology*, *8* e1000502.
Carlton, P. M. (2008). Three-dimensional structured illumination microscopy and its application to chromosome structure. *Chromosome Research*, *16*, 351–365.
Castillo, P. E., Younts, T. J., Chávez, A. E., & Hashimotodani, Y. (2012). Endocannabinoid signaling and synaptic function. *Neuron*, *76*(1), 70–81.
Chen, Y., Gu, M., Gunning, P. W., & Russell, S. M. (2016). Dense small molecule labeling enables activator-dependent STORM by proximity mapping. *Histochemistry and Cell Biology*, *146*, 255–266.
Collman, F., Buchanan, J., Phend, K. D., Micheva, K. D., Weinberg, R. J., & Smith, S. J. (2015). Mapping synapses by conjugate light-electron array tomography. *The Journal of Neuroscience*, *35*, 5792–5807.
Cristino, L., Busetto, G., Imperatore, R., Ferrandino, I., Palomba, L., Silvestri, C., et al. (2013). Obesity-driven synaptic remodeling affects endocannabinoid control of orexinergic neurons. *Proceedings of the National Academy of Sciences of the United States of America*, *110*, E2229–E2238.
Cristino, L., de Petrocellis, L., Pryce, G., Baker, D., Guglielmotti, V., & Di Marzo, V. (2006). Immunohistochemical localization of cannabinoid type 1 and vanilloid transient receptor potential vanilloid type 1 receptors in the mouse brain. *Neuroscience*, *139*, 1405–1415
Cristino, L., Luongo, L., Imperatore, R., Boccella, S., Becker, T., Morello, G., et al. (2016). Orexin-A and endocannabinoid activation of the descending antinociceptive pathway underlies altered pain perception in leptin signaling deficiency. *Neuropsychopharmacology*, *41*, 508–520.
Cristino, L., Starowicz, K., De Petrocellis, L., Morishita, J., Ueda, N., Guglielmotti, V., et al. (2008). Immunohistochemical localization of anabolic and catabolic enzymes for anandamide and other putative endovanilloids in the hippocampus and cerebellar cortex of the mouse brain. *Neuroscience*, *151*, 955–968.

Dani, A., Huang, B., Bergan, J., Dulac, C., & Zhuang, X. (2010). Superresolution imaging of chemical synapses in the brain. *Neuron, 68*, 843–856.
De-May, C. L., & Ali, A. B. (2013). Cell type-specific regulation of inhibition via cannabinoid type 1 receptors in rat neocortex. *Journal of Neurophysiology, 109*, 216–224.
Di, S., Boudaba, C., Popescu, I. R., Weng, F. J., Harris, C., Marcheselli, V. L., et al. (2005). Activity-dependent release and actions of endocannabinoids in the rat hypothalamic supraoptic nucleus. *The Journal of Physiology, 569*, 751–760.
Domenici, M. R., Azad, S. C., Marsicano, G., Schierloh, A., Wotjak, C. T., Dodt, H. U., et al. (2006). Cannabinoid receptor type 1 located on presynaptic terminals of principal neurons in the forebrain controls glutamatergic synaptic transmission. *The Journal of Neuroscience, 26*, 5794–5799.
Dudok, B., Barna, L., Ledri, M., Szabó, S. I., Szabadits, E., Pintér, B., et al. (2015). Cell-specific STORM super-resolution imaging reveals nanoscale organization of cannabinoid signaling. *Nature Neuroscience, 18*, 75–86.
Edwards, F. A. (1995). LTP—A structural model to explain the inconsistencies. *TINS, 18*, 250–255.
Egertova, M., Cravatt, B. F., & Elphick, M. R. (2003). Comparative analysis of fatty acid amide hydrolase and cb(1) cannabinoid receptor expression in the mouse brain: Evidence of a widespread role for fatty acid amide hydrolase in regulation of endocannabinoid signaling. *Neuroscience, 119*, 481–496.
Egertova, M., & Elphick, M. R. (2000). Localisation of cannabinoid receptors in the rat brain using antibodies to the intracellular C-terminal tail of CB. *The Journal of Comparative Neurology, 422*, 159–171.
Eggan, S. M., & Lewis, D. A. (2007). Immunocytochemical distribution of the cannabinoid CB1 receptor in the primate neocortex: A regional and laminar analysis. *Cerebral Cortex, 17*, 175–191.
Egner, A., Geisler, C., von Middendorff, C., Bock, H., Wenzel, D., Medda, R., et al. (2007). Fluorescence nanoscopy in whole cells by asynchronous localization of photoswitching emitters. *Biophysical Journal, 93*, 3285–3290.
Ellis, J., Pediani, J. D., Canals, M., Milasta, S., & Milligan, G. (2006). Orexin-1 receptor-cannabinoid CB1 receptor heterodimerization results in both ligand-dependent and -independent coordinated alterations of receptor localization and function. *The Journal of Biological Chemistry, 281*, 38812–38824.
Folling, J., Bossi, M., Bock, H., Medda, R., Wurm, C. A., Hein, B., et al. (2008). Fluorescence nanoscopy by ground-state depletion and single-molecule return. *Nature Methods, 5*, 943–945.
Freund, T. F., Katona, I., & Piomelli, D. (2003). Role of endogenous cannabinoids in synaptic signaling. *Physiological Reviews, 83*, 1017–1066.
Fukata, Y., Dimitrov, A., Boncompain, G., Vielemeyer, O., Perez, F., & Fukata, M. (2013). Local palmitoylation cycles define activity-regulated postsynaptic subdomains. *The Journal of Cell Biology, 202*, 145–161.
Gauthier, A., & Brandt, R. (2010). Live cell imaging of cytoskeletal dynamics in neurons using fluorescence photoactivation. *Biological Chemistry, 391*, 639–643.
Godin, A. G., Lounis, B., & Cognet, L. (2014). Super-resolution microscopy approaches for live cell imaging. *Biophysical Journal, 107*, 1777–1784.
Gould, T. J., & Hess, S. T. (2008). (Chapter 12) Nanoscale biological fluorescence imaging: Breaking the diffraction barrier. *Methods in Cell Biology, 89*, 329–358.
Grimsey, N. L., Goodfellow, C. E., Scotter, E. L., Dowie, M. J., Glass, M., & Graham, E. S. (2008). Specific detection of CB1 receptors; cannabinoid CB1 receptor antibodies are not all created equal!. *Journal of Neuroscience Methods, 171*, 78–86.
Gross, G. G., Junge, J. A., Mora, R. J., Kwon, H. B., Olson, C. A., Takahashi, T. T., et al. (2013). Recombinant probes for visualizing endogenous synaptic proteins in living neurons. *Neuron, 78*, 971–985.

Gulyas, A. I., Cravatt, B. F., Bracey, M. H., Dinh, T. P., Piomelli, D., Boscia, F., et al. (2004). Segregation of two endocannabinoid-hydrolyzing enzymes into pre- and post-synaptic compartments in the rat hippocampus, cerebellum and amygdala. *The European Journal of Neuroscience*, *20*, 441–458.

Haraguchi, T. (2002). Live cell imaging: Approaches for studying protein dynamics in living cells. *Cell Structure and Function*, *27*, 333–334.

Harris, K. M., Fiala, J. C., & Ostroff, L. (2003). Structural changes at dendritic spine synapses during long-term potentiation. *Philosophical Transactions of the Royal Society of London. Series B, Biological Sciences*, *358*, 745–748.

Hayat, M. A. (2000). *Principles and techniques of electron microscopy: Biological applications* (4th ed.). Cambridge, UK/New York: Cambridge University Press.

Hebert-Chatelain, E., Reguero, L., Puente, N., Lutz, B., Chaouloff, F., Rossignol, R., et al. (2014a). Studying mitochondrial CB1 receptors: Yes we can. *Molecular Metabolism*, *3*, 339.

Hebert-Chatelain, E., Reguero, L., Puente, N., Lutz, B., Chaouloff, F., Rossignol, R., et al. (2014b). Cannabinoid control of brain bioenergetics: Exploring the subcellular localization of the CB1 receptor. *Molecular Metabolism*, *3*, 495–504.

Heifets, B. D., & Castillo, P. E. (2009). Endocannabinoid signaling and long-term synaptic plasticity. *Annual Review of Physiology*, *71*, 283–306.

Heilemann, M., van de Linde, S., Schuttpelz, M., Kasper, R., Seefeldt, B., Mukherjee, A., et al. (2008). Subdiffraction-resolution fluorescence imaging with conventional fluorescent probes. *Angewandte Chemie (International Ed. in English)*, *47*, 6172–6176.

Hell, S. W. (2007). Far-field optical nanoscopy. *Science*, *316*, 1153–1158.

Hess, S. T., Girirajan, T. P., & Mason, M. D. (2006). Ultra-high resolution imaging by fluorescence photoactivation localization microscopy. *Biophysical Journal*, *91*, 4258–4272.

Hess, S., Gould, T., Gunewardene, M., Bewersdorf, J., & Mason, M. (2009). Ultrahigh resolution imaging of biomolecules by fluorescence photoactivation localization microscopy. *Methods in Molecular Biology (Clifton, N.J.)*, *544*, 483–522.

Hilairet, S., Bouaboula, M., Carrière, D., Le Fur, G., & Casellas, P. (2003). Hypersensitization of the Orexin 1 receptor by the CB1 receptor: Evidence for cross-talk blocked by the specific CB1 antagonist, SR141716. *The Journal of Biological Chemistry*, *278*, 23731–23737.

Horvath, T. L., & Gao, X. B. (2005). Input organization and plasticity of hypocretin neurons: Possible clues to obesity's association with insomnia. *Cell Metabolism*, *1*, 279–286.

Hu, S. S., & Mackie, K. (2015). Distribution of the endocannabinoid system in the central nervous system. *Handbook of Experimental Pharmacology*, *231*, 59–93.

Huang, B., Babcock, H., & Zhuang, X. (2010). Breaking the diffraction barrier: Super-resolution imaging of cells. *Cell*, *143*, 1047–1058.

Huang, B., Bates, M., & Zhuang, X. (2009). Super-resolution fluorescence microscopy. *Annual Review of Biochemistry*, *78*, 993–1016.

Huang, B., Jones, S. A., Brandenburg, B., & Zhuang, X. (2008a). Whole-cell 3D STORM reveals interactions between cellular structures with nanometer-scale resolution. *Nature Methods*, *5*, 1047–1052.

Huang, B., Wang, W., Bates, M., & Zhuang, X. (2008b). Three-dimensional super-resolution imaging by stochastic optical reconstruction microscopy. *Science*, *319*, 810–813.

Imperatore, R., Morello, G., Luongo, L., Taschler, U., Romano, R., De Gregorio, D., et al. (2015). Genetic deletion of monoacylglycerol lipase leads to impaired cannabinoid receptor CB_1R signaling and anxiety-like behavior. *Journal of Neurochemistry*, *135*, 799–813.

Imperatore, R., Palomba, L., Morello, G., Di Spiezio, A., Piscitelli, F., Marzo, V. D., et al. (2016). Formation of OX-1R/CB1R heteromeric complexes in embryonic mouse hypothalamic cells: Effect on intracellular calcium, 2-arachidonoyl-glycerol biosynthesis and ERK phosphorylation. *Pharmacological Research, 111*, 600–609.

Jäntti, M. H., Putula, J., Turunen, P. M., Näsman, J., Reijonen, S., Lindqvist, C., et al. (2013). Autocrine endocannabinoid signaling through CB1 receptors potentiates OX1 orexin receptor signaling. *Molecular Pharmacology, 83*, 621–632.

Jones, S. A., Shim, S. H., He, J., & Zhuang, X. (2011). Fast, three-dimensional super-resolution imaging of live cells. *Nature Methods, 8*, 499–508.

Juette, M. F., Gould, T. J., Lessard, M. D., Mlodzianoski, M. J., Nagpure, B. S., Bennett, B. T., et al. (2008). Three-dimensional sub-100 nm resolution fluorescence microscopy of thick samples. *Nature Methods, 5*, 527–529.

Kamprath, K., Plendl, W., Marsicano, G., Deussing, J. M., Wurst, W., Lutz, B., et al. (2009). Endocannabinoids mediate acute fear adaptation via glutamatergic neurons independently of corticotropin-releasing hormone signaling. *Genes, Brain, and Behavior, 8*, 203–211.

Kano, M., Ohno-Shosaku, T., Hashimotodani, Y., Uchigashima, M., & Watanabe, M. (2009). Endocannabinoid-mediated control of synaptic transmission. *Physiological Reviews, 89*, 309–380.

Katona, I. (2015). Cannabis and endocannabinoid signaling in epilepsy. *Handbook of Experimental Pharmacology, 231*, 285–316.

Katona, I., & Freund, T. F. (2012). Multiple functions of endocannabinoid signaling in the brain. *Annual Review of Neuroscience, 35*, 529–558.

Katona, I., Rancz, E. A., Acsady, L., Ledent, C., Mackie, K., Hajos, N., et al. (2001). Distribution of CB1 cannabinoid receptors in the amygdala and their role in the control of GABAergic transmission. *The Journal of Neuroscience, 21*, 9506–9518.

Katona, I., Sperlagh, B., Sik, A., Kafalvi, A., Vizi, E. S., Mackie, K., et al. (1999). Presynaptically located CB1 cannabinoid receptors regulate GABA release from axon terminals of specific hippocampal interneurons. *The Journal of Neuroscience, 19*, 4544–4558.

Katona, I., Urbán, G. M., Wallace, M., Ledent, C., Jung, K. M., Piomelli, D., et al. (2006). Molecular composition of the endocannabinoid system at glutamatergic synapses. *The Journal of Neuroscience, 26*, 5628–5637.

Kawamura, Y., Fukaya, M., Maejima, T., Yoshida, T., Miura, E., Watanabe, M., et al. (2006). The CB1 cannabinoid receptor is the major cannabinoid receptor at excitatory presynaptic sites in the hippocampus and cerebellum. *The Journal of Neuroscience, 26*, 2991–3001.

Kennedy, M. B. (2000). Signal-processing machines at the postsynaptic density. *Science, 290*, 750–754.

Koch, M., Varela, L., Kim, J. G., Kim, J. D., Hernández-Nuño, F., Simonds, S. E., et al. (2015). Hypothalamic POMC neurons promote cannabinoid-induced feeding. *Nature, 519*, 45–50.

Kreitzer, A. C., & Regehr, W. G. (2001a). Cerebellar depolarization-induced suppression of inhibition is mediated by endogenous cannabinoids. *The Journal of Neuroscience, 21*, RC174.

Kreitzer, A. C., & Regehr, W. G. (2001b). Retrograde inhibition of presynaptic calcium influx by endogenous cannabinoids at excitatory synapses onto Purkinje cells. *Neuron, 29*, 717–727.

Kukkonen, J. P., & Leonard, C. S. (2014). Orexin/hypocretin receptor signalling cascades. *British Journal of Pharmacology, 171*, 314–331.

Laurent, M., Johannin, G., Gilbert, N., Lucas, L., Cassio, D., Petit, P. X., et al. (1994). Power and limits of laser scanning confocal microscopy. *Biology of the Cell, 80*, 229–240.

Lee, S. H., Ledri, M., Tóth, B., Marchionni, I., Henstridge, C. M., Dudok, B., et al. (2015). Multiple forms of endocannabinoid and endovanilloid signaling regulate the tonic control of GABA release. *The Journal of Neuroscience, 35*, 10039–10057.

Lew, M. D., Thompson, M. A., Badieirostami, M., & Moerner W. E. (2010). In vivo three-dimensional superresolution fluorescence tracking using a double-helix point spread function. *Proceedings of SPIE—The International Society for Optical Engineering, 7571*, 75710Z.

Lovinger, D. M. (2008). Presynaptic modulation by endocannabinoids. *Handbook of Experimental Pharmacology, 184*, 435–477.

Lu, H., & Mackie, K. (2016). An introduction to the endogenous cannabinoid system. *Biological Psychiatry, 79*, 516–525.

Ludányi, A., Eross, L., Czirják, S., Vajda, J., Halász, P., Watanabe, M., et al. (2008). Downregulation of the CB1 cannabinoid receptor and related molecular elements of the endocannabinoid system in epileptic human hippocampus. *The Journal of Neuroscience, 28*, 2976–2990.

Ludányi, A., Hu, S. S., Yamazaki, M., Tanimura, A., Piomelli, D., Watanabe, M., et al. (2011). Complementary synaptic distribution of enzymes responsible for synthesis and inactivation of the endocannabinoid 2-arachidonoylglycerol in the human hippocampus. *Neuroscience, 174*, 50–63.

Lutz, B., Marsicano, G., Maldonado, R., & Hillard, C. J. (2015). The endocannabinoid system in guarding against fear, anxiety and stress. *Nature Reviews. Neuroscience, 16*(12) 705–718.

MacGillavry, H. D., & Hoogenraad, C. C. (2015). The internal architecture of dendritic spines revealed by super-resolution imaging: What did we learn so far? *Experimental Cell Research, 335*, 180–186.

MacGillavry, H. D., Kerr, J. M., & Blanpied, T. A. (2011). Lateral organization of the postsynaptic density. *Molecular and Cellular Neurosciences, 48*, 321–331.

MacGillavry, H. D., Song, Y., Raghavachari, S., & Blanpied, T. A. (2013). Nanoscale scaffolding domains within the postsynaptic density concentrate synaptic AMPA receptors. *Neuron, 78*, 615–622.

Maglione, M., & Sigrist, S. J. (2013). Seeing the forest tree by tree: Super-resolution light microscopy meets the neurosciences. *Nature Neuroscience, 16*, 790–797.

Marinelli, S., Pacioni, S., Cannich, A., Marsicano, G., & Bacci, A. (2009). Self-modulation of neocortical pyramidal neurons by endocannabinoids. *Nature Neuroscience, 12*, 1488–1490.

Marks, K. M., & Nolan, G. P. (2006). Chemical labeling strategies for cell biology. *Nature Methods, 3*, 591–596.

Marsicano, G., & Lutz, B. (1999). Expression of the cannabinoid receptor CB1 in distinct neuronal subpopulations in the adult mouse forebrain. *The European Journal of Neuroscience, 11*, 4213–4225.

Marsicano, G., Wotjak, C. T., Azad, S. C., Bisogno, T., Rammes, G., Cascio, M. G. et al. (2002). The endogenous cannabinoid system controls extinction of aversive memories. *Nature, 418*, 530–534.

Mechoulam, R., & Parker, L. A. (2013). The endocannabinoid system and the brain. *Annual Review of Psychology, 64*, 21–47.

Melis, M., Perra, S., Muntoni, A. L., Pillolla, G., Lutz, B., Marsicano, G., et al. (2004b). Prefrontal cortex stimulation induces 2-arachidonoyl-glycerol-mediated suppression of excitation in dopamine neurons. *The Journal of Neuroscience, 24*, 10707–10715.

Melis, M., Pistis, M., Perra, S., Muntoni, A. L., Pillolla, G., & Gessa, G. L. (2004a). Endocannabinoids mediate presynaptic inhibition of glutamatergic transmission in rat ventral tegmental area dopamine neurons through activation of CB1 receptors. *The Journal of Neuroscience, 24*, 53–62.

Metna-Laurent, M., & Marsicano, G. (2015). Rising stars: Modulation of brain functions by astroglial type-1 cannabinoid receptors. *Glia, 63*, 353–364.

Michalet, X., Kapanidis, A. N., Laurence, T., Laurence, T., Pinaud, F., Doose, S., et al. (2003). The power and prospects of fluorescence microscopies and spectroscopies. *Annual Review of Biophysics and Biomolecular Structure, 32*, 161–182.

Micheva, K. D., & Smith, S. J. (2007). Array tomography: A new tool for imaging the molecular architecture and ultrastructure of neural circuits. *Neuron, 55*, 25–36.

Minsky, M. (1988). Memoir on inventing the confocal scanning microscope. *Scanning, 10*, 128–139.

Monory, K., Massa, F., Egertová, M., Eder, M., Blaudzun, H., Westenbroek, R., et al. (2006). The endocannabinoid system controls key epileptogenic circuits in the hippocampus. *Neuron, 51*, 455–466.

Monory, K., Polack, M., Remus, A., Lutz, B., & Korte, M. (2015). Cannabinoid CB1 receptor calibrates excitatory synaptic balance in the mouse hippocampus. *The Journal of Neuroscience, 35*, 3842–3850.

Morello, G., Imperatore, R., Palomba, L., Finelli, C., Labruna, G., Pasanisi, F., et al. (2016). Orexin-A represses satiety-inducing POMC neurons and contributes to obesity via stimulation of endocannabinoid signalling. *Proceedings of the National Academy of Sciences of the United States of America, 113*, 4759–4764.

Morozov, Y. M., Dominguez, M. H., Varela, L., Shanabrough, M., Koch, M., Horvath, T. L., et al. (2013). Antibodies to cannabinoid type 1 receptor co-react with stomatin-like protein 2 in mouse brain mitochondria. *The European Journal of Neuroscience, 38*, 2341–2348.

Morozov, Y. M., Sun, Y. Y., Kuan, C. Y., & Rakic, P. (2016). Alteration of SLP2-like immunolabeling in mitochondria signifies early cellular damage in developing and adult mouse brain. *The European Journal of Neuroscience, 43*, 245–257.

Müller, C. B., & Enderlein, J. (2010). Image scanning microscopy. *Physical Review Letters, 104*, 198101.

Nair, D., Hosy, E., Petersen, J. D., Constals, A., Giannone, G., Choquet, D., et al. (2013). Super-resolution imaging reveals that AMPA receptors inside synapses are dynamically organized in nanodomains regulated by PSD95. *The Journal of Neuroscience, 33*, 13204–13224.

Navarrete, M., & Araque, A. (2008). Endocannabinoids mediate neuron-astrocyte communication. *Neuron, 57*, 883–893.

Navarrete, M., & Araque, A. (2010). Endocannabinoids potentiate synaptic transmission through stimulation of astrocytes. *Neuron, 68*, 113–126.

Nieuwenhuizen, R. P., Lidke, K. A., Bates, M., Puig, D. L., Grunwald, D., Stallinga, S., et al. (2013). Measuring image resolution in optical nanoscopy. *Nature Methods, 10*, 557–562.

Nizak, C., Monier, S., del Nery, E., Moutel, S., Goud, B., & Perez, F. (2003). Recombinant antibodies to the small GTPase Rab6 as conformation sensors. *Science, 300*, 984–987.

Nyilas, R., Dudok, B., Urbán, G. M., Mackie, K., Watanabe, M., Cravatt, B. F., et al. (2008). Enzymatic machinery for endocannabinoid biosynthesis associated with calcium stores in glutamatergic axon terminals. *The Journal of Neuroscience, 28*, 1058–1063.

Nyiri, G., Cserep, C., Szabadits, E., Mackie, K., & Freund, T. F. (2005). CB1 cannabinoid receptors are enriched in the perisynaptic annulus and on preterminal segments of hippocampal GABAergic axons. *Neuroscience, 136*, 811–822.

Oddone, A., Vilanova, I. V., Tam, J., & Lakadamyali, M. (2014). Super-resolution imaging with stochastic single-molecule localization: Concepts, technical developments, and biological applications. *Microscopy Research and Technique*, 77, 502–509.

Ohno-Shosaku, T., Maejima, T., & Kano, M. (2001). Endogenous cannabinoids mediate retrograde signals from depolarized postsynaptic neurons to presynaptic terminals. *Neuron, 29*, 729–738.

Ohno-Shosaku, T., Tsubokawa, H., Mizushima, I., Yoneda, N., Zimmer, A., & Kano, M. (2002). Presynaptic cannabinoid sensitivity is a major determinant of depolarization-induced retrograde suppression at hippocampal synapses. *The Journal of Neuroscience, 22*, 3864–3872.

Okamoto, Y., Wang, J., Morishita, J., & Ueda, N. (2007). Biosynthetic pathways of the endocannabinoid anandamide. *Chemistry & Biodiversity*, *4*, 1842–1857.
Oliveira da Cruz, J. F., Robin, L. M., Drago, F., Marsicano, G., & Metna-Laurent, M. (2016). Astroglial type-1 cannabinoid receptor (CB1): A new player in the tripartite synapse. *Neuroscience*, *323*, 35–42.
Ong, W. Y., & Mackie, K. (1999). A light and electron microscopic study of the CB1 cannabinoid receptor in primate brain. *Neuroscience*, *92*, 1177–1191.
Paez-Segala, M. G., Sun, M. G., Shtengel, G., Viswanathan, S., Baird, M. A., Macklin, J. J., et al. (2015). Fixation-resistant photoactivatable fluorescent proteins for CLEM. *Nature Methods*, *12*, 215–218.
Patterson, G. H., & Lippincott-Schwartz, J. (2002). A photoactivatable GFP for selective photolabeling of proteins and cells. *Science*, *297*, 1873–1877.
Pawley, J. B. (2006). *Handbook of biological confocal microscopy*. Berlin: Springer.
Peters, A., Palay, S. L., & Webster, H. D. (1991). *The fine structure of the nervous system* (3rd ed., p. 494). New York: Oxford University Press.
Pierce, J. P., & Lewin, G. R. (1994). An ultrastructural size principle. *Neuroscience*, *58*, 441–446.
Puente, N., Cui, Y., Lassalle, O., Lafourcade, M., Georges, F., Venance, L., et al. (2011). Polymodal activation of the endocannabinoid system in the extended amygdala. *Nature Neuroscience*, *14*, 1542–1547.
Reguero, L., Puente, N., Elezgarai, I., Mendizabal-Zubiaga, J., Canduela, M. J., Buceta, I., et al. (2011). GABAergic and cortical and subcortical glutamatergic axon terminals contain CB1 cannabinoid receptors in the ventromedial nucleus of the hypothalamus. *PLoS One*, *10*, e26167.
Requejo-Isidro, J. (2013). Fluorescence nanoscopy. Methods and applications. *Journal of Chemical Biology*, *6*, 97–120.
Revelo, N. H., Kamin, D., Truckenbrodt, S., Wong, A. B., Reuter-Jessen, K., Reisinger, E., et al. (2014). A new probe for superresolution imaging of membranes elucidates trafficking pathways. *The Journal of Cell Biology*, *205*, 591–606.
Rivera, P., Arrabal, S., Cifuentes, M., Grondona, J. M., Pérez-Martín, M., Rubio, L., et al. (2014). Localization of the cannabinoid CB1 receptor and the 2-AG synthesizing (DAGLα) and degrading (MAGL, FAAH) enzymes in cells expressing the Ca(2+)-binding proteins calbindin, calretinin, and parvalbumin in the adult rat hippocampus. *Frontiers in Neuroanatomy*, *8*, 56.
Rodriguez, J., Mackie, K., & Pickel, V. M. (2001). Ultrastructural localization of the CB1 cannabinoid receptor in mu-opioid receptor patches of the rat Caudate putamen nucleus. *The Journal of Neuroscience*, *21*, 823–833.
Ruehle, S., Remmers, F., Romo-Parra, H., Massa, F., Wickert, M., Wörtge, S., et al. (2013). Cannabinoid CB1 receptor in dorsal telencephalic glutamatergic neurons: Distinctive sufficiency for hippocampus-dependent and amygdala-dependent synaptic and behavioral functions. *The Journal of Neuroscience*, *33*, 10264–10277.
Rust, M. J., Bates, M., & Zhuang, X. (2006). Sub-diffraction-limit imaging by stochastic optical reconstruction microscopy (STORM). *Nature Methods*, *10*, 793–795.
Schermelleh, L., Heintzmann, R., & Leonhardt, H. (2010). A guide to super-resolution fluorescence microscopy. *The Journal of Cell Biology*, *190*, 165–175.
Sengupta, P., Van Engelenburg, S., & Lippincott-Schwartz, J. (2012). Visualizing cell structure and function with point-localization superresolution imaging. *Developmental Cell*, *23*, 1092–1102.
Shcherbakova, D. M., Sengupta, P., Lippincott-Schwartz, J., & Verkhusha, V. V. (2014). Photocontrollable fluorescent proteins for superresolution imaging. *Annual Review of Biophysics*, *43*, 303–329.
Sheng, M., & Kim, E. (2011). The postsynaptic organization of synapses. *Cold Spring Harbor Perspectives in Biology*, *3*.

Shroff, H., Galbraith, C. G., Galbraith, J. A., & Betzig, E. (2008a). Live-cell photoactivated localization microscopy of nanoscale adhesion dynamics. *Nature Methods*, *5*, 417–423.

Shroff, H., White, H., & Betzig, E. (2008b). Photoactivated localization microscopy (PALM) of adhesion complexes. *Current Protocols in Cell Biology*. New York: John Wiley & Sons, Inc.

Shtengel, G., Galbraith, J. A., Galbraith, C. G., Lippincott-Schwartz, J., Gillette, J. M., Manley, S., et al. (2009). Interferometric fluorescent super-resolution microscopy resolves 3D cellular ultra-structure. *Proceedings of the National Academy of Sciences of the United States of America*, *106*, 3125–3130.

Sigal, Y. M., Speer, C. M., & Babcock, H. P. (2015). Zhuang X: Mapping synaptic input fields of neurons with super-resolution imaging. *Cell*, *163*, 493–505.

Sochacki, K. A., Shtengel, G., van Engelenburg, S. B., Hess, H. F., & Taraska, J. W. (2014). Correlative super-resolution fluorescence and metal-replica transmission electron microscopy. *Nature Methods*, *11*, 305–308.

Soria-Gomez, E., Bellocchio, L., & Marsicano, G. (2014). New insights on food intake control by olfactory processes: The emerging role of the endocannabinoid system. *Molecular and Cellular Endocrinology*, *397*, 59–66.

Soria-Gómez, E., Busquets-Garcia, A., Hu, F., Mehidi, A., Cannich, A., Roux, L., et al. (2015). Habenular CB1 receptors control the expression of aversive memories. *Neuron*, *88*, 306–313.

Specht, C. G., Izeddin, I., Rodriguez, P. C., El Beheiry, M., Rostaing, P., Darzacq, X., et al. (2013). Quantitative nanoscopy of inhibitory synapses: Counting gephyrin molecules and receptor binding sites. *Neuron*, *79*, 308–321.

Steindel, F., Lerner, R., Häring, M., Ruehle, S., Marsicano, G., Lutz, B., et al. (2013). Neuron-type specific cannabinoid-mediated G protein signalling in mouse hippocampus. *Journal of Neurochemistry*, *124*, 795–807.

Stella, N. (2009). Endocannabinoid signaling in microglial cells. *Neuropharmacology*, *56*(Suppl. 1), 244–253.

Stella, N. (2010). Cannabinoid and cannabinoid-like receptors in microglia, astrocytes, and astrocytomas. *Glia*, *58*, 1017–1030.

Suárez, J., Bermúdez-Silva, F. J., Mackie, K., Ledent, C., Zimmer, A., Cravatt, B. F., et al. (2008). Immunohistochemical description of the endogenous cannabinoid system in the rat cerebellum and functionally related nuclei. *The Journal of Comparative Neurology*, *509*, 400–421.

Suárez, J., Romero-Zerbo, S. Y., Rivera, P., Bermúdez-Silva, F. J., Pérez, J., De Fonseca, F. R., et al. (2010). Endocannabinoid system in the adult rat circumventricular areas: An immunohistochemical study. *The Journal of Comparative Neurology*, *518*, 3065–3085.

Takahashi, K. A., & Castillo, P. E. (2006). The CB1 cannabinoid receptor mediates glutamatergic synaptic suppression in the hippocampus. *Neuroscience*, *139*, 795–802.

Tønnesen, J., & Nägerl, U. V. (2013). Superresolution imaging for neuroscience. *Experimental Neurology*, *242*, 33–40.

Tsou, K., Brown, S., Sanudo-Pena, M. C., Mackie, K., & Walker, J. M. (1998). Immunohistochemical distribution of cannabinoid CB1 receptors in the rat central nervous system. *Neuroscience*, *83*, 393–411.

Turunen, P. M., Jäntti, M. H., & Kukkonen, J. P. (2012). OX1 orexin/hypocretin receptor signaling through arachidonic acid and endocannabinoid release. *Molecular Pharmacology*, *82*, 156–167.

van de Linde, S., Heilemann, M., & Sauer, M. (2012). Live-cell super-resolution imaging with synthetic fluorophores. *Annual Review of Physical Chemistry*, *63*, 519–540.

Viader, A., Blankman, J. L., Zhong, P., Liu, X., Schlosburg, J. E., Joslyn, C. M., et al. (2015). Metabolic interplay between astrocytes and neurons regulates endocannabinoid action. *Cell Reports*, *12*, 798–808.

Walter, L., Franklin, A., Witting, A., Moller, T., & Stella, N. (2002). Astrocytes in culture produce anandamide and other acylethanolamides. *The Journal of Biological Chemistry*, *277*, 20869–20876.
Ward, R. J., Pediani, J. D., & Milligan, G. (2011). Ligand-induced internalization of the orexin OX(1) and cannabinoid CB(1) receptors assessed via N-terminal SNAP and CLIP-tagging. *British Journal of Pharmacology*, *162*, 1439–1452.
Watanabe, S., Lehmann, M., Hujber, E., Fetter, R. D., Richards, J., Sohl-Kielczynski, B., et al. (2014). Nanometer-resolution fluorescence electron microscopy (nano-EM) in cultured cells. *Methods in Molecular Biology*, *1117*, 503–526
Watanabe, S., Punge, A., Hollopeter, G., Willig, K. I., Hobson, R. J., Davis, M. W., et al (2011). Protein localization in electron micrographs using fluorescence nanoscopy *Nature Methods*, *8*, 80–84
Webb, R. H. (1996). Confocal optical microscopy. *Reports on Progress in Physics*, *59*, 427–471.
Wijetunge, L. S., Angibaud, J., Frick, A., Kind, P. C., & Nägerl, U. V. (2014). Stimulated emission depletion (STED) microscopy reveals nanoscale defects in the developmental trajectory of dendritic spine morphogenesis in a mouse model of fragile X syndrome. *The Journal of Neuroscience*, *34*, 6405–6412.
Wilson, R. I., & Nicoll, R. A. (2001). Endogenous cannabinoids mediate retrograde signalling at hippocampal synapses. *Nature*, *410*, 588–592.
Wilson, T., & Sheppard, C. (1984). *Theory and practice of scanning optical microscopy*. (London) LTD, London: Academic Press, Inc.
Wittmann, G., Deli, L., Kalló, I., Hrabovszky, E., Watanabe, M., Liposits, Z., et al. (2007). Distribution of type 1 cannabinoid receptor (CB1)-immunoreactive axons in the mouse hypothalamus. *The Journal of Comparative Neurology*, *503*, 270–279.
Xu, K., Babcock, H., & Zhuang, X. (2012). Dual-objective STORM reveals three-dimensional filament organization in the actin cytoskeleton. *Nature Methods*, *9*, 185–188.
Xu, K., Zhong, G., & Zhuang, X. (2013). Actin, spectrin, and associated proteins form a periodic cytoskeletal structure in axons. *Science*, *339*, 452–456.
Yamanaka, M., Smith, N. I., & Fujita, K. (2014). Introduction to super-resolution microscopy. *Microscopy (Oxford, England)*, *63*, 177–192.
Yao, J., Fetter, R. D., Hu, P., Betzig, E., & Tjian, R. (2011). Subnuclear segregation of genes and core promoter factors in myogenesis. *Genes & Development*, *25*, 569–580.
Yoshida, T., Fukaya, M., Uchigashima, M., Miura, E., Kamiya, H., Kano, M., et al. (2006). Localization of diacylglycerol lipase-alpha around postsynaptic spine suggests close proximity between production site of an endocannabinoid, 2-arachidonoyl-glycerol, and presynaptic cannabinoid CB1 receptor. *The Journal of Neuroscience*, *26*, 4740–4751
Yoshida, T., Hashimoto, K., Zimmer, A., Maejima, T., Araishi, K., & Kano, M. (2002). The cannabinoid CB1 receptor mediates retrograde signals for depolarization-induced suppression of inhibition in cerebellar Purkinje cells. *The Journal of Neuroscience*, *22*, 1690–1697.
Younts, T. J., Monday, H. R., Dudok, B., Klein, M. E., Jordan, B. A., Katona, I., et al. (2016). Presynaptic protein synthesis is required for long-term plasticity of GABA release. *Neuron*, *92*, 479–492.
Zhong, H. (2015). Applying superresolution localization-based microscopy to neurons. *Synapse*, *69*, 283–294.

FURTHER READING

Gustafsson, M. G. (2000). Surpassing the lateral resolution limit by a factor of two using structured illumination microscopy. *Journal of Microscopy*, *198*, 82–87.
Hell, S. W., & Wichmann, J. (1994). Breaking the diffraction resolution limit by stimulated emission: Stimulated-emission-depletion fluorescence microscopy. *Optics Letters*, *19*, 780–782.

Kim, D., Deerinck, T. J., Sigal, Y. M., Babcock, H. P., Ellisman, M. H., & Zhuang, X. (2015). Correlative stochastic optical reconstruction microscopy and electron microscopy. *PLoS One*, *10*, e0124581.

Klar, T. A., Jakobs, S., Dyba, M., Egner, A., & Hell, S. W. (2000). Fluorescence microscopy with diffraction resolution barrier broken by stimulated emission. *Proceedings of the National Academy of Sciences of the United States of America*, *97*, 8206–8210.

Sharonov, A., & Hochstrasser, R. M. (2006). Wide-field subdiffraction imaging by accumulated binding of diffusing probes. *Proceedings of the National Academy of Sciences of the United States of America*, *103*, 18911–18916.

CHAPTER FIVE

Endocannabinoid Transport Proteins: Discovery of Tools to Study Sterol Carrier Protein-2

Cecilia J. Hillard*,[1], Huan Huang[†], Caleb D. Vogt[‡], Beatriz E. Rodrigues[‡], Terrence S. Neumann[‡,§], Daniel S. Sem[‡], Friedhelm Schroeder[†], Christopher W. Cunningham[‡,1]

*Medical College of Wisconsin, Milwaukee, WI, United States
[†]Texas A&M University, TVMC, College Station, TX, United States
[‡]Concordia University Wisconsin School of Pharmacy, Mequon, WI, United States
[§]Texas Wesleyan University, Fort Worth, TX, United States
[1]Corresponding authors: e-mail address: chillard@mcw.edu; chris.cunningham@cuw.edu

Contents

Abstract

The endocannabinoid (eCB) neurotransmitter system regulates diverse neurological functions including stress and anxiety, pain, mood, and reward. Understanding the mechanisms underlying eCB regulation is critical for developing targeted pharmacotherapies to treat these and other neurologic disorders. Cellular studies suggest that the arachidonate eCBs, *N*-arachidonoylethanolamine (AEA) and 2-arachidonoylglycerol (2-AG), are substrates for intracellular binding and transport proteins, and several candidate proteins have been identified. Initial evidence from our laboratory indicates that the lipid transport protein, sterol carrier protein 2 (SCP-2), binds to the eCBs and can regulate their cellular concentrations. Here, we present methods for evaluating SCP-2 binding of eCBs and their application to the discovery of the first inhibitor lead

Methods in Enzymology, Volume 593
ISSN 0076-6879
http://dx.doi.org/10.1016/bs.mie.2017.06.017

molecules. Using a fluorescent probe displacement assay, we found SCP-2 binds the eCBs, AEA ($K_i = 0.68 \pm 0.05\,\mu M$) and 2-AG ($K_i = 0.37 \pm 0.02\,\mu M$), with moderate affinity. A series of structurally diverse arachidonate analogues also bind SCP-2 with K_i values between 0.82 and 2.95 μM, suggesting a high degree of tolerance for arachidonic acid head group modifications in this region of the protein. We also report initial structure–activity relationships surrounding previously reported inhibitors of *Aedis aegypti* SCP-2, and the results of an in silico high-throughput screen that identified structurally novel SCP-2 inhibitor leads. The methods and results reported here provide the basis for a robust probe discovery effort to fully elucidate the role of facilitated transport mediated by SCP-2 in eCB regulation and function.

ABBREVIATIONS

1-AG 1-arachidonoylglycerol
2-AG 2-arachidonoylglycerol
AEA *N*-arachidonoylethanolamine
AM-404 *N*-arachidonoyl-*p*-aminophenol
CADD computer-aided drug design
CB1R subtype 1 of the cannabinoid receptor
DHEA docosahexaenoyl ethanolamide
DMSO dimethylsulfoxide
eCB endocannabinoid
FABP fatty acid binding protein
HTS high-throughput screen
LBE lowest binding energy
NBDS 12-*N*-methyl-(7-nitrobenz-2-oxa-1,3-diazo)aminostearic acid
O-AEA *O*-arachidonoylethanolamine
PAINS pan-assay interference compounds
PLC phospholipase C
SAR structure–activity relationships
SCP-2 sterol carrier protein-2

1. INTRODUCTION

Two arachidonates, *N*-arachidonoylethanolamine (AEA) and 2-arachidonoylglycerol (2-AG), have been identified as endogenous ligands of cannabinoid receptor subtype 1 (CB1R) and are called the endocannabinoids (eCBs) (Hillard, 2015). The CB1R is widely expressed throughout the body, with particularly high expression in brain neurons. The eCB/CB1R signaling paradigm underlies activity-dependent, retrograde forms of synaptic plasticity. In particular, 2-AG has been shown to be produced in postsynaptic neurons in response to increased neuronal activity and activation of receptors that couple to phospholipase C (PLC) from PLC-derived diacylglycerol through the actions of diacylglycerol lipase. CB1Rs are present in high density on axon terminals and their activation reduces the probability of neurotransmitter release. AEA can also regulate synaptic plasticity, but the mechanisms that regulate its synthesis are not well understood.

Among the outstanding questions regarding eCB signaling in the brain is whether there are proteins that act as carriers for the eCBs either in membranes or in aqueous compartments, including the cytosol and extracellular space. Several lipid binding proteins have been identified that bind, sequester, and/or traffic eCBs that are hypothesized to contribute to their availability to activate cannabinoid receptors. For example, two members of the fatty acid binding protein (FABP) family, FABP5 and FABP7, have been shown to bind AEA in vitro (Kaczocha, Glaser, & Deutsch, 2009) and both albumin and heat shock protein 70 have been characterized as AEA-binding proteins (Oddi et al., 2009).

Sterol carrier protein-2 (SCP-2) is a multipurpose lipid binding protein that shuttles cholesterol and other lipids from the endoplasmic reticulum, where they are synthesized, to the cell surface (Gallegos et al., 2001). SCP-2 can bind many types of lipid, including branched fatty acids, fatty acyl CoA derivatives, and phospholipids (Schroeder et al., 2007). Furthermore, there is evidence that SCP-2 is expressed in the brain and is particularly enriched in synaptosomal preparations (Avdulov et al., 1999; Myers-Payne et al., 1996). We found that micromolar concentrations of AEA compete with cholesterol for SCP-2-mediated transfer between vesicles and cell membranes; and in silico docking studies predict that both AEA and 2-AG bind to SCP-2, but that AEA has higher predicted affinity (Liedhegner, Vogt, Sem, Cunningham, & Hillard, 2014). These findings support the hypothesis that SCP-2 plays a role in the regulation of the concentrations of the eCBs available to activate the CB1R.

To further test this hypothesis, selective, high-affinity inhibitors of eCB binding to SCP-2 are required. In pursuit of that goal, we have utilized an in vitro SCP-2 binding assay to determine the affinities of a variety of head group-substituted fatty acids and a second series of compounds that had been shown previously to inhibit binding of lipids to the *Aedes aegypti* (mosquito) SCP-2 homologue. Finally, we applied computer-aided drug design (CADD) techniques toward the rational discovery of structurally unique, small-molecule inhibitor leads.

2. MATERIALS AND METHODS

2.1 Materials

Human recombinant SCP-2 was prepared and purified as previously described (Matsuura et al., 1993). The fluorescent probe, 12-*N*-methyl-(7-nitrobenz-2-oxa-1,3-diazo)aminostearic acid (NBD-stearate, NBDS) was purchased from Avanti Polar Lipids (Alabaster, AL). AEA and 2-AG, and fatty acid analogues **3–13**, were purchased from Cayman Chemical (Ann Arbor, Michigan, USA). Screening compounds were purchased from ChemBridge Corporation (San Diego, CA, USA). Reagents were purchased from Sigma-Aldrich (St. Louis, MO, USA) and used without further purification. Compounds **19** and **20** were synthesized and characterized as reported elsewhere (Bursavich et al., 2010).

2.2 NBDS Displacement Assay

Binding of putative inhibitors to SCP-2 was determined by a fluorescent NBDS displacement assay at 24°C in 10 m*M* phosphate buffer (pH 7.4). NBDS is weakly fluorescent in buffer and becomes highly fluorescent upon binding to SCP-2. If a chemical binds to SCP-2, it would displace the bound NBDS, and NBDS fluorescence would decrease. NBDS fluorescence intensity was recorded with excitation wavelength of 490 nm, while emission was scanned from 515 to 600 nm with a Varian Cary Eclipse Fluorescence Spectrophotometer (Varian, Inc., Palo Alto, CA).

2.2.1 Binding Affinity of NBDS ($K_{d,NBDS}$) for SCP-2 Was Determined by Reverse and Forward Titrations

First, in the reverse titration, NBDS (100 n*M*) was titrated with recombinant SCP-2 (0–3 μ*M*). The fluorescence intensity at each titration point was corrected by subtracting the background signals from NBDS (100 n*M*) without SCP-2, and the signals from SCP-2 (0–3 μ*M*) in the absence of NBDS. The reverse titration data were then plotted as fluorescence intensity (after correction) on the *Y*-axis vs SCP-2 concentration on the *X*-axis. The maximum fluorescence intensity was obtained by curve fitting using SigmaPlot (Systat Software, Inc., San Jose, CA). The maximum fluorescence was then used to calculate fluorescence intensity of NBDS (per n*M*) when fully bound to SCP-2. This number was used in the forward titration to calculate the fractional saturation and free NBDS concentration.

Second, in the forward titration, SCP-2 (500 nM) was titrated with NBDS (0–1.8 µM). Each data point was then corrected by subtracting the signals from SCP-2 without NBDS, and the signals from NBDS (0–1.8 µM) in the absence of SCP-2. The forward titration data were plotted as the fractional saturation on the Y-axis vs free NBDS concentration on the X-axis. The Fractional Saturation = Fluorescence Intensity/(NBDS fluorescence intensity per nM when fully bound × 500 nM from the forward titration). Free NBDS concentration = [NBDS] total − 500 nM × fractional saturation. K_d and B_{max} were then calculated by fitting the forward titration curve to the single site saturation binding equation [$Y = B_{max}X/(K_d + X)$] using SigmaPlot software. B_{max} is the number of binding sites per molecule of protein.

Results from three independent reverse titration curves and four independent forward titration curves yielded the following parameters for SCP-2 binding NBDS: $K_d = 0.22 \pm 0.03$ µM, $B_{max} = 0.89 \pm 0.04$ binding sites per molecule of SCP-2.

2.2.2 Displacement Assays Were Used to Determine Max % Displacement, EC$_{50}$, and K$_i$

The solution of SCP-2/NBDS complex was titrated with putative inhibitors (0.05–0.5 µL aliquots from 10 mM stock solution in dimethylsulfoxide (DMSO) or ethanol, final DMSO or ethanol concentrations were less than 0.5%) until NBDS fluorescence no longer decreased. A complex was formed by incubating SCP-2 (500 nM) with NBDS (500 nM) in buffer until the fluorescence intensity was stabilized. NBDS fluorescence was recorded after each addition of putative inhibitor into the solution containing the SCP-2/NBDS complex. Each data point was corrected by subtracting the signals from SCP-2 only, and signals from NBDS plus inhibitor in the absence of SCP-2. At the end of the titration, UV absorbance of the mixture was measured to ensure there was no inner filter effect ($A_{490} < 0.1$). Displacement curves were constructed by plotting the percentage of NBDS fluorescence remaining (Y) after all the corrections was made (at emission maximum 528 nm) vs ligand concentration (X). EC$_{50}$ was obtained by curve fitting with SigmaPlot software to find the ligand concentration where there is 50% of the maximum displacement of NBDS.

The displacement dissociation constant K_i is determined according to the equation: $K_{i,ligand} = (K_{d,NBDS} \times EC_{50})/[NBDS]_{total}$, where $K_{d,NBDS}$ is the binding affinity (dissociation constant) of NBDS to SCP-2, EC$_{50}$ is the inhibitor concentration at which half of the maximum NBDS displacement occurred, and $[NBDS]_{total}$ (0.5 μ*M*) is the total NBDS concentration used in the displacement assays.

2.3 Computational Methods

The atomic coordinates of ligand-bound SCP-2 are not currently available, though coordinates for SCP-2 determined from an NMR study are available (1QND, http://www.rcsb.org/pdb/home/home.do; Garcia et al., 2000), as are the coordinates for a homologous protein, human peroxisomal multifunctional enzyme type 2 (MFE-2) bound to lipid substrate, Triton X-100 (1IKT, http://www.rcsb.org/pdb/home/home.do; Haapalainen et al., 2001). Before using the SCP-2 NMR structure as a basis for automated docking, we virtually removed the ligand from MFE-2 and docked Triton X-100 within MFE-2 and SCP-2 using AutoDock 4.0 (for details, see Liedhegner et al., 2014). When the proteins were aligned (Pymol, Schrödinger, LLC), a high degree of overlap was seen between the lowest-energy docking states for Triton X-100 within MFE-2 and SCP-2. The lowest-energy docking pose for Triton X-100 within the MFE-2 (PDB 1IKT) structure was largely reproduced by this docking procedure. This affords confidence that automated docking using the SCP-2 NMR structure (PDB 1QND) provides a reasonable approximation to the biologic state of the SCP-2 binding domain.

Cocrystallized waters and bound ligands were removed from the 1QND protein structure file and a grid box of dimensions 22.5 Å × 15 Å × 18.75 Å surrounding the hydrophobic cavity was generated using AutoGrid. Molecular structures for ligands were downloaded from PubChem (https://pubchem.ncbi.nlm.nih.gov/) and converted to mol2 files using Open Babel (http://www.openbabel.org; O'Boyle et al., 2011). Amino acid side chains were maintained as rigid. AutoDock Tools (ADT) was used to prepare protein and ligands. In all cases, Gasteiger charges were applied for ligand and protein in their physiologically relevant ionization state at pH 7.4. Compounds were docked using 100 genetic algorithm optimization runs, clustered by lowest binding energy (LBE, ΔG), and the LBE pose was selected as the predicted binding orientation. These general docking conditions were also applied to the molecular library of diverse small molecules housed at the CUW Center for Structure-Based Drug Design and Development (CSD^3). The CSD^3 houses a collection of 11,000 compounds compiled from a variety of sources (https://pubchem.ncbi.nlm.nih.gov/) and also compounds synthesized in-house. 3D coordinates are maintained for this collection in their physiologically relevant ionization state. Following automated high-throughput screen (HTS) in silico, compounds were scored (ΔG, kcal/mol) and ranked, and the top-100 scoring compounds were evaluated for further studies.

3. RESULTS AND DISCUSSION

3.1 Discovery of Inhibitor Probe Lead Compounds

Selective inhibitor probes of human SCP-2 are lacking, as only a single report of HTS against mosquito (*A. aegypti*) SCP-2 is in the literature (Kim, Wessely, & Lan, 2005). This necessitates the use of various early lead discovery approaches to inhibitor development. To this end, we employed three complementary techniques frequently utilized in hit and lead identification: (1) generation of structure–activity relationships (SAR) describing known substrates; (2) optimization and pharmacophore identification of known lead inhibitors; and (3) CADD and HTS in silico to identify hits from diverse small-molecule libraries.

3.2 SAR of Head Group-Substituted Fatty Acids

The first approach to lead discovery involves investigation of the SAR governing known, endogenous SCP-2 substrates. Sterols and amphiphilic fatty acid derivatives represent the most understood classes of SCP-2 substrates described in the literature (selected representative examples: Atshaves et al., 2007; Dansen et al., 1995; Schroeder, Myers-Payne, Billheimer, & Wood, 1995). The structural features supporting binding to SCP-2 of the lipid portion of fatty acids and sphingolipids have been well characterized (Gadella & Wirtz, 1994; Stolowich et al., 1997, 1999), though it was not until recently that carboxylate-substituted fatty acid amides and esters were reported to be transported by SCP-2 (Liedhegner et al., 2014). A large number of head group-modified arachidonate analogues are commercially available, representing an extensive library of AEA and 2-AG analogues from which to generate SAR (Fig. 1A). In addition to AEA and 2-AG, a sample of structurally diverse, head group-modified analogues **3**–**11** were purchased and evaluated for the ability to compete with NBDS for binding to SCP-2 (Fig. 1A). As a test of the tolerance of the SCP-2 binding site to alternate head group-modified lipids, oleamide (**12**) and docosahexaenoyl ethanolamide (DHEA, **13**) were also evaluated (Fig. 1A). All tested compounds displaced SCP-2-bound NBDS to varying extent.

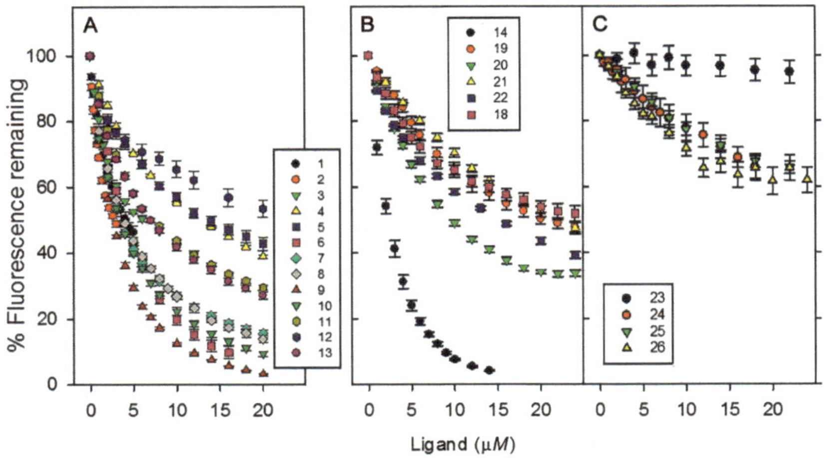

Fig. 1 Displacement curves of SCPI displacing SCP-2-bound NBDS. After SCP-2 (500 n*M*) was equilibrated with NBDS (500 n*M*), it was titrated with increasing amount of SCPI. (A) arachidonates, (B) SCPI-1 and -5 analogues, and (C) HTS cpds. NBDS fluorescence was recorded (Ex = 490 nm, Em max = 528 nm) and corrected as described in Methods. Data were presented as mean ± SE (n = 4).

Table 1 provides the structures of compounds **1**–**11**. Analysis of multiple displacement curves (n = 4) for each compound (Table 1) shows the relative potencies (EC_{50}, K_i) and efficacies as given in % displacement of NBDS. The eCBs, AEA (**1**) and 2-AG (**2**) were the most potent competitors of NBD binding ($K_i < 1.0$ μ*M*), though only produced ~55%–60% maximal displacement. One possible explanation for the partial displacement of NBDS by **1** and **2** may be poor solubility in buffer under these conditions.

The 2-AG regioisomer, 1-arachidonoylglycerol (1-AG, **3**) behaved similarly to **2**, although exhibited a small reduction in potency. Replacement of the ester functionality of **2** with an amide bioisostere (arachidonoyl serinol, **4**) resulted in an eightfold reduction in potency. This suggests that the ester oxygen of 2 engages in a hydrogen bond-accepting interaction that stabilizes binding within the SCP-2 active site. The diminished SCP-2 binding potency of arachidonoyl-2′-fluoroethylamide (2′-fluoro-AEA, **5**) compared to **1** is notable in light of reports that this structural change enhances affinity for CB1 receptors (Lin et al., 1998). This indicates a point of divergence between arachidonate SAR at SCP-2 and cannabinoid receptors.

Table 1 Displacement of SCP-2-Bound NBDS by Arachidonate Compounds: Maximum % Displacement and K_i Values

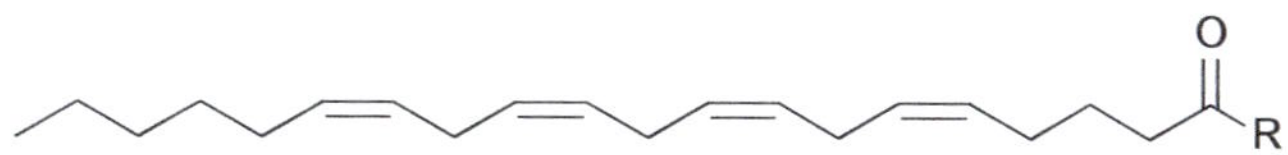

Compound	Common Name	R	Max % Displacement	EC_{50} (μM)	K_i (μM)
1	AEA	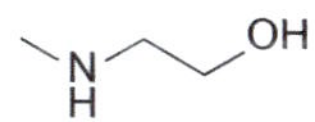	59.3 ± 1.2	1.54 ± 0.10	0.68 ± 0.05
2	2-AG	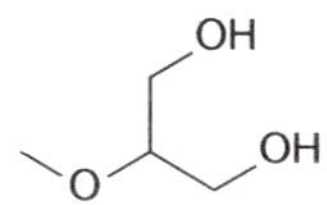	55.1 ± 1.0	0.84 ± 0.04	0.37 ± 0.02
3	1-AG	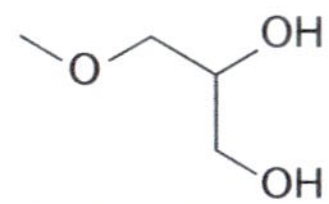	57.7 ± 0.7	1.87 ± 0.05	0.82 ± 0.02
4	*N*-arachidonoyl serinol	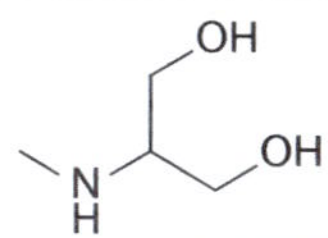	69.2 ± 1.7	6.70 ± 0.28	2.95 ± 0.12
5	2′-Fluoro AEA	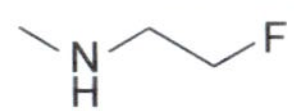	64.4 ± 2.2	6.33 ± 0.48	2.78 ± 0.21
6	*O*-AEA		94.7 ± 1.6	3.64 ± 0.04	1.60 ± 0.02

Continued

Table 1 Displacement of SCP-2-Bound NBDS by Arachidonate Compounds: Maximum % Displacement and K_i Values—cont'd

Compound	Common Name	R	Max % Displacement	EC_{50} (μM)	K_i (μM)
7	*N*-arachidonoyl glycine	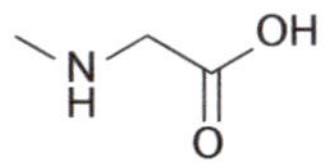	82.0 ± 0.8	2.78 ± 0.06	1.22 ± 0.03
8	*N*-arachidonoyl serotonin	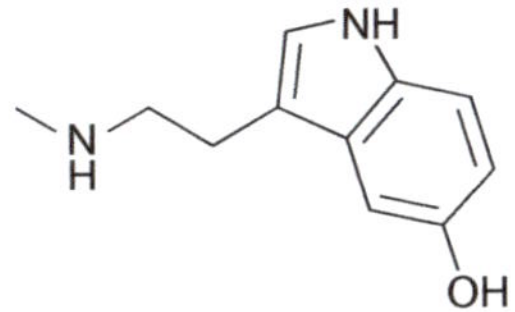	84.8 ± 0.8	3.33 ± 0.05	1.46 ± 0.02
9	*N*-arachidonoyl dopamine	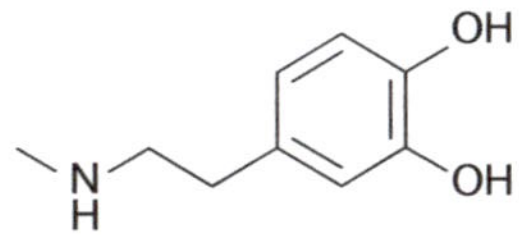	94.9 ± 0.1	2.54 ± 0.05	1.12 ± 0.02
10	AM404	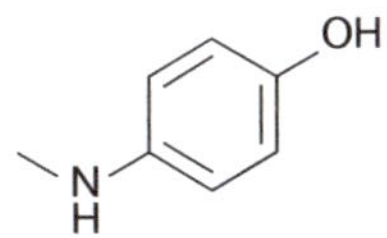	89.2 ± 0.8	3.21 ± 0.07	1.41 ± 0.03
11	Arachidonoyl amide	NH_2	71.1 ± 1.3	4.09 ± 0.23	1.80 ± 0.10
12	Oleamide	N/A	68.3 ± 1.7	13.1 ± 2.3	5.8 ± 1.0
13	DHEA	N/A	73.9 ± 1.3	4.33 ± 0.10	1.91 ± 0.04

Maximum % displacement and K_i values were determined from multiple displacement curves for each compound in Fig. 1A.

The tolerance of SCP-2 for charged groups in this region was examined using *O*-arachidonoylethanolamine (*O*-AEA) (**6**) and *N*-arachidonoyl glycine (**7**). *O*-AEA, which was termed "virhodamine" by Felder and colleagues (Porter et al., 2002), possesses an *O*-arachidonoyl ethanolamine in opposition to the *N*-arachidonoyl ethanolamine of **1**. This reveals a cationic primary amine that occupies similar space as the terminal alcohol of **1** and **2**. This space is occupied by an anionic carboxylate in **7**. Both **6** and **7** displaced NBDS with slightly lower affinity compared to **1**. That **6** and **7** both bind SCP-2 is an important finding for probe discovery, because it suggests that the head group binding region is capable of recognizing diverse charged groups that can be formulated as aqueous-soluble salts.

The lipid head group binding site is tolerant of aromatic substitutions (**8**–**10**). *N*-arachidonoyl-serotonin (**8**) and *N*-arachidonoyl-dopamine (**9**) exhibited slightly lower affinity but higher efficacy (max displacement >80%) compared to AEA in the NBDS competition assay. These agents have been reported to be endogenous arachidonate conjugates of their respective monoamine neurotransmitters and inhibit fatty acid amide hydrolase at concentrations in the same concentration range in which they compete with NBDS for SCP-2 binding (Bisogno et al., 2000, 1998). Compound **9** has been isolated in high quantities in the striatum and is a potent vanilloid receptor agonist (Huang et al., 2002). As SCP-2 is expressed in brain (Myers-Payne et al., 1996), the data shown here suggest a potential role for SCP-2 in the pharmacologic actions of **9**. *N*-arachidonoyl-*p*-aminophenol (AM404, **10**) is a synthetic analogue of an active metabolite of acetaminophen (Ottani, Leone, Sandrini, Ferrari, & Bertolini, 2006). In the present study, AM404 displaced NBD binding at a maximum of 89% at a K_i of 1.41 μ*M*. AM404 has been shown to inhibit the uptake and accumulation of AEA in cells and is considered to be an inhibitor of a theoretical membrane transport protein (Beltramo et al., 1997; Hillard, Edgemond, Jarrahian, & Campbell, 1997). The speculation that such a transporter exists has been the subject of much debate (Glaser et al., 2003; Hillard & Jarrahian, 2003). However, if uptake and sequestration are linked as suggested (Hillard & Jarrahian, 2003), the ability of AM404 to compete for SCP-2 binding of the eCBs would be predicted to inhibit their cellular accumulation and reduce uptake.

The influence of lipid modification on SCP-2 binding was examined using oleamide (**11**) and DHEA (**12**). Oleamide is an 18:1 *cis*-9 fatty acid amide analogue of **11** (20:4(ω-6)) and DHEA is a 22:6(ω-3) analogue of AEA (**2**). Comparison of the displacement data for **11** and **12** indicates a threefold drop in potency when arachidionate is substituted with an oleate chain. In this test, **12** is the least potent endogenous substance tested in the series. Replacement of the ω-6 arachidonate with an ω-3 docosahexaenoic acid group also decreased potency, though to a lesser extent than from **11** to **12**.

The results described here indicate that the active site of SCP-2 is capable of recognizing structurally diverse fatty acid head group modifications. In several cases, the potency of these analogues to displace NBDS binding is comparable to that for binding eCB targets, e.g., **8** and **9**, suggesting that inhibition of eCB binding SCP-2 could contribute to the observed pharmacologic effects of these agents.

3.3 Hit-to-Lead Optimization

The second approach to lead discovery is optimization of hits identified from physical HTS (Hann & Oprea, 2004; Howe et al., 2008). Use of HTS is advantageous when the structural features of substrates required for protein binding are poorly understood, or when structurally diverse substrates are lacking. For probe development, hit optimization revolves around pharmacophore identification, generation of SAR, and improvement of target selectivity.

A 2005 report described application of HTS to SCP-2 inhibitor hit identification (Kim et al., 2005). This resulted in a set of five, structurally diverse small-molecule ligands (**14–18**; Fig. 2) that were found to inhibit *A. aegypti* SCP-2 with IC_{50} values between 0.042 and 0.347 μ*M*. Of these hits, two stand out as being potentially advantageous for lead development. SCPI-1 (**14**) is a 2-aminophenyl-4-phenylthiazole, a core scaffold that is present in sphingosine kinase inhibitors (Gustin et al., 2013) and probes of opioid receptor allosteric binding sites (Burford et al., 2014). SCPI-5 (**18**) was the most potent inhibitor of mouse SCP-2 from this preliminary study. In addition to the ease of generation of a diverse analogue library (Bursavich et al., 2010), **18** does not contain structural features typical of pan-assay interference compounds (PAINS), a frequent issue with probes identified from HTS (Baell & Holloway, 2010; Baell & Walters, 2014). A small series of analogues of **14** and **18** were purchased or synthesized, and examined using the SCP-2 displacement assay (Fig. 1B). The results of these tests are shown in Table 2 and Fig. 1B.

Compounds **19–21** were generated as described (Bursavich et al., 2010) or purchased to determine the influence of the dichlorophenyl group on

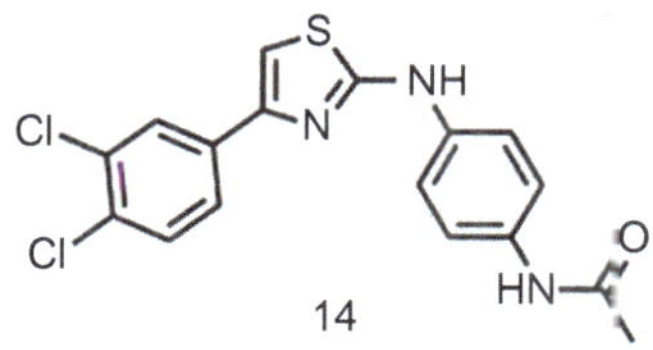

14

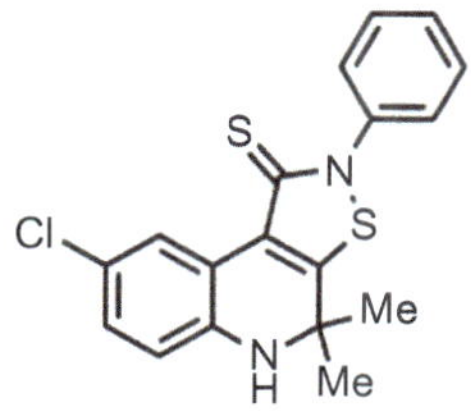

15

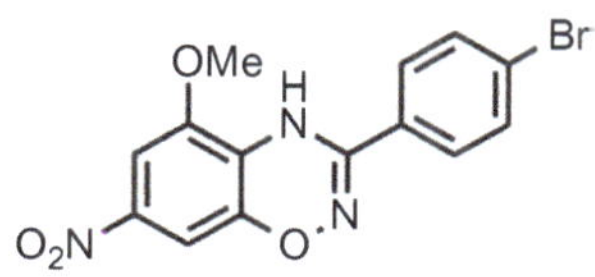

16

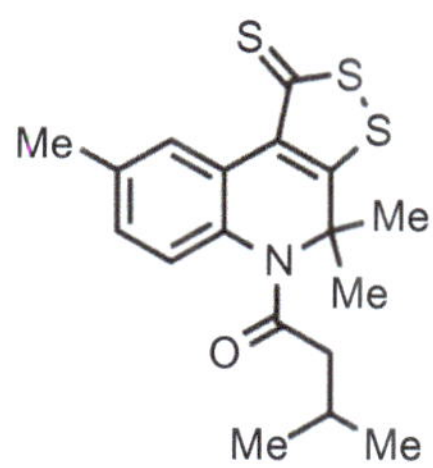

17

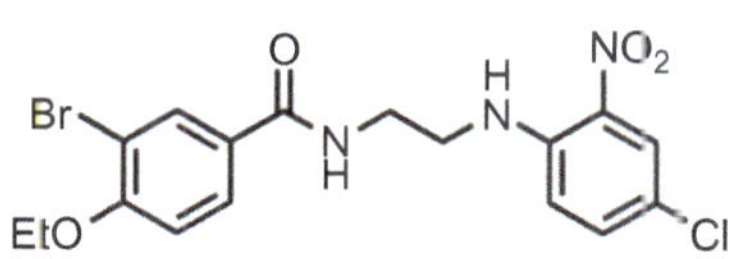

18

Fig. 2 Structures of SCPI1–5 (**14**–**18**). A lead set of five SCP-2 inhibitors identified from HTS against *A. aegypti* SCP-2 was prioritized for initial optimization. Of these leads, compounds **14** and **18** were prioritized due to their ease in analogue synthesis (**14**), and lack of "PAINS" attributes (**18**).

Table 2 Displacement of SCP-2-Bound NBDS by SCPI-1 and -5 Analogues: Maximum % Displacement and K_i Values

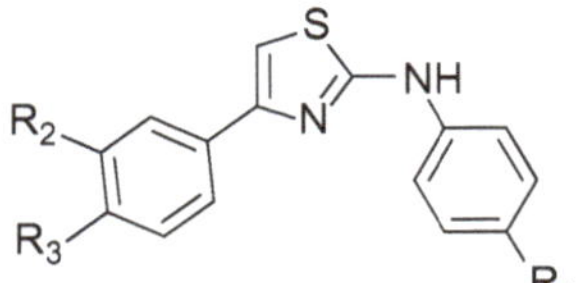

14, 19–22

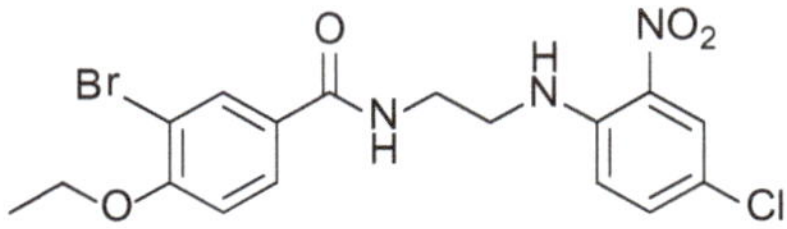

18

Compound	R_1	R_2	R_3	Max % Displacement	EC_{50} (μM)	K_i (μM)
14 (SCPI-1)	NHAc	Cl	Cl	96.6 ± 0.7	2.2 ± 0.2	1.0 ± 0.1
19	NHAc	H	Cl	61.6 ± 1.2	8.5 ± 1.0	3.7 ± 0.4
20	NHAc	Cl	H	71.1 ± 1.0	5.5 ± 0.2	2.41 ± 0.08
21	NHAc	H	H	86.4 ± 2.5	17.7 ± 0.6	7.8 ± 0.3
22	OEt	Cl	Cl	80.4 ± 0.9	11.4 ± 0.4	5.0 ± 0.2
18 (SCPI-5)	N/A	N/A	N/A	49.3 ± 1.9	5.4 ± 0.2	2.4 ± 0.1

Maximum % displacement and K_i values were determined from multiple displacement curves for each compound in Fig. 1B as described in Methods.

SCP-2 binding activity (Fig. 1B). The parent (**14**) produced the highest affinity competitor of NBDS binding to SCP-2 of all compounds tested with a K_i value of 1.0 μM (Table 2). Results from iterative removal of the 3′-Cl (**19**) and 4′-Cl (**20**) suggests that both chloro groups are beneficial for SCP-2 binding, and removal of the 3′-Cl had the more pronounced detrimental effect on SCP-2 binding affinity. Removal of both chloro groups (**21**) resulted in an additive effect on SCP-2 binding (EC_{50} 17.7 μM, K_i 7.8 μM). Compound **22** has replaced the acetanilide group of **14** with an ethoxy group that would occupy similar chemical space. Though this change resulted in a fivefold loss of affinity for SCP-2 compared to **14**, compound **22** no longer contains an *N*-acetylaniline function, which is a potential precursor to redox-reactive aniline species (Smith, 2011). Understanding the structural features of this potential toxicophore required for SCP-2 inhibitory activity is critical to developing safe pharmacologic probes. The most potent hit identified by Lan and colleagues against AeSCP-2, SCPI-5 (**18**), was found to be approximately twofold less potent of an SCP-2 inhibitor than **14**. This may be due to subtle species differences between *A. aegypti* SCP-2 and *Homo sapiens* SCP-2, and may also be impacted by differences in screening methodology.

3.4 Hit Discovery by HTS In Silico

A third approach to hit identification is the use of computational screening (Kitchen, Decornez, Furr, & Bajorath, 2004). Advances in CADD have greatly expanded the capacity to screen large libraries of small molecules in silico prior to in vitro assay screening (Shoichet, 2004). This is advantageous as a resource-sparing approach to hit prioritization, though target-based drug design requires understanding of the protein tertiary structure prior to screening.

Achieving success in hit discovery through virtual HTS requires selection of a structurally diverse small-molecule library. A number of virtual "drug-like," "lead-like," and fragment libraries can be found in the ZINC database (http://zinc.docking.org/; Irwin, Sterling, Mysinger, Bolstad, & Coleman, 2012). The ZINC database contains approximately 90 million commercially available compounds that can be virtually screened, purchased, and tested; this process can be streamlined further when a library is cultivated to possess desirable drug-like properties and stored in-house. The CSD^3 primary screening collection (www.csddd.org) contains over 10,000 compounds that generally conform to "Lipinski's Rule of Five" (RO5; Lipinski, Lombardo, Dominy, & Feeney, 1997). Agents that adhere to the RO5 may be predicted to not suffer from poor solubility or permeability, and represent a useful guideline for conducting lead discovery and development efforts. Further iterations of the RO5 guidelines have been reported (see for example, Lipinski, 2004; Leeson, 2012; Veber et al., 2002) that impose limitations on the number of rotational bonds and physicochemical properties such as topological polar surface area (TPSA) for "drug-like" or "lead-like" compounds. Statistics describing the CSD3 screening collection can be seen in Fig. 3 and Table 3.

In the absence of an X-ray crystal structure showing SCP-2 bound to a fatty acid analogue, the 3D coordinates of SCP-2 predicted by NMR were used to conduct target-based drug design (1qnd, http://www.rcsb.org/pdb/home/home.do, Garcia et al., 2000). Automated docking (AutoDock 4.0, Morris et al., 2009) was conducted with parameters described earlier (Liedhegner et al., 2014); but, specifically with 50 separate docking runs and 1,750,000 evaluations per run, and a root mean square deviation (rmsd) of 2.0 Å, for entry into a cluster. Docking was done using a primary screening collection of 10,586 compounds (www.csddd.org). This collection was developed using routine cheminformatic filters to guide both the design (in-house synthesized) and purchase of drug-like compounds. In particular, the library was designed to comply with the RO5, where compounds typically

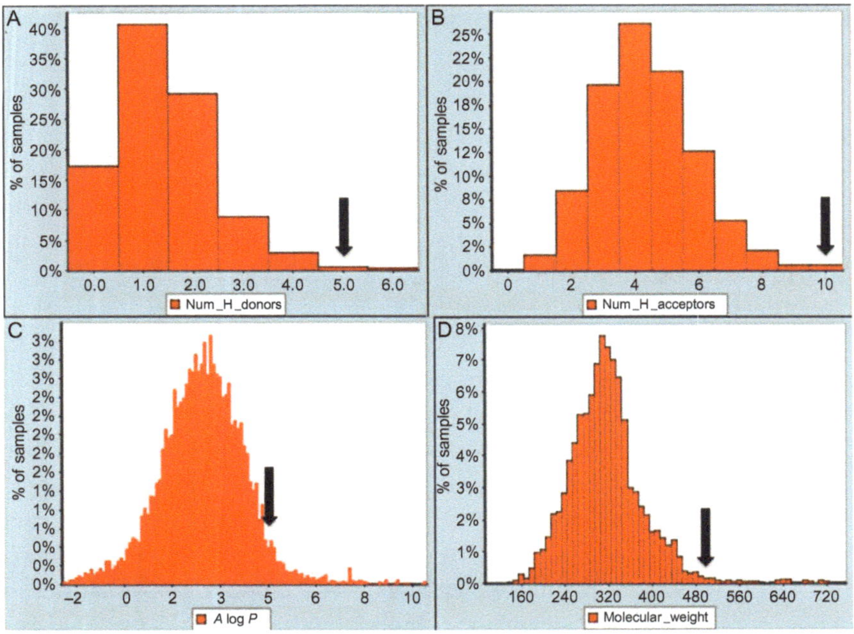

Fig. 3 Lipinski RO5 analysis of the CSD3 compound collection. Charts show the breakdown of compounds in the 10,586-member collection by (A) number of hydrogen bond donors, (B) number of hydrogen bond acceptors, (C) atomic log*P* (*A*log*P*), and (D) molecular weight (Da). The upper-limit RO5 values are shown as *black arrows*.

have molecular weight $\leq$ 500 g/mol, $A\log P \leq 5$, the number of hydrogen bond acceptors $\leq$10, and the number of hydrogen bond donors $\leq$5 (Fig. 3 and Table 3). Over 95% of compounds in the collection satisfy all 4 RO5 criteria, and also lack the presence on nondrug-like motifs like Michael acceptors. Docked compounds were scored and rank ordered using the default scoring function and the top 100 hits with binding energy <9.0 kcal/mol were prioritized for further analysis. From these 100 hits, a sample of four compounds was selected and evaluated as described earlier for the ability to displace NBDS binding from SCP-2. Structures of these compounds are shown in Fig. 4, the displacement curves in Fig. 1C, and the individual displacement parameters in Table 4.

Compounds **23–26** were selected from the top 100 scoring hits for further evaluation due to their structural diversity and accessibility to further optimization. Virtual screening of these compounds suggested a high degree of complementarity within the lipid binding cavity of SCP-2 in a rank order of **23–26**. When these compounds were tested in vitro, the rank order of

Table 3 Statistical Evaluation of the CSD3 Primary Screening Collection for Lipinski RO5 Criteria

RO5 Criteria	Mean (±St. Dev.)
MW (Da)	322.4 (±87.1)
$A\log P$	2.63 (±1.51)
HBA	4.54 (±2.18)
HBD	1.45 (±1.12)
nrot	4.00 (±2.20)
TPSA	91.90 (±41.94)
Number of Rules Passed	**Compounds (%)**
4	10,134 (95.69)
3	10,158 (95.92)
2	10,308 (97.34)
1	10,321 (97.46)
0	10,586 (99.96)

The original RO5 (Lipinski et al., 1997) consisted of molecular weight (MW < 500 Da), $\log P < 5.0$, number of hydrogen bond acceptors (HBA < 10), and number of hydrogen bond donors (HBD < 5). Subsequent guidelines (Veber et al., 2002) include limits for number of rotational bonds (nrot < 10) and topological polar surface area (TPSA < 140) for orally bioavailable drug candidates.

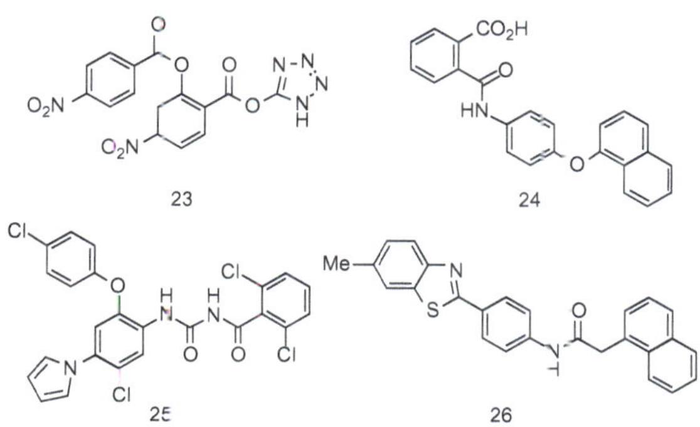

Fig. 4 New lead SCP-2 inhibitors identified from HTS in silico. Of the top-100 scoring SCP-2 inhibitors, compounds **23–26** were prioritized for evaluation in vitro. These agents occupy unique chemical space, including weakly acidic, weakly basic, and neutral functional groups.

Table 4 Displacement SCP-2-Bound NBDS by HTS Compounds

Compound	Library ID	LBE (kcal/mol)[a]	Max % Displacement	EC_{50} (μM)	K_i (μM)
23	CSDDD 6534	−11.18	N/D	N/A	N/A
24	CSDDD 9368	−10.49	52.3 ± 4.9	12 ± 2	5.4 ± 0.8
25	CSDDD 3327	−10.38	45.2 ± 3.1	10 ± 2	4.6 ± 0.8
26	CSDDD 9551	−10.28	38.6 ± 4.3	5.3 ± 0.5	2.3 ± 0.2

[a]LBE, lowest binding energy.
Maximum % displacement and K_i values. Maximum % displacement and K_i values were determined from multiple displacement curves for each compound in Fig. 1C as described in Methods. *LBE* = lowest binding energy for docking poses calculated from AutoDock.

inhibition was actually **26–23**, with **23** producing no displacement of NBDS. Though the potencies for NBDS binding inhibition is lower than those seen with the arachidonates (Table 1), compounds **24–26** are generally equipotent with analogues of other small-molecule SCP-2 inhibitor leads (Table 2). This supports continued investigation into targeted library screening for novel SCP-2 inhibitor leads.

There are several possible reasons for the discrepancy between predicted and observed affinities for SCP-2 binding. It is clear from the nuclear magnetic resonance data (Garcia et al., 2000) and recent review of SCP-2 domains (Burgardt, Gianotti, Ferreyra, & Ermacora, 2017) that the lipophilic binding cavity of SCP-2 is highly variable and may even change shape in order to accommodate diverse substrates. Indeed, SCP-2 contains a C-terminal type 1 peroxisomal targeting signal sequence that extends away from the lipid binding cavity when engaging protein targets such as the peroxisomal receptor Pex5p (Stanley et al., 2006). For these reasons, future rational probe development must be aided by dynamic modeling studies to elucidate the molecular mechanisms by which SCP-2 recognizes substrates.

The results described here can be rationalized in a general way using rigid protein modeling. As described earlier, AutoDock 4.0 and AutoDock Vina 4.2 (Morris et al., 2009) were used to dock all compounds described herein within the SCP-2 substrate binding cavity. Fig. 5 shows representative low-energy binding poses of the arachidonate AM-404 (**10**; Fig. 5A) and small molecule leads **24–26** (Fig. 5B). Fig. 5A shows two, equal-energy

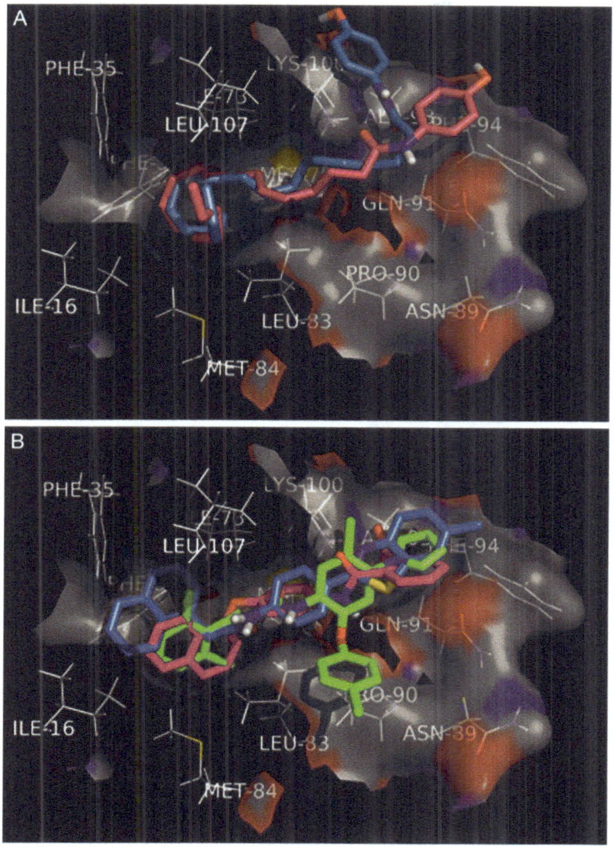

Fig. 5 Representative images from automated docking within SCP-2. Low-energy binding poses for representative series of SCP-2 inhibitors determined using AutoDock4.2 (Morris et al., 2009). Atomic coordinates were downloaded from PDB entry 1QND (rscb.pdb.org; Garcia et al., 2000). The "gate" separating the hydrophobic cavity from the aqueous-exposed surface is lined by amino acids Leu83, Met75, and Leu107 in the middle of the image. The hydrophobic cavity is lined by Ile73, Leu107, Phe35, Ile16, Leu83, and Phe80. The protein surface of interacting amino acid residues within 5 Å of AM404 is shown in *gray* at 40% transparency. Interacting side chains are shown as *lines*. Ligands are shown in tube display. (A) Two binding poses for AM404: Pose I (*blue*) and Pose II (*magenta*). (B) Low-energy binding poses for **24** (*pink*), **25** (*green*), and **26** (*blue*).

binding poses for AM404 that differ most substantially in the orientation of the head group extended toward the surface of SCP-2. In Pose I (blue), the *p*-OH of AM404 engages in a beneficial hydrogen bonding interaction with the backbone carbonyl of Lys100. This group is rotated approximately

90 degree in Pose II (magenta) to engage an exposed backbone carbonyl of Phe94. The lipophilic arachidonate tail portion for both poses extends deep within the binding cavity defined by the side chains of Ile73, Leu107, Phe35, Ile16, and Leu83 and Phe80. The cavity is defined by hydrophobic amino acid side chains that do not appear to engage in dipolar or electrostatic interactions with substrates. In Fig. 5B, the lipophilic naphthyl functions of **24** and **26**, and the 2,6-dichlorobenzamide of **25**, are buried within the hydrophobic cavity of SCP-2 occupying similar chemical space as the arachidonate tail of AM404. Different from AM404, the surface-exposed portions of **24–26** do not contain hydrogen bond-donating phenolic substituents that could engage surface-exposed backbone carbonyl groups. Of these compounds, it is noteworthy that **26** has the highest affinity for SCP-2 and is also predicted to extend the furthest of this series into the hydrophobic cavity.

4. CONCLUSIONS

Our understanding of the basic mechanisms that surround eCB function requires discovery of selective probes of eCB synthesis, transport, and degradation. The methods and results described herein will facilitate development of probes to study the role of SCP-2 in eCB transport. The SAR for arachidonic acid analogues suggests that the region of SCP-2 that recognizes the polar head group of fatty acids is tolerant of diverse structural changes, whereas the hydrophobic cavity generally prefers arachidonate lipids over oleic and docosohexadienoic acids. Lead optimization and lead discovery efforts have also resulted in small-molecule SCP-2 inhibitors that may form the basis for selective probe development. Once the details surrounding substrate binding are revealed, we can begin to fully recognize the "druggability" of this protein as a potential new target for manipulating the eCB signaling system.

REFERENCES

Atshaves, B. P., Jefferson, J. R., McIntosh, A. L., Gallegos, A., McCann, K. K., et al. (2007). Effect of sterol carrier protein-2 expression on sphingolipid distribution in plasma membrane lipid rafts/caveolae. *Lipids*, *42*, 871–884.

Avdulov, N. A., Chochina, S. V., Igbavboa, U., Warden, C. S., Schroeder, F., & Wood, W. G. (1999). Lipid binding to sterol carrier protein-2 is inhibited by ethanol. *Biochimica et Biophysica Acta*, *1437*, 37–45.

Baell, J. B., & Holloway, G. A. (2010). New substructure filters for removal of pan assay interference compounds (PAINS) from screening libraries and for their exclusion in bioassays. *Journal of Medicinal Chemistry*, *53*, 2719–2740.

Baell, J. B., & Walters, M. A. (2014). Chemistry: Chemical con artists foil drug discovery. *Nature*, *513*, 481–483.

Beltramo, M., Stella, N., Calignano, A., Lin, S. Y., Makriyannis, A., & Piomelli, D. (1997). Functional role of high-affinity anandamide transport, as revealed by selective inhibition. *Science*, *277*, 1094–1097.

Bisogno, T., Melck, D., Bobrov, M. U., Gretskaya, N. M., Bezuglov, V. V., De Petrocellis, L., et al. (2000). N-acyl-dopamines: Novel synthetic CB1 cannabinoid receptor ligands and inhibitors of anandamide inactivation with cannabimimetic activity in vitro and in vivo. *Biochemical Journal*, *351*, 817–824.

Bisogno, T., Melck, D., DePetrocellis, L., Bobrov, M. U., Gretskaya, N. M., Bezuglov, V. V., et al. (1998). *Biochemical and Biophysical Research Communications*, *248*, 515–522.

Burford, N. T., Wehrman, T., Bassoni, D., O'Connell, J., Banks, M., Zhang, L., et al. (2014). Identification of selective agonists and positive allosteric modulators for mu- and delta-opioid receptors from a single high-throughput screen. *Journal of Biomolecular Screening*, *19*, 1255–1265.

Burgardt, N. I., Gianotti, A. R., Ferreyra, R. G., & Ermacora, M. R. (2017). A structural appraisal of sterol carrier protein 2. *Biochimica et Biophysica Acta*, *1865*, 565–577

Bursavich, M. G., Parker, D. P., Willardsen, J. A., Gao, Z.-H., Davis, T., Ostanin, K., et al. (2010). 2Anilino-4-aryl-1,3-thiazole inhibitors of valosin-containing protein (CVP or p97). *Bioorganic & Medicinal Chemistry Letters*, *20*, 1677–1679.

Dansen, T. B., Westerman, J., Wouters, F. S., Wanders, R. J., van Hoek, A., Gadella, T. W. J., et al. (1995). High-affinity binding of very-long-chain fatty acyl-CoA esters to the peroxisomal non-specific lipid-transfer protein (sterol carrier protein-2). *Biochemical Journal*, *339*, 193–199.

Gadella, T. W. J., & Wirtz, K. W. (1994). Phospholipid binding and transfer by the non-specific lipid-transfer protein (sterol carrier protein 2) A kinetic model. *European Journal of Biochemistry*, *220*, 1019–1028.

Gallegos, A. M., Atshaves, B. P., Storey, S. M., McIntosh, A. L., Petrescu, A. D., & Schroeder, F. (2001). Sterol carrier protein-2 expression alters plasma membrane lipid distribution and cholesterol dynamics. *Biochemistry*, *40*, 6493–6506.

Garcia, F. L., Szyperski, T., Dyer, J. H., Choinowski, T., Seedorf, U., Hauser, H., et al. (2000). NMR structure of the sterol carrier protein-2: Implications for the biological role. *Journal of Molecular Biology*, *295*, 595–603.

Glaser, S. T., Abumrad, N. A., Fatade, F., Kaczocha, M., Studholme, K. M., & Deutsch, D. G. (2003). Evidence against the presence of an anandamide transporter. *Proceedings of the National Academy of Science of the United States of America*, *100*, 4269–4274.

Gustin, D. J., Li, Y., Brown, M. L., Min, X., Schmitt, M. J., Wanska, M., et al. (2013). Structure guided design of a series of sphingosine kinase (SphK) inhibitors. *Bioorganic and Medicinal Chemistry Letters*, *23*, 4608–4616.

Haapalainen, A. M., van Aalten, D. M., Merilainen, G., Jalonen, J. E., Pirila, P., Wierenga, R. K., et al. (2001). Crystal structure of the liganded SCP-2-like domain of human peroxisomal multifunctional enzyme type 2 at 1.75 Å resolution. *Journal of Molecular Biology*, *313*, 1127–1138.

Hann, M. M., & Oprea, T. I. (2004). Pursuing the leadlikeness concept in pharmaceutical research. *Current Opinion in Chemical Biology*, *8*(3), 255–263.

Hillard, C. J. (2015). The endocannabinoid signaling system in the CNS: A primer. *International Review of Neurobiology*, *125*, 1–47.

Hillard, C. J., Edgemond, W. S., Jarrahian, A., & Campbell, W. B. (1997). Accumulation of N-arachidonoylethanolamine (anandamide) into cerebellar granule cells occurs via facilitated diffusion. *Journal of Neurochemistry*, *69*, 631–638.

Hillard, C. J., & Jarrahian, A. (2003). Cellular accumulation of anandamide: Consensus and controversy. *British Journal of Pharmacology*, *140*, 802–808.

Howe, D., Costanzo, M., Fey, P., Gojobori, T., Hannick, L., Hide, W., et al. (2008). Big data: The future of biocuration. *Nature, 455*, 47–50.

Huang, S. M., Bisogno, T., Trevisani, M., AlHayani, A., De Petrocellis, L., Fezza, F., et al. (2002). An endogenous capsaicin-like substance with high potency at recombinant and native vanilloid VR1 receptors. *Proceedings of the National Academy of Sciences of the United States of America, 99*, 8400–8405.

Irwin, J. J., Sterling, T., Mysinger, M. M., Bolstad, E. S., & Coleman, R. G. (2012). ZINC: A free tool to discover chemistry for biology. *Journal of Chemical Information and Modeling, 52*, 1757–1768.

Kaczocha, M., Glaser, S. T., & Deutsch, D. G. (2009). Identification of intracellular carriers for the endocannabinoid anandamide. *Proceedings of the National Academy of Science of the United States of America, 106*, 6375–6380.

Kim, M.-S., Wessely, V., & Lan, Q. (2005). Identification of mosquito sterol carrier protein-2 inhibitors. *Journal of Lipid Research, 46*, 650–657.

Kitchen, D. B., Decornez, H., Furr, J. R., & Bajorath, J. (2004). Docking and scoring in virtual screening for drug discovery: Methods and applications. *Nature Reviews Drug Discovery, 3*, 935–949.

Leeson, P. (2012). Drug discovery: Chemical beauty contest. *Nature, 481*, 455–456.

Liedhegner, E. S., Vogt, C. D., Sem, D. S., Cunningham, C. W., & Hillard, C. J. (2014). Sterol carrier protein-2: Binding protein for endocannabinoids. *Molecular Neurobiology, 50*, 149–158.

Lin, S., Khanolkar, A. D., Fan, P., Goutopoulos, A., Qin, C., Papahadjis, D., et al. (1998). Novel analogues of arachidonylethanolamide (anandamide): Affinities for the CB1 and CB2 cannabinoid receptors and metabolic stability. *Journal of Medicinal Chemistry, 41*, 5353–5361.

Lipinski, C. A. (2004). Lead- and drug-like compounds: The rule-of-five revolution. *Drug Discovery Today, 1*, 337–341.

Lipinski, C. A., Lombardo, F., Dominy, B. W., & Feeney, P. J. (1997). Experimental and computational approaches to estimate solubility and permeability in drug discovery and development settings. *Advanced Drug Delivery Reviews, 23*, 3–25.

Matsuura, J. E., George, H. J., Ramachandran, N., Alvarez, J. G., Strauss, J. F., 3rd, & Billheimer, J. T. (1993). Expression of the mature and the pro-form of human sterol carrier protein 2 in *Escherichia coli* alters bacterial lipids. *Biochemistry, 32*, 567–572.

Morris, G. M., Huey, R., Lindstrom, W., Sanner, M. F., Belew, R. K., Goodsell, D. S., et al. (2009). Autodock 4 and AutoDockTools4: Automated docking with selective receptor flexibility. *Journal of Computational Chemistry, 30*, 2785–2791.

Myers-Payne, S. C., Fontaine, R. N., Loeffler, A., Pu, L., Rao, A. M., Kier, A. B., et al. (1996). Effects of chronic ethanol consumption on sterol transfer proteins in mouse brain. *Journal of Neurochemistry, 66*, 313–320.

O'Boyle, N. M., Banck, M., James, C. A., Morley, C., Vandermeersch, T., & Hutchison, G. R. (2011). Open babel: An open chemical toolbox. *Journal of Cheminformatics, 3*, 33.

Oddi, S., Fezza, F., Pasquariello, N., D'Agostino, A., Catanzaro, G., De Simone, C., et al. (2009). Molecular identification of albumin and Hsp70 as cytosolic anandamide-binding proteins. *Chemical Biology, 16*, 624–632.

Ottani, A., Leone, S., Sandrini, M., Ferrari, A., & Bertolini, A. (2006). The analgesic activity of paracetamol is prevented by the blockade of cannabinoid CB1 receptors. *European Journal of Pharmacology, 531*, 280–281.

Porter, A. C., Sauer, J.-M., Knierman, M. D., Becker, G. W., Berna, M. J., Bao, J., et al. (2002). Characterization of a novel endocannabinoid, virodhamine, with antagonist activity at the CB1 receptor. *Journal of Pharmacology and Experimental Therapeutics, 301*, 1020–1024.

Schroeder, F., Atshaves, B. P., McIntosh, A. L., Gallegos, A. M., Storey, S. M., Parr, R. D., et al. (2007). Sterol carrier protein-2: New roles in regulating lipid rafts and signaling. *Biochimica et Biophysica Acta, 1771*, 700–718.

Schroeder, F., Myers-Payne, S. C., Billheimer, J. T., & Wood, W. G. (1995). Probing the ligand binding sites of fatty acid and sterol carrier proteins: Effects of ethanol. *Biochemistry, 34*, 11919–11927.

Shoichet, B. K. (2004). Virtual screening of chemical libraries. *Nature, 432*, 862–865.

Smith, G. F. (2011). Designing drugs to avoid toxicity. In G. Lawton & D. R. Witty (Eds.), *Vol. 50. Progress in medicinal chemistry* (pp. 28–31). Amsterdam: Elsevier.

Stanley, W. A., Filipp, F. V., Kursula, P., Schüller, N., Erdmann, R., Schliebs, W., et al. (2006). Recognition of a functional peroxisome type 1 target by the dynamic import receptor Pex5p. *Molecular Cell, 24*, 653–663.

Stolowich, N. J., Frolov, A., Atshaves, B., Murphy, E. J., Jolly C. A., Billheimer, J. T., et al. (1997). The sterol carrier protein-2 fatty acid binding site: An NMR, circular dichroic, and fluorescence spectroscopic determination. *Biochemistry, 36*, 1719–1729.

Stolowich, N., Frolov, A., Petrescu, A. D., Scott, A. I., Billheimer, J. T., & Schroeder, F. (1999). Holo-sterol carrier protein-2. (13)C NMR investigation of cholesterol and fatty acid binding sites. *Journal of Biological Chemistry, 274*, 35425–35433.

Veber, D. F., Johnson, S. R., Cheng, H.-Y., Smith, B. R., Ward, K. W., & Kopple, K. D. (2002). Molecular properties that influence the oral bioavailability of drug candidates. *Journal of Medicinal Chemistry, 45*, 2615–2623.

FURTHER READING

Huang, H., McIntosh, A. L., Martin, G. L., Landrock, K. K., Landrock, D., Gupta, S., et al. (2014). Structural and functional interaction of fatty acids with human liver fatty acid binding protein (L-FABP) T94A variant. *FEBS Journal, 281*, 2266–2283.

Piomelli, D., Beltramo, M., Glasnapp, S., Lin, S. Y., Goutopoulos, A., Xie, X.-Q., et al. (1999). Structural determinants for recognition and translocation by the anandamide transporter. *Proceedings of the National Academy of Science of the United States of America, 96*, 5802–5807.

CHAPTER SIX

Lipidomics: A Corrective Lens for Enzyme Myopia

Heather B. Bradshaw[1], Emma Leishman
Indiana University, Bloomington, IN, United States
[1]Corresponding author: e-mail address: hbbradsh@indiana.edu

Contents

Abstract

Classifications and characterizations of specific proteins, such as enzymes, not only allow us to understand biosynthetic and metabolic pathways but they also help to drive our understanding of protein structure and function. How these characterizations are evaluated, however, may change our interpretations and lead us into broader and novel directions in research. Here, we will make the argument that using lipidomics as a tool for characterizing enzymatic function over more traditional toolkit options allows for these types of revelations. Using lipidomics techniques on specific brain regions with a series of enzyme knockout and disease models, we have generated a novel set of analyses from which to view protein function. Through these data, we have demonstrated that NAPE-PLD, MAG lipase, and FAAH all have broader roles throughout the brain than previously thought. Much like the data on how the extinction of specific species within an ecosystem has unpredicted outcomes, so too does the elimination of these enzymes affect the brain lipidome. From a purely biochemical standpoint, it is a fascinating story of how one change in a system can have exponential effects; however, from a drug-target standpoint, it may prove to be a cautionary tale.

Methods in Enzymology, Volume 593
ISSN 0076-6879
http://dx.doi.org/10.1016/bs.mie.2017.06.024

ABBREVIATIONS

2-AG 2-arachidonoyl glycerol
AA arachidonic acid
A-GABA *N*-arachidonoyl gamma amino butyric acid
AEA Anandamide; *N*-arachidonoyl ethanolamine
A-Ser *N*-arachidonoyl serine
CB1 cannabinoid receptor 1
COX cyclooxygenase
DA docosahexaenoic acid
DAG diacylglycerol
DAGL DAG lipase
eCB endogenous cannabinoid
FAAH fatty acid amide hydrolase
LA linoleic acid
L-Gly *N*-linoleoyl glycine
LEA *N*-linoleoyl ethanolamine
LPA lysophosphatidic acid
MAG monoacylglyerol
MAGL MAG lipase
NAEs *N*-acyl ethanolamines
NAGly *N*-arachidonoyl glycine
NAPE *N*-acyl phosphatidylethanolamine
NAPE-PLD NAPE-specific phospholipase D
OEA *N*-oleoyl ethanolamine
O-Gly *N*-oleoyl glycine
O-Ser *N*-oleoyl serine
PA palmitic acid
PEA *N*-palmitoyl ethanolamine
PGs prostaglandins
P-Gly *N*-palmitoyl glycine
SA stearic acid
S-Gly *N*-stearoyl glycine
TRPV1 transient receptor potential vanilloid channel 1
TAGs triacylglycerols

1. INTRODUCTION

Lipidomics is a field of study with the aim to identify and characterize all lipids in nature. Therefore, at its core, these are broad-scale analyses. At the organism level, this means that all potential and actual lipids should be first theoretically defined and then practically analyzed. In that there is no DNA sequence to predict the number and type of lipids as there this for proteins, there is a potential for many lipids species subtypes have not even been imagined. To date, we as a scientific community are still working toward both endeavors with the theoretical number of biological lipids still being revised and the practical number being regulated by limits in techniques and time. Even with these limitations, what is known about many lipid species and their regulation by specific enzymes is providing novel insights into cellular signaling and functioning. This chapter is focused on how a class of lipids collectively referred to as lipoamines can provide a unique perspective on enzymes and receptors associated with the endogenous cannabinoid system.

Nature publishing provides an internet resource called the "Omics Gateway" (http://www.nature.com/omics/index.html). Therein they define Omics as "a general term for analyzing the interactions of biological information objects in various 'omes' with the main focus being (1) mapping information such as genes, proteins, and ligands; (2) finding interaction relationships among the objects; (3) engineering the networks and objects to understand and manipulate the regulatory mechanism; and (4) integrating various omes and omics subfields." Setting aside that the authors of this definition appear to be focused primarily on genes and proteins as their "omes" of interest, at first glance this simply sounds like the basic scientific endeavor; however, one aspect that is different for each of these components is arguably scale. As discussed earlier, lipidomics is typically defined as "broad-scale" or "large-scale." Even when it is "targeted" these targets are typically more than 20–30 molecules. Much of the basic science of cellular processing and pharmacology, however, are generated or at least interpreted at the much smaller scale of the single molecule/single ligand. This is the practice of reductionism and it is an excellent tool for determining specificity. This is not an argument for specific or "correct" scale of study. All of these methodologies are useful and correct. It is important to note, however, that reductionist methodologies are just that. *Methods.* Findings from reductionist experiments should not, however, be confused with how a complex system responds to a continuously changing landscape of cellular communication in a whole functioning organism. Simply because we currently lack the tools to fully understand this level of complexity and to be able to design and interpret experiments that adapt to this level of complexity does not mean that this complexity should be ignored. We will argue that this is especially crucial for the study of lipid-related enzymes. The level of specificity of a receptor like the GPCR, cannabinoid receptor 1 (CB1), for a specific ligand appears to be orders of magnitude higher than for what is currently thought of as the lipid enzymes NAPE-specific phospholipase D (NAPE-PLD), fatty acid amide hydrolase (FAAH), and MAG lipase (MAGL). Whereas CB1 may interact with up to ~10 different endogenous ligands and only a few of those with high affinity, enzymes like FAAH potentially interact with hundreds, yet, the focus on enzymes like FAAH have been incredibly narrow, often discussed in terms of a single molecule (e.g., Anandamide).

In visual terms the word myopic is defined as nearsighted or shortsighted vision. In this case a patient is diagnosed with "defective vision of distant objects." Myopia is the form of the word that refers to a deficit of cognitive vision wherein an individual is described as "lacking imagination, foresight, or intellectual insight." All too often in scientific endeavors we are forced into a state of myopia in which we are required to focus on only a very small field of vision about our subject. If we did not isolate and study a single protein such as a receptor, how else could be possibly discover specific ligands and binding capabilities of that interaction? If we did not isolate individual endogenous ligands, how else could we differentiate their signaling properties? The vast complexity of even single cell to cell communications in an in vitro preparation requires that we design experiments in an effort to hold everything else constant in order to determine if the one change we are making in a system is what is actually driving that change. As discussed earlier, in our most pragmatic and sympathetic moments, we simply refer to this type of analysis as "reductionist." For many of us the majority of our academic lives will be spent within this reduced framework endeavoring to parse out how one molecular complex at a time (e.g., receptors, enzymes) interacts with one specific molecule at a time (e.g., ligands). However, as with the medical condition of myopic vision, there is a point at which the use of a corrective lens will open an entirely new and important experience to your world view. Using techniques like lipidomics can help us see beyond the limits of our myopic reductionists training.

2. MOLECULE SPECIFIST VS GENERALIST

A basic understanding of the coevolution of enzymes and signaling molecules follows that there is a precursor molecule that is enzymatically modified into the target signaling molecule, which is then enzymatically inactivated in order to stop the target signaling. I will refer to this as the "specifist" view. Fig. 1 outlines this view schematically. There is an example from the endocannabinoid (eCB) field for the target molecule, Anandamide, wherein we are told that there is a precursor molecule, NAPE, which is converted by the enzyme, NAPE-PLD, into the eCB target, Anandamide,

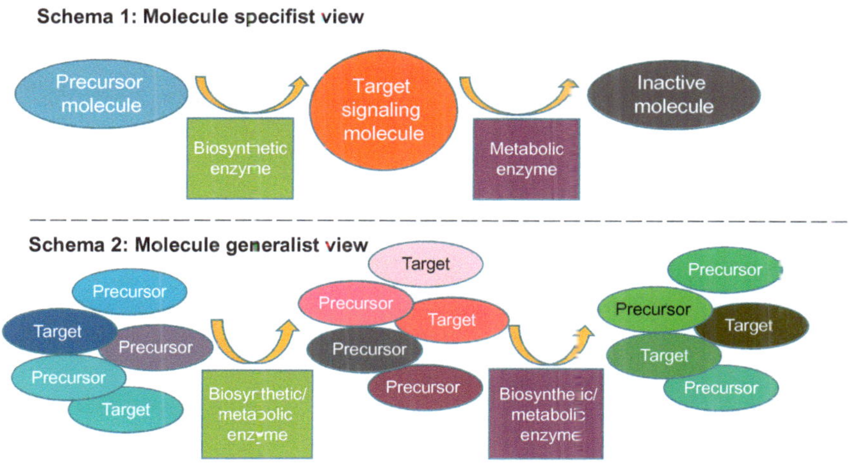

Fig. 1 Schematic outline of "specifist" view vs molecule "generalist" view.

which is inactivated by the enzyme FAAH. This very narrow view allows a focus on a specific enzyme, most often in this case FAAH, to modify the target, Anandamide. This is a classic pharmacology construct and is rarely questioned. The data are unequivocal that blocking or deleting FAAH does increase levels of Anandamide. While there are some interesting effects in animal models with this approach, the data are far from clear when the models are trying to be translated into therapeutics. It will be argued here that this specifist view of a specific target molecule is one of the keys to why this therapeutic translation has not been realized.

In terms of the coevolution of molecules and enzymes in the context of signaling molecules, the generalist model asserts (and always considers) that there is not one precursor molecule but many, perhaps more than have even been discovered that are enzymatically modified in series and parallel into a wide range of signaling molecules and additional precursor molecules (Fig. 1B). This entire group of molecules is then available to be either enzymatically inactivated in order to stop the target signaling and/or enzymatically converted into additional signaling molecules that will, likewise, be enzymatically regulated and so on. The comparison of the two types of views is also the comparison of the linear (specifist) vs the exponential (generalist) function. When we view a molecule through a lens of belief that it is the most important target of this entire evolutionary process, we will inevitably lose site of the systematic changes that occur with the cellular processes that led to the biosynthesis and then metabolism of that molecule.

To truly understand the signaling ramifications of an enzymatic target, it should be considered in the context of the whole. If we accept that there are many different points of regulation, expression, and activity for each enzyme and understand that we could focus our scientific efforts on each one individually and likely not understand them fully there is a point where one has to "choose" the context in which they are going to study the phenomenon. In terms of understanding the functions of these complex enzymatic molecules, some of us have chosen to study targeted lipidomics. From our point of view, there is a particular fascination and wonder about how there are lipid molecules being synthesized, metabolized, and used as cellular signals that appear to be modified exponentially, giving rise to as yet undiscovered molecules and signaling pathways. In this chapter, we will discuss only a narrow range of small-molecule lipids (~80) that interact with three different enzymes illustrating how the biochemistry of these individual members effects the whole.

3. LIPOAMINES (*AKA* FATTY ACID AMIDES; LIPO AMINO ACIDS; *N*-ACYL AMIDES; *N*-ACYL AMINO ACIDS)

In deference to these discussions of scale and myopia, we will fully admit to our own narrow focus in terms of what we study and will discuss here for the purposes of using lipidomics as a tool for understanding enzymatic function. Most of the studies from our lab that will be discussed used screens of ~80 lipids from a very selective subset of lipids. In fact, some are arguably currently so obscure as to be only studied in a literal handful of labs around the world and a few perhaps only in our lab, though this is beginning to change. The primary family of lipids to be discussed is called the lipoamines (Fig. 2), of which *N*-arachidonoyl ethanolamine (AEA), the endogenous cannabinoid is the most famous member to date (Fig. 2B). Lipoamines are an umbrella term for a class of lipids that are the conjugation of a fatty acid with an amine. In the literature they have a range of names from *N*-acyl amides, *N*-acyl amines, *N*-acyl amino acids, and lipo amino acids. What is important to note from Fig. 2 is that it is also the structural representation of all types of secondary amines (Fig. 2A), which means all members of the class are, likewise, secondary amines. Therefore, we have settled on lipoamines as the composite term for the entire class wherein they are secondary amines that are comprised of a fatty acid lipid and a single amine conjugated through the nitrogen atom of the amine.

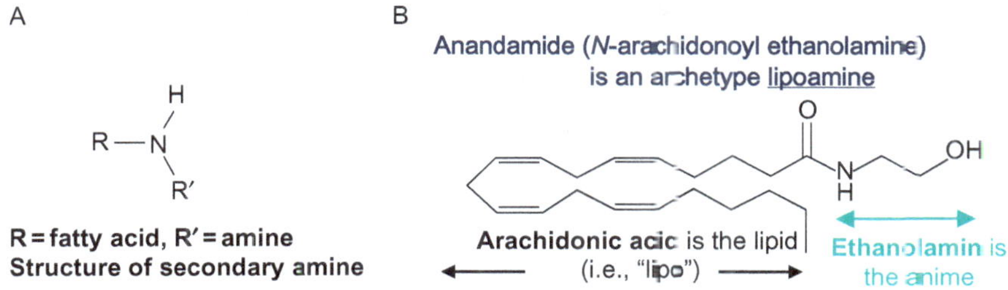

Fig. 2 Lipoamines: a ubiquitous class of lipids.

To date, approximately 90 lipoamines have been identified in nature (Bradshaw, Rimmerman, Hu, Burstein, & Walker, 2009; Milman et al., 2006; Raboune et al., 2014; Rimmerman et al., 2008; Smoum et al., 2010; Tan et al., 2006; Tortoriello et al., 2013); however, there are theoretically hundreds that have yet to be discovered and characterized. In mammalian systems, we have theorized that if one only assumes that the seven most prominent fatty acids are conjugated to 24 prominent amines, there are a potential of 168 lipoamines (Bradshaw, Lee, & McHugh, 2009). There are; however, more than 7 fatty acids and 24 amines in nature; and different organisms both consume and produce a range of these; therefore, not only is the actual number of lipoamines in nature not yet realized, this number will be species specific. That we have isolated and measured lipoamines in every model system we have analyzed from bacteria, insects, yeasts, plants, and mammals, it is fair to state that lipoamines are simply part of all organic organisms. Simply put, if an organism utilizes fatty acids and amines (e.g., amino acids), then these will be conjugated and form lipoamines. In that these are so ubiquitous in nature and evolutionary conserved, it follows that they likewise evolved specific functions. Many are likely to be signaling molecules and their regulation through biosynthetic and metabolic enzymes will be crucial in understanding how these signaling properties are regulated. The focus here will be on how NAPE-PLD, MAGL, and FAAH are interconnected with many of these lipoamines. There are a few prominent members in the mammalian brain, which means that our focus will get narrower still. Our hope is that this concept is translatable to other systems and other organisms. Logic suggests that it will; however, for now we can only state what we know about the rodent brain and this small, but ubiquitous set of lipids.

3.1 *N*-Acyl Ethanolamine, *N*-Acyl Glycine, and Novel *N*-Acyl Amino Acid Lipids in the Lipoamine Family

3.1.1 N-Acyl Ethanolamines

As stated earlier, Anandamide (*N*-arachidonoyl ethanolamine; AEA) is arguably the most famous lipoamine signaling molecule to date. It was identified as the first endogenous cannabinoid in 1992 binding to the CB1 receptor that is activated by THC (Devane et al., 1992). AEA is primarily the product of the membrane phospholipid, *N*-acyl phosphatidylethanolamine (NAPE). NAPE is formed when a calcium-dependent *N*-acyl transferase transfers arachidonic acid (AA) from the *sn*-1 position of a phospholipid to the primary amine group of phosphatidylethanolamine (Di Marzo et al., 1994). NAPE can be directly cleaved to synthesize AEA in vitro by a NAPE-specific phospholipase D (NAPE-PLD), an enzyme found in the mammalian brain (Okamoto, Morishita, Tsuboi, Tonai, & Ueda, 2004). Importantly, while AEA may be the most famous lipoamine, it is certainly not the most abundant. Whereas AEA is the conjugation of AA to ethanolamine (Fig. 2B), other *N*-acyl ethanolamines (NAEs) are the conjugation of other fatty acids and ethanolamine. *N*-palmitoyl ethanolamine (PEA), the conjugate of palmitic acid (PA) and ethanolamine, was the likely the first NAE to be characterized and was first isolated in soybeans (Kuehl, Jacob, Ganley, Ormond, & Meisinger, 1957), and is incredibly abundant in the rodent brain, liver, and skeletal muscle (Ezzili, Otrubova, & Boger, 2010). In our hands, PEA can be up to 10-fold higher than AEA depending on the brain area (Raboune et al., 2014). PEA and another NAE, *N*-oleoyl ethanolamine (OEA), have activity at PPAR-α with analgesic, antiinflammatory, and anorexic effects. In addition, *N*-stearoyl ethanolamine also possesses antiinflammatory and anorexic properties (Astarita & Piomelli, 2009). *N*-docosahexaenoyl ethanolamine is present in mammalian brain tissue at concentrations comparable to those of AEA (Astarita, Geaga, Ahmed, & Piomelli, 2009; Raboune et al., 2014), and like AEA and OEA, is a potent activator of transient receptor potential vanilloid channel 1 (TRPV1) channels (Raboune et al., 2014). Furthermore, OEA is an effective agonist of GPR119, a receptor highly expressed in the pancreas and colon (Ezzili et al., 2010). *N*-linoleoyl ethanolamine (LEA) has also been detected in mouse and pig brain extracts and is known to be produced in murine macrophage, leukocyte, and neuroblastoma cells. LEA is more like AEA in that it has activity at both CB receptors and TRPV1 (Ezzili et al., 2010; Raboune et al., 2014).

3.1.2 N-*Acyl Glycines*

Like the *N*-acyl ethanolamine, the *N*-acyl glycine family is comprised of the conjugation of fatty acids with the amino acid glycine, though they do not appear to be directly from membrane phospholipids like AEA. Instead, *N*-arachidonoyl glycine (NAGly) is metabolite of AEA (Bradshaw, Rimmerman, Hu, Benton, et al., 2009). Unlike AEA, NAGly has no affinity for cannabinoid receptors or TRPV1 (Sheskin, Hanus, Slager, Vogel, & Mechoulam, 1997). NAGly is an agonist at GPR18, a receptor found on microglial cells that drives microglial migration and alters microglial morphology upon activation (McHugh et al., 2010). NAGly possesses antinociceptive and antiinflammatory properties in several animal models of pain (Bradshaw, Rimmerman, Hu, Burstein, et al., 2009). NAGly has been shown to mimic THC in driving microglia and human endometrial migration (McHugh, Page, Dunn, & Bradshaw, 2012) as well as to drive phenotypic switches in microglia (McHugh, Roskowski, Xie, & Bradshaw, 2014). Other members of the *N*-acyl glycine family have biological significance. For example, *N*-palmitoyl glycine (P-Gly) is present in high concentrations in the rat skin and spinal cord and is produced upon firing of sensory neurons. In the rat dorsal horn, P-Gly robustly inhibits heat-evoked firing of sensory neurons (Rimmerman et al., 2008). Four additional *N*-acyl glycines have been identified in brain tissue: *N*-stearoyl glycine (S-Gly), *N*-oleoyl glycine (O-Gly), *N*-linoleoyl glycine (L-Gly), and *N*-docosahexaenoyl glycine (D-Gly) (Bradshaw, Rimmerman, Hu, Burstein, et al., 2009; Ezzili et al., 2010).

3.1.3 Additional Lipoamines With Known Biological Significance

N-arachidonoyl gamma amino butyric acid (A-GAEA) has been shown to have antinociceptive and antiinflammatory properties. For example, coinjection of A-GABA with formalin into the rat paw reduced the amount of time the rat spent licking and lifting the paw compared to injection with formalin and vehicle (Huang et al., 2001). Another example of a lipoamine with proven biological significance is *N*-arachidonoyl serine (A-Ser), which has vasodilatory effects (Milman et al., 2006). *N*-oleoyl serine (O-Ser), from the *N*-acyl serine family of lipoamines, shows promise in the treatment of osteoporosis. In osteoblast cells, O-Ser induces proliferation via GPR and Erk1/2 signaling and O-Ser also lowers osteoclast numbers by inducing apoptosis. In healthy mice, treatment with exogenous O-Ser moderately increases bone density. Furthermore, O-Ser rescues bone loss in an animal model of osteoporosis (Smoum et al., 2010). We recently showed that olive oil contains significantly more O-Ser than other cooking oils, which may be a key in understanding the relationship between areas that consume mostly olive oil in the diet and low levels of osteoporosis (Bradshaw & Leishman, 2016).

Notably, AEA, and other lipoamines, can activate some TRP receptors in addition to CB1. TRPV1, a receptor involved in pain perception, has been shown to be activated by AEA (Zygmunt et al., 1999). Other NAEs activate TRPV1, such as OEA (Ahern, 2003), LEA, and DEA (Raboune et al., 2014). NAEs are not the only TRPV targets in the screening library: A-Taur activates TRPV1 and TRPV4 receptors (Leishman, Cornett, et al., 2016; Saghatelian, McKinney, Bandell, Patapoutian, & Cravatt, 2006). In a broad-scale bottom-up lipidomics experiment, we used calcium imaging to challenge cells expressing TRPV1–4 receptors with 81 different lipoamines. At TRPV1, three *N*-acyl GABAs, two novel NAEs, *N*-docosahexaenoyl aspartic acid, *N*-docosahexaenoyl glycine, and *N*-docosahexaenoyl serine all demonstrated agonist activity at low micromolar concentrations. Hinting at the presence of an ensemble effect, combining all the individual agonists in a single assay produced an EC_{50} value in the nanomolar range (Bradshaw, Raboune, & Hollis, 2013; Raboune et al., 2014). The elevated levels of multiple TRP agonists, such as OEA, LEA, AEA, and DEA, in FAAH KO mice may have synergistic effects on signaling at TRPV1, which might explain a novel pronociceptive phenotype recently characterized in these FAAH KO mice (Carey et al., 2016).

This preamble about some of the signaling properties of a small but abundant subset of lipoamines is provided to introduce the idea that changes in even a few of these lipids could have effects on multiple signaling systems. Importantly, the biosynthesis and metabolism of lipoamines appears to be interconnected with other small-molecule lipids that are regulated by additional enzymes. One very close relative is the other endogenous cannabinoid 2-arachidonoyl glycerol (2-AG), which is also known as a monoacyl glycerol.

4. 2-ACYL GLYCEROLS BEYOND 2-AG

One of the primary structural characteristics of the eCBs Anandamide and 2-AG is that they share AA as a central aspect of their structure. The direct precursors to 2-AG are 1-acyl-2-arachidonoyl-diacylglycerols (DAGs) or 2-arachidonoyl-lysoglycerophospholipids, such as lysophosphatidic acid (LPA). DAGs are derived from PLC-mediated hydrolysis of phospholipids, the hydrolysis of phosphatidic acid (PA) by phosphatases, or the hydrolysis of triacylglycerols (TAGs). DAGs can then be hydrolyzed into 2-AG by DAG lipase (DAGL). In contrast, the non-DAG pathway first requires the formation of an arachidonoyl-bound lysophospholipid. In the case of LPA, it can be formed from PLA_1-mediated hydrolysis of PA or by lyso-PLD catalyzed hydrolysis of lysophospholipids (Sugiura, Kishimoto, Oka, & Gokoh, 2006). It is not surprising that multiple pathways of 2-AG production have been identified in that more like PEA, 2-AG is often 10-fold more abundant than AEA in the CNS (Bradshaw, Rimmerman, Krey, & Walker, 2006). Equally important to remember is that while the molecular construct of "DAG" is more often referred to as "DAG" it/they are more correctly "DAGs." The combinatorial math of potential lipoamines was outlined earlier and in the same way "DAGs" should be given the same consideration. Theoretically, the only constraint to the number of different DAGs in an organism is the number of different fatty acids being produced and/or absorbed in that organism and whether or not that specific lipid species is at the 1-*sn* or 2-*sn* position. Likewise, all those monoacylglycerol lipid species are not only 2-acyl glycerols but also both 1- and 2-acyl glycerols. These MAGs are then further enzymatically regulated by MAGL, generating additional lipids that will feed into additional pathways. We only screen for 3–4 2-acyl glycerols in our lipidomics analyses; however, there are the potentials for many more of these lipid species to be regulated by the enzymes we have targeted.

5. PROSTAGLANDINS CREATE ADDITIONAL COMPLEXITY TO THE AA-DERIVED SIGNALING SYSTEM

Like AEA or 2-AG, prostaglandins (PGs) are in the category of AA-derived lipids, so-called eicosanoids. One hypothesis for their synthesis is that enzymes such as PLA_2, liberate AA from membrane phospholipids and then cyclooxygenases COX-1 and COX-2 can produce PGs from this liberated AA. We will discuss the interconnectedness of each of these AA-derived lipid species as part of a more fluid dynamic that includes both the 2-AG species and the AA-derived lipoamines. Although they both metabolize AA, COX-1 and COX-2 have vastly different roles: COX-1 maintains a basal level of prostanoid synthesis to carry out bodily functions, whereas COX-2 enhances the creation of PGs beyond basal levels in times of low free AA availability in response to inflammatory stimuli or growth factors (Patrignani, Maenthaisong, & Tacconelli, 2012). After an injury, COX-2 expression increases in the damaged tissue. There is also an upregulation of COX-2 expression in the spinal cord of rodent models of neuropathic pain (Rani Sagar, Burston, Woodhams, & Chapman, 2012). That PGs appear to be very sensitive to the levels of 2-AG- and AA-derived lipoamines suggests that the regulation of PGs for both basal levels and injury-induced levels will not be independent of these other AA-containing lipids.

6. WHAT DO ENZYMES TELL US ABOUT LIPOAMINES AND WHAT DO LIPOAMINES TELL US ABOUT ENZYMES?

Using different model systems such as NAPE-PLD KOs (Leishman, Mackie, Luquet, & Bradshaw, 2016), FAAH, MAGL, and CB1 KOs (Carey et al., 2016; Leishman, Cornett, et al., 2016); acute and chronic pain models (Fichna et al., 2014; Guindon, Lai, Takacs, Bradshaw, & Hohmann, 2013; Raboune et al., 2014); sex differences (Stuart, Paris, Frye, & Bradshaw, 2013); lung disease (Balakrishna et al., 2014); osteoporosis (Smoum et al., 2010); *Drosophila* (Tortoriello et al., 2013); and cooking oils (Bradshaw & Leishman, 2016), we are developing a data set of how the small-molecule lipids are regulated within these systems. For example, in the KO models we have been able to show that there is wide-spread interconnectedness in the lipids we screen with the most effects in the FAAH KOs and the least with CB1 KOs. Each of the publications that describe the effects of these proteins lists the changes of the specific lipid, the specific brain region, and the magnitude changes for each either up or down from its WT controls. Fig. 3 shows a comparison of 3 KO models for which we have pushed our full lipidomics screens. This analysis provides a unique comparison of the direction of change of all lipids that were detected in each model system in eight different areas of the mouse brain. What is most striking about this analysis is not so much that we see specific increases or decreases of lipids, rather it is the specific dynamics among brain areas in the percentages of different lipids effected both up and down. As hypothesized earlier in the discussion of the "molecular specifist" vs the "molecular generalist," these data support the hypothesis that these enzymes do not have one specific function as either biosynthetic or metabolic proteins for very specific lipids. Each are clearly involved in both types of reactions to some degree. What can we learn from the fact that 28% of lipids detected in the brainstem decreased in the NAPE-PLD KO, but only 12% in the cortex? Likewise,

	% Unchanged				% Increases				% Decreases			
	CB_1 KO	FAAH KO	MAGL KO	NAPE-PLD KO	CB_1 KO	FAAH KO	MAGL KO	NAPE-PLD KO	CB_1 KO	FAAH KO	MAGL KO	NAPE-PLD KO
STR	91%	43%	61%	78%	2%	44%	15%	6%	7%	13%	24%	16%
HIPP	68%	51%	74%	73%	29%	27%	16%	8%	3%	22%	10%	19%
CER	78%	52%	71%	83%	22%	36%	14%	2%	0%	12%	15%	15%
THAL	68%	55%	46%	75%	22%	31%	46%	8%	10%	14%	8%	17%
CTX	76%	52%	74%	68%	17%	26%	13%	20%	7%	22%	13%	12%
HYP	89%	51%	73%	82%	2%	34%	15%	0%	9%	15%	12%	18%
MID	84%	48%	61%	73%	14%	32%	9%	10%	2%	20%	30%	17%
STEM	71%	63%	68%	67%	18%	26%	14%	5%	11%	11%	18%	28%

Fig. 3 Percentage of lipids detected KO mice vs WT mice that were either unchanged, increased, or decreased. % Unchanged was a measure of those lipids that were detected in both WT and KO that had no significant differences. % Increases was the percentage of lipids detected that significantly increased in concentration in the knockout relative to WT. % Decreases was the percentage of lipids detected that significantly decreased in concentration in the knockout relative to WT. The *darkest colors* are the maximum values and the *lightest* are the minimum; *blue* is used for the % unchanged, *green* for the % increases, and *orange* for the % decreases. *CTX* = cortex; *CER* = cerebellum; *HIPP* = hippocampus; *HYP* = hypothalamus; *MID* = midbrain; *STEM* = brainstem; *STR* = striatum; *THAL* = thalamus.

an astounding 46% of lipids measured increased in the thalamus of MAGL KO mice; whereas, only 9% were increased in the midbrain. In the same MAGL KO mice the opposite effect was shown wherein only 8% of lipids decreased in the thalamus, but 30% decreased in the midbrain. Clearly, KO mice undergo dramatic compensation during development in an effort to survive in the absence of the protein for which the organism evolved to utilize for optimal performance. This is always a consideration when interpreting results. It is; however, important to note that it was the analgesic phenotype of the FAAH KO mouse that set the stage for the push toward FAAH inhibitors as therapeutics. Of the three enzymes we have studied with lipidomics techniques, FAAH appears to have the most dynamic role. Here, we will use it as a case study for how we can use lipidomics to provide a broader insight into enzymatic function.

6.1 The Many Faces of FAAH

FAAH as the name implies is hypothesized to be responsible for the hydrolysis of the so-called fatty acid amides, among which the most famous of this lipid species is the endogenous cannabinoid, Anandamide (Cravatt et al., 1996). As mentioned earlier, the nomenclature for this lipoamine family of lipids is a somewhat moving target; however, our data show that even those lipids that clearly fall under the fatty acid amide subspecies are not ubiquitously hydrolyzed by FAAH (Leishman, Cornett, et al., 2016). To understand this statement more fully, it is important to state that it was also previously hypothesized that the hydrolysis of AEA (*aka* *N*-arachidonoyl ethanolamine) results in the production of ethanolamine and "free" AA. In large part, this hypothesis was supported by the measurement of what was considered to be radio-labeled AA on TLC plates. It is important to note that even those who did the pioneering work in elucidating what has come to be known as FAAH (e.g., Dale Deutsch) stated that the ethanolamine measurement method was preferred over the use of a TLC step when measuring FAAH activity (Deutsch, 2016). TLC, while an effective tool, lacks the specificity of mass spectrometric analysis. It is possible that the polarity of other AA derivatives, such as NAGly, might have a similar TLC migration pattern and be mistaken for AA. Our work showed that in an intact cell system AEA is a better substrate for the production of NAGly than AA (Bradshaw, Lee, et al., 2009; Bradshaw, Rimmerman, Hu, Benton, et al., 2009; Bradshaw, Rimmerman, Hu, Burstein, et al., 2009), suggesting that there is a more direct conversion between these two molecules than the conjugation of free AA with glycine. Perhaps the additional bands on the TLC plate were not just AA.

Data published from our laboratory certainly continue to support the hypothesis that FAAH is a primary metabolic enzyme for AEA; in that AEA is significantly increased in the FAAH KO mouse; however, our data suggest that this hydrolysis is not accompanied by a release of free AA. One key point of evidence for this is that unlike in MAGL KO mice that showed significant decreases in AA across the brain, there was no change in levels of AA in any region of FAAH KO brains examined compared to WT (Leishman, Cornett, et al., 2016). On the contrary, our data strongly suggest that FAAH is acting as a hydrolytic enzyme for specific lipids and a biosynthetic enzyme for other lipids (Bradshaw, Rimmerman, Hu, Benton, et al., 2009; Bradshaw, Rimmerman, Hu, Burstein, et al., 2009; Hu et al., 2009; Leishman, Cornett, et al., 2016). As mentioned earlier, data from our lab demonstrated that AEA was acting as a precursor molecule for the biosynthesis of NAGly (Bradshaw, Rimmerman, Hu, Benton, et al., 2009; Bradshaw, Rimmerman, Hu, Burstein, et al., 2009) and *N*-arachidonyl dopamine (Hu et al., 2009). These more recent data suggest that at least eight additional AA-derived lipoamines are also likely products of AEA FAAH-dependent metabolism (Leishman, Cornett, et al., 2016). This is evidenced by the fact that these AA-derived lipoamines were significantly decreased in the FAAH KO mouse. Therefore, the most parsimonious explanation for the lack of a change in AA levels and significant decreases in AA-derived lipoamines is that AA generated from AEA hydrolysis by FAAH is being used directly as a substrate for AA-derived lipoamines. It is extremely important to recognize that the interdependence this class of lipids appears to have when we contemplate inhibiting this enzyme pharmacologically when viewed in the light that there are so many other signaling molecules that can be effected. This may also explain the lack of efficacy for FAAH inhibitors in clinical trials in which the goal was to increase AEA in order to decrease pain (Schlosburg, Kinsey, & Lichtman, 2009).

When it comes to potentially targeting FAAH for therapeutics, it is also important to remember that FAAH is produced throughout the brain and not just in those areas that are related to pain. It is highly expressed with particular density in the cerebellum, hippocampus and cortex and is also significantly correlated with CB1 expression (Egertova, Giang, Cravatt, & Elphick, 1998). Clearly, the drive to use FAAH inhibitors for pain comes from the data that tail flick latencies were increased and that pain behavior was attenuated in the formalin test in FAAH KO mice (Cravatt et al., 2001). There is a long-standing argument; however, in the pain field that while these discreet measures for the nocifensive response in an animal are reproducible and real, they are not particularly translatable to pain that is being treated in the clinic, which is typically chronic and often visceral. This led to a question that was recently addressed in a collaboration with Andrea Hohmann's lab in which FAAH KO mice showed an *increased* pain response (Carey et al., 2016). In this study, we showed that context matters. If animals are pretreated with the TRPV1 agonist, capsaicin, which does normally cause a general nocifensive response in the WT, the FAAH KO responses are dramatically increased. Lipidomics of the paw skin and the spinal cord revealed that there was the expected increase in baseline NAEs in the FAAH KO mouse; however, capsaicin treatment actually further increased some of the NAEs as well as PGs (Carey et al., 2016). That PGs were not changed in the WT after capsaicin treatment and only in the FAAH KO suggests further dysregulation of lipid metabolism as a by-product of FAAH inactivation.

Our data demonstrating that AA-derived lipoamines had the most species that were significantly decreased in the FAAH KO mouse is potentially enough to give pause when considering modifying the effects of this enzyme systemically; however, they were not the only subclass of lipids effected. Additional longer chain unsaturated fatty acid-derived lipoamines such as the docosahexaenoic acid (DA)- and linoleic acid (LA)-derived lipoamines were also significantly decreased. In our screen we showed a downregulation of LA-glycine, and DA-glycine and DA-leucine. Perhaps more intriguing was the pattern of downregulation of shorter chain saturated *N*-palmitoyl GABA and *N*-oleoyl GABA paralleled the decreases in *N*-arachidonyl-GABA; whereas the other three *N*-acyl GABA species were significantly increased paralleling the increases in the NAEs. Likewise, PA-derived lipoamines of leucine, methionine, proline, tryptophan, and valine were all downregulated as well as the stearic acid (SA) derivatives of valine and tryptophan in at least one brain area in the KO mice. This represents a departure from the long chain, unsaturated AA-derived lipids and suggests both a functional relevance of both the FAAH enzyme and the lipid signaling of brain regions and perhaps a "shuffling" of substrates and products. This may represent a drive for homeostatic balance in how these molecules are produced and distributed is in continuous flux. Deletion of one of the enzymes within this regulatory system completely changes this balance.

7. SEEING OUR WAY FORWARD

Reductionist experimental designs still have a much needed place in our repertoire of scientific investigations. They should; however, only be a component of the whole. Much like the Gestalt principle that any image is more than the sum of its parts, so too is our understanding of enzymatic function. When we only focus on a narrow view of both a single target function and outcome of any enzyme, we truly miss the dynamic landscape of potential pathways. Using lipidomics to provide a broader view of enzymatic function is simply another way to add more depth to the picture.

REFERENCES

Ahern, G. P. (2003). Activation of TRPV1 by the satiety factor oleoylethanolamide. *The Journal of Biological Chemistry*, *278*(33), 30429–30434.

Astarita, G., Geaga, J., Ahmed, F., & Piomelli, D. (2009). Targeted lipidomics as a tool to investigate endocannabinoid function. *International Review of Neurobiology*, *85*, 35–55.

Astarita, G., & Piomelli, D. (2009). Lipidomic analysis of endocannabinoid metabolism in biological samples. *Journal of Chromatography. B, Analytical Technologies in the Biomedical and Life Sciences*, *877*(26), 2755–2767.

Balakrishna, S., Song, W., Achanta, S., Doran, S. F., Liu, B., Kaelberer, M. M., et al. (2014). TRPV4 inhibition counteracts edema and inflammation and improves pulmonary function and oxygen saturation in chemically induced acute lung injury. *American Journal of Physiology. Lung Cellular and Molecular Physiology*, *307*(2), L158–L172.

Bradshaw, H. B., Lee, S. H., & McHugh, D. (2009a). Orphan endogenous lipids and orphan GPCRs: A good match. *Prostaglandins & Other Lipid Mediators*, *89*(3–4), 131–134.

Bradshaw, H. B., & Leishman, E. (2016). Levels of bioactive lipids in cooking oils: Olive oil is the richest source of oleoyl serine. *Journal of Basic and Clinical Physiology and Pharmacology*, *27*(3), 247–252.

Bradshaw, H. B., Raboune, S., & Hollis, J. L. (2013). Opportunistic activation of TRP receptors by endogenous lipids: Exploiting lipidomics to understand TRP receptor cellular communication. *Life Sciences*, *92*(8–9), 404–409.

Bradshaw, H. B., Rimmerman, N., Krey, J. F., & Walker, J. M. (2006). Sex and hormonal cycle differences in rat brain levels of pain-related cannabimimetic lipid mediators. *American Journal of Physiology. Regulatory, Integrative and Comparative Physiology*, *291*(2), R349–R358.

Bradshaw, H. B., Rimmerman, N., Hu, S. S., Benton, V. M., Stuart, J. M., Masuda, K., et al. (2009b). The endocannabinoid anandamide is a precursor for the signaling lipid N-arachidonoyl glycine by two distinct pathways. *BMC Biochemistry*, *10*, 14.

Bradshaw, H. B., Rimmerman, N., Hu, S. S., Burstein, S., & Walker, J. M. (2009c). Novel endogenous N-acyl glycines identification and characterization. *Vitamins and Hormones*, *81*, 191–205.

Carey, L. M., Slivicki, R. A., Leishman, E., Cornett, B., Mackie, K., Bradshaw, H., et al. (2016). A pro-nociceptive phenotype unmasked in mice lacking fatty-acid amide hydrolase. *Molecular Pain*, *12*.

Cravatt, B. F., Demarest, K., Patricelli, M. P., Bracey, M. H. Giang, D. K., Martin, B. R., et al. (2001). Supersensitivity to anandamide and enhanced endogenous cannabinoid signaling in mice lacking fatty acid amide hydrolase. *Proceedings of the National Academy of Sciences of the United States of America*, *98*(16), 9371–9376

Cravatt, B. F., Giang, D. K., Mayfield, S. P., Boger, D. L., Lerner, R. A., & Gilula, N. B. (1996). Molecular characterization of an enzyme that degrades neuromodulatory fatty-acid amides. *Nature*, *384*(6604), 83–87.

Deutsch, D. G. (2016). A personal retrospective: Elevating Anandamide (AEA) by targeting fatty acid amide hydrolase (FAAH) and the fatty acid binding proteins (FABPs). *Frontiers in Pharmacology*, 7, 370.

Devane, W. A., Hanus, L., Breuer, A., Pertwee, R. G., Stevenson, L. A., Griffin, G., et al. (1992). Isolation and structure of a brain constituent that binds to the cannabinoid receptor. *Science*, *258*(5090), 1946–1949.

Di Marzo, V., Fontana, A., Cadas, H., Schinelli, S., Cimino, G., Schwartz, J. C., et al. (1994). Formation and inactivation of endogenous cannabinoid anandamide in central neurons. *Nature*, *372*(6507), 686–691.

Egertova, M., Giang, D. K., Cravatt, B. F., & Elphick, M. R. (1998). A new perspective on cannabinoid signalling: Complementary localization of fatty acid amide hydrolase and the CB1 receptor in rat brain. *Proceedings Biological Sciences/The Royal Society*, *265*(1410), 2081–2085.

Ezzili, C., Otrubova, K., & Boger, D. L. (2010). Fatty acid amide signaling molecules. *Bioorganic & Medicinal Chemistry Letters*, *20*(20), 5959–5968.

Fichna, J., Salaga, M., Stuart, J., Saur, D., Sobczak, M., Zatorski, H., et al. (2014). Selective inhibition of FAAH produces antidiarrheal and antinociceptive effect mediated by endocannabinoids and cannabinoid-like fatty acid amides. *Neurogastroenterology and Motility*, *26*(4), 470–481.

Guindon, J., Lai, Y., Takacs, S. M., Bradshaw, H. B., & Hohmann, A. G. (2013). Alterations in endocannabinoid tone following chemotherapy-induced peripheral neuropathy: Effects of endocannabinoid deactivation inhibitors targeting fatty-acid amide hydrolase and monoacylglycerol lipase in comparison to reference analgesics following cisplatin treatment. *Pharmacological Research*, *67*(1), 94–109.

Hu, S. S., Bradshaw, H. B., Benton, V. M., Chen, J. S., Huang, S. M., Minassi, A., et al. (2009). The biosynthesis of N-arachidonoyl dopamine (NADA), a putative endocannabinoid and endovanilloid, via conjugation of arachidonic acid with dopamine. *Prostaglandins, Leukotrienes, and Essential Fatty Acids*, *81*(4), 291–301.

Huang, S. M., Bisogno, T., Petros, T. J., Chang, S. Y., Zavitsanos, P. A., Zipkin, R. E., et al. (2001). Identification of a new class of molecules, the arachidonyl amino acids, and characterization of one member that inhibits pain. *The Journal of Biological Chemistry*, *276*(46), 42639–42644.

Kuehl, F. A., Jacob, T. A., Ganley, O. H., Ormond, R. E., & Meisinger, M. A. P. (1957). The identification of N-(2-Hydroxyethyl)-Palmitamide as a naturally occurring anti-inflammatory agent. *Journal of the American Chemical Society*, *79*(20), 5577–5578.

Leishman, E., Cornett, B., Spork, K., Straiker, A., Mackie, K., & Bradshaw, H. B. (2016a). Broad impact of deleting endogenous cannabinoid hydrolyzing enzymes and the CB1 cannabinoid receptor on the endogenous cannabinoid-related lipidome in eight regions of the mouse brain. *Pharmacological Research*, *110*, 159–172.

Leishman, E., Mackie, K., Luquet, S., & Bradshaw, H. B. (2016b). Lipidomics profile of a NAPE-PLD KO mouse provides evidence of a broader role of this enzyme in lipid metabolism in the brain. *Biochimica et Biophysica Acta*, *1861*(6), 491–500.

McHugh, D., Page, J., Dunn, E., & Bradshaw, H. B. (2012). Delta(9)-Tetrahydrocannabinol and N-arachidonyl glycine are full agonists at GPR18 receptors and induce migration in human endometrial HEC-1B cells. *British Journal of Pharmacology*, *165*(8), 2414–2424.

McHugh, D., Roskowski, D., Xie, S., & Bradshaw, H. B. (2014). Delta(9)-THC and N-arachidonoyl glycine regulate BV-2 microglial morphology and cytokine release plasticity: Implications for signaling at GPR18. *Frontiers in Pharmacology*, *4*, 162.

McHugh, D., SS, H., Rimmerman, N., Juknat, A., Vogel, Z., Walker, J. M., et al. (2010). N-arachidonoyl glycine, an abundant endogenous lipid, potently drives directed cellular migration through GPR18, the putative abnormal cannabidiol receptor. *BMC Neuroscience*, *11*, 44.

Milman, G., Maor, Y., Abu-Lafi, S., Horowitz, M., Gallily, R., Batkai, S., et al. (2006). N-arachidonoyl L-serine, an endocannabinoid-like brain constituent with vasodilatory properties. *Proceedings of the National Academy of Sciences of the United States of America*, *103*(7), 2428–2433.

Okamoto, Y., Morishita, J., Tsuboi, K., Tonai, T., & Ueda, N. (2004). Molecular characterization of a phospholipase D generating anandamide and its congeners. *The Journal of Biological Chemistry*, *279*(7), 5298–5305.

Patrignani, P., Maenthaisong, R., & Tacconelli, S. (2012). *Cyclooxygenase-2: Biology of prostanoid biosynthesis and metabolism*. In *eLS*. Chichester: John Wiley & Sons Ltd. http://www.els.net. http://dx.doi.org/10.1002/9780470015902.a0023205.

Raboune, S., Stuart, J. M., Leishman, E., Takacs, S. M., Rhodes, B., Basnet, A., et al. (2014). Novel endogenous N-acyl amides activate TRPV1-4 receptors, BV-2 microglia, and are regulated in brain in an acute model of inflammation. *Frontiers in Cellular Neuroscience*, *8*, 195.

Rani Sagar, D., Burston, J. J., Woodhams, S. G., & Chapman, V. (2012). Dynamic changes to the endocannabinoid system in models of chronic pain. *Philosophical Transactions of the Royal Society of London. Series B, Biological Sciences*, *367*(1607), 3300–3311.

Rimmerman, N., Bradshaw, H. B., Hughes, H. V., Chen, J. S., SS, H., McHugh, D., et al. (2008). N-palmitoyl glycine, a novel endogenous lipid that acts as a modulator of calcium influx and nitric oxide production in sensory neurons. *Molecular Pharmacology*, *74*(1), 213–224.

Saghatelian, A., McKinney, M. K., Bandell, M., Patapoutian, A., & Cravatt, B. F. (2006). A FAAH-regulated class of N-acyl taurines that activates TRP ion channels. *Biochemistry*, *45*(30), 9007–9015.

Schlosburg, J. E., Kinsey, S. G., & Lichtman, A. H. (2009). Targeting fatty acid amide hydrolase (FAAH) to treat pain and inflammation. *The AAPS Journal*, *11*(1), 39–44.

Sheskin, T., Hanus, L., Slager, J., Vogel, Z., & Mechoulam, R. (1997). Structural requirements for binding of anandamide-type compounds to the brain cannabinoid receptor. *Journal of Medicinal Chemistry*, *40*(5), 659–667.

Smoum, R., Bar, A., Tan, B., Milman, G., Attar-Namdar, M., Ofek, O., et al. (2010). Oleoyl serine, an endogenous N-acyl amide, modulates bone remodeling and mass. *Proceedings of the National Academy of Sciences of the United States of America*, *107*(41), 17710–17715.

Stuart, J. M., Paris, J. J., Frye, C., & Bradshaw, H. B. (2013). Brain levels of prostaglandins, endocannabinoids, and related lipids are affected by mating strategies. *International Journal of Endocrinology*, *2013*. 436252.

Sugiura, T., Kishimoto, S., Oka, S., & Gokoh, M. (2006). Biochemistry, pharmacology and physiology of 2-arachidonoylglycerol, an endogenous cannabinoid receptor ligand. *Progress in Lipid Research*, *45*(5), 405–446.

Tan, B., Bradshaw, H. B., Rimmerman, N., Srinivasan, H., YW, Y., Krey, J. F., et al. (2006). Targeted lipidomics: Discovery of new fatty acyl amides. *The AAPS Journal*, *8*(3), E461–E465.

Tortoriello, G., Rhodes, B. P., Takacs, S. M., Stuart, J. M., Basnet, A., Raboune, S., et al. (2013). Targeted lipidomics in *Drosophila melanogaster* identifies novel 2-monoacylglycerols and N-acyl amides. *PLoS One*, *8*(7), e67865.

Zygmunt, P. M., Petersson, J., Andersson, D. A., Chuang, H., Sorgard, M., Di Marzo, V., et al. (1999). Vanilloid receptors on sensory nerves mediate the vasodilator action of anandamide. *Nature*, *400*(6743), 452–457.

CHAPTER SEVEN

Functional Analysis of Mitochondrial CB1 Cannabinoid Receptors (mtCB1) in the Brain

Su Melser*,†,1, Antonio C. Pagano Zottola*,†,1, Roman Serrat*,†,1, Nagore Puente‡,§, Pedro Grandes‡,§,¶, Giovanni Marsicano*,†,3,2, Etienne Hebert-Chatelain‖,3,2

*INSERM U1215, NeuroCentre Magendie, Team "Endocannabinoids and Neuroadaptation", Bordeaux, France
†Université de Bordeaux, Bordeaux, France
‡Faculty of Medicine and Nursing, University of the Basque Country UPV/EHU, Leioa, Spain
§Achucarro Basque Center for Neuroscience, Science Park of the UPV/EHU, Leioa, Spain
¶University of Victoria, Victoria, BC, Canada
‖Université de Moncton, Moncton, NB, Canada
[3]Corresponding authors: e-mail address: giovanni.marsicano@inserm.fr; etienne.hebert.chatelain@umoncton.ca

Contents

[1] Share first authorship.
[2] Share senior authorship.

Methods in Enzymology, Volume 593
ISSN 0076-6879
http://dx.doi.org/10.1016/bs.mie.2017.06.023

Abstract

Recent evidence indicates that, besides its canonical localization at cell plasma membranes, the type-1 cannabinoid receptor, CB1 is functionally present at brain and muscle mitochondrial membranes (mtCB1). Through mtCB1 receptors, cannabinoids can directly regulate intramitochondrial signaling and respiration. This new and surprising discovery paves the way to new potential fields of research, dealing with the direct impact of G protein-coupled receptors on bioenergetic processes and its functional implications. In this chapter, we summarize some key experimental approaches established in our laboratories to identify anatomical, biochemical, and functional features of mtCB1 receptors in the brain. In particular, we describe the procedures to obtain reliable and controlled detection of mtCB1 receptors by immunogold electromicroscopy and by immunoblotting methods. Then, we address the study of direct cannabinoid effects on the electron transport system and oxidative phosphorylation. Finally, we present a functional example of the impact of mtCB1 receptors on mitochondrial mobility in cultured neurons. Considering the youth of the field, these methodological approaches will very likely be improved and refined in the future, but this chapter aims at presenting the methods that are currently used and, in particular, at underlining the need of rigorous controls to obtain reliable results. We hope that this chapter might help scientists becoming interested in this new and exciting field of research.

ABBREVIATIONS

ADP adenosine diphosphate
ATP adenosine triphosphate
BSA bovine serum albumin
cAMP cyclic adenosine monophosphate
CB1-KO CB1 receptor knockout
DABeNi Ni-intensified 3,3′-diaminobenzidine-4HCl
DMEM Dulbecco's modified Eagle's medium
ECS endocannabinoid system
EDTA ethylenediaminetetraacetic acid
EGTA ethylene glycol-bis(β-aminoethyl ether)-*N*,*N*,*N*′,*N*′-tetraacetic acid
ETC electron transport chain
FCCP trifluoromethoxy carbonylcyanide phenylhydrazone
GFP green fluorescent protein
GPCR G protein-coupled receptor
HEPES hydroxyethyl piperazineethanesulfonic acid
H89 *N*-[2-[[3-(4-bromophenyl)-2-propenyl]amino]ethyl]-5-isoquinolinesulfonamide
HRP horseradish peroxidase
HU210 1,1-dimethylheptyl-11-hydroxy-tetrahydrocannabinol
KH7 2-(1*H*-benzimidazol-2-ylthio)-2-[(5-bromo-2-hydroxyphenyl) methylene]hydrazide
mtCB1 mitochondrial CB1 cannabinoid receptor
NADH reduced form of β-nicotinamide adenine dinucleotide
NAD^+ oxidized form of β-nicotinamide adenine dinucleotide
PBS phosphate-buffered saline
PKA protein kinase A

PVDF polyvinylidene difluoride
PEI polyethylenimine
sAC soluble adenylyl cyclase
SDS sodium dodecyl sulfate
TBS-T mixture of Tris-buffered saline and Polysorbate 20
THC Δ^9-tetrahydrocannabinol
Tris–HCl 2-amino-2-(hydroxymethyl)-1,3-propanediol hydrochloride
WIN55,212-2 (*R*)-(+)-[2,3-dihydro-5-methyl-3-(4-morpholinylmethyl)pyrrolo[1,2,3-*de*]-1,4-benzoxazin-6-yl]-1-naphthalenylmethanone mesylate

1. INTRODUCTION

Humans have recognized the properties of the plant *Cannabis sativa* (marijuana) for almost 5000 years (Russo et al., 2008). The identification of its specific molecular lipid compounds (cannabinoids) in 1942 and 1964 (Adams, 1942; Gaoni & Mechoulam, 1964), the characterization and cloning of cannabinoid receptors (CB1 and CB2) in the late 1980s and early 1990s (Howlett, 1987; Matsuda, Lolait, Brownstein, Young, & Bonner, 1990; Munro, Thomas, & Abu-Shaar, 1993), and the description of endogenous ligands for these receptors (endocannabinoids) (Devane et al., 1992; Di Marzo et al., 1994; Mechoulam et al., 1995; Sugiura et al., 1995) represent the keystones of one of the most fascinating discoveries of the last decades in modern biology. Indeed, the endocannabinoid system (ECS) is nowadays considered one of the most important regulators of brain and peripheral functions and its study has attracted an exponential and still rising attention of scientists interested in physiology, pathology, pharmacology, and toxicology (Pacher, Batkai, & Kunos, 2006; Piomelli, 2003).

In the 25 years between the complete characterization of the most psychoactive compound of the plant, Δ^9-tetrahydrocannabinol (THC) (Gaoni & Mechoulam, 1964) and the cloning of the first cannabinoid receptor CB1 in 1990 (Matsuda et al., 1990), a large body of studies have tried to address the question of how THC could modify cellular information processing. Some of these studies pointed to the possibility that mitochondrial activity could be altered by cannabinoids (Bartova & Birmingham, 1976; Bino, Chari-Bitron, & Shahar, 1972; Chari-Bitron & Bino, 1971; Mahoney & Harris, 1972; Schurr & Livne, 1975). However, with the later identification of CB1 receptors (Matsuda et al., 1990), these effects were ascribed to unspecific alterations of mitochondrial membrane properties by lipid molecules (Howlett et al., 2002) or to indirect CB1 receptor-dependent signaling

(Campbell, 2001) and, as such, were long forgotten in favor of mechanisms involving classical pathways of plasma membrane G protein-coupled receptors (GPCRs).

Indeed, CB1 receptors are GPCRs, which "detect molecules outside the cell and activate internal signal transduction pathways and, ultimately, cellular responses" (Wikipedia, 2017) and are mainly localized at plasma membrane, in the optimal position to "detect molecules outside the cell." However, most of our knowledge about GPCRs is based on seminal studies on beta-adrenergic receptors (Nobelprize, 2014), which detect adrenalin, a water-soluble hormone. However, apart from the novel class of potential peptides recently described to modulate cannabinoid receptors (Bauer et al., 2012), the large majority of plant-derived, synthetic, or endogenous cannabinoids are lipid compounds (Piomelli, 2003). Despite the clear differences between water-soluble and -insoluble ligands, very little is known about the specific features of GPCRs targeted by lipids. For instance, lipid cannabinoids likely reach their cellular receptors by lateral diffusion within lipid bilayers (Kimura, Cheng, Rice, & Gawrisch, 2009), a notion that is compatible with the recent analyses of the CB1 receptor's crystal structure (Hua et al., 2016; Shao et al., 2016). Thus, lipid (endo)cannabinoids can easily move within cellular membranes and can likely reach intracellular compartments more easily than water-soluble ligands. Early anatomical studies revealed that a large proportion of CB1 receptors in brain cells are intracellular (Freund, Katona, & Piomelli, 2003). In line with the idea that GPCRs are functional only at plasma membranes, these intracellular pools of the protein were exclusively considered as nonfunctional receptors, caught in the process of transport or recycling from or to their functional "natural" location, the plasma membrane (Freund et al., 2003).

Recent data challenged this idea, suggesting that part of intracellular CB1 receptors are functional and respond to (endo)cannabinoid activation. For instance, cannabinoids can activate CB1 receptors localized in late endosomal/lysosomal compartments, where they can trigger G protein-dependent signaling (Rozenfeld & Devi, 2008). Even more recently, we and others found that CB1 receptors are functionally present at brain and peripheral mitochondrial membranes (mtCB1), where they can regulate cellular respiration and other bioenergetic processes (Aquila et al., 2010; Benard et al., 2012; Hebert-Chatelain et al., 2014a; Koch et al., 2015; Mendizabal-Zubiaga et al., 2016; Vallee et al., 2014), and mediate behavioral effects of cannabinoid drugs (Hebert-Chatelain et al., 2016).

Mitochondria are very important organelles, able to transform nutrients and oxygen into adenosine triphosphate (ATP) molecules, the central molecule utilized by cells as a source of energy for all their functions. As such, mitochondria are key elements of cell survival, but their roles go beyond mere "housekeeping" activity to regulate a plethora of functions involved in most biological processes. This is particularly evident in the brain, which is one of the most energy-consuming organs in the body; with a weight of 2% of the whole body, the human brain consumes up to 25% of its energy (Mattson, Gleichmann, & Cheng, 2008). Importantly, this large amount of energy needed for brain functions need to be very constant, and recent data showed that even a very short interruption of ATP supply to neurons is enough to disrupt synaptic functions (Rangaraju, Calloway & Ryan, 2014). Therefore, regulation of mitochondrial activity is crucial for brain functions. Considering the large impact of CB1 receptors on brain tasks, from synaptic activity to perception, memory, and regulation of vital processes, the possibility that part of these functions might be exerted through a direct control of mitochondrial activity represents a novel paradigm in neuroscience.

In the brain, only a minor part of CB1 receptors (about 10%–15%) appear to be present at mitochondrial membranes (Benard et al., 2012; Hebert-Chatelain et al., 2014a). These low levels imply particularly strict methodological constraints for the study of mtCB1 receptors, in order to avoid the possibility of false-positive or false-negative results. Indeed, the existence of mtCB1 receptors have been recently questioned (Morozov et al., 2013). Discrepancies in the findings obtained by different groups were recently analyzed and methodological issues were identified as their cause (Hebert-Chatelain et al., 2014a, 2014b; Koch et al , 2015). Within the large interest in the ECS, the biology of mtCB1 receptors remains a very young field of research, and thus it is important to reach early consensus on the methodological approaches to address the issue. Due to the low levels of mtCB1 receptors and the sensitivity of mitochondria to experimental manipulation, the danger of "false-positive" results derived from artifacts is particularly strong (Morozov et al., 2013). Therefore, the need of negative controls is a key element of any experiment aimed at investigating the functions of mtCB1 receptors. The use of tissues, cells, and organelles derived from genetically modified mice lacking the full CB1 protein (CB1-KO) (Marsicano et al., 2002) together with samples from wild-type littermates is a key and necessary precaution to obtain rigorous and trustable results.

In this chapter, we will describe the methods currently used in our laboratories to study the functional localization of CB1 receptors in mice. As mentioned earlier, all these experiments must be conducted with the use of reliable negative controls and only significant difference between samples from wild-type and CB1-KO mice should be considered as evidence for mitochondrial effects of cannabinoids. Of course, the youth of this research field leaves margins for improvements and for additional methods to study mtCB1 receptors. Some of these are currently tested in our laboratories, but only validated and confirmed methods will be described in this chapter. We hope that this work will be useful for scientists who might be interested by the novel field of the direct control of mitochondrial activity by CB1 receptors.

2. DETECTION OF mtCB1

Detection of membrane proteins like CB1 can be challenging, especially when their levels in a particular location are rather low. Proper control experiments must be performed considering the off-targets of most antibodies. For these reasons, we have developed different methods to reliably detect CB1 within mitochondrial membranes from different types of samples.

2.1 Immunoelectron Microscopy

Immunoelectron microscopy is one of the most sensitive and accurate procedures to detect and analyze the subcellular localization of proteins. Our team has developed procedures that enable to study the localization of mtCB1 in different cell types (Benard et al., 2012; Hebert-Chatelain et al., 2014a; Mendizabal-Zubiaga et al., 2016). Importantly, the detection of protein expressed at low levels at mitochondrial membranes requires specific precautions and choices. For instance, mitochondria contain endogenously biotinylated proteins (Coene, Shaw, & Vaux, 2008; Hollinshead, Sanderson, & Vaux, 1997), which increase the risk of false-positive immunodetection of CB1 receptors in these organelles (Hebert-Chatelain et al., 2014a; Morozov et al., 2013). Recent studies comparing immunogold methods and a preembedding immunoperoxidase (ABC) method with Ni-intensified 3,3′-diaminobenzidine-4HCl (DABeNi) as a chromogen revealed that the second approach results in higher levels of background staining as observed in tissues from CB1-KO mice (Hebert-Chatelain et al., 2014a). Although less sensitive, immunogold detection also provides the advantage of a very high-spatial resolution within single organelles, allowing better quantifications over immunoperoxidase-based methods. Therefore, the

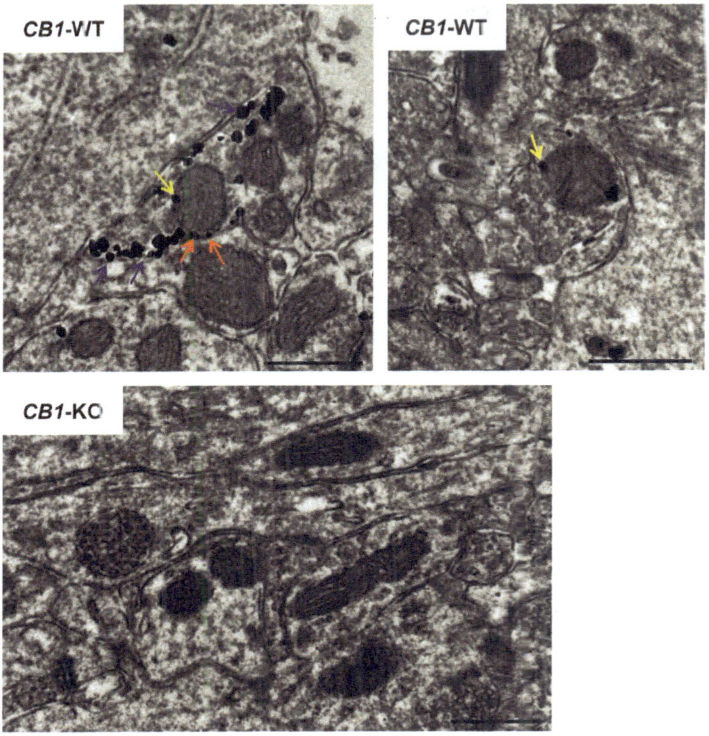

Fig. 1 Representative electron micrographs of immunogold staining of CB1 receptors in the CA1 hippocampal region of a wild-type (*CB1*-WT) and a *CB1*-KO mouse. Bars, 0.5 μm. *Blue arrows*, plasma membrane CB1 receptors; *yellow arrows*, mtCB1 receptors; *red arrows*, excluded immunogold particles that were located on mitochondrial membranes but at a distance ≤80 nm from other cellular structures.

immunogold method might result in underestimation of positive signal due to its low sensitivity, but we consider that preembedding silver-intensified immunogold is the best technique tested so far to detect mtCB1 receptors and should be the standard approach (Fig. 1).

Tissue fixation is an important issue for immunodetection approaches in general and for immunoelectron microscopy in particular. Therefore, we will detail the techniques of animal perfusion and tissue manipulation, of immunodetection, and of semiquantification of immunoparticles. Future technological developments should further improve detection of mtCB1 in animal tissues. For instance, the possibility of 3D reconstruction of immunogold-derived localization of mtCB1 receptors should provide additional information on their detailed spatial distribution.

2.1.1 Transcardial Perfusion of Animals

Reagents:

- *Fixative solution*: 4% Formaldehyde (freshly depolymerized from paraformaldehyde), 0.2% picric acid, 0.1% glutaraldehyde in 0.1 *M* phosphate buffer pH 7.4.

Procedure

1. Anesthetize mice (at least three animals per condition for further semi-quantification) by intraperitoneal injection of ketamine/xylazine (80/10 mg/kg body weight).
2. Transcardially perfuse animals with 0.1 *M* phosphate-buffered saline, pH 7.4 for 20 s at room temperature (20–25°C), followed by the fixative solution for 10–15 min.
3. Carefully remove brains from the skull and postfix in the fixative solution for approximately 1 week at 4°C. Brains can be stored at 4°C in 1:10 diluted fixative solution plus 0.025% sodium azide at 4°C until theirs processing.

2.1.2 Preembedding Silver-Intensified Immunogold Method for Electron Microscopy

Reagents

- *Blocking solution*: 10% Bovine serum albumin (BSA), 0.1% sodium azide, and 0.02% saponin prepared in Tris–hydrogen chloride-buffered saline 1 ×, pH 7.4.
- *Anti-CB_1 receptor antibody*: Frontier Institute Co., Ltd.; #CB1-Go-Af450.
- *Secondary gold-labeled antibody*: 1.4 nm gold-labeled rabbit anti-goat Immunoglobulin-G Fab′ fragment, (Nanoprobes Inc.).
- *Osmication solution*: 1% Osmium tetroxide, in 0.1 *M* phosphate buffer pH 7.4.

Procedure

1. Cut coronal hippocampal vibrosections at 50 μm and collect in 0.1 *M* phosphate buffer (pH 7.4) at room temperature.
2. Incubate sections in the blocking solution for 30 min at room temperature.
3. Incubate sections with the primary anti-CB1 receptor antibody (2 μg/mL) in 10% BSA/Tris–hydrogen chloride-buffered saline containing 0.1% sodium azide and 0.004% saponin on a shaker for 2 days at 4°C.
4. Wash several times in 1% BSA/Tris–hydrogen chloride-buffered saline.

5. Incubate with the secondary gold-labeled antibody (1/100) in 1% BSA/Tris–hydrogen chloride-buffered saline with 0.004% saponin on a shaker for 3 h at room temperature.
6. Wash several times in 1% BSA/Tris–hydrogen chloride-buffered saline overnight on a shaker at 4°C.
7. Post-fix with 1% glutaraldehyde prepared in Tris–hydrogen chloride-buffered saline for 10 min at room temperature.
8. Wash several times with double distilled water for 30 min.
9. Perform silver intensification of gold particles with a HQ Silver kit (Nanoprobes Inc.) for about 12 min in the dark.
10. Wash several times with double distilled water for 10 min.
11. Wash several times with 0.1 *M* phosphate buffer (pH 7.4) for 30 min.
12. Perform osmication for 20 min.
13. Wash several times in 0.1 *M* phosphate buffer (pH 7.4) for 30 min.
14. Dehydrate in graded alcohols (50, 70, 96, and 100 degrees) for 5 min each and three times of 5 min for 100 degree.
15. Perform clearing in propylene oxide three times, 5 min each.
16. Embed in a mixture of 1:1 propylene oxide and Epon resin 812 overnight on a shaker at room temperature.
17. Induce resin polymerization in a heater at 60°C for 2 days.
18. Cut 1 μm semithin sections. We use a Reichert-Jung ultracut.
19. Collect 60 nm ultrathin sections on nickel mesh grids.
20. Stain with 2.5% lead citrate for 20 min.
21. Examine samples with an electron microscope. We use a Philips EM208S electron microscope, and samples are photographed by using a digital Morada Camera from Olympus coupled to the electron microscope. Examples of images obtained are shown in Fig. 1.

2.1.3 Semiquantification of Immunogold Staining

1. Electron micrographs (18,000 ×) are taken from grids with similar labeling intensity indicating that selected areas are at the same depth. To avoid false-negative results, only ultrathin sections in the first 1.5 μm from the surface were examined. Micrographs are taken randomly by an observer blind to the genotype and/or condition of the animals.
2. In each micrograph, the following parameters are determined:
   a. The number of total positive immunoparticles (Fig. 1);
   b. The number of immunoparticles localized in mitochondrial membranes. To avoid false-positive results, due to the possibility that the immunoparticle is actually sitting on adjacent membranes, only

particles on mitochondrial membrane segments at a distance of at least 80 nm from other cellular membranes are considered (Fig. 1);

c. The number of total mitochondria and the number of immunopositive mitochondria (labeled by at least one immunoparticle as described earlier);

d. Additional parameters can be also measured, such as the distance of different particles or mitochondria from synapses or other cellular structures, or number of mitochondria (negative and positive) localized at different subcellular structures (e.g., dendrites, presynaptic terminals, etc.). Distances are calculated using the open-source Image-J software (https://imagej.nih.gov/ij).

3. Calculations are made depending on the experimental aims. Basal measurements include: percentage of particles localized on mitochondrial membranes over the total number of particles (% mtCB1), percentage of immunopositive mitochondria over total number of mitochondria (% mtCB1-positive mitochondria), number of particles per positive mitochondria (density mtCB1 per mitochondria), and number of particles per mitochondrial surface (density mtCB1 per area).

Note: of course, different parameters can also be obtained, such as % of mtCB1 in specific mitochondrial subpopulations (e.g., close to synapses, pre- or postsynaptic, etc.). As mentioned earlier, all experiments must be conducted also with tissues from CB1-KO mice to evaluate unspecific background staining. Only parameters significantly different between wild-type and null mutants can be considered reliable detection of mtCB1.

2.2 Immunoprecipitation and Western Blot

We have tested different antisera directed against the C-terminus of the CB1 receptor (CB1 C-ter12, Cayman; CB1 C-ter31, Frontiers Institute) or the N-terminus of the CB1 receptor (CB1 N-ter14, Millipore), screening their specificity using lysate from CB1-KO mice as negative control (Benard et al., 2012; Hebert-Chatelain et al., 2016, 2014a). In our experimental conditions, these antibodies were able to specifically detect (i.e., generating bands in wild-type but not in CB1-KO samples) and immunoprecipitate CB1 in total brain lysates and in isolated mitochondria.

Here, we present a protocol to immunodetect mtCB1 in purified brain mitochondria.

2.2.1 Isolation of Brain Mitochondria

This protocol describes how to obtain purified mitochondria from mouse brain, based on the protocol described by Lai and Clark (1979). We have successfully used this procedure to study the effect of cannabinoid compounds on mitochondrial respiration (Hebert-Chatelain et al., 2016, 2014a). Various protocols are available to obtain mitochondria, which can be adapted to brain tissues; however, protocols limited to the isolation of a crude mitochondria fraction (Morozov et al., 2013) may not allow an accurate measurement of cannabinoid effects on mitochondria (Hebert-Chatelain et al., 2014a). The procedure described here can also be applied to cultured cells and involves the preparation of a crude mitochondrial fraction, which is further purified by using ultracentrifugation on a Ficoll gradient (Fig. 2).

Following homogenization of brain tissue, the homogenate is subjected to low centrifugation speed (1,500 × *g*) during 10 min to sediment unbroken tissue and nuclei. The supernatant obtained after this centrifugation step contains

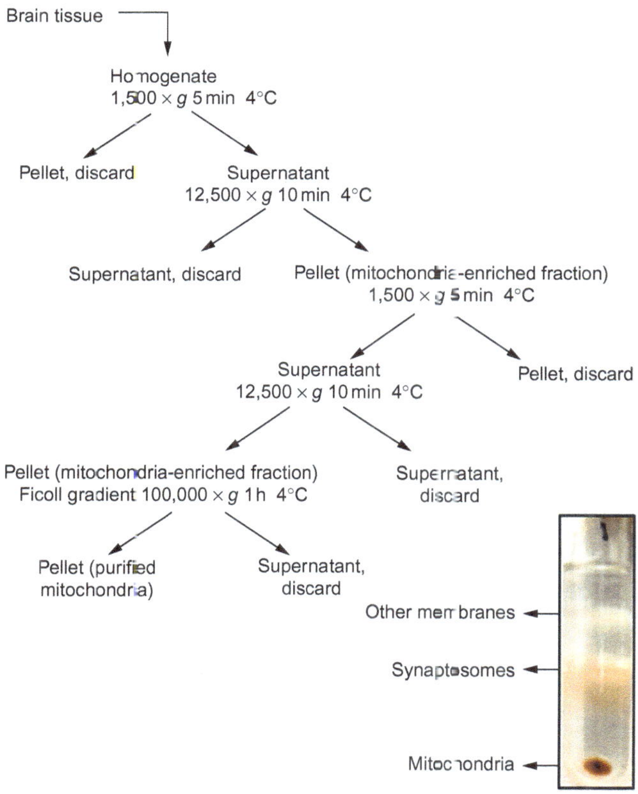

Fig. 2 Schematic presentation of the procedure to isolate and purify mice brain mitochondria. A photo of the tube after ultracentrifugation is also provided. It shows the typical aspect of purified brain mitochondria as a *brown* pellet at the bottom of the tube, and the two layers composed of nonmitochondrial materials.

all cellular components. The supernatant is further subjected to 12,500 × *g* to pellet mitochondria. The fractions obtained at this point are enriched in mitochondria, but also contains nonmitochondrial membranes, including endoplasmic reticulum and synaptosomes. The final mitochondria-enriched pellet is ultracentrifuged using a Ficoll gradient (100,000 × *g* during 1 h at 4°C) to purify the brain mitochondria (Fig. 2).

Buffers and Reagents:

- *Isolation buffer*: 250 m*M* D(+)-sucrose, 10 m*M* Tris-base (pH 7.6, HCl), 1 m*M* ethylenediaminetetraacetic acid (EDTA), protease inhibitors (Roche), 10 m*M* Na_3VO_4, 2 m*M* NaF. PhosphoSTOP (Roche) can replace Na_3VO_4 and NaF.
- *12% and 7% Ficoll400 solutions*: Prepare a 20% Ficoll400 stock in isolation buffer. This stock can be stored at 4°C and diluted to 12% and 7% using isolation buffer on the day of the experiment.

Procedure:

1. All steps should be performed on ice and by using precooled tubes.
2. Mince one brain (or part) with scissors in a petri dish on ice with 2–4 mL of isolation buffer.
3. Transfer the brain pieces to a 15-mL polypropylene (falcon) tube, add 4 mL of isolation buffer, mix gently by inverting the tube two to three times and leave to settle. This step removes the blood from the tissue.
4. Remove the buffer, add 8 mL of isolation buffer, and transfer the minced brain to a precooled potter (Elvehjem PTFE pestle and glass tube) with the help of a wide-bore plastic pipette.
5. Homogenize the tissue with 4–5 strokes by using a rotating movement always in the same direction until a smooth homogenate is obtained.
6. Centrifuge at 1,500 × *g* during 5 min at 4°C and transfer the supernatant to a new precooled centrifuge tube.
7. Centrifuge the supernatant at 12,500 × *g* during 10 min at 4°C, discard the supernatant, and gently resuspend the pellet in 8 mL of isolation buffer using a wide-bore plastic pipette.
8. Repeat the centrifugation steps 6 and 7 and resuspend the final pellet in 250 μL of isolation buffer using a cut-out pipette tip (1 mm cut).
9. In a 3.5-mL ultracentrifugation tube, add 2 mL of 12% Ficoll400 (prepared in isolation buffer). Add a layer of 1 mL of 7% Ficoll400 and then add the mitochondria suspension on top. Add isolation buffer to ~300 μL until all tubes are equilibrated. We generally use one forebrain for our mitochondria preparations as it usually provides enough mitochondria for 4–6 respiration measurements.

10. Centrifuge at 100,000 × g during 1 h at 4 °C. A clean brown pellet should be visible along with two layers containing nonmitochondrial material including synaptosomes (Fig. 2). All these fractions can be saved for analysis.
11. Discard the Ficoll solution and rinse the pellet twice with 1 mL of isolation buffer without disturbing the pellet. This step will remove the Ficoll and left-over synaptosomes not trapped at the 7%–12% interface.
12. Resuspend the mitochondrial pellet in 250 μL of isolation buffer using a 200-μL pipette tip. Proceed to respiration experiments, immunoprecipitation, or Western blot.

Note:

Fresh mitochondria should be used immediately and no more than 3 h after isolation (Fig. 3). The purity and the yield of enrichment of mitochondrial preparations should be verified by Western immunoblot before proceeding with further analysis (Benard et al., 2012; Hebert-Chatelain et al., 2014a).

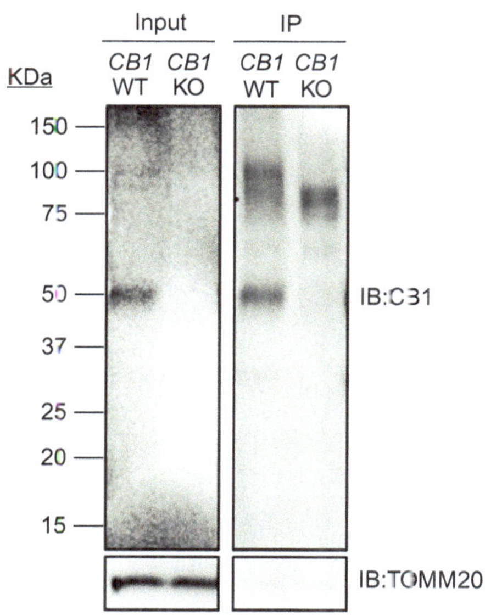

Fig. 3 Immunoprecipitation of mtCB1. Representative immunoblots (IB) of mtCB1 from brain mitochondria (*left*; Input) and of mtCB1 immunoprecipitated from purified brain mitochondria (*right*; IP). Brain mitochondria were isolated from *CB1*-WT and *CB1*-KO mice. This procedure allows detection of a ~50-kDa band only in *CB1*-WT mitochondria. Immunoblotting of the translocase outer mitochondrial membrane 20 kDa protein (TOMM20) was used as a loading control (for input samples) and to show the purity of mtCB1 immunoprecipitates.

2.2.2 Immunoprecipitation

Buffers and Reagents:

- Pierce Co-Immunoprecipitation Kit (Thermo Scientific)
- Anti-Cannabinoid Receptor I antibody (ab23703, Abcam)
- cOmplete™, EDTA-free Protease Inhibitor Cocktail (Roche), PhosSTOP™ phosphatase inhibitors (Roche)
- 4 × Laemmli buffer: 0.25 *M* Tris, pH 6.8, 40% glycerol, 8% sodium dodecyl sulfate (SDS), 0.005% bromophenol blue, 5% 2-mercaptoehanol

Procedure:

1. Centrifuge the mitochondrial preparation at 12,500 × *g* for 10 min at 4°C.
2. Resuspend the mitochondrial pellet in 200 μL of ice-cold IP Lysis/Wash Buffer (supplied with the Co-IP kit) adding protease and phosphatase inhibitors. Incubate on ice for 30 min with gentle shaking.
3. Centrifuge at 13,000 × *g* for 10 min and discard the pellet.
4. Preclear the lysate as described in the manufacturer's protocol and measure the protein concentration which should be at least 1 μg/μL.
5. Perform the immunoprecipitation following the manufacturer's recommendations, using 10 μg of anti-CB1 primary antibody.
6. Elute the protein in a volume of 30 μL and add 10 μL of 4 × Laemmli buffer.

Note:

The precleared lysate can also be stored at −80°C and then processed for Western blot analysis.

2.2.3 Western Blotting

Buffers and Reagents:

- 4%–20% polyacrylamide gel (Bio-rad)
- Running Buffer: 0.025 *M* Tris, pH 8.3, 0.192 *M* glycine, 0.10% SDS
- Transblotting buffer: 0.025 *M* Tris, pH 8.3, 0.192 *M* glycine, 20% ethanol
- Polyvinylidene difluoride (PVDF) membrane 0.45 μm
- Mixture of Tris-buffered saline and polysorbate 20 (TBS-T): 20 m*M* Tris, pH 7.6, 150 m*M* NaCl, 0.05% Tween 20
- TBS-T-Milk: 20 m*M* Tris, pH 7.6, 150 m*M* NaCl, 0.05% Tween 20, 5% skim milk.
- Anti-Cannabinoid Receptor I antibody (ab23703, Abcam)
- Anti-rabbit IgG, horseradish peroxidase (HRP)-linked antibody (#7074, Cell Signaling Technology)
- Clarity Western ECL Substrate (Bio-rad)

Procedure:

1. Thaw the samples at room temperature and warm the tubes at 37°C for 30 min with gentle shaking prior to load the polyacrylamide gel.
2. Run the gel starting from 80 to 110 V for 1–2 h.
3. Activate PVDF with ethanol for 5 min and rinse with ice-cold Transblotting buffer.
4. Place the gel in ice-cold Transblotting buffer and proceed assembling the transfer sandwich of the Wet Blotting Systems (Bio-rad).
5. Transfer for 1 h in a cold room at 100 V (0.75A for a 10-cm^2 PVDF membrane).
6. Rinse the blot with TBS-T.
7. Block the membrane for 1 h at room temperature using TBS-T-Milk with gentle shaking.
8. Rinse the blot with TBS-T.
9. Incubate the membrane with the primary antibody against CB1 diluted in TBS-T-Milk (1:200) at room temperature with gentle shaking for 1 h.
10. Wash the membrane in three washes of TBS-T, 5 min each.
11. Incubate in the HRP-conjugated secondary antibody diluted in TBS-T-Milk (1:2000) for 1 h at room temperature.
12. Rinse the membrane in three washes, 10 min each, with TBS-T.
13. Apply the chemiluminescent substrate to the blot, according to the manufacturer's recommendation and acquire the image using the CCD camera-based imager. Our laboratory works with the ChemiDoc Touch from Bio-rad (see Fig. 3 for an example of immunoblotting on immunoprecipitated CB1).

3. IMPACT OF MTCB1 ON MITOCHONDRIAL RESPIRATION

Monitoring the rate of oxygen (O_2) consumption by cells or tissue preparations is one efficient method to examine the effect of cannabinoid compounds on the activity of the mitochondrial electron transport chain (ETC) and the signaling pathways involved. Measurement of O_2 consumption is performed in a closed chamber, with intact cells in growth medium or mitochondria preparations in isoosmotic buffers containing phosphate, potassium, and Ca^{2+} chelators (see later).

Several instruments can be used to monitor oxygen consumption. In the Clark-type oxygen electrode-integrated systems (e.g., Ref. Pesta & Gnaiger, 2012), oxygen diffuses from the sample to the cathode (gold or platinum) of the polarographic oxygen sensor, which is separated from the sample by a membrane and a KCl electrolyte layer. A relatively high and constant stirring of the sample medium (commonly 750 rpm) is required to establish equilibrium between the oxygen in the solution and the oxygen diffusing through to the sensor. When voltage is applied across the polarographic sensor, the oxygen coming into contact with the cathode undergoes an electrolytic reduction which is converted into an electrical signal. The reduction of oxygen at the sensor is controlled by the level of polarization of the system and is maximal at 0.6–0.8 V, so the resulting electrical signal or current is directly proportional to oxygen concentration in the solution, which decreases with time as mitochondria activity consumes the oxygen contained in the air-tight chamber. We use the Hansatech respirometer and the Oroboros Oxygraph-2k, which operate with a chamber of 1 and 2 mL maximum capacity, respectively, and with a stirring magnet to homogenize the mitochondrial preparation and the oxygen contained in the media. Isolated mitochondria, permeabilized cells, or intact cells can be used, and a large numbers of substrates, inhibitors, or uncouplers can be easily added, although mitochondria analysis requires cell and tissue detachment and dissociation and only one or two samples can be measured at a time.

Monitoring of oxygen consumption can also be performed in the XF24 Extracellular Flux Analyzer systems (Seahorse Bioscience) with oxygen-sensing fluorophores in intact attached cells or isolated mitochondria in multiwell plates (Rogers et al., 2011; Salabei, Gibb, & Hill, 2014). This type of respirometer can be used for high-throughput drug screening but it is somehow less sensitive and it is limited by the number and type of substrates, inhibitors, or uncouplers that can be injected during the assay.

In this section, we describe a protocol for the measurement of respiration in purified mitochondria from mouse brain using a Hansatech respirometer and cellular respiration of intact cells using an Oroboros Oxygraph-2k for testing the effect of cannabinoids (THC or WIN55,212-2) on respiration.

3.1 Oxygen Consumption of Isolated Mitochondria

The rate of oxygen consumed by the mitochondria can be manipulated by adding suitable substrates to examine the capacity of the mitochondrial

ETC to maintain an electrochemical proton gradient across the mitochondrial inner membrane that may or may not be coupled to the synthesis of ATP. For instance, when purified brain mitochondria are added to the respiration medium, O_2 consumption by mitochondria is almost absent. After addition of substrates such as malate, pyruvate, and/or glutamate, a respiratory state is achieved that remains limited by low ATP synthase activity. In the presence of malate and pyruvate, addition of adenosine diphosphate (ADP) induces a respiration rate that represents the maximal coupled respiratory capacity of mitochondria dependent on complex I at saturating concentrations of ADP, inorganic phosphate, and oxygen. Addition of cannabinoid agonists to the respiration chamber before substrates and ADP will lead to a sAC-PKA-dependent decrease in the phosphorylation status of complex I and in its possibility to reach maximal oxidative phosphorylation (OXPHOS) capacity, compared to vehicle-treated mitochondria (Fig. 4) (Benard et al., 2012; Hebert-Chatelain et al., 2016).

Reagents:

- *Respiration buffer*: 75 m*M* Mannitol, 25 m*M* sucrose, 100 m*M* KCl, 10 m*M* Tris-phosphate, 10 m*M* 2-amino-2-(hydroxymethyl)-1,3-propanediol hydrochloride (Tris–HCl), 50 µ*M* EDTA, pH 7.4
- *Stock solutions of substrates*: Pyruvate 2 *M* (prepare fresh), malate 2 *M*; ADP 500 m*M* (add 0.6 mol of $MgCl_2$ per mol of ADP)

Method:

1. Calibrate the Hansatech respirometer according to manufacturer's instructions with the temperature set to 37°C.
2. Dilute isolated mitochondria (25–50 µg protein) in 500 µL of respiration buffer directly within the oxygraph chamber and wait for the traces to stabilize.
3. Add vehicle or CB1 agonist directly in the oxygraph chamber and wait for the traces to stabilize.
4. Add 5 m*M* of pyruvate and 2 m*M* of malate
5. Add 5 m*M* of ADP. After 2 min, note the respiration rates.

Notes:

Good mitochondrial preparations should have at least a twofold increase of respiration after addition of ADP. Any preparation responding less to ADP should be discarded (Brand & Nicholls, 2011). CB1 agonists should decrease respiration as compared to vehicle, in a dose-dependent

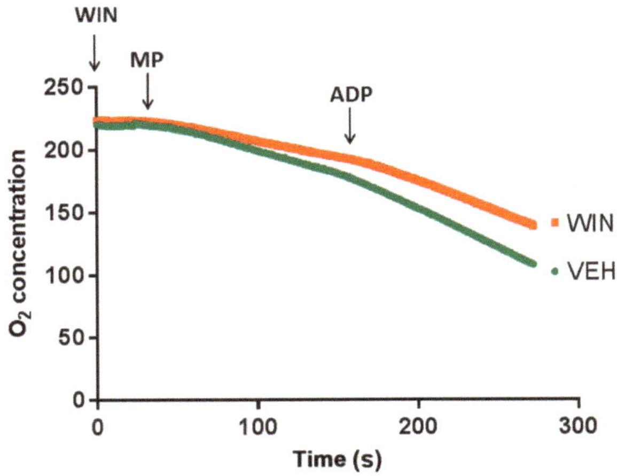

Fig. 4 CB1 agonist decreases oxygen consumption of brain purified mitochondria. Representative oxygen consumption of brain mitochondria purified from CB1-WT mice. The graph shows that O_2 concentration (nmol/mL) decreases when pyruvate (P), malate (M), and ADP are added, which corresponds to an increase in the respiration of mitochondria. Note that oxygen consumption must increase by twofold when ADP is added after pyruvate and malate. Addition of 100 n*M* WIN55,212-2 slows the oxygen consumption, as compared to vehicle (VEH: DMSO)-treated mitochondria. See the text for more details.

manner. In our hands, 800 n*M* THC and 100 n*M* (*R*)-(+)-[2,3-dihydro-5-methyl-3-(4-morpholinylmethyl)pyrrolo[1,2,3-*de*]-1,4-benzoxazin-6-yl]-1-naphthalenylmethanone mesylate (WIN55,212-2) significantly decrease respiration of brain purified mitochondria obtained from wild-type mice (Fig. 4), whereas they have no effect in mitochondria purified from *CB1*-KO mice (Benard et al., 2012; Hebert-Chatelain et al., 2016, 2014a).

The effects of different enzyme inhibitors on the CB1 agonist-dependent decrease of mitochondrial respiration can also be evaluated. For instance, we used the $G\alpha_{i/o}$ inhibitor pertussis toxin (1 μg/mL), the soluble adenylyl cyclase (sAC) inhibitor 2-(1*H*-benzimidazol-2-ylthio)-2-[(5-bromo-2-hydroxyphenyl) methylene]hydrazide (KH7) (5 μ*M*) and the protein kinase A (PKA) inhibitor *N*-[2-[[3-(4-bromophenyl)-2-propenyl]amino] ethyl]-5-isoquinolinesulfonamide (H89) (800 n*M*) added 5 min before the CB1 agonists. The sAC activator HCO_3^- (5 m*M*) and the PKA activator 8-Br-cAMP (500 μ*M*) can also be added directly within the chamber 5 min after the addition of ADP (Hebert-Chatelain et al., 2016). This will allow observing the impact of sAC and PKA inhibition and activation, respectively, following mtCB1 activation. These concentrations were selected because they did not affect per se mitochondrial respiration.

The same experimental conditions can be used to evaluate the levels of cyclic adenosine monophosphate (cAMP) and the activity of the PKA in mitochondria treated with CB1 agonists. In our laboratory, intramitochondrial cAMP levels are successfully evaluated using the Direct Correlate-EIA cAMP kit (Assays Designs Inc., USA), whereas the PKA activity is examined using the ELISA kit available at Enzo Life Science (Benard et al , 2012; Hebert-Chatelain et al., 2016). In these experiments, purified brain mitochondria are treated with drugs (i.e., CB1 agonists, PTX, KH7, H89, HCO_3^-, and 8-Br-cAMP) in the same conditions as described above at 37°C. Measurements are then performed according to the manufacturer's instructions.

3.2 Oxygen Consumption of Intact Cells

Intact cells represent a good model for monitoring mitochondrial activity as respiratory chain activity and ATP production remain integrated within cellular signaling pathways [e.g., phosphorylated extracellular signal-regulated kinase (p-ERK) signaling, glycolysis, lipid synthesis, Ca^{2+} entry and signaling, and others]. Also, the exchange of metabolites between cytoplasm and mitochondria, which is essential for the endogenous control of the ETC, remains intact. Moreover, the mitochondrial network dynamics and the connections between mitochondria and other organelles, which together form integral regulatory elements of the ETC, are also maintained in intact cells. The use of intact cells combined with transient gene expression is advantageous in terms of speed and versatility We commonly use the human cell lines HEK-293 and HeLa because of their good transfection rates and ability to grow in different media, although transient expression in primary neurons and astrocytes is also possible. Here we describe a protocol to evaluate cellular respiration using the Oroboros Oxygraph-2k.

Reagents and Buffers:

1. *Transfection reagent*: Polyethylenimine (PEI) 25 kDa linear from Polysciences (cat# 23966–2). To make a stock solution, dissolve 1 µg/µL of PEI in endotoxin-free dH_2O that has been heated to ~80°C. Let cool to room temperature and neutralize to pH 7.0. Filter sterilize (0.22 µm), aliquot and store at −20°C.
2. Serum-free Dulbecco's modified Eagle's medium (DMEM) w/o phenol red (OptiMEM).

3. *Cell growth medium*: DMEM supplemented with 10% fetal bovine serum (FBS), 4.5 g/L glucose, 2 m*M* glutamine, 1 m*M* pyruvate, nonessential amino acids found in the standard minimum essential medium (MEM NEAA), 100 U/mL penicillin/streptomycin.
4. *Stock solutions of drugs/inhibitors*: 5 m*M* oligomycin; 0.5 m*M* carbonyl cyanide *p*-(trifluoromethoxy) phenyl-hydrazone (FCCP); 1 m*M* rotenone; 5 m*M* antimycin A.

3.2.1 Transfection of Cells:

Procedure:

1. Split and seed cells 1–2 days before transfection. The seeding density depends on the growth rate specific to each cell line and container size. We commonly use the following cell densities for HeLa or HEK-293 cells:
   a. 6-well dish: 0.5×10^6 cells
   b. 10 cm dish: 5.0×10^6 cells
   c. 15 cm dish: 10.0×10^6 cells
2. Prior to transfection bring all reagents to room temperature.
3. In a sterile tube, dilute total plasmid DNA (μg) in OptiMEM (volume of media is 10% of final volume in culture vessel). We use the following OptiMEM and plasmid quantities:
   a. 6-well dish: 200 μL + 3 μg of total DNA
   b. 10 cm dish: 1 mL + 7–8 μg of total DNA
   c. 15 cm dish: 2 mL + 11–12 μg of total DNA
4. Add PEI (1 μg/μL) to the diluted DNA. Mix immediately by vortexing. The volume of PEI used is based on a 3:1 ratio of PEI (μg):DNA (μg).
   a. 6-well dish: 9 μL of PEI
   b. 10 cm dish: 21 μL of PEI
   c. 15 cm dish: 33 μL of PEI
5. Incubate 15 min at room temperature.
6. Add DNA/PEI mixture dropwise to cells. Swirl gently to mix.
7. Forty-eight hours after transfection, replace the old media with media supplemented with 100 n*M* WIN55,212-2 or 800 n*M* THC (or respective vehicle) and incubate for 30 min. Cells should be >80% confluent 48 h after transfection.
8. Harvest treated transfected cells by scrapping the cells from the petri dish. Count the cells and suspend at a density of 1×10^6 cells/mL in growth media still supplemented with cannabinoids or vehicle.
9. Proceed immediately to measure mitochondrial respiration.

3.2.2 Cellular Respiration Using the Oroboros Oxygraph-2k

Procedure:

1. Calibrate the Oxygraph-2k according to manufacturer's instructions (http://www.oroboros.at/?MiPNet-protocols) with the temperature set to 37°C.
2. Add 2×10^6 cells to the respiration chamber.
3. Measure basal respiration when the O_2 consumption rate has stabilized.
4. To measure different respiratory states and the different components of the oxidative phosphorylation process, oligomycin (2 μg/mL) and FCCP (0.5 μ*M*) can be added subsequently into the chamber to measure leak respiration and uncoupled respiration, respectively (see Hebert Chatelain, Dupuy, Letellier, & Dachary-Prigent, 2011; Hebert-Chatelain et al., 2012 for more details). To measure maximal uncoupled respiration, 0.1 μ*M* of FCCP should be added stepwise.
5. Finally, add rotenone (0.5 μ*M*) and antimycin A (2.5 μ*M*) to evaluate nonmitochondrial respiration.

Notes:

The protocol described in this section can also be adapted to permeabilized cells. As with intact cells, the mitochondria of permeabilized cells are structurally intact as they maintain their association with the cytoskeleton and the endoplasmic reticulum. For permeabilization, cells should be resuspended in a different respiration medium [110 m*M* sucrose, 20 m*M* hydroxyethyl piperazineethanesulfonic acid (HEPES), 10 m*M* K_2HPO_4, 60 m*M* K-lactobionate, 3 m*M* $MgCl_2$, 0.5 m*M* ethylene glycol-bis (β-aminoethyl ether)-*N*,*N*,*N*′,*N*′-tetraacetic acid (EGTA)], added to the respiration chamber, and permeabilized with 10 μg of digitonin per million cells. Selective digitonin permeabilization of the plasma membrane allows supplying substrates directly to the mitochondria to analyze the ETC at the level of different respiratory complexes in a similar manner as described in Section 3.2 for isolated mitochondria.

4. IMPACT OF mtCB1 ON COMPLEX I ACTIVITY

We previously showed that activation of mtCB1 decreases the activity of complex I of the ETC. Evaluating the impact of CB1 agonists on complex I activity is another reliable mean to evaluate the impact of mtCB1 activation.

Complex I oxidizes NADH into NAD^+, which is coupled to the reduction of ubiquinone. The rate of this reaction is analyzed by the measurement of NADH disappearance, which is spectrophotometrically detected at 340 nm. The enzymatic activity of the complex I can be performed in multiple types of samples, e.g., fresh and thawed cells/tissue or fresh mitochondria. Here, we describe our method to evaluate the enzymatic activity of complex I from fresh brain mitochondria (Hebert-Chatelain et al., 2016; Hebert Chatelain et al., 2011).

Buffers and Reagents:

- *Reaction medium*: 50 m*M* K_2HPO_4, 2.5 mg/mL BSA, 0.1 m*M* ubiquinone, pH 7.2.
- *Reagents* (prepare freshly): 10 m*M* NADH, 2 mg/mL rotenone.

Procedure:

1. Add 50 μg of mitochondria in 1 mL of reaction medium.
2. Add the CB1 agonists and other drugs related to the mtCB1 signaling (i.e., PTX, KH7, H89, HCO_3^-, and 8-Br-cAMP, see above for concentrations) and incubate during 5 min at 37°C.
3. Initiate the reaction by adding 0.1 m*M* NADH and follow the absorbance at 340 nm during 5 min. The rate of absorbance disappearance should be linear for the whole duration of the measurements.
4. The same experiments should be performed in parallel with samples treated with 1 μL of rotenone in order to calculate the NADH oxidation not dependent of complex I.

Note:

Under our experimental conditions, the reaction is linear for at least 15 min (Fig. 5). Enzymatic activity of complex I can then be calculated using the NADH extinction coefficient (ε(NADH) = 6.22 m*M*/cm).

5. IMPACT OF mtCB1 ON ATP LEVELS

Mitochondria are one of the most important energy converters in cells. They couple the oxidation of nutrients (directly or indirectly) to the production of ATP. Therefore, evaluating cellular and mitochondrial ATP levels can give a reliable idea of mitochondrial metabolism. Here, we describe a protocol to evaluate ATP levels in cells, using the bioluminescent ATP kit HS II (Roche) (Hebert-Chatelain et al., 2016, 2012; Jose et al., 2011; Melser et al., 2013).

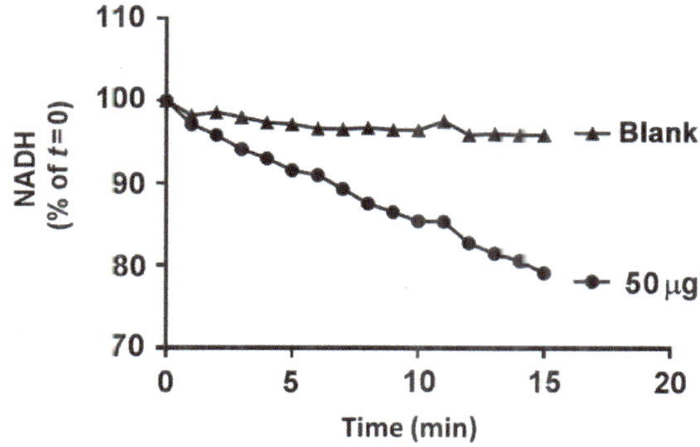

Fig. 5 Following NADH to measure complex I activity. The complex I oxidizes NADH into NAD^+. It is therefore possible to evaluate the activity of the complex I by following the disappearance of NADH over time in the presence of mitochondria (here, 50 μg). Levels of NADH can be followed spectrophotometrically using a wavelength of 340 nm. The specificity of this reaction is shown by the absence of variation in absorbance when no mitochondria are added, or when mitochondria are treated with the complex I inhibitor rotenone (not shown). The activity of complex I decreases when brain purified mitochondria obtained from CB1-WT mice are pretreated with CB1 agonists (see the text for more details).

Procedure:

1. Prepare the reagents as indicated in the manufacturer's instructions.
2. Prepare the appropriate amount of cells and treat with CB1 agonists and other drugs, as indicated earlier. Note that the required amount of cells can change according to the cell type and should be determined a priori. In our laboratory, 50,000–200,000 cells in a volume of 50 μL work with a variety of cell types.
3. After treatment, lyse cells with an equal volume of lysis buffer (provided in the kit) during 20 min at room temperature.
4. Set the luminometer to inject 100 μL of luciferine/luciferase solution, incubate during 10 s and measure bioluminescence during 1 s (integration time).
5. Standardization must be performed using different known quantities of standard ATP provided with the kit.

Note:

Levels of ATP derived from glycolysis and mitochondria can be evaluated using appropriate inhibitors. Treating cells with 5 μ*M* iodoacetate or 5 μ*M* rotenone during 20 min at 37°C will reveal glycolytic and mitochondrial ATP levels, respectively.

6. IMPACT OF mtCB1 ON MITOCHONDRIAL MOBILITY IN NEURONS

Activation of mtCB1 decreases mitochondrial trafficking in neurons (Hebert-Chatelain et al., 2016). Primary hippocampal neurons are particularly useful to analyze mitochondrial trafficking because the movement of mitochondria at axons is uniform and bidimensional (Zhou, Lin, Sun, Knight, & Sheng, 2014). Here, we describe a method to accurately examine the mitochondrial mobility in neurons expressing different mutants of CB1. These experiments can be conducted on wild-type hippocampal neurons. However, in order to compare the functions of wild-type and mutant forms of CB1 (Hebert-Chatelain et al., 2016), we generally start from primary cultures from post-natal CB1-KO mice, which are then transfected with wild-type or mutant CB1 protein.

6.1 Preparation of Primary Hippocampal Cultures

Reagents:

- Neural Tissue Dissociation Kit—Postnatal Neurons (Milteny Biotec, 130-094-802).
- *Culture medium.* Neurobasal-A Medium supplemented with 2 m*M* L-glutamine, 120 μg/mL penicillin, 200 μg/mL streptomycin, and 50 × B27 supplement. This solution should be prepared weekly, filter sterilized using a 0.22-μm filter and kept at 4°C.
- *Dissection medium.* Phosphate-buffered saline (PBS), pH 7.4 with 0.6% D-(+)-glucose, and 0.5% BSA. This solution should be prepared weekly, filter sterilized using a 0.22-μm filter and kept at 4°C.
- *Borate buffer:* 0.1 *M* boric acid, pH 8.5. This solution must be filter sterilized using a 0.22-μm filter and kept at 4°C.
- 10 × Poly-L-lysine solution in Borate Buffer. Keep at 4°C. 5 mg/mL Poly-L-lysine hydrobromide.

Procedure:

1. At least 3 h before the plating, coat 35 mm glass-bottom dishes with 0.5 mg/mL poly-L-lysine in Borate Buffer. Before seeding, wash plates twice with PBS.
2. Decapitate CB1-KO P0–P1 mice and extract the brain in cold dissection medium. Keep on ice.
3. Isolate the cortex by removing the diencephalon completely under the binocular dissecting microscope in cold dissection medium.

4. Carefully remove the meninges with a couple of sharp tweezers and dissect the hippocampi.
5. Collect hippocampi in dissection medium on ice and place them in a 15-mL tube.
6. Aspirate as much of the dissection medium as possible and proceed as indicated in the manufacturer's instruction of the Neural Dissociation Kit for Brain tissue (*step 6–14*).
7. Resuspend cells in 1 mL of culture medium by gently pipetting up and down with a 1-mL pipette. Do not vortex cells.
8. Count cells (around 1×10^6 cells per mouse should be obtained) and seed cells at a density of 1.2×10^6 cells per coated dish. It is important to have a good confluence as the cells will survive better, especially in postnatal stages.

6.2 Transfection of Primary Neurons

Neurons are transfected at 4–5 days in vitro using a calcium phosphate method (Jiang & Chen, 2006). The efficiency of transfection using this method is generally quite low, which allows good isolation of few single transfected neurons per plate for microscopy.

Buffers and Reagents:

- DMEM.
- Calcium solution (filter sterilize using a 0.22-μm filter and keep at 4°C) 2.5 *M* $CaCl_2$.
- 2× HEPES-buffered saline buffer: 10 m*M* KCl, 280 m*M* NaCl, 42 m*M* HEPES, 1.5 m*M* $Na_2HPO_4 \cdot 2H_2O$, 15 m*M* D-(+)-glucose, pH 7.05–7.07. Filter sterilize using a 0.22 μm filter. Keep at 4°C. This solution can be keep at least 1 year.

Procedure:

1. Collect the culture medium from the dishes and store it for later use.
2. Wash neurons with DMEM. After, add 1 mL of DMEM and incubate 1 h at 37°C and 5% CO_2 before adding the precipitate solution (from step 5).
3. Prepare 80 μL of DNA/$CaCl_2$ mix per transfection (adjust the volume for the number of wells):
   - X μL of H_2O (variable volume depending of the DNA concentration).
   - 8 μL of 2.5 *M* $CaCl_2$.
   - 5.33 μg desired construct (GFP, CB1-GFP, or DN22-GFP) + 2.66 μg pDsred2-mito (Total amount of DNA per well will be 6 μg).
   - Adjust the volume with H_2O.

4. Add 70 μL of DNA mix dropwise to 70 μL of 2 × HEPES-buffered saline (at room temperature) while agitating the tube. Immediately agitate vigorously or vortex it.
5. Place in the dark for 30 min at room temperature. Incubation of the DNA with 2 × HEPES-buffered saline and of neurons with DMEM should end at the same time.
6. Add 120 μL of precipitate solution dropwise over the dish meanwhile gently agitating it for an even distribution.
7. Incubate neurons for 15 min at 37°C and 5% CO_2. Check under a phase contrast microscope to assess DNA precipitates that appear as black sandy precipitates.
8. Wash cells twice with DMEM then replace with culture medium (half fresh/half stored from the step 1) and incubate for 72–96 h.

6.3 Image Acquisition

Procedure:

1. Neurons are cultured for 7–9 days in vitro (72–96 h after transfection) before imaging. Culture medium is used to avoid changes of basal conditions in the neurons. It is important to keep the cultures at 37°C and 5% CO_2 during time-lapse image acquisition.
2. Axons are recognized in green (488 nm laser) by their morphology (long, thin, and sparse branches) and they can be tracked until the growth cone to evaluate the healthiness of the neuron. They should present filopodia and not collapsed morphology. Axons are recorded in the intermediate segment (200–400 μm far from the soma) avoiding ramifications.
3. Mitochondria in red (561 nm laser) are vesicular and show movement in control conditions visible under the microscope (0.5–0.8 μm/s). Excess of rounded, fragmented, or not moving mitochondria might indicate neuronal suffering and is used as exclusion factor.
4. Time-lapse series of image stacks composed of six images (512 × 512 pixels) are taken every 3 s for 15 min.
5. After recording mitochondrial movement in untreated neurons, CB1 agonists should be applied dropwise directly in the media. In our laboratory, we add 1 μM 1,1-dimethylheptyl-11-hydroxy-tetrahydrocannabinol (HU210) (final concentration) (Hebert-Chatelain et al., 2016) immediately after the first recording. 15 min. Later the same neuron is imaged for another 15 min. This enables to compare the effect of CB1 agonists before and after the treatment on the same neuron. The drug should be

freshly diluted each day in culture medium and kept at 37°C just before adding to the culture medium.

6. Time lapse is recorded using an inverted confocal microscope and a 63 × (oil) objective.

6.4 Analysis of Mitochondrial Mobility

Procedure:

1. All stacks obtained are first processed with MetaMorph software.
2. Image stacks are then processed, analyzed and the video compilation done and edited with ImageJ software (https://imagej.nih.gov/ij).
3. Kymographs should be generated with the KymoToolBox Plugin (Zala et al., 2013).
4. The mobility of the mitochondria is manually quantified selecting all the segments (changes in movement) from each mitochondrion. Vertical lines represent stationary mitochondria and diagonal lines represent the movement of the organelle (Fig. 6). A mitochondrion is considered

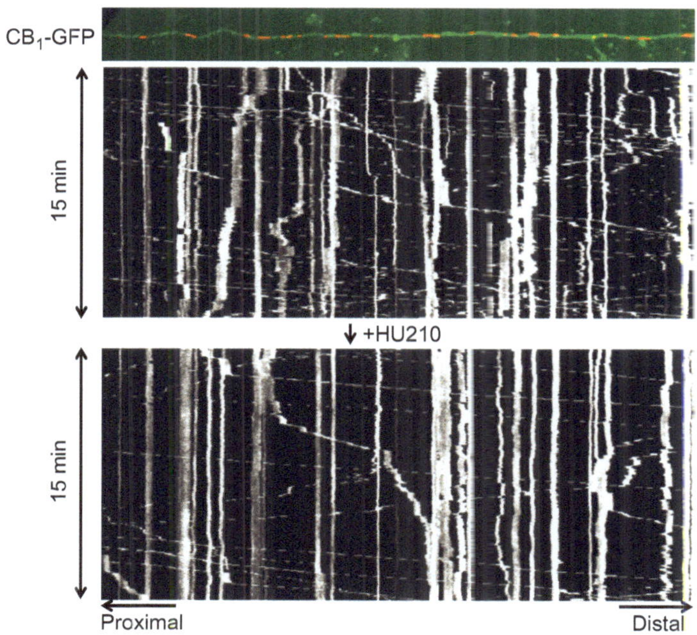

Fig. 6 CB1 agonists impact on mitochondrial mobility in primary neurons expressing CB1. Representative confocal image of an axon from a primary neurons from CB1-KO mice expressing CB1-GFP (*green*) and pDsred2-mito (*red*) and corresponding kymographs; showing that the CB1 agonist HU210 (1 μ*M*) reduces mitochondrial mobility. Within kymographs, *vertical lines* represent stationary mitochondria, and *diagonal lines* represent mobile mitochondria. See the text for more details.

mobile when it moves more than 5 μm during the time of recording and faster than 0.05 μm/s.

5. Distances and speeds of retrograde and anterograde transport and dwelling time are measured separately from the corresponding kymographs, as previously described (Courchet et al., 2013; De Vos & Sheetz, 2007).

7. CONCLUSIONS

In this chapter, we describe some of the key methods to study the functions of mtCB1 receptors. Because of the interest of our team in brain functioning, these protocols were particularly designed for studying brain mitochondria, but they can be adapted to different tissues (Mendizabal-Zubiaga et al., 2016). It should nevertheless be noted that specialized cell types are found within specific organs, which require specific mitochondrial functions. Therefore, care should be taken to consider "mitochondria" not as organelles endowed with "intrinsic" properties common to all of them, but rather as organelles having specific "emerging" features defined by the cellular environment and the cellular requirements. In other words, mitochondria of specific cell types with particular bioenergetic demands are different organelles as compared to those of other cells or conditions. This apparently obvious consideration is not yet fully accepted by the research community, where there seem to be a tendency to assimilate mitochondria to common functional units possessing features that are independent from their cellular source. We argue that, mitochondria should be considered as heterogeneous organelles, having likely more "emerging" than "intrinsic" properties and functions. This is particularly relevant for organs characterized by extreme diversity of cell types and ever-changing cellular conditions like the brain. For instance, mitochondria localized in excitatory or inhibitory neurons and, within the same neuron, mitochondria located at cell bodies, dendrites, spines, axons, or terminals are likely all characterized by different functional features and regulatory processes. Studying this heterogeneity is of course an enormous experimental challenge, because it requires the possibility to dissect each "mitochondrial type," possibly in living and behaving animals. In this context, the direct link between CB1 receptors and mitochondria might represent an opportunity to further dissect specific bioenergetic processes. We consider that the study of the impact of CB1 receptors on bioenergetic processes represents a novel exciting field of research that is only at the beginning of its development and that will provide many surprises in the coming years. This chapter summarizes a few methodological issues to address this question in the hope that more and more scientists become interested to test and improve upon this challenging line of research.

ACKNOWLEDGMENTS

We thank D. Gonzales, N. Aubailly and all the personnel of the Animal Facility of the NeuroCentre Magendie, the personnel of the Bordeaux Imaging Center and Jean-Michel Blanc from the Plateforme Biochimie, Neurocentre Magendie. Support from: INSERM, EU–Fp7 (PAINCAGE, HEALTH-603191), Fondation pour la Recherche Medicale (DRM20101220445 and DPP20151033974), Human Frontiers Science Program (RGP0036/2014), European Research Council (Endofood, ERC–2010–StG–260515 and CannaPreg, ERC-2014-PoC-640923), Region Nouvelle Aquitaine, Agence Nationale de la Recherche (ANR Blanc NeuroNutriSens ANR-13-BSV4-0006, BRAIN ANR-10-LABX-0043, and ANR Blanc ORUPS ANR-16-CE37-0010-01), Basque Government (BCG IT764-13), MINECO/FEDER, UE (SAF2015-65034-R), Red de Trastornos Adictivos UE/ERDF (RD16/0017/0012), Alzheimer Society of Canada, Brain Canada, Natural Sciences and Engineering Research Council, Canadian Breast Cancer Foundation, New Brunswick Innovation Foundation, New Brunswick Health Research Foundation and Université de Moncton. The authors declare no competing financial interests.

REFERENCES

Adams, R. (1942). Marihuana: Harvey lecture, February 19, 1942. *Bulletin of the New York Academy of Medicine*, *18*(11), 705–730.

Aquila, S., Guido, C., Santoro, A., Perrotta, I., Laezza, C., Bifulco, M., et al. (2010). Human sperm anatomy: Ultrastructural localization of the cannabinoid1 receptor and a potential role of anandamide in sperm survival and acrosome reaction. *Anatomical Record (Hoboken, NJ: 2007)*, *293*(2), 298–309.

Bartova, A., & Birmingham, M. K. (1976). Effect of delta9-tetrahydrocannabinol on mitochondrial NADH-oxidase activity. *The Journal of Biological Chemistry*, *251*(16), 5002–5006.

Bauer, M., Chicca, A., Tamborrini, M., Eisen, D., Lerner, R., Lutz, B., et al. (2012). Identification and quantification of a new family of peptide endocannabinoids (Pepcans) showing negative allosteric modulation at CB1 receptors. *The Journal of Biological Chemistry*, *287*(44), 36944–36967.

Benard, G., Massa, F., Puente, N., Lourenco, J., Bellocchio, L., Soria-Gomez, E., et al. (2012). Mitochondrial CB(1) receptors regulate neuronal energy metabolism. *Nature Neuroscience*, *15*(4), 558–564.

Bino, T., Chari-Bitron, A., & Shahar, A. (1972). Biochemical effects and morphological changes in rat liver mitochondria exposed to 1-tetrahydrocannabinol. *Biochimica et Biophysica Acta*, *288*(1), 195–202.

Brand, M. D., & Nicholls, D. G. (2011). Assessing mitochondrial dysfunction in cells. *The Biochemical Journal*, *435*(2), 297–312.

Campbell, V. A. (2001). Tetrahydrocannabinol-induced apoptosis of cultured cortical neurones is associated with cytochrome c release and caspase-3 activation. *Neuropharmacology, 40*(5), 702–709.

Chari-Bitron, A., & Bino, T. (1971). Effect of 1-tetrahydrocannabinol on ATPase activity of rat liver mitochondria. *Biochemical Pharmacology, 20*(2), 473–475.

Coene, E. D., Shaw, M. K., & Vaux, D. J. (2008). Anti-biotin antibodies offer superior organelle-specific labelling of mitochondria over avidin or streptavidin. *Methods in Molecular Biology, 418*, 157–170.

Courchet, J., Lewis, T. L., Jr., Lee, S., Courchet, V., Liou, D. Y., Aizawa, S., et al. (2013). Terminal axon branching is regulated by the LKB1-NUAK1 kinase pathway via presynaptic mitochondrial capture. *Cell, 153*(7), 1510–1525.

De Vos, K. J., & Sheetz, M. P. (2007). Visualization and quantification of mitochondrial dynamics in living animal cells. *Methods in Cell Biology, 80*, 627–682.

Devane, W. A., Hanus, L., Breuer, A., Pertwee, R. G., Stevenson, L. A., Griffin, G., et al. (1992). Isolation and structure of a brain constituent that binds to the cannabinoid receptor. *Science, 258*(5090), 1946–1949.

Di Marzo, V., Fontana, A., Cadas, H., Schinelli, S., Cimino, G., Schwartz, J. C., et al. (1994). Formation and inactivation of endogenous cannabinoid anandamide in central neurons. *Nature, 372*(6507), 686–691.

Freund, T. F., Katona, I., & Piomelli, D. (2003). Role of endogenous cannabinoids in synaptic signaling. *Physiological Reviews, 83*(3), 1017–1066.

Gaoni, Y., & Mechoulam, R. (1964). Isolation, structure and partial synthesis of an active constituent of hashish. *Journal of the American Chemical Society, 86*(8), 1646–1647.

Hebert Chatelain, E., Dupuy, J. W., Letellier, T., & Dachary-Prigent, J. (2011). Functional impact of PTP1B-mediated Src regulation on oxidative phosphorylation in rat brain mitochondria. *Cellular and Molecular Life Sciences, 68*(15), 2603–2613.

Hebert-Chatelain, E., Desprez, T., Serrat, R., Bellocchio, L., Soria-Gomez, E., Busquets-Garcia, A., et al. (2016). A cannabinoid link between mitochondria and memory. *Nature, 539*(7630), 555–559.

Hebert-Chatelain, E., Jose, C., Gutierrez Cortes, N., Dupuy, J.-W., Rocher, C., Dachary-Prigent, J., et al. (2012). Preservation of NADH ubiquinone-oxidoreductase activity by Src kinase-mediated phosphorylation of NDUFB10. *Biochimica et Biophysica Acta-Bioenergetics, 1817*(5), 718–725.

Hebert-Chatelain, E., Reguero, L., Puente, N., Lutz, B., Chaouloff, F., Rossignol, R., et al. (2014a). Cannabinoid control of brain bioenergetics: Exploring the subcellular localization of the CB1 receptor. *Molecular Metabolism, 3*(4), 495–504.

Hebert-Chatelain, E., Reguero, L., Puente, N., Lutz, B., Chaouloff, F., Rossignol, R., et al. (2014b). Studying mitochondrial CB1 receptors: Yes we can. *Molecular Metabolism, 3*(4), 339.

Hollinshead, M., Sanderson, J., & Vaux, D. J. (1997). Anti-biotin antibodies offer superior organelle-specific labeling of mitochondria over avidin or streptavidin. *The Journal of Histochemistry and Cytochemistry: Official Journal of the Histochemistry Society, 45*(8), 1053–1057.

Howlett, A. C. (1987). Cannabinoid inhibition of adenylate cyclase: Relative activity of constituents and metabolites of marihuana. *Neuropharmacology, 26*(5), 507–512.

Howlett, A. C., Barth, F., Bonner, T. I., Cabral, G., Casellas, P., Devane, W. A., et al. (2002). International Union of Pharmacology. XXVII. Classification of cannabinoid receptors. *Pharmacological Reviews, 54*(2), 161–202.

Hua, T., Vemuri, K., Pu, M., Qu, L., Han, G. W., Wu, Y., et al. (2016). Crystal structure of the human cannabinoid receptor CB1. *Cell, 167*(3), 750–762. e14.

Jiang, M., & Chen, G. (2006). High Ca2+−phosphate transfection efficiency in low-density neuronal cultures. *Nature Protocols, 1*(2), 695–700.

Jose, C., Hebert-Chatelain, E., Bellance, N., Larendra, A., Su, M., Nouette-Gaulain, K., et al. (2011). AICAR inhibits cancer cell growth and triggers cell-type distinct effects on OXPHOS biogenesis, oxidative stress and Akt activation. *Biochimica et Biophysica Acta, 1807*(6), 707–718.

Kimura, T., Cheng, K., Rice, K. C., & Gawrisch, K. (2009). Location, structure, and dynamics of the synthetic cannabinoid ligand CP-55,940 in lipid bilayers. *Biophysical Journal, 96*(12), 4916–4924.

Koch, M., Varela, L., Kim, J. G., Kim, J. D., Hernandez-Nuno, F., Simonds, S. E., et al. (2015). Hypothalamic POMC neurons promote cannabinoid-induced feeding. *Nature, 519*(7541), 45–50.

Lai, J. C., & Clark, J. B. (1979). Preparation of synaptic and nonsynaptic mitochondria from mammalian brain. *Methods in Enzymology, 55*, 51–60.

Mahoney, J. M., & Harris, R. A. (1972). Effect of 9 -tetrahydrocannabinol on mitochondrial precesses. *Biochemical Pharmacology, 21*(9), 1217–1226.

Marsicano, G., Wotjak, C. T., Azad, S. C., Bisogno, T., Rammes, G., Cascio, M. G., et al. (2002). The endogenous cannabinoid system controls extinction of aversive memories. *Nature, 418*(6897), 530–534.

Matsuda, L. A., Lolait, S. J., Brownstein, M. J., Young, A. C., & Bonner, T. I. (1990). Structure of a cannabinoid receptor and functional expression of the cloned cDNA. *Nature, 346*(6284), 561–564.

Mattson, M. P., Gleichmann, M., & Cheng, A. (2008). Mitochondria in neuroplasticity and neurological disorders. *Neuron, 60*(5), 748–766.

Mechoulam, R., Ben-Shabat, S., Hanus, L., Ligumsky, M., Kaminski, N. E., Schatz, A. R., et al. (1995). Identification of an endogenous 2-monoglyceride, present in canine gut, that binds to cannabinoid receptors. *Biochemical Pharmacology, 50*(1), 83–90.

Melser, S., Chatelain, E. H., Lavie, J., Mahfouf, W., Jose, C., Obre, E., et al. (2013). Rheb regulates mitophagy induced by mitochondrial energetic status. *Cell Metabolism, 17*(5), 719–730.

Mendizabal-Zubiaga, J., Melser, S., Benard, G., Ramos, A., Reguero, L., Arrabal, S., et al. (2016). Cannabinoid CB1 receptors are localized in striated muscle mitochondria and regulate mitochondrial respiration. *Frontiers in Physiology, 7*, 476.

Morozov, Y. M., Dominguez, M. H., Varela, L., Shanabrough, M., Koch, M., Horvath, T. L., et al. (2013). Antibodies to cannabinoid type 1 receptor co-react with stomatin-like protein 2 in mouse brain mitochondria. *The European Journal of Neuroscience, 38*(3), 2341–2348.

Munro, S., Thomas, K. L., & Abu-Shaar, M. (1993). Molecular characterization of a peripheral receptor for cannabinoids. *Nature, 365*(6441), 61–65.

Nobelprize. (2014). *The nobel prize in chemistry 2012—Advanced information. www.nobelprize.org.*

Pacher, P., Batkai, S., & Kunos, G. (2006). The endocannabinoid system as an emerging target of pharmacotherapy. *Pharmacological Reviews, 58*(3), 389–462.

Pesta, D., & Gnaiger, E. (2012). High-resolution respirometry: OXPHOS protocols for human cells and permeabilized fibers from small biopsies of human muscle. *Methods in Molecular Biology, 810*, 25–58.

Piomelli, D. (2003). The molecular logic of endocannabinoid signalling. *Nature Reviews. Neuroscience, 4*(11), 873–884.

Rangaraju, V., Calloway, N., & Ryan, T. A. (2014). Activity-driven local ATP synthesis is required for synaptic function. *Cell, 156*(4), 825–835.

Rogers, G. W., Brand, M. D., Petrosyan, S., Ashok, D., Elorza, A. A., Ferrick, D. A., et al. (2011). High throughput microplate respiratory measurements using minimal quantities of isolated mitochondria. *PloS One, 6*(7), e21746.

Rozenfeld, R., & Devi, L. A. (2008). Regulation of CB1 cannabinoid receptor trafficking by the adaptor protein AP-3. *The FASEB Journal, 22*(7), 2311–2322.

Russo, E. B., Jiang, H. E., Li, X., Sutton, A., Carboni, A., del Bianco, F., et al. (2008). Phytochemical and genetic analyses of ancient cannabis from Central Asia. *Journal of Experimental Botany, 59*(15), 4171–4182.

Salabei, J. K., Gibb, A. A., & Hill, B. G. (2014). Comprehensive measurement of respiratory activity in permeabilized cells using extracellular flux analysis. *Nature Protocols, 9*(2), 421–438.

Schurr, A., & Livne, A. (1975). Proceedings: Differential inhibition of mitochondrial monoamine oxidase from brain by hashish components. *Israel Journal of Medical Sciences, 11*(11), 1188.

Shao, Z., Yin, J., Chapman, K., Grzemska, M., Clark, L., Wang, J., et al. (2016). High-resolution crystal structure of the human CB1 cannabinoid receptor. *Nature, 540*, 602–606.

Sugiura, T., Kondo, S., Sukagawa, A., Nakane, S., Shinoda, A., Itoh, K., et al. (1995). 2-Arachidonoylglycerol: A possible endogenous cannabinoid receptor ligand in brain. *Biochemical and Biophysical Research Communications, 215*(1), 89–97.

Vallee, M., Vitiello, S., Bellocchio, L., Hebert-Chatelain, E., Monlezun, S., Martin-Garcia,-E., et al. (2014). Pregnenolone can protect the brain from cannabis intoxication. *Science, 343*(6166), 94–98.

Wikipedia. (2017). *G protein-coupled receptor.*

Zala, D., Hinckelmann, M. V., Yu, H., Lyra da Cunha, M. M., Liot, G., Cordelieres, F. P., et al. (2013). Vesicular glycolysis provides on-board energy for fast axonal transport. *Cell, 152*(3), 479–491.

Zhou, B., Lin, M. Y., Sun, T., Knight, A. L., & Sheng, Z. H. (2014). Characterization of mitochondrial transport in neurons. *Methods in Enzymology, 547*, 75–96.

CHAPTER EIGHT

Modeling Neurodegenerative Disorders for Developing Cannabinoid-Based Neuroprotective Therapies

Javier Fernández-Ruiz[*,†,‡,1], **María Gómez-Ruiz**[*,†,‡,§], **Concepción García**[*,†,‡], **Mariluz Hernández**[*,†,‡,§], **José A. Ramos**[*,†,‡]

[*]Instituto Universitario de Investigación en Neuroquímica, Facultad de Medicina, Universidad Complutense, Madrid, Spain
[†]Centro de Investigación Biomédica en Red de Enfermedades Neurodegenerativas (CIBERNED), Madrid, Spain
[‡]Instituto Ramón y Cajal de Investigación Sanitaria (IRYCIS), Madrid, Spain
[§]Facultad de Psicología, Universidad Complutense, Madrid, Spain
[1]Corresponding author: e-mail addresses: jjfr@med.ucm.es; j.fernandez-ruiz@ciberned.es

Contents

Abstract

The increase in lifespan during the last 50 years, mainly in developed countries, has originated a progressive elevation in the incidence of chronic neurodegenerative disorders, for which aging is the key risk factor. This fact will definitively become the major biomedical challenge during the present century, in part because the expectation of a persisting elevation in the population older than 65 years over the whole population and, on the other hand, because the current lack of efficacious therapies to control these disorders despite years of intense research. This chapter will address this question and will stress the urgency of developing better neuroprotective and neurorepair strategies

Methods in Enzymology, Volume 593
ISSN 0076-6879
http://dx.doi.org/10.1016/bs.mie.2017.06.021

that may delay/arrest the progression of these disorders, reviewing the major needs to solve the causes proposed for the permanent failures experienced in recent years, e.g., to develop multitarget strategies, to use more predictive experimental models, and to identify early disease biomarkers. This chapter will propose the cannabinoids and their classic (e.g., endocannabinoid receptors and enzymes) and nonclassic (e.g., peroxisome proliferator-activated receptors, transcription factors) targets as a useful strategy for developing novel therapies for these disorders, based on their broad-spectrum neuroprotective profile, their activity as an endogenous protective system, the location of the endocannabinoid targets in cell substrates critical for neuronal survival, and their ability to serve for preservation and rescue, but also for repair and/or replacement, of neurons and glial cells against cytotoxic insults.

ABBREVIATIONS

AD Alzheimer's disease
2-AG 2-Arachidonoylglycerol
ALS amyotrophic lateral sclerosis
AMPA α-amino-3-hydroxy-5-methyl-4-isoxazolepropionic acid
BBB blood–brain barrier
CB_1 cannabinoid type-1 receptor
CB_2 cannabinoid type-2 receptor
CBD cannabidiol
CBN cannabinol
CNS central nervous system
COX-2 cyclooxygenase-2
CRISPR clustered regularly interspaced short palindromic repeats
CSF cerebrospinal fluid
FAAH fatty acid amide hydrolase
FDG fluorodeoxyglucose
GABA gamma-aminobutyric acid
HD Huntington's disease
IL interleukin
iNOS inducible nitric oxide synthase
MAGL monoacylglycerol lipase
MRI magnetic resonance imaging
NF-κB nuclear factor kappa-light-chain-enhancer of activated B cells
NMDA *N*-methyl-D-aspartate receptor
Nrf-2 nuclear factor erythroid 2-related factor 2
PD Parkinson's disease
PET positron emission tomography
PPAR peroxisome proliferator-activated receptor
PPAR-γ peroxisome proliferator-activated receptor gamma
SOD-1 superoxide dismutase-1
Δ^9-THC Δ^9-tetrahydrocannabinol
TNF-α tumor necrosis factor alpha

1. INTRODUCTION

Among the different functions assigned to the endocannabinoid signaling system in central nervous system (CNS), the control of nerve cell homeostasis and integrity, as well as the regulation of their decision to die or to survive under certain unfavorable conditions, is possibly one of the most important (Fernández-Ruiz, Moro, & Martínez-Orgado, 2015; Fernández-Ruiz, Romero, & Ramos, 2015). Such an important function may serve as the starting point for the development of new therapies for disorders associated with brain damage and degeneration. The manipulation of the endocannabinoid system, using different strategies, has been associated with notable cytoprotective properties exerted through different cellular and molecular mechanisms and signaling pathways, including, among others, improvements in glutamate homeostasis, inhibition of calcium influx, scavenging of reactive oxygen species, attenuation of glial reactivity/inflammatory events, and induction of autophagy (Fernández-Ruiz, Romero, et al., 2015). This has attracted the interest for developing cannabinoid formulations to be investigated first in preclinical models of specific neurodegenerative disorders and eventually used in clinical trials with patients suffering of Alzheimer's disease (AD), Parkinson's disease (PD), amyotrophic lateral sclerosis (ALS), Huntington's disease (HD), and other important chronic neurodegenerative disorders, and also including episodic events of brain damage such as stroke, brain trauma, or spinal injury (Fernández-Ruiz, Moro, et al., 2015). The way toward approved cannabinoid-based medicines for these disorders will be still long, but modulating the endocannabinoid system offers certain advantages over previously investigated neuroprotective agents. It will be necessary to identify the best targets and to strengthen the preclinical evidence, as well as to optimize endocannabinoid-based treatments for each disorder, but the hope recruited by this system deserves to move toward the clinical scenario.

2. THE BIOMEDICAL CHALLENGE OF NEURODEGENERATIVE DISORDERS

The need of preserve, rescue, repair, and/or replace damaged neurons is a key objective for the CNS. When one compares the brain with other tissues and organs, the extreme difficulties to repair the losses of neurons rapidly emerge. This is because neurons are postmitotic cells frequently devoid of capability to replicate the DNA and to divide the cell, even, when they recover such capability, as recent research has demonstrated that may happen for damaged neurons, then reentrying in the cell cycle, this drives neurons to irreparably activate their apoptotic machinery (Aranda-Anzaldo & Dent, 2017; Frade & Ovejero-Benito, 2015). An alternative is that damaged neurons may be replaced by new neurons generated from neural progenitor cells, but the possibilities of inducing such repair responses in the adult brain are still too limited or, at least, poorly understood (Ziemka-Nałęcz & Zalewska, 2012). With all these limitations and forced by the need to ensure the correct function(s) of the different brain structures, the CNS becomes extremely cautious in the preservation of original neurons generated during the brain development or naturally replaced during the life.

Such objective is strongly challenged during brain senescence, particularly when it prolongs for decades and individuals reach ages greater than 80–90 years old. Aging represents the main risk factor for pathologies associated with progressive degeneration of specific CNS structures (Grimm & Eckert, 2017). This has been evident during the last 50 years in which the population of individuals over 65 years, both in absolute values and in proportion respect to the whole population, has experienced an important elevation, in particular in developed countries. This fact ran in parallel to an exponential increase in the incidence of age-related disorders such as AD, PD, HD, and other neurodegenerative disorders (Mazucanti et al., 2015), demonstrating that an increased longevity has opened more opportunities to neurodegenerative disorders to be visible. This is evident looking at the frequencies for these diseases at the range of 60–64 years compared to 80–84 years. In the case of AD, these values are 1.3% and 11.6%, respectively, whereas in the case of PD, they are 0.3% and 1.9%, respectively. Even HD, despite being a monogenic disease, also presents important differences with values of 0.1% and 0.4%, respectively (see more information in Saba, 2015). The seriousness of the problem is that expectations are not better, in particular in some specific countries, e.g., Japan, Germany, USA, China, and, in general, the developed world. A first problem will derive from the expected increase in the whole population, which will reach in 2030 values twofold higher than present ones (United Nations, 2015; World Health Organization, 2013). Such an increase per se will elevate the number of subjects affected by these disorders, but, given that the increase of the population will particularly affect in specific countries (mainly in the developed world) to those individuals older than 65 years, the higher incidence of AD,

PD, HD, ALS, and other neurodegenerative disorders will concentrate specifically in such countries. Therefore, countries with highest population and with highest proportion of people older than 65 years compared to the rest of the population will be necessarily the most affected. For example, in an emerging disease such as PD, with poor therapeutic outcome, the incidence of this disease in 2030 will be multiplied by 2.5 in China, by 2.1 in India and Brazil, by 1.9 in the United States, and by 1.5 in European countries (Dorsey et al., 2007; reviewed in Kowal, Dall, Chakrabarti, Storm, & Jain, 2013). It is then conceivable that neurodegenerative disorders will progress up to being assumed as an epidemy in the XXI century, so that their therapeutic control will become the major biomedical challenge that humans will have to deal during this century, similar to other previous challenges such as the infectious diseases that impacted significantly human health up to the arrival of antibiotics in the beginning of the XX century. It will be also similar to the actual challenge that cancer is representing and that currently is evolving toward a disease under a progressively better control with the improvement in antitumoral chemotherapies.

The challenge in front of the coming situation appears evident, but it is important to remark that the concern on the impact of neurodegenerative disorders in human health is not new. The research aimed at developing novel neuroprotective strategies comes from afar. Already in the 1990–99 decade, US Congress declared such 10 years as the Decade of the Brain with the expectation to generate neuroprotective and neurorepair strategies in 2000 for an effective control of terrible diseases such as the different types of dementia, including AD, and also PD, ALS, HD, and others (Jones & Mendell, 1999). The truth is that no effective therapies were available in 2000 and they are still lacking almost 20 years later. During this time, antioxidant, antiinflammatory, and antiexcitotoxic agents, apoptosis inhibitors, autophagy enhancers, neurotrophic factors, and other types of compounds have been evaluated to determine their ability for neuronal preservation, rescue, repair, and replacement, thus having possibilities to derive in effective disease-modifying therapies for neurodegenerative disorders. However, in general, they have failed in showing positive effects in cellular or animal models or in reproducing in humans the positive effects shown in the experimental models (Athauda & Foltynie, 2015; Berk, Paul, & Sabbagh, 2014; Sampaio, Borowsky, & Reilmann, 2014). What are the causes for the permanent failures in the development of efficacious neuroprotective therapies? This is not a question easy to respond. With the years, we have been able to identify some important problems that possibly are conditioning the development of such therapies, for example, the need to identify early biomarkers of the disease that solve the real problem that represents to initiate the clinical treatments only when classic symptoms of these diseases are visible, so possibly too late to get positive results. This is critical in most of the neurodegenerative disorders; for example, in PD, which is predominantly a disease of sporadic origin, first motor symptoms (e.g., tremor, akinesia, rigidity) appear when the progression of the disease has already originated an important loss (>50%) of nigral neurons (Cheng, Ulane, & Burke, 2010). In such conditions, the disease-modifying therapies are necessarily fated to fail, as the need is not only to preserve the surviving neurons but also to replace those lost during the prodromal phase of the disease. So, the perspectives run in two directions. On one hand, it will be necessary to progress in the identification of early biomarkers (based on the biochemical analysis in biological fluids, tissues or cells, imaging techniques, or neurological recording) that, during such prodromal phase, may alert on the already existence of the disease, thus enabling to initiate neuroprotective treatments before an important extent of brain damage has already taken place. AD is being currently investigated in this direction with the objective to detect (by analyzing β-amyloid aggregation with PET or in the CSF, synaptic dysfunction in specific areas with FDG-PET or MRI, tau levels in the CSF, brain structural changes with volumetric MRI, and/or mild cognitive impairment) those presymptomatic individuals in risk to progress toward the symptomatic phase of the disease (Frisoni, Jack, & Winblad, 2017). With such early diagnosis, the possibilities to have positive results in clinical testing should improve significantly. On the other hand, disease-modifying treatments would necessarily include or be accompanied by neurorepair strategies aimed at restoring the lost neurons (Demuth et al., 2017).

Another important deficiency in current neuroprotective experiments deals with the frequent development of neuroprotective strategies addressed to limit only one of the many neurotoxic insults that operate in neurodegenerative disorders. Medicinal chemistry and pharmacological work have been frequently concentrated in the last decades in generating efficacious compounds that selectively target one of the different mechanisms leading to cell death. For example, excitotoxicity can be limited by means of blocking NMDA or AMPA receptors (Hoque et al., 2016), oxidative stress by using ROS scavengers or activators of Nrf-2 signaling (Khan et al., 2016), inflammatory events by means of COX-2 or iNOS inhibitors (Baune, 2015), and apoptosis by using caspase inhibitors (Kudelova, Fleischmannova, Adamova, & Matalova, 2015), but these strategies have been always investigated alone, and it is evident today that, against neurotoxic events that cooperate to kill neurons and glial cells in neurodegenerative disorders, the best strategy is the use of broad-spectrum agents capable to limit most, if not all, of different cytotoxic events at the same time, or the use of combination of more selective agents. Such polypharmacology strategy appears absolutely necessary in complex disorders such as AD, PD, ALS, and others (Geldenhuys & Van der Schyf, 2013).

3. IMPROVING THE MODELING OF NEURODEGENERATIVE DISORDERS IN CELLS AND LABORATORY ANIMAL SPECIES

In line with the idea of detecting the major causes of the current failures in neuroprotective strategies investigated so far, the development of more useful models for reproducing these pathologies in cells and laboratory species deserves a special mention. After years of research, it is obvious that this is one of the major deficiencies, as current models do reproduce only partially the key neuropathological hallmarks in these disorders. For example, in the case of HD, there are around 25 different transgenic murine models, but none of them reproduce the whole neuropathology of this disease (Eaton & Wishart, 2017). Possibly, this finds an explanation in the extreme complexity of the human nervous system, as well as in the existence of selective regional vulnerability and a differential disease progression that are difficult to reproduce in classic laboratory species as rodents (Eaton & Wishart, 2017). In fact, many of the information on neurodegenerative disorders is acquired from patient postmortem tissues, but such information corresponds to late or terminal stages of the disease, lacking the information on early stages, the most important for designing effective neuroprotective treatments, that is mainly obtained from experimental models. In terms of neuroprotective therapy development, cellular and invertebrate models are frequently used (see below), as they have advantages being easier to be used and cheaper. They have provided useful data, but, in general, they have poor value for clinical translation being restricted to first screening stages in drug development. Therefore, it is absolutely necessary to make efforts for better reproducing human neurodegenerative disorders, in particular giving these models a more predictive value in terms of therapeutic development.

Thinking in new models, several aspects deserve mention. On one hand, models should better adjust to the progressive course of the different diseases and to adapt to the times in which these diseases are visible in humans. For example, R6/2 mice are a very used model for screening potential new neuroprotective agents in HD (Morton & Howland, 2013). However, this is a very aggressive model in which the different pathogenic events occur excessively earlier, e.g., huntingtin aggregation can be detected at 2 weeks of age, transcriptional dysregulation at 5 weeks, motor impairment at 6 weeks, and selective cell death at 10 weeks. Given that lifespan in mice reaches at least 2 years, such pathogenic process and the occurrence of motor and nonmotor symptoms should be initiated not earlier than 16 months old and progress during at least 6 months. The time window for the screening of new neuroprotective agents should also adapt to this timetable. Associated with this question, it is also important, in particular in genetic diseases, that overexpression of the mutant protein, which is provoked in the laboratory animals by means of transgene approaches or using viral vectors, is accompanied by the genetic deletion of the wild-type protein naturally generated by cells of the host animal. Otherwise, loss-of-function responses in the mutant protein would be compensated by the normal function of the wild-type protein. Knock-in models have been developed to address this question, which appears to be definitively solved with the new gene-editing technologies (see details in Whitelaw, Sheets, Lillico, & Telugu, 2016; Yang, Tu, Sun, & Li, 2016). Additional aspects in relation with cell- and region-specific (to affect specific cellular substrates or CNS areas) and time-dependent (to cover-specific disease stages) expression of the mutant protein are also being solved with the development of conditional murine models with the Cre/LoxP-mediated recombination technology (McLellan, Rosenthal, & Pinto, 2017).

It is also important to better classify the different models in relation with their usefulness for the study of these diseases, using the most adequate model in relation with the objective that is pursued. Some models may be used for the investigation of specific pathogenic aspects, but they are poorly predictive for measuring the efficacy of a potential new agent and vice versa. For example, neurotoxin-based models which are not useful for reproducing the progression of pathogenic events, may, however, be used for first steps in the scrutiny of new drugs. By contrast, models based on the magnification of one of the cytotoxic mechanisms operating in a specific disease (e.g., models of excitotoxic damage) may be used to investigate the contribution of this mechanism to the disease, but will not be useful for drug screening, beyond the agents targeting such a specific mechanism. The same problem also affects the selection of the laboratory species for this work. The use of invertebrates (e.g., flies, nematodes) or vertebrates (e.g., zebrafish) not close to humans may be useful for first scrutiny of novel compounds, but their efficacy should necessarily be tested in species closer to humans. This involves the use of small mammals such as rodents, but possibly also the work with closest species, for example, sheeps and pigs, in which the use of transgene approaches, or better the new gene-editing tools such as CRISPR/Cas9 technology, is already possible (Holm, Alstrup, & Luo, 2016). These new tools will facilitate soon site-specific mutation of the genome, allowing animals carrying known human disease mutations to be generated (Whitelaw et al., 2016; Yang et al., 2016).

A third important aspect for a better modeling of these disorders is the need that they occur naturally. This is a key feature in human diseases, which develop spontaneously irrespective of the genetic or environmental factors that determine their etiology. Modeling neurodegenerative disorders in small animal species, e.g., rodents, fishes, flies, nematodes, always implies to use any strategy (e.g., transgene approach, viral vectors, neurotoxins) to trigger the disease, and, as has been mentioned before, these models have frequently revealed problems in the translation to the clinic scenario. Research would significantly benefit from the use of animal species in which human-like neurodegenerative disorders occur naturally (Youssef et al., 2016). Examples of this can be found in an ALS-like disorder developed in dogs, so-called degenerative myelopathy, a multisystem central and peripheral axonopathy (Coates & Wininger, 2010), and a similar ALS-related disease described in horses (Divers, Mohammed, & Cummings, 1997). These axonopathies share many neuropathological characteristics with human ALS, including similar mutant genes compared to the human disease, e.g., SOD-1 (Coates & Wininger, 2010), thus representing a unique opportunity to investigate ALS in a context much closer to the human pathology, using an animal species that are phylogenetically closest to humans, and in which the disease occurs spontaneously.

4. CANNABINOIDS AS NEUROPROTECTANT AGENTS

The neuroprotective properties of compounds targeting the endocannabinoid system have been extensively investigated during the last 10–15 years. Cannabinoids may preserve not only neurons but also some glial cell subpopulations (e.g., astrocytes, oligodendrocytes, and their precursor cells), against numerous types of insults that impair cell homeostasis and integrity (Fernández-Ruiz, Moro, et al., 2015; Fernández-Ruiz,

Romero, et al., 2015). The research focused first to identify those targets within the endocannabinoid system, e.g., cannabinoid receptors, or endocannabinoid enzymes, capable to be activated or inhibited with the result of neuroprotection, but additional targets, even outside the endocannabinoid system, are also available for neuroprotective cannabinoids (Fernández-Ruiz, Moro, et al., 2015; Fernández-Ruiz, Romero, et al., 2015). This has been investigated in experimental models of almost all neurodegenerative disorders, but in particular AD, PD, HD, and ALS (Fernández-Ruiz, Moro, et al., 2015; Fernández-Ruiz, Romero, et al., 2015). Neuroprotection with cannabinoids has also been investigated in neurological disorders in which brain damage is associated with autoimmune responses (e.g., multiple sclerosis; Pryce, Riddall, Selwood, Giovannoni, & Baker, 2015) or due to episodic events (e.g., stroke, brain trauma, spinal injury; Arevalo-Martin, Molina-Holgado, & Garcia-Ovejero, 2016; Fernández-Ruiz, Moro, et al., 2015; Mechoulam & Shohami, 2007). This work has situated the endocannabinoid system in a promising place for making possible the development of cannabinoid-based therapies aimed at modifying disease progression in neurodegenerative disorders, which may provide notable advantages when compared to other investigated neuroprotective agents. Such advantages will be described in the following subsections.

4.1 Cannabinoids Have a Broad-Spectrum Neuroprotective Profile

The first advantage of cannabinoids as neuroprotectant agents is their broad-spectrum action (Fernández-Ruiz, Moro, et al., 2015; Fernández-Ruiz, Romero, et al., 2015). Compared to other neuroprotective compounds, they have similar potency, but their added value is that they may combine in a single molecule, or in a mixture of two or more cannabinoids, the ability to work against most of the harmful stimuli that damage neuronal homeostasis and integrity. This advantage is extremely important as these stimuli, which include excitotoxicity, mitochondrial dysfunction, altered proteostasis, inflammation, and oxidative stress, work in a cooperative manner to kill neurons, so that it appears extremely difficult to limit neuronal damage with compounds or strategies having activity at only one of these cytotoxic events. An efficacious therapy would need the use of a "multitarget strategy" using the combination of different therapeutic agents (Geldenhuys & Van der Schyf, 2013). This broad-spectrum strategy is something that cannabinoids and, in general, the modulators of the endocannabinoid system may provide, given their capability to act at different molecular targets related to neuronal homeostasis and survival.

4.1.1 Effects Mediated by Endocannabinoid-Related Targets

Part of the neuroprotective effects of cannabinoids is related to a direct action on elements of the endocannabinoid system, e.g., CB_1/CB_2 receptors, inactivating enzymes, GPR55. As will be described later, by activating CB_1 receptors, cannabinoids may limit excitotoxic damage and enhance blood supply, events that improve neuronal homeostasis and integrity (Fernández-Ruiz, Moro, et al., 2015; Fernández-Ruiz, Romero, et al., 2015). The activation of these receptors can also induce autophagy, which may serve to eliminate protein aggregates, an action which may also involve the activation of CB_2 receptors (Costa, Amaral, Teixeira, Correia-da-Silva, & Fonseca, 2016; Hiebel & Behl, 2015). In addition, cannabinoids, by activating CB2 receptors, may attenuate glial toxicity for neurons whereas enhancing their protective actions (Fernández-Ruiz, Moro, et al., 2015; Fernández-Ruiz, Romero, et al., 2015). Additional receptors of the endocannabinoid system, for example, the orphan receptor GPR55, which is targeted by different classic cannabinoids and endocannabinoids, have been recently found to be beneficial against excitotoxic insults, through effects exerted by modulating the microglial function (Kallendrusch et al., 2013). A representative scheme of all endocannabinoid-related mechanisms for cannabinoid neuroprotection is shown in Fig. 1.

Certain phytocannabinoids, e.g., cannabidiol (CBD), which are not active at the cannabinoid receptors, may however inhibit endocannabinoid-hydrolyzing enzymes such as FAAH (Leweke, Piomelli, Pahlisch, et al., 2012) or inhibit the endocannabinoid transporter (Bisogno, Hanus, De Petrocellis, et al., 2001), thus elevating the levels of endocannabinoids and enhancing their neuroprotective actions exerted through cannabinoid receptors (Fernández-Ruiz, Sagredo, Pazos, et al., 2013). This has situated the mechanism of inactivation of endocannabinoids as a potential additional target for getting neuroprotective effects, and work is being presently conducted with the main hydrolyzing enzymes, mainly FAAH (Hwang et al., 2010). In fact, dysregulation in these inactivating enzymes, for example, elevated FAAH activity, has been found in some neurodegenerative pathologies, e.g., autosomal dominant inherited ataxias (Rodríguez-Cueto, Benito, Romero, et al., 2014; Rodríguez-Cueto et al., 2016), leading to an excessive degradation of endocannabinoids associated with greater vulnerability to

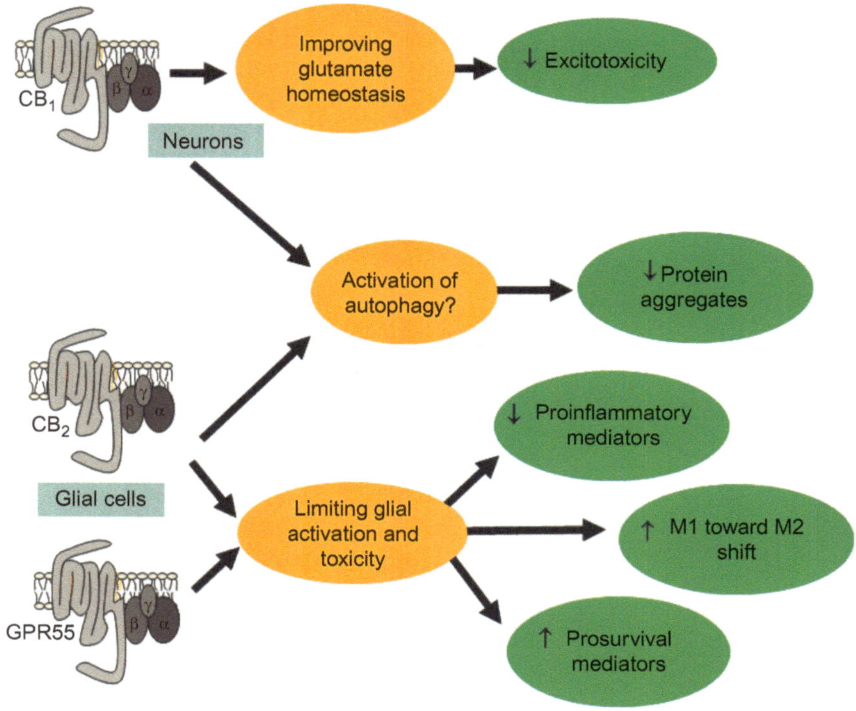

Fig. 1 Molecular and cellular mechanisms proposed for the neuroprotective effects of cannabinoids acting at endocannabinoid-related targets.

damaging stimuli and development of degenerative processes. In such conditions, inhibiting FAAH enzyme may be therapeutically beneficial. However, the effects derived from selective inhibition of degrading enzymes, in particular FAAH and MAGL, should be taken with cautious. They can also drive to enhanced neurotoxicity due to an increase in the availability of endocannabinoids, which, together with elevated COX-2 activity, may convert endocannabinoids in new oxygenated derivatives, so-called prostamides (derived from anandamide) or prostaglandin-glycerylesters (derived from 2-AG), which may be highly toxic for neurons (Alhouayek & Muccioli, 2014; Valdeolivas et al., 2013). In such conditions, there would be a dysbalance between endocannabinoids acting at protective CB_1 and CB_2 receptors and endocannabinoid being converted to their oxygenated metabolites by COX-2, making visible the dual effects of the endocannabinoid system seeing in different types of processes (reviewed by Fowler, Rojo, & Rodriguez-Gaztelumendi,

2010; Sarne, Asaf, Fishbein, Gafni, & Keren, 2011). This represents an important alert that should be taken in consideration at the time of developing cannabinoid therapies based on targeting inactivating enzymes.

4.1.2 Effects Mediated by Nonendocannabinoid Targets

In line with the idea of a broad-spectrum profile, the neuroprotective effects provided by cannabinoids also include some responses that are not mediated by CB_1 and/or CB_2 receptors, or by other endocannabinoid elements such as FAAH enzyme and GPR55. In fact, the first signs of neuroprotective effects of cannabinoids were associated with their antioxidant profile derived from their particular chemical structure, which enables these compounds to act as ROS scavengers. This was particularly evident in the case of CBD and other phytocannabinoids, e.g., Δ^9-tetrahydrocannabinol (Δ^9-THC), cannabinol (CBN); and also some structurally related synthetic cannabinoids, e.g., nabilone, levonantradol, dexanabinol (Hampson, Bornheim, Scanziani, et al., 1998; Marsicano, Moosmann, Hermann, Lutz, & Behl, 2002). Such antioxidant effects were proposed as cannabinoid receptor independent. However, further research conducted mainly with CBD related these antioxidant effects, at least in part, to a possible activation of nuclear receptors of the PPAR family, or other similar intracellular targets, aimed at regulating gene responses associated with the action of transcription factors such as Nrf-2 (Fernández-Ruiz et al., 2013). This means that, beyond their classic action as ROS scavengers, cannabinoids may also influence the inducible response against oxidative stress (Wang, Ma, Wang, et al., 2014), in particular, the signaling triggered by this transcription factor leading to the expression of phase II antioxidant enzymes, e.g., heme oxygenase-1 (Kang, Lee, & Kim, 2005).

The capability of certain cannabinoids to bind and activate the nuclear receptors of the PPAR family has been also associated with the regulation of NF-κB signaling (Chung, Seo, Chung, et al., 2008; Fidaleo, Fanelli, Ceru, & Moreno, 2014; Stahel, Smith, Bruchis, & Rabb, 2008), in particular in the case of PPAR-γ (Esposito, Scuderi, Valenza, et al., 2011). These effects are characteristic, although not exclusive (e.g., Δ^9-THC is also neuroprotective acting at PPAR-γ receptors; Carroll, Zeissler, Hanemann, & Zajicek, 2012), of certain cannabinoids, which frequently behave as atypical cannabinoids in relation with their pharmacological profile, for example, CBD and dexanabinol (Fernández-Ruiz, Romero, et al., 2015; Fernández-Ruiz et al., 2013; Iuvone, Esposito, De Filippis,

Scuderi, & Steardo, 2009). They can inhibit NF-κB signaling and their downstream signals, including those genes that encode for proinflammatory enzymes (e.g., inducible nitric oxide synthase, cyclooxygenase-2, metalloproteases) and cytokines (e.g., IL-1β) (Esposito, De Filippis, Maiuri, et al., 2006; Esposito, Scuderi, Savani, et al., 2007). It is important to remark that this capability to bind and activate the nuclear receptors of the PPAR family and regulate NF-κB signaling enables these cannabinoids to control inflammatory responses by mechanisms additional to the classic activation of CB_2 receptors (Jüttler, Potrovita, Tarabin, et al., 2004; Kozela, Pietr, Juknat, et al., 2010; Shohami & Mechoulam, 2000), thus supporting the idea of this family of molecules as having a broad-spectrum profile for exerting their antiinflammatory and neuroprotective properties. A representative scheme of all nonendocannabinoid mechanisms for cannabinoid neuroprotection is depicted in Fig. 2.

4.2 Cannabinoid Targets Have a Key Cellular Location

The broad-spectrum neuroprotective profile of cannabinoids derives from the fact that all molecular targets activated or inhibited by cannabinoids to exert their neuroprotective effects are located in key cell substrates in terms of neuronal survival and also cell replacement/repair, and this represents another important advantage for these compounds compared to classic neuroprotectants. Such targets are located in specific neuronal subpopulations, but also astrocytes, resting and reactive microglia, perivascular microglial cells, oligodendrocytes and oligodendrocyte precursor cells, and neural progenitor cells, and even in key CNS structures such as the blood–brain

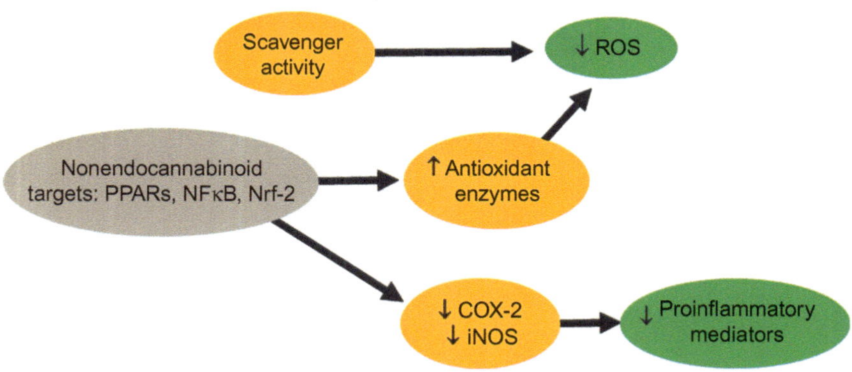

Fig. 2 Molecular and cellular mechanisms proposed for the neuroprotective effects of cannabinoids acting at nonendocannabinoid targets.

barrier (BBB). Such location enables cannabinoids to selectively control the functions exerted by these cells (or structures) in processes related to degeneration, protection, and/or repair processes (Fernández-Ruiz, Romero, et al., 2015; Galve-Roperh et al., 2013). For example, the control exerted by cannabinoids on excitotoxic damage is facilitated by CB_1 receptors that are located in neuronal sites, in particular in glutamatergic neurons. The activation of CB_1 receptors in these neurons inhibits the excessive glutamate release. This is part of the classic function of the endocannabinoids and their receptors as retrograde signaling messengers in numerous CNS synapses, in particular glutamatergic and also GABAergic synapses (Ohno-Shosaku & Kano, 2014). The interesting thing is that it may be pharmacologically used to normalize glutamate transmission in disorders characterized by abnormal glutamate homeostasis, as happens in neurodegenerative disorders, thus preserving neurons against excitotoxic processes. In addition to this anti-excitotoxic effect exerted through CB_1 receptors located presynaptically in glutamatergic terminals, cannabinoids may also act on CB_1 receptors located postsynaptically in neurons containing glutamatergic receptors (e.g., NMDA receptors) in which, through closing voltage-dependent calcium channels, cannabinoids may also reduce the excessive intracellular levels of calcium, thus reducing the overactivation of calcium-dependent destructive pathways (Fernández-Ruiz, Moro, et al., 2015; Fernández-Ruiz, Romero, et al., 2015). Both benefits derive from a key presynaptic and postsynaptic location of CB_1 receptors in glutamatergic synapses with a function aimed at preserving the correct synaptic homeostasis, thus having potential as a neuroprotective target. However, it is necessary to remark that in many cases, such potential is restricted to early phases in neurodegenerative disorders, as the progressive loss of CB_1 receptor-containing neurons occurring in these disorders may cause a premature and rapid reduction in the availability of these receptors for treatments (Fernández-Ruiz, Romero, et al., 2015).

However, this is not the case of the CB_2 receptor, whose abundancy is generally limited in the healthy brain, but it is dramatically upregulated in conditions of neurodegeneration (Fernández-Ruiz, Moro, et al., 2015; Fernández-Ruiz, Romero, et al., 2015; Fernández-Ruiz, Romero, Velasco, et al., 2007). Such response takes place in glial elements, mainly microglia and astrocytes, associated with their activation in response to harmful stimuli (Fernández-Ruiz, Moro, et al., 2015; Fernández-Ruiz, Romero, et al., 2015; Fernández-Ruiz et al., 2007). The objective is to regulate the influences, positive or negative, exerted by these activated glial cells which may protect/damage neuronal homeostasis and survival, and again the capability of cannabinoids to contribute in this process is facilitated by the key location of their targets, in this case the CB_2 receptor, in critical cell elements.

One of these key cell substrates is reactive astrocytes, which contain not only CB_2 receptors but also CB_1 receptors, so that both receptors may work in a concerted manner to regulate astrocyte functions (Fernández-Ruiz, Moro, et al., 2015; Fernández-Ruiz, Romero, et al., 2015; Fernández-Ruiz et al., 2007; Kaplan, 2013; Stella, 2010). Irrespective of the cannabinoid receptor type that is involved, the benefits that cannabinoids may provide in relation with astrocytes appear to be associated with the trophic role exerted by these glial cells, including improvements in the supply of metabolic substrates (e.g., lactate, ketone bodies), for neurons (Duarte, Ferreira, Carvalho, Cunha, & Köfalvi, 2012). They could also enhance the generation of neurotrophins (e.g., GDNF), antiinflammatory mediators (e.g., IL-10, IL-1 receptor antagonist), or prosurvival factors (e.g., transforming growth factor-β), which could potentially rescue damaged neurons (Molina-Holgado, Pinteaux, Moore, et al., 2003; Smith, Terminelli, & Denhardt, 2000).

The case of microglial cells, in particular when they become activated, represents the major example of the function of CB_2 receptors in the CNS. This fact has been intensively investigated during the last 10 years since the discovery that microglial cells surrounding senile plaques in post-mortem AD brains were positively immunostained for CB_2 receptors (Benito, Nuñez, Tolon, et al., 2003). These studies have revealed that CB_2 receptors located in reactive microglial cells play an important role in the proliferation and migration of these cells at lesion sites (Carrier, Kearn, Barkmeier, et al., 2004; Walter, Franklin, Witting, et al., 2003), as well as in reducing their toxicity by inhibiting the plethora of proinflammatory factors generated by these cells to damage neurons (Fernández-Ruiz, Moro, et al., 2015; Fernández-Ruiz, Romero, et al., 2015; Fernández-Ruiz et al., 2007). An example is TNF-α, which is a major contributor in the pathophysiology of brain injury (Stella, 2010). Those cannabinoids that target the CB_2 receptor inhibit the production of TNF-α through an effect that appears to involve the inhibition of the NF-κB (Oh, Lee, Lee, et al., 2010).

CB_2 receptors have been also identified in oligodendrocytes and their precursor cells (Gómez, Arévalo-Martin, García-Ovejero, et al., 2010; Gómez, Sanchez-Rodriguez, Le, et al., 2011), playing a role in key functions of these glial cells (e.g., myelination) that are crucial for neurons (Molina-Holgado, Vela, Arevalo-Martin, et al., 2002). The presence of CB_2 receptors, and also CB_1 receptors and other endocannabinoid elements, in oligodendrocyte precursor cells and also in neural progenitor cells represents another important example of the location of these endocannabinoid elements in those cells that critically contribute to natural replacement of neurons and glial cells in the adult brain (Galve-Roperh et al., 2013). In these cells, the endocannabinoid signaling regulates the processes of proliferation, maturation, and/or differentiation of these precursor cells, and this appears to be an objective capable to be pharmacologically manipulated with potential effects in neural cell repair and replacement in neurodegenerative disorders (Galve-Roperh et al., 2013). Therefore, this represents another important advantage of cannabinoids, which are capable of providing not only protection but also repair and replacement, something critical in disorders in which the diagnosis occurs when the neuronal damage has progressed significantly.

Another interesting aspect related to the distribution of CB_2 receptors in key cell substrates is that some studies situate this receptor also in some neuronal subpopulations in the CNS (García, Cinquina, Palomo-Garo, Rábano, & Fernández-Ruiz, 2015; Lanciego et al., 2011; Rodríguez-Cueto, Benito, Fernández-Ruiz, et al., 2014; Van Sickle, Duncan, Kingsley, et al., 2005), which support a possible role of this receptor on the synaptic function as happens in the case of CB_1 receptors, although this has not been elucidated yet. No evidence exists that the activation of these "neuronal CB_2 receptors" may have neuroprotective effects, but they may serve as a potential biomarker of neuronal losses occurring in specific neurodegenerative disorders, e.g., PD (García et al., 2015), spinocerebellar ataxias (Rodríguez-Cueto, Benito, Fernández-Ruiz, et al., 2014).

Lastly, an additional and interesting discovery, in line with the idea of the location of endocannabinoid elements in structures crucial for the integrity of the CNS, is the association of cannabinoid receptors with the preservation of the BBB integrity and function (Vendel & de Lange, 2014). This barrier is essential in neuroprotection and recent studies have demonstrated that it is under the control of both CB_1 and CB_2 receptor-mediated signals (Fujii et al., 2014), which maintain the integrity of tight junctions, inhibit leukocyte infiltration, and facilitate β-amyloid clearance (Vendel & de Lange, 2014). In addition, CB_1 and CB_2 receptors appear to be also located in brain microvasculature where they can exert neuroprotective effects by reducing endothelin-1-induced vasoconstriction and by restoring blood supply to the infarcted or injured brain (Choi, Ju, Anthony Jalin, et al., 2013; Mechoulam, Spatz, & Shohami, 2002).

4.3 Cannabinoids Mimic an Endogenous Protective Response

The last advantage of cannabinoids compared to classic neuroprotectants is related to the fact that neuroprotective effects of cannabinoids may simply be the consequence of the pharmacological reproduction of an endogenous protective response exerted by the endocannabinoid system against inflammatory, excitotoxic, infectious, traumatic, or oxidant stimuli that may damage the brain (Fernández-Ruiz, Moro, et al., 2015; Fernández-Ruiz, Romero, et al., 2015; Pacher & Mechoulam, 2011). In turn, this fact would be the most reasonable form to explain the above-described advantages proposed for the cannabinoids that they have a broad-spectrum neuroprotective profile, including neurorepair properties, facilitated by the location of their molecular targets in key cellular substrates. The idea of the endocannabinoid system as an endogenous protective system was formulated by Mechoulam some time ago (Pacher & Mechoulam, 2011) by interpreting the responses experienced by specific elements of this signaling system, in particular the endocannabinoids (elevated generation) and their major receptors (upregulation of CB_2 receptors) in response to brain damaging conditions (Fernández-Ruiz, Moro, et al., 2015; Fernández-Ruiz, Romero, et al., 2015; Pacher & Mechoulam, 2011). Therefore, pharmacologically targeting these elements with cannabinoids would be simply a way to enhance the endocannabinoid elevation and their subsequent cannabinoid receptor activation, mainly the CB_2 receptor, typically found in neurodegenerative conditions (Fernández-Ruiz, Moro, et al., 2015; Fernández-Ruiz, Romero, et al., 2015). This is particularly evident in the case of the upregulatory response experienced by CB_2 receptors in glial elements, e.g., reactive microglia, activated astrocytes, and oligodendrocyte precursor cells, which has been found in most neurological disorders involving neuroinflammation and brain damage (Fernández-Ruiz, Moro, et al., 2015; Fernández-Ruiz, Romero, et al., 2015; Fernández-Ruiz et al., 2007). In some cases, however, such ability appears to be more related to a correction of dysregulated signals (e.g., reduced CB_1 receptor signaling, elevated FAAH activity), which appear to play an instrumental role in the pathogenesis of these disorders (Fagan & Campbell, 2014). Far to be mutually excluding, both types of responses may occur concomitantly.

5. CONCLUDING REMARKS AND FUTURE PERSPECTIVES

One of the main added values of cannabinoids and, in general, endocannabinoid-targeting compounds when they are compared to other neuroprotectant agents is their broad-spectrum neuroprotective/neurorepair profile. We have provided experimental evidence supporting such profile and also arguments that justify that this is an aspect particularly important in neurodegenerative disorders. In these diseases, the damage of neurons and glial cells is caused by numerous cytotoxic events that work in a collaborative manner. Therefore, it appears reasonably that any neuroprotective attempt against a "collaborative strategy" to kill neurons should be designed under a similar scheme, so using broad-spectrum compounds (multitarget designed drugs) or using combinations of different therapeutic agents. Cannabinoids fit perfectly with this scheme either when using a single molecule or when using a mixture of two or more cannabinoids. Such a broad-spectrum profile finds explanation in the diversity and complementarity of those cellular and molecular mechanisms elicited by endocannabinoid-acting compounds to preserve, rescue, repair, and/or replace neurons and other neural cells. This is possible by the location of the different targets for cannabinoids in key cell substrates in the CNS; for example, cannabinoids may activate neuronal CB_1 receptors, thus reducing excitotoxic damage by inhibiting glutamate release or by blocking NMDA receptor-induced calcium influx. Cannabinoids may also activate microglial CB_2 receptors, thus decreasing local inflammatory events derived from the activation and toxicity of these glial elements. Cannabinoids may also exert antioxidant and antiinflammatory effects through cannabinoid receptor-independent mechanisms, which include to act as ROS scavengers as well as to activate nuclear receptors of the PPAR family and to regulate NF-κB and/or Nrf-2 signaling. Cannabinoids, by activating CB_1/CB_2 receptors, may also induce the cell autophagic responses addressed to eliminate protein aggregates, as well as they can promote the activation of neurogenic sites containing neural precursor cells that may facilitate the neural cell replacement. Such combination of neuroprotective and neurorepair targets should enable cannabinoids to control the progression of neurodegeneration in chronic human diseases such as AD, PD, ALS, HD, and others, as has been largely demonstrated after an intense preclinical work conducted in the last 15 years. The accumulation of a solid preclinical information justifies that these molecules or their combinations progress from the present preclinical stage to real clinical applications for patients. This is possibly the major challenge for the next years in this research area, to initiate clinical studies addressed to validate in patients the promising expectatives generated by cannabinoid therapies in cellular and animal models of different neurodegenerative disorders. The existence of some cannabinoid formulations already approved for other prescriptions, e.g., Sativex®, Cesamet®, Marinol®, Epidiolex®, should facilitate this necessary translational work.

ACKNOWLEDGMENTS

This work has been supported by grants from CIBERNED (CB06/05/0089) and MINECO (SAF2015-68580-C2-1-R). Authors are indebted to all coworkers who participated in the studies of our group mentioned in this chapter, and to Yolanda García-Movellán for administrative assistance.

REFERENCES

Alhouayek, M., & Muccioli, G. G. (2014). COX-2-derived endocannabinoid metabolites as novel inflammatory mediators. *Trends in Pharmacological Sciences*, *35*, 284–292.

Aranda-Anzaldo, A., & Dent, M. A. (2017). Why cortical neurons cannot divide, and why do they usually die in the attempt? *Journal of Neuroscience Research*, *95*, 921–929.

Arevalo-Martin, A., Molina-Holgado, E., & Garcia-Ovejero, D. (2016). Cannabinoids to treat spinal cord injury. *Progress in Neuro-Psychopharmacology & Biological Psychiatry*, *64*, 190–199.

Athauda, D., & Foltynie, T. (2015). The ongoing pursuit of neuroprotective therapies in Parkinson's disease. *Nature Reviews. Neurology*, *11*, 25–40.

Baune, B. T. (2015). Inflammation and neurodegenerative disorders: Is there still hope for therapeutic intervention? *Current Opinion in Psychiatry*, *28*, 148–154.

Benito, C., Nuñez, E., Tolon, R. M., et al. (2003). Cannabinoid CB2 receptors and fatty acid amide hydrolase are selectively overexpressed in neuritic plaque-associated glia in Alzheimer's disease brains. *The Journal of Neuroscience*, *23*, 11136–11141.

Berk, C., Paul, G., & Sabbagh, M. (2014). Investigational drugs in Alzheimer's disease: Current progress. *Expert Opinion on Investigational Drugs*, *23*, 837–846.

Bisogno, T., Hanus, L., De Petrocellis, L., et al. (2001). Molecular targets for cannabidiol and its synthetic analogues: Effects on vanilloid VR1 receptors and on the cellular uptake and enzymatic hydrolysis of anandamide. *British Journal of Pharmacology*, *134*, 845–852.

Carrier, E. J., Kearn, C. S., Barkmeier, A. J., et al. (2004). Cultured rat microglial cells synthesize the endocannabinoid 2-arachidonylglycerol, which increases proliferation via a CB2 receptor-dependent mechanism. *Molecular Pharmacology*, *65*, 999–1007.

Carroll, C. B., Zeissler, M. L., Hanemann, C. O., & Zajicek, J. P. (2012). Δ^9-Tetrahydrocannabinol (Δ^9-THC) exerts a direct neuroprotective effect in a human cell culture model of Parkinson's disease. *Neuropathology and Applied Neurobiology*, *38*, 535–547.

Cheng, H. C., Ulane, C. M., & Burke, R. E. (2010). Clinical progression in Parkinson disease and the neurobiology of axons. *Annals of Neurology*, *67*, 715–725.

Choi, I. Y., Ju, C., Anthony Jalin, A. M., et al. (2013). Activation of cannabinoid CB2 receptor-mediated AMPK/CREB pathway reduces cerebral ischemic injury. *The American Journal of Pathology*, *182*, 928–939.

Chung, J. H., Seo, A. Y., Chung, S. W., et al. (2008). Molecular mechanism of PPAR in the regulation of age-related inflammation. *Ageing Research Reviews*, *7*, 126–136.

Coates, J. R., & Wininger, F. A. (2010). Canine degenerative myelopathy. *The Veterinary Clinics of North America. Small Animal Practice*, *40*, 929–950.

Costa, L., Amaral, C., Teixeira, N., Correia-da-Silva, G., & Fonseca, B. M. (2016). Cannabinoid-induced autophagy: Protective or death role? *Prostaglandins & Other Lipid Mediators*, *122*, 54–63.

Demuth, H. U., Dijkhuizen, R. M., Farr, T. D., Gelderblom, M., Horsburgh, K., Iadecola, C., et al. (2017). Recent progress in translational research on neurovascular and neurodegenerative disorders. *Restorative Neurology and Neuroscience*, *35*, 87–103.

Divers, T. J., Mohammed, H. O., & Cummings, J. F. (1997). Equine motor neuron disease. *The Veterinary Clinics of North America. Equine Practice*, *13*, 97–105.

Dorsey, E. R., Constantinescu, R., Thompson, J. P., Biglan, K. M., Holloway, R. G., Kieburtz, K., et al. (2007). Projected number of people with Parkinson disease in the most populous nations, 2005 through 2030. *Neurology*, *68*, 384–386.

Duarte, J. M., Ferreira, S. G., Carvalho, R. A., Cunha, R. A., & Köfalvi, A. (2012). CB_1 receptor activation inhibits neuronal and astrocytic intermediary metabolism in the rat hippocampus. *Neurochemistry International*, *60*, 1–8.

Eaton, S. L., & Wishart, T. M. (2017). Bridging the gap: Large animal models in neurodegenerative research. *Mammalian Genome*. http://dx.doi.org/10.1007/s00335-017-9687-6. in press.

Esposito, G., De Filippis, D., Maiuri, M. C., et al. (2006). Cannabidiol inhibits inducible nitric oxide synthase protein expression and nitric oxide production in β-amyloid stimulated PC12 neurons through p38 MAP kinase and NF-kappaB involvement. *Neuroscience Letters*, *399*, 91–95.

Esposito, G., Scuderi, C., Savani, C., et al. (2007). Cannabidiol in vivo blunts β-amyloid induced neuroinflammation by suppressing IL-1β and iNOS expression. *British Journal of Pharmacology*, *151*, 1272–1279.

Esposito, G., Scuderi, C., Valenza, M., et al. (2011). Cannabidiol reduces Aβ-induced neuroinflammation and promotes hippocampal neurogenesis through PPARγ involvement. *PLoS One*, *6*, e28668.

Fagan, S. G., & Campbell, V. A. (2014). The influence of cannabinoids on generic traits of neurodegeneration. *British Journal of Pharmacology*, *171*, 1347–1360.

Fernández-Ruiz, J., Moro, M. A., & Martínez-Orgado, J. (2015). Cannabinoids in neurodegenerative disorders and stroke/brain trauma: From preclinical models to clinical applications. *Neurotherapeutics*, *12*, 793–806.

Fernández-Ruiz, J., Romero, J., & Ramos, J. A. (2015). Endocannabinoids and neurodegenerative disorders: Parkinson's disease, Huntington's chorea, Alzheimer's disease, and others. *Handbook of Experimental Pharmacology*, *231*, 233–259.

Fernández-Ruiz, J., Romero, J., Velasco, G., et al. (2007). Cannabinoid CB2 receptor: A new target for controlling neural cell survival? *Trends in Pharmacological Sciences*, *28*, 39–45.

Fernández-Ruiz, J., Sagredo, O., Pazos, M. R., et al. (2013). Cannabidiol for neurodegenerative disorders: Important new clinical applications for this phytocannabinoid? *British Journal of Clinical Pharmacology*, *75*, 323–333.

Fidaleo, M., Fanelli, F., Ceru, M. P., & Moreno, S. (2014). Neuroprotective properties of peroxisome proliferator-activated receptor alpha (PPARα) and its lipid ligands. *Current Medicinal Chemistry*, *21*, 2803–2821.

Fowler, C. J., Rojo, M. L., & Rodriguez-Gaztelumendi, A. (2010). Modulation of the endocannabinoid system: Neuroprotection or neurotoxicity? *Experimental Neurology*, *224*, 37–47.

Frade, J. M., & Ovejero-Benito, M. C. (2015). Neuronal cell cycle: The neuron itself and its circumstances. *Cell Cycle*, *14*, 712–720.

Frisoni, G. B., Jack, C. R., Jr., & Winblad, B. (2017). Alzheimer's disease biomarker development: A call to funding bodies (special issue-roadmap to Alzheimer's biomarkers in the clinic). *Neurobiology of Aging*, *52*, 117–118.

Fujii, M., Sherchan, P., Krafft, P. R., Rolland, W. B., Soejima, Y., & Zhang, J. H. (2014). Cannabinoid type 2 receptor stimulation attenuates brain edema by reducing cerebral leukocyte infiltration following subarachnoid hemorrhage in rats. *Journal of the Neurological Sciences*, *342*, 101–106.

Galve-Roperh, I., Chiurchiù, V., Díaz-Alonso, J., Bari, M., Guzmán, M., & Maccarrone, M. (2013). Cannabinoid receptor signaling in progenitor/stem cell proliferation and differentiation. *Progress in Lipid Research*, *52*, 633–650.

García, M. C., Cinquina, V., Palomo-Garo, C., Rábano, A., & Fernández-Ruiz, J. (2015). Identification of CB2 receptors in human nigral neurons that degenerate in Parkinson's disease. *Neuroscience Letters*, *587*, 1–4.

Geldenhuys, W. J., & Van der Schyf, C. J. (2013). Rationally designed multi-targeted agents against neurodegenerative diseases. *Current Medicinal Chemistry*, *20*, 1662–1672.

Gómez, O., Arévalo-Martin, A., García-Ovejero, D., et al. (2010). The constitutive production of the endocannabinoid 2-arachidonoylglycerol participates in oligodendrocyte differentiation. *Glia*, *58*, 1913–1927.

Gómez, O., Sanchez-Rodriguez, A., Le, M., et al. (2011). Cannabinoid receptor agonists modulate oligodendrocyte differentiation by activating PI3K/Akt and the mammalian target of rapamycin (mTOR) pathways. *British Journal of Pharmacology*, *163*, 1520–1532.

Grimm, A., & Eckert, A. (2017). Brain aging and neurodegeneration: From a mitochondrial point of view. *Journal of Neurochemistry*. http://dx.doi.org/10.1111/jnc.14037. in press.

Hampson, A. J., Bornheim, L. M., Scanziani, M., et al. (1998). Dual effects of anandamide on NMDA receptor-mediated responses and neurotransmission. *Journal of Neurochemistry*, *70*, 671–676.

Hiebel, C., & Behl, C. (2015). The complex modulation of lysosomal degradation pathways by cannabinoid receptors 1 and 2. *Life Sciences*, *138*, 3–7.

Holm, I. E., Alstrup, A. K., & Luo, Y. (2016). Genetically modified pig models for neurodegenerative disorders. *The Journal of Pathology*, *238*, 267–287.

Hoque, A., Hossain, M. I., Ameen, S. S., Ang, C. S., Williamson, N., Ng, D. C., et al. (2016). A beacon of hope in stroke therapy-Blockade of pathologically activated cellular events in excitotoxic neuronal death as potential neuroprotective strategies. *Pharmacology & Therapeutics*, *160*, 159–179.

Hwang, J., Adamson, C., Butler, D., Janero, D. R., Makriyannis, A., & Bahr, B. A. (2010). Enhancement of endocannabinoid signaling by fatty acid amide hydrolase inhibition: A neuroprotective therapeutic modality. *Life Sciences*, *86*, 615–623.

Iuvone, T., Esposito, G., De Filippis, D., Scuderi, C., & Steardo, L. (2009). Cannabidiol: A promising drug for neurodegenerative disorders? *CNS Neuroscience & Therapeutics*, *15*, 65–75.

Jones, E. G., & Mendell, L. M. (1999). Assessing the decade of the brain. *Science*, *284*, 739.

Jüttler, E., Potrovita, I., Tarabin, V., et al. (2004). The cannabinoid dexanabinol is an inhibitor of the nuclear factor-kappa B (NF-kappa B). *Neuropharmacology*, *47*, 580–592.

Kallendrusch, S., Kremzow, S., Nowicki, M., Grabiec, U., Winkelmann, R., Benz, A., et al. (2013). The G protein-coupled receptor 55 ligand l-α-lysophosphatidylinositol exerts microglia-dependent neuroprotection after excitotoxic lesion. *Glia*, *61*, 1822–1831.

Kang, K. W., Lee, S. J., & Kim, S. G. (2005). Molecular mechanism of nrf2 activation by oxidative stress. *Antioxidants & Redox Signaling*, *7*, 1664–1673.

Kaplan, B. L. (2013). The role of CB1 in immune modulation by cannabinoids. *Pharmacology & Therapeutics*, *137*, 365–374.

Khan, T. A., Hassan, I., Ahmad, A., Perveen, A., Aman, S., Quddusi, S., et al. (2016). Recent updates on the dynamic association between oxidative stress and neurodegenerative disorders. *CNS & Neurological Disorders Drug Targets*, *15*, 310–320.

Kowal, S. L., Dall, T. M., Chakrabarti, R., Storm, M. V., & Jain, A. (2013). The current and projected economic burden of Parkinson's disease in the United States. *Movement Disorders, 28*, 311–318.

Kozela, E., Pietr, M., Juknat, A., et al. (2010). Cannabinoids Δ^9-tetrahydrocannabinol and cannabidiol differentially inhibit the lipopolysaccharide-activated NF-kappaB and interferon-β/STAT proinflammatory pathways in BV-2 microglial cells. *The Journal of Biological Chemistry, 285*, 1616–1626.

Kudelova, J., Fleischmannova, J., Adamova, E., & Matalova, E. (2015). Pharmacological caspase inhibitors: Research towards therapeutic perspectives. *Journal of Physiology and Pharmacology, 66*, 473–482.

Lanciego, J. L., Barroso-Chinea, P., Rico, A. J., Conte-Perales, L., Callén, L., Roda, E., et al. (2011). Expression of the mRNA coding the cannabinoid receptor 2 in the pallidal complex of Macaca fascicularis. *Journal of Psychopharmacology, 25*, 97–104.

Leweke, F. M., Piomelli, D., Pahlisch, F., et al. (2012). Cannabidiol enhances anandamide signaling and alleviates psychotic symptoms of schizophrenia. *Translational Psychiatry, 2*, e94.

Marsicano, G., Moosmann, B., Hermann, H., Lutz, B., & Behl, C. (2002). Neuroprotective properties of cannabinoids against oxidative stress: Role of the cannabinoid receptor CB_1. *Journal of Neurochemistry, 80*, 448–456.

Mazucanti, C. H., Cabral-Costa, J. V., Vasconcelos, A. R., Andreotti, D. Z., Scavone, C., & Kawamoto, E. M. (2015). Longevity pathways (mTOR, SIRT, insulin/IGF-1) as key modulatory targets on aging and neurodegeneration. *Current Topics in Medicinal Chemistry, 15*, 2116–2138.

McLellan, M. A., Rosenthal, N. A., & Pinto, A. R. (2017). Cre-loxP-mediated recombination: General principles and experimental considerations. *Current Protocols in Mouse Biology, 7*, 1–12.

Mechoulam, R., & Shohami, E. (2007). Endocannabinoids and traumatic brain injury. *Molecular Neurobiology, 36*, 68–74.

Mechoulam, R., Spatz, M., & Shohami, E. (2002). Endocannabinoids and neuroprotection. *Science's STKE, 2002*, re5.

Molina-Holgado, F., Pinteaux, E., Moore, J. D., et al. (2003). Endogenous interleukin-1 receptor antagonist mediates anti-inflammatory and neuroprotective actions of cannabinoids in neurons and glia. *The Journal of Neuroscience, 23* 6470–6474.

Molina-Holgado, E., Vela, J. M., Arevalo-Martin, A., et al. (2002). Cannabinoids promote oligodendrocyte progenitor survival: Involvement of cannabinoid receptors and phosphatidylinositol-3 kinase/Akt signaling. *The Journal of Neuroscience, 22*, 9742–9753.

Morton, A. J., & Howland, D. S. (2013). Large genetic animal models of Huntington's disease. *Journal of Huntington's Disease, 2*, 3–19.

Oh, Y. T., Lee, J. Y., Lee, J., et al. (2010). Oleamide suppresses lipopolysaccharide-induced expression of iNOS and COX-2 through inhibition of NFκB activation in BV2 murine microglial cells. *Neuroscience Letters, 474*, 148–153.

Ohno-Shosaku, T., & Kano, M. (2014). Endocannabinoid-mediated retrograde modulation of synaptic transmission. *Current Opinion in Neurobiology, 29C*, 1–8.

Pacher, P., & Mechoulam, R. (2011). Is lipid signaling through cannabinoid 2 receptors part of a protective system? *Progress in Lipid Research, 50*, 193–211.

Pryce, G., Riddall, D. R., Selwood, D. L., Giovannoni, G., & Baker, D. (2015). Neuroprotection in experimental autoimmune encephalomyelitis and progressive multiple sclerosis by cannabis-based cannabinoids. *Journal of Neuroimmune Pharmacology, 10*, 281–292.

Rodríguez-Cueto, C., Benito, C., Fernández-Ruiz, J., et al. (2014). Changes in CB1 and CB2 receptors in the post-mortem cerebellum of humans affected by spinocerebellar ataxias. *British Journal of Pharmacology, 171*, 1472–1489.

Rodríguez-Cueto, C., Benito, C., Romero, J., Hernández-Gálvez, M., Gómez-Ruiz, M., & Fernández-Ruiz, J. (2014). Endocannabinoid-hydrolysing enzymes in the post-mortem cerebellum of humans affected by hereditary autosomal dominant ataxias. *Pathobiology*, *81*, 149–159.
Rodríguez-Cueto, C., Hernández-Gálvez, M., Hillard, C. J., Maciel, P., García-García, L., Valdeolivas, S., et al. (2016). Dysregulation of the endocannabinoid signaling system in the cerebellum and brainstem in a transgenic mouse model of spinocerebellar ataxia type-3. *Neuroscience*, *339*, 191–209.
Saba, L. (2015). *Imaging in neurodegenerative disorders*. USA: Oxford University Press.
Sampaio, C., Borowsky, B., & Reilmann, R. (2014). Clinical trials in Huntington's disease: Interventions in early clinical development and newer methodological approaches. *Movement Disorders*, *29*, 1419–1428.
Sarne, Y., Asaf, F., Fishbein, M., Gafni, M., & Keren, O. (2011). The dual neuroprotective-neurotoxic profile of cannabinoid drugs. *British Journal of Pharmacology*, *163*, 1391–1401.
Shohami, E., & Mechoulam, R. (2000). A non-psychotropic cannabinoid with neuro-protective properties. *Drug Development Research*, *50*, 211–215.
Smith, S. R., Terminelli, C., & Denhardt, G. (2000). Effects of cannabinoid receptor agonist and antagonist ligands on production of inflammatory cytokines and anti-inflammatory interleukin-10 in endotoxemic mice. *The Journal of Pharmacology and Experimental Therapeutics*, *293*, 136–150.
Stahel, P. F., Smith, W. R., Bruchis, J., & Rabb, C. H. (2008). Peroxisome proliferator-activated receptors: "Key" regulators of neuroinflammation after traumatic brain injury. *PPAR Research*, *2008*, 538141.
Stella, N. (2010). Cannabinoid and cannabinoid-like receptors in microglia, astrocytes, and astrocytomas. *Glia*, *58*, 1017–1030.
United Nations. (2015). Available at: esa.un.org/unpd/wpp/publications/files/key_findings_wpp_2015.pdf.
Valdeolivas, S., Pazos, M. R., Bisogno, T., Piscitelli, F., Iannotti, F. A., Allarà, M., et al. (2013). The inhibition of 2-arachidonoyl-glycerol (2-AG) biosynthesis, rather than enhancing striatal damage, protects striatal neurons from malonate-induced death: A potential role of cyclooxygenase-2-dependent metabolism of 2-AG. *Cell Death & Disease*, *4*, e862.
Van Sickle, M. D., Duncan, M., Kingsley, P. J., et al. (2005). Identification and functional characterization of brainstem cannabinoid CB2 receptors. *Science*, *310*, 329–332.
Vendel, E., & de Lange, E. C. (2014). Functions of the CB1 and CB 2 receptors in neuroprotection at the level of the blood-brain barrier. *Neuromolecular Medicine*, *16*, 620–642.
Walter, L., Franklin, A., Witting, A., et al. (2003). Nonpsychotropic cannabinoid receptors regulate microglial cell migration. *The Journal of Neuroscience*, *23*, 1398–1405.
Wang, Y., Ma, S., Wang, Q., et al. (2014). Effects of cannabinoid receptor type 2 on endogenous myocardial regeneration by activating cardiac progenitor cells in mouse infarcted heart. *Science China. Life Sciences*, *57*, 201–208.
Whitelaw, C. B., Sheets, T. P., Lillico, S. G., & Telugu, B. P. (2016). Engineering large animal models of human disease. *The Journal of Pathology*, *238*, 247–256.
World Health Organization. (2013). *Aging and life course*. Available at:www.who.int/ageing/about/facts/en.
Yang, W., Tu, Z., Sun, Q., & Li, X. J. (2016). CRISPR/Cas9: Implications for modeling and therapy of neurodegenerative diseases. *Frontiers in Molecular Neuroscience*, *9*, 30.
Youssef, S. A., Capucchio, M. T., Rofina, J. E., Chambers, J. K., Uchida, K., Nakayama, H., et al. (2016). Pathology of the aging brain in domestic and laboratory animals, and animal models of human neurodegenerative diseases. *Veterinary Pathology*, *53*, 327–348.
Ziemka-Nałęcz, M., & Zalewska, T. (2012). Endogenous neurogenesis induced by ischemic brain injury or neurodegenerative diseases in adults. *Acta Neurobiologiae Experimentalis*, *72*, 309–324.

CHAPTER NINE

Metabolic Profiling of CB1 Neutral Antagonists

Herbert H. Seltzman*,[1], Rangan Maitra*, Katharine Bortoff†, Jay Henson‡, Patricia H. Reggio§, Daniel Wesley¶, Joseph Tam||

*Center for Drug Discovery, Research Triangle Institute, Research Triangle Park, NC, United States
†Bioagilytix, Durham, NC, United States
‡QuintilesIMS, RTP, NC, United States
§University of North Carolina at Greensboro, Greensboro, NC, United States
¶Laboratory of Physiologic Studies, National Institute on Alcohol Abuse and Alcoholism, NIH, Bethesda, MD, United States
||Obesity and Metabolism Laboratory, Institute for Drug Research, School of Pharmacy, Faculty of Medicine, The Hebrew University of Jerusalem, Jerusalem, Israel
[1]Corresponding author: e-mail address: hhs@rti.org

Contents

Abstract

PIMSR is among the first neutral antagonists for the CB1R and was demonstrated pharmacologically to bind to the CB1R, yet not alter calcium flux. It was further shown computationally to be able to stabilize both the active and inactive states of CB1R revealing the molecular interactions that mechanistically afford the property of neutral antagonism. PIMSR shows dramatic positive effects in reducing weight, food intake, and adiposity as well as in improving glycemic control and lipid homeostasis in high-fat diet-induced obese mice, but also shows increased ALT and liver weight as markers of liver injury with chronic administration. Further, in a separate study, 3-day administration of PIMSR in C57BL/6J mice, hepatic steatosis from an acute administration of

Methods in Enzymology, Volume 593
ISSN 0076-6879
http://dx.doi.org/10.1016/bs.mie.2017.06.025

high of ethanol was significantly reduced. Also, it partially prevented alcohol-induced increases in ALT, AST, and LDH. The differences in ALT levels in obese and nonobese mice under different test paradigms are unlikely to be due to neutral antagonism itself since other neutral antagonists (AM6545) do not exhibit liver injury. The brain levels of low micromolar would support significant brain CB1 receptor occupancy (re: Ki = 17 n*M*), thus potentially including both CNS and peripheral influences on the observed weight loss. Overall, these studies suggest that marked improvements in aspects of metabolic disease and alcoholic steatosis can be realized with CB1R neutral antagonists and hence warrants the exploration of further members of this class of cannabinoid ligands.

ABBREVIATIONS

ALT alanine transaminase
AS alcoholic steatosis
AST aspartate transaminase
DIO diet-induced obesity
HFD high-fat diet
ip intraperitoneal
LDH lactate dehydrogenase
PIMSR 5-(4-chlorophenyl)-1-(2,4-dichlorophenyl)-4-methyl-3-[(*E*)-piperidinoiminomethyl]-1H-pyrazole

1. INTRODUCTION

Endogenous, plant, and chemist designed cannabinoids have widespread pharmacological and physiological effects that are exhibited through their receptors (Pertwee, 2005b; Szabo & Schlicker, 2005). The cannabinoid receptors are G protein-coupled primarily activating inhibitory G-coupled proteins (Gi/o) (Pacher, Batkai, & Kunos, 2006) and are considered to be constitutively active (Fong, 2014). The two currently identified cannabinoid receptor subtypes are CB1R, found mostly in neurons throughout the body, and CB2R, mostly expressed outside the CNS in immune cells (Howlett et al., 2002). The seven transmembrane helix CB1R receptor is associated with numerous physiological effects including pain, appetite, metabolism, and mood. Cannabinoid agonists of the CB1R block pain (Hohmann, 2002) stimulate appetite, influence energy balance (Andre & Gonthier, 2010; Cota, 2008), and lipidogenesis (Alonso et al., 2012; Cota et al., 2003), and typically elevate mood. Potential medical applications of activating CB1R response, especially as regards pain, obesity, seizures, and mood (e.g., PTSD), are inviting (Pacher et al., 2006) but the psychomimetic effects (euphoria and subsequent paranoia) have been a significant impediment to the development of cannabinoid agonists as drugs.

Alternatively, the potential applications of blocking endogenous agonist effects relating to appetite (Tam et al., 2012) and energy balance via lipogenesis as well as appetitive conditions such as drug, alcohol, and tobacco use, prompted much research on CB1R antagonists. It was found that the first and preeminent CB1R antagonist Rimonabant (SR141716) reduced food intake and altered metabolism with beneficial effects on weight loss (Silvestri & Di Marzo, 2012). This had significant implications regarding the epidemic levels of obesity and the downstream consequences of resultant diabetes. After Rimonabant came to the market (as Acomplia™), the psychomimetic effects of mood alteration (Beyer et al., 2010) including suicidal ideation (Christensen, Kristensen, Bartels, Bliddal, & Astrup, 2007) had begun to be observed which led to its removal from the market and a pull-back from this line of research by pharmaceutical companies (Lee, Choi, & Pak, 2009). Rimonabant, it was discovered, was not simply an antagonist, but rather it was an inverse agonist (Pan, Ikeda, & Lewis, 1998).

Other classes of CB1R regulators in the form of neutral antagonists, that do not change basal CB1R activity, have been revealed (Pan et al., 1998) and are the subject of study (Hurst et al., 2002, 2006; Pertwee, 2005a; Reggio, 2009; Silvestri & Di Marzo, 2012) and development (Alonso et al., 2012; Argueta & DiPatrizio, 2017; Bostroem et al., 2010; Brents et al., 2012; Franks et al., 2014; Fride et al., 2007; Greig & Ross, 2010; Kangas et al., 2013; Makriyannis & Vemuri, 2008; Ruiu et al., 2003; Vela Hernandez & Yenes Minguez, 2009; Wargent et al., 2013; Wiley et al., 2011).

In this chapter, we will present our research on a potent and selective neutral antagonist, 5-(4-chlorophenyl)-1-(2,4-dichlorophenyl)-4-methyl-3-[(*E*)-piperidinoiminomethyl]-1H-pyrazole (PIMSR) (Fig. 1), which interacts with the G protein-coupled cannabinoid type-1 receptor CB1R in a mechanistically different way than Rimonabant affording metabolic and functional

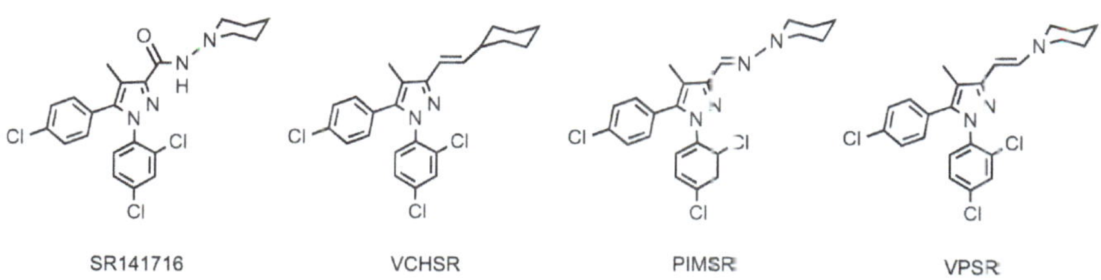

Fig. 1 Inverse agonist (SR141716) and neutral antagonists (VCHSR, PIMSR, VPSR) of CB1R.

benefits without the potential downside consequences of inverse agonism at CB1R (Beyer et al., 2010; Christensen et al., 2007). This will start with defining constitutive activity and its relation to neutral antagonism vs inverse agonism, continue with a molecular modeling description of the interaction of relevant ligands with the CB1R, and its role in designing neutral antagonists, and then present the effects of PIMSR in vivo and in vitro and methods for those studies.

2. BACKGROUND

2.1 Constitutive Activity of CB1R

The CB1R exhibits constitutive activity, which is the activity of the activated, or on-state, of the receptor in the absence of an agonist; that is, the intrinsic activity that results from the structure (constitution) of the receptor (Fong, 2014). In brief, the ligand-free receptor exists in an equilibrium between the active (on) state and the inactive (off) state and likely a few intermediate states. A constitutively active receptor equilibrates at a basal state wherein there is a portion of the receptors in the active state that result in downstream physiological effects (Kenakin, 2005).

When an agonist ligand binds to the receptor it shifts the equilibrium to the active state resulting in functional activity. In contrast, an inverse agonist ligand shifts the equilibrium from the basal state to the inactive state. Many inverse agonists were earlier described as antagonists, the latter typically defined as having no efficacy. But a reduction in basal levels of activation caused by an inverse agonist does have physiological consequences, hence the evolved description (Pan et al., 1998; Pertwee, 2005a). A neutral or silent antagonist is one that does not shift the equilibrium from the basal level of the activation of the receptor and hence does not change observed activity. Holding basal activity, or restoring an imbalanced constitutive activity could have therapeutic potential in disease states that are the result of excessive receptor activation (Beltramo, Brusa, Mancini, & Scandroglio, 2010).

3. COMPUTATIONAL MODELING

Rational design of CB1R neutral antagonists requires an understanding of the interaction of cannabinoid ligands with the receptor as regards how the interaction induces the changes in conformation and the resulting coupling of the receptor to G proteins when stabilized by agonists, neutral antagonists, and inverse agonists. A powerful method of obtaining such an understanding is the use of computational modeling of the receptor, which is developed from its amino acid sequence, the X-ray structure of a similar GPC receptors as a starting point, and computational refinement. Computationally docking tested ligands in the receptor model suggests amino acid side chains that play a key role in the receptor activity. Point mutations of these key amino acids of the wild-type receptor and testing the receptor function in the presence of ligands of known function before and after point mutations identifies regions of the receptor associated with its activity. The nature of the ligand–receptor interaction (H-bonding, ionic interaction, Van Der Waals forces, aromatic stacking, steric interactions, etc.) can then be inferred and calculated. From the proposed interactions, modified ligands can be designed to test the proposed interaction in vitro.

From such studies of the CB1R, a model was developed that proposed that a hydrogen bond between the inactive state of the receptor and the inverse agonist Rimonabant (SR141716) was critical. In this model, the lysine (K) on helix-3 at residue 28, where the most conserved residue of any helix is number 50, i.e., K3.28, contributed a hydrogen bond (donor) to the oxygen of the C-3 hydrazide moiety of the ligand SR141716 (H-bond acceptor). To test this, the H-bonding capacity of the donor (lysine) and/or the acceptor (C-3 hydrazide oxygen) is eliminated by mutating the lysine to nondonating alanine (K3.28A) and by synthesizing nonaccepting desoxy-analogs (X'SR) of Rimonabant (described later). If the H-bonding is a direct interaction, then eliminating it would reduce the affinity in (1) the K3.28A–Rimonabant pair, (2) the K3.28-X'SR pair, and (3) the K3.28A–X'SR pair, relative to (4) the wild-type K3.28-Rimonabant pair, since all three preclude H-bonding. If mutations K3.28A and X'SR operated independently of one another, i.e., did not participate in the same H-bond, then the decrease in affinity brought about by these mutations would be additive in pairing (3) (Hurst et al., 2002).

In affinity assays with cloned human wild-type CB1 or the mutant receptors and with SR141716 or X'SR ligand analogs (Fig. 1) vs [^{3}H]SR141716, the following was observed for X'SR = VCHSR, the vinylcyclohexyl analog of SR141716 lacking H-bonding at the C-3 substituent. First, eliminating the H-bond donator moiety caused the affinity of SR141716 for the mutant K3.28A receptor (Alonso et al., 2012) to be reduced to 39.6 ± 10.5 nM from 2.3 ± 1.1 nM for the SR141716 wild-type K3.28 receptor (Beltramo et al., 2010) supporting a strong interaction, such as a H-bonding, between SR141716 and the 3.28 Lysine. Second, elimination the H-bond acceptor moiety caused a similar reduction of binding affinity between the wild-type receptor K3.28 and the mutant ligand VCHSR (Andre & Gonthier, 2010) to 31.3 ± 9.6 nM supporting the strong H-bonding interaction. Third, when both H-bonding donor and acceptor moieties were lacking, such as in the K3.28A–VCHSR pair (Argueta & DiPatrizio, 2017), the binding affinity was similarly reduced to $35.2 \pm 1.4\,\mathrm{n}M$, indicating the absence of an additive effect of both mutations supporting that they participate in the same H-bond interaction (Hurst et al., 2002).

In addition to the H-bond between the C-3 hydrazide moiety and the wild-type receptor's 3.28 lysine contributing to the strength of the ligands affinity for the receptor binding site, there are also aromatic stacking interactions that enable all these ligands to bind with nanomolar affinity and to stabilize receptor conformations (Hurst et al., 2002, 2006; Reggio, 2009).

PIMSR (Fig. 1) another variant mutation was also prepared and tested (Hurst et al., 2006). It too adopts the low energy conformations of SR141716 and VCHSR and also shows reduced affinity, by nearly an order of magnitude, for the wild-type K3.28 receptor ($\mathrm{Ki} = 17\,\mathrm{n}M$) supporting the identification of the oxygen acceptor as the H-bonding site. However, this is about twice the affinity of the VCHSR ligand ($\mathrm{Ki} = 31.3\,\mathrm{n}M$) suggesting the possibility that one of the nitrogens of the PIMSR C-3 moiety is participating in bonding. Indeed, the computational modeling shows that the imino nitrogen (C=N—) supports a weak H-bond with the receptor's C7.42 cysteine (but not K3.28) which restores some additional binding affinity.

Testing these mutant ligands in the calcium flux functional assay for the CB1R (Pan et al., 1998; Hurst et al., 2006), both VCHSR and PIMSR as well as the other ligands lacking the C-3 substituent oxygen exhibited no change in calcium flux, an indication of neutral antagonism, which is in contrast to SR141716 and other C-3 carbonyl analogs that exhibit an increase in calcium flux typical of an inverse agonist. Collectively, this points to these deoxygenated analogs of SR141716 as being among the first CB1 neutral antagonists and suggests their further pharmacological and physiological study to probe for potential therapeutic benefit.

4. CHEMISTRY AND STRUCTURE PROOF AND STABILITY Ki CB1 CB2

The synthesis, structure proof including the *trans*-geometry of the double bond, and the demonstrated stability of PIMSR in aqueous media necessary for pharmacological studies were discussed in a prior report (Hurst et al., 2006).

5. IN VIVO METABOLIC EFFECTS

The encouraging result that PIMSR was shown to be free of dysphoric effects in electrical brain stimulation reward studies, led to a study of its potential as a regulator of metabolic disease-related effects. This study reports the effect of PIMSR in high-fat diet (HFD)-induced obese mice on body weight, food intake, glycemic control, and lipid homeostasis. Tissue distribution and markers of liver condition and function are also reported.

5.1 Methods

5.1.1 Animals

Animal protocols were reviewed and approved by the Institutional Animal Care and Use Committee of the NIAAA, NIH. Male 5–6-week-old C57Bl/6J mice were obtained from Jackson Laboratory. Mice were maintained under a 12-h light/dark cycle and fed ad libitum. To generate diet-induced obesity (DIO) (body weight > 42 g), mice were fed HFD (Research Diet, NJ; D12492; 60% of calories from fat, 20% from protein, and 20% from carbohydrates) for 14 weeks.

5.1.2 Experimental Protocol

HFD-fed obese mice received vehicle or PIMSR [10 mg/kg, intraperitoneal (ip)] daily for 28 days. Food intake and body weight were measured daily. Mice were sacrificed by cervical dislocation, the brain, liver, and combined fat pads were removed, weighed, and snap-frozen, and trunk blood was collected for determining endocrine and biochemical parameters. Adiposity index was defined as the combined weight of the epididymal, retroperitoneal, and inguinal fat pads, expressed as % of total body weight.

5.1.3 Tissue Levels of PIMSR

Mice received a single ip dose (10 mg/kg) of PIMSR and were sacrificed 1 h later. Blood was collected, and the mice were perfused with phosphate-buffered saline for 1 min to remove drug from the intravascular space before removing the brain adipose tissue and liver. Tissues and plasma were extracted as described (Tam et al., 2012) and drug levels were determined by liquid chromatography/tandem mass spectrometry using an Agilent 6410 triple quadrupole mass spectrometer (Agilent Technologies) coupled with an Agilent 1200 LC system (Agilent Technologies). Chromatographic and mass spectrometer conditions were set as described (Tam et al., 2012). Levels of PIMSR were analyzed by multiple reactions monitoring. The molecular ion and fragments for PIMSR were measured as follows: *m/z* 447.1 → 364 and 447.1 → 84.1 (collision-induced dissociation-energy: 24 and 36 V, respectively). The acquisition and quantitation of analytes were achieved using MassHunter Workstation LC/QQQ Acquisition and MassHunter Workstation Quantitative Analysis softwares, respectively (Agilent Technologies). The amounts of PIMSR in the samples were determined against standard curves. Values are expressed as μg/g or μg/mL in wet tissue weight or plasma volume, respectively.

5.1.4 Blood Chemistry

Blood was collected at the time the mice were sacrificed. Serum alanine transaminase (ALT), aspartate transaminase (AST), cholesterol, HDL- and LDL-cholesterol, and triglycerides were quantified using AMS Vegasys Chemistry Analyzer (Diamond Diagnostics, MA). Blood glucose was determined using the Elite glucometer (Bayer, PA). Serum insulin was determined using the Ultra-Sensitive Mouse Insulin ELISA kit (Crystal Chem Inc., IL).

5.1.5 Glucose Tolerance (ipGTT) and Insulin Sensitivity Tests (ipIST)

Mice fasted overnight were injected with glucose (1.5 g/kg ip), followed by tail blood collection at 0, 15, 30, 45, 60, 90, and 120 min. Blood glucose levels were determined using the Elite glucometer (Bayer, PA). On the following day, mice were fasted for 6 h before receiving insulin (0.75 U/kg, ip; Eli Lilly, DC), and blood glucose levels were determined at the same intervals as earlier.

5.1.6 Hepatic Triglyceride (TG) Content

Liver tissue was extracted as described previously (Knani et al., 2016) and its triglyceride content determined using EnzyChrom™ Triglyceride Assay Kit (BioAssay Systems, CA).

5.1.7 Statistics

Values are expressed as mean ± SEM. Unpaired two-tailed Student's *t*-test was used to determine differences between vehicle- and drug-treated groups. Time-dependent variables were analyzed and results in multiple groups were compared by ANOVA followed by Bonferroni test. Significance was at $P<0.05$.

5.2 Results

5.2.1 PIMSR Is a Brain-Penetrant Neutral CB1R Antagonist

Tissue distribution of PIMSR following an acute ip dosing of 10 mg/kg revealed a marked reduction in its brain penetrance (1.24 ± 0.09 μg/g), as reflected by a brain: plasma concentration ratio of 0.24 (Fig. 2). Yet, the brain levels of this compound are more than two orders of magnitude higher than the Ki (17 n*M*) required for its binding to CB1 receptor. Extremely high levels of PIMSR were found in the liver (21.72 ± 2.22 μ*M*, 414% of plasma) and fat tissue (18.06 ± 4.19 μ*M*, 345% of plasma).

5.2.2 PIMSR Improves Metabolic Profile in Diet-Induced Obese Mice

The metabolic profile of PIMSR was examined in mice with DIO. Male C57Bl/6J mice fed a HFD for 14 weeks became obese and were then started on daily ip injections of vehicle or PIMSR (10 mg/kg/day) for an additional 28 days. The overweight and increased adiposity of mice on HFD were significantly reduced by PIMSR (Fig. 3A–C). These reductions were associated with a transient (14 days) reduction in food intake by PIMSR (Fig. 3D).

HFD-induced obesity is related to reduce glucose tolerance (Fig. 4A) decreased sensitivity to the hypoglycemic effect of insulin (Fig. 4B),

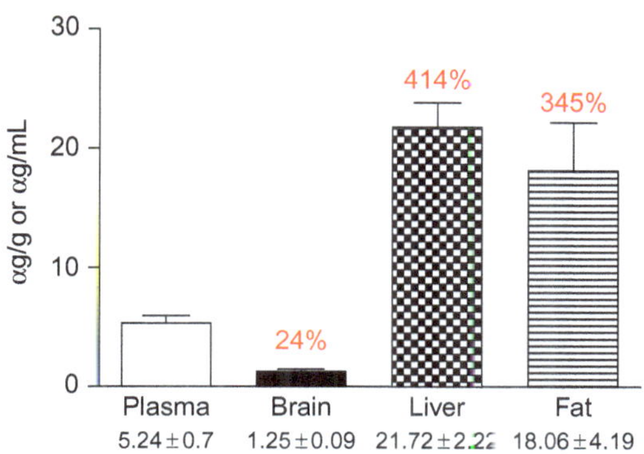

Fig. 2 Drug levels in plasma (μg/mL), brain (μg/g), liver (μg/g), and fat (μg/g) 1 h after acute ip administration. Concentrations of PIMSR after ip dose of 10 mg/kg. Data represent mean ± SEM from three animals.

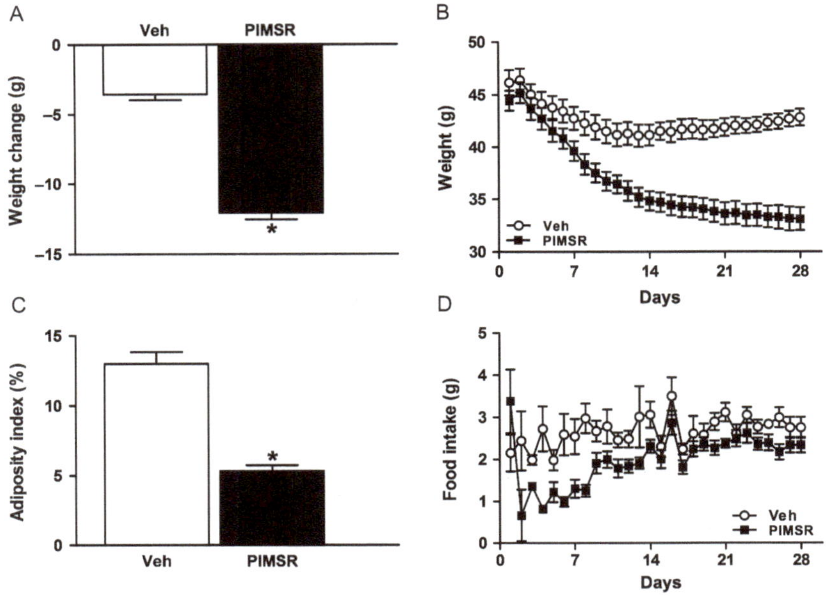

Fig. 3 Effect of PIMSR on body weight and food intake. Mice on HFD for 14 weeks were treated with ip of either vehicle or PIMSR (10 mg/kg/day) for 28 days. Note that PIMSR reduced body weight (A and B), adiposity (C), and daily food intake (D). Data represent mean $\pm$ SEM from six animals per group.

hyperglycemia (Fig. 4C), and hyperinsulinemia (Fig. 4D). All of these changes were reduced (improved) by PIMSR. Further metabolic improvements were noted by the ability of PIMSR to reduce serum triglyceride and cholesterol levels (Fig. 5A and B), and increase the ratio between HDL and LDL cholesterol (Fig. 5C).

PIMSR did not ameliorate the HFD-induced fatty liver, as reflected in by its inability to reduce the liver weight (Fig. 6A), serum ALT and AST levels (Fig. 6B and C), and hepatic triglyceride content (Fig. 6D). In fact, PIMSR increased the hepatocellular damage, as indicated by increased liver weight and serum ALT levels (Fig. 6A and B), which might be attributed to its extremely high liver content (Fig. 2). This is likely not a consequence of CB1R occupancy and hence similarly not due to neutral antagonism, but rather is due to the chemical properties and pharmacokinetics of this particular analog. Overall, this study suggests that marked improvements in aspects of metabolic disease can be realized with CB1R neutral antagonists and hence warrants the exploration of further members of this class of cannabinoid ligands.

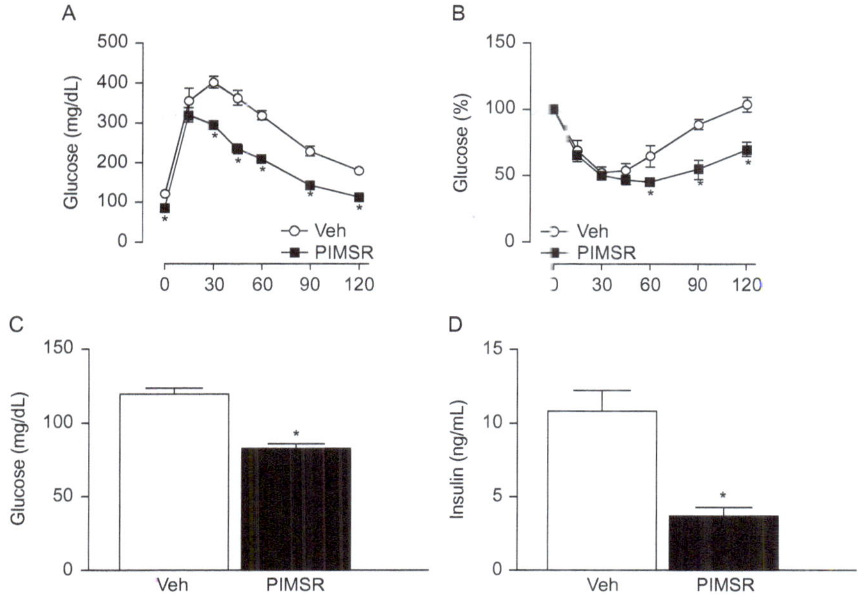

Fig. 4 Effect of PIMSR on glycemic control. Mice on HFD for 14 weeks were treated with ip of either vehicle or PIMSR (10 mg/kg/day) for 28 days. Note that PIMSR improves glucose intolerance (A) and insulin sensitivity (B), reduced the basal hyperglycemia (C), and hyperinsulinemia (D). Data represent mean ± SEM from six animals per group.

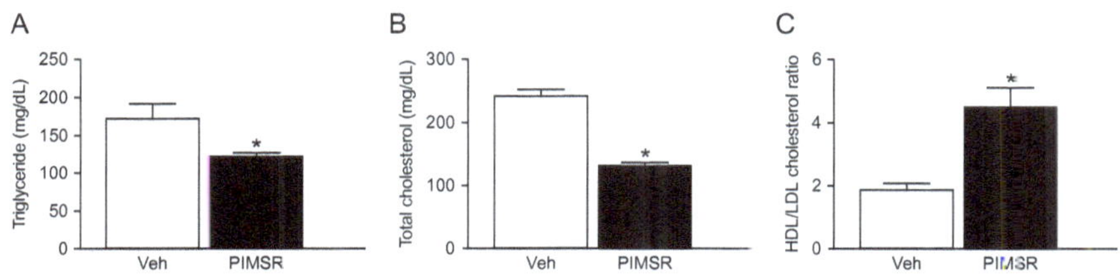

Fig. 5 Effect of PIMSR on lipid homeostasis. Mice on HFD for 14 weeks were treated with ip of either vehicle or PIMSR (10 mg/kg/day) for 28 days. Note that PIMSR reduced serum triglycerides (A), cholesterol (B), and improved HDL/LDL cholesterol (C). Data represent mean ± SEM from six animals per group.

6. PIMSR AND BINGE ALCOHOLIC HEPATIC STEATOSIS

Liver disease from alcohol abuse is a major problem (Mathurin & Deltenre, 2009). A new threat to the physical welfare of alcoholics stems from a marked increase in rates of binge drinking, particularly in adolescents. While considerable data exist on effects of chronic alcohol

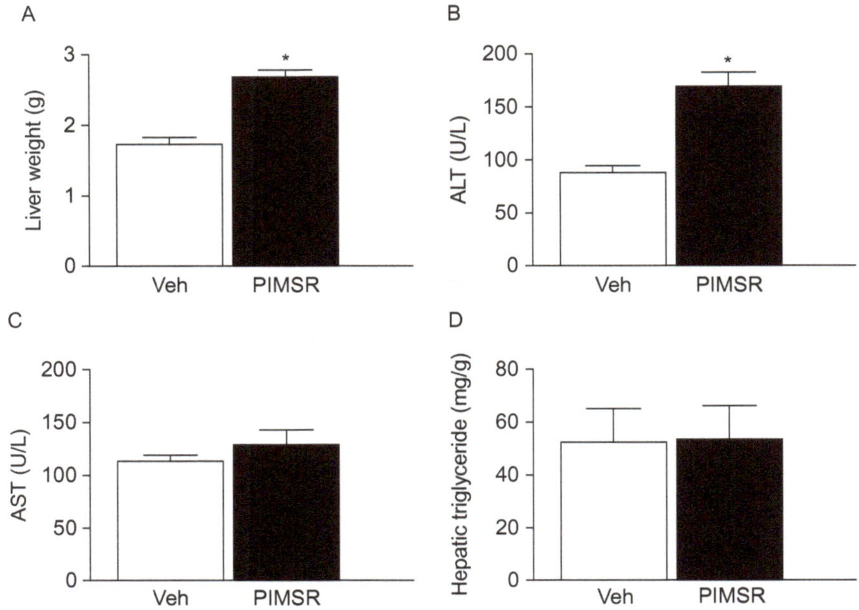

Fig. 6 Effect of PIMSR on hepatic parameters. Mice on HFD for 14 weeks were treated with ip either vehicle or PIMSR (10 mg/kg/day) for 28 days. Note that PIMSR increased liver weight (A) and serum ALT levels (B), without affecting serum AST levels (C), and hepatic triglyceride content (D). Data represent mean ± SEM from six animals per group.

consumption on liver, the pathological effects of binge drinking remain poorly understood. However, epidemiological data point to a drastic increase in liver cirrhosis and mortality rates in British binge drinkers and similar outcomes may be expected in other countries (Pincock, 2003). Brief intervention strategies using behavioral and/or pharmacological strategies may be useful in dealing with binge alcoholism and related pathologies. In this report, further in vivo studies were performed with PIMSR in a model of alcoholic steatosis (AS) induced by a single acute challenge with ethanol. Data presented herein indicate that PIMSR can significantly reduce AS induced by binge alcoholism.

6.1 Materials and Methods

6.1.1 Binge Alcohol-Induced Liver Steatosis

AS was induced in inbred C57BL/6J mice (Charles River Laboratories, Raleigh, NC) at 9 weeks of age by a single dose of 6 g/kg ethanol. Control animals received sucrose. For the efficacy study with PIMSR, the drug was solubilized in a 1:1:18 ethanol/cremaphor/saline (vehicle) solution and administered once daily as an ip injection at 30 mg/kg. Control animals were given vehicle only via ip injections. After three daily doses of PIMSR or vehicle, animals were challenged with ethanol or sucrose 1 h after the last injection.

Serum samples from each animal were analyzed for AST, ALT, and lactate dehydrogenase (LDH) levels by an independent laboratory (Antech Diagnostics, Morrisville, NC) using good laboratory practice. Tissue sections (10 μm) from frozen livers were prepared and analyzed following hematoxylin–eosin staining and Oil Red O staining using standard procedures. Images were acquired using an Olympus inverted microscope. Three to six animals were used per group. Data were graphed using Prism software (GraphPad, La Jolla, CA) and statistical analyses were performed using the same program.

6.2 Results

6.2.1 Acute Alcohol-Induced Hepatic Steatosis and Prevention by PIMSR

Binge alcoholism involves acute episodic consumption of fairly large quantities of alcohol with blood alcohol levels of >300 n*M* routinely noted in patients. Thus, a single dose model of acute alcohol (6 g/kg) induced steatosis in C57BL/6J mice was used for these studies.

For these studies, PIMSR was given to mice daily for 3 days at a 30 mg/kg dose by ip injection. Control mice were injected with the vehicle alone. An hour after the last injection, mice were challenged with alcohol at 6 g/kg. Animals were sacrificed after 16 h and the rest of the studies was completed as described in the preceding section. As demonstrated in Fig. 7A, PIMSR was able to significantly reduce hepatic steatosis as demonstrated through Oil Red O staining (~60% reduction). Furthermore, PIMSR partially prevented alcohol-induced increases in levels of AST, ALT, and LDH (Fig. 7B). Thus, administration of PIMSR was an effective intervention/prevention strategy to combat hepatic steatosis induced by acute alcohol consumption. Unfortunately, it now known that chronic administration of this compound produces a non-CB1R-associated liver toxicity. However, these studies followed an acute regimen. Therefore, it is assumed the short-term beneficial effect of CB1R blockade is reflected in these studies. Taken together, this class of compounds may be promising agents in the treatment of alcoholic liver injury in agreement with past results (Trebicka et al., 2011).

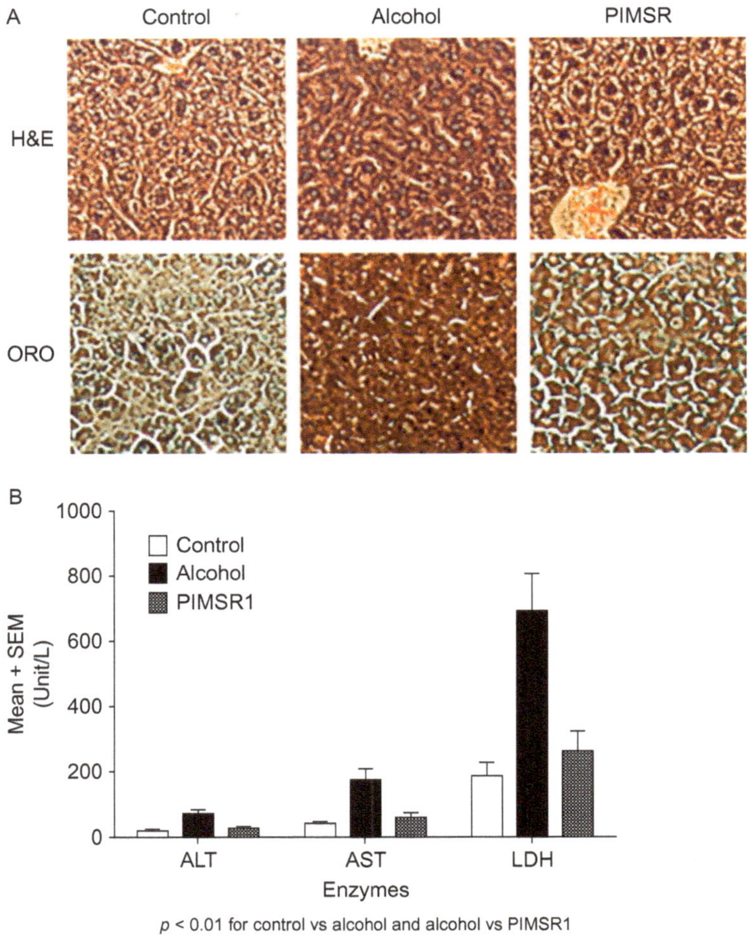

Fig. 7 Effect of PIMSR1 on binge alcoholic steatosis. PIMSR or vehicle was administered to male C57BL6 mice by ip injection for 3 days followed by a single challenge of 6 g/kg alcohol. Matched controls received vehicle alone and equicaloric sucrose instead of alcohol. Animals were sacrificed 16 h after the alcohol challenge. (A) PIMSR pretreatment decreased steatosis and preserved liver architecture as determined by Oil Red O (*bottom panel*) and H&E staining (*top panel*) compared to animals receiving alcohol only. (B) Biomarkers of liver damage were increased upon alcohol challenge including AST, ALT, and LDH. Pretreatment with PIMSR reduced liver damage. Data were statistically significant (Student's *t*-test, $P < 0.01$) between vehicle-treated animals receiving alcohol or sucrose and between alcohol challenged mice treated with PIMSR or vehicle only.

7. CONCLUSIONS

PIMSR is among the first neutral antagonists for the CB1R and was demonstrated pharmacologically to bind to the CB1R yet not alter calcium flux. It was further shown computationally to be able to stabilize both the active and inactive states of CB1R revealing the molecular interactions that mechanistically afford the property of neutral antagonism. PIMSR shows dramatic positive effects in reducing weight, food intake, and adiposity as well as in improving glycemic control and lipid homeostasis in HFD-induced obese mice, but also shows increased ALT and liver weight as markers of liver injury with chronic administration. Further, in a separate study, 3-day administration of PIMSR in C57BL/6J mice, hepatic steatosis from an acute administration of high of ethanol was significantly reduced. Also, it partially prevented alcohol-induced increases in ALT, AST, and LDH. The differences in ALT levels with obese and nonobese mice under different test paradigms are unlikely to be due to neutral antagonism itself since other neutral antagonists (AM6545) do not exhibit liver injury. Rather, this suggests that other biochemistry of PIMSR is responsible for heptic damage such as extremely high levels of PIMSR measured in DIO mice. The brain levels of low micromolar would support significant brain CB1R occupancy (re: Ki = 17 n*M*), thus potentially including both CNS and peripheral influences on the observed weight loss. Overall, these studies suggest that marked improvements in aspects of metabolic disease and AS can be realized with CB1R neutral antagonists and hence warrants the exploration of further members of this class of cannabinoid ligands.

ACKNOWLEDGMENTS

H.H.S. received support for this work from Grant 2R01DA003934-28 to P.H.R.

R.M. is supported by DK100414 and AA023256 from NIH. This work was partially funded by an internal grant to R.M. from RTI International.

J.T. received support for this work from the Israel Science Foundation Grant (617/14).

Resat Cinar is acknowledged for the mass spectral studies.

REFERENCES

Alonso, M., Serrano, A., Vida, M., Crespillo, A., Hernandez-Folgado, L., Jagerovic, N., et al. (2012). Anti-obesity efficacy of LH-21, a cannabinoid CB(1) receptor antagonist with poor brain penetration, in diet-induced obese rats. *British Journal of Pharmacology*, *165*(7), 2274–2291.

Andre, A., & Gonthier, M. P. (2010). The endocannabinoid system: Its roles in energy balance and potential as a target for obesity treatment. *The International Journal of Biochemistry & Cell Biology*, *42*(11), 1788–1801.

Argueta, D. A., & DiPatrizio, N. V. (2017). Peripheral endocannabinoid signaling controls hyperphagia in western diet-induced obesity. *Physiology & Behavior, 171*, 32–39.
Beltramo, M., Brusa, R., Mancini, I., & Scandroglio, P. (2010). Detecting constitutive activity and protean agonism at cannabinoid-2 receptor. *Methods in Enzymology, 484*, 31–51.
Beyer, C. E., Dwyer, J. M., Piesla, M. J., Platt, B. J., Shen, R., Rahman, Z., et al. (2010). Depression-like phenotype following chronic CB1 receptor antagonism. *Neurobiology of Disease, 39*(2), 148–155.
Bostroem, J., Olsson, R. I., Tholander, J., Greasley, P. J., Ryberg, E., Nordberg, H., et al. (2010). Novel thioamide derivatives as neutral CB1 receptor antagonists. *Bioorganic & Medicinal Chemistry Letters, 20*(2), 479–482.
Brents, L. K., Gallus-Zawada, A., Radominska-Pandya, A., Vasiljevik, T., Prisinzano, T. E., Fantegrossi, W. E., et al. (2012). Monohydroxylated metabolites of the K2 synthetic cannabinoid JWH-073 retain intermediate to high cannabinoid 1 receptor (CB1R) affinity and exhibit neutral antagonist to partial agonist activity. *Biochemical Pharmacology, 83*(7), 952–961.
Christensen, R., Kristensen, P. K., Bartels, E. M., Bliddal, H., & Astrup, A. V. (2007). A meta-analysis of the efficacy and safety of the anti-obesity agent Rimonabant. *Ugeskrift for Laeger, 169*(50), 4360–4363.
Cota, D. (2008). Role of the endocannabinoid system in energy balance regulation and obesity. *Frontiers of Hormone Research, 36*, 135–145.
Cota, D., Marsicano, G., Tschop, M., Grubler, Y., Flachskamm, C., Schubert, M., et al. (2003). The endogenous cannabinoid system affects energy balance via central orexigenic drive and peripheral lipogenesis. *The Journal of Clinical Investigation, 112*(3), 423–431.
Fong, T. M. (2014). Constitutive activity in cannabinoid receptors. *Advances in Pharmacology, 70*, 121–133.
Franks, L. N., Ford, B. M., Madadi, N. R., Penthala, N. R., Crooks, P. A., & Prather, P. L. (2014). Characterization of the intrinsic activity for a novel class of cannabinoid receptor ligands: Indole quinuclidine analogs. *European Journal of Pharmacology, 737*, 140–148.
Fride, E., Braun, H., Matan, H., Steinberg, S., Reggio, P. H., & Seltzman, H. H. (2007). Inhibition of milk ingestion and growth after administration of a neutral cannabinoid CB1 receptor antagonist on the first postnatal day in the mouse. *Pediatric Research, 62*(5), 533–536.
Greig, I. R., & Ross, R. A. (2010). Preparation of diarylpyrazole derivatives for use as cannabinoid receptor neutral antagonists. Patent number: WO2010020762A1.
Hohmann, A. G. (2002). Spinal and peripheral mechanisms of cannabinoid antinociception: Behavioral, neurophysiological and neuroanatomical perspectives. *Chemistry and Physics of Lipids, 121*, 173–190.
Howlett, A. C., Barth, F., Bonner, T. I., Cabral, G., Casellas, P., Devane, W. A., et al. (2002). International Union of Pharmacology. XXVII. Classification of cannabinoid receptors. *Pharmacological Reviews, 54*(2), 161–202.
Hurst, D., Lynch, D., Barnett-Norris, J., Hyatt, S., Seltzman, H., Zhong, M., et al. (2002). N-(piperidin-1-yl)-5-(4-chlorophenyl)-1-(2,4-dichlorophenyl)-4-methyl-1H-pyrazole-3-carboxamide (SR141716A) interaction with LYS 3.28(192) is crucial for its inverse agonism at the cannabinoid CB1 receptor. *Molecular Pharmacology, 62*(6), 1274–1287.
Hurst, D., Umejiego, U., Lynch, D., Seltzman, H., Hyatt, S., Roche, M., et al. (2006). Biarylpyrazole inverse agonists at the cannabinoid CB1 receptor: Importance of the C-3 carboxamide oxygen/lysine3.28(192) interaction. *Journal of Medicinal Chemistry, 49*(20), 5969–5987.
Kangas, B. D., Delatte, M. S., Vemuri, V. K., Thakur, G. A., Nikas, S. P., Subramanian, K. V., et al. (2013). Cannabinoid discrimination and antagonism by CB1 neutral and inverse agonist antagonists. *Journal of Pharmacology and Experimental Therapeutics, 344*(3), 561–567.

Kenakin, T. (2005). The physiological significance of constitutive receptor activity. *Trends in Pharmacological Sciences*, *26*(12), 603–605.
Knani, I., Earley, B. J., Udi, S., Nemirovski, A., Hadar, R., Gammal, A., et al. (2016). Targeting the endocannabinoid/CB1 receptor system for treating obesity in Prader-Willi syndrome. *Molecular Metabolism*, *5*, 1187–1199.
Lee, H. K., Choi, E. B., & Pak, C. S. (2009). The current status and future perspectives of studies of cannabinoid receptor 1 antagonists as anti-obesity agents. *Current Topics in Medicinal Chemistry*, *9*, 482–503.
Makriyannis, A., & Vemuri, V. K. (2008). CB1 receptor antagonists, and therapeutic uses thereof. Patent number: WO2008154015A1.
Mathurin, P., & Deltenre, P. (2009). Effect of binge drinking on the liver: An alarming public health issue? *Gut*, *58*(5), 613–617.
Pacher, P., Batkai, S., & Kunos, G. (2006). The endocannabinoid system as an emerging target of pharmacotherapy. *Pharmacological Reviews*, *58*(3), 389–462.
Pan, X., Ikeda, S. R., & Lewis, D. L. (1998). SR 141716A acts as an inverse agonist to increase neuronal voltage-dependent Ca2+ currents by reversal of tonic CB1 cannabinoid receptor activity. *Molecular Pharmacology*, *54*(6), 1064–1072.
Pertwee, R. G. (2005a). Inverse agonism and neutral antagonism at cannabinoid CB1 receptors. *Life Sciences*, *76*, 1307–1324.
Pertwee, R. G. (2005b). Pharmacological actions of cannabinoids. *Handbook of Experimental Pharmacology*, *168*, 1–51.
Pincock, S. (2003). Binge drinking on rise in UK and elsewhere. Government report shows increases in alcohol consumption, cirrhosis, and premature deaths. *Lancet*, *362*(9390), 1126–1127.
Reggio, P. H. (2009). Toward the design of cannabinoid CB1 receptor inverse agonists and neutral antagonists. *Drug Development Research*, *70*(8), 585–600.
Ruiu, S., Pinna, G. A., Marchese, G., Mussinu, J. M., Saba, P., Tambaro, S., et al. (2003). Synthesis and characterization of NESS 0327: A novel putative antagonist of the CB1 cannabinoid receptor. *The Journal of Pharmacology and Experimental Therapeutics*, *306*(1), 363–370.
Silvestri, C., & Di Marzo, V. (2012). Second generation CB1 receptor blockers and other inhibitors of peripheral endocannabinoid overactivity and the rationale of their use against metabolic disorders. *Expert Opinion on Investigational Drugs*, *21*(9), 1309–1322.
Szabo, B., & Schlicker, E. (2005). Effects of cannabinoids on neurotransmission. *Handbook of Experimental Pharmacology*, *168*, 327–365.
Tam, J., Cinar, R., Liu, J., Godlewski, G., Wesley, D., Jourdan, T., et al. (2012). Peripheral cannabinoid-1 receptor inverse agonism reduces obesity by reversing leptin resistance. *Cell Metabolism*, *16*(2), 167–179.
Trebicka, J., Racz, I., Siegmund, S. V., Cara, E., Granzow, M., Schierwagen, R., et al. (2011). Role of cannabinoid receptors in alcoholic hepatic injury: Steatosis and fibrogenesis are increased in CB2 receptor-deficient mice and decreased in CB1 receptor knockouts. *Liver International*, *31*(6), 860–870.
Vela Hernandez, J. M., & Yenes Minguez, S. (2009). Preparation of (4S,5S)-5-(4-chlorophenyl)-1-(2,4-dichlorophenyl)-*N*-(cis-2,6-dimethylpiperidin-1-yl)-4-methyl-4,5-dihydro-1H-pyrazole-3-carboxamide as a cannabinoid CB1 neutral antagonist for treatment of food intake disorders. Patent number: WO2009124950A2.
Wargent, E. T., Zaibi, M. S., Silvestri, C., Hislop, D. C., Stocker, C. J., Stott, C. G., et al. (2013). The cannabinoid Δ9-tetrahydrocannabivarin (THCV) ameliorates insulin sensitivity in two mouse models of obesity. *Nutrition Diabetes*, *3*, e68.
Wiley, J. L., Breivogel, C. S., Mahadevan, A., Pertwee, R. G., Cascio, M. G., Bolognini, D., et al. (2011). Structural and pharmacological analysis of O-2050, a putative neutral cannabinoid CB1 receptor antagonist. *European Journal of Pharmacology*, *651*(1–3), 96–105.

CHAPTER TEN

Ligand-Assisted Protein Structure (LAPS): An Experimental Paradigm for Characterizing Cannabinoid-Receptor Ligand-Binding Domains

David R. Janero[*,†,‡,§], **Anisha Korde**[*,†,‡,§], **Alexandros Makriyannis**[*,†,‡,§,1]

[*]School of Pharmacy, Bouvé College of Health Sciences, Northeastern University, Boston, MA, United States
[†]Center for Drug Discovery, Northeastern University, Boston, MA, United States
[‡]College of Science, Northeastern University, Boston, MA, United States
[§]Health Sciences Entrepreneurs, Northeastern University, Boston, MA, United States
[1]Corresponding author: e-mail address: a.makriyannis@neu.edu

Contents

Abstract

Detailed characterization of the ligand-binding motifs and structure–function correlates of the principal GPCRs of the endocannabinoid-signaling system, the cannabinoid 1 (CB1R) and cannabinoid 2 (CB2R) receptors, is essential to inform the rational design of drugs that modulate CB1R- and CB2R-dependent biosignaling for therapeutic gain. We discuss herein an experimental paradigm termed "ligand-assisted protein structure" (LAPS) that affords a means of characterizing, at the amino acid level, CB1R and CB2R structural features key to ligand engagement and receptor-dependent information transmission. For this purpose, LAPS integrates three key disciplines and methodologies: (a) *medicinal chemistry*: design and synthesis of high-affinity, pharmacologically active probes as reporters capable of reacting irreversibly with particular amino acids at (or in the immediate vicinity of) the ligand-binding domain of the functionally active receptor; (b) *molecular and cellular biology*: introduction of discrete, conservative point mutations into the target GPCR and determination of their effect on probe binding and

Methods in Enzymology, Volume 593
ISSN 0076-6879
http://dx.doi.org/10.1016/bs.mie.2017.06.022

pharmacological activity; (c) *analytical chemistry*: identification of the site(s) of probe-GPCR interaction through focused, bottom-up, amino acid-level proteomic identification of the probe–receptor complex using liquid chromatography tandem mass spectrometry. Subsequent in silico methods including ligand docking and computational modeling provide supplementary data on the probe–receptor interaction as defined by LAPS. Examples of LAPS as applied to human CB2R orthosteric binding site characterization for a biarylpyrazole antagonist/inverse agonist and a classical cannabinoid agonist belonging to distinct chemical classes of cannabinergic compounds are given as paradigms for further application of this methodology to other therapeutic protein targets. LAPS is well positioned to complement other experimental and in silico methods in contemporary structural biology such as X-ray crystallography.

ABBREVIATIONS

CNS central nervous system
ECL extracellular loop
GPCR G protein-coupled receptor
(h)CB1R (human) cannabinoid 1 receptor
(h)CB2R (human) cannabinoid 2 receptor
ICL intracellular loop
LAPS ligand-assisted protein structure
LC-MS/MS liquid chromatography tandem mass spectrometry
Δ^9-THC Δ^9-tetrahydrocannabinol
TMH transmembrane helix

1. INTRODUCTION

At the (sub)cellular level, information transmission through the endocannabinoid-signaling system depends primarily upon two G protein-coupled receptors (GPCRs), designated cannabinoid 1 (CB1R) and cannabinoid 2 (CB2R) (Console-Bram, Marcu, & Abood, 2012; Pertwee, 2015). The most abundant GPCR expressed in the central nervous system (CNS), CB1R, is considered a promising therapeutic target for several diseases whose etiologies may be broadly considered as sharing a component of compulsive behavior, e.g., from drug abuse and addiction to overweight/obesity and related cardiometabolic syndromes (e.g., type 2 diabetes, non-alcoholic fatty liver) (Dhopeshwarkar & Mackie, 2014; Janero, 2012; Pertwee, 2012). Pharmacotherapeutic modulation of the more peripherally disposed CB2R has been advocated as a means of controlling neuropathic pain and modulating adverse immune and inflammatory responses, the latter within and outside the CNS (Chen, Gao, Gao, Su, & Wu, 2017;

Janero & Makriyannis, 2009; Picone & Kendall, 2015). Leveraging these two principal cannabinoid receptors for optimal therapeutic gain while reducing the potential for on- and off-target adverse events requires detailed information on CB1R and CB2R ligand-binding motifs to inform structure-driven drug discovery campaigns.

As with other therapeutic GPCRs over the past three decades, various techniques have been applied to gain insight into the structure–function correlates of CB1R and CB2R. For this purpose, two primary approaches have been pursued by us and others: (a) mutational studies allied to determination of ligand molecular interaction (e.g., binding affinities, competition binding) and pharmacological (e.g., antagonist, agonist, inverse agonist, neutral antagonist) characteristics and (b) in silico studies encompassing techniques such as ligand docking, computational modeling, and molecular dynamics simulation (Ciancetta, Sabbadin, Federico, Spalluto, & Moro, 2015; Hurst et al., 2006; Janero et al., 2015; Mercier et al., 2010; Ragusa et al., 2015; Zhou et al., 2017). In addition, two human CB1R (hCB1R) crystal structures have been reported recently (Hua et al., 2016; Shao et al., 2016). The aggregate structural data have undoubtedly enabled medicinal chemists to identify unique, therapeutically relevant small-molecule chemotypes incorporated into the design of selective, drug-like CB1R and CB2R orthosteric ligands. For the biologist and pharmacologist, the information affords an appreciation of the extent to which these endocannabinoid-system GPCRs have distinct orthosteric ligand-binding motifs, signaling profiles, and (patho)physiological roles.

2. LIGAND-ASSISTED PROTEIN STRUCTURE

We have pioneered a novel experimental approach termed "ligand-assisted protein structure" (LAPS) aimed at obtaining direct information on the interaction domains of small-molecule cannabinergic ligands with therapeutic protein targets of the endocannabinoid-signaling system. Although we have successfully used LAPS to characterize the catalytic mechanisms and profile novel active-site inhibitors of enzymes that metabolize endocannabinoid lipid-signaling molecules (Karageorgos et al., 2013; Zvonok et al., 2008), the focus here is on the application of LAPS to CB1R and CB2R.

Operationally, LAPS integrates three principal methodological components across medicinal chemistry; molecular and cellular biology; and analytical chemistry: (a) design and synthesis of high-affinity, pharmacologically active probes that serve as chemical reporters through functionalization with strategically positioned moieties capable of reacting irreversibly with specific amino acids at (or in the immediate vicinity of) the GPCR's ligand-binding domain; (b) introduction of discrete, conservative point mutations into the target GPCR and determination of their effect on probe binding and pharmacological activity; (c) direct identification of the site(s) of probe interaction with the target GPCR through focused, bottom-up proteomic analysis of the probe–receptor complex using liquid chromatography tandem mass spectrometry (LC-MS/MS). In silico techniques including ligand docking and computational modeling of the probe-GPCR complex may then be applied as adjuncts to the experimental LAPS data. Iterative cross talk between the experimental LAPS data and the computational results regarding probe–receptor complex structural features could be used to refine extant CB1R and CB2R models as well as to inform future probe design (Fig. 1).

LAPS offers a means of characterizing, at the amino acid level, CB1R and CB2R structural features key to ligand engagement and signal transmission. Notable features of the LAPS paradigm are the incorporation of a functional (i.e., ligand-binding and signaling competent) GPCR target as study object and the ability to characterize the GPCR's interaction with diverse

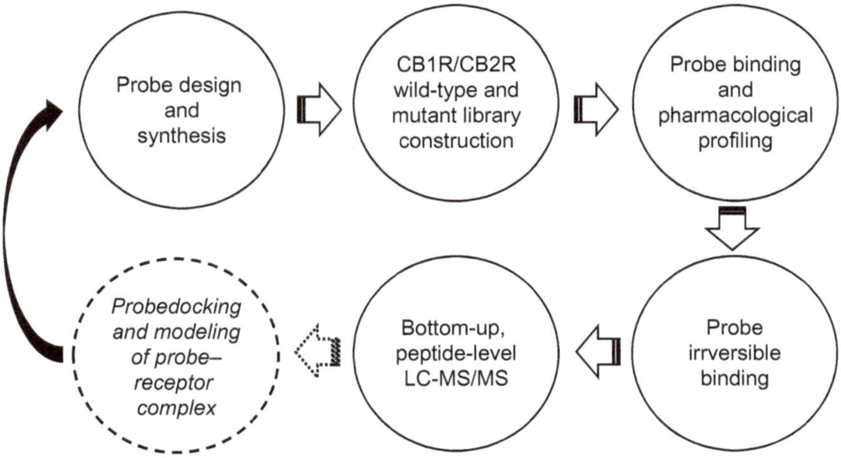

Fig. 1 Diagrammatic representation of the procedural components of the experimental LAPS paradigm for interrogating the CB1R/CB2R ligand-binding motifs (*solid circles*). Selected in silico techniques that may be used adjunctively to the experimental techniques are listed within the *dashed circle*.

ligands that can vary widely in their chemistry (e.g., across classes of cannabinergic ligands and chemotypes), molecular pharmacology phenotypes (e.g., agonists, antagonists, inverse agonists, neutral antagonists), and binding sites.

3. APPLICATION OF LAPS TO ENDOCANNABINOID-SYSTEM GPCRs

3.1 Contextual and Strategic Precedents

Extensive experimental and computational data for CB1R and CB2R support conclusion that their transmembrane-helix (TMH) bundles are the sites of orthosteric ligand engagement (Ciancetta et al., 2015; Hurst et al., 2010; Shim & Padgett, 2013). The importance of cysteine residues to protein structure/function is also well recognized, as is their chemical reactivity such that, at physiological pH, the cysteine sulfhydryl moiety is the optimal nucleophile among naturally occurring amino acids for participation in a chemical reaction with an electrophilic probe (Pace & Weerapana, 2013; Tahtaoui et al., 2003; Weichert & Gmeiner, 2015). Reactive electrophilic moieties, such as isothiocyanate (–NCS), carbamate [–NHC(O)O–], and nitrate ($-ONO_2$) groups, have been incorporated into the design of chemically reactive reporters as probes for nucleophilic amino acids such as cysteine (Ghosh & Brindisi, 2015; Pattison & Brown, 1956; Weichert & Gmeiner, 2015; Yeates, Laufen, & Leitold, 1985). These considerations prompted the initial application of LAPS to cysteine residues within the seven TMH bundle of CB1R and CB2R. We also established efficient methods for expressing hCB1R and human CB2R (hCB2R) and obtaining samples of functional receptors (as enriched in cell membrane fractions in situ or purified therefrom) capable of effectively interacting with cannabinergic probes, allowing us to develop comprehensive libraries of wild-type and single or multiple conservative cysteine mutants for both hCB1R and hCB2R (Mercier et al., 2010; Pei et al., 2008; Picone et al., 2005). In the early work, we demonstrated that the isothiocyanate group was the optimal electrophile that reacted exclusively with cysteine residues within (or very near) the CB1R/CB2R orthosteric ligand-binding domains under physiological incubation conditions (Chu, Ramamurthy, Makriyannis, & Tius, 2003; Guo et al., 1994; Morse, Fournier, Li, Grzybowska, & Makriyannis, 1995). In parallel, for a photoaffinity-based approach, we selected aliphatic azide groups ($-N_3$) as suitable moieties capable of covalently labeling the target GPCR upon irradiation (Li, Xu,

Vadivel, Fan, & Makriyannis, 2005; Picone, Fournier, & Makriyannis, 2002). The synthetic-chemistry strategy involved placing the reactive groups in select positions within known, pharmacologically active, high-affinity CB1R/CB2R ligands of various chemical classes to enable experimental identification of the respective reactive amino acid residues involved in ligand engagement and activity. The experimentally derived information could then be used to model the ligand CB1R/CB2R complex (Fig. 1).

3.2 Proof-of-Principal Studies With a Classical Cannabinoid Probe, AM841

Amplification of cannabinergic signaling via pharmacological activation of CB1R or CB2R with small-molecule agonists represents an attractive therapeutic modality for numerous indications including bladder dysfunction, pain management, substance use disorders, cardiometabolic syndromes, and glaucoma (Janero, 2012; Janero & Makriyannis, 2009; Pertwee, 2012; Thakur, Nikas, & Makriyannis, 2005). Consequently, we designed and synthesized AM841, a classical cannabinoid analogue carrying an isothiocyanate group on the terminal carbon of its dimethylheptyl chain (Guo et al., 1994; Fig. 2), as a high-affinity cannabinergic probe (apparent $K_i = 9.0\,\text{n}M$ for hCB1R and $1.5\,\text{n}M$ for hCB2R in competitive binding assays with [^{3}H]-CP55940 radioligand) (Pei et al., 2008; Picone et al., 2005) that could be used for proof-of-principle studies on applying LAPS to CB1R/CB2R. By sequentially mutating the individual cysteines within the hCB2R seven-transmembrane helical bundle to other isosteric residues unreactive with the NCS group (e.g., serine or alanine) at the physiological pH used in our incubations, we directly demonstrated through bottom-up LC-MS/MS analysis of proteolytic peptides derived from AM841-liganded

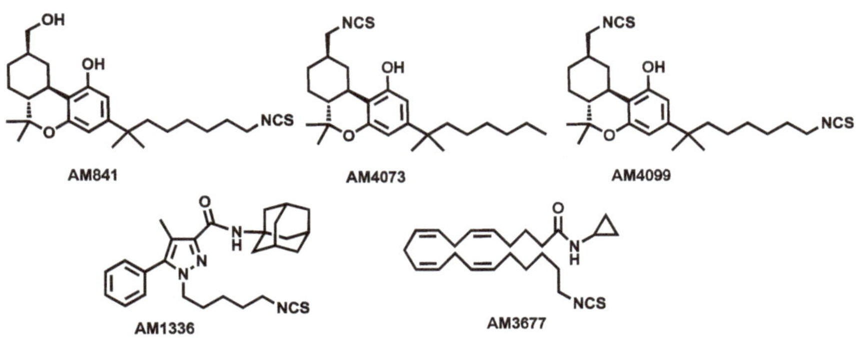

Fig. 2 Chemical structures of designer cannabinergic probes discussed in the text.

CB2R that the AM841-reactive cysteine in hCB2R, C6.47(257), was the one within its conserved, TMH6 CWXP motif (Szymanski et al., 2011; Fig. 3). This finding is congruent with the function of the CWXP motif as a flexible toggle switch enabling agonist-induced hCB2R conformational change associated with receptor activation (Tiburu, Tyukhtenko, et al., 2009). AM841 also attached to the same cysteine within the TMH6 of hCB1R, although with a distinct binding motif, as illustrated by computational modeling of the AM841 binding poses in each respective endocannabinoid-system GPCR (Pei et al., 2008). The functional potency of AM841 in a cell-based assay for adenylyl cyclase-mediated signaling (i.e., cAMP formation) ($IC_{50} = 0.08\,nM$ for hCB2R) (Pei et al., 2008) exceeded that of its direct noncovalent analogue without the isothiocyanate functionality by 20- to 50-fold, an exceptional potency confirmed in vivo (Abalo et al., 2015; Keenan et al., 2015), rendering AM841 a "megagonist" (Szymanski et al., 2011). Overall, these AM841 data established LAPS as a viable experimental approach for targeting individual cysteines within

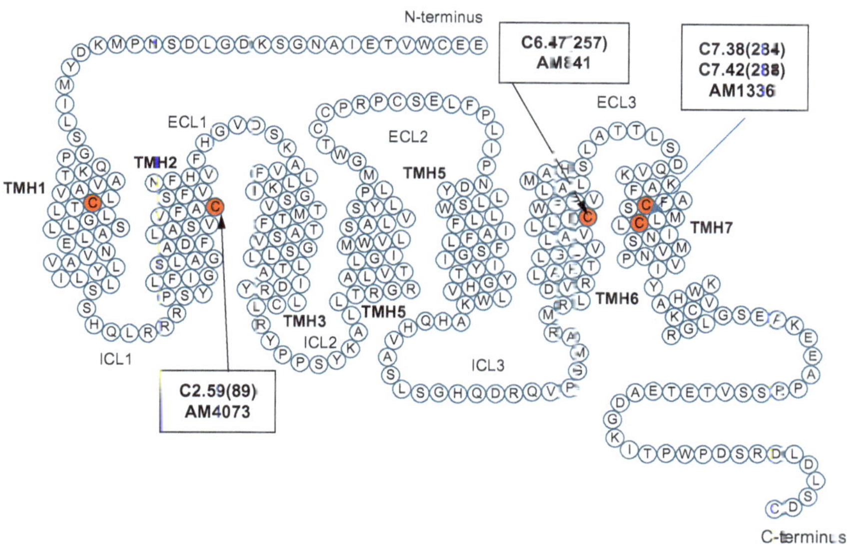

Fig. 3 Serpentine plot representing the hCB2R amino acid sequence. The full-length hCB2R sequence is presented with its five-transmembrane-helix (TMH) cysteine residues highlighted and the interconnecting extracellular (ECL) and intracellular (ICL) loops and seven TMHs labeled. The loci of specific cysteine residues implicated by LAPS in the binding and function of specific cannabinergic probes within the hCB2R orthosteric binding pocket are indicated [C2.59(89) for AM4073; C6.47(257) for AM841; and C7.38(284) and C7.42(288) for AM1336].

hCB1R and hCB2R TMHs to characterize cannabinergic ligand-binding motifs and activity profiles. The results with AM841 also validated subsequent application of the LAPS approach utilizing pharmacologically active cannabinergic ligands with diverse chemotypes and pharmacological actions as isothiocyanate CB1R/CB2R probes: e.g., AM3677 (an eicosanoid CB1R agonist) (Janero et al., 2015); AM4099 (classical CB2R agonist) (Zhou et al., 2017; Fig. 2).

3.3 Applied LAPS Methodology for Characterizing Cannabinoid-Receptor-Binding Motifs

Three publications illustrate the application of LAPS to interrogate hCB2R-binding motifs for an antagonist/inverse agonist (AM1336) (Mallipeddi, Kreimer, et al., 2017; Mercier et al., 2010) and a classical cannabinoid agonist (AM4073) (Zhou et al., 2017; Fig. 2). Those publications may be consulted for specific experimental protocols and reagents.

3.3.1 hCB2R Biarylpyrazole Antagonist/Inverse Agonist Binding Motif

As detailed elsewhere (Mercier et al., 2010), the aliphatic side chain of a novel biarylpyrazole antagonist/inverse agonist and SR144528 analogue was strategically functionalized with an electrophilic isothiocyanate moiety to enable its potential irreversible reaction with cannabinoid-receptor cysteine residues. The resulting designer probe, AM1336 (Fig. 2), acted as a potent ($EC_{50}=20\,\text{n}M$ in a cell-based assay for cellular cAMP formation), high-affinity (apparent $K_i=0.54\,\text{n}M$ in competitive binding assays with [^{3}H]-CP55940 radioligand) antagonist/inverse agonist at wild-type hCB2R expressed in HEK293 cells (Mercier et al., 2010). As overexpressed in HEK293 cells, a library of hCB2R cysteine mutants was generated consisting of hCB2R variants with single or double cysteine-to-serine or cysteine-to-alanine substitutions involving the receptor's TMH cysteine residues (Fig. 3). All mutant receptors were capable of saturable [^{3}H]-CP55940 specific binding in a standard radioligand-binding assay to a comparable extent as wild type. AM1336 specific binding to wild-type hCB2R-HEK293 membrane isolates was resistant to extensive rewashings, suggesting an irreversible AM1336-hCB2R interaction. A 1-h preincubation of wild-type and cysteine-mutant hCB2R-HEK293 membranes under physiological conditions with AM1336 at a 10-fold excess over its apparent K_i followed by extensive washing to remove unbound probe significantly diminished subsequent [^{3}H]-CP55940 specific binding by some 60% in wild-type hCB2R and TMH cysteine-mutant variants except that in which TMH7 cysteine C7.38

(284) was mutated to serine (Fig. 4), suggesting that this TMH7 residue is a critical component of the hCB2R biarylpyrazole antagonist/inverse agonist binding motif (Mercier et al., 2010; Fig. 3). Mutation of both TMH7 cysteines [i.e., C7.38(284) and C7.42(288)] abrogated AM1336 binding to hCB2R, suggesting a role for TMH7 cysteine C7.42(288) in this binding motif as well. Bottom-up proteomic analysis of the hCB2R-AM1336 complex using LC-MS/MS directly identified a tryptic peptide with AM1336 attached to hCB2R C7.38(284) (Mallipeddi, Kreimer, et al., 2017; Fig. 5), a covalent modification supported by in silico demonstration that AM1336-modified hCB2R at TMH7 C7.38(284) is readily accommodated within a refined, active-state CB2R homology model (Mallipeddi, Kreimer, et al., 2017; Fig. 6).

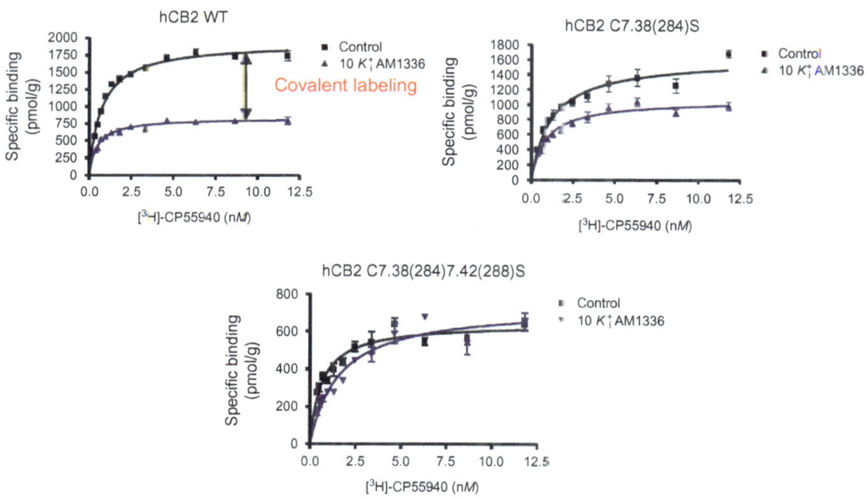

Fig. 4 Labeling of hCB2R with the covalent affinity probe and biarylpyrazole antagonist/inverse agonist AM1336. *Left panel*: Preincubation of hCB2R-HEK293 cell membranes with AM1336 limited subsequent [^{3}H]-CP55940 specific binding to wild-type hCB2R (i.e., reduced the B_{max}) by some 60%, indicative of irreversible AM1336 binding. *Right panel*: In comparison, reduction of [^{3}H]-CP55940 specific binding in the hCB2R mutant in which the TMH7 cysteine residue C7.38(284) was mutated to serine was much less, suggesting that this TMH7 amino acid is an interaction site within the hCB2R-binding pocket for AM1336. *Lower panel*: Mutation of both hCB2R TMH7 cysteine residues, C7.38 (284) and C7.42(288), abrogated AM1336 specific binding to hCB2R-HEK293 cell membrane preparations, implicating C7.42(288) in this binding motif as well. *Reprinted from Mercier, R. W., Pei, Y., Pandarinathan, L., Janero, D. R., Zhang, J., Makriyannis, A. (2010). hCB2 ligand-interaction landscape: Cysteine residues critical to biarylpyrazole antagonist binding motif and receptor modulation.* Chemistry & Biology, 17, *1132–1142; copyright 2010, with permission from Elsevier.*

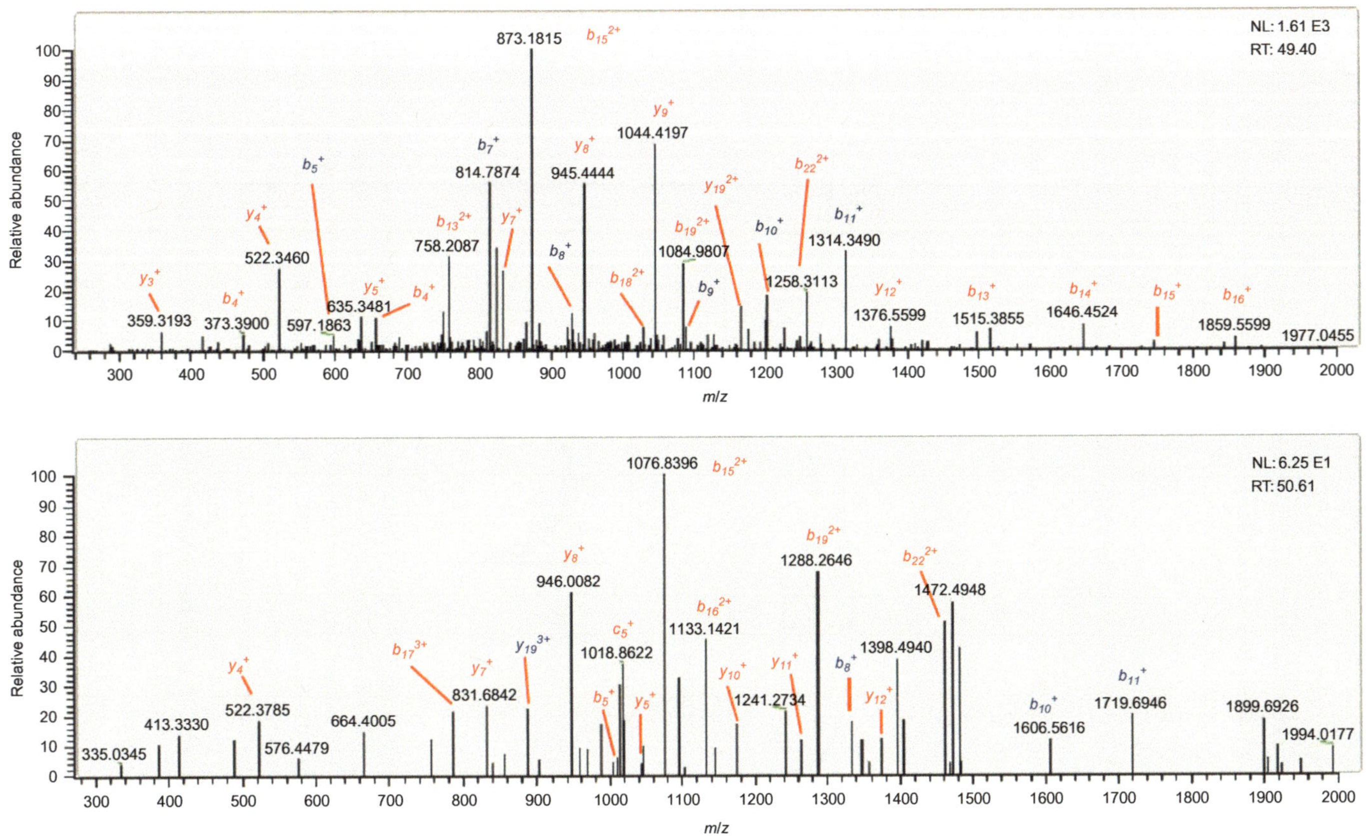

Fig. 5 See legend on opposite page.

3.3.2 hCB2R Classical Cannabinoid Agonist Binding Motif

The binding motif of classical cannabinoid agonists is of considerable interest, especially since the main psychoactive ingredient of cannabis, the phytocannabinoid Δ^9-tetrahydrocannabinol (Δ^9-THC), is a member of this

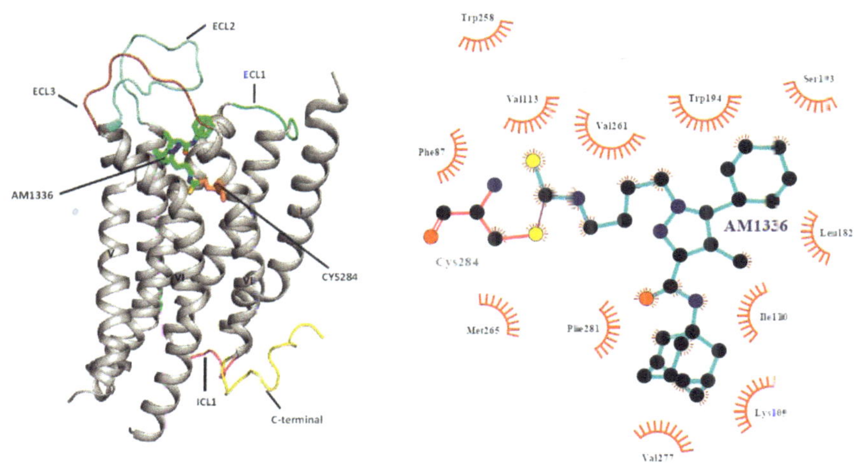

Fig. 6 In silico modeling of the AM1336-hCB2R complex. *Left panel*: By molecular dynamics simulation, AM1336 covalently attached to C7.38(284) is accommodated within the hCB2R binding pocket. *Right panel*: Molecular modeling of the hCB2R ligand-binding site occupied by AM1336 attached covalently to C7.38(284). *Reprinted with permission from Mallipeddi, S., Kreimer, S., Zvonok, N., Vemuri, V. K., Karger, B. L., Ivanov, A. R., et al. (2017). Binding site characterization of AM1336, a novel covalent inverse agonist at human cannabinoid 2 receptor, using mass spectrometric analysis.* Journal of Proteome Research. *http://dx.doi.org/10.1021/acs.jproteome.7b00023. Copyright 2017 American Chemical Society.*

Fig. 5 High-resolution MS/MS fragmentation spectra of hCB2R TMH7 tryptic peptide (AFAFCSMLCLINSMVNPVIYALR) in naïve receptor unreacted with AM1336 (*upper panel*) and following receptor incubation with AM1336 (*lower panel*). The mass difference (406.7507 Da) between the y_{19} fragments from naïve TMH7 (2252.5738 Da) ($y_{19}{}^{2+}$, *m/z* 1127.2869 theoretical) and AM1336-TMH7 (2659.3245 Da) ($y_{19}{}^{3+}$, *m/z* 887.4415 theoretical) tryptic peptides indicates that either C7.38(284) or C7.42(288) could be modified by AM1336. The lack of mass difference between b_{10} and b_8 fragments from unlabeled TMH7 (*m/z* + 273.2853 theoretical) and AM1336-TMH7 (*m/z* + 273.0725 theoretical) peptides excludes probe attachment to C7.42(288), supporting formation of a covalent hCB2R AM1336-C7.38(284) adduct. *Reprinted with permission from Mallipeddi, S., Kreimer, S., Zvonok, N., Vemuri, V. K., Karger, B. L., Ivanov, A. R., et al. (2017). Binding site characterization of AM1336, a novel covalent inverse agonist at human cannabinoid 2 receptor, using mass spectrometric analysis.* Journal of Proteome Research. *http://dx.doi.org/10.1021/acs.jproteome.7b00023. Copyright 2017 American Chemical Society.*

chemical class that exerts its psychobehavioral effects by engaging the orthosteric site of CB1R in the CNS (Kendall & Yudowski, 2017). Since CB2R is also activated by Δ^9-THC and hCB2R agonists hold therapeutic promise as antiinflammatory agents favoring neuron survival (Chen et al., 2017; Kendall & Yudowski, 2017; Rivers & Ashton, 2010), we used AM841 as a template to design a Δ^9-THC analogue and direct AM841 congener, AM4073, having one electrophilic NCS functionality at the C9 position of its cyclohexenyl C-ring for the purpose of interrogating the interaction profile of the C9/C11 region of classical cannabinoids with hCB2R (Zhou et al., 2017; Fig. 2). Our results with hCB2R-HEK293 membranes demonstrated that AM4073 is a high-affinity (apparent $K_i = 3.3\,nM$ in competitive binding assays with [^{3}H]-CP55940 radioligand) hCB2R agonist, but without the exceptional subnanomolar megagonist potency of AM841 (AM4073 $IC_{50} = 9.3\,nM$ in a cell-based assay for cAMP formation). Competitive binding data with hCB2R TMH cysteine mutants indicated that AM4073 interacts with a discrete hCB2R TMH2 residue, C2.59(89) (Fig. 3). Molecular modeling suggested that AM841's megagonist property might reflect its orientation toward TMH6/7 as a consequence of AM841-hCB2R interaction at C6.47(257), whereas the AM4073-hCB2R interaction at C2.59(89) oriented this ligand away from TMH6 and toward the TMH2–TMH3 interface (Zhou et al., 2017). These data illustrate how the LAPS approach can afford experimental insight into the impact that ligand-binding pose within the orthosteric pocket of hCB2R has on the pharmacological activity of cannabinergic compounds of the same chemical class.

4. CONCLUSIONS

The foregoing has discussed LAPS as a structural biology tool and illustrated its utility for interrogating experimentally the ligand-binding and functional domains of endocannabinoid-system GPCRs across ligands of divergent chemical classes and molecular pharmacologies. LAPS uses novel, purpose-designed, biologically active probes that are congeners of cannabinergic ligands with known pharmacological profiles. The probes can serve as chemical reporters due to their strategic design feature: functionalization with groups chemically reactive with particular amino acids within (or very near) the receptor's ligand-binding pocket. Currently, LAPS is being extended to include a variety of new covalent ligands incorporating two reactive groups that are either identical homo-(i.e., bis-NCS;

e.g., AM4099; Fig. 2) or heterobifunctional (e.g., NCS/nitrate; NCS/carbamate) probes aimed at multiple amino acid residues within the orthosteric sites of endocannabinoid-system GPCRs intended to identify more precisely various CB1R/CB2R ligand-binding motifs (Zhou et al., 2017). In this manner, it should be possible to correlate, for example, specific ligand CB1R/CB2R interaction profiles with particular signaling modes within the endocannabinoid system (e.g., biased agonism or functional selectivity) and gain insights into the structural basis for ligand (enantiomeric) selectivity (Khajehali et al., 2015; Mallipeddi, Janero, Zvonok & Makriyannis, 2017), enabling thereby the pharmacotherapeutic fine-tuning of specific CB1R/CB2R conformational states and helping define distinct receptor conformations to inform the rational design of novel CB1R and CB2R ligands with improved pharmacological profiles. Irreversible ligands may be used as experimental tools for CB1R/CB2R "chemical knockout" or as long-term chemical activators in vitro and in vivo. Given the renewed interest in the pharmacology of GPCR covalent ligands and the availability of multiple techniques to evaluate their targeting within a cell/tissue proteome, covalent probes used in for LAPS might also serve as potential drugs with unique, therapeutically attractive spatiotemporal-signaling properties (Awoonor-Williams, Walsh, & Rowley, 2017; Baillie, 2016; Janero, 2014; Janero et al., 2015).

Notwithstanding such opportunities, when using LAPS, caution should be exercised in characterizing cannabinergic probe-CB1R/CB2R interaction as covalent on the assumption that a probe functionalized to be chemically reactive with a particular amino acid (or amino acid class) will indeed form a probe-CB1R/CB2R adduct. Likewise, mutation data indicating that a specific CB1R/CB2R amino acid is involved in the receptor's ligand-recognition/-binding motif should be taken as provisional evidence that the amino acid directly participates as reactant with the probe. These considerations can be addressed directly with bottom-up LC-MS/MS analysis to identify any specific amino acid(s) covalently modified by the probe (Mallipeddi, Kreimer, et al., 2017; Fig. 5). Even with such analytical data, it should be appreciated that a probe–receptor covalent adduct detected by LC-MS/MS within a particular experimental time frame need not be irreversible, but may be labile to a certain extent. Sampling the incubation of probe-treated receptor with radioligand at various intervals to evaluate kinetically whether competitive radioligand binding increases over time (i.e., as an estimate of probe "off rate") would give insight into the reversible or tight-binding nature of the probe-CB1R/CB2R interaction. The "fit" or accommodation of the covalently modified amino acid within the overall CB1R/CB2R structure may be tested computationally by ligand docking, molecular modeling, and molecular dynamics simulation using either refined CB1R/CB2R structures or, for CB1R, recently published crystal structures (Hua et al., 2016; Mallipeddi, Kreimer, et al., 2017; Shao et al., 2016; Fig. 6).

In addition to LAPS, several experimental and in silico methods involving, for example, circular dichroism, nuclear magnetic resonance spectroscopy, site-directed spin labeling/electron paramagnetic resonance spectroscopy, mass spectrometry-based proteomics, molecular modeling, and molecular dynamics simulations have been employed to improve our understanding of hCB1R and hCB2R ligand-binding domains at the (sub)molecular level (Kimura et al., 2014; Lucchesi et al., 2014; Tiburu et al., 2011; Tiburu, Zhuang, Fleischer, Arthur, & Awandare, 2017; Zvonok et al., 2010). Most recently, X-ray crystallography was applied to two crystal structures of inactive CB1R bound to known antagonists/inverse agonists (Hua et al., 2016; Shao et al., 2016). Although X-ray analysis of GPCR crystals affords atomic-level resolution, modifications to the native protein (e.g., truncations, amino acid substitutions/insertions, ligand engagement) are routinely required to stabilize the protein's conformation sufficiently for obtaining quality crystals. At most, the protein in its crystal-lattice form represents a restricted window on the inherent conformational plasticity underlying GPCR structure–function correlates, necessitating its validation as a structure-based predictor of GPCR function by experimental data (Jazayeri, Dias, & Marshall, 2015; Zheng et al., 2015). In contrast, the LAPS paradigm incorporates a functional GPCR as study object and a pharmacologically active cannabinergic probe able to sample the variety of conformational states that the dynamic GPCR assumes stochastically within a membrane milieu (Latorraca, Venkatakrishnan, & Dror, 2017), but affords resolution at an amino acid, not atomic, level. Furthermore, LAPS can be applied to hCB1R/hCB2R as expressed in heterologous cell systems (such as HEK293 cells), membranes in which native CB1R/CB2R is endogenously present (e.g., CB1R-rich brain membranes), and purified receptor (Janero et al., 2015; Mallipeddi, Kreimer, et al., 2017; Zhou et al., 2017).

Proteins function within the context of their local environment. The conformations, structural dynamics, and activity states of (integral) membrane proteins in general—and GPCRs in particular—are influenced, and in some cases regulated, by their membrane milieu and interactions with other membrane molecular constituents (Koldsø & Sansom, 2015; Nasr et al., 2013; Periole, 2017; Syrovatkina, Alegre, Dey, & Huang, 2016; Vögler, Barceló, Ribas, & Escribá, 2008). Lipid-signaling molecules access CB1R/CB2R orthosteric binding sites through the biological membrane (Hurst et al., 2010; Jakowiecki & Filipekm, 2016; Pei et al., 2008), and CB1R/CB2R interaction with membrane lipids acts as a structural and conformational determinant to modulate the information output, ligand-binding mode, and folding of these endocannabinoid-system GPCRs (Bari et al., 2006; Dainese, Oddi, & Maccarrone, 2010; Kimura et al., 2012; Oddi et al., 2011; Tiburu, Bowman, et al., 2009; Tiburu, Gulla, et al., 2009; Tiburu et al., 2017). The intimate and dynamic structural and functional relationships between cannabinoid receptors and their membrane milieu render it unremarkable that differences could arise between GPCR ligand-binding motifs as characterized by various structural biology techniques, given the heterogeneity of the sample preparation and experimental conditions imposed upon the GPCR study object. We have recently observed, for example, a difference in the hCB2R AM1336 ligand-binding motif between recombinant hCB2R as expressed in mammalian cells and reacted with this probe when in a native membrane milieu and analyzed by mutational approaches vs after being isolated by immunoaffinity chromatography and solubilized in aqueous buffer containing detergent and analyzed by LC-MS/MS, the latter not demonstrating a role for TMH cysteine C7.42 (288) ligand-binding motif for AM1336 under those experimental conditions (Fig. 4; Mallipeddi, Kreimer, et al., 2017; Mercier et al., 2010). We have also observed instances where a cannabinergic probe functionalized with a chemically reactive moiety may bind irreversibly, but not necessarily covalently, to an endocannabinoid-system GPCR (Hua et al., 2016). While this state of affairs might disconcert, understanding the basis for such seemingly divergent results would likely provide powerful guidance to GPCR-targeted structure-based drug design. Thus, LAPS should be considered as one of several complementary techniques that have been applied to interrogate the GPCR structural biology, all of which have attendant advantages and limitations. Integration of data from LAPS with those from other structural biology methods should provoke new thinking as to the design and application of CB1R/CB2R-targeted drugs as well as extend our appreciation of the (patho)physiology of these intriguing GPCRs.

ACKNOWLEDGMENTS

The authors thank V. Kiran Vemuri for structure drawings and helpful comments and Sameen E. Jiwani for expert bibliographic assistance.

REFERENCES

Abalo, R., Chen, C., Vera, G., Fichna, J., Thakur, G. A., López-Pérez, A. E., et al. (2015). In vitro and non-invasive in vivo effects of the cannabinoid-1 receptor agonist AM841 on gastrointestinal motor function in the rat. *Neurogastroenterology and Motility*, *27*, 1721–1735.

Awoonor-Williams, E., Walsh, A. G., & Rowley, C. N. (2017). Modeling covalent-modifier drugs. *Biochimica et Biophysica Acta*. http://dx.doi.org/10.1016/j.bbapap.2017.05.009.

Baillie, T. A. (2016). Targeted covalent inhibitors for drug design. *Angewandte Chemie International Edition*, *55*, 13408–13421.

Bari, M., Spagnuolo, P., Fezza, F., Oddi, S., Pasquariello, N., Finazzi-Agrò, A., et al. (2006). Effect of lipid rafts on CB2 receptor signaling and 2-arachidonoyl-glycerol metabolism in human immune cells. *Journal of Immunology*, *177*, 4971–4980.

Chen, D. J., Gao, M., Gao, F. F., Su, Q. X., & Wu, J. (2017). Brain cannabinoid receptor 2: Expression, function and modulation. *Acta Pharmacologica Sinica*, *38*, 312–316.

Chu, C., Ramamurthy, A., Makriyannis, A., & Tius, M. (2003). Synthesis of covalent probes for the radiolabeling of the cannabinoid receptor. *Journal of Organic Chemistry*, *68*, 55–61.

Ciancetta, A., Sabbadin, D., Federico, S., Spalluto, G., & Moro, S. (2015). Advances in computational techniques to study GPCR-ligand recognition. *Trends in Pharmacological Science*, *36*, 878–890.

Console-Bram, L., Marcu, J., & Abood, M. E. (2012). Cannabinoid receptors: Nomenclature and pharmacological principles. *Progress in Neuropsychopharmacology and Biological Psychiatry*, *38*, 4–15.

Dainese, E., Oddi, S., & Maccarrone, M. (2010). Interaction of endocannabinoid receptors with biological membranes. *Current Medicinal Chemistry*, *17*, 1487–1499.

Dhopeshwarkar, A., & Mackie, K. (2014). CB2 cannabinoid receptors as a therapeutic target—What does the future hold? *Molecular Pharmacology*, *86*, 430–437.

Ghosh, A. K., & Brindisi, M. (2015). Organic carbamates in drug design and medicinal chemistry. *Journal of Medicinal Chemistry*, *58*, 2895–2940.

Guo, Y., Abadji, V., Morse, K. L., Fournier, D. J., Li, X., & Makriyannis, A. (1994). (-)-11-Hydroxy-7′-isothiocyanato-1′,1′-dimethylheptyl-delta 8-THC: A novel, high-affinity irreversible probe for the cannabinoid receptor in the brain. *Journal of Medicinal Chemistry*, *37*, 3867–3870.

Hua, T., Vemuri, K., Pu, M., Qu, L., Han, G. W., Wu, Y., et al. (2016). Crystal structure of the human cannabinoid receptor CB1. *Cell*, *167*, 750–762.

Hurst, D. P., Grossfield, A., Lynch, D. L., Feller, S., Romo, T. D., Gawrisch, K., et al. (2010). A lipid pathway for ligand binding is necessary for a cannabinoid G protein-coupled receptor. *Journal of Biological Chemistry*, *4*, 17954–17964.

Hurst, D., Umejiego, U., Lynch, D., Seltzman, H., Hyatt, S., Roche, M., et al. (2006). Biarylpyrazole inverse agonists at the cannabinoid CB1 receptor: Importance of the C-3 carboxamide oxygen/lysine3.28(192) interaction. *Journal of Medicinal Chemistry*, *49*, 5969–5987.

Jakowiecki, J., & Filipekm, S. (2016). Hydrophobic ligand entry and exit pathways of the CB1 cannabinoid receptor. *Journal of Chemical Information and Modeling*, *56*, 2457–2466.

Janero, D. R. (2012). Cannabinoid-1 receptor (CB1R) blockers as medicines: Beyond obesity and cardiometabolic disorders to substance abuse/drug addiction with CB1R neutral antagonists. *Expert Opinion on Emerging Drugs*, *17*, 17–29.

Janero, D. R. (2014). The future of drug discovery: Enabling technologies for enhancing lead characterization and profiling therapeutic potential. *Expert Opinion on Drug Discovery*, *9*, 847–858.

Janero, D. R., & Makriyannis, A. (2009). Cannabinoid receptor antagonists: Pharmacological opportunities, clinical experience, and translational prognosis. *Expert Opinion on Emerging Drugs*, *14*, 43–65.

Janero, D. R., Yaddanapudi, S., Zvonok, N., Subramanian, K. V., Shukla, V. G., Stahl, E., et al. (2015). Molecular-interaction and signaling profiles of AM3677, a novel covalent agonist selective for the cannabinoid 1 receptor. *ACS Chemical Neuroscience, 6*, 1400–1410.

Jazayeri, A., Dias, J. M., & Marshall, F. H. (2015). From G protein-coupled receptor structure resolution to rational drug design. *Journal of Biological Chemistry, 290*, 19489–19495.

Karageorgos, I., Wales, T. E., Janero, D. R., Zvonok, N., Vemuri, V. K., Engen, J. R., et al. (2013). Active-site inhibitors modulate the dynamic properties of human monoacylglycerol lipase: A hydrogen exchange mass spectrometry study. *Biochemistry, 52*, 5016–5026.

Keenan, C. M., Storr, M. A., Thakur, G. A., Wood, J. T., Wager-Miller, J., Straiker, A., et al. (2015). AM841, a covalent cannabinoid ligand, powerfully slows gastrointestinal motility in normal and stressed mice in a peripherally restricted manner. *British Journal of Pharmacology, 172*, 2406–2418.

Kendall, D. A., & Yudowski, G. A. (2017). Cannabinoid receptors in the central nervous system: Their signaling and roles in disease. *Frontiers in Cellular Neuroscience, 10*, 294. http://dx.doi.org/10.3389/fncel.2016.00294.

Khajehali, E., Malone, D. T., Glass, M., Sexton, P. M., Christopoulos, A., & Leach, K. (2015). Biased agonism and biased allosteric modulation at the CB1 cannabinoid receptor. *Molecular Pharmacology, 88*, 368–379.

Kimura, T., Vukoti, K., Lynch, D. L., Hurst, D. P., Grossfield, A., Pitman, M. C., et al. (2014). Global fold of human cannabinoid type 2 receptor probed by solid-state 13C-, 15N-MAS NMR and molecular dynamics simulations. *Proteins, 82*, 452–465.

Kimura, T., Yeliseev, A. A., Vukoti, K., Rhodes, S. D., Cheng, K., Rice, K. C., et al. (2012). Recombinant cannabinoid type 2 receptor in liposome model activates G protein in response to anionic lipid constituents. *Journal of Biological Chemistry, 287*, 4076–4087.

Koldsø, H., & Sansom, M. S. P. (2015). Organization and dynamics of receptor proteins in a plasma membrane. *Journal of the American Chemical Society, 137*, 14694–14704.

Latorraca, N. R., Venkatakrishnan, A. J., & Dror, R. O. (2017). GPCR dynamics: Structures in motion. *Chemical Reviews, 117*, 139–155.

Li, C., Xu, W., Vadivel, S. K., Fan, P., & Makriyannis, A. (2005). High affinity electrophilic and photoactivatable covalent endocannabinoid probes for the CB1 receptor. *Journal of Medicinal Chemistry, 48*, 6423–6429.

Lucchesi, V., Hurst, D. P., Shore, D. M., Bertini, S., Ehrmann, B. M., Allarà, M., et al. (2014). CB2-selective cannabinoid receptor ligands: Synthesis, pharmacological evaluation, and molecular modeling investigation of 1,8-Naphthyridin-2(1H)-one-3-carboxamides. *Journal of Medicinal Chemistry, 57*, 8777–8791.

Mallipeddi, S., Janero, D. R., Zvonok, N., & Makriyannis, A. (2017). Functional selectivity at G-protein coupled receptors: Advancing cannabinoid receptors as drug targets. *Biochemical Pharmacology, 128*, 1–11.

Mallipeddi, S., Kreimer, S., Zvonok, N., Vemuri, V. K., Karger, B. L., Ivanov, A. R., et al. (2017). Binding site characterization of AM1336, a novel covalent inverse agonist at human cannabinoid 2 receptor, using mass spectrometric analysis. *Journal of Proteome Research*. http://dx.doi.org/10.1021/acs.jproteome.7b00023.

Mercier, R. W., Pei, Y., Pandarinathan, L., Janero, D. R., Zhang, J., & Makriyannis, A. (2010). hCB2 ligand-interaction landscape: Cysteine residues critical to biarylpyrazole antagonist binding motif and receptor modulation. *Chemistry & Biology, 17*, 1132–1142.

Morse, K. L., Fournier, D. J., Li, X. Y., Grzybowska, J., & Makriyannis, A. (1995). A novel electrophilic high-affinity irreversible probe for the cannabinoid receptor. *Life Science, 56*, 1957–1962.

Nasr, M. L., Shi, X., Bowman, A. L., Johnson, M., Zvonok, N., Janero, D. R., et al. (2013). Membrane phospholipid bilayer as a determinant of monoacylglycerol lipase kinetic profile and conformational repertoire. *Protein Science, 22*, 774–787.

Oddi, S., Dainese, E., Fezza, F., Lanuti, M., Barcaroli, D., De Laurenzi, V., et al. (2011). Functional characterization of putative cholesterol binding sequence (CRAC) in human type-1 cannabinoid receptor. *Journal of Neurochemistry, 116*, 858–865.
Pace, N. J., & Weerapana, E. (2013). Diverse functional roles of reactive cysteines. *ACS Chemical Biology, 8*, 283–296.
Pattison, F. L. M., & Brown, G. M. (1956). Organic nitrates as synthetic intermediates: Preparations of nitrates and some representative reactions. *Canadian Journal of Chemistry, 34*, 879–884.
Pei, Y., Mercier, R. W., Anday, J. K., Thakur, G. A., Zvonok, A. M., Hurst, D., et al. (2008). Ligand-binding architecture of human CB2 cannabinoid receptor: Evidence for receptor subtype-specific binding motif and modeling GPCR activation. *Chemistry & Biology, 15*, 1207–1219.
Periole, X. (2017). Interplay of G protein-coupled receptors with the membrane: Insights from supra-atomic coarse grain molecular dynamics simulations. *Chemical Reviews, 117*, 156–185.
Pertwee, R. G. (2012). Targeting the endocannabinoid system with cannabinoid receptor agonists: Pharmacological strategies and therapeutic possibilities. *Philosophical Transitions of the Royal Society B, 367*, 3353–3363.
Pertwee, R. G. (2015). Endocannabinoids and their pharmacological actions. *Handbook of Experimental Pharmacology, 231*, 1–37.
Picone, R. P., Fournier, D. J., & Makriyannis, A. (2002). Ligand based structural studies of the CB1 cannabinoid receptor. *Journal of Peptide Research, 60*, 348–356.
Picone, R. P., & Kendall, D. A. (2015). From the bench, toward the clinic: Therapeutic opportunities for cannabinoid receptor modulation. *Molecular Endocrinology, 29*, 801–813.
Picone, R. P., Khanolkar, A. D., Xu, W., Ayotte, L. A., Thakur, G. A., Hurst, D. P., et al. (2005). (-)-7′-Isothiocyanato-11-hydroxy-1′, 1′-dimethylheptylhexahydrocannabinol (AM841), a high-affinity electrophilic ligand, interacts covalently with a cysteine in helix six and activates the CB1 cannabinoid receptor. *Journal of Pharmacology and Experimental Therapeutics, 68*, 1623–1635.
Ragusa, G., Gómez-Cañas, M., Morales, P., Hurst, D. P., Deligia, F., Pazos, R., et al. (2015). Synthesis, pharmacological evaluation and docking studies of pyrrole structure-based CB2 receptor antagonists. *European Journal of Medicinal Chemistry, 101*, 651–667.
Rivers, J. R., & Ashton, J. C. (2010). The development of cannabinoid CBII receptor agonists for the treatment of central neuropathies. *Central Nervous System Agents in Medicinal Chemistry, 10*, 47–64.
Shao, Z., Yin, J., Chapman, K., Grzemska, M., Clark, L., Wang, J., et al. (2016). High-resolution crystal structure of the human CB1 cannabinoid receptor. *Nature, 540*, 602–606.
Shim, J. Y., & Padgett, L. (2013). Functional residues essential for the activation of the CB1 cannabinoid receptor. *Methods in Enzymology, 520*, 337–355.
Syrovatkina, V., Alegre, K. O., Dey, R., & Huang, X. Y. (2016). Regulation, signaling, and physiological functions of G-proteins. *Journal of Molecular Biology, 428*, 3850–3868.
Szymanski, D. W., Papanastasiou, M., Melchior, K., Zvonok, N., Mercier, R. W., Janero, D. R., et al. (2011). Mass spectrometry-based proteomics of human cannabinoid receptor 2: Covalent cysteine 6.47(257)-ligand interaction affording megagonist receptor activation. *Journal of Proteome Research, 10*, 4789–4798.
Tahtaoui, C., Balestre, M. N., Klotz, P., Rognan, D., Barberis, C., Mouillac, B., et al. (2003). Identification of the binding sites of the SR49059 nonpeptide antagonist into the V1a vasopressin receptor using sulfydryl-reactive ligands and cysteine mutants as chemical sensors. *Journal of Biological Chemistry, 278*, 40010–40019.

Thakur, G. A., Nikas, S. P., & Makriyannis, A. (2005). CB1 cannabinoid receptor ligands. *Mini Reviews in Medicinal Chemistry*, *5*, 631–640.

Tiburu, E. K., Bowman, A. L., Struppe, J. O., Janero, D. R., Avraham, H. K., & Makriyannis, A. (2009a). Solid-state NMR and molecular dynamics characterization of cannabinoid receptor-1 (CB1) helix 7 conformational plasticity in model membranes. *Biochimica et Biophysica Acta*, *1788*, 1159–1167.

Tiburu, E. K., Gulla, S. V., Tiburu, M., Janero, D. R., Budil, D. E., & Makriyannis, A. (2009b). Dynamic conformational responses of a human cannabinoid receptor-1 helix domain to its membrane environment. *Biochemistry*, *48* 4895–4904.

Tiburu, E. K., Tyukhtenko, S., Deshmukh, L., Vinogradova, O., Janero, D. R., & Makriyannis, A. (2009c). Structural biology of human cannabinoid receptor-2 helix 6 in membrane-mimetic environments. *Biochemical and Biophysical Research Communications*, *384*, 243–248.

Tiburu, E. K., Tyukhtenko, S., Zhou, H., Janero, D. R., Struppe, J., & Makriyannis, A. (2011). Human cannabinoid 1 GPCR C-terminal domain interacts with bilayer phospholipids to modulate the structure of its membrane environment. *AAPS Journal*, *13*, 92–98.

Tiburu, E. K., Zhuang, J., Fleischer, H. N., Arthur, P. K., & Awandare, G. A. (2017). Expression, purification, and monitoring of conformational changes of hCB2 TMH67H8 in different membrane-mimetic lipid mixtures using circular dichroism and NMR techniques. *Membranes*, 7. http://dx.doi.org/10.3390/membranes7010010.

Vögler, O., Barceló, J. M., Ribas, C., & Escribá, P. V. (2008). Membrane interactions of G proteins and other related proteins. *Biochimica et Biophysica Acta 1778*, 164016–164052.

Weichert, D., & Gmeiner, P. (2015). Covalent molecular probes for class A G protein-coupled receptors: Advances and applications. *ACS Chemical Biology*, *10*, 1376–1386.

Yeates, R. A., Laufen, H., & Leitold, M. (1985). The reaction between organic nitrates and sulfhydryl compounds. A possible model system for the activation of organic nitrates. *Molecular Pharmacology*, *28*, 555–559.

Zheng, H., Handing, K. B., Zimmerman, M. D., Shabalin, I. G., Almo, S. C., & Minor, W. (2015). X-ray crystallography over the past decade for novel drug discovery—Where are we heading next? *Expert Opinion on Drug Discovery*, *10*, 975–989.

Zhou, H., Peng, Y., Halikhedkar, A., Fan, P., Janero, D. R., Thakur, G. A., et al. (2017). Human cannabinoid receptor 2 ligand-interaction motif: Transmembrane helix 2 cysteine, C2.59(89), as determinant of classical cannabinoid agonist activity and binding pose. *ACS Chemical Neuroscience*. http://dx.doi.org/10.1021/acschemneuro.7b00003.

Zvonok, N., Pandarinathan, L., Williams, J., Johnston, M., Karageorgos, I., Janero, D. R., et al. (2008). Covalent inhibitors of human monoacylglycerol lipase: Ligand-assisted characterization of the catalytic site by mass spectrometry and mutational analysis. *Chemistry & Biology*, *15*, 854–862.

Zvonok, N., Xu, W., Williams, J., Janero, D. R., Krishnan, S. C., & Makriyannis, A. (2010). Mass spectrometry-based GPCR proteomics: Comprehensive characterization of the human cannabinoid 1 receptor. *Journal of Proteome Research*, *9*, 1746–1753.

CHAPTER ELEVEN

New Methods for the Synthesis of Cannabidiol Derivatives

Ana Lago-Fernandez, Vanessa Redondo, Laura Hernandez-Folgado, Laura Figuerola-Asencio, Nadine Jagerovic[1]
Instituto de Química Médica, Consejo Superior de Investigaciones Científicas, Unidad Asociada I+D+i IQM/Universidad Rey Juan Carlos (URJC), Madrid, Spain
[1]Corresponding author: e-mail address: nadine@iqm.csic.es

Contents

Abstract

Cannabidiol (CBD) is one of the most abundant components isolated from *Cannabis sativa*. However, CBD is a nonpsychotropic phytocannabinoid. In the last decade, there has been a growing interest in its therapeutic effects. This is why this natural product represents a lead structure for the development of new cannabinoid compounds. Even though chemistry of CBD has been explored for more than 30 years, the synthesis of only a few derivatives has been described. This chapter first reviews the synthetic methods for the preparation of CBD and derivatives. Then, it describes procedures for the synthesis of *N*-heterocyclic derivatives of CBD with, in particular, the preparation and structural characterization of 5-alkyl-2-(1*H*-pyrazol-3-yl)benzene-1,3-diol.

Methods in Enzymology, Volume 593
ISSN 0076-6879
http://dx.doi.org/10.1016/bs.mie.2017.05.006

ABBREVIATIONS

5-HT$_{1A}$ 5-hydroxytryptamine subtype 1A receptor
Anal. calcd. analysis calculated
CBD (−)-cannabidiol
dba dibenzylideneacetone
DMH dimethylheptyl
FABPs fatty acid-binding proteins
h hour
HPLC high-performance liquid chromatography
HRMS high-resolution mass spectrometry
m multiplet
min minute
MS mass spectrometry
NMR nuclear magnetic resonance spectroscopy
q quintet
s singlet
t triplet
THC (−)-*trans*-Δ^9-tetrahydrocannabinol
THF tetrahydrofuran
t_R retention time
TRPV1 transient receptor potential vanilloid type 1 receptor

1. INTRODUCTION

The two major phytocannabinoids isolated from *Cannabis sativa* are (−)-*trans*-Δ^9-tetrahydrocannabinol (THC) and (−)-cannabidiol [CBD; **1** (Fig. 1)]. CBD was isolated in 1940 (Adams, Hunt, & Clark, 1940) and structurally characterized in 1963 (Mechoulam & Shvo, 1963), whereas its absolute configuration was established as (−)-*trans*-(1*R*,6*R*)cannabidiol in 1967 (Mechoulam & Gaoni, 1967). Unlike THC which has relevant side effects, CBD is a nonpsychoactive phytocannabinoid. The complex pharmacology of CBD has not been fully elucidated yet. Despite the fact that CBD shows only low affinity for the cannabinoid receptors CB_1 and CB_2, it is able to indirectly modulate the endocannabinoid system through fatty acid-binding proteins (FABPs), transient receptor potential vanilloid type 1 (TRPV1) receptor, 5-hydroxytryptamine subtype 1A receptor (5-HT$_{1A}$), peroxisome proliferator-activated receptor γ, and the A_{1A} adenosine receptor (Ibeas Bih et al., 2015). Overviews of the pharmacology of CBD have been recently published (Pisanti et al., 2017). Despite the lack of a clear unique biological target, there has been an increasing interest in its medical use in the last decade. This is not only due to the lack of psychoactive side effects. What is generating this interest is the efficacy of CBD as

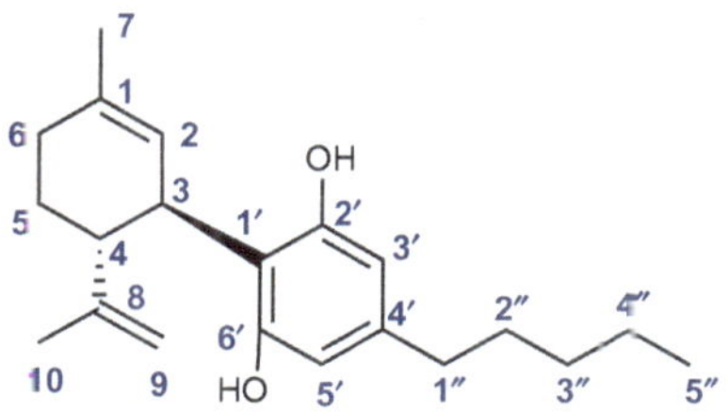

1 (CBD)

Fig. 1 Cannabidiol (CBD).

therapeutic agent in numerous pathological conditions. Preclinical data support this therapeutic potential of CBD in the treatment of diverse diseases, among them epilepsy, anxiety disorders, schizophrenia, neurodegenerative diseases, and inflammation (Pisanti et al., 2017). Extracts of *C. sativa* containing both, CBD and THC, have received regulatory approvals in several European countries and Canada among others. However, CBD as a single therapeutic agent has not yet received such approvals. There are currently clinical studies ongoing to confirm the efficacy of CBD. For instance, Epidiolex® (CBD) is in clinical trials for treatment-resistant seizure disorders such as Lennox–Gastaut and Dravet syndromes (Fasinu, Phillips, Elsohly, & Walker, 2016).

As commented, CBD is a natural product extracted from *C. sativa*. It can also be obtained from industrial hemps which are cultivars with low levels of THC and are traditionally used for fiber and/or oilseed in Europe and in North America (Cherney & Small, 2016).

The natural product CBD represents a lead structure for the development of new cannabinoid compounds. Even though chemistry of CBD has been explored for more than 30 years, the synthesis of only few derivatives has been described. Herein, we focus on the synthesis of CBD derivatives describing selected procedures that might be interesting for investigating future synthetic CBD derivatives. In particular, we detail the preparation and structural characterization of two *N*-heterocyclic derivatives.

2. SYNTHESIS OF CBD DERIVATIVES

2.1 Synthesis of CBD

A review of CBD synthesis has been reported some years ago (Mechoulam & Hanuš, 2002). CBD is conventionally prepared from olivetol, a resorcinol bearing a pentyl side chain. The first reported procedure uses 1,3-dimethoxy-olivetol as starting material (Mechoulam & Gaoni, 1965). This method involves lithiation of 1,3-dimethoxy-olivetol, followed by addition of geranial, cyclization with tosyl chloride, and finally demethylation with methyl magnesium iodide. However, this synthesis presents disadvantages; it leads to the racemic (±)-CBD and the yield is very low. Another method was revealed to be interesting especially for stereoselectivity. Effectively, the stereospecific synthesis of (−)-CBD can be achieved by condensation of olivetol (**3**) with (+)-*p*-mentha-2,8-dien-1-ol (**2**) in presence of formamide acetal as weak acid (Petrzilka, Haefliger, & Sikemeier, 1969). However, using boron trifluoride etherate instead of formamide acetal affords (−)-CBD in even better yield. This procedure is illustrated in Scheme 1 (Razdan, Dalzell, & Handrick, 1974). The remaining problem that needed to be resolved was the formation of abnormal CBD (**4**) as by-product in this reaction. Modification of this last procedure with boron trifluoride etherate on alumina prevents the formation of this by-product (Baek, Srebnik, & Mechoulam, 1985).

One of the difficulties that can be encountered in the course of the synthesis of CBD derivatives is the instability of the CBD structure that can be converted to Δ^9-tetrahydrocannabinol (**5**) under mild acidic conditions or to Δ^8-tetrahydrocannabinol (**6**) under strong acidic conditions (Scheme 2; Gaoni & Mechoulam, 1966; Petrzilka et al., 1969).

2.2 Synthesis of Selected CBD Derivatives

Beyond CBD and its metabolites (Ujváry & Hanuš, 2016), new CBD derivatives have been synthesized during these last years. Different approaches for the preparation of CBD derivatives are described herein. They are organized following modifications of the different structural elements of CBD.

Partial hydrogenation of (−)-CBD (Gaoni & Mechoulam, 1968) and its dimethylheptyl analogue (DMH–CBD) (Ben-Shabat, Hanuš, Katzavian, & Gallily, 2006) is realized using PtO_2 as catalyst at 60 psi during 4 h. This

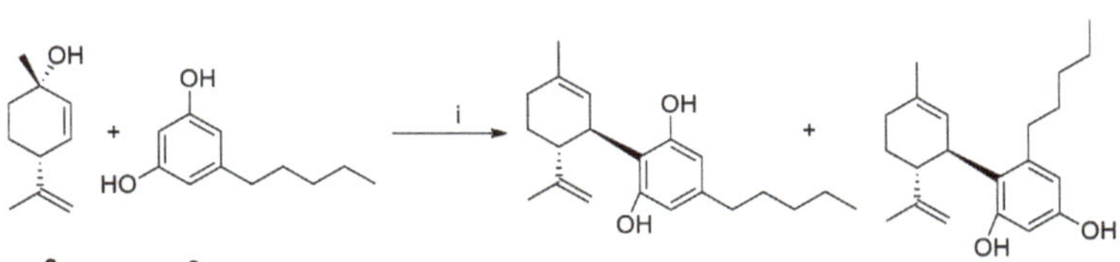

2 3 1 (CBD) 4 (Abnormal-CBD)

Scheme 1 Reagents (Gaoni & Mechoulam, 1966; Petrzilka et al., 1969): (i) <0.5% $BF_3 \cdot Et_2O$, CH_2Cl_2.

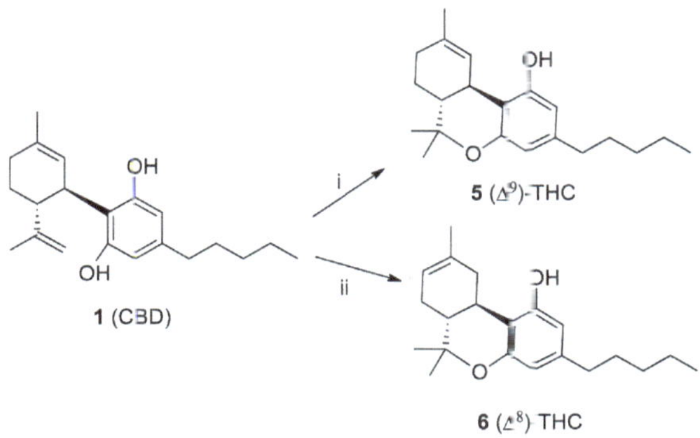

Scheme 2 Reagents (Gaoni & Mechoulam, 1966; Petrzilka et al., 1969): (i) 0.05 N HCl, ethanol, reflux; (ii) *p*-toluenesulfonic acid, benzene, reflux

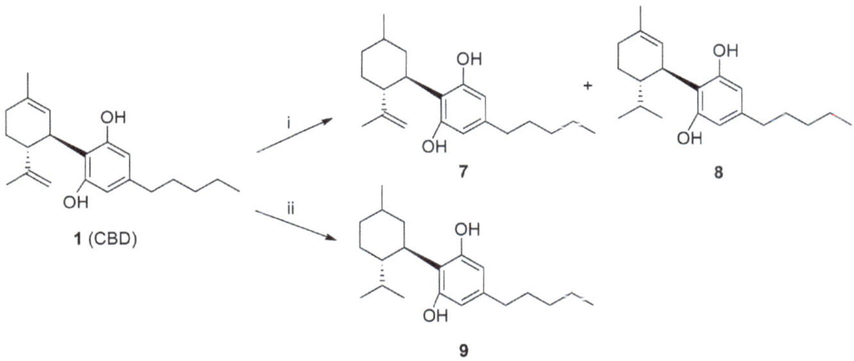

Scheme 3 Reagents (Ben-Shabat et al., 2006; Gaoni & Mechoulam, 1968): (i) PtO_2/H_2, ethyl acetate, 60 psi, 4 h; (ii) PtO_2/H_2, ethyl acetate, 60 psi, overnight.

procedure leads to a mixture of C-1 hydrogenated CBD analogue (**7**) and C-8 hydrogenated CBD analogue (**8**) (Scheme 3). Full hydrogenation can be completed overnight and gives the (−)-1,2,8,9-tetrahydro-CBD (**9**) creating a stereogenic center at the C-1 position. Two epimers 1*R* and 1*S* can be generated. However, restricted rotation around *C*-(cyclohexyl)–*C*-(phenyl) bond can lead in turn to rotational diastereomers. This type of atropisomerism has been recently studied (Flos, Lameiras, Denhez, Mirand, & Berber, 2016).

Few structural modifications have been carried out on the pentyl chain of CBD. The DMH–CBD analogues are the most reported. They can be prepared following the general procedure employed for CBD synthesis using the corresponding DMH-resorcinol as starting material (Baek et al., 1985). Other recently reported modifications realized on the pentyl side

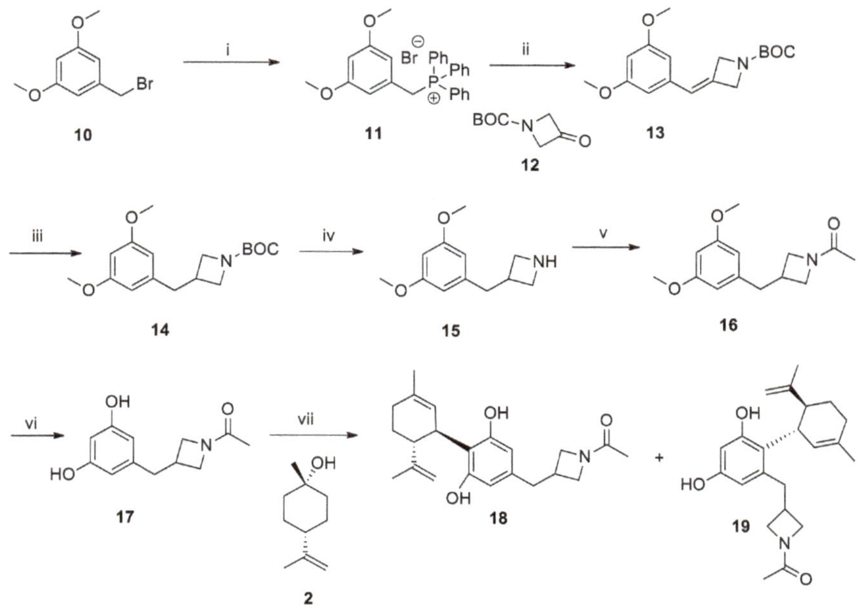

Scheme 4 Reagents (Kinney et al., 2016): (i) PPh_3, toluene; (ii) BuLi, THF; (iii) Pd/C, ethyl acetate; (iv) TFA, CH_2Cl_2; (v) CH_3COCl, TEA, CH_2Cl_2; (vi) BBr_3, $ClCH_2CH_2Cl$; (vii) $BF_3{\cdot}Et_2O$, CH_2Cl_2, THF. *TFA*, trifluoroacetic acid; *TEA*, trimethylamine.

chain of CBD concern the introduction of heteroatoms (Kinney et al., 2016). This issue can be resolved starting from the resorcinols bearing the desired side chain that will condense with the monoterpenoid allylic alcohol. By way of example, Scheme 4 shows the synthesis of KLS-13019 (**18**) that was designed to have greater hydrophilicity than CBD. In this case, a six-step synthesis is required to obtain the resorcinol **17**. The synthetic route starts by reacting bromoethyl resorcinol (**10**) with triphenylphosphine to give the triphenylphosphinium salt **11** which is allowed to react with the azetidin-3-one **12** to afford **13**. Finally, resorcinol **17** is obtained from **13** after reduction of the vinyl group, deprotection of the azetidine for further acylation, and demethylation of the methoxy group. Here, it has to be mentioned that generally the use of boron tribromide to liberate the hydroxyl groups of a dimethoxyresorcinol is not always a straightforward method, and this procedure needs some attention. Once isolated, the resorcinol **17** is coupled to (1*S*,4*R*)-4-isopropenyl-1-methyl-2-cyclohexen-1-ol using boron trifluoride etherate in acidic conditions, as conventionally described for CBD synthesis, obtaining both CBD–derivative **18** and abnormal-CBD–derivative **19** in low yield.

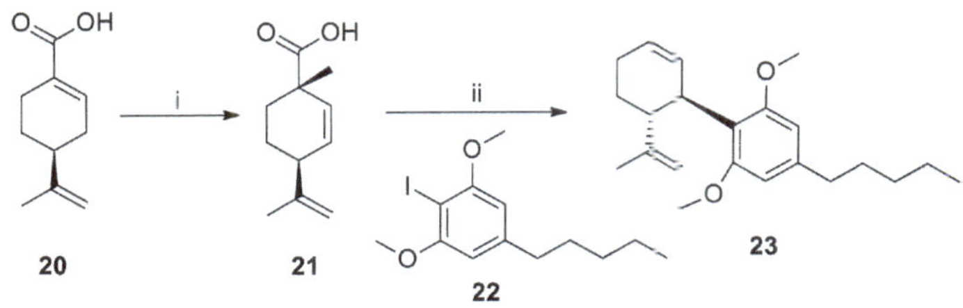

Scheme 5 Reagents (Klotter & Studer, 2015): (i) LDA, THF/DMPU; (ii) [Pd(dba)$_2$], Cs_2CO_3, toluene. *LDA*, lithium diisopropylamide; *THF*, tetrahydrofuran; *DMPU*, 1,3-dimethyl-3,4,5,6-tetrahydro-2(1*H*)-pyrimidinone; *dba*, dibenzylideneacetone.

A new synthetic approach to conventional coupling of resorcinols with cyclohexenol using boron trifluoride etherate in acidic conditions has been described recently (Klotter & Studer, 2015). The key step of this procedure is a Pd-catalyzed stereospecific decarboxylative coupling strategy. The synthetic pathways, described in Scheme 5, start with high stereoselective methylation of (*S*)-perillic acid (**20**) realized upon treatment with lithium diisopropylamide in a tetrahydrofuran (THF)/1,3-dimethyl-3,4,5,6-tetrahydro-2(1*H*)-pyrimidinone mixture. Then, a successful stereospecific decarboxylative arylation using the catalyst [Pd (dba)$_2$] in presence of Cs_2CO_3 and 2-iodo-1,3-dimethoxy-5-pentylbenzene gives the dimethoxy-CBD **23**.

Few structural modifications on the cyclohexene of CBD have been reported so far. The pinene dimethoxy-DMH–CBD derivative, HU-308 (**28**) (Mechoulam, Lander, Breuer, & Zahalka, 1990), is one of the most known CBD derivatives. The procedure to prepare HU-308 is indicated in Scheme 6. Its synthesis starts with the oxidation of [1*S*,5*R*]-myrtenol previously esterified with pivalyl chloride followed by reduction of the ketone to give **24**. Condensation of the resorcinol **25** with the pivalyl myrtenol **24** is carried out with *p*-toluenesulfonic acid rather than with the traditional boron trifluoride etherate. Finally, esterification of the dihydroxybenzene and deprotection of the pinene methanol leads to HU-308 (**28**) (Hanus et al., 1999).

More recently, other modifications on the cyclohexene have been introduced (Kozela et al., 2016). (−)-8,9-Dihydro-7-hydroxy-CBD (HU-446) and (+)-8,9-dihydro-7-hydroxy-CBD (HU-465) can be prepared from natural (−)-CBD or synthetic (+)-CBD, respectively following the reaction conditions displayed in Scheme 7 for HU-446 (**31**). The synthetic route starts with a partial hydrogenation of CBD (**1**) followed by protection of the hydroxyl groups. Then, allylic hydroxylation reaction using selenium

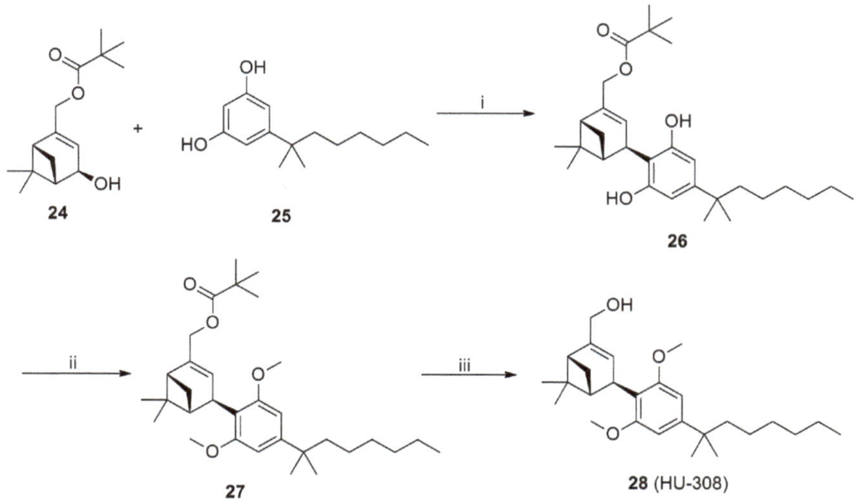

Scheme 6 Reagents (Carreras, Kirillova, & Echavarren, 2016): (i) *p*-toluenesulfonic acid, CH_2Cl_2; (ii) $NaHCO_3$, methanol; (iii) $LiAlH_4$.

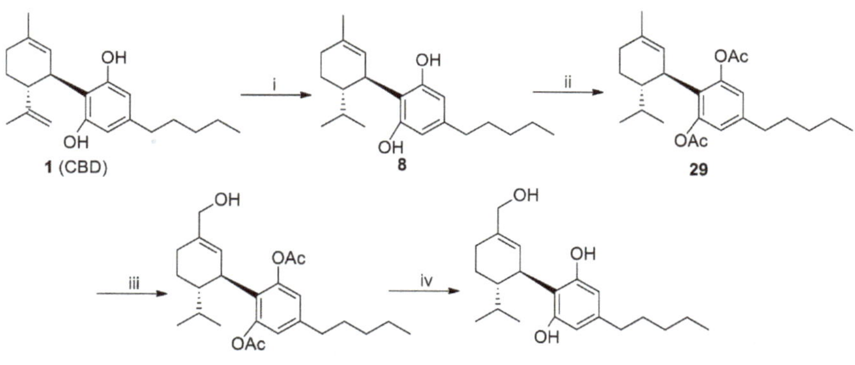

Scheme 7 Reagents (Kozela et al., 2016): (i) PtO_2/H_2, ethyl acetate, 10 psi; (ii) pyridine, acetic anhydride; (iii) SeO_2, ethanol; (iv) $NaBH_4$, ethanol.

oxide and deprotection of the dihydroxyphenyl allows the preparation of (−)-8,9-dihydro-7-hydroxy-CBD (HU-446; **31**) and (+)-8,9-dihydro-7-hydroxy-CBD (HU-465).

The introduction of fluorine substituents in drugs has been shown to affect adsorption, distribution, metabolism, and excretion. Therefore, syntheses of fluorinated compounds have been developed these last years. The synthesis of CBD derivatives fluorinated at position 3′, 9, or 7 has been very

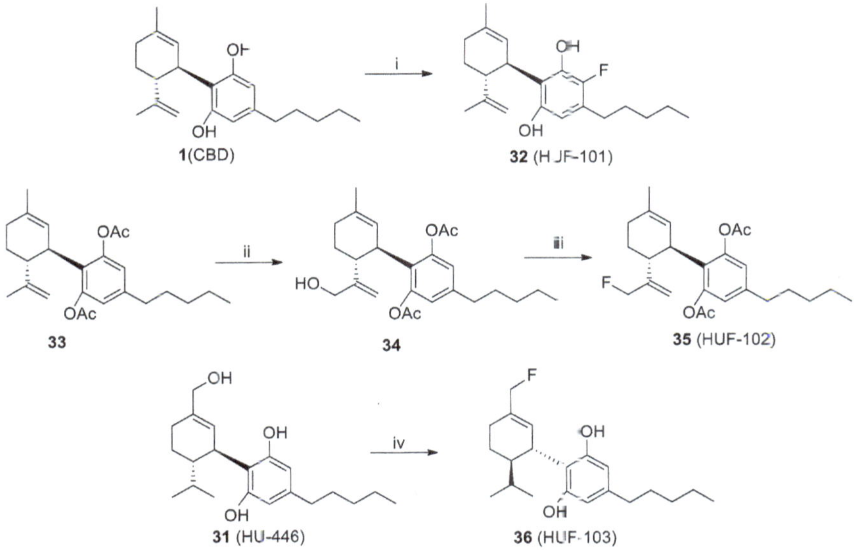

Scheme 8 Reagents (Breuer et al., 2016): (i) 1-fluoropyridinium triflate, CH_2Cl_2; (ii) (Compton et al., 1990) pyridinium chlorochromate; (iii) DAST, CH_2Cl_2; (iv) DAST, CH_2Cl_2.

recently described (Breuer et al., 2016). As outlined in Scheme 8, fluorination on the aromatic ring [**32** (HUF-101)] can be carried out directly from CBD (**1**) using 1-fluoropyridinium triflate. Fluorination of the allylic group requires a two-step synthesis, allylic oxidation with selenium dioxide of diacetate-CBD **33** and conversion of the alcohol (**34**) to the corresponding fluoride [**35** (HUF-102)] with diethyl amino sulfur trifluoride. As illustrated in Scheme 8, the CBD derivative fluorinated at position 7 (**36**) is prepared from (−)-8,9-dihydro-7-hydroxy-CBD (**31**) using diethyl amino sulfur trifluoride as fluorinating reagent.

The natural terpenoid structure of cannabimovone in which the cyclohexenyl ring of CBD is replaced by a functionalized cyclopentane has attracted much interest lately (Taglialatela-Scafati et al., 2010). The first total synthesis of cannabimovone containing four contiguous stereocenters has been recently reported (Carreras et al., 2016). A multistep synthetic sequence is required for its preparation. Some of the principal steps that lead to cannabimovone from (*S*)-methyl 3-hydroxybutanoate **37** and the iodo olivetol **39** are reported in Scheme 9. Sonogashira coupling of **38** with the olivetol **39** leads to **40**. One of the key issues of this total synthesis is the cyclization of **40** to the bicyclic product **41** using the cationic gold(I)

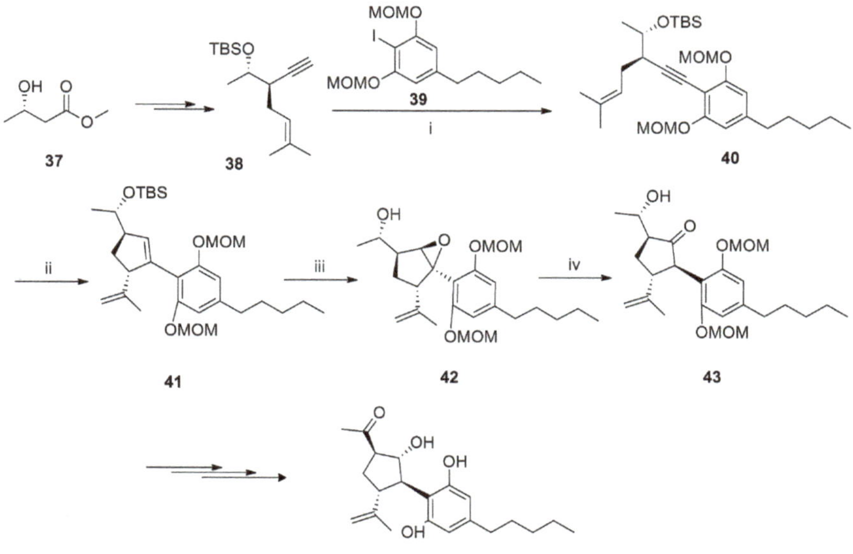

Scheme 9 Reagents (Carreras et al., 2016): (i) $Pd(PPh_3)_2Cl_2$, CuI, Et_3N/iPr_2EtN; (ii) [(JohnPhos)Au(MeCN)]SbF_6, DMSO; (iii) (a) TBAF, THF, (b) *m*-CPBA, $NaHCO_3$, CH_2Cl_2; (iv) $BF_3{\cdot}Et_2O$. *JohnPhos*, (2-biphenyl)di-*tert*-butylphosphine; *DMSO*, dimethylsufoxide; *TBAF*, tetra-*n*-butylammonium fluoride; *THF*, tetrahydrofuran; *CPBA*, chloroperoxybenzoic acid.

complex [(JohnPhos)Au(MeCN)]SbF_6 as catalyst in dimethylsulfoxide. Cleavage of the *tert*-butylsilyl protecting group followed by epoxidation of the cyclopentene **41** and Meinwald rearrangement provides **43** as the precursor of cannabimovone **44**.

Efficient asymmetric syntheses of Δ^9-tetrahydrocannabinol (**5**), Δ^8-tetrahydrocannabinol (**6**), or other phytocannabinoids have been described later. They have been extensively reviewed by Schafroth and Carreira (2017). These syntheses might be inspiring for the synthesis of new CBD derivatives. As an example, Scheme 10 shows the synthesis of **54** that requires Suzuki coupling [Scheme 10 (ii)], asymmetric hydrogenation [Scheme 10 (iv)], and a Swern oxidation [Scheme 10 (v)] as key steps of this synthetic route (Cheng et al., 2013).

Following with possible structural modification of the CBD-cyclohexene, the introduction of an oxygen atom in the ring could be an option to explore. For instance, dihydropyranone-CBD analogue **59** and the pyranone derivative **60** can be synthesized as described in Scheme 11 (Fan et al., 2014). A regioselective acylation of olivetol dimethyl ether **55** gives α,β-unsaturated

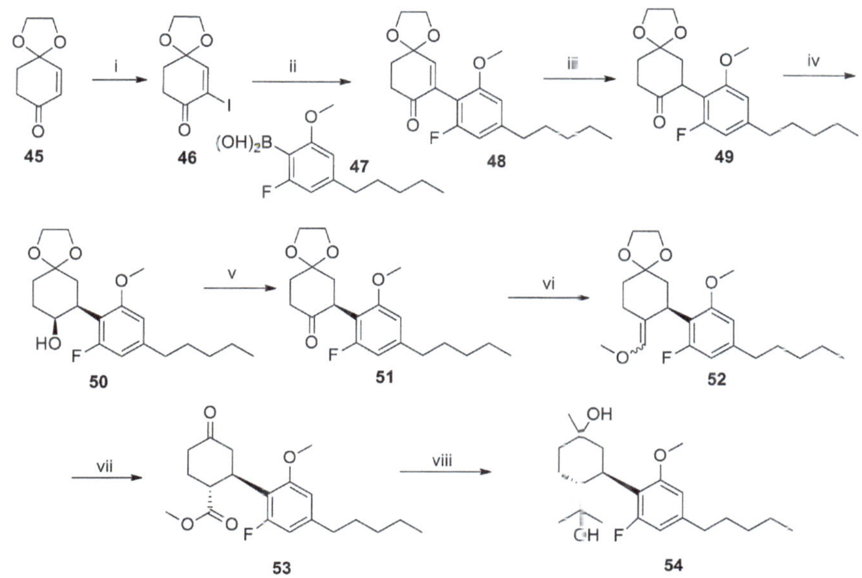

Scheme 10 Reagents (Cheng, Xie, Chen, Wang, & Zhou, 2013): (i) I_2, DAMP, K_2CO_3, THF/H_2O; (ii) $Pd(PPh_3)_4$, LiCl, Na_2CO_3, DME; (iii) H_2/Pd/C, ethanol; (iv) H_2 (50 atm) $RuCl_2$-(*S*)-SDP/(*R*,*R*)-DPEN, KO*t*Bu, *i*PrOH; (v) $(COCl)_2$, DMSO, Et_3N, CH_2Cl_2; (vi) BuLi, $MeOCH_2PPh_3Cl$, THF; (vii) (a) acetic acid/H_2O, (b) Jones reagent, acetone, (c) MeI, K_2CO_3, DMF, (d) NaOMe, MeOH; (viii) CH_3MgBr, THF. *DAMP*, diethyl(diazomethyl)phosphonate; *DME*, dimethoxyethane; *DPEN*, 1,2-diphenyl-1,2-ethylenediamine; *DMF* dimethylformamide; *THF*, tetrahydrofuran; *Jones reagent*, chromium trioxide in diluted sulfuric acid.

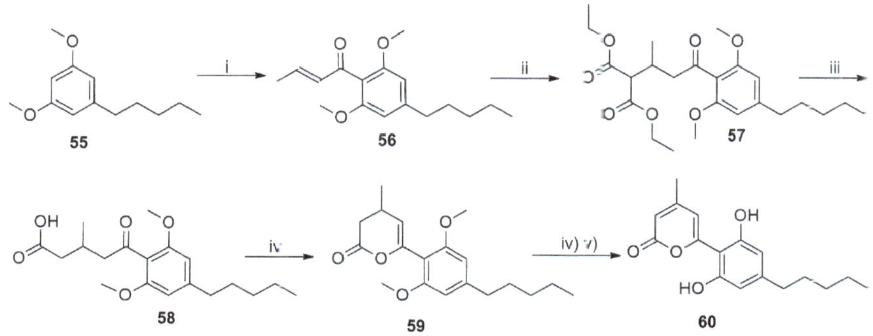

Scheme 11 Reagents (Fan et al., 2014): (i) TMEDA, THF, *n*-BuLi, crotonoyl chloride; (ii) diethyl malonate, K_2CO_3, EtOH; (iii) (a) NaOH, ethanol/H_2O, (b) H_3O^+, (c) pyridine; (iv) acetic anhydride; (v) DDQ, 1,4-dioxane; BBr_3, CH_2Cl_2. *TMEDA*, tetramethylethylenediamine; *DDQ*, 2,3-dichloro-5,6-dicyano-1,4-benzoquinone.

ketone **56** which leads to **59** after a Michael addition with diethyl malonate, decarboxylation in pyridine, and cyclization using acetic anhydride. Future oxidation with 2,3-dichloro-5,6-dicyano-1,4-benzoquinone leads to **60**.

2.3 Synthesis of *N*-Heterocyclic Derivatives of CBD

Very few synthetic approaches have been focused on nitrogenated heterocycle derivatives of CBD. 5-Pentyl-2-(pyrrolidin-2-yl)benzene-1,3-diol (**61**) was synthesized more than 20 years ago with the purpose of discovering new cannabinoid compounds (Scheme 12; Arnoldi et al., 1983). Olivetol (**3**) reacts with *N*-5-ethoxy-2-oxo-3,4-dihydro-2*H*-pyrrolium ion, generated from acidic treatment of 5-ethoxypyrrolidin-2-one, obtaining **61** after reduction.

In previous studies, 2,4-diydochromeno[4,3-*c*]pyrazole has received attention as a new scaffold derived from the THC structure (Morales et al., 2015; Morales, Gómez-Cañas, et al., 2016; Morales, Whyte, et al., 2016). Consequently, we are suggesting 2-(1*H*-pyrazol-3-yl)benzene-1,3-diol (D in Fig. 2) as scaffold for a new CBD derivative.

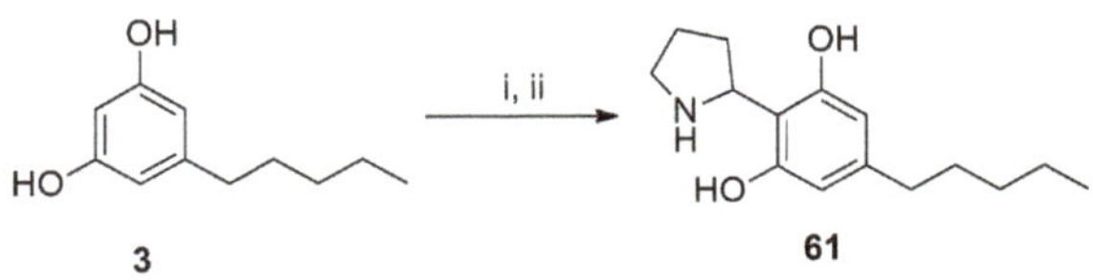

Scheme 12 Reagents (Arnoldi, Bizzozero, Merlini, Ragg, & Rossi, 1983): (i) 5-ethoxypyrrolidin-2-one, saturated HCl/ethanol; (ii) $LiAlH_4$.

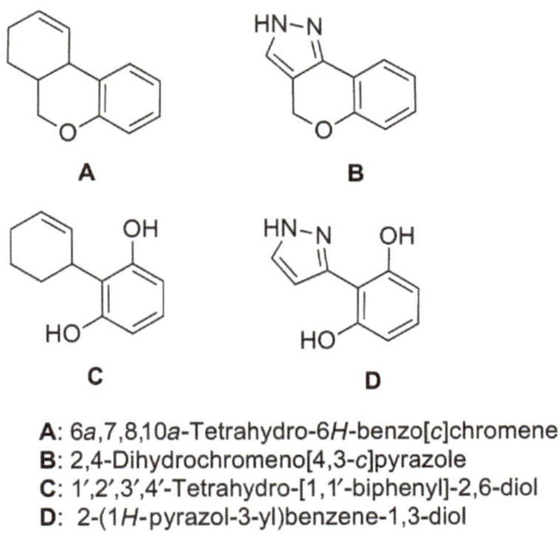

Fig. 2 Benzochromene, chromenopyrazole, biphenyldiol, and pyrazolyl benzenediol scaffolds.

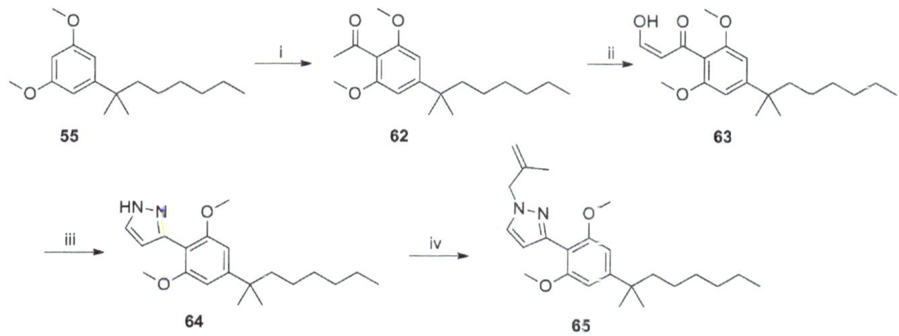

Scheme 13 Reagents: (i) $AlCl_3$, acyl chloride, CH_2Cl_2; (ii) NaH, ethyl formate, MW; (iii) hydrazine, ethanol; (iv) NaH, 3-bromo-2-methylpropene.

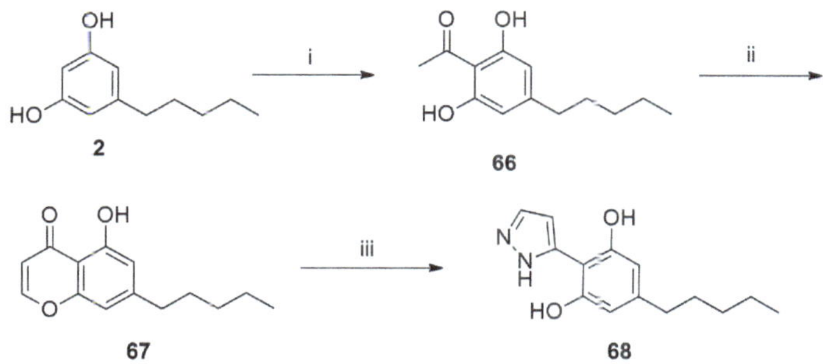

Scheme 14 Reagents: (i) $AlCl_3$, acyl chloride, CH_2Cl_2; ii) perchloric acid, triethyl orthoformate; (iii) hydrazine, ethanol.

3-(2,6-Dimethoxy-4-(2-methyloctan-2-yl)phenyl)-1-(2-methylallyl)-1*H*-pyrazole (**65**) and 5-pentyl-2-(1*H*-pyrazol-5-yl)benzene-1,3-diol (**68**) have been very recently synthesized in our laboratory. Two synthetic routes are proposed for the preparation of 2-pyrazol-resorcinols. They are illustrated in Schemes 13 and 14.

In the first route (Scheme 13), pyrazole derivative **64** can be obtained by Friedel–Crafts acylation of 1-(1,1-dimethylheptyl)-3,5-dimethoxibenzene **55**, followed by α-formylation of **62**, and finally condensation and cyclization of **63** with hydrazine. Then, the pyrazole **64** can subsequently be alkylated to obtain **65**. The inconvenient aspect of this route is the formation of hydroxyprop-2-*en*-1-one **63** which is not easy to obtain and is unstable. This is why a second route has been explored (Scheme 14) in which compound **68** is prepared from chromone **67** that reacts with hydrazine to open the pyrone ring and form the pyrazole (Pinto et al., 1999; Shokol, Gorbulenko, Frasinyuk, & Khilya, 2015). Chromene **67** is previously synthesized by treating acylated olivetol **66** with triethyl orthoformate and perchloric acid, followed by hydrolysis in boiling water (Patonay, Molnar, & Muranyi, 1995; Yu, Chen, Brossi, & Lee, 2004).

The experimental details of the syntheses illustrated in Schemes 13 and 14 are reported later since they have not been published yet.

3. EXPERIMENTAL DETAILS FOR SCHEMES 13 AND 14

3.1 Materials

General borosilicate glassware for organic chemical synthesis. Commercially available reagents and solvents outlined in the syntheses. Flash-column chromatography: silica gel 60 (230e400 mesh). Medium-pressure chromatography: Biotage Isolera One with prepacked silica gel columns (Biotage SNAP cartridges). Analytical high-performance liquid chromatography (HPLC)-mass spectrometry (MS) [Waters 2695 HPLC system equipped with a photodiode array 2996 coupled to Micromass ZQ 2000 mass spectrometer (ESI-MS)] using a reverse-phase column [SunFire™ (C-18, 4.6 × 50 mm, 3.5 μm)] for **62–65** and [SunFire™ (C-18, 2.1 × 50 mm, 3.5 μm)] for **66–68**; 10 min gradient.

A: MeCN/0.08% formic acid, B: H_2O/1% formic acid visualizing at $\lambda = 254$ nm. Nuclear magnetic resonance (NMR) spectra were recorded on Bruker NMR apparatus 400 (400 and 100 MHz) for ^1H, ^{13}C, heteronuclear single-quantum correlation, and heteronuclear multiple bond correlation–NMR data. Chemical shifts were expressed in ppm (δ) downfield of tetramethylsilane. Arbitrary atom numbering of synthesized compounds **62–68** for NMR data is shown in Fig. 3. Elemental analyses were performed using a LECO CHNS-932 apparatus.

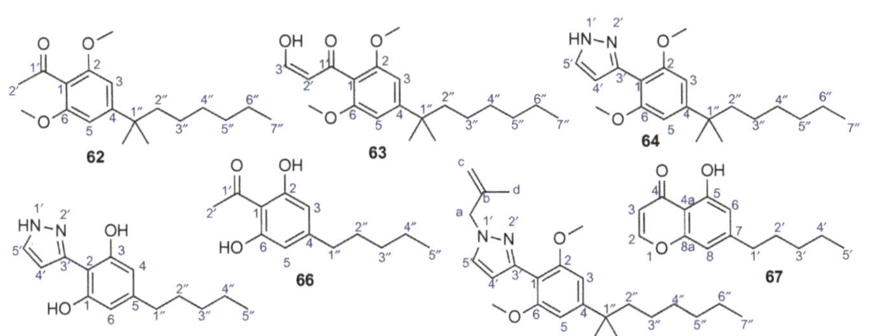

Fig. 3 Arbitrary atom numbering of synthesized compounds **62–68** for NMR data.

3.2 Methods

1-[2,6-Dimethoxy-4-(1′,1′-dimethylheptyl)phenyl]ethan-1-one (**62**). 1-(1,1-Dimethylheptyl)-3,5-dimethoxibenzene **55** (0.50 g, 1.9 mmol) and acetyl chloride (0.30 g, 3.8 mmol) were added, under nitrogen atmosphere, to a solution of aluminum chloride (0.50 g, 3.8 mmol) in anhydrous dichloromethane at 0°C. The mixture was stirred at room temperature overnight. Afterward, HCl 6 *M* was added (15 mL) and the product was extracted with dichloromethane, dried over $MgSO_4$ and the organic solvent was evaporated under reduced pressure. The crude was purified by flash-column chromatography (hexane/EtOAc, 6:1), affording product **62** as a colorless oil (0.50 g, yield = 87%). ^{1}H-NMR (400 MHz, $CDCl_3$) δ: 6.43 (s, 2H, 3-H, and 5-H), 3.73 (s, 6H, OCH_3), 2.41 (s, 3H, 2′-H), 1.50 (m, 2H, 2″-H), 1.21 (s, 6H, $C(CH_3)_2$), 1.18–1.10 (m, 6H, 3″-H, 4″-H, 5″-H), 0.99 (m, 2H, 6″-H), 0.78 ppm (t, J = 6.8 Hz, 3H, 7″-H); ^{13}C-NMR (400 MHz, $CDCl_3$) δ: 201.8 (1′-C), 155.5 (4-C), 152.5 (2-C and 6-C), 117.0 (1-C), 101 (3-C and 5-C), 54.7 [2 × (OCH_3)], 44.0 (2″-C), 38.0 (1″-C), 31.4, 30.0, 23.6 (3″-C, 4″-C, 5″-C), 31.4 (2′-C), 29 ($C(CH_3)_2$), 21.6 (6″-C), 13.0 ppm (7″-C); HPLC-MS: [A, 15 → 95%], t_R = 6.65 min, (99%); MS (ES^+) m/z = 307 $[M+H]^+$; HRMS: $C_{19}H_{30}O_3$ (306.219 g/mol), $[M+H]^+$ 307.228; Anal. calcd. for $C_{19}H_{30}O_3$: C: 74.47% H: 9.87%, found: C: 74.33%, H: 10.13%.

1-[2,6-Dimethoxy-4-(1′,1′-dimethylheptyl)phenyl]-3-hydroxyprop-2-en-1-one (**63**). A solution of compound **62** (0.10 g, 0.3 mmol) in anhydrous THF was added to a vial containing dry sodium hydride (31.0 mg, 1.3 mmol) under nitrogen atmosphere. The mixture was irradiated under microwave at 45°C for 25 min. Then, ethyl formate (0.12 mL, 1.6 mmol) was added to the sealed vial, stirred for 10 min, and irradiated under microwave at 45°C for 25 min. Water was added and the product was extracted with EtOAc, dried over $MgSO_4$ and the solvent was removed under reduced pressure. The crude was purified by flash-column chromatography (hexane/EtOAc, 4:1), obtaining a yellowish oil (**63**), (71.0 mg, yield = 51%). ^{1}H-NMR (400 MHz, $CDCl_3$) δ: 8.39 (s, 1H, 3′-H), 6.45 (s, 2H, 3-H, and 5-H), 5.72 (s, 1H, 2′-H), 3.77–3.58 (m, 6H, OCH_3), 1.51 (m, 2H, 2″-H), 1.24–1.11 (m, 12H, 3″-H, 4″-H, 5″-H, $C(CH_3)_2$), 1.00 (m, 2H, 6″-H), 0.79 ppm (t, J = 7.0 Hz, 3H, 7″-H); ^{13}C-NMR (400 MHz, $CDCl_3$) δ: 195.1 (1′-C), 173.6 (3′-C), 157.8 (4-C), 154.6 (2-C and 6-C), 115.0 (1-C), 106.4 (3-C and 5-C), 102.5 (2′-C), 56.4 [2 × (OCH_3)], 44.9 (2″-C), 38.9 (1″-C), 32.1, 30.4, 29.4 (3″-C, 4″-C, 5″-C), 25.0 [$C(CH_3)_2$], 23.0 (6″-C), 14.9 ppm (7″-C); HPLC-MS: [A, 15%–95%],

$t_R = 6.38$ min (99%); MS (ES$^+$) $m/z = 335$ $[M+H]^+$; HRMS: $C_{20}H_{30}O_4$ (334.231 g/mol), $[M+H]^+$ 335,221; Anal. calcd. for $C_{20}H_{30}O_4$: C: 71.82%, H: 9.04%, found: C: 72.34%, H: 8.97%.

3-[2,6-Dimethoxy-4-(1′,1′-dimethylheptyl)phenyl]-1H-pyrazole (**64**). A solution of **63** (21.0 mg, 0.7 mmol) and hydrazine monohydrochloride (60.0 mg, 0.2 mmol) in EtOH (10 mL) was stirred at 80°C for 2 h. The solvent was removed under reduced pressure, and the crude residue was purified by flash-column chromatography (hexane/EtOAc, 1:1), obtaining **64** as a yellow oil (44.0 mg, yield = 79%). ^{1}H-NMR (400 MHz, $CDCl_3$) δ: 7.55 (d, $J = 1.9$ Hz, 1H, 5′-H), 6.87 (d, $J = 1.9$ Hz, 1H, 4′-H), 6.58 (s, 2H, 3-H, and 5-H), 3.88 (s, 6H, OCH_3), 1.54 (m, 2H, 2′-H), 1.25 (s, 6H, $C(CH_3)_2$), 1.20–1.10 (m, 6H, 3″-H, 4″-H, 5″-H), 1.01 (m, 2H, 6″-H), 0.78 ppm (t, $J = 6.8$ Hz, 3H, 7″-H); ^{13}C-NMR (400 MHz, $CDCl_3$) δ: 156.0 (2-C and 6-C), 150.5 (4-C),138.2 (3′-C), 135.2 (5′-C) 105.7 (1-C), 101.6 (3-C, 5-C, 4′-C), 54.9 (OCH_3), 43.44 (2″-C), 37.4 (1″-C), 30.7, 28.9, 23.6 (3″-C, 4″-C, and 5″-C), 28.9 ($C(CH_3)_2$), 21.6 (6″-C), 13.0 ppm (7″-C); HPLC-MS: [A, 15%–95%], $t_R = 6.47$ min (99%); MS (ES$^+$) $m/z = 331$ $[M+H]^+$; HRMS: $C_{20}H_{30}N_2O_2$ (330.231 g/mol), $[M+H]^+$ 331.238; Anal. calcd. for $C_{20}H_{30}N_2O_2$: C: 72.69%, H: 9.15%, N: 8.48%, found: C: 72.30%, H: 9.35%, N: 8.39%.

3-[2,6-Dimethoxy-4(1′,1′-dimethylheptyl)phenyl]-1-(2-methylallyl)-1H-pyrazole (**65**). A solution of **64** (44.0 mg, 0.1 mmol) in anhydrous THF was added dropwise to a precooled suspension of sodium hydride (3.8 mg, 0.2 mmol) in anhydrous THF under nitrogen atmosphere. The resulting mixture was stirred for 10 min at rt. 3-Bromo-2-methylpropene (90.0 mg, 0.7 mmol) was added and the reaction mixture was refluxed for 4 h. Solvent was removed under vacuum and the crude was diluted in EtOAc, washed with water, and extracted with EtOAc. The combined organic layers were dried over $MgSO_4$, and the solvent was removed under vacuum. The crude was purified by flash-column chromatography (hexane/EtOAc, 2:1), obtaining a yellow oil (**65**) (15.6 mg, yield = 30%). ^{1}H-NMR (400 MHz, $CDCl_3$) δ: 7.37 (d, $J = 2.2$ Hz, 1H, 5′-H), 6.57 (s, 2H, 3-H, and 5-H), 6.28 (d, $J = 2.2$ Hz, 1H, 4′-H), 4.86 (s, 1H, c-H), 4.74 (s, 1H, c-H), 4.65 (s, 2H, a-H), 3.83 (s, 6H, OCH_3), 1.64 (s, 3H, d-H), 1.58 (m, 2H, 2″-H), 1.30 (s, 6H, $C(CH_3)_2$), 1.28–0.15 (m, 6H, 3″-H, 4″-H, 5″-H), 1.07 (m, 2H, 6″-H), 0.79 ppm (t, $J = 6.9$, 3H, 7″-H); ^{13}C-NMR (400 MHz, $CDCl_3$) δ: 157.4 (2-C and 6-C), 150.6 (4-C), 143.8 (3′-C), 140.6 (b-C), 128.2 (5′-C), 112.2 (1-C), 108.86 (4′-C), 107.0 (3-C and 5-C), 101.4 (c-C), 57.1 (a-C), 55.1 [2× (OCH_3)], 43.6 (2″-C), 37.3 (1″-C), 30.7 (5″-C), 29.0 (4″-C), 28.0 [$C(CH_3)_2$],

23.64 (3″-C), 21.6 (6″-C), 19.0 (d-C), 13.0 ppm (7″-C); HPLC-MS: [A, 15%–95%], t_R = 6.82 min (94%); MS (ES$^+$) m/z = 385 $[M+H]^+$; HRMS: $C_{24}H_{36}N_2O_2$ (384.278 g/mol), $[M+H]^+$ 385.278; Anal. calcd. for $C_{24}H_{36}N_2O_2$ ½ H_2O: C: 73.24%, H: 9.48%, N: 7.12%, found: C: 73.34%, H: 9.53%, N: 6.66%.

1-(2,6-Dihydroxy-4-pentylphenyl)ethan-1-one (**66**). To a suspension of aluminum chloride (4.43 g; 33.3 mmol) in dichloromethane, a solution of commercially available olivetol (**3**) (3.00 g; 16.7 mmol) in dichloromethane was added at 0°C under a N_2 atmosphere and stirred for 20 min. Then, acyl chloride (2.36 mL, 33.3 mmol) was added dropwise, and the reaction was stirred at room temperature for 20 min. Afterward, the reaction was added to a beaker containing HCl 1 N in water/ice, and the organic layer was extracted with dichloromethane, dried over $MgSO_4$ and the solvent was removed under vacuum. The crude mixture was purified by flash-column chromatography (dichloromethane/hexane, 4:1), resulting in a yellow oil (**66**) (1.32 g, yield = 44%). ^{1}H-NMR (400 MHz, $CDCl_3$) δ: 6.15 (s, 2H, 3-H, and 5-H), 2.64 (s, 3H, 2′-H), 2.40 (t, J = 7.5 Hz, 2H, 1″-H), 1.51 (q, J = 7.5 Hz, 2H, 2″-H), 1.24 (m, 4H, 3″-H, 4″-H), 0.81 ppm (t, J = 6.9 Hz, 3H, 5″-H); ^{13}C-NMR (400 MHz, $CDCl_3$) δ: 205.9 (1′-C), 164.6 (2-C and 6-C), 140.9 (4-C), 111.6 (1-C) 110.6 (3-C and 5-C), 35.5 (1″-C), 31.2 (3″-C), 28.7 (2′-C), 27.5 (2″-C), 22.6 (4″-C), 13.8 ppm (5″-C); HPLC-MS: [A, 15%–95%], t_R = 6.68 min, (93%); MS (ES$^+$) m/z = 223 $[M+H]^+$.

5-Hydroxy-7-pentyl-4H-chromen-4-one (**67**). Perchloric acid (70%) (218 μL, 3.60 mmol) was added dropwise into a solution of **66** (200.0 mg, 0.90 mmol) in triethyl orthoformate (1.75 mL), and the mixture was stirred at room temperature for 48 h until completion. Then, diethyl ether was added to precipitate the oxonium perchlorate salt, which was subsequently hydrolyzed in hot water. The organic layer was extracted using diethyl ether, dried over $MgSO_4$ and the solvent removed under vacuum, giving dark red oil (**67**) (94.0 mg, yield = 47%). ^{1}H-NMR (400 MHz, $CDCl_3$) δ: 7.71 (d, J = 6.0 Hz, 1H, 2-H), 6.64 (d, J = 1.4 Hz, 1H, 8-H), 6.57 (d, J = 1.4 Hz, 1H, 6-H), 6.16 (d, J = 6.0 Hz, 1H, 3-H), 2.55 (t, J = 7.5 Hz, 2H, 1′-H), 1.56 (q, J = 7.5 Hz, 2H, 2′-H), 1.25 (m, 4H, 3′-H, 4′-H), 0.82 ppm (t, J = 6.9 Hz, 3H, 5′-H); ^{13}C-NMR (400 MHz, $CDCl_3$) δ: 182.8 (4-C), 160.6 (5-C), 156.8 (8a-C), 156.1 (2-C), 152.5 (7-C), 111.8 (6-C), 111.6 (4a-C), 110.2 (3-C), 107.0 (8-C), 36.7 (1′-C), 31.5 (3′-C), 30.5 (2′-C), 22.6 (4′-C), 14.1 ppm (5′-C); HPLC-MS: [A, 15%–95%], t_R = 7.51 min, (38%); MS (ES$^+$) m/z = 233 $[M+H]^+$.

5-Pentyl-2-(1H-pyrazol-3-yl)benzene-1,3-diol (**68**). Hydrazine hydrate (75 μL, 1.6 mmol) was added to a stirring solution of **67** (90.0 mg, 0.38 mmol) in ethanol (10 mL), and the reaction was refluxed for 30 min. Then, the reaction was cooled and diluted with H_2O, and the organic layer was extracted using dichloromethane, dried over $MgSO_4$ and the solvent removed under vacuum. The crude mixture was purified by medium-pressure column chromatography (EtOAc/hexane, 1:2), resulting in a yellowish oil (**68**) (63.9 mg, yield = 71%). ^{1}H-NMR (400 MHz, $CDCl_3$) δ: 7.56 (d, J = 2.6 Hz, 1H, 5′-H), 7.03 (d, J = 2.6 Hz, 1H, 4′-H), 6.28 (s, 2H, 3-H, and 5-H), 2.43 (t, J = 7.5 Hz, 2H, 1″-H), 1.53 (q, J = 7.5 Hz, 2H, 2″-H), 1.24 (m, 4H, 3″-H, 4″-H), 0.81 ppm (t, J = 6.9 Hz, 3H, 5″-H); ^{13}C-NMR (400 MHz, $CDCl_3$) δ: 154.6 (1-C and 3-C), 147.6 (3′-C), 143.7 (5-C), 127.5 (5′-C), 107.3 (4-C and 6-C), 105.4 (2-C), 102.0 (4′-C), 34.6 (1″-C), 30.4 (3″-C), 29.5 (2″-C), 21.5 (4″-C), 13.0 ppm (5″-C); HPLC-MS: [A, 15%–95%], t_R = 6.11 min, (99%); MS (ES$^+$) m/z = 247 $[M+H]^+$; Anal. calcd. for $C_{14}H_{18}N_2O_2$: C: 68.27%; H: 7.37%, N: 11.37%, found: C: 67.75%; H: 7.67%.

4. CONCLUSIONS

Preclinical data showed efficacy of CBD in numerous pathological conditions. Thus, CBD is currently ongoing clinical trials for treatment of seizure disorder including Lennox–Gastaut and Dravet syndromes, and for treatment of inflammatory bowel diseases among others. Therefore, there is a clear interest to synthesize new CBD derivatives. CBD is a natural product extracted from *C. sativa* which can be prepared by coupling resorcinol with cyclohexenol using boron trifluoride etherate in acidic conditions. This synthesis can be used to synthesize CBD derivatives. However, different synthetic approaches have also been reported such as stereospecific synthesis which can be inspiring procedures for the preparation of new CBD derivatives. For instance, the synthetic methods for the preparation of CBD derivatives based on a new proposed scaffold, the 2-(1*H*-pyrazol-3-yl)benzene-1,3-diol, are reported in more detail earlier.

Due to the fact that CBD indirectly modulates the endocannabinoid system through different molecular targets such as FABPs, TRPV1 receptor, or 5-HT_{1A} receptor among others, the pharmacological evaluation of CBD derivatives remains complex. Effectively, the lack of a clear unique biological target probably slows down the studies of CBD derivatives undertaken by medicinal chemists.

ACKNOWLEDGMENTS

Financial support was provided by Grants from the Spanish Ministry SAF2015-68580-C2-2-R (MINECO/FEDER).

REFERENCES

Adams, R., Hunt, M., & Clark, J. H. (1940). Structure of cannabidiol, a product isolated from the marihuana extract of Minnesota wild hemp I. *Journal of the American Chemical Society*, *62*, 196–200.

Arnoldi, A., Bizzozero, N., Merlini, L., Ragg, E., & Rossi, A. C. (1983). Analogs of cannabinoids. Synthesis of N-heterocyclic derivatives of olivetol. *Journal of Chemical Research Synopses*, *107*, 1156–1172.

Baek, S.-H., Srebnik, M., & Mechoulam, R. (1985). Boron trifluoride etherate on alumina. A modified Lewis acid reagent. An improved synthesis of cannabidiol. *Tetrahedron: Asymmetry*, *26*, 1083–1086.

Ben-Shabat, S., Hanuš, L. O., Katzavian, G., & Gallily, R. (2006). New cannabidiol derivatives: Synthesis, binding to cannabinoid receptor, and evaluation of their antiinflammatory activity. *Journal of Medicinal Chemistry*, *49*, 1113–1117.

Breuer, A., Haj, C. G., Fogaça, M. V., Gomes, F. V., Silva, N. R., Pedrazzi, J. F., et al. (2016). Fluorinated cannabidiol derivatives: Enhancement of activity in mice models predictive of anxiolytic, antidepressant and antipsychotic effects. *PLoS One*, *11*, e0158779.

Carreras, J., Kirillova, M. S., & Echavarren, A. M. (2016). Synthesis of (-)-cannabimovone and structural reassignment of anhydrocannabimovone through gold(I)-catalyzed cycloisomerization. *Angewandte Chemie (International ed. in English)*, *55*, 7121–7125.

Cheng, L., Xie, J., Chen, Y., Wang, L., & Zhou, Q. (2013). Enantioselective total synthesis of (−)-Δ8-THC and (−)-Δ9-THC via catalytic asymmetric hydrogenation and SNAr cyclization. *Organic Letters*, *15*, 50–53.

Cherney, J., & Small, E. (2016). Industrial hemp in North America: Production, politics and potential. *Agronomy*, *6*, 58.

Compton, D. R., Little, P. J., Martin, B. R., Gilman, J. W., Saha, J. K., Jorapur, V. S., et al. (1990). Synthesis and pharmacological evaluation of amino azido, and nitrogen-mustard analogs of 10-substituted cannabidiol and 11-substituted or 12-substituted delta-8-tetrahydrocannabinol. *Journal of Medicinal Chemistry*, *33*, 1437–1443.

Fan, F., Dong, J., Wang, J., Song, L., Song, C., & Chang, J. (2014). An intramolecular pyranone Diels-Alder cycloaddition approach to cannabinol. *Advanced Synthesis and Catalysis*, *356*, 1337–1342.

Fasinu, P. S., Phillips, S., Elsohly, M. A., & Walker, L. A. (2016). Current status and prospects for cannabidiol preparations as new therapeutic agents. *Pharmacotherapy*, *36*, 781–796.

Flos, M., Lameiras, P., Denhez, C., Mirand, C., & Berber, H. (2016). Atropisomerism about aryl-C(sp3) bonds: Conformational behavior of substituted phenylcyclohexanes in solution. *The Journal of Organic Chemistry*, *81*, 2372–2382.

Gaoni, Y., & Mechoulam, R. (1966). Hashish-VII. The isomerization of cannabidiol to tetrahydrocannabinols. *Tetrahedron*, *22*, 1481–1488.

Gaoni, Y., & Mechoulam, R. (1968). The *ISO*-tetrahydrocannabinols. *Israel Journal of Chemistry*, *6*, 679–690.

Hanus, L., Breuer, A., Tchilibon, S., Shiloah, S., Goldenberg, D., Horowitz, M., et al. (1999). HU-308: A specific agonist for CB(2), a peripheral cannabinoid receptor. *Proceedings of the National Academy of Sciences of the United States of America*, *96*, 14228–14233.

Ibeas Bih, C., Chen, T., Nunn, A. V. W., Bazelot, M., Dallas M., & Whalley, B. J. (2015). Molecular targets of cannabidiol in neurological disorders. *Neurotherapeutics*, *12*, 699–730.

Kinney, W. A., McDonnell, M. E., Zhong, H. M., Liu, C., Yang, L., Ling, W., et al. (2016). Discovery of KLS-13019, a cannabidiol-derived neuroprotective agent, with improved potency, safety, and permeability. *ACS Medicinal Chemistry Letters*, *7*, 424–428.

Klotter, F., & Studer, A. (2015). Short and divergent total synthesis of (+)-machaeriol B, (+)-machaeriol D, (+)-delta-8-THC, and analogues. *Angewandte Chemie (International ed. in English)*, *54*, 8547–8550.

Kozela, E., Haj, C., Hanuš, L., Chourasia, M., Shurki, A., Juknat, A., et al. (2016). HU-446 and HU-465, derivatives of the non-psychoactive cannabinoid cannabidiol, decrease the activation of encephalitogenic T cells. *Chemical Biology & Drug Design*, *87*, 143–153.

Mechoulam, R., & Gaoni, Y. (1965). A total synthesis of dl-delta1-tetrahydrocannabinol. The active constituent of hashish. *Journal of the American Chemical Society*, *87*, 3273–3275.

Mechoulam, R., & Gaoni, Y. (1967). The absolute configuration of delta-1-tetrahydrocannabinol, the major active constituent of hashish. *Tetrahedron Letters*, *12*, 1109–1111.

Mechoulam, R., & Hanuš, L. (2002). Cannabidiol: An overview of some chemical and pharmacological aspects. Part I: Chemical aspects. *Chemistry and Physics of Lipids*, *121*, 35–43. http://dx.doi.org/10.1016/S0009-3084(02)00144-5.

Mechoulam, R., Lander, N. N., Breuer, A., & Zahalka, J. (1990). Synthesis of the individual, pharmacologically distinct enantiomers of a tetrahydrocannabinol derivative. *Tetrahedron: Asymmetry*, *1*, 315–318.

Mechoulam, R., & Shvo, Y. (1963). Hashish-I. The structure of cannabidiol. *Tetrahedron*, *19*, 2073–2078.

Morales, P., Blasco-Benito, S., Andradas, C., Gómez-Cañas, M., Flores, J. M., Goya, P., et al. (2015). Selective, nontoxic CB 2 cannabinoid o-quinone with in vivo activity against triple-negative breast cancer. *Journal of Medicinal Chemistry*, *58*, 2256–2264.

Morales, P., Gómez-Cañas, M., Navarro, G., Hurst, D. P., Carrillo-Salinas, F. J., Lagartera, L., et al. (2016a). Chromenopyrazole, a versatile cannabinoid scaffold with in vivo activity in a model of multiple sclerosis. *Journal of Medicinal Chemistry*, *59*, 6753–6771.

Morales, P., Whyte, L. S., Chicharro, R., Gómez-Cañas, M., Pazos, M. R., Goya, P., et al. (2016b). Identification of novel GPR55 modulators using cell-impedance-based label-free technology. *Journal of Medicinal Chemistry*, *59*, 1840–1853.

Patonay, T., Molnar, D., & Muranyi, Z. (1995). Flavonoids 45. A general and efficient synthesis of hydroxyflavones and chromones. *Bulletin de la Société Chimique de France*, *132*, 232–244.

Petrzilka, T., Haefliger, W., & Sikemeier, C. (1969). Synthese von Haschisch-Inhaltsstoffen. 4. Mitteilung. *Helvetica Chimica Acta*, *52*, 1102–1134.

Pinto, D. C. G. A., Silva, A. M. S., Cavaleiro, J. S., Foces-Foces, C., Llamas-Saiz, A. L., Jagerovic, N., et al. (1999). Synthesis and molecular structure of 3-(2-benzyloxy-6-hydroxyphenyl)-5-styrylpyrazoles. Reaction of 2-styrylchromones and hydrazine hydrate. *Tetrahedron*, *55*, 10187–10200.

Pisanti, S., Malfitano, A. M., Ciaglia, E., Lamberti, A., Ranieri, R., Cuomo, G., et al. (2017). Cannabidiol: State of the art and new challenges for therapeutic applications. *Pharmacology & Therapeutics*, *175*, 133–150.

Razdan, R. K., Dalzell, H. C., & Handrick, G. R. (1974). Hashish. A simple one-step synthesis of (-)-delta1-tetrahydrocannabinol (THC) from p-menth-2,8-dien-1-ol and olivetol. *Journal of the American Chemical Society*, *98*, 5860–5865.

Schafroth, M. A., & Carreira, E. M. (2017). Phytocannabinoids unraveling the complex chemistry. In D. A. Kinghorn, H. Falk, S. Gibbons, & J. Kobayashi (Eds.), *Progress in the chemistry of organic natural products: Vol. 103* (pp. 37–55). Switzerland: Springer.

Shokol, T. V., Gorbulenko, N. V., Frasinyuk, M. S., & Khilya, V. P. (2015). Synthesis of 6-(3-pyrazolyl)-4-methylumbelliferone derivatives substituted on the pyrazole ring. *Chemistry of Natural Compounds*, *51*, 630–633.

Taglialatela-Scafati, O., Pagani, A., Scala, F., De Petrocellis, L., Di Marzo, V., Grassi, G., et al. (2010). Cannabimovone, a cannabinoid with a rearranged terpenoid skeleton from hemp. *European Journal of Organic Chemistry, 2010*, 2067–2072.
Ujváry, I., & Hanuš, L. (2016). Human metabolites of cannabidiol: A review on their formation, biological activity, and relevance in therapy. *Cannabis and Cannabinoid Research, 1*, 90–101.
Yu, D., Chen, C.-H., Brossi, A., & Lee, K.-H. (2004). Anti-AIDS agents. 60. Substituted 3′R,4′R-Di-O-(−)-camphanoyl-2′,2′-dimethyldihydropyrano[2,3-f]chromone (DCP) analogues as potent anti-HIV agents. *Journal of Medicinal Chemistry, 47*, 4072–4082.

CHAPTER TWELVE

Approaches to Assess Biased Signaling at the CB1R Receptor

Robert B. Laprairie, Edward L. Stahl, Laura M. Bohn[1]
The Scripps Research Institute, Jupiter, FL, United States
[1]Corresponding author: e-mail address: lbohn@scripps.edu

Contents

Abstract

G protein-coupled receptors, such as the cannabinoid type 1 receptor (CB1R), have been shown to interact with multiple binding partners to transmit signals. In both transfected cell systems and in endogenously expressing cell lines, CB1R signaling has been described as multifaceted. The question remains as to how this highly widely expressed receptor signals in a given cell at a given time in vivo. The concept of functional selectivity, or biased agonism, describes the ability of an agonist to engage the receptor in a manner that preferentially engages certain signaling interactions (e.g., G proteins) over others (e.g., β-arrestins), presumably by stabilizing certain receptor conformations. There is growing interest in using such properties of ligands to direct signaling downstream of CB1R toward desirable therapeutic outcomes and to avoid adverse side effects. While it is not currently clear what pathways should be engaged and which should

Methods in Enzymology, Volume 593
ISSN 0076-6879
http://dx.doi.org/10.1016/bs.mie.2017.06.031

be avoided, the development of biased agonist tool compounds will aid in answering these questions. In this chapter, we discuss the approaches and caveats to assessing biased agonism at the CB1R.

ABBREVIATIONS

2-AG 2-arachidonoylglycerol
AEA anandamide
Akt protein kinase B
AP-1 activator protein 1
BRET bioluminescence resonance energy transfer
cAMP cyclic adenosine monophosphate
CB1R type 1 cannabinoid receptor
CB2R type 2 cannabinoid receptor
$\mathbf{EC_{50}}$ half maximal effective concentration
E_{max} maximum response achievable from an applied drug
ERK extracellular-regulated kinase
FRET Förster resonance energy transfer
Gα alpha subunit of G protein
GFP green fluorescent protein
GPCR G protein-coupled receptors
GTP guanosine triphosphate
GTPγS guanosine 5′-*O*-[gamma-thio]triphosphate
qRT-PCR quantitative reverse transcriptase-polymerase chain reaction

1. INTRODUCTION

The endocannabinoid system is composed of the cannabinoid receptors, their endogenous ligands—2-arachidonoylglycerol (2-AG) and anandamide (AEA), and the anabolic and catabolic enzymes of these endogenous ligands (Pertwee, 2008). The canonical cannabinoid receptors are the type 1 cannabinoid receptor (CB1R) and type 2 cannabinoid receptor (CB2R); both of which are G protein-coupled receptors (GPCR) (Bayewitch et al., 1995; Pertwee, 2008; Pinto et al., 1994). Cannabinoid receptor activity is modulated by a structurally diverse array of endogenous, synthetic, and plant-based ligands (Pertwee, 2008; Pinto et al., 1994). The CB1R is expressed throughout the periphery and is the most abundant GPCR in the central nervous system (Bouaboula et al., 1995; Pertwee, 2008; Pinto et al., 1994). Although the CB1R is classically considered a $G\alpha_{i/o}$-coupled GPCR, it has also been shown to couple with $G\alpha_S$ and $G\alpha_{q/11}$; moreover, CB1R interactions with β-arrestins have been established (Felder et al., 1995; Glass & Northup, 1999; Hudson, Hébert, & Kelly, 2010; Mukhopadhyay & Howlett, 2005). In cell culture assay systems, activation of CB1R has been shown to activate multiple downstream pathways as well, including regulation of cyclic adenosine monophosphate (cAMP) accumulation, phosphorylation of extracellular-regulated kinase (ERK) and CREB, and fluxuations in intracellular Ca^{2+}, among other effects (Glass & Northup, 1999; Hudson et al., 2010; Lauckner, Hille, & Mackie, 2005; Mukhopadhyay & Howlett, 2005; and "Protocols and Good Operating Practices in the Study of Cannabinoid Receptors" by Consroe-Bram et al.; "Real-Time Measurement of Cannabinoid Receptor-Mediated cAMP Signaling" by Hunter et al.; "Assessing Allosteric Modulation of CB1 at the Receptor and Cellular Levels" by Scott and Kendall). In rodent studies, CB1R activation produces multiple physiological responses, including inhibition of neurotransmitter release, antinociception, hypoactivity, catalepsy, hypothermia, increased appetite and insulin sensitivity, reduced gastrointestinal transit, and antiinflammatory effects (Felder et al., 1995; Izzo & Coutts, 2005; Motaghedi & McGraw, 2008; "Modeling Neurodegenerative Disorders for Developing Cannabinoid-Based Neuroprotective Therapies" by Fernández-Ruiz et al.). Given this wide spectrum of cellular and physiological effects, CB1R is considered a potential therapeutic target for the treatment of a wide range of ailments, including: chronic and acute pain; addiction; metabolic disorders and diabetes; epilepsy; multiple sclerosis, anxiety; and neurodegenerative disorders such as Huntington's and Parkinson's disease (Ranieri, Laezza, Bifulco, Marasco, & Malfitano, 2016).

Given that signaling at CB1R can propagate diverse and multifaceted physiological responses, a question arises as to whether the effects of cannabinoids could be harnessed to improve desirable therapeutic aspects while limiting unwanted side effects. Indeed, diverse signaling profiles have been identified downstream of CB1R in cell culture systems, yet a question also remains as to how CB1R expressed in different tissues respond in the endogenous system. Evidence for signaling bias at CB1R in vivo has been presented by several groups as separation between the potency of CB1R agonists to produce antinociceptive, hypothermic, and cataleptic effects (Breivogel, Lambert, Gerfin, Huffman, & Razdan, 2008; Grim et al., 2016; Nguyen et al., 2012; Wiley, Smith, Razdan, & Dewey, 2005). Therefore, if certain signaling pathways are associated with certain physiologies, then there may be opportunities to refine CB1R signaling and preserve one pathway while avoiding another (Breivogel et al., 2008; Grim et al., 2016; Nguyen et al., 2012; Wiley et al., 2005). This idea, however, only works when the desirable effects are mediated by different pathways than the adverse effects, which is not necessarily going to be the case.

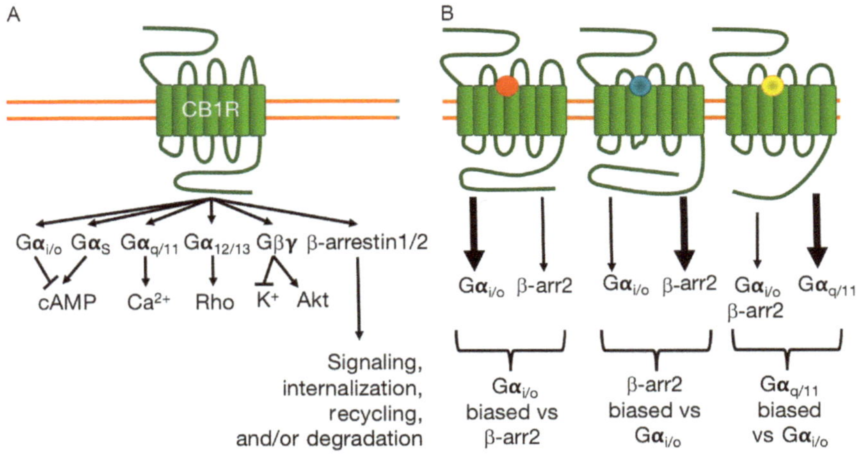

Fig. 1 CB1R-mediated signaling. (A) CB1R interacts with multiple effector proteins to produce different intracellular signals. These effector proteins include: $G\alpha_{i/o}$, $G\alpha_S$, $G\alpha_{q/11}$, $G\alpha_{12/13}$, $G\beta\gamma$, and β-arrestins. (B) The binding of different agonists to CB1R stabilizes the receptor in conformations that preferentially enhance coupling to certain effector proteins and diminish coupling to other effector proteins. Consequently, cellular signaling pathways are effectively enhanced or diminished; this describes ligand bias. Here, three theoretical agonists bind CB1R and each facilitates a unique receptor conformation and unique signaling outputs.

The concept of inducing preferential signaling to one pathway over another has been termed functional selectivity or ligand bias (Kenakin, 2010; Kenakin & Christopoulos, 2013; Luttrell, Maudsley, & Bohn, 2015; Fig. 1). In this paradigm, the chemical structure of the ligand is proposed to interact with the receptor in a manner that preferentially promotes or stabilizes a conformation of receptor that favors the interaction with certain intracellular effectors (e.g., G proteins) more than another (e.g., β-arrestin) (Christopoulos, 2014; Kenakin, 2010; Kenakin & Christopoulos, 2013). As such a G protein-biased agonist would be expected to produce more signaling to G protein pathways than observed in a β-arrestin recruitment assay. However, the key here is the term "more," which emphasizes that determinations of bias are measures of relative performance and that "more" is a term of comparison. Comparison in the case of agonist pharmacology requires a standard, or a reference agonist, to which is assigned the characterization of displaying "balanced" signaling, or the ability to stimulate the two pathways of interest with high efficacy. As such, bias is intrinsically context dependent—as it will rely on the biological system and upon the properties of the reference agonist. Therefore, in pharmacological assessments, the determination of bias serves as a means to rank and compare properties of new agonists as compared to the performance of a reference agonist between multiple assays.

For CB1R, there are an increasing number of publications describing the different performance of ligands relative to reference ligands across many assays, or, biased agonism (Delgado-Peraza et al., 2016; Khajehali et al., 2015; Laprairie, Bagher, Kelly, & Denovan-Wright, 2016). The benefit of developing biased agonists has been more apparent for some GPCRs, including the angiotensin IIa receptor (Christensen et al., 2010), kappa opioid receptor (Brust et al., 2016), and the mu opioid receptor (Luttrell et al., 2015; Rankovic, Brust, & Bohn, 2016; Zhou & Bohn, 2014). Indeed, the first clinical application of a biased mu opioid receptor agonist, oliceridine® is in late-stage clinical trials with the goal of preserving pain relief while avoiding respiratory side effects (DeWire et al., 2013; Soergel et al., 2014). For the CB1R, it is not immediately clear what benefit there will be to developing CB1R-biased agonists. However, given the wide distribution of expression of this receptor, and the diverse number of signaling cascades it has potential with which to engage, the concept of pharmacologically harnessing its downstream signaling potential may open new therapeutic avenues for controlling CB1R-mediated physiologies. Therefore, a considerable effort is ongoing for developing biased CB1R ligands to promote specific receptor-dependent signaling responses in hopes of avoiding undesirable physiologies (Kenakin & Christopoulos, 2013; Khajehali et al., 2015; Laprairie et al., 2016).

The property of bias is intrinsically context dependent; and therefore, it is highly necessary to limit the influence of the cell-based assay when comparing the performance of an agonist to a reference agonist. The adaptation of mathematical modeling allows for such intra- and intersystem normalization to be weighted when comparing dose–response derived potencies and efficacies. In this chapter we will briefly review the quantification of bias of CB1R ligands using the operational model first described by Black and Leff (1983). We will then describe assay systems that can be used to collect data for bias analyses and consider the caveats and limitations therein.

2. QUANTIFYING CB1R LIGAND BIAS

Past attempts to understand CB1R ligand bias or functional selectivity have relied on qualitative comparisons using "bias plots" or direct comparisons of maximum response achievable from an applied drug (E_{max}), half maximal effective concentration (EC_{50}) (Rajagopal et al., 2011). The determination and rank order comparison of EC_{50} and/or E_{max} are extremely useful as tools to highlight instances when the two-state model does not adequately describe the data (Clarke & Berg, 2010). However, these approaches do not provide quantitative measures of ligand activity and are less useful at minimizing differences in assay system, cell type, receptor density, or assay kinetics. Due to these limitations, rank order comparison should not be used to determine "bias" (Ehlert, 2015; Luttrell, 2014; Rajagopal et al., 2011; Stahl, Zhou, Ehlert, & Bohn, 2015). Instead, the operational model (Black & Leff, 1983; Eq. 1) more appropriately handles the complexities of intrasystem comparison (assay system, cell type, receptor density, etc.) and is well suited to be applied in a straightforward manner to the familiar concentration-response data.

$$E = \frac{E_{max}[A]^n \tau^n}{[A]^n \tau^n + ([A] + K_A)^n} \tag{1}$$

In the operational model E_{max} is the maximum response, A represents the agonist concentration, n the Hill slope, τ the agonist efficacy, and K_A the agonist affinity (Black & Leff, 1983). A useful reparameterization of this model has been elaborated and employed over the past couple years. The transduction coefficient, defined as the (τ/K_A) or synonymously the $\log R$, provides a composite parameter value that can be produced and used to compare agonist activity between different systems (Kenakin, 2010). The transduction coefficient is not a descriptive parameter value (i.e., potency or efficacy) but rather a relative measure of the ability of a ligand to activate the receptor in the target system (Kenakin, 2010; Kenakin & Christopoulos, 2013). A reference agonist is commonly run in parallel in these experiments to provide a method of direct normalization across systems. The reference agonist is chosen based on the appreciable view that it is commonly used, widely available, and acts as a well-behaved full agonist in each system of study (Kenakin & Christopoulos, 2013; Rajagopal et al., 2011). The reference agonist should be a full agonist in each of the assay systems being used (Kenakin & Christopoulos, 2013; Rajagopal et al., 2011). For many receptors, the first choice is, therefore, the endogenous ligand(s) (Khajehali et al., 2015). CB1R may be unique in this point because AEA and 2-AG are not consistent full agonists of the receptor (Pertwee, 2008). Instead, the compound CP55,940 is a commonly used and generally agreed upon full agonist at the CB1R. Based on the concentration-response curve of CP55,940, the relative agonist activity of test agonists can be determined when fit to the operational model (Eq. 1). A useful normalization of this analysis is to produce the relative activity of each test agonist. This normalization is produced by calculating the difference between the transduction coefficient of a test agonist and the reference agonist and results in a relative transduction coefficient ($\Delta \log R$) within an assay (Eq. 2).

$$\Delta \log R = \log(\tau/K_A)_{\text{Test compound}} - \log(\tau/K_A)_{\text{Ref compound}} \tag{2}$$

To best-fit data to this model and derive $\Delta \log R$, we recommend sharing $\log R$, n, and $E_{\max}$ across datasets and constraining $\log K_A$ between 0 and −15 (femtomolar, i.e., an upper bound that described as extremely high-affinity ligand) (Ehlert, 2015; Stahl et al., 2015). $\Delta \log R$ values can then be compared for a test compound(s) between assays to yield a system-independent bias factor for that compound(s), $\Delta\Delta \log R$ (Eq. 3; Ehlert, 2015; Stahl et al., 2015).

$$\begin{aligned} \log \text{bias} &= \Delta\Delta \log R = \Delta\Delta \log(\tau/K_A)_{R1-R2} \\ &= \Delta \log(\tau/K_A)_{R1} - \Delta \log(\tau/K_A)_{R2} \end{aligned} \tag{3}$$

The antilog of $\Delta\Delta \log R$ is the bias factor of the test compound (Kenakin, Watson, Muniz-Medina, Christopoulos, & Novick, 2012; Stahl et al., 2015). $\Delta\Delta \log R$ values from multiple, independent, experiments can be used to calculate mean bias factors with associated error (Stahl et al., 2015). These data can then be compared using standard statistical analyses.

3. ASSAYS USED TO EXAMINE CB1R LIGAND BIAS

Several cellular effects can be compared in order to quantify ligand bias using the operational model, and multiple assays may exist to measure a cellular effect. Here, we describe some of the common downstream effectors of CB1R and the assays available to quantify their responsiveness, as well as advantages and disadvantages of each.

3.1 G Protein Coupling

One of the most proximal effectors of GPCR activation are their namesakes—the G proteins. CB1R has classically been described as a $G\alpha_{i/o}$-coupled GPCR (Felder et al., 1995). Quantification of G protein coupling to a GPCR can be conducted using the [^{35}S]GTPγS assay. Agonist binding to the GPCR results in the exchange of guanosine diphosphate for guanosine triphosphate (GTP). Guanosine 5′-*O*-[gamma-thio]triphosphate (GTPγS) is a nonhydrolyzable form of GTP. In this assay, a radiolabeled form of GTPγS, [^{35}S]GTPγS, is incubated with dissociated membranes from cultured cells (e.g., cells stably expressing CB1R) or tissue homogenate and the compounds being tested. Compound concentration-dependent coupling of the alpha subunit of G protein (Gα) to the receptor results in the binding of [^{35}S]GTPγS. Bound [^{35}S]GTPγS is then separated from free [^{35}S]GTPγS by filtration, and Gα-bound [^{35}S]GTPγS is quantified (Bohn, Zhou, & Ho, 2015). [^{35}S]GTPγS binding can be quantified using cell lines stably expressing CB1R or tissue from mouse brain homogenates (Bohn et al., 2015; Hua et al., 2016; Janero et al., 2015). We have described the methodology of these assays in detail (Bohn et al., 2015).

[^{35}S]GTPγS binding reveals the efficiency of coupling to the most prevalent G protein signal available in the system, and different types of Gα protein binding cannot be readily determined or distinguished (Bohn et al., 2015). In cell models the predominant G protein is often $G\alpha_{i/o}$, but in endogenous settings these may be less-characterized Gα proteins, such as $G\alpha_Z$ (Hinton et al., 1990; Wettschureck et al., 2005). Additional experiments, such an immunoprecipitation and western blot, are required to determine G protein type (Hinton et al., 1990; Wettschureck et al., 2005). A major advantage [^{35}S]GTPγS binding is that the signal is measured proximal to the receptor and can therefore be considered a more direct measurement of agonist-directed receptor signaling than other output measures discussed later (Kenakin et al., 2012).

3.2 β-Arrestin Recruitment

CB1R interacts with both β-arrestin1 and β-arrestin2 (Delgado-Peraza et al., 2016; Laprairie et al., 2016). Like G protein coupling, β-arrestin recruitment is proximal to the receptor and therefore a direct measurement of agonist-induced changes in receptor conformation. Several approaches have been developed to quantify β-arrestin recruitment, but the most widely used rely on bioluminescence resonance energy transfer (BRET), enzyme complementation, and transcriptional activation.

BRET, like FRET, relies on the transfer of energy between a donor protein and an acceptor protein that are present within close enough proximity for energy transfer to occur (James, Oliviera, Carmo, Iaboni, & Davis, 2006). Unlike in FRET, the donor protein used in BRET assays is a form of the *Renilla* luciferase protein that only emits blue light upon addition of its substrate, coelenterazine (James et al., 2006). Therefore, energy transfer to the acceptor protein can only occur upon addition of coelenterazine when it is quantified within the assay. BRET is advantageous because it can be used to examine kinetic effects, it is highly sensitive, adaptable to high-throughput screening, and is adaptable to measure any protein–protein interaction aside from GPCRs and β-arrestin (James et al., 2006). However, effective use of BRET requires the use of rigorous controls including BRET positive (donor–acceptor fusion proteins), BRET negative (donor protein alone), noninteracting protein controls, and determination of appropriate donor: acceptor ratios, among others (Hudson et al., 2010; James et al., 2006; Laprairie et al., 2016). Cloned BRET constructs must be in the correct orientation to facilitate energy transfer but not disrupt normal protein function (James et al., 2006), and BRET cannot be conducted in an endogenous system because it requires the expression of heterologous fusion proteins (James et al., 2006).

Enzyme fragment complementation assays utilize CB1R modified with a β-galactosidase fragment coexpressed in the same cell as β-arrestin conjugated to the remainder of β-galactosidase (van der Lee et al., 2009). Recruitment of β-arrestin produces a complete enzyme whose activity can be quantified by addition of chemiluminscent substrate, such that the amount of chemiluminscence produced is proportional to β-arrestin recruitment. This popular assay format is utilized in the PathHunter® assays commercially available from DiscoveRx and others (van der Lee et al., 2009). Enzyme complementation assays are advantageous because they are highly sensitive and produce large signal over background and are designed for high-throughput screening (van der Lee et al., 2009). Two disadvantages of these assays are (1) that they are irreversible upon addition of the substrate and are therefore not suitable for quantifying kinetic effects, and (2) it requires modification of the C-terminus of the receptor and cannot be used to quantify β-arrestin recruitment in endogenous systems.

The Tango assay utilizes transcriptional activation following β-arrestin translocation (Barnea et al., 2007). GPCRs of interest are fused to a transcription factor by a peptide containing a TEV protease cleavage sequence and β-arrestin is fused to the TEV protease (Barnea et al., 2007; Kroeze et al., 2015). Association of the GPCR with β-arrestin results in proteolytic cleavage of the transcription factor, which consequently activates transcription of a reporter gene, such as luciferase (Barnea et al., 2007; Kroeze et al., 2015).

As a result, a transient interaction between GPCR and β-arrestin is amplified and stabilized. Tango assay systems are now openly available for a wide swath of GPCRs, making this system amenable to screening compounds at many different receptor systems (Kroeze et al., 2015). As with enzyme complementation assays, Tango is advantageous because of its sensitivity and large signal over background. However, modification of the both β-arrestin and GPCR means that it cannot be used to quantify β-arrestin recruitment in endogenous systems.

3.3 Inhibition of cAMP Accumulation

Beyond proximal interactions between CB1R and G protein, and CB1R and β-arrestin, $G\alpha_{i/o}$ proteins inhibit adenylate cyclases and reduce the concentration of cAMP. Measurements of cAMP can be made from cultured cell systems (Cawston, Connor, Di Marzo, Silvestri, & Glass, 2015; Hua et al., 2016; Khajehali et al., 2015) and dissociated cell membranes from animals (Brust et al., 2017), using the many quantification assays currently available. The earliest studies of the CB1R modulation of adenylyl cyclase were performed by measuring the conversion of α-[^{32}P]ATP to [^{32}P]cAMP (Meschler & Howlett, 2001).

For higher throughput studies avoiding radioactivity, assay kits based on fluorophores have become available. Homogeneous time-resolved fluorescence resonance energy transfer (FRET) (HTRF) can be used to measure changes in cAMP level (Cawston et al., 2015; Hua et al., 2016). The cAMP HTRF assay utilizes an anti-cAMP antibody conjugated to a donor fluorophore and a fluorescent acceptor molecule conjugated to exogenous cAMP (Degorce et al., 2009). Excitation of the bound donor-conjugated antibody results in emission of fluorescence that then excites the acceptor molecule to emit a different wavelength of light (Degorce et al., 2009). The ratio of acceptor to donor fluorescence is FRET (Degorce et al., 2009). HTRF uses a delay between quantification of donor emission and acceptor emission ($\sim$150 μs) to enhance resolution between the two protein's spectra, which reduces background signal allows for quantification (Degorce et al., 2009). Endogenous cAMP produced by the cell/tissue being measured competes with the acceptor molecule for antibody binding, and so FRET is inversely proportional to cAMP concentration (Degorce et al., 2009). HTRF is advantageous over other assay systems because it is amenable to measurements of cAMP accumulation ($G\alpha_S$ signaling at CB1R; Glass & Northup, 1999) and inhibition of cAMP ($G\alpha_{i/o}$ signaling at

CB1R; Mukhopadhyay & Howlett, 2005), it can be used to examine kinetic effects of cAMP modulation (Cawston et al., 2015), it is highly sensitive (Degorce et al., 2009), and assay systems are relatively easy to use. Although quantification of cAMP is less proximal to the receptor than G protein coupling, cAMP represents a major cellular effector of CB1R and is therefore important to measure.

Other approaches to measure cAMP include enzyme-linked immunosorbent assays (EIA) that utilize fluorophore-conjugated anti-cAMP antibodies (Jiang et al., 2007), similar to HTRF; BRET-based assays that utilize the fusion protein "cAMP sensor-using YFP-Epac-Rluc" (Cawston et al., 2015; Jiang et al., 2007); transcriptional activation in cells that express a reporter gene (e.g., luciferase) under the regulatory control of cAMP-response elements (Zhaung & Liu, 2006). EIA is similar to HTRF but is difficult to use to examine kinetic effects (Jiang et al., 2007). BRET-based quantification of cAMP is highly sensitive and amenable to kinetic experiments, but must be done in heterologous systems (Cawston et al., 2015; Jiang et al., 2007). Transcriptional assays are irreversible and are cannot be used quantifying kinetic effects, and must be conducted in heterologous systems, but provide a high signal relative to background (Zhaung & Liu, 2006). cAMP signaling is discussed further in Chapter 3 of this volume ("Real-Time Measurement of Cannabinoid Receptor-Mediated cAMP Signaling" by Hunter et al.).

3.4 Changes in Ca^{2+}

In addition to $G\alpha_{i/o}$, CB1R couples $G\alpha_{q/11}$ to modulate intracellular Ca^{2+} levels (Lauckner et al., 2005). Ca^{2+} modulation may be monitored through electrophysiological approaches (Lauckner et al., 2005) or fluorescence-based approaches (Vandevoorde, Lambert, Smart, Jonsson, & Fowler, 2003). Electrophysiological techniques provide for high spatiotemporal resolution and can be easily utilized in in vivo and ex vivo neuronal preparations; however, they are not amenable to the screening of large numbers of test compounds (Lauckner et al., 2005). The FLIPR Ca^{2+} detection assays utilize a dye that fluoresces upon binding Ca^{2+} (Sirenko et al., 2013). FLIPR was specifically designed for high-throughput applications and provides some degree of spatiotemporal resolution (Sirenko et al., 2013). Due to the high cost associated with this assay, it is not a feasible approach for ex vivo neuron preparations, but can be used for cell systems whether they endogenously or heterologously express CB1R.

3.5 Receptor Internalization

Following ligand binding, CB1R is internalized through β-arrestin-mediated mechanisms and subsequently recycled or degraded. Internalization of the unmodified receptor can be detected with a fluorescent protein conjugate (e.g., β-arrestin-green fluorescent protein (GFP)) or fluorescent-conjugated antibody. Internalized receptors associated with β-arrestin-GFP are visible within the cell as puncta. The number of puncta per cell is related to the concentration of compound used in a concentration-dependent manner. To conduct this assay, cells are grown in glass-bottomed plates, treated with test compound and images of cells are captured and analyzed for the number of puncta/cell (Gasparri, 2009). This assay is advantageous because kinetics can be determined easily, they can produce large signal over background, and they are amenable to high-content analysis and compound screening (Gasparri, 2009). Because this assay relies on high-content image analysis, it provides qualitative information on the movement and localization of receptors following compound treatment. Other systems have been generated to quantify receptor internalization such as the PathHunter® assays (DiscoveRx) which can be useful if imaging systems are not available. In these assays, the enzyme fragment is localized to the endosome and so complementation and signal detection occurs at the endosome upon receptor internalization (van der Lee et al., 2009). These assays have similar advantages and disadvantages as the PathHunter® β-arrestin recruitment assays (van der Lee et al., 2009).

3.6 Protein Phosphorylation and Changes in Gene Expression

CB1R activation effects the phosphorylation and activation of signaling proteins, including ERKs, protein kinase B (Akt), activator protein 1 (AP-1), and others, downstream of changes in cAMP or Ca^{2+}. Protein phosphorylation can be measured through standard western blot techniques using cell lysates or tissue homogenates (Bouaboula et al., 1995; Howlett et al., 2000). Although western blots are widely used, can be conducted using native tissues or nontransfected cell cultures, and an effective means of measuring protein, they are not amenable to high-throughput screening. Protein phosphorylation can also be measured by the In-cell western assay (Hudson et al., 2010; Laprairie et al., 2016, 2017; Redmond et al., 2016). In an In-cell western, cells are cultured in multiwell plates and treated with the compounds of interest. Cells are subsequently fixed, permeablized, and incubated with antibody directed against the proteins of interest (phosphoprotein and total protein), followed by a second incubation with infrared-conjugated secondary antibodies (e.g., green for phosphoprotein and red for total protein). Immunocytochemical staining is quantified using an Odyssey imaging system (Li-Cor), and protein phosphorylation is expressed relative to total protein (Hudson et al., 2010; Laprairie et al., 2016, 2017; Redmond et al., 2016). In-cell western assays can be adapted for use as a medium-throughput screen in heterologous and endogenous receptor expression systems. However, antibody conditions and specificity must be verified through standard western blot approaches before being applied in this assay.

Several groups have demonstrated that CB1R activation produces quantifiable changes in transcription factor activity (Bosier, Hermans, & Lambert, 2008; Bouaboula et al., 1995) and gene expression (Bosier et al., 2008; Laprairie et al., 2016), which can be measured by chromatin immunoprecipitation and quantitative reverse transcriptase-PCR (qRT-PCR), respectively. As with immunocytochemical approaches, quantification of transcription factor activity and qRT-PCR is amenable to medium- to high-throughput assay development and can be applied to both heterologous and endogenous receptor systems. However, the interpretation of agonist bias several steps removed from the receptor is difficult, as discussed later. Therefore, data from these assays may be physiologically relevant to the overall actions of the drug, but less relevant with regard to elucidating mechanisms of bias (Kenakin et al., 2012). Furthermore, extensive computational power may be necessary for managing and interpreting extensive datasets that can arise from large-scale transcriptome evaluation studies (Luttrell et al., 2015).

4. IMPORTANT CONSIDERATIONS AND CAVEATS

Bias is a relative term, requiring the comparison of one effect to another. As such, ligand bias describes the ability of an agonist to perform differently compared to another agonist when both agonists are examined in parallel across multiple assays. As such, some degree of bias may appear in nearly every direction examined for nearly every ligand. The key is to discern what is truly the anomaly and whether such divergences from the normality will correspond to fundamental differences in receptor function. In this regard, advances will be made as we begin to understand more about the active-, inactive-, and differently active-state structures that GPCRs assume when bound to different ligands. While the number of structures for GPCRs explode and the resolution of refined binding poses comes further into focus, we can foresee a time of structure-guided ligand design. However, the question we will still need to address is what kind of bias do we want to impart in our compounds to control what physiologies in vivo? Therefore, the pursuit of compounds with diverse pharmacological signatures will be useful for starting to answer that question in animal models. Meanwhile, to facilitate ranking our compounds and defining the differences by which they act, quantitative studies of CB1R signaling should include analyses of bias, as has been done for other GPCRs (Luttrell, 2014; Rajagopal et al., 2011).

4.1 Cell Type and Receptor Density

Unlike other approaches to quantify ligand bias, such as comparison of pEC_{50} or relative activity, the transducer coefficient used to determine bias (τ/K_A) is a linear parameter in relation to receptor density (Kenakin et al., 2012). This is critical because it allows for comparisons to be made between most agonists as well as between tissue and cell types, which may be used to conduct various assays (Kenakin et al., 2012). Therefore, the operational model as first described by Black and Leff (1983) (see earlier) can be used in most cases so long as the compounds being studied produce an appreciable response in the assay used. If a compound(s) does not produce an appreciable response in all assays, then an operational-competitive model can be applied to determine bias (Stahl et al., 2015). The competitive model can be applied by taking advantage of the competitive nature of partial agonists in the presence of a full agonist (Ehlert, 2015; Stahl et al., 2015). This method was developed and is described in detail by Stahl et al. (2015).

In all cases, the quality of the concentration-response curves used to assess bias is critically important. Compound solubility, preparation of compound plates, and evaporation may all effect the observed response and consequently the calculated bias of a compound. For cannabinoids, as highly lipophilic compounds, the use of a carrier protein such as BSA is important because solubility can be improved and compounds do not stick to vessel walls (Howlett et al., 2002). Compound plates should be set up immediately prior to use to limit compound degradation and solvent evaporation. For live cell assays, cell number and serum deprivation should be optimized and considered across assay platforms; and protein concentration should be optimized for membrane-based assays. Early protocol optimization will improve the resolution of the assays and produce reliable concentration-response curves that can be used to determine bias.

4.2 Proximal vs Distal Effects to the Receptor

GPCR agonists facilitate cellular effects upon binding to their receptor and promoting a conformational change in that population of receptors that is conducive to signaling (Kenakin & Christopoulos, 2013). In the case of "balanced" agonists, the net effect is that of pluripotent signaling through the available repertoire of effector proteins (Kenakin et al., 2012; Luttrell et al., 2015). For biased agonists, however, a specific conformation of the receptor is favored among the ensemble of conformations and it is this shift toward a specific conformation that results in preferential signaling through specific effector proteins and therefore a biased receptor population (Luttrell et al., 2015). As a consequence of this, bias-driven effects that occur at effectors proximal to the receptor (e.g., G protein-coupling and β-arrestin recruitment) are likely representative of a change in receptor conformation producing a cellular change (Kenakin et al., 2012; Luttrell et al., 2015). As a specific signal is propagated from the GPCR to other proteins that signal is amplified.

Therefore, agonist bias becomes more pronounced at secondary and tertiary effector proteins (e.g., adenylate cyclase or G protein-coupled inwardly rectifying K^+ channels) relative to primary effectors (Kenakin & Christopoulos, 2013; Kenakin et al., 2012). However, cross talk between signals results in overlap between different pathways and signal bias may be misinterpreted as the consequence of one pathway rather than another (Luttrell et al., 2015). This is particularly true in the case of ERK and Akt, whose activation is a convergence point for multiple CB1R signaling pathways including $G\alpha_{i/o}$ and β-arrestin (Khajehali et al., 2015; Laprairie et al., 2016). Another example is transcription factors such as AP-1 and Jnk that are activated through multiple CB1R-mediated signaling pathways (Bosier et al., 2008). Pathway-specific effects can be determined in such cases through careful examination of signaling kinetics (Herenbrink et al., 2016) as well as ligand potencies in different assays (Kenakin et al., 2012). Ultimately, agonist bias must be quantified such that the regulatory pathway is known and the quantified signals are amenable to bias analysis.

4.3 Ligand Kinetics

Increasing evidence from studies of other GPCRs, such as the dopamine D2 receptor, supports the hypothesis that an agonist's dissociation rate has a profound effect on its observed bias (Herenbrink et al., 2016). Herenbrink et al. (2016) observed that the apparent bias of D2 agonists varied widely depending on the time at which assay measurements were made. The authors were able to relate these differences in bias to the dissociation rate of agonists and concluded that slowly dissociating agonists were more likely to display β-arrestin bias that rapidly dissociating agonists (Herenbrink et al., 2016). Although this has yet to be directly demonstrated for agonists of CB1R, Cawston et al. (2015) observed that changes in signal transduction following treatment with the CB1R allosteric modulator Org27569 changed dramatically as a function of time. Khajehali et al. (2015) reported that high-affinity CB1R agonists CP55,940 and HU-210 displayed bias for cAMP relative to pERK but did not relate these effects to ligand dissociation. The role that ligand kinetics play in bias is important to understand for two reasons: (1) it represents a possible source for discrepancy between model systems and assays in interpreting bias, and (2) it may be that biased ligands can be designed for CB1R on the basis of their dissociation rate. With respect to future studies of CB1R agonist bias, the contribution of kinetics to bias must be considered when designing experiments and interpreting data (Cawston et al., 2015; Herenbrink et al., 2016).

4.4 Applying Measurements of Bias to Allosteric Ligands

In addition to biased CB1R orthosteric agonists, allosteric modulators of CB1R can alter the signaling bias of orthosteric CB1R agonists (Khajehali et al., 2015; Laprairie et al., 2017). Khajehali et al. (2015) suggest that the negative allosteric modulatory activity of Org27569 for pERK1/2 may be due to biased allosterism and probe dependence. Laprairie et al. (2017) observed that the allosteric compound GAT228 is moderately biased for β-arrestin1, whereas its enantiomer GAT229 is biased for inhibition of cAMP. Given the growing interest in developing allosteric modulators of CB1R, evaluations of their potential bias will become increasingly important, and with it the need to establish reliable analytical approaches.

4.5 Crystal Structures of CB1R

To date two crystal structures of CB1R in inactive conformations have been described (Hua et al., 2016; Shao et al., 2016). Hua et al. (2016) first crystallized CB1R bound to the rimonabant (SR141716A) derivative, and irreversible CB1R antagonist, AM6538. The development of irreversible antagonists and subsequent crystallization of hCB1R is described in Chapter 10 of this volume ("Ligand-Assisted Protein Structure (LAPS): An Experimental Paradigm for Characterizing Cannabinoid-Receptor

Ligand-Binding Domains" by Janero et al.). From these first glimpses into the structure of CB1R we can begin to understand the ligand binding landscape and form hypotheses about residues within the agonist binding pocket that may be important for mediating changes in receptor conformation and consequently bias. The next hurdle to overcome in this field will be to obtain a crystal structure of CB1R in an active, agonist-bound state. If agonist-bound crystals were obtained using differentially biased agonists, it may even be possible to observe conformational differences in receptor related to bias.

5. CONCLUSIONS

CB1R is considered an important pharmacological target because modulation of this receptor produces wide-ranging physiological effects—appetite, locomotion, mood, analgesia—that from a clinical perspective appear to be applicable to many different pathological conditions. At the receptor level, CB1R couples to multiple effector proteins and facilitates a myriad of intra- and intercellular effects. The current state of CB1R research, as described here, indicates that biased ligands can selectively enhance certain receptor-mediated effects, to a limited degree. The present questions for studying ligand bias at CB1R are (1) what is the possible extent of ligand bias for the receptor? and (2) does ligand bias facilitate physiologically relevant effects that could be therapeutically useful? The application of tools such as the operational model, receptor crystal structures, irreversible antagonists, and a better understanding of kinetic and allosteric effects, previously not applied to CB1R or not available, will permit a more thorough understanding of CB1R pharmacology than was previously possible. From these tools we can begin to understand the importance of CB1R ligand bias.

ACKNOWLEDGMENT

This work was supported by National Institutes of Health Grant P01DA009158 (L.M.B.). R.B.L. is supported in part by a postdoctoral fellowship from the Canadian Institutes of Health Research.

REFERENCES

Barnea, G., Strapps, W., Herrada, G., Berman, Y., Ong, J., Kloss, B., et al. (2007). The genetic design of signaling cascades to record receptor activation. *Proceedings of the National Academy of Sciences of the United States of America*, *105*, 64–69.

Bayewitch, M., Avidor-Reiss, T., Levy, R., Barg, J., Mechoulam, R., & Vogel, Z. (1995). The peripheral cannabinoid receptor: Adenylate cyclase inhibition and G protein coupling. *FEBS Letters*, *375*, 143–147.

Black, J. W., & Leff, P. (1983). Operational models of pharmacological agonism. *Proceedings of the Royal Academy of Sciences London B, Biological Sciences*, *220*, 141–162.

Bohn, L. M., Zhou, L., & Ho, J.-H. (2015). Approaches to assess functional selectivity in GPCRs: Evaluating G protein signaling in an endogenous environment. *Methods in Molecular Biology*, *1335*, 177–189.

Bosier, B., Hermans, E., & Lambert, D. (2008). Differential modulation of AP-1- and CRE-driven transcription by cannabinoid agonists emphasizes functional selectivity at the CB_1 receptor. *British Journal of Pharmacology*, *155*, 24–33.

Bouaboula, M., Poinot-Chazel, C., Bourrié, B., Canat, X., Calandra, B., Rinaldi-Carmona, M., et al. (1995). Activation of mitogen-activated protein kinases by stimulation of the central cannabinoid receptor CB1. *Biochemical Journal*, *312*, 637–641.

Breivogel, C. S., Lambert, J. M., Gerfin, S., Huffman, J. W., & Razdan, R. K. (2008). Sensitivity to delta9-tetrahydrocannabinol is selectively enhanced in beta-arrestin2-/- mice. *Behavioral Pharmacology*, *19*, 298–307.

Brust, T. F., Alongkronrusmee, D., Soto-Velasquez, M., Baldwin, T. A., Ye, Z., Dai, M., et al. (2017). Identification of a selective small-molecule inhibitor of type 1 adenylyl cyclase activity with analgesic properties. *Science Signaling*, *10*, eaah5381.

Brust, T. F., Morgenweck, J., Kim, S. A., Rose, J. H., Locke, J. L., Schmid, C. L., et al. (2016). Biased agonists of the kappa opioid receptor suppress pain and itch without causing sedation or dysphoria. *Science Signaling*, *9*, ra117.

Cawston, E. E., Connor, M., Di Marzo, V., Silvestri, R., & Glass, M. (2015). Distinct temporal fingerprint for cyclic adenosine monophosphate (cAMP) signaling of indole-2-carboxamides as allosteric modulators of the cannabinoid receptors. *Journal of Medicinal Chemistry*, *58*, 5979–5988.

Christensen, G. L., Kelstrup, C. D., Lyngsø, C., Sarwar, U., Bøgebo, R., Sheikh, S. P., et al. (2010). Quantitative phosphoproteomics dissection of seven-transmembrane receptor signaling using full and biased agonists. *Molecular and Cellular Proteomics*, *9*, 1540–1553.

Christopoulos, A. (2014). Advances in G protein-coupled receptor allostery: From function to structure. *Molecular Pharmacology*, *86*, 463–478.

Clarke, W. P., & Berg, K. A. (2010). Use of functional assays to detect and quantify functional selectivity. *Drug Discovery Today*, 7, e31–e36.

Degorce, F., Card, A., Soh, S., Tringuet, E., Knapik, G. P., & Xie, B. (2009). HTRF: A technology tailored for drug discovery—A review of theoretical aspects and recent applications. *Current Chemical Genomics*, *3*, 22–32.

Delgado-Peraza, F., Ahn, K. H., Nogueras-Ortiz, C., Mungrue, I. N., Mackie, K., Kendall, D. A., et al. (2016). Mechanisms of biased β-arrestin-mediated signaling downstream from the cannabinoid 1 receptor. *Molecular Pharmacology*, *89*, 618–629.

DeWire, S. M., Yamashita, D. S., Rominger, D. H., Liu, G., Cowan, C. L., Graczyk, T. M., et al. (2013). A G protein-biased ligand at the μ-opioid receptor is potently analgesic with reduced gastrointestinal and respiratory dysfunction compared with morphine. *Journal of Pharmacology and Experimental Therapeutics*, *344*, 708–717.

Ehlert, F. J. (2015). Functional studies cast light on receptor states. *Trends in Pharmacological Science*, *36*, 596–604.

Felder, C. C., Joyce, K. E., Briley, E. M., Mansouri, J., Mackie, K., Blond, O., et al. (1995). Comparison of the pharmacology and signal transduction of the human cannabinoid CB1 and CB2 receptors. *Molecular Pharmacology*, *48*, 443–450.

Gasparri, F. (2009). An overview of cell types in HCS: Limitations and advantages. *Expert Opinion on Drug Discovery*, *4*, 643–657.

Glass, M., & Northup, J. K. (1999). Agonist selective regulation of G proteins by cannabinoid CB_1 and CB_2 receptors. *Molecular Pharmacology*, *56*, 1362–1369.

Grim, T. W., Morales, A. J., Gonek, M. M., Wiley, J. L., Thomas, B. F., Endres, G. W., et al. (2016). Stratification of cannabinoid 1 receptor (CB1R) agonist efficacy: Manipulation of CB1R density through use of transgenic mice reveals congruence between in vivo and in vitro assays. *Journal of Pharmacology and Experimental Therapeutics*, *359*, 329–339.

Herenbrink, K. C., Sykes, D. A., Donthamsetti, P., Canals, M., Coudrat, T., Shonberg, J., et al. (2016). The role of kinetic context in apparent biased agonism at GPCRs. *Nature Communications*, 7, 10842.

Hinton, D. R., Blanks, J. C., Fong, H. K., Casey, P. J., Hildebrandt, E., & Simons, M. I. (1990). Novel localization of a G protein, Gz-alpha, in neurons of brain and retina. *Journal of Neuroscience*, *10*, 2763–2770.

Howlett, A. C., Barth, F., Bonner, T. I., Carbal, G., Casellas, P., Devane, W. A., et al. (2002). International Union of Pharmacology. XXVII. Classification of cannabinoid receptors. *Pharmacological Reviews*, *54*, 161–202.

Howlett, A. C., Wilken, G. H., Pigg, J. J., Houston, D. B., Lan, R., Liu, Q., et al. (2000). Azido- and isothiocyanato-substituted aryl pyrazoles bind covalently to the CB1 cannabinoid receptor and impair signal transduction. *Journal of Neurochemistry*, *74*, 2174–2181.

Hua, T., Vemuri, K., Pu, M., Qu, L., Han, G. W., Wu, Y., et al. (2016). Crystal structure of the human cannabinoid receptor CB1. *Cell*, *167*, 750–762.

Hudson, B. D., Hébert, T. E., & Kelly, M. E. (2010). Ligand- and heterodimer-directed signaling of the CB(1) cannabinoid receptor. *Molecular Pharmacology*, 77, 1–9.

Izzo, A. A., & Coutts, A. A. (2005). Cannabinoids and the digestive tract. *Handbook of Experimental Pharmacology*, *2005*, 573–598.

James, J. R., Oliviera, M. I., Carmo, A. M., Iaboni, A., & Davis, S. J. (2006). A rigorous experimental framework for detecting protein oligomerization using bioluminescence resonance energy transfer. *Nature Methods*, *3*, 1001–1006.

Janero, D. R., Yaddanapudi, S., Zvonok, N., Subramanian, K. V., Shukla, V. G., Stahl, E., et al. (2015). Molecular-interaction and signaling profiles of AM3677, a novel covalent agonist selective for the cannabinoid 1 receptor. *ACS Chemical Neuroscience*, *19*, 1400–1410.

Jiang, L. I., Collins, J., Davis, R., Lin, K.-M., DeCamp, D., Roach, T., et al. (2007). Use of a cAMP BRET sensor to characterize a novel regulation of cAMP by the sphingosine 1-phosphate/G_{13} pathway. *Journal of Biological Chemistry*, *282*, 10576–10584.

Kenakin, T. (2010). Functional selectivity and biased receptor signaling. *Journal of Pharmacology and Experimental Therapeutics*, *336*, 296–302.

Kenakin, T., & Christopoulos, A. (2013). Signalling bias in new drug discovery: Detection, quantification and therapeutic impact. *Nature Reviews. Drug Discovery*, *12*, 205–216.

Kenakin, T., Watson, C., Muniz-Medina, V., Christopoulos, A., & Novick, S. (2012). A simple method for quantifying functional selectivity and agonist bias. *ACS Chemical Neuroscience*, *3*, 193–203.

Khajehali, E., Malone, D. T., Glass, M., Sexton, P. M., Christopoulos, A., & Leach, K. (2015). Biased agonism and biased allosteric modulation at the CB1 cannabinoid receptor. *Molecular Pharmacology*, *88*, 368–379.

Kroeze, W. K., Sassano, M. F., Huang, X.-P., Lansu, K., McCorvy, J. D., Giguére, P. M., et al. (2015). PRESTO-Tango as an open-source resource for interrogation of the druggable human GPCRome. *Nature Structural and Molecular Biology*, *22*, 362–369.

Laprairie, R. B., Bagher, A. M., Kelly, M. E., & Denovan-Wright, E. M. (2016). Biased type 1 cannabinoid receptor signaling influences neuronal viability in a cell culture model of Huntington disease. *Molecular Pharmacology*, *89*, 364–375.

Laprairie, R. B., Kulkarni, P. M., Deschamps, J. R., Kelly, M. E., Janero, D. R., Cascio, M. G., et al. (2017). Enantiospecific allosteric modulation of cannabinoid 1 receptor. *ACS Chemical Neuroscience*, *8*, 1188–1203.
Lauckner, J. E., Hille, B., & Mackie, K. (2005). The cannabinoid agonist WIN55,212-2 increases intracellular calcium via CB_1 receptor coupling to Gq/11 G proteins. *Proceedings of the National Academy of Sciences of the United States of America*, *102*, 19144–19149.
Luttrell, L. M. (2014). Minireview: More than just a hammer: Ligand "bias" and pharmaceutical discovery. *Molecular Endocrinology*, *28*, 281–294.
Luttrell, L. M., Maudsley, S., & Bohn, L. M. (2015). Fulfilling the promise of "biased" G protein-coupled receptor agonism. *Molecular Pharmacology*, *88*, 579–588.
Meschler, J. P., & Howlett, A. C. (2001). Signal transduction interactions between CB1 cannabinoid and dopamine receptors in the rat and monkey striatum. *Neuropharmacology*, *40*, 918–926.
Motaghedi, R., & McGraw, T. E. (2008). The CB1 endocannabinoid system modulates adipocyte insulin sensitivity. *Obesity*, *16*, 1727–1734.
Mukhopadhyay, S., & Howlett, A. C. (2005). Chemically distinct ligands promote differential CB_1 cannabinoid receptor-G_i protein interactions. *Molecular Pharmacology*, *67*, 2016–2024.
Nguyen, P. T., Schmid, C. L., Raehal, K. M., Selley, D. E., Bohn, L. M., & Sim-Selley, L. J. (2012). Beta-arrestin-2 regulates cannabinoid CB_1 receptor signaling and adaptation in a CNS region-dependent manner. *Biological Psychiatry*, *71*, 714–724.
Pertwee, R. G. (2008). Ligands that target cannabinoid receptors in the brain: From THC to anandamide and beyond. *Addiction Biology*, *13*, 147–159.
Pinto, J. C., Potié, F., Rice, K. C., Boring, D., Johnson, M. R., Evans, D. M., et al. (1994). Cannabinoid receptor binding and agonist activity of amides and esters of arachidonic acid. *Molecular Pharmacology*, *46*, 516–522.
Rajagopal, S., Ahn, S., Riminger, D. H., Gowen-MacDonald, W., Lam, C. M., DeWire, S. M., et al. (2011). Quantifying ligand bias at seven-transmembrane receptors. *Molecular Pharmacology*, *80*, 367–377.
Ranieri, R., Laezza, C., Bifulco, M., Marasco, D., & Malfitano, A. M. (2016). Endocannabinoid system in neurological disorders. *Recent Patents on CNS Drug Discovery*, *10*, 90–112.
Rankovic, Z., Brust, T. F., & Bohn, L. M. (2016). Biased agonism: An emerging paradigm in GPCR drug discovery. *Bioorganic and Medicinal Chemistry Letters*, *26*, 241–250.
Redmond, W. J., Cawston, E. E., Grimsey, N. L., Stuart, J., Edington, A. R., Glass, M., et al. (2016). Identification of N-arachidonoyl dopamine as a highly biased ligand at cannabinoid CB1 receptors. *British Journal of Pharmacology*, *173*, 115–127.
Shao, Z., Yin, J., Chapman, K., Grzemnska, M., Clark, L., Wang, J., et al. (2016). High-resolution crystal structure of the human CB1 cannabinoid receptor. *Nature*, *540*, 602–606.
Sirenko, O., Cromwell, E. F., Crittenden, C., Wignall, J. A., Wright, F. A., & Rusyn, I. (2013). Assessment of beating parameters in human induced pluripotent stem cells enables quantitative *In Vitro* screening for cardiotoxicity. *Toxicology and Applied Pharmacology*, *273*, 500–507.
Soergel, D. G., Subach, R. A., Burnham, N., Lark, M. W., James, I. E., Sadler, B. M., et al. (2014). Biased agonism of the μ-opioid receptor by TRV130 increases analgesia and reduces on-target adverse effects versus morphine: A randomized, double-blind, placebo-controlled, crossover study in healthy volunteers. *Pain*, *155*, 1829–1835.

Stahl, E. L., Zhou, L., Ehlert, F. J., & Bohn, L. M. (2015). A novel method for analyzing extremely biased agonism at G protein-coupled receptors. *Molecular Pharmacology*, *87*, 866–877.

van der Lee, M. M. C., Blomenröhr, M., van der Doelen, A. A., Wat, J. W. Y., Smits, N., Hanson, B. J., et al. (2009). Pharmacological characterization of receptor redistribution and β-arrestin recruitment assays for the cannabinoid receptor 1. *Journal of Biomolecular Screening*, *14*, 811–823.

Vandevoorde, S., Lambert, D. M., Smart, D., Jonsson, K. O., & Fowler, C. J. (2003). N-Morpholino- and N-diethyl-analogues of palmitoylethanolamide increase the sensitivity of transfected human vanilloid receptors to activation by anandamide without affecting fatty acid amidohydrolase activity. *Bioorganic and Medicinal Chemistry*, *20*, 817–825.

Wettschureck, N., Moers, A., Wallenwein, B., Parlow, A. F., Maser-Gluth, C., & Offermanns, S. (2005). Loss of Gq/11 family G proteins in the nervous system causes pituitary somatotroph hypoplasia and dwarfism in mice. *Molecular and Cellular Biology*, *25*, 1942–1948.

Wiley, J. L., Smith, F. L., Razdan, R. K., & Dewey, W. L. (2005). Task specificity of cross-tolerance between delta9-tetrahydrocannabinol and anandamide analogs in mice. *European Journal of Pharmacology*, *510*, 59–68.

Zhaung, F., & Liu, Y. H. (2006). Usefulness of the luciferase reporter system to test the efficacy of siRNA. *Methods in Molecular Biology*, *342*, 181–187.

Zhou, L., & Bohn, L. M. (2014). Functional selectivity of GPCR signaling in animals. *Current Opinion in Cell Biology*, *27*, 102–108.

CHAPTER THIRTEEN

Design and Synthesis of Cannabinoid 1 Receptor (CB1R) Allosteric Modulators: Drug Discovery Applications

Abhijit R. Kulkarni*, Sumanta Garai*, David R. Janero*[,†,‡,§], Ganesh A. Thakur*[,1]

*School of Pharmacy, Bouvé College of Health Sciences, Northeastern University, Boston, MA, United States
[†]Center for Drug Discovery, Northeastern University, Boston, MA, United States
[‡]College of Science, Northeastern University, Boston, MA, United States
[§]Health Sciences Entrepreneurs, Northeastern University, Boston, MA, United States
[1]Corresponding author: e-mail address: g.thakur@neu.edu

Contents

Abstract

Also expressed in various peripheral tissues, the type-1 cannabinoid receptor (CB1R) is the predominant G protein-coupled receptor (GPCR) in brain, where it is responsible for retrograde control of neurotransmitter release. Cellular signaling mediated by CB1R is involved in numerous physiological processes, and pharmacological CB1R modulation is considered a tenable therapeutic approach for diseases ranging from substance-use disorders and glaucoma to metabolic syndrome. Despite the design and synthesis of a variety of bioactive small molecules targeted to the CB1R orthosteric ligand-binding site, the potential of CB1R as a therapeutic GPCR has been largely unrealized due to adverse events associated with typical orthosteric CB1R agonists and antagonists/inverse agonists. Modulation of CB1R-mediated signal transmission by targeting alternative allosteric ligand-binding site(s) on the receptor has garnered interest as a potentially safer and more effective therapeutic modality. This chapter highlights the design and synthesis of

Methods in Enzymology, Volume 593
ISSN 0076-6879
http://dx.doi.org/10.1016/bs.mie.2017.06.018

novel, pharmacologically active CB1R allosteric modulators and emphasizes how their molecular properties and the positive and negative allosteric control they exert can lead to improved CB1R-targeted pharmacotherapeutics, as well as designer covalent probes that can be used to map CB1R allosteric binding domains and inform structure-based drug design.

ABBREVIATIONS

2-AG 2-arachidonoylglycerol
AEA anandamide
BOP (benzotriazol-1-yloxy)tris(dimethylamino)phosphonium hexafluorophosphate
cAMP cyclic adenosine monophosphate
Cannabidiol 2-[(1*R*,6*R*)-6-isopropenyl-3-methylcyclohex-2-*en*-1-yl]-5-pentylbenzene-1,3-diol
CB1R cannabinoid 1 receptor
CB2R cannabinoid 2 receptor
CBD cannabidiol
CP55940 2-[(1*R*,2*R*,5*R*)-5-hydroxy-2-(3-hydroxypropyl)cyclohexyl]-5-(2-methyloctan-2-yl)phenol
DAT dopamine transporter
DPT di-2-pyridyl thionocarbonate
ERK extracellular signal-regulated kinases
FAAH fatty acid amide hydrolase
Fenofibrate propan-2-yl-2-(4-[(4-chlorophenyl)carbonyl]phenoxy)-2-methylpropanoate
GAT211 3-(2-nitro-1-phenylethyl)-2-phenyl-1*H*-indole
GPCR G protein-coupled receptor
GTPγS [(2*S*,3*R*,4*S*,5*S*)-5-(2-amino-6-oxo-3*H*-purin-9-yl)-3,4-dihydroxyoxolan-2-yl] methyl dihydroxyphosphinothioyl hydrogen phosphate
HTS high-throughput screening
JNK c-Jun N-terminal kinase
KNF Koshland–Nemethy–Filmer
Lipoxin A_4 (5*S*,6*R*,7*E*,9*E*,11*Z*,13*E*,15*S*)-5,6,15- trihydroxyicosa-7, 9,11,13-tetraenoic acid
MAPK mitogen-activated protein kinase
MGL monoacylglycerol lipase
MWC Monod–Wyman–Changeux
NAMs negative allosteric modulators
Org27569 5-chloro-3-ethyl-*N*-(4-(piperidin-1-yl)phenethyl)-1*H*–indole-2-carboxamide
PAMs positive allosteric modulators
Pepcan peptide endocannabinoid
PPAR peroxisome proliferator-activated receptor
Pregnenolone 1-((3*S*,8*S*,9*S*,10*R*,13*S*,14*S*,17*R*)-3-hydroxy-10,12,13-trimethyl-2,3,4,7,8,9,10,11,12,13,14,15,16,17-tetradecahydro-1*H*-cyclopenta[*a*] phenanthren-17-yl)ethan-1-one
PSNCBAM-1 11-(4-chlorophenyl)-3-(3-(6-(pyrrolidin-1-yl)pyridin-2-yl)phenyl)-urea
RTI-371 (3β-(4-methylphenyl)-2β-[3-(4-chlorophenyl)isoxazol-5-yl]tropane)

SAR structure–activity relationship
ZCZ011 6-methyl-3-(2-nitro-1-(thiophen-2-yl)ethyl)-2-phenyl-1*H*-indole
Δ⁹-THC Δ⁹-tetrahydrocannabinol

1. INTRODUCTION

Δ^9-Tetrahydrocannabinol (Δ^9-THC), the primary psychoactive constituent of cannabis, exerts its pharmacological and psychotropic effects mainly through an integral membrane protein referred to as the cannabinoid 1 receptor (CB1R). This CB1R, which belongs to the class A family of G protein-coupled receptors (GPCRs) and is the most abundantly expressed GPCR in brain, has been a target of intense drug discovery efforts for the past two decades. Recent discovery of a novel class of compounds referred to as allosteric modulators, which work by a novel mechanism targeting previously unknown and potentially "druggable" site(s) of the CB1R, has sparked renewed interest in this target. This chapter provides a brief introduction to GPCRs and their allosteric modulation, followed by a more detailed treatment of the endocannabinoid system and the medicinal and synthetic chemistry efforts involved in developing different chemotypes targeting CB1R allosteric site(s). Medicinal and synthetic chemistry aspects of recently developed covalent probes to decipher CB1R allosteric binding domain(s) are also considered.

1.1 GPCR Allosteric Modulation

GPCRs are the largest class of receptor systems consisting of seven-transmembrane helices connected by three extracellular and intracellular loops, an extracellular N-terminus, and an intracellular C-terminus (George, O'Dowd, & Lee, 2002; Roth & Kroeze, 2015). They are responsible for a wide array of biological responses, making them therapeutically important targets of several medications currently in the market (Overington, Al-Lazikani, & Hopkins, 2006). Canonically, GPCRs primarily function as sensors and transducers of environmental stimuli, whereby they are activated by chemically diverse ligands from the extracellular milieu and transmit information across the plasma membrane and into the cytosol, where multiple downstream signaling pathways may be modulated (Oldham & Hamm, 2006). Crystal structures are available across most GPCR families representative of many important drug targets. Typical approved GPCR-targeted drugs are small molecules that engage a GPCR's orthosteric site, i.e., the intramolecular site where endogenous, naturally occurring ligands bind (Lagerstrom & Schioth, 2008). The majority of (pre)clinical and marketed drugs are synthetic small molecules (xenobiotics), although, there is growing interest in immunological and biological modalities for targeting these receptors therapeutically (Overington et al., 2006). Despite the success of GPCR ligands as drugs, the orthosteric sites of GPCR subfamilies tend to be highly conserved evolutionarily and structurally, complicating the development of subtype-selective ligands and inviting the risk of adverse off-target effects across functionally distinct GPCRs (Venkatakrishnan et al., 2013). In addition, the activity profile of GPCR-based orthosteric drugs is dictated by occupancy on the target receptor, which may be quite different from the spatiotemporal pattern underlying the activity of the receptor's endogenous ligand.

The widespread acceptance and tractability of GPCRs as drug targets has stimulated the search for alternative modes of pharmacological action to modulate their information output for therapeutic gain while attenuating the risk of adverse effects (Conn, Christopoulos, & Lindsley, 2009). This search has been increasingly focused on leveraging the presence of GPCR ligand-binding site(s) secondary to the receptor's orthosteric site that may engage endogenous, phytogenic, and synthetic ligands. These secondary site(s), termed allosteric site(s), represent GPCR-binding domain(s) spatially distinct from that of the receptor's endogenous ligands, and the ligands targeting these allosteric site(s) are referred to as allosteric modulators (Gentry, Sexton, & Christopoulos, 2015). Along the lines of its classical definition, allosteric modulators are capable of affecting the biological activity of ligands that bind to the target protein's orthosteric site. Interaction of the allosteric modulator with the allosteric site(s) is believed to induce a conformational change in the target protein that is transmitted from the allosteric site(s) to the orthosteric site and/or to the effector coupling sites (May, Avlani, Sexton, & Christopoulos, 2004). Allosteric modulators may also affect the dissociation kinetics of a preformed orthosteric ligand–receptor complex. This change may alter the affinity of the orthosteric ligand for its binding site. Allosteric ligands that increase the affinity of an orthosteric ligand and/or its functional efficacy/potency are called positive allosteric modulators (PAMs), and allosteric ligands that decrease affinity and/or functional efficacy/potency of an orthosteric ligand are called negative allosteric modulators (NAMs) (Christopoulos et al., 2014). There are also neutral or silent allosteric ligands that bind to the allosteric site, but do not affect the characteristics of the receptor or the pharmacology of the orthosteric ligand (Christopoulos, 2014; Wenthur, Gentry, Mathews, & Lindsley, 2014). Allosteric modulators may also encompass dual functionalities where they act as either PAMs or NAMs of affinity and/or efficacy along with inherent intrinsic agonist or inverse agonist activity. For example, allosteric ligands that enhance the binding/functional tone of the orthosteric ligands and evidence agonist activity through the allosteric site on their own are termed functionally as ago-PAMs. Hybrid molecules that target both the orthosteric and allosteric sites of the same receptor, called bitopic ligands, have been described, leading to reclassification of many allosteric agonists to bitopic ligands (Mohr et al., 2010; Valant et al., 2008).

Initially, affinity modulation effects of allosteric modulators could be explained by the simple allosteric ternary complex model of Monod–Wyman–Changeux (MWC) (Monod, Wyman, & Changeux, 1965) and the Koshland–Nemethy–Filmer (KNF) (Koshland, Nemethy, & Filmer, 1966) models. But due to increasing appreciation of allosteric effects on GPCR functional efficacy and potency of orthosteric ligands which are independent of their affinity modulation, more complex models of allosteric modulation have been introduced by Christopoulos and Kenakin (2002). Ligand allosteric effects can be evaluated by two essential parameters: the equilibrium dissociation constant (K_B), which reflects the binding affinity of the ligand to the allosteric site(s), and the binding cooperativity factor (α) that denotes the interaction between the orthosteric and allosteric ligands when they both occupy the receptor. Thus α quantifies the direction and magnitude by which the affinity of one ligand is changed by the other ligand when both are bound to the receptor to form the ternary complex (Christopoulos & Kenakin, 2002; Christopoulos, May, Avlani, & Sexton, 2004; May et al., 2004; May, Leach, Sexton, & Christopoulos, 2007). When $\alpha = 1.0$, the allosteric ligand does not modulate the binding affinity of the orthosteric site. If $\alpha < 1.0$ or $\alpha > 1.0$, the allosteric ligand reduces or increases orthosteric ligand-binding affinity, respectively. K_B and α values estimated by the above-mentioned allosteric ternary complex model allow identification of high-affinity allosteric ligands (Price et al., 2005).

From a drug design and discovery perspective, the application of allosteric theory to therapeutic GPCRs offers several practical advantages. Allosteric site(s) are targeted by molecules that can stabilize the target GPCR in unique conformations, allowing for modulation of the receptor's functional output in ways not readily—if at all—attainable by orthosteric ligands alone. Since GPCR allosteric site(s) are evolutionarily less conserved than orthosteric sites, designing a small-molecule therapeutic targeted to a GPCR allosteric vs orthosteric site improves the chance of achieving subtype selectivity across the GPCR family and avoiding adverse off-target events. Additionally, allosteric ligands do not compete with the endogenous ligands to bind to the receptor, thus preserving the spatial and temporal balance of endogenous signaling. Finally, the pharmacological impact of the allosteric ligands is limited by the cooperativity they exert on the orthosteric ligand, a reflection of their "ceiling effect," which could provide a better safety margin and reduced propensity to overdose as compared to an orthosteric ligand. A given GPCR can have multiple endogenous orthosteric ligands, and the effect of an allosteric ligand for a particular receptor may vary according to the orthosteric ligand applied. This phenomenon exerted by allosteric modulators, so-called probe dependence, has the potential to "fine-tune" the therapeutic effects of an orthosteric GPCR drug. This ability of ligands to stabilize the same GPCR differently through the allosteric and the orthosteric site can give rise to a phenomenon called "biased agonism," making it possible to selectively (de)activate a particular (i.e., therapeutic) downstream signaling pathway without modulating signaling cascades that invite adverse events.

The level of control over GPCR downstream pathways attainable by allosteric ligands has generated much interest from drug designers and medicinal chemists aimed at generating allosteric modulators of GPCRs as probes as well as candidate therapeutics. The US FDA approval of the allosteric medicine cinacalcet (Sensipar®) in 2004 to lower calcium in blood, followed in 2007 by maraviroc (Selzentry®), an antiretroviral drug with a distinct mode of action for HIV treatment, have demonstrated the utility of allosteric GPCR modulators as novel medicines that successfully address unmet medical needs. Thus, allosteric modulation provides new opportunities for developing better receptor subtype-selective therapies and regulating GPCR activities in a sophisticated manner.

1.2 Cannabinoid 1 Receptor

The type-1 cannabinoid receptor (CB1R) belongs to the class A GPCR family. CB1R is the most abundant GPCR expressed in the brain and is predominantly localized to presynaptic nerve terminals, where it plays an important role in retrograde inhibition of neurotransmitter release (Devane, Dysarz, Johnson, Melvin, & Howlett, 1988; Howlett et al., 2004; Mackie, 2008; Matsuda, Lolait, Brownstein, Young, & Bonner, 1990).

CB1R is a constituent of the endocannabinoid system, which also includes the cannabinoid 2 receptor (CB2R); the endogenous ligands (endocannabinoids) anandamide (AEA) and 2-arachidonoylglycerol (2-AG); and the enzymes involved in endocannabinoid biosynthesis and inactivation (Howlett et al., 2004; Pacher, Batkai, & Kunos, 2006; Pertwee et al., 2010). CB1R and, especially, CB2R are also present in some peripheral tissues including liver, spleen, tonsils, lungs, heart, reproductive organs, arteries, bone marrow, eyes, and endocrine glands. As a result, these GPCRs are involved in regulating a wide variety of physiological functions including cardiovascular, respiratory, neuromodulatory, and reproductive processes as well as neuronal development and energy metabolism (Janero & Thakur, 2016; Mackie, 2006; Thakur, Tichkule, Bajaj, & Makriyannis, 2009). CB1R information output can be modulated by various structurally distinct, subtype-selective, potent agonists, partial agonists, antagonists, and inverse agonists of natural and synthetic origins (Dixon et al., 2010, 2012; Janero & Thakur, 2016; Pertwee, 2009; Sharma et al., 2013; Sink et al., 2009; Thakur et al., 2013, 2002, 2009). The best-known exogenous CB1R orthosteric ligand is the phytocannabinoid Δ^9-THC, the main psychoactive ingredient of marijuana (Lu & Mackie, 2016). Three CB1R orthosteric agonists are currently in the market as approved drugs for specific indications—Marinol® (dronabinol) for treating anorexic weight loss in AIDS patients; Cesamet™ (nabilone) for treating nausea and vomiting caused by cancer chemotherapy; and Sativex® (nabiximols), a 1:1 combination of THC and cannabidiol (CBD), for treating multiple sclerosis and cancer pain. Typical CB1R orthosteric ligands, however, have shown limited clinical utility due to their adverse, largely centrally mediated effects including euphoria, anxiety, panic attacks, depression, suicidal ideation, acute psychosis, and impaired motor coordination and cognition (Moreira, Grieb, & Lutz, 2009; Pertwee, 2009). A CB1R antagonist/inverse agonist, Acomplia (rimonabant), received regulatory approval as an adjunctive weight-loss drug in Europe; however, it was withdrawn from the market almost a decade ago due to its unacceptable psychiatric side effects (Moreira & Crippa, 2009). These unwanted side effects can be potentially attributed to the fact that CB1R, although preferentially coupling to $G\alpha_{i/o}$-type G proteins, can nonselectively interact with the $G\alpha_s$ and $G\alpha_q$ types as well, leading to (de)activation of multiple downstream signaling pathways, at least some of which have been associated with adverse pathophysiological responses (Smith, Sim-Selley, & Selley, 2010; Turu & Hunyady, 2010). This complex, CB1R-mediated signaling network mainly involves the G protein-dependent inhibition of adenylate cyclase, thereby reducing cyclic adenosine monophosphate (cAMP) production, as well as activation of mitogen-activated protein kinases (MAPKs), and c-Jun N-terminal kinase (JNK) as well as G protein-independent (e.g., β-arrestin) pathways. Such nondirected activation of such an intricate, CB1R-linked signaling system has limited the therapeutic actualization of CB1R orthosteric ligands (Smith et al., 2010; Turu & Hunyady, 2010).

2. CB1R ALLOSTERIC MODULATORS

The last decade has witnessed the design, identification, and profiling of allosteric modulators that bind to CB1R allosteric site(s) and alter the receptor's affinity for an orthosteric ligand and/or the orthosteric ligand's activity (Fig. 1) (Bridges & Lindsley, 2008; Christopoulos, 2002; Conn et al., 2009; Kenakin & Miller, 2010; Laprairie et al., 2017; Melancon et al., 2012; Wang & Lewis, 2013). The effect of these allosteric modulators can be saturable due to their dependence on the orthosteric ligand as well as probe-related idiosyncrasies, although more recently, allosteric ligands that can perturb receptor signaling in either a positive or a negative direction on their own, irrespective of the presence of an orthosteric modulator, have been identified. Some of these newer allosteric modulators exhibit enhanced selectivity, reduced interreceptor promiscuity, and an improved safety profile (Burford et al., 2013; Ignatowska-Jankowska et al., 2015; Laprairie et al., 2017). The authors have recently provided elsewhere a detailed treatment of GPCR allostery and its application to CB1R as a drug target (Janero & Thakur, 2016).

Several putative small-molecule CB1R allosteric modulators belonging to a variety of chemical classes have been identified. These include 5-chloro-3-ethyl-*N*-(4-(piperidin-1-yl)phenethyl)-1*H*-indole-2-carboxamide

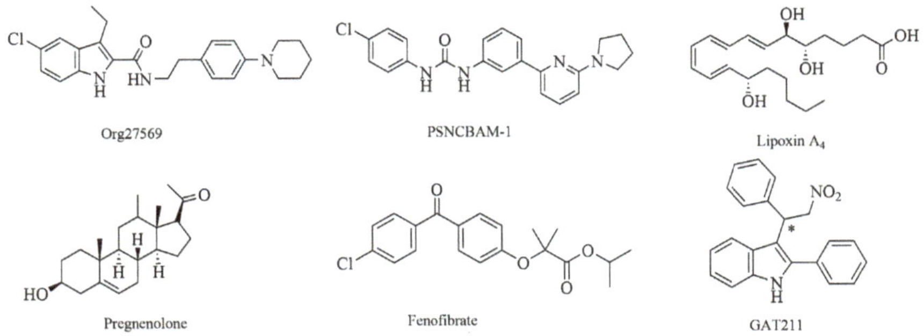

Fig. 1 Representative CB1 allosteric modulators.

(Org27569) (Price et al., 2005), 1-(4-chlorophenyl)-3-(3-(6-(pyrrolidin-1-yl)pyridin-2-yl)phenyl)-urea (PSNCBAM-1) (Horswill et al., 2007), the endogenous ligand (5*S*,6*R*,7*E*,9*E*,11*Z*,13*E*,15*S*)-5,6,15-trihydroxyicosa-7,9,11,13-tetraenoic acid (lipoxin A_4) (Pamplona et al., 2012), the endogenous steroid 1-((3*S*,8*S*,9*S*,10*R*,13*S*,14*S*,17*R*)-3-hydroxy-10,12,13-trimethyl-2,3,4,7,8,9,10,11,12,13,14,15,16,17-tetradecahydro-1*H*-cyclopenta[*a*]phenanthren-17-yl)ethan-1-one (Pregnenolone) (Vallee et al., 2014), propan-2-yl-2-(4-[(4-chlorophenyl)carbonyl]phenoxy)-2-methylpropanoate (fenofibrate) (Priestley, Nickolls, Alexander, & Kendall, 2015), 3-(2-nitro-1-phenylethyl)-2-phenyl-1*H*-indole (GAT211) (Laprairie et al., 2017), 2-[(1*R*,6*R*)-6-isopropenyl-3-methylcyclohex-2-*en*-1-yl]-5-pentylbenzene-1,3-diol (cannabidiol; CBD) (Laprairie, Bagher, Kelly, & Denovan-Wright, 2015), (3β-(4-methylphenyl)-2β-[3-(4-chlorophenyl)isoxazol-5-yl]tropane) (RTI-371) (Navarro, Howard, Pollard, & Carroll, 2009), peptide endocannabinoids (Pepcans) (Bauer et al., 2012), and 6-methyl-3-(2-nitro-1-(thiophen-2-yl)ethyl)-2-phenyl-1*H*-indole (ZCZ011) (Ignatowska-Jankowska et al., 2015). The classical CB1R NAMs, Org27569 and PSNCBAM-1, have a paradoxical effect on the receptor whereby they enhance the binding affinity of the standard CB1R orthosteric agonist 2-[(1*R*,2*R*,5*R*)-5-hydroxy-2-(3-hydroxypropyl)cyclohexyl]-5-(2-methyloctan-2-yl)phenol ([^{3}H]CP55940), but reduce its efficacy, thus behaving as a PAM of affinity but a NAM of function (Baillie et al., 2013; Cawston, Connor, Di Marzo, Silvestri, & Glass, 2015; Gamage et al., 2014; Horswill et al., 2007; Khajehali et al., 2015; Price et al., 2005; Wang, Horswill, Whalley, & Stephens, 2011). This distinction has led to the proposition that Org27569 is not an antagonist and might be binding to a different CB1R site. The peroxisome proliferator-activated receptor (PPAR)-α agonist fenofibrate, although a functional NAM, produced biphasic curves for the radioligand [^{3}H]CP55940 by increasing its dissociation rate constant at high concentrations. Recently, three structurally distinct compounds have been shown to act as CB1R NAMs: CBD, a nonpsychoactive phytocannabinoid with potential therapeutic utility for treating numerous disorders; the hemopressin-related peptide endocannabinoids, "pepcans"; and pregnenolone which shows no orthosteric ligand affinity and cAMP-mediated efficacy modulation. Two novel analogs of the 2-phenylindole scaffold, GAT211 and ZCZ011 (both racemic), and the dopamine transport inhibitor RTI-371 have emerged as CB1R PAMs. Compounds of this 2-phenylindole class having one chiral center were shown to act as ago-PAMs and not solely PAMs, and further studies have demonstrated stereospecific requirement for pure PAM activity within this scaffold (Laprairie et al., 2016).

This extensive repertoire of structurally distinct CB1R allosteric modulators having a variety of effects on the receptor's conformation to elicit selective G protein-dependent and -independent downstream signaling responses suggests the potential of CB1R allosteric modulators to elicit pharmacological responses unattainable by orthosteric ligands alone. Furthermore, some of the recently profiled CB1R allosteric modulators lack intrinsic activity but display a "ceiling effect" and would therefore be less prone to elicit suprapharmacological responses, endowing them with a greater safety margin and wider therapeutic window than typical orthosteric CB1R ligands. In particular, ago-PAMs may be particularly attractive for treating disease states whose etiology involves severe loss of endogenous CB1R agonist tone. The preclinical therapeutic efficacy of CB1R allosteric modulators has been compellingly demonstrated in animal models of various diseases. For example, the CB1R PAMs ZCZ011 and GAT211 exert potent antinociceptive activity in vivo and are devoid of psychotropic side effects (Ignatowska-Jankowska et al., 2015; Laprairie et al., 2017). The CB1R NAMs, Org27569 and PSNCBAM-1, reduce drug- and food-seeking behaviors, respectively, suggesting their utility as drugs for SUDs and metabolic syndromes (overweight, obesity, type-2 diabetes) (Price et al., 2005). PSNCBAM-1 also reduced body weight in an acute feeding study, suggesting that these scaffolds can be structurally exploited for multiple therapeutic outcomes (Horswill et al., 2007).

2.1 CB1R Negative Allosteric Modulators

2.1.1 Indole-2-Carboxamides Scaffold

Chronologically, the first evidence of CB1R allosteric site(s) on the CB1R was from Price et al. in 2005, when these investigators introduced three indole-2-carboxamide-based analogs Org27569, Org27759, and Org29647 that modulate the activity and affinity of the orthosteric ligands CP55940, SR141716A, and WIN55212-2 at CB1R (Price et al., 2005). All three Organon compounds enhanced the binding affinity of [^{3}H]CP55940 but decreased that of [^{3}H]SR141716A and [^{3}H]WIN55212-2. The Organon analogs slowed the dissociation rate for only [^{3}H]CP55940, demonstrating a probe dependence associated with the orthosteric ligand for this parameter. These Organon compounds were also noncompetitive inhibitors of [^{3}H]WIN55212-2 and [^{3}H]CP55940, suggesting that they are functional NAMs of CB1R orthosteric agonists. Although these compounds showed a paradoxical effect modulating the affinity and efficacy of CP55940, Org27569 emerged as the most potent and efficacious analog with a cooperativity factor (α) of 16 and allosteric affinity (pK_B) of 7.57 as derived from the operational model of allosterism. Org27569 also displayed the most dose-dependent reduction of [^{35}S]GTPγS binding, an index of efficacy, and exhibited no inverse agonism in mouse brain membranes when applied alone (Price et al., 2005).

To identify novel, potent CB1R allosteric modulators around the indole-2-carboxamide scaffold, a preliminary structure–activity relationship (SAR) study was reported by Piscitelli et al. in 2012 (Fig. 2) (Piscitelli et al., 2012). This work targeted four sites on Org27569: (a) the C5-chloro substitution on the indole ring, (b) the C3-alkyl chain on the indole ring, (c) the C4′-piperidine ring, and (d) the amide functional group. This work also reported the first-ever synthesis of NAMs with the indole-2-carboxamide scaffold. These novel analogs were tested for their ability to modify the CB1R- and CB2R-binding affinity (efficacy and potency) for the orthosteric agonist [^{3}H]CP55940. Replacement of the C4′-piperidine ring with C4′-*N*,*N*-dimethylamino group, **12** (*compound 13*, as reported by Piscitelli et al., 2012) and removal of the C3-alkyl chain on the indole ring, **10** (*compound 21*, as reported in Piscitelli et al., 2012) led to analogs with improved binding affinity, efficacy, and selectivity for CB1R as compared to Org27569 (Fig. 3).

Org27569 was synthesized by coupling 5-chloro-3-ethyl-1*H*-indole-2-carboxylic acid **3** with 2-(4-(piperidin-1-yl)phenyl)ethan-1-amine, **6**. The indole acid intermediate **3** was synthesized using the commercially available ethyl-5-chloro-1*H*-indole-2-carboxylate **1a**. Friedel–Crafts

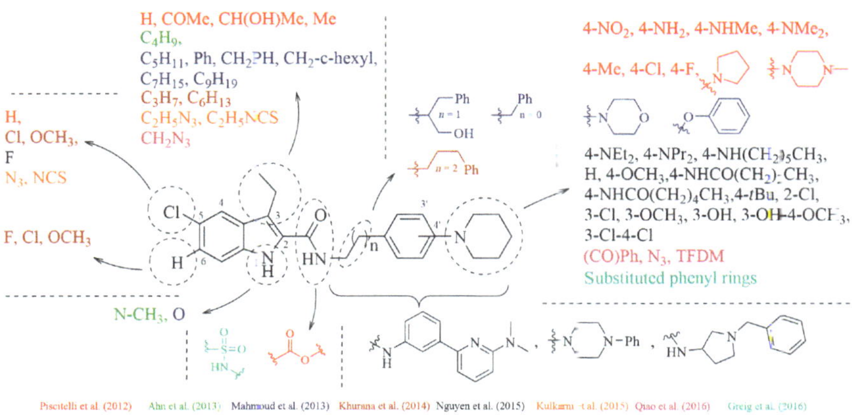

Fig. 2 Summary of representative variation in the indole-2-carboxamide scaffold.

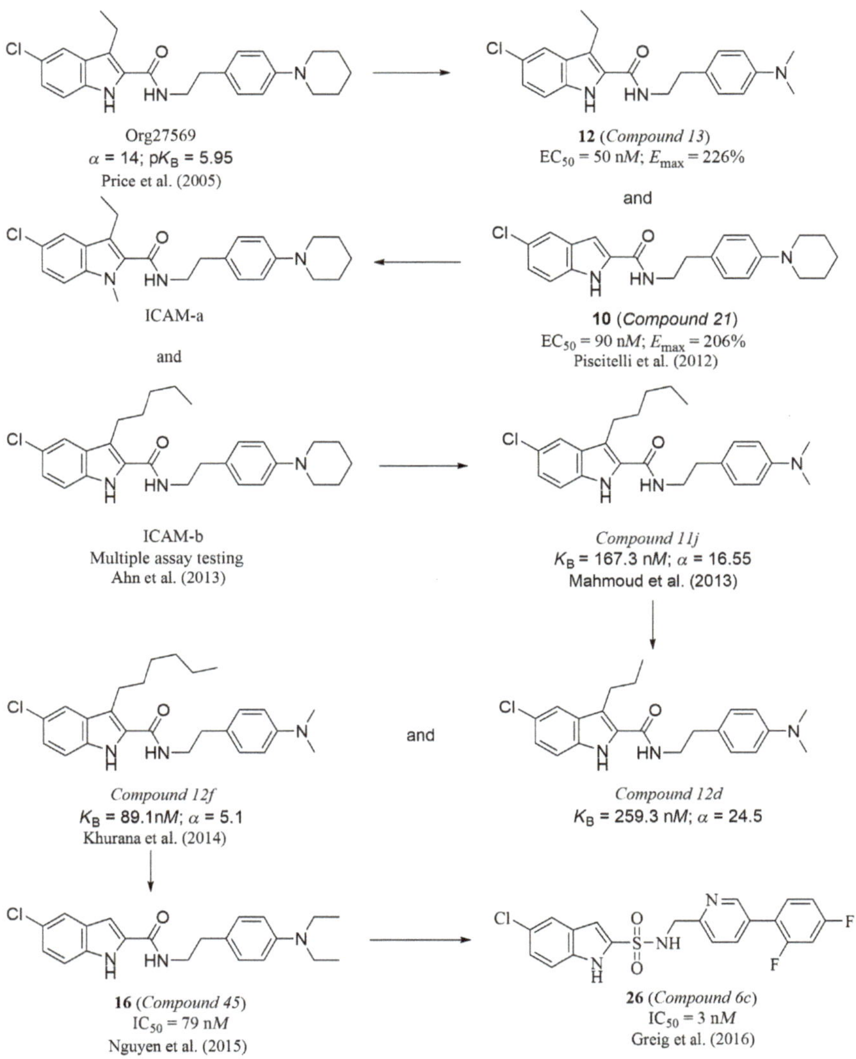

Fig. 3 Chronological summary of key analogs developed around Org27569 scaffold.

acylation of **1a** with acetyl chloride in the presence of anhydrous aluminum chloride yielded the acetyl intermediate, ethyl-3-acetyl-5-chloro-1*H*-indole-2-carboxylate **2** which upon hydrolysis and subsequent reduction of the keto functionality to methylene using trimethylsilane in trifluoroacetic acid gave **3** (Scheme 1). The desired acid **3** could also be synthesized using standard Fisher indole synthesis. Amine **6** required for the synthesis of

Org27569 was constructed using the two routes depicted in Scheme 1. In the first route, 2-(4-nitrophenyl)ethanamine **4** was protected with di-*tert*-butyldicarbonate followed by palladium-catalyzed reduction of the nitro group to amine **5**. The piperidine moiety of **6** was incorporated by treating **5** with 1,5-dibromopentane under microwave irradiation. The removal of Boc protection with trifluoroacetic acid furnished **6**. In the second route, methyl-2-(4-bromophenyl)acetate (**7**) was reduced to the corresponding hydroxy compound followed by integration of a phthalimido group under Mitsunobu conditions to give **8**. A piperazine ring was incorporated into **8** by the Buchwald–Hartwig amination followed by hydrazine-mediated deprotection of the phthalimide moiety to yield the desired amine **6**. Finally, the coupling of acid **3** and amine **6** in the presence of (benzotriazol-1-yloxy)-tris(dimethylamino)phosphonium hexafluorophosphate (BOP) led to Org27569 (Scheme 2). Compound **10** lacking the C3-ethyl functionality was prepared in a similar fashion using acid **1b** (Scheme 2). The most potent allosteric modulator reported in their manuscript, i.e., **12**, was synthesized by coupling acid **3** with amine **4** to give intermediate **5**, followed by reduction of nitro function and subsequent *N*,*N*-dimethylation.

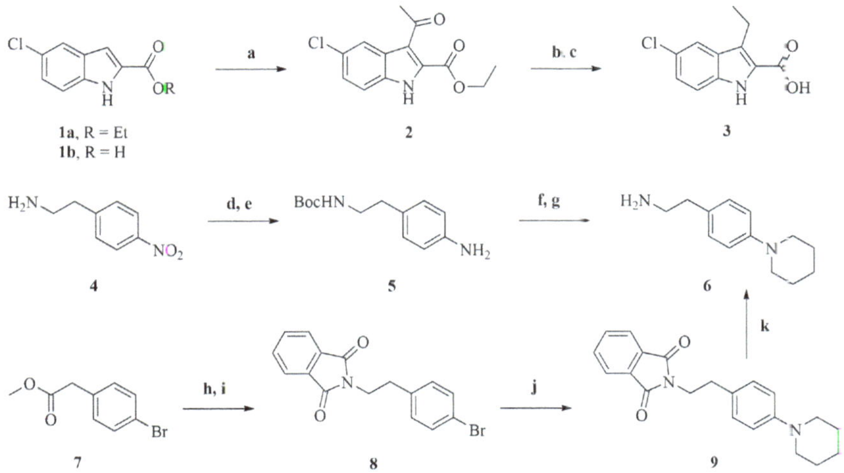

Reagents and conditions: (a) MeCOCl, anhydrous $AlCl_3$, 1,2-dichloroethane, reflux, 2 h; (b) 3 N NaOH, ethanol, 60°C, 2 h; (c) Et_3SiH, CF_3COOH, rt, 2 h; (d) $(Boc)_2O$, Et_3N, CH_2Cl_2, rt, 1 h; (e) H_2, Pd-C, MeOH, rt, 3 bar, 2 h; (f) 1,5-dibromopentane, K_2CO_3, H_2O, closed vessel, 150 W, 120°C, 20 min; (g) CF_3COOH, CH_2Cl_2, rt, 1 h; (h) $LiAlH_4$, THF, rt, 3 h; (i) phthalimide, PPh_3, DEAD, THF, rt, 3 h; (j) piperidine, $Pd_2(dba)_3$, XPhos, Cs_2CO_3, toluene, 110°C, 5 h; (k) $NH_2NH_2{\cdot}H_2O$, EtOH, reflux, 1.5 h.

Scheme 1 Synthesis of acid and amine fragment of Org27569.

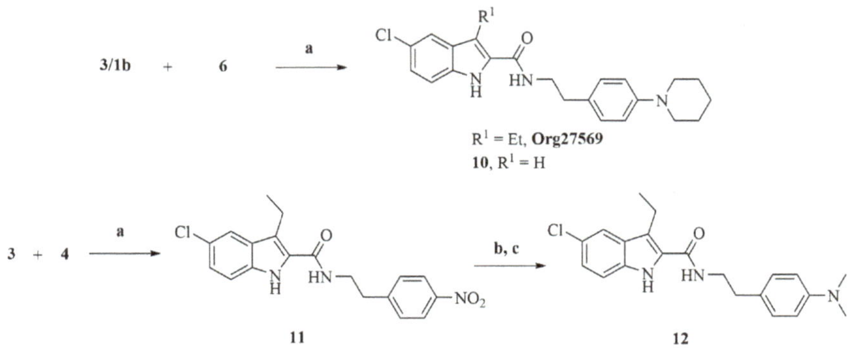

Reagents and conditions: (a) BOP, Et_3N, DMF, rt, 16 h; (b) $SnCl_2 \cdot 2H_2O$, EtOAc, 60°C, 4 h; (c) Me_2SO_4, K_2CO_3, acetone, rt, 14 h.

Scheme 2 Synthesis of Org27569 and its derivatives **10** and **12**.

Subsequently, the Kendall group published SAR studies around Org27569 with a focus on five different sites to identify a compound with better cooperativity with the CB1R orthosteric site and enhanced affinity to the CB1R allosteric site(s) (Ahn, Mahmoud, Samala, Lu, & Kendall, 2013; Khurana et al., 2014; Mahmoud et al., 2013): (a) the C3-alkyl chain on the indole ring, (b) the C5- and C6-electron-withdrawing and -donating substitutions on the indole ring, (c) C4′ substitutions on the phenyl ring, (d) nitrogen of the indole ring, and (e) the alkyl spacer between the amide group and the phenyl ring (Fig. 2).

The indole ring of Org27569 was also modified by methylating the indole nitrogen (ICAM-a, as reported by Ahn et al., 2013; Fig. 3) as well as adding a C3-pentyl chain to the indole ring (ICAM-b, as reported by Ahn et al., 2013; Fig. 3). ICAM-b exhibited greater allosteric potency on the orthosteric binding of [^{3}H]CP55940 and [^{3}H]SR141716A and dose dependently inhibited CP55940's functional response. As did Org27569, ICAM-b activated G protein-independent ERK1/2 phosphorylation, and through knockout studies it was determined that this effect was CB1R-mediated through β-arrestin 1, not β-arrestin 2 (Ahn et al., 2013). Thus, a longer C3-alkyl chain on the indole ring enhanced the cooperativity factor ($\alpha = 17.6$) and allosteric affinity ($K_B = 470\,\text{n}M$) relative to Org27569 (Ahn et al., 2013). Appreciating the importance of this site, the Lu and Kendall groups coupled their C3-pentyl chain modification with the previously identified successful replacement of the C4′-piperidine ring with C4′-*N*,*N*-dimethylamine to obtain a novel analog (*compound 11j*, as reported by

Mahmoud et al., 2013; Fig. 3) with almost similar allosteric affinity ($K_B = 167\,nM$) and a slightly reduced cooperativity factor ($\alpha = 16.5$) as compared to the dimethylamine analog (*compound 13*, as reported by Mahmoud et al., 2013; Fig. 3) ($K_B = 207\,nM$; $\alpha = 19.7$) (Mahmoud et al., 2013). Although *compound 11j* was not studied for its ability to modulate the binding of [^{3}H]CP55940, it did elicit a dose-dependent decrease in CP55940-induced [^{35}S]GTPγS binding in HEK293 cells with complete inhibition at a dose of 1 μ*M*. A subsequent publication demonstrated that the same group made additional modifications to the aforementioned C3-alkyl chain, keeping the C4′-*N,N*-dimethylamino substitution intact (Khurana et al., 2014). Incorporation of a C3-propyl chain on the indole ring led to an analog (*compound 12d*, as reported by Khurana et al., 2014; Fig. 3) with the highest cooperativity factor ($\alpha = 24.5$), whereas C3-*n*-hexyl substitution gave an analog (*compound 12f*, as reported by Khurana et al., 2014; Fig. 3) with the lowest allosteric affinity ($K_B = 89.1\,nM$). As expected, both these compounds concentration dependently reduced CP55940-induced [^{35}S] GTPγS binding at 0.1 μ*M* with complete inhibition at 3.2 μ*M*; intermediate doses were not tested. These compounds also enhanced β-arrestin-1-mediated ERK1/2 phosphorylation when coapplied with CP55940, demonstrating their PAM activity. Increasing the alkyl linker between the phenyl ring and the amide functionality to three carbons abrogated the affinity of the molecule for the allosteric site, confirming that the two-carbon spacer as present in Org27569 is optimal for its allosteric activity (Khurana et al., 2014).

Similar to an approach reported previously by Piscitelli et al., Khurana et al. (2014) started with **1a**, which upon Friedel–Crafts acylation with an alkanoyl chloride with the appropriate alkyl chain length yielded the alkanoyl indole-2-carboxylate. This was then reduced to obtain the indole-2-carboxylate with the desired C3-alkyl chain. Hydrolysis of these indole-2-carboxylates followed by coupling the resultant acids with commercially available amines led to the desired Org 27569 analogs ICAM-a, ICAM-b, *compound 11j*, *compound 12d*, and *compound 12f* (Fig. 3).

In 2015, the Zhang group contributed to the structural variations on Org27569 with a major focus on phenyl ring substitutions (Fig. 2). Their SAR study around Org27569 led to compounds that were tested for their ability to inhibit CP55940's activity in a FLIPR-based calcium mobilization assay for both CB1R and CB2R (Nguyen et al., 2015). Replacing the C4′-piperidine ring with C4′-*N,N*-diethylamine group instead of the previously prioritized C4′-*N,N*-dimethylamino group yielded an analog **14**

(Scheme 3) with twice the potency (IC_{50} = 483 n*M*) at CB1R. Eradicating the C3-ethyl chain from indole ring and retaining the C4′-piperidine ring of Org27569 led to allosteric modulator **13** (Scheme 3) which, although reported previously by Piscitelli et al., was not functionally characterized, but demonstrated a potency of IC_{50} = 212 n*M* at CB1R. Coupling these two structural features into one analog **16** (*compound 45*, as reported by Nguyen et al., 2015; Fig. 3) led to the most potent NAM of the CB1R (IC_{50} = 79 n*M*) with complete inhibition of CP55940's activity at 1 μ*M* and higher selectivity for CB1R over CB2R.

Some aspects of previously published synthetic strategy developed by Piscitelli et al. were utilized to synthesize the acid **3** scaffold and coupled it with amines with appropriate substitution to yield the desired analogs (Nguyen et al., 2015).

Compound **14** was synthesized by alkylation of **13** through reductive amination, which in turn was obtained by Raney Ni-mediated reduction of **11**. The most potent allosteric modulator in this series, compound **16**, was synthesized using intermediate **15** and acid **3**. Amine **5** was transformed to **15** through a straightforward two-step process involving alkylation of the free aromatic amino group via reductive amination followed by Boc deprotection (Scheme 3).

The studies discussed contributed to the identification of several key pharmacophoric features within the indole-2-carboxamide structural class of CB1R allosteric modulators that influence their binding and functional properties. As an overview, the indole ring is an important pharmacophoric group for allosteric affinity and cooperativity. C3-alkyl chain length and C5

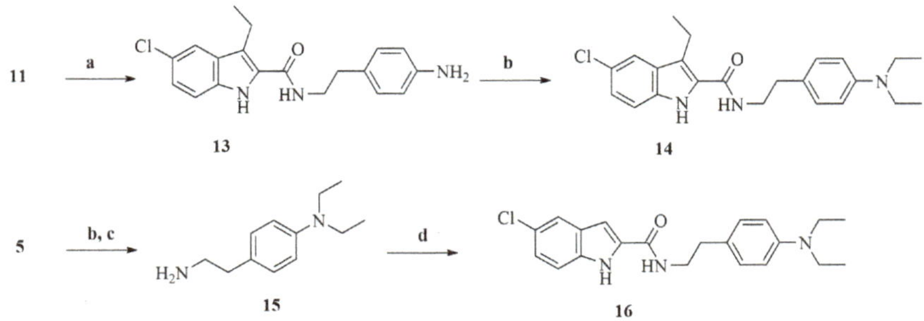

Reagents and conditions: (a) N_2H_4, Raney Ni, ethanol, 50°C, 1 h; (b) acetaldehyde, $Na(OAc)_3BH$, 1,2-dichloroethane, rt, 16 h; (c) TFA, DCM, rt, 16 h; (d) **3**, BOP, DIEA, DMF, rt, 16 h.

Scheme 3 Synthesis of compounds **14** and **16**.

substitutions on the indole ring significantly impact the equilibrium dissociation constant as well as cooperativity at CB1R, although their significance to negative modulatory activity is relatively moderate. Replacing the amide with an ester functionality or increasing ethylene linker length between the amide bond and the phenyl ring had a detrimental effect on allosteric cooperativity. Replacing the C4′-piperidinyl group with a C4′-*N*,*N*-dimethylamino group significantly increased allosteric cooperativity, and functional potency was significantly enhanced with a C4′-*N*,*N*-diethylamino group.

The most radical modification on Org27569 template was introduced by the Greig and Ross groups in 2016 where they changed the original indole-2-carboxamide scaffold to indole-2-sulfonamide (Fig. 2) and tested the novel analogs in the β-arrestin functional assay (Greig, Baillie, Abdelrahman, Trembleau, & Ross, 2016). Along with C3 and C5 substitutions on the indole ring, the C4′-alicyclic and -aliphatic substitutions on the phenyl ring were also replaced by substituted aromatic and heteroaromatic rings. Finally, the alkyl chain linker between the sulfonamide group and the phenyl ring was varied for optimum activity. Compared to Org27569 ($IC_{50}=2\,nM$), this new compound (*compound 1a*, as reported in Greig et al., 2016) with indole-2-sulfonamide scaffold exhibited a 60-fold decrease in NAM activity ($IC_{50}=120\,nM$) at CB1R in the β-arrestin assay, where removal of the C5-chloro group and C3-ethyl chain from the indole ring along with replacement of the C4′-piperidine ring with a C4′-*p*-fluorophenyl ring and reduction of the alkyl spacer between the sulfonamide functionality and the phenyl ring led to an analog (*compound 2c*, as reported by Greig et al., 2016) with a potency ($IC_{50}=1\,nM$) comparable to that of Org27569. However, *compound 2c* had poor physicochemical and pharmacokinetic properties which were improved by replacing the phenyl ring with a pyridine ring to yield **26** (*compound 6c* or ABD1075 as reported by Greig et al.; Fig. 3) that also demonstrated good allosteric potency.

The most potent analog **26** (*compound 6c* or ABD1075 as reported by Greig et al., 2016; Fig. 3) of the indole-2-sulfonamide scaffold was synthesized as depicted in Scheme 4. Intermediate **20** was first synthetized by Suzuki coupling between aryl halide **17** and arylboronic acid **18** followed by reduction of the nitrile functionality using lithium aluminum hydride. N-protection of commercially available 5-chloroindole **21** using benzenesulfonyl chloride in the presence of sodium hydride followed by O-lithiation and quenching with sulfur dioxide gas with concomitant

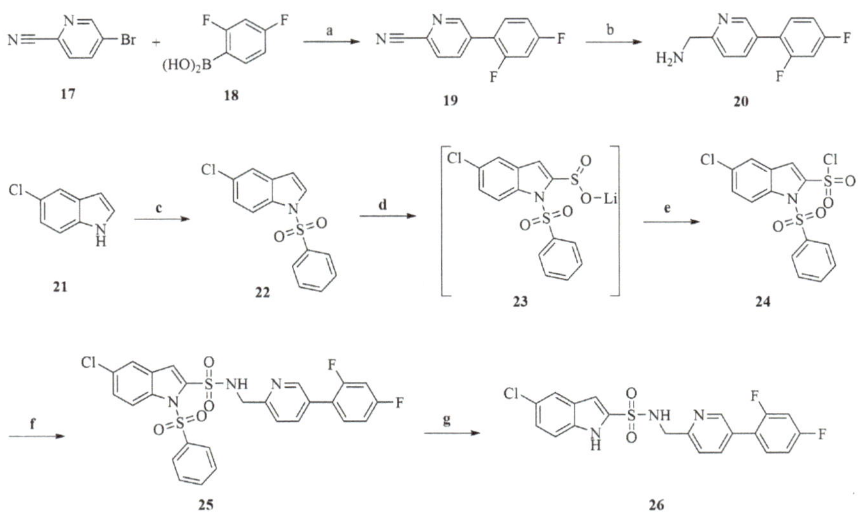

Reagents and conditions: (a) $(PPh_3)_4Pd$, Na_2CO_3, $EtOH:H_2O$ (1:1), reflux, 3 h; (b) $LiAlH_4$, THF, 0°C, 2 h; (c) NaH, $PhSO_2Cl$, DMF, rt, 18 h; (d) 1.6 M, *n*-BuLi, THF, SO_2, −78°C to rt, 2 h; (e) NCS, DCM, 0°C to rt, 2 h; (f) **20**, pyridine, DCM, 0°C to rt, 18 h; (g) 10% NaOH, EtOH, reflux, 2 h.

Scheme 4 Synthesis of indole-2-sulfonamide analog **26**.

exposure to *N*-chlorosuccinimide yielded indole-2-sulfonoyl chloride **24**. This when reacted with amine **20** followed by N-deprotection yielded compound **26** (Scheme 4).

2.1.2 Diaryl Urea Scaffold

SAR reported around PSNCBAM-1 from us (Thakur, Tichkule, Kulkarni, & Kulkarni, 2015) and others (German et al., 2014; Khurana et al., 2017) has enabled identification of critical positions (especially the C4 position) on this molecule that affect CB1R orthosteric ligand binding and downstream signaling. Representative structural variations reported in the PSNCBAM-1 diaryl urea scaffold are depicted in Fig. 4.

The commonalities among the key pharmacophoric features of Org27569 and PSNCBAM-1, their SAR trends, and their unique, paradoxical pharmacological profile at CB1R strongly suggest that both these NAMs may engage and act through the same (or significantly overlapping) CB1R allosteric site(s). Reminiscent of the changes made to the Org27569 C4′-piperidine ring, the C3-pyrrolidine ring (D) on the PSNCBAM-1 pyrimidine ring (C) was exploited to obtain more potent and efficacious analogs as CB1R NAMs. The authors first reported extensive SAR on the PSNCBAM-1 template in a patent application, and all those analogs were

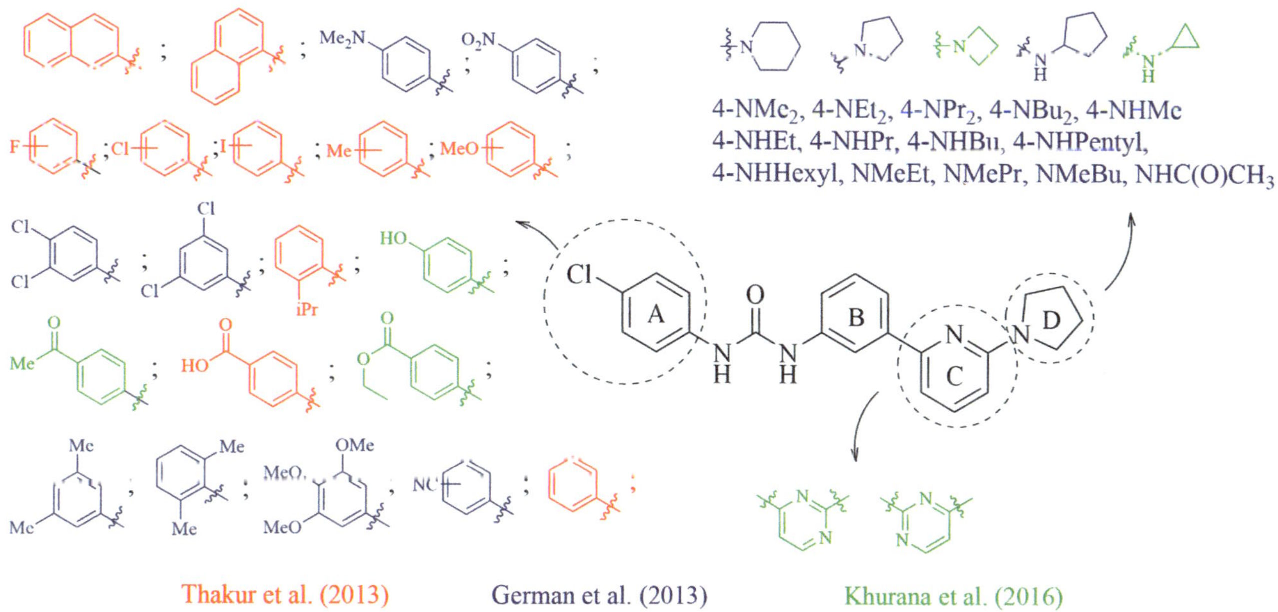

Fig. 4 Representative variation around diaryl urea scaffold (PSNCBAM-1).

functionally characterized in both cAMP and β-arrestin assays. Several potent and functionally selective CB1R NAMs were disclosed (Thakur et al., 2015). Subsequently, the Zhang group reported additional variations on PSNCBAM-1, and two key compounds were obtained by replacing the C4-chloro group from ring A to C4-cyano **32a** (*compound 29*, as reported by German et al., 2014; $IC_{50}=33\,nM$) and replacing the C3-pyrrolidine ring D with a C3-*N,N*-dimethyl amino group **32b** (*compound 11*, as reported by German et al., 2014; $IC_{50}=27.4\,nM$). This led to analogs with slightly improved activity as compared to PSNCBAM-1 ($IC_{50}=32.5\,nM$) in a CB1R-mediated calcium mobilization assay. As compared to **32b**, **32a** exhibited more potent positive allosteric modulatory effect on [^{3}H] CP55940 binding ($EC_{50}=55.2\,nM$) as compared to the parent compound ($EC_{50}=167\,nM$) (German et al., 2014).

The synthesis of PSNCBAM-1 and its analogs **31a** and **32b** is depicted in Scheme 5. Synthesis of the *N,N*-dimethyl derivative of **29** was achieved by reductive alkylation of **27**, whereas the pyrrolidine derivative of **29** was obtained through a straight nucleophilic displacement reaction on **28** with pyrrolidine. Suzuki coupling of **29** with 3-nitrophenylboronic acid under standard conditions yielded biaryl nitro intermediate **30** which was further

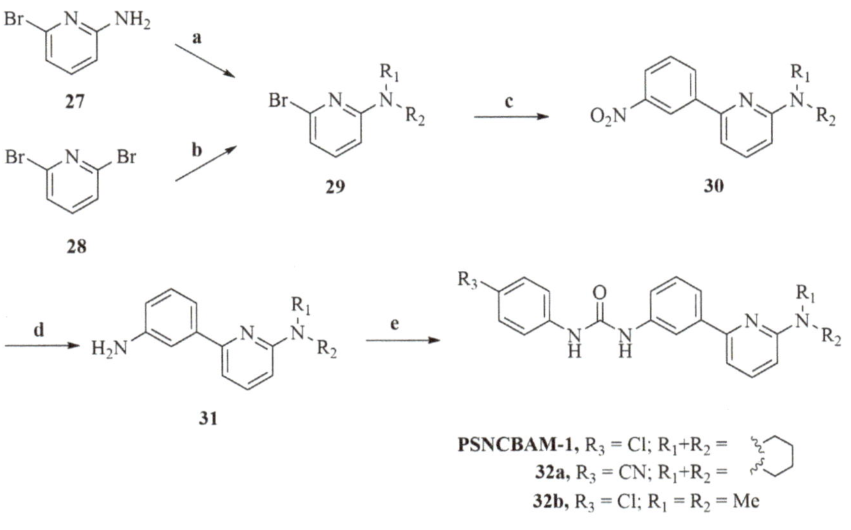

Reagents and conditions: (a) Formaldehyde, $Na(OAc)_3BH$, acetic acid, 1,2-DCE; (b) pyrrolidine, rt, 2 h; (c) 3-nitrophenylboronic acid, $Pd(PPh_3)_4$, DME, $NaHCO_3$, reflux, 12 h; (d) hydrazine hydrate, Raney Ni, 50°C, EtOH, 2 h; (e) corresponding isocyanate, chloroform, rt to 55°C, 16 h

Scheme 5 Synthesis of PSNCBAM-1 and its analogs **32a** and **32b**.

reduced to biaryl amine **31** using a transfer hydrogenation protocol. This was followed by the final coupling with corresponding, commercially available aromatic isocyanates to yield PSNCBAM-1, **32a** and **32b** (Scheme 5).

Another SAR report from the Kendall and Lu groups focused on replacing the pyridine ring C on PSNCBAM-1 with pyrimidine which generated analogs with reduced CB1R allosteric affinity, functional potency, and efficacy in the GTPγS assay, but with dramatically increased binding cooperativity factor. However, maintaining the previously successful C4-cyano variation on ring A and C3-*N*,*N*-dimethyl amino substitution on ring C preserved the pyrimidine analog's affinities and efficacies comparable to those of PSNCBAM-1 (Khurana et al., 2017).

The synthesis of pyrimidine analog **37** is depicted in Scheme 6. Suzuki coupling between **33** and 3-nitrophenyl boronic acid yielded **34**. Nitro group reduction of **34** followed by urea formation using commercially available 4-cyanophenyl isocyanate led to compound **36**. Finally, nucleophilic substitution of the chloro group on **36** with a pyrrolidine ring yielded the target compound **37**.

2.1.3 Miscellaneous CB1 NAMs

CBD was reported to act as a CB1R antagonist (Thomas et al., 2007). But recently, CBD was shown to inhibit cannabinoid agonist activity through CB1R negative allosteric modulation. CBD reduced the efficacy and potency of 2-AG and Δ^9-THC on PLCβ3 and ERK1/2-dependent signaling in cells heterologously (HEK293A) or endogenously (STHdhQ7/Q7)

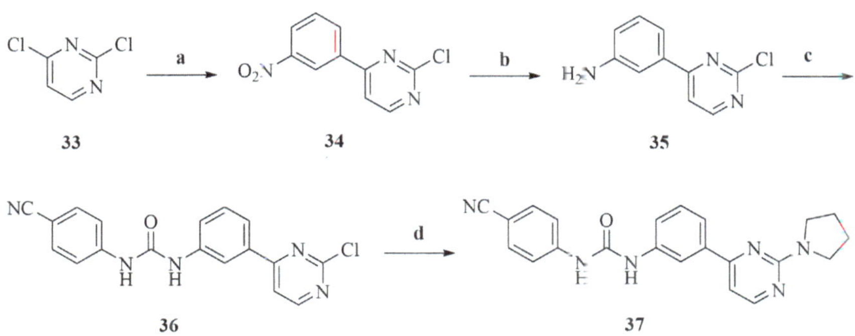

Reagents and conditions: (a) 3-nitrophenylboronic acid, Na_2CO_3, $Pd(PPh_3)_4$, DME, H_2O, 90°C, 7 h; (b) $SnCl_2{\cdot}2H_2O$, DCM/MeOH (1:1), 0°C followed by reflux at 60°C, 4 h; (c) 4-cyanophenyl isocyanate, DCM, 0°C, to rt, 2 h; (d) pyrrolidine, THF, reflux, 3 h.

Scheme 6 Synthesis of pyrimidine analog **37**.

expressing CB1R. By reducing β-arrestin recruitment to CB1R, CBD treatment prevented CB1R internalization. Negative allosteric modulation, in conjunction with CB1R-independent effects, may help explain the salutary therapeutic effects of CBD in vivo (Laprairie et al., 2015). Pregnenolone, a precursor of all steroid hormones in the human body, has recently been investigated for its utility in protecting against cannabis intoxication (Vallee et al., 2014). Δ^9-THC administration increased the levels of pregnenolone in the human body, acting as a negative feedback mechanism to inhibit the behavioral and neurobiological tetrad effects associated with CB1R activation (Vallee et al., 2014). Observations that some of the biological activity associated with cannabinoids depends upon PPARs invited investigation of PPAR-α agonists for activity at cannabinoid receptors. The PPAR-α agonist, fenofibrate, exhibited submicromolar affinity for both CB1R and CB2R. Functionally, fenofibrate behaved as a CB2R agonist. Whereas fenofibrate at lower concentrations shows partial agonist-like activity at CB1R, higher concentrations (10–100 m*M*) reverse CB1R GTPγS binding, resulting in bell-shaped concentration–response curves that suggest fenofibrate can act as a CB1R NAM. Similar concentration-dependent biphasic fenofibrate responses were also observed in whole-cell assays of receptor-mediated ERK1/2 phosphorylation and β-arrestin recruitment. The fenofibrate structure represents a novel scaffold for further SAR efforts toward novel CB1R NAMs (Priestley et al., 2015).

2.2 CB1R Positive Allosteric Modulators

CB1R PAMs bind to discrete allosteric site(s) in the receptor and enhance the binding/functional activity of orthosteric cannabinergic ligands. From a pharmacotherapeutic perspective, CB1R PAMs hold the promise of greater clinical utility than typical CB1R orthosteric agonists because of their lack of intrinsic efficacy and their ability to modify differentially the magnitude of the effect of various orthosteric ligands (probe dependence). Additionally, their inherent efficacy ceiling renders CB1R PAMs less likely to elicit the supraphysiological activation, desensitization, and downregulation underlying the psychotropic side effects of typical CB1R orthosteric agonists. Accordingly, CB1R PAMs could offer safer and effective pharmacotherapeutic approaches for treating several unsolved medical problems including pain, neuropathic pain, gastrointestinal disorders, glaucoma, eating disorders, and posttraumatic stress disorders by activating CB1R in a discretely controlled manner.

2.2.1 2-Phenylindole-Based CB1R PAMs

To spur the discovery of novel CB1R PAMs, AstraZeneca performed high-throughput screening (HTS) that led to the identification in 2007 of a novel 2-phenylindole scaffold. To the best of the authors' knowledge, these compounds were neither fully characterized as CB1R PAMs nor further developed. Subsequent studies from the authors and others led to two well-characterized compounds from this scaffold, GAT211 and ZCZ011 (Ignatowska-Jankowska et al., 2015; Laprairie et al., 2017). GAT211 increases the binding of the orthosteric agonist [^{3}H]CP55490 and decreases the binding of the orthosteric antagonist/inverse agonist [^{3}H]SR141716A. GAT211 exhibits both PAM and allosteric agonist activity in HEK293A and Neuro2a cells expressing human recombinant CB1R (hCB1R) and in mouse brain membranes rich in native CB1R. GAT211 also enhanced the inhibitory effect of AEA on electrically evoked contraction in mouse isolated vas deferens. Thus, the overall biochemical characterization of GAT211 substantiates its identification as a CB1R ago-PAM (Laprairie et al., 2017).

Laprairie et al. detailed the separation by supercritical fluid chromatography of two optical isomers from racemic GAT211, which has one chiral center. The absolute stereochemistry of these enantiomers was experimentally established by X-ray crystallography. GAT228, the *R*-(+)-enantiomer of GAT211, displayed allosteric agonist activity at CB1R, whereas GAT229, the *S*-(−)-enantiomer, was a CB1R PAM without intrinsic activity (Kulkarni et al., 2016). This study provided the first-ever evidence for enantio-specific interaction of allosteric ligands with CB1R (Laprairie et al., 2017).

GAT211 synthesis and enantiomer separation are depicted in Scheme 7. Although several methods have been reported for synthesizing the 2-phenyl indole scaffold, published methods are inefficient with respect to reaction time (12h to 3 days), deficient in yield, and adverse to scale-up. Therefore,

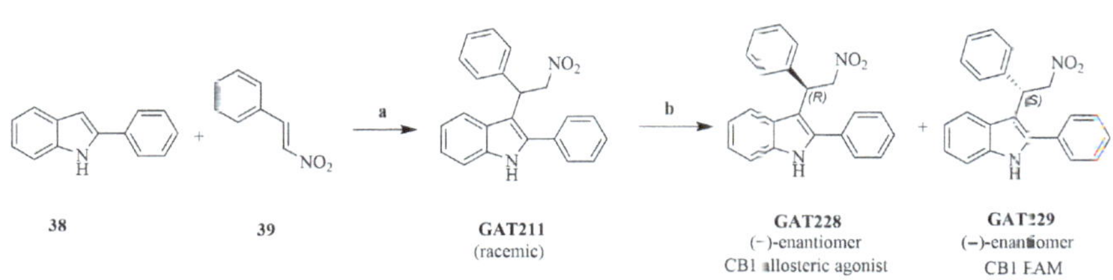

Reagents and conditions: (a) CF_3COONH_4, 25% aq. EtOH, MW 10 min; (b) chiral separation

Scheme 7 Synthesis of GAT211 and its enantiomeric resolution.

the development of a facile, high-yielding method for synthesis of 2-phenyl indole-based PAMs and analogs for rapid lead optimization and scale-up on gram quantities was needed. Recently, our group reported the microwave-accelerated, efficient, and high-yielding conjugate addition of 2-phenylindoles to substituted β-nitrostyrenes in the presence of ammonium trifluoroacetate (Kulkarni, Ranade, Garai, & Thakur, 2017). This method was utilized for rapid GAT211 synthesis on a multigram scale in 10 min with unprecedented (88%) yield (Scheme 7).

In 2015, Ross and colleagues disclosed a potent CB1R PAM, ZCZ011, with a scaffold similar to that of GAT211 (Ignatowska-Jankowska et al., 2015). ZCZ011 increased CB1R binding of the orthosteric agonist [^{3}H]CP55940, potentiated AEA-stimulated [^{35}S]GTPγS binding by CB1R, increased CB1R-dependent β-arrestin recruitment, and enhanced CB1R-dependent extracellular signal-regulated kinase (ERK) phosphorylation. Importantly, ZCZ011 exerted antinociceptive effects in neuropathic and inflammatory pain models and was devoid of psychotropic side effects associated with CB1R orthosteric activation. Similar to GAT211, ZCZ011 is a racemic compound with a chiral center. Thus, there is a yet undemonstrated possibility that this compound too is a CB1R ago-PAM of CB1R rather than only a PAM. The reported synthetic route of ZCZ011 begins with treating 6-methyl-2-phenylindole **40** with (*E*)-2-(2-nitrovinyl)thiophene **41** in the presence of *N*-bromosuccinimide for 3 days to generate ZCZ011 in moderate yield (Scheme 8). In contrast, we applied the microwave-assisted methodology developed by us to synthesize ZCZ011 in far better yield and much more efficiently (within 15 min) (Scheme 8).

2.2.2 Miscellaneous CB1R PAMs

Lipoxin A_4 (LXA_4), one of the endogenous antiinflammatory eicosanoids, was shown to act as a CB1R PAM by Pamplona et al. (2012). The allosteric interaction of LXA_4 with CB1R was confirmed by a dissociation-binding

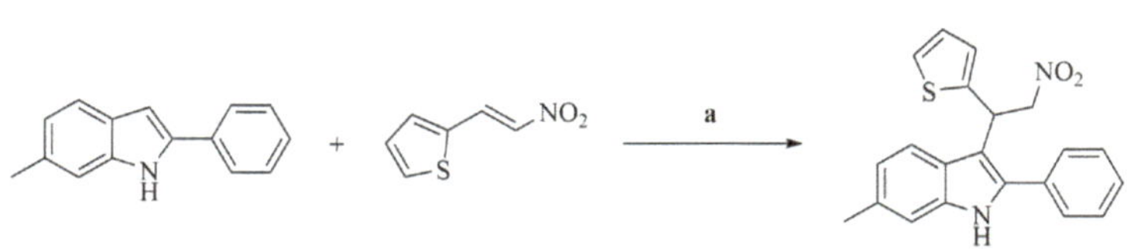

40 **41** **ZCZ011**

Reagents and conditions: (a) NBS, anh. DCM, 40°C, 3 days, 50 %–80 %

Scheme 8 Synthesis of ZCZ011.

assay, in which LXA_4 did not compete for the CB1R orthosteric site and did not alter endocannabinoid metabolism. LXA_4 demonstrated selectivity for AEA over 2-AG in vitro and in vivo (probe dependence). Additionally, LXA_4 displayed a CB1R-dependent protective effect against β-amyloid-induced spatial memory impairment in murine models. Such CB1R endogenous allosteric modulators may have potential therapeutic utility in the treatment of neurodegenerative disorders. Recently, Straiker et al. examined several first-generation CB1R allosteric modulators using a 2-AG-mediated depolarization-induced suppression excitation neuronal model and demonstrated that LXA_4 antagonized cannabinoid inhibition of neurotransmission and behaved as a NAM rather than a PAM (Straiker, Mitjavila, Yin, Gibson, & Mackie, 2015). Yet in the same year, Khajehali et al. reported that LXA_4 did not alter CB1R binding of [^{3}H] SR141716A and did not modulate AEA- or CP55940-mediated cAMP inhibition in CHO-CB1R cells. Thus, the role of this endogenous ligand as CB1R allosteric modulator has been questioned and warrant additional studies.

In 2009, Navarro et al. reported several 3-phenyltropane analogs (Navarro et al., 2009) as selective inhibitors of the dopamine transporter (DAT) (Carroll, Pawlush, Kuhar, Pollard, & Howard, 2004). One such analog RTI-371 showed good DAT inhibitory activity and significant brain permeability but interestingly had little or no effect on locomotor activity on its own, and blocked cocaine-induced locomotor stimulation. RTI-371 and a related analog (RTI-370) demonstrated moderate CB1R PAM activity on CP55940-stimulated calcium mobilization. To the authors' best knowledge, no follow-up studies on RTI-371 or development of this template for additional CB1R PAM have been reported. The synthetic routes for RTI-370 and RTI-371 are depicted in Scheme 9. Ester **42** was treated with the corresponding dilithium salt of oximes **43a** and **43b** followed by acid-catalyzed cyclization to obtain RTI-370 or RTI-371 (Carroll et al., 2004).

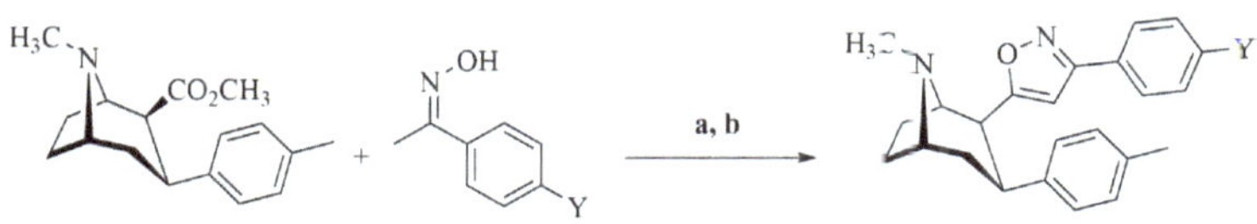

42

43a, Y = CH_3
43b, Y = Cl

RTI-370, Y=Me
RTI-371, Y=Cl

Reagents and conditions: (a) nBuLi, THF, 0°C, 2 h; (b) H_2SO_4, THF, rt, 24 h.

Scheme 9 Synthesis of RTI-370 and RTI-371.

3. DESIGNER PROBES FOR CHARACTERIZING CB1R ALLOSTERIC SITE(S)

Although SAR strategies have led to the identification of potent and selective CB1R allosteric modulators, the information obtained with this discovery approach does not provide direct experimental details on the character of the CB1R allosteric binding domain(s). The availability of such information can facilitate "structure-based" drug discovery approaches aimed toward developing potent, selective, drug-like CB1R allosteric modulators. Approaches including in silico modeling and site-directed mutagenesis have identified candidate amino acid residues within the CB1R allosteric domain(s). Focused SAR efforts from the authors and others around Org27569 and PSNCBAM-1 enabled the design of pharmacologically active, potent, and subtype-selective covalent probes as molecular reporters for mapping CB1R allosteric site(s) (Kulkarni et al., 2016; Laprairie et al., 2016). This strategy involved substituting strategic positions on Org27569 and PSNCBAM-1 with either electrophilic or photoactivatable warheads to generate pharmacologically active CB1R allosteric ligands having the potential to react covalently with amino acids within (or in the immediate vicinity of) their binding site. Among these, GAT100, an Org27569 analog, was identified as the most potent CB1R NAM for cAMP accumulation, β-arrestin recruitment, and GTPγS-binding assays. Saturation and kinetic binding experiments indicated that GAT100 irreversibly attaches to a CB1R allosteric site. Furthermore, GAT100 was devoid of CB1R inverse agonist activity seen with both prototypical compounds Org27569 and PSNCBAM-1—an important distinction for therapeutics development, given that the inverse agonist property of typical CB1R antagonists may contribute to their associated adverse psychobehavioral effects in humans (Kulkarni et al., 2016). The synthetic strategy for GAT100 is illustrated below (Scheme 10). The advanced intermediate **44** was synthesized using Fisher indole protocol starting from 4-nitroaniline (Kulkarni et al., 2016). Base-catalyzed hydrolysis of **44** gave acid **45**, and coupling this acid with **6** yielded the nitroindole-2-carboxamide **46**. The nitro functionality of **46** was efficiently reduced to the amino indole-2-carboxamide **47** using in situ generated nickel borohydride. Exposure of compound **47** to di-2-pyridyl thionocarbonate (DPT) yielded the target isothiocyanate analog **GAT100**.

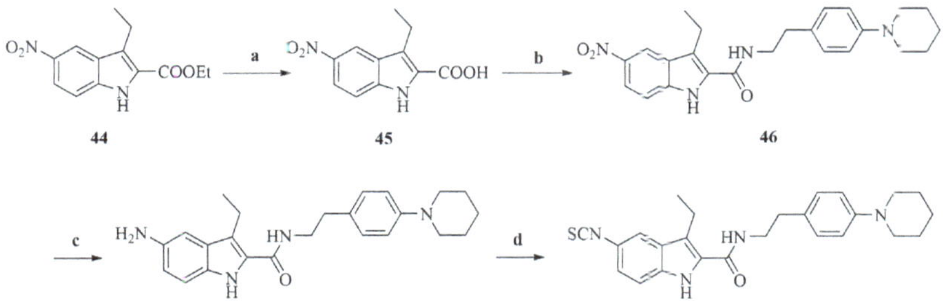

47 GAT100

Reagents and conditions: (a) dioxane:H_2O (10:1), KOH, reflux, 2 h, acidic workup; (b) 6, EDCI, HOBt, DIPEA, NMP, rt, overnight; (c) $NiCl_2 \cdot 6H_2O$, $NaBH_4$, THF:CH_3OH (13:1), −5°C, 1 h; (d) di(2-pyridyl)thionocarbonate, CH_2Cl_2, rt, 15 min

Scheme 10 Synthesis of isothiocyanate containing designer covalent probe GAT100.

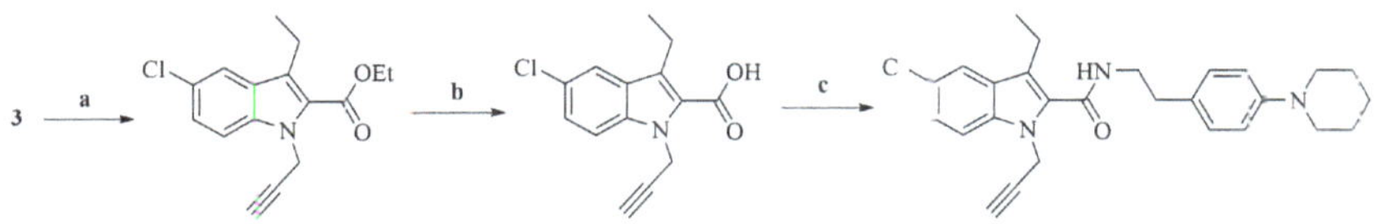

48 49 Org27569alk3

Reagents and conditions: (a) NaH, propargyl bromide, DMF, rt, 16 h; (b) NaOH, EtOH, 60°C 1.5 h; (c) 6, EDC,HCl, DMAP, DMF, rt, 16 h.

Scheme 11 Synthesis of alkyne containing covalent probe Org27469alk3.

The Stornaiuolo group designed covalent probes by substituting alkynes at four different positions on Org27569. Despite being extremely unreactive, alkynes can receive a nucleophilic attacks from a sulfhydryl or hydroxyl group of an amino acid to generate covalent adducts (Stornaiuolo et al., 2015). Of the probes reported, only one, Org27569alk3, was nontoxic to the HEK293 cells and could thereby be used as a candidate probe (Stornaiuolo et al., 2015). Synthesis of Org27469alk3 (Scheme 11), began from previously reported indole-2-carboxylate intermediate **3**. The N-propargylation of **3** followed by ester hydrolysis and subsequent coupling with amine **6** yielded the target compound Org27569alk3.

More recently, the C4′-phenyl ring position of Org27569 was targeted by the Kendall and Lu groups for attaching moieties capable of reacting covalently with amino acids. Compared to the parent compound, the analogs exhibited a slightly reduced allosteric binding affinity, but significantly increased cooperativity (Qiao et al., 2016). Among those, compound **52**, with a benzothiophene substitution instead of the 4-piperidinyl ring, had an allosteric affinity ($K_B = 254\,nM$) comparable to that of Org27569

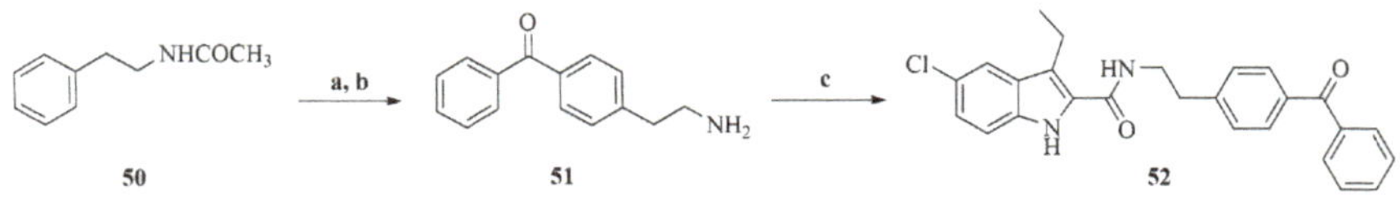

Reagents and conditions: (a) $AlCl_3$, $C_6H_5NO_2$, 50°C, 8 h; (b) conc. HCl, EtOH, reflux, 4 h; (c) **3**, BOP, DIPEA, DMF, rt, 4 h.

Scheme 12 Synthesis of benzopheneone containing covalent probe **52**.

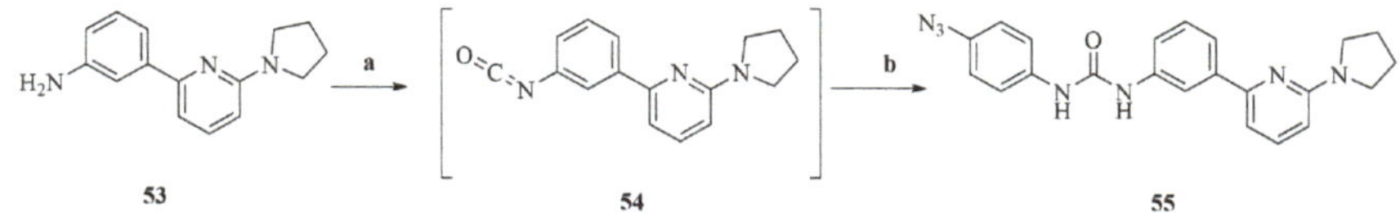

Reagent and conditions: (a) triphosgene, Et_3N, toluene, 70°C, 3 h; (b) 4-azidoaniline, Et_3N, DCM, 0°C, 6 h.

Scheme 13 Synthesis of azide-based covalent probe.

($K_B = 217\,nM$). To obtain **52**, Friedel–Crafts benzoylation of the commercially available *N*-phenethylacetamide **50** with benzoyl chloride was followed by acid hydrolysis, leading to amine **51**. Coupling of **51** with the previously reported indole-2-carboxylate intermediate **3** yielded the benzophenone covalent probe **52** (Scheme 12).

Thus far, only the authors have reported designer covalent probes with the PSNCBAM-1 scaffold (Kulkarni et al., 2016). Replacement of the C4-chloro group from PSNCBAM-1 ring A with a C4-azide group was well tolerated at this critical position and led to compound **49** having an approximately sixfold greater potency in the β-arrestin recruitment assay ($IC_{50} = 28\,nM$) than in the cAMP assay ($IC_{50} = 166\,nM$) (Kulkarni et al., 2016; Laprairie et al., 2016).

Synthesis of azide-based covalent probe **55** involved transformation of the advanced tricyclic intermediate **53** to the corresponding isocyanate **54** in situ followed by exposure to 4-azidoaniline (Scheme 13).

4. SUMMARY AND FUTURE DIRECTIONS

CB1R, the principal GPCR in mammalian brain, is involved in several (patho)physiological processes affecting humans and has been considered a promising therapeutic target by both academia and the pharmaceutical industry. Orthosteric CB1R antagonists/inverse agonists have been pursued in the clinic as novel therapeutics for treating diseases such as obesity, nicotine addiction, and metabolic syndrome. However, adverse events associated with them have prompted alternative, chemical pharmacology approaches for leveraging the translational potential of drug-like small molecules that modulate CB1R-dependent signaling. In this regard, CB1R NAMs are expected to garner continued interest by offering a potentially safer therapeutic avenue for attenuating CB1R-dependent signaling with improved safety, efficacy, and tolerance.

Research in the area of CB1R allosteric modulators over the past decade has improved our understanding of the structural requirements for CB1R NAM activity and has led to the identification of some potent and efficacious CB1R NAMs. However, there is a paucity of their in vivo profiling data. A major limitation associated with the two prototypical CB1R NAMs, Org27569 and PSNCBAM-1, is that they exhibit CB1R inverse agonism in addition to NAM activity. Current SAR studies, however, have only partially addressed strategies for minimizing the inverse agonist activity of these compounds at CB1R. Identification of potent and efficacious CB1R NAMs lacking inverse agonism, as well as those exhibiting functional selectivity with drug-like physicochemical properties, may provide a tenable approach toward resolving the beneficial and deleterious routes of CB1R information output and reduce the side-effect risk of modulating/attenuating CB1R signaling.

Research over the past two decades on CB1R orthosteric agonists has demonstrated their (pre)clinical efficacy against neuropathic pain, glaucoma, neurodegenerative disorders, and posttraumatic stress. However, as with CB1R orthosteric antagonists, the unacceptable adverse event risk associated with typical orthosteric CB1R agonists has plagued their development as drugs and effectively dampened their commercial appeal. Alternative therapeutic strategies to address these issues such as development of inhibitors of endocannabinoid-metabolizing enzymes (FAAH and MGL) have also met with limited success and clinical traction. Currently available data on CB1R PAMs from animal studies suggest their effectiveness in treating conditions such as neuropathic pain and glaucoma without producing psychomimetic side effects. Thus, due to their greater receptor selectivity and finer control over downstream signaling than standard CB1R orthosteric agonists, CB1R PAMs are expected to gain particularly intense interest as a therapeutic modality.

A recent breakthrough in cannabinoid GPCR structural biology has been the atomic resolution of two CB1R crystal states (Hua et al., 2016; Shao et al., 2016). However, GPCR crystal structures, in general, cannot offer much insight into the character of GPCR/CB1R allosteric site(s) and the structure–function correlates underlying the allosteric modulator phenotypes. Site-directed mutagenesis together with in silico studies has provided some information on important amino acids at CB1R allosteric site(s) as ligand-interaction sites. CB1R-specific allosteric covalent probes from both indole-2-carboxamides and diaryl urea scaffolds have been synthesized and characterized. Their availability enables additional experimental studies aimed at further experimental characterization of CB1R allosteric ligand-binding motifs and the pharmacology of CB1R functional modulation by irreversible/covalent ligands. Such probes can potentially be used to stabilize allosteric CB1R conformations to aid their crystallization for further atomic-level X-ray CB1R structure analyses. Structure-based drug discovery efforts emerging from improved characterization of CB1R allosteric site(s) and structure–function correlates of CB1R-negative and -positive modulation of CB1R conformation will significantly impact the development and advancement of allosteric modulator as CB1R-targeted therapeutics.

ACKNOWLEDGMENT

This work was supported by grants from the National Eye Institute (EY024717).

REFERENCES

Ahn, K. H., Mahmoud, M. M., Samala, S., Lu, D., & Kendall, D. A. (2013). Profiling two indole-2-carboxamides for allosteric modulation of the CB1 receptor. *Journal of Neurochemistry*, *124*, 584–589.

Baillie, G. L., Horswill, J. G., Anavi-Goffer, S., Reggio, P. H., Bolognini, D., Abood, M. E., et al. (2013). CB(1) receptor allosteric modulators display both agonist and signaling pathway specificity. *Molecular Pharmacology*, *83*, 322–338.

Bauer, M., Chicca, A., Tamborrini, M., Eisen, D., Lerner, R., Lutz, B., et al. (2012). Identification and quantification of a new family of peptide endocannabinoids (Pepcans) showing negative allosteric modulation at CB1 receptors. *The Journal of Biological Chemistry*, *287*, 36944–36967.

Bridges, T. M., & Lindsley, C. W. (2008). G-protein-coupled receptors: From classical modes of modulation to allosteric mechanisms. *ACS Chemical Biology*, *3*, 530–541.

Burford, N. T., Clark, M. J., Wehrman, T. S., Gerritz, S. W., Banks, M., O'Connell, J., et al. (2013). Discovery of positive allosteric modulators and silent allosteric modulators of the mu-opioid receptor. *Proceedings of the National Academy of Sciences of the United States of America*, *110*, 10830–10835.

Carroll, F. I., Pawlush, N., Kuhar, M. J., Pollard, G. T., & Howard, J. L. (2004). Synthesis, monoamine transporter binding properties, and behavioral pharmacology of a series of 3 beta-(substituted phenyl)-2 beta-(3'-substituted isoxazol-5-yl)tropanes. *Journal of Medicinal Chemistry*, *47*, 296–302.

Cawston, E. E., Connor, M., Di Marzo, V., Silvestri, R., & Glass, M. (2015). Distinct temporal fingerprint for cyclic adenosine monophosphate (cAMP) signaling of indole-2-carboxamides as allosteric modulators of the cannabinoid receptors. *Journal of Medicinal Chemistry*, *58*, 5979–5988.

Christopoulos, A. (2002). Allosteric binding sites on cell-surface receptors: Novel targets for drug discovery. *Nature Reviews. Drug Discovery*, *1*, 198–210.

Christopoulos, A. (2014). Advances in G protein-coupled receptor allostery: From function to structure. *Molecular Pharmacology*, *86*, 463–478.

Christopoulos, A., Changeux, J. P., Catterall, W. A., Fabbro, D., Burris T. P., Cidlowski, J. A., et al. (2014). International Union of Basic and Clinical Pharmacology. XC. Multisite pharmacology: Recommendations for the nomenclature of receptor allosterism and allosteric ligands. *Pharmacological Reviews*, *66*, 918–947.

Christopoulos, A., & Kenakin, T. (2002). G protein-coupled receptor allosterism and complexing. *Pharmacological Reviews*, *54*, 323–374.

Christopoulos, A., May, L. T., Avlani, V. A., & Sexton, P. M. (2004). G-protein-coupled receptor allosterism: The promise and the problem(s). *Biochemical Society Transactions*, *32*, 873–877.

Conn, P. J., Christopoulos, A., & Lindsley, C. W. (2009). Allosteric modulators of GPCRs: A novel approach for the treatment of CNS disorders. *Nature Reviews Drug Discovery*, *8*, 41–54.

Devane, W. A., Dysarz, F. A., 3rd, Johnson, M. R., Melvin, L S., & Howlett, A. C. (1988). Determination and characterization of a cannabinoid receptor in rat brain. *Molecular Pharmacology*, *34*, 605–613.

Dixon, D. D., Sethumadhavan, D., Benneche, T., Banaag, A. R., Tius, M. A., Thakur, G. A., et al. (2010). Heteroadamantyl cannabinoids. *Journal of Medicinal Chemistry*, *53*, 5656–5666.

Dixon, D. D., Tius, M. A., Thakur, G. A., Zhou, H., Bowman, A. L., Shukla, V. G., et al. (2012). C3-heteroaroyl cannabinoids as photolabeling ligands for the CB2 cannabinoid receptor. *Bioorganic & Medicinal Chemistry Letters*, *22*, 5322–5325.

Gamage, T. F., Ignatowska-Jankowska, B. M., Wiley, J. L., Abdelrahman, M., Trembleau, L., Greig, I. R., et al. (2014). In-vivo pharmacological evaluation of the CB1-receptor allosteric modulator Org-27569. *Behavioural Pharmacology*, *25*, 182–185.

Gentry, P. R., Sexton, P. M , & Christopoulos, A. (2015). Novel allosteric modulators of G protein-coupled receptors. *The Journal of Biological Chemistry*, *290*, 19478–19488.

George, S. R., O'Dowd, B. F., & Lee, S. P. (2002). G-protein-coupled receptor oligomerization and its potential for drug discovery. *Nature Reviews Drug Discovery*, *1*, 808–820.

German, N., Decker, A. M., Gilmour, B. P., Gay, E. A., Wiley, J. L., Thomas, B. F. et al. (2014). Diarylureas as allosteric modulators of the cannabinoid CB1 receptor: Structure-activity relationship studies on 1-(4-chlorophenyl)-3-{3-[6-(pyrrolidin-1-yl)pyridin-2-yl]phenyl}urea (PSNCBAM-1). *Journal of Medicinal Chemistry*, *57*, 7758–7769.

Greig, I. R., Baillie, G. L., Abdelrahman, M., Trembleau, L., & Ross, R. A. (2016). Development of indole sulfonamides as cannabinoid receptor negative allosteric modulators. *Bioorganic & Medicinal Chemistry Letters*, *26*, 4403–4407.

Horswill, J. G., Bali, U., Shaaban, S., Keily, J. F., Jeevaratnam, P , Babbs, A. J., et al. (2007). PSNCBAM-1, a novel allosteric antagonist at cannabinoid CB1 receptors with hypophagic effects in rats. *British Journal of Pharmacology*, *152*, 805–814.

Howlett, A. C., Breivogel, C. S., Childers, S. R., Deadwyler, S. A., Hampson, R. E., & Porrino, L. J. (2004). Cannabinoid physiology and pharmacology: 30 years of progress. *Neuropharmacology*, *47*(Suppl. 1), 345–358.

Hua, T., Vemuri, K., Pu, M., Qu, L., Han, G. W., Wu, Y., et al. (2016). Crystal structure of the human cannabinoid receptor CB1. *Cell*, *167*. 750–762.e714.

Ignatowska-Jankowska, B. M., Baillie, G. L., Kinsey, S., Crowe, M., Ghosh, S., Owens, R. A., et al. (2015). A cannabinoid CB1 receptor-positive allosteric modulator reduces neuropathic pain in the mouse with no psychoactive effects. *Neuropsychopharmacology*, *40*, 2948–2959.

Janero, D. R., & Thakur, G. A. (2016). Leveraging allostery to improve G protein-coupled receptor (GPCR)-directed therapeutics: Cannabinoid receptor 1 as discovery target. *Expert Opinion on Drug Discovery*, *11*, 1223–1237.

Kenakin, T., & Miller, L. J. (2010). Seven transmembrane receptors as shapeshifting proteins: The impact of allosteric modulation and functional selectivity on new drug discovery. *Pharmacological Reviews*, *62*, 265–304.

Khajehali, E., Malone, D. T., Glass, M., Sexton, P. M., Christopoulos, A., & Leach, K. (2015). Biased agonism and biased allosteric modulation at the CB1 cannabinoid receptor. *Molecular Pharmacology*, *88*, 368–379.

Khurana, L., Ali, H. I., Olszewska, T., Ahn, K. H., Damaraju, A., Kendall, D. A., et al. (2014). Optimization of chemical functionalities of indole-2-carboxamides to improve allosteric parameters for the cannabinoid receptor 1 (CB1). *Journal of Medicinal Chemistry*, *57*, 3040–3052.

Khurana, L., Fu, B. Q., Duddupudi, A. L., Liao, Y. H., Immadi, S. S., Kendall, D. A., et al. (2017). Pyrimidinyl biphenylureas: Identification of new lead compounds as allosteric modulators of the cannabinoid receptor CB1. *Journal of Medicinal Chemistry*, *60*, 1089–1104.

Koshland, D. E., Jr., Nemethy, G., & Filmer, D. (1966). Comparison of experimental binding data and theoretical models in proteins containing subunits. *Biochemistry*, *5*, 365–385.

Kulkarni, P. M., Kulkarni, A. R., Korde, A., Tichkule, R. B., Laprairie, R. B., Denovan-Wright, E. M., et al. (2016). Novel electrophilic and photoaffinity covalent probes for mapping the cannabinoid 1 receptor allosteric site(s). *Journal of Medicinal Chemistry*, *59*, 44–60.

Kulkarni, P. M., Ranade, A., Garai, S., & Thakur, G. A. (2017). Microwave-accelerated conjugate addition of 2-arylindoles to substituted β-nitrostyrenes in the presence of ammonium trifluoroacetate: An efficient approach for the synthesis of a novel class of CB1 cannabinoid receptor allosteric modulators. *Journal of Heterocyclic Chemistry*, *54*(3), 2079–2084. http://dx.doi.org/10.1002/jhet.2861.

Lagerstrom, M. C., & Schioth, H. B. (2008). Structural diversity of G protein-coupled receptors and significance for drug discovery. *Nature Reviews. Drug Discovery*, *7*, 339–357.

Laprairie, R. B., Bagher, A. M., Kelly, M. E., & Denovan-Wright, E. M. (2015). Cannabidiol is a negative allosteric modulator of the cannabinoid CB1 receptor. *British Journal of Pharmacology*, *172*, 4790–4805.

Laprairie, R. B., Kulkarni, P. M., Deschamps, J. R., Kelly, M. E., Janero, D. R., Cascio, M. G., et al. (2017). Enantiospecific allosteric modulation of cannabinoid 1 receptor. *ACS Chemical Neuroscience*, *8*(6), 1188–1203. http://dx.doi.org/10.1021/acschemneuro.6b00310.

Laprairie, R. B., Kulkarni, A. R., Kulkarni, P. M., Hurst, D. P., Lynch, D., Reggio, P. H., et al. (2016). Mapping cannabinoid 1 receptor allosteric site(s): Critical molecular determinant and signaling profile of GAT100, a novel, potent, and irreversibly binding probe. *ACS Chemical Neuroscience*, *7*, 776–798.

Lu, H. C., & Mackie, K. (2016). An introduction to the endogenous cannabinoid system. *Biological Psychiatry*, *79*, 516–525.

Mackie, K. (2006). Cannabinoid receptors as therapeutic targets. *Annual Review of Pharmacology and Toxicology*, *46*, 101–122.

Mackie, K. (2008). Cannabinoid receptors: Where they are and what they do. *Journal of Neuroendocrinology*, *20*(Suppl. 1), 10–14.

Mahmoud, M. M., Ali, H. I., Ahn, K. H., Damaraju, A., Samala, S., Pulipati, V. K., et al. (2013). Structure-activity relationship study of indole-2-carboxamides identifies a potent allosteric modulator for the cannabinoid receptor 1 (CB1). *Journal of Medicinal Chemistry*, *56*, 7965–7975.

Matsuda, L. A., Lolait, S. J., Brownstein, M. J., Young, A. C., & Bonner, T. I. (1990). Structure of a cannabinoid receptor and functional expression of the cloned cDNA. *Nature*, *346*, 561–564.

May, L. T., Avlani, V. A., Sexton, P. M., & Christopoulos, A. (2004). Allosteric modulation of G protein-coupled receptors. *Current Pharmaceutical Design*, *10*, 2003–2013.

May, L. T., Leach, K., Sexton, P. M., & Christopoulos, A. (2007). Allosteric modulation of G protein-coupled receptors. *Annual Review of Pharmacology and Toxicology*, *47*, 1–51.

Melancon, B. J., Hopkins, C. R., Wood, M. R., Emmitte, K. A., Niswender, C. M., Christopoulos, A., et al. (2012). Allosteric modulation of seven transmembrane spanning receptors: Theory, practice, and opportunities for central nervous system drug discovery. *Journal of Medicinal Chemistry*, *55*, 1445–1464.

Mohr, K., Trankle, C., Kostenis, E., Barocelli, E., De Amici, M., & Holzgrabe, U. (2010). Rational design of dualsteric GPCR ligands: Quests and promise. *British Journal of Pharmacology*, *159*, 997–1008.

Monod, J., Wyman, J., & Changeux, J. P. (1965). On the nature of allosteric transitions: A plausible model. *Journal of Molecular Biology*, *12*, 88–118.

Moreira, F. A., & Crippa, J. A. (2009). The psychiatric side-effects of rimonabant. *Revista Brasileira de Psiquiatria*, *31*, 145–153.

Moreira, F. A., Grieb, M., & Lutz, B. (2009). Central side-effects of therapies based on CB1 cannabinoid receptor agonists and antagonists: Focus on anxiety and depression. *Best Practice & Research. Clinical Endocrinology & Metabolism*, *23*, 133–144.

Navarro, H. A., Howard, J. L., Pollard, G. T., & Carroll, F. I. (2009). Positive allosteric modulation of the human cannabinoid (CB1) receptor by RTI-371, a selective inhibitor of the dopamine transporter. *British Journal of Pharmacology*, *156*, 1178–1184.

Nguyen, T., German, N., Decker, A. M., Li, J. X., Wiley, J. L., Thomas, B. F., et al. (2015). Structure-activity relationships of substituted 1H-indole-2-carboxamides as CB1 receptor allosteric modulators. *Bioorganic & Medicinal Chemistry* *23*, 2195–2203.

Oldham, W. M., & Hamm, H. E. (2006). Structural basis of function in heterotrimeric G proteins. *Quarterly Reviews of Biophysics*, *39*, 117–166

Overington, J. P., Al-Lazikani, B., & Hopkins, A. L. (2006). How many drug targets are there? *Nature Reviews. Drug Discovery*, *5*, 993–996.

Pacher, P., Batkai, S., & Kunos, G. (2006). The endocannabinoid system as an emerging target of pharmacotherapy. *Pharmacological Reviews*, *58*, 389–462.

Pamplona, F. A., Ferreira, J., Menezes de Lima, O., Jr., Duarte, F. S., Bento, A. F., Forner, S., et al. (2012). Anti-inflammatory lipoxin A4 is an endogenous allosteric enhancer of CB1 cannabinoid receptor. *Proceedings of the National Academy of Sciences of the United States of America*, *109*, 21134–21139.

Pertwee, R. G. (2009). Emerging strategies for exploiting cannabinoid receptor agonists as medicines. *British Journal of Pharmacology*, *156*, 397–411.

Pertwee, R. G., Howlett, A. C., Abood, M. E., Alexander, S. P., Di Marzo, V., Elphick, M. R., et al. (2010). International Union of Basic and Clinical Pharmacology. LXXIX. Cannabinoid receptors and their ligands: Beyond CB(1) and CB(2). *Pharmacological Reviews*, *62*, 588–631.

Piscitelli, F., Ligresti, A., La Regina, G., Coluccia, A., Morera, L., Allara, M., et al. (2012). Indole-2-carboxamides as allosteric modulators of the cannabinoid CB(1) receptor. *Journal of Medicinal Chemistry*, *55*, 5627–5631.

Price, M. R., Baillie, G. L., Thomas, A., Stevenson, L. A., Easson, M., Goodwin, R., et al. (2005). Allosteric modulation of the cannabinoid CB1 receptor. *Molecular Pharmacology*, *68*, 1484–1495.

Priestley, R. S., Nickolls, S. A., Alexander, S. P., & Kendall, D. A. (2015). A potential role for cannabinoid receptors in the therapeutic action of fenofibrate. *FASEB Journal*, *29*, 1446–1455.

Qiao, C. J., Ali, H. I., Ahn, K. H., Kolluru, S., Kendall, D. A., & Lu, D. (2016). Synthesis and biological evaluation of indole-2-carboxamides bearing photoactivatable functionalities as novel allosteric modulators for the cannabinoid CB1 receptor. *European Journal of Medicinal Chemistry*, *121*, 517–529.

Roth, B. L., & Kroeze, W. K. (2015). Integrated approaches for genome-wide interrogation of the druggable non-olfactory G protein-coupled receptor superfamily. *The Journal of Biological Chemistry*, *290*, 19471–19477.

Shao, Z., Yin, J., Chapman, K., Grzemska, M., Clark, L., Wang, J., et al. (2016). High-resolution crystal structure of the human CB1 cannabinoid receptor. *Nature*, *540*, 602–606.

Sharma, R., Nikas, S. P., Paronis, C. A., Wood, J. T., Halikhedkar, A., Guo, J. J., et al. (2013). Controlled-deactivation cannabinergic ligands. *Journal of Medicinal Chemistry*, *56*, 10142–10157.

Sink, K. S., Segovia, K. N., Nunes, E. J., Collins, L. E., Vemuri, V. K., Thakur, G., et al. (2009). Intracerebroventricular administration of cannabinoid CB1 receptor antagonists AM251 and AM4113 fails to alter food-reinforced behavior in rats. *Psychopharmacology*, *206*, 223–232.

Smith, T. H., Sim-Selley, L. J., & Selley, D. E. (2010). Cannabinoid CB1 receptor-interacting proteins: Novel targets for central nervous system drug discovery? *British Journal of Pharmacology*, *160*, 454–466.

Stornaiuolo, M., Bruno, A., Botta, L., La Regina, G., Cosconati, S., Silvestri, R., et al. (2015). Endogenous vs exogenous allosteric modulators in GPCRs: A dispute for shuttling CB1 among different membrane microenvironments. *Scientific Reports*, *5*, 15453.

Straiker, A., Mitjavila, J., Yin, D., Gibson, A., & Mackie, K. (2015). Aiming for allosterism: Evaluation of allosteric modulators of CB1 in a neuronal model. *Pharmacological Research*, *99*, 370–376.

Thakur, G. A., Bajaj, S., Paronis, C., Peng, Y., Bowman, A. L., Barak, L. S., et al. (2013). Novel adamantyl cannabinoids as CB1 receptor probes. *Journal of Medicinal Chemistry*, *56*, 3904–3921.

Thakur, G. A., Palmer, S. L., Harrington, P. E., Stergiades, I. A., Tius, M. A., & Makriyannis, A. (2002). Enantiomeric resolution of a novel chiral cannabinoid receptor ligand. *Journal of Biochemical and Biophysical Methods*, *54*, 415–422.

Thakur, G. A., Tichkule, R., Bajaj, S., & Makriyannis, A. (2009). Latest advances in cannabinoid receptor agonists. *Expert Opinion on Therapeutic Patents*, *19*, 1647–1673.

Thakur, G. A., Tichkule, R. B., Kulkarni, P. M. & Kulkarni, A. R., Allosteric modulators of the cannabinoid 1 receptor, 2015. US Patent 20160194284.

Thomas, A., Baillie, G. L., Phillips, A. M., Razdan, R. K., Ross, R. A., & Pertwee, R. G. (2007). Cannabidiol displays unexpectedly high potency as an antagonist of CB1 and CB2 receptor agonists in vitro. *British Journal of Pharmacology*, *150*, 613–623.

Turu, G., & Hunyady, L. (2010). Signal transduction of the CB1 cannabinoid receptor. *Journal of Molecular Endocrinology*, *44*, 75–85.

Valant, C., Gregory, K. J., Hall, N. E., Scammells, P. J., Lew, M. J., Sexton, P. M., et al. (2008). A novel mechanism of G protein-coupled receptor functional selectivity. Muscarinic partial agonist McN-A-343 as a bitopic orthosteric/allosteric ligand. *The Journal of Biological Chemistry*, *283*, 29312–29321.

Vallee, M., Vitiello, S., Bellocchio, L., Hebert-Chatelain, E., Monlezun, S., Martin-Garcia,-E., et al. (2014). Pregnenolone can protect the brain from cannabis intoxication. *Science*, *343*, 94–98.

Venkatakrishnan, A. J., Deupi, X., Lebon, G., Tate, C. G., Schertler, G. F., & Babu, M. M. (2013). Molecular signatures of G-protein-coupled receptors. *Nature*, *494*, 185–194.

Wang, X., Horswill, J. G., Whalley, B. J., & Stephens, G. J. (2011). Effects of the allosteric antagonist 1-(4-chlorophenyl)-3-[3-(6-pyrrolidin-1-ylpyridin-2-yl)phenyl]urea (PSNCBAM-1) on CB1 receptor modulation in the cerebellum. *Molecular Pharmacology*, *79*, 758–767.
Wang, C. I., & Lewis, R. J. (2013). Emerging opportunities for allosteric modulation of G-protein coupled receptors. *Biochemical Pharmacology*, *85*, 153–162.
Wenthur, C. J., Gentry, P. R., Mathews, T. P., & Lindsley, C. W. (2014). Drugs for allosteric sites on receptors. *Annual Review of Pharmacology and Toxicology*, *54*, 165–184.

CHAPTER FOURTEEN

Assessing Allosteric Modulation of CB_1 at the Receptor and Cellular Levels

Caitlin E. Scott, Debra A. Kendall[1]
University of Connecticut, Storrs, CT, United States
[1]Corresponding author: e-mail address: debra.kendall@uconn.edu

Contents

Abstract

The cannabinoid CB_1 receptor is abundant in the central nervous system and regulates neuronal transmission and other key physiological processes including those leading to pain, inflammation, memory, and feeding behavior. CB_1 is activated by the endogenous ligands, arachidonoyl ethanolamine and 2-arachidonoyl glycerol, by various synthetic ligands (e.g., CP55940), and by Δ^9-tetrahydrocannabinol, the psychoactive component of *Cannabis sativa*. These CB_1 ligands are orthosteric and transduce downstream signals by binding CB_1 and primarily inducing G_i coupling, but G_s and β-arrestin coupling are also possible. Recently, allosteric modulators for CB_1 were discovered that bind to topographically distinct sites and can noncompetitively impact the potency and efficacy of orthosteric compounds. These offer the exciting potential for mechanistic analyses and for developing therapeutics. Yet, it is critical to elucidate whether a compound is a

Methods in Enzymology, Volume 593
ISSN 0076-6879
http://dx.doi.org/10.1016/bs.mie.2017.05.002

positive allosteric modulator or a negative allosteric modulator of orthosteric ligand-induced CB_1 profiles to understand pathway specificity and ameliorate diseases. In this chapter, we present equilibrium and kinetic binding analysis to reveal the impact of allosteric modulators on CB_1. Also described are activities consistent with CB_1 activation (or inactivation) and include cellular internalization of CB_1 and downstream signaling patterns. Since many CB_1 allosteric modulators do not enhance G protein coupling, it is critical to distinguish CB_1 activation and biased signaling patterns via β-arrestin from CB_1 inactivation. These strategies can illuminate pathway specificity and are valuable for the fine-tuning of CB_1 function.

ABBREVIATIONS

BSA fatty acid-free bovine serum acid
CB_1 cannabinoid receptor 1
DMSO dimethyl sulfoxide
ERK1/2 extracellular signal-regulated kinase isoforms 1 and 2
GDP guanosine diphosphate
GPCR G protein-coupled receptor
GTP guanosine triphosphate
GTPγS [^{35}S]-guanine 5′-3-*O*-(thio)triphosphate
HEK293 cells human embryonic kidney cells
JNK c-Jun N-terminal kinase
MAPK mitogen-activated protein kinase
NAM negative allosteric modulator
PAM positive allosteric modulator
PTX pertussis toxin
SAM silent allosteric modulator
SDS sodium dodecyl sulfate
WT wild-type CB_1

1. INTRODUCTION

1.1 Cannabinoid Receptor System

The cannabinoid receptor 1 (CB_1) binds the main active ingredient of *Cannabis sativa* (marijuana), Δ^9-tetrahydrocannabinol (THC), to mediate its well-described psychoactive effects (Bhattacharyya et al., 2010; Little, Compton, Johnson, Melvin, & Martin, 1988; Prescott, Gold, & Martin, 1992). Regulation of CB_1 functions has enormous potential to treat disorders of feeding behavior (Berry & Mechoulam, 2002; May, Leach, Sexton, & Christopoulos, 2007; Van Gaal et al., 2005), neuroinflammation (Saito, Rezende, & Teixeira, 2012; Walter & Stella, 2004), and pain relief

(Russo, 2008). Modulation of CB_1 has been traditionally achieved through orthosteric ligands, such as THC (Howlett et al., 2002; Pertwee et al., 2010), which bind to sites where endogenous cannabinoids bind. For instance, although orthosteric CB_1 agonists such as Marinol® and Cesamet® are FDA-approved for limited applications, such as chemotherapy-induced nausea in cancer patients (Walsh, Nelson, & Mahmoud, 2003), these drugs have undesirable psychoactive side effects. Additionally, inverse agonists of the CB_1 receptor such as rimonabant and taranabant were once touted as novel anti-obesity agents because of their anorectic and lipogenesis-decreasing properties (Ravinet Trillou et al., 2003) however, they may have also caused psychiatric side effects including depression and anxiety that terminated their clinical use (Rothman & Baumann, 2009). Therefore, while CB_1 has strong potential as a therapeutic target, it has been underused and CB_1 ligands with alternative mechanisms of action need to be developed.

CB_1 is a G protein-coupled receptor (GPCR) localized in the membranes of presynaptic nerve terminals, and its activation directly inhibits neurotransmitter release (Mackie & Hille, 1992). Endogenous cannabinoids such as arachidonoyl ethanolamide and 2-arachidonoyl glycerol are synthesized from lipid molecules on demand as a result of an influx of calcium into the cell (Di Marzo et al., 1994; Stella, Schweitzer, & Piomelli, 1997). Upon activation, CB_1 primarily binds to the intracellular G_i protein (G_i often refers to $G_{i/o}$ proteins), which inhibits the enzyme adenylate cyclase and, thus, inhibits the production of cyclic adenosine monophosphate (cAMP) (Howlett & Fleming, 1984). However, CB_1 can couple to other intracellular proteins including the G_s protein (Glass & Felder, 1997), and β-arrestin isoforms (Ahn, Mahmoud, Shim, & Kendall, 2013; Turu & Hunyady, 2010). The binding of different intracellular proteins leads to different physiological responses, and it would be advantageous to design drugs that selectively activate different signaling pathways. For example, the FDA-approved adrenergic receptor β-blocker carvedilol (Warne et al., 2008) and the agonist isoetharine (Liu, Horst, Katritch, Stevens, & Wuthrich, 2012) have different patterns of signaling in G protein and β-arrestin pathways, indicating that specific therapeutic outcomes can be achieved via different ligands for the same receptor.

1.2 Allosteric Modulation of the CB_1 Receptor

In the past, the majority of GPCR-based drug discovery programs focused on the development of orthosteric molecules that compete with endogenous ligands. The recent development of more sophisticated functional reporter-based assays has made it possible to identify active ligands that bind to topographically distinct sites on the receptor, namely, allosteric sites. Allosteric ligands exert their effects by modifying the receptor conformation, leading to a change in the binding and/or functional properties and/or efficacies of orthosteric ligands (Fig. 1) (Langmead & Christopoulos, 2006; May et al., 2007; Wootten, Christopoulos, & Sexton, 2013). Compared to orthosteric ligands, allosteric ligands possess the following critical advantages for drug discovery:

(1) increased receptor subtype selectivity due to their binding to structurally less-conserved allosteric sites, and therefore, off-target side effects may be reduced (Christopoulos, 2002; Conn, Christopoulos, & Lindsley, 2009);

(2) possess a "ceiling effect" on orthosteric ligand function such that increase in concentration beyond saturation of the allosteric receptor binding site does not increase the magnitude of the allosteric effect (avoidance of overdosing) (May et al., 2007);

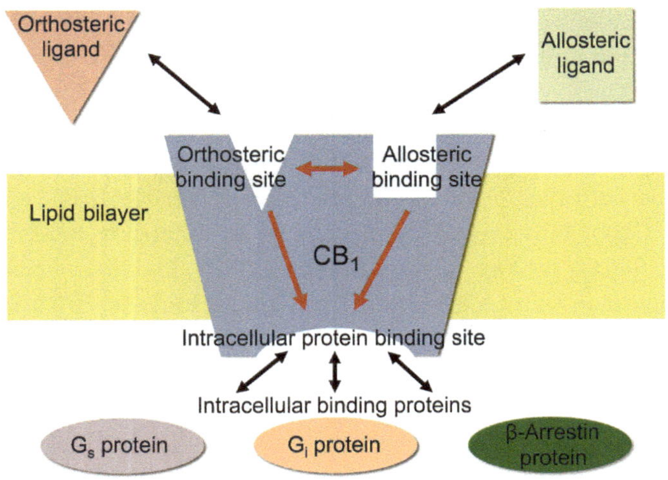

Fig. 1 Cooperation between the GPCRs orthosteric and allosteric binding sites to induce intracellular protein coupling. Schematic illustration showing how binding of the allosteric modulator to an allosteric binding site distinct from the orthosteric binding site may influence binding of the orthosteric ligand to its respective site and how both ligands may impact binding of intracellular proteins to their respective binding sites. β-Arrestin binding can involve different isoforms not indicated and other G protein isoforms may also be impacted. Further, some ago-allosteric modulators can function without an orthosteric compound. *Adapted from Fig. 1 in Conn, P. J., Christopoulos, A., & Lindsley, C. W. (2009). Allosteric modulators of GPCRS: A novel approach for the treatment of CNS disorders.* Nature Reviews. Drug Discovery, 8*(1), 41–54.*

(3) lead to pathway-specific modulation (biased signaling) so that "on-target" side effects from untoward interference may be reduced (DeWire & Violin, 2011; Kenakin & Miller, 2010; May et al., 2007); and

(4) while systemically administered classical ligands modulate all target receptors in all accessible tissues of the body, an allosteric modulator theoretically impacts CB_1 signaling only in tissues where the endogenous ligand is present. Given that endocannabinoids are produced and released "on demand," this feature is particularly relevant for CB_1 allosteric modulators, as it would theoretically allow for further fine-tuning (Burford et al., 2013; Burford, Watson, Bertekap, & Alt, 2011; Conn et al., 2009).

Recently, several CB_1 allosteric modulators have been discovered. These novel CB_1 ligands bind the receptor at sites topologically distinct from the orthosteric binding site (Fay & Farrens, 2012; Janero & Thakur, 2016; Shore et al., 2014; Stornaiuolo et al., 2015) and modulate the CB_1 activity by acting as rheostats to alter the affinity and/or the efficacy of an orthosteric ligand in either a positive (positive allosteric modulator; PAM) or negative (negative allosteric modulator; NAM) manner depending on the functional property under investigation. For CB_1, this includes: ORG27569, ORG27759, and ORG29647 (Price et al., 2005), PSNCBAM-1 (Horswill et al., 2007), RTI-371 (Navarro, Howard, Pollard, & Carroll, 2009), lipoxin A4 (Pamplona et al., 2012), and GAT211 and its enantiomer GAT229 (Laprairie, Bagher, & Denovan-Wright, 2017; Laprairie, Kulkarni, et al., 2017). Some of these structures are shown in Fig. 2. Pepcans (Bauer et al., 2012), cannabidiol (Laprairie, Bagher, Kelly, & Denovan-Wright, 2015), pregnenolone (Vallée et al., 2014), and GW405833 (Dhopeshwarkar, Murataeva, Makriyannis, Straiker, & Mackie, 2017) are also possible allosteric modulators of CB_1. The therapeutic usefulness of these CB_1 allosteric modulators is emerging.

2. METHODS OF ALLOSTERIC LIGAND BINDING ANALYSIS

2.1 Impact of CB_1 Allosteric Ligands on Orthosteric Ligand Affinity

To ascertain if a compound is an allosteric modulator, and if it promotes the active state of CB_1 (a PAM) or the inactive state of CB_1 (a NAM), a binding

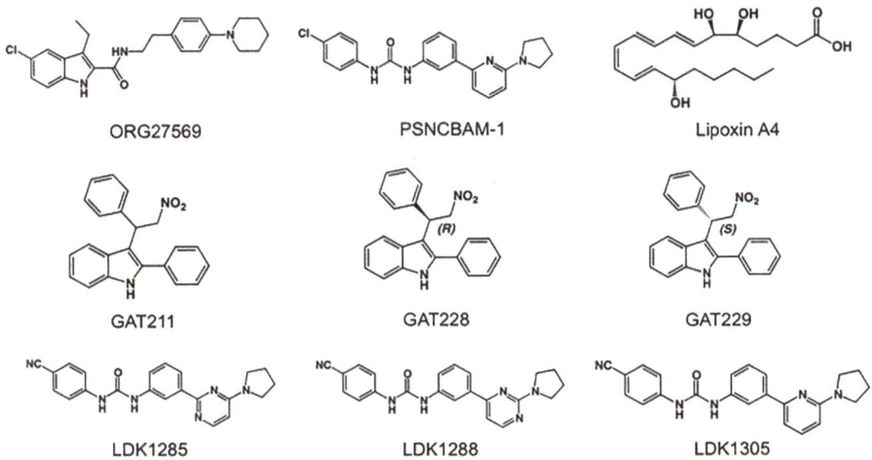

Fig. 2 Structures of some known CB_1 allosteric modulators. ORG27569 and PSNCBAM-1 are synthetic allosteric modulators (Ahn, Mahmoud, & Kendall, 2012; Horswill et al., 2007; Price et al., 2005), lipoxin A4 is an endogenous allosteric modulator (Pamplona et al., 2012), and GAT211 consists of a racemic mix of GAT228, the allosteric agonist *R*-(+)-enantiomer, and GAT229, the allosteric modulator *S*-(−)-enantiomer (Laprairie, Kulkarni, et al., 2017). LDK1285, LDK1288, and LDK1305, three positive allosteric modulators derived from PSNCBAM-1, are referred to as 8d, 7d, and 29, respectively in Khurana et al. (2017) and German et al. (2014).

analysis is often used (Ahn, Mahmoud, Samala, Lu, & Kendall, 2013; Baillie et al., 2013; German et al., 2014; Khajehali et al., 2015; Khurana et al., 2014, 2017; Mahmoud et al., 2013; Price et al., 2005). For example, Ross and colleagues used equilibrium binding and kinetic binding assays to evaluate ORG27569 and related compounds and found that they elicit a conformational change that increases agonist affinity for the orthosteric site, although probe dependence was also observed (Baillie et al., 2013; Khajehali et al., 2015; Price et al., 2005). It should be noted that some functional assays show that ORG27569 and several derivatives do not induce G_i protein coupling with CB_1 (Ahn et al., 2012; Ahn, Mahmoud, Samala, et al., 2013; Baillie et al., 2013; Khurana et al., 2014; Mahmoud et al., 2013; Price et al., 2005; Qiao et al., 2016) unlike many orthosteric agonists that do (Howlett & Fleming, 1984), but these compounds do induce effects consistent with coupling to the β-arrestin isoforms 1 and 2 (Ahn et al., 2012; Ahn, Mahmoud, Samala, et al., 2013; Ahn, Mahmoud, Shim, et al., 2013; Khurana et al., 2014).

Kendall and colleagues used equilibrium binding analysis to evaluate the affinity change in the presence of the allosteric modulator ORG27569

(Ahn et al., 2012). The basal activity of CB_1 (R′) indicates that it is poised for conversion to either inactive (R) or more fully activated (R*) forms. T210 was identified on the same face of the helix as R214 of the DRY motif on TM3 (D'Antona, Ahn, & Kendall, 2006), and its substitution with Ile or Ala generates constitutively active or inactive receptor mutants, respectively, and provides powerful reagents to characterize these conformational states (D'Antona, Ahn, & Kendall, 2006; D'Antona, Ahn, Wang, et al., 2006). The T210I receptor exhibited enhanced agonist and diminished inverse agonist affinity for a variety of ligands, consistent with a shift toward the active form. Decreased thermal stability of the T210I receptor, higher levels of coupling activity, and increased internalization of the T210I receptor were also observed, consistent with constitutive activity. In contrast, the T210A receptor exhibited the opposite profile as predicted for an inactive receptor. Indeed, these receptors provide a window to different GPCR conformational states with minimal amino acid manipulation.

T210I, wild-type (WT) CB_1, and T210A receptors reveal propensities of different ligands to promote R* vs R forms of CB_1 regardless of effector coupling (Fig. 3). Taking advantage of the T210A, WT, and T210I CB_1 receptors that cover a spectrum of receptor states, the effect of

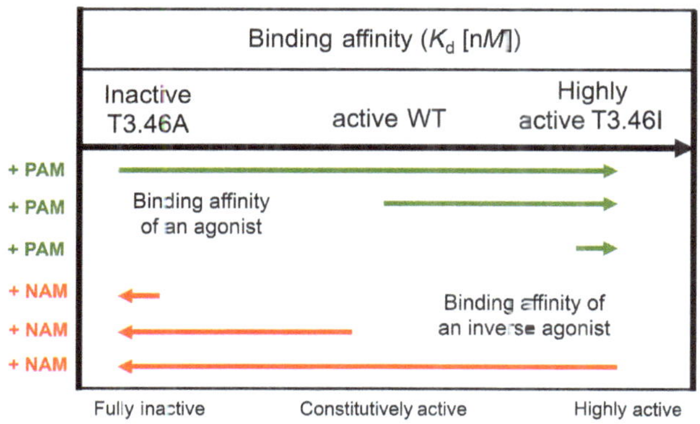

Fig. 3 Allosteric modulator impact on ligand binding affinity to the CB_1 receptor. In the presence of a PAM, the respective agonist binding affinities (*green*) for the fully inactive T3.46A mutant receptor or the constitutively active WT receptor are enhanced to match the affinity for the fully constitutively active mutant T3.46I (Ahn et al., 2012). The increase in binding affinity is shown schematically by the length and direction of the *arrows*. Hypothetically, in the presence of a NAM, the inverse agonist (*red*) would experience the opposite effect by having diminished respective binding affinities for the fully active T3.46I mutant and constitutively active WT receptor, which are similar to that of the fully inactive T3.46A mutant. The *top arrow* depicts the increasing agonist binding and functional activity of the three CB_1 receptors.

ORG27569 on agonist affinity has been elucidated. Saturation binding experiments were performed for CP55940 in the absence and presence of ORG27569. As we have shown (Ahn et al., 2012), the T210I receptor has the greatest affinity for CP55940, with a K_d of 0.31 nM, followed by the WT (K_d=2.15 nM) and T210A receptors (K_d=7.82 nM). In the presence of 10 μM ORG27569, however, the three receptors exhibited an enhanced and similar K_d value for CP55940 (0.29 nM, 0.42 nM, and 0.30 nM for the WT, T210I, and T210A, respectively) that corresponds to the high affinity observed with the T210I receptor. For WT CB_1, ORG27569 enhances the affinity for the agonist, CP55940, by about sevenfold and decreases the affinity of the inverse agonist, SR141716A, by about eightfold as expected for an allosteric modulator that promotes a receptor active state. This suggests that ORG27569 induces a CB_1 state (R*) characterized by enhanced agonist affinity, and separately, analysis with SR141716A shows it induces decreased inverse agonist affinity, consistent with induction of an "active" conformation.

2.2 Equilibrium Binding Assays With Allosteric Modulators

The degree of binding of the allosteric modulator is typically dependent on the affinity of the orthosteric ligand for the receptor. Thus, to elucidate how an allosteric modulator impacts orthosteric ligand binding, it is necessary to first examine how the orthosteric ligand independently binds to the protein. This involves saturation binding assays to determine the equilibrium dissociation constant, K_d, of the orthosteric ligand to the receptor and competition binding assays involving a labeled and unlabeled orthosteric compound, to determine K_i. IC_{50} can be converted to the inhibition equilibrium constant, K_i, using the Cheng–Prusoff equation (Cheng & Prusoff, 1973) shown in Eq. (1):

$$K_i = \frac{IC_{50}}{1 + [A]/K_d} \tag{1}$$

where [A] is the concentration of the competitive ligand and K_i is dependent on K_d, which was determined from saturation binding assays. Equilibrium binding assays with allosteric modulators show the strength of binding to the receptor, and the impact that the allosteric modulator has on the binding of orthosteric ligands. They reveal the cooperativity between molecules binding at two distinct sites, that is, if binding of the allosteric modulator enhances or decreases the binding of the orthosteric ligand. When an allosteric modulator is the test compound, it will not compete with the orthosteric compound (usually radiolabeled) on the target protein. Instead of using the one-site model to determine the K_i, the allosteric ternary complex model is used, which describes the interaction of an allosteric modulator binding to a GPCR in the presence of an orthosteric ligand (Christopoulos & Kenakin, 2002; De Lean, Stadel, & Lefkowitz, 1980). This model is applied to find the fraction of specific binding as shown in Eq. (2) (Price et al., 2005):

$$Y = \frac{[A]}{[A] + K_A(1 + [B]/K_B)/(1 + \alpha[B]/K_B)} \tag{2}$$

where Y is the specific binding fraction of the radiolabeled ligand, [A] and [B] are the concentrations of the orthosteric ligand and allosteric modulator, respectively, K_A and K_B are the equilibrium dissociation constants of the orthosteric ligand and allosteric modulator, respectively, and α is the magnitude of the cooperativity binding factor. This value expresses how the allosteric modulator affects orthosteric ligand binding (Fig. 4). An α value greater than 1 indicates that the compound is a PAM and improves the binding of the orthosteric ligand. An α value less than 1 indicates that the compound is a NAM by inducing less favorable orthosteric ligand binding.

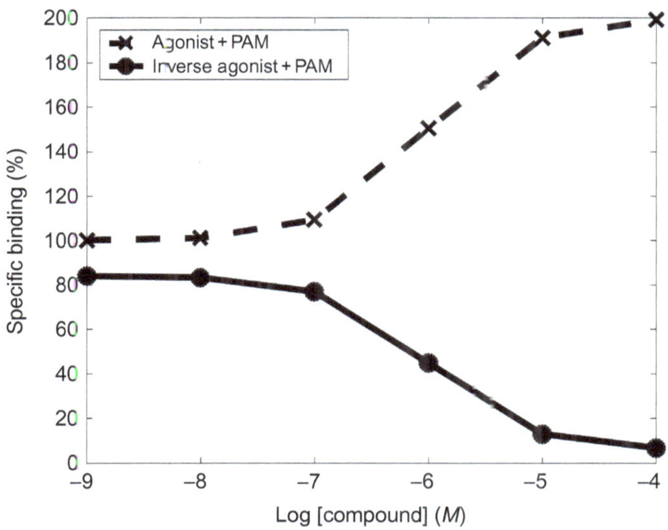

Fig. 4 Hypothetical dose–response curves of experimental assays showing agonist and inverse agonist binding in the presence of a PAM. Radiolabeled agonist (*dashed line, crosses*) and radiolabeled inverse agonist (*solid line, circles*) binding percentage measured in the presence of a PAM.

When $\alpha = 1$, the compound is a silent allosteric modulator (SAM) because it has no effect on the binding of the orthosteric ligand. Of the parameters shown in Eq. (2), [A] and K_A are fixed constants, with the latter value is determined by saturation binding assays for the orthosteric agonist. The values of α and K_B are established by nonlinear regression (Price et al., 2005).

2.2.1 Equipment and Reagents for Equilibrium Binding

Needed equipment are 11 pairs of silanized test tubes, a vortexer, microcentrifuge, glass pestle tissue grinder, shaking water bath, Brandel cell harvester, refrigerated condensation trap, Whatman GF/C filter paper for 24 wells without deposit system (Brandel), GraphPad Prism software (for plotting and analysis), liquid scintillant, and liquid scintillation counter.

Chemicals, biological agents, and other reagents needed are membrane preparation of human embryonic kidney (HEK293) cells transfected with CB_1 protein, cold compounds such as CP55940 (Tocris), a radiolabeled orthosteric tracer such as ^{3}H-CP55940 (PerkinElmer), and allosteric modulators (e.g., LDK1285, LDK1288, LDK1305). Also needed are dimethyl sulfoxide (DMSO), TME buffer (25 m*M* Tris–HCl, 5 m*M* $MgCl_2$, 1 m*M* EDTA, pH 7.4), fatty acid-free bovine serum acid (BSA) (Sigma Aldrich), TME buffer + 5% BSA, TME + 0.2% BSA, TME + 7% sucrose, and ScintiSafe™ 30% Cocktail (Fisher Chemical).

2.2.2 Protocol for Equilibrium Binding

Note: The following procedure is written for reactions that are read in a liquid scintillation counter. The procedure can be adapted for a microtiter plate reader.

1. Perform serial dilution of the test allosteric modulator compounds. Add DMSO to the compounds to create nine samples typically ranging in concentrations of 0.1 μ*M* to 1.0 m*M*.
2. Create 1.0 m*M* concentration of CP55940 (or other cold orthosteric compound for nonspecific binding) by mixing 2 μL of 10 m*M* of the stock CP55940 and 18 μL of DMSO.
3. Add 2 μL of each compound to each of the pairs of test tubes. To the first pair, add 2 μL of DMSO—this is the control that represents total binding of the orthosteric compounds to the CB_1 protein. In the second pair of test tubes, add 2 μL of the cold 1.0 m*M* CP55940 created in the step above—to represent the amount of nonspecific binding to the CB_1 membrane preparation. In the remaining nine pairs of test tubes,

add 2 µL of the test allosteric modulators in concentrations increasing from 0.1 µ*M* to 1.0 m*M*.

4. In a separate test tube, add TME + 0.2% BSA buffer. This amount depends on the activity level of the radioactive CP55940 compound.
5. To this same test tube, add the desired amount of the radioactive compound. Wrap the top of the test tube in parafilm and vortex to mix the solution.
6. Pipette 148 µL of the mixed radioactive solution into each of the 11 pairs of test tubes. Vortex each test tube.
7. In a 3-mL glass pestle tissue grinder, add 1175 µL of TME + 7% sucrose buffer.
8. Pipette 75 µL CB_1 membrane preparation from cells expressing CB_1 into the 3-mL glass pestle tissue grinder with the buffer.
9. Homogenize the CB_1 containing membrane preparation.
10. Pipette 50 µL of the membrane preparation from cells expressing CB_1 into each of the 11 pairs of test tubes. Vortex each test tube.
11. Incubate at 30°C for 1 h in a Precision™ shaking water bath.
12. Stop the reaction by adding 300 µL TME + 5% BSA to each test tube.
13. Place filter paper in the Brandel cell harvester. Rinse the test tubes twice with 2 mL of 1 × TME buffer followed by rinsing twice with 4 mL of 1 × TME buffer.
14. Collect the filter paper and put each piece in a separate scintillation vial, one corresponding to each test tube.
15. Fill each vial with 4 mL of ScintiSafe scintillation fluid. Vortex each vial. Let it for at least 8 h.
16. Measure the radioactivity of each vial with the liquid scintillation counter.

2.3 Kinetic Binding Assays With Allosteric Modulators

The rates of association and dissociation of ligands (often labeled with radioactivity) are useful to determine when an experiment has reached equilibrium, to determine the cooperativity of binding, and to validate test compounds as allosteric modulators. First, the kinetics of the orthosteric ligand are determined. In association binding kinetic assays, the radiolabeled ligand is incubated with the membrane for times typically ranging from 2 to 20 min. In dissociation binding kinetics assays (Fig. 5), the radiolabeled ligand is incubated with the membranes for a full hour to ensure full association before the competing orthosteric ligand is added at times ranging

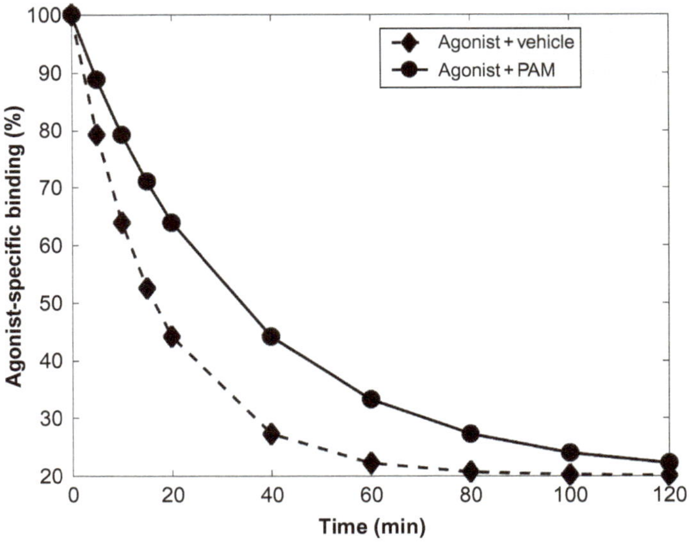

Fig. 5 Hypothetical curves of experimental kinetic dissociation assays showing a PAM in the presence of an agonist (*circles*) effect with respect to the vehicle in the presence of an agonist (*diamonds*) on the binding of the agonist with respect to time.

from 2 to 20 min. Data are analyzed with the one-phase association model to obtain the observed association rate, k_{obs}, and the dissociation rate, k_{off}. Using these two values and the concentration of the orthosteric ligand, we can determine the association rate constant, k_{on}, as shown in Eq. (3):

$$k_{on} = \frac{k_{obs} - k_{off}}{[A]} \tag{3}$$

The observed association and dissociation rates of the orthosteric ligand are dependent on its binding affinity for the receptor, as shown in Eq. (4):

$$K_d = \frac{k_{off}}{k_{on}} \tag{4}$$

The dissociation constant (K_d) is inversely proportional to the k_{on} and directly proportional to the k_{off}.

Allosteric modulators can impact the kinetics of dissociation of the orthosteric ligand in ways that competitive orthosteric ligands cannot. Both orthosteric ligands and allosteric modulators affect the association kinetics because orthosteric ligands and the radiolabeled ligand compete for the same binding site, and binding of an allosteric modulator induces a conformational change that will impact the orthosteric site. The rate of radiolabeled ligand dissociation, however, only changes as a result of conformational changes, such as those caused by the allosteric modulator (Christopoulos, 2001), and is not affected by the presence of a radiolabeled ligand. Therefore, dissociation kinetic binding assays are especially useful in examining if a ligand is an allosteric modulator or another orthosteric ligand. ORG2769, for example, was shown to be an allosteric modulator as opposed to an agonist because it affected the kinetics of CP55940 binding by decreasing the rate of dissociation of CP55940 alone from CB_1 (Price et al., 2005). The procedure for the dissociation binding assays in the presence of the allosteric modulator follows that of the equilibrium binding assays except the reactions are incubated for different periods of time and a highly concentrated solution of the unlabeled ligand needs to be added to prevent the radiolabeled ligand from reassociating with the proteins following disassociation (Christopoulos, 2001).

3. G-PROTEIN COUPLING

CB_1 predominantly couples to the G_i protein, which, upon activation, undergoes an exchange of guanosine diphosphate (GDP) by guanosine triphosphate (GTP). G protein binding assays determine the extent to which a PAM induces CB_1 coupling to the G_i protein. To evaluate the extent of G protein coupling, as a result of the impact of an allosteric modulator, stimulation of ^{35}S-guanine 5′-3-*O*-(thio)triphosphate (GTPγS) binding (Ahn et al., 2012; Ahn, Mahmoud, Samala, et al., 2013; Baillie et al., 2013; Khurana et al., 2014; Mahmoud et al., 2013; Price et al., 2005; Qiao et al., 2016) or the level of cAMP accumulation is monitored (Baillie et al., 2013; Cawston et al., 2013; Khajehali et al., 2015; Laprairie, Kulkarni, et al., 2017) using cells or inhibition of electrically stimulated contractions in a vas deferens assay from mice is evaluated (Laprairie, Kulkarni, et al., 2017; Price et al., 2005). This has been carried out for ORG27569, PSNCBAM-1, and several analogues of these that function as PAMs with respect to agonist binding, yet most show inhibition of the extent of G protein coupling and some specifically G_i coupling (Ahn et al., 2012; Ahn, Mahmoud, Samala, et al., 2013; Baillie et al., 2013; Khurana et al., 2014, 2017; Mahmoud et al., 2013; Qiao et al., 2016).

Here we describe the protocol for using a GTPγS assay, in which GTPγS acts as a substitute for GTP and binds to the G_i protein during activation (Howlett & Fleming, 1984). The radiolabeled component is the GTPγS, and GDP is added to promote the exchange. Unlabeled agonists and allosteric modulators are used in this assay. The amount of G protein exchange is determined by measuring the amount of radiolabeled ^{35}S-GTPγS bound. The degree to which a test compound stimulates (or inhibits) GTPγS binding is measured by the EC_{50} values, or the concentration of ligand needed to produce 50% of the maximum biological response and/or the E_{max} value which corresponds to the level of coupling achieved.

GTPγS assays clarify the extent of receptor coupling in the presence of the allosteric modulator and may indicate if the compound is a PAM or a NAM. One example is ORG2769, which showed positive cooperativity with the agonist CP55940 and increased its binding. For ORG2769 to be considered a PAM (as opposed to a NAM), it is expected that the compound would enhance the potency and efficacy of G protein binding because PAMs increase the binding affinity of agonists (likely by a conformation that corresponds to the active state of the receptor) to the target. Counterintuitively, GTPγS assays showed that, in the presence of the agonist WIN55212-2 (Baillie et al., 2013) or CP55940 (Ahn et al., 2012; Price et al., 2005), ORG2769 did not affect the potency of G protein binding and decreased its efficacy, which suggests that ORG2769 inhibits the activation of CB_1 even in the presence of an agonist. Subsequent studies indicated that ORG2769 induced internalization of CB_1 and signaled in a β-arrestin-dependent manner, which suggested that ORG2769 is a biased PAM (Ahn et al., 2012; Ahn, Mahmoud, Shim, et al., 2013). Thus, the GTPγS assays provided insight into the function and selective signaling of this allosteric modulator.

4. CELLULAR INTERNALIZATION OF CB_1

Since binding assays and G protein coupling assays can give apparently conflicting results (Ahn et al., 2012; Ahn, Mahmoud, Samala, et al., 2013; Khurana et al., 2014, 2017; Mahmoud et al., 2013; Price et al., 2005; Qiao et al., 2016), it is helpful to evaluate allosteric modulators by other means to determine if CB_1 functions as if it is activated or inactivated by the modulator. For example, following prolonged activation, GPCRs typically become desensitized and become internalized in cells (Appleyard, Patterson, Jin, & Chavkin, 1997; Jin et al., 1999; Kovoor, Nappey, Kieffer, & Chavkin, 1997; Krupnick & Benovic, 1998; Zhang et al., 1997). Since the WT CB_1 localizes mainly to intracellular vesicles in various cell lines in the absence of ligand (Ahn, Nishiyama, Mierke, & Kendall, 2009; Kenakin, 1995; Leterrier, Bonnard, Carrel, Rossier, & Lenkei, 2004) consistent with its partial constitutive activity, Kendall and colleagues have used the previously characterized inactive T210A mutant receptor, which is exclusively expressed at the cell surface (Ahn et al., 2012; D'Antona, Ahn, & Kendall, 2006). Alternatively, treatment of the WT CB_1 with the inverse agonist SR141716A produces a more inactive form of the receptor and brings it to the cell surface, but SR141716A must then be removed thoroughly without cell loss prior to subsequent treatment. The extent of internalization can be assessed by colocalization of the receptors with the late endosome marker, LAMP-1 (Ahn et al., 2012, 2009; Kenakin, 1995). Confocal microscopy shows that CB_1 T210A expressing HEK293 cells treated with CP55940 plus ORG27569, or ORG27569 alone, internalized the receptor. When treated with both CP55940 and ORG27569, the CB1 T210A receptors are internalized more readily than CP55940 treatment alone (Ahn et al., 2012). These results are consistent with activation of the receptor by this allosteric modulator and showed receptor internalization as seen following CP55940 agonist treatment alone (Daigle, Kwok, & Mackie, 2008; Hsieh, Brown, Derleth, & Mackie, 1999).

Furthermore, a different primary role of the two β-arrestin isoforms was observed. While suppressing β-arrestin 1 expression levels with isoform-specific siRNA, no effect on CB_1 T210A internalization was observed induced by CP55940 or that induced by ORG27569. Yet, internalization was dramatically attenuated in β-arrestin 2 siRNA-transfected cells, in both cases, suggesting that the CB_1 receptor undergoes β-arrestin 2-mediated internalization following both CP55940 treatment and ORG27569 treatment. Thus, β-arrestin 2 but not β-arrestin 1 appears to play a critical role in receptor internalization regardless of the extent of G protein coupling induced by different compounds. β-Arrestin 1, however, appears to be mediate signaling (see Section 5), indicating a differential role of the two β-arrestin isoforms in CB_1 signaling and internalization (Ahn, Mahmoud, Shim, et al., 2013).

4.1 Protocol for Cellular Internalization of CB_1

HEK293 cells expressing CB_1-GFP receptors (carrying the T210A mutation or CB_1 WT treated with SR141716A then washed thoroughly) are seeded onto 35-mm glass-bottomed dishes precoated with poly-D-lysine. They are treated with ligands (orthosteric and/or allosteric and/or vehicle) for various lengths of time (typically 5 min to 3 h) then washed three times with phosphate-buffered saline (PBS) followed by fixation with 4% paraformaldehyde for 10 min at room temperature.

Cells are mounted in Vectashield mounting medium (Vector Laboratories, Burlingame, CA) and visualized using a Leica TCS SP2 confocal microscope (Leica Microsystems, Wetzlar, Germany).

Images are collected from at least three independently transfected cell dishes and processed for presentation using Adobe Photoshop 6.0 (Adobe Systems, San Jose, CA). Quantification of colocalization is performed using ImageJ software (National Institutes of Health, Bethesda, MD) with the JACoP plugin.

5. ANALYSIS OF KINASE PHOSPHORYLATION

5.1 ERK1/2 Phosphorylation

As shown in Fig. 6, both the G_i and β-arrestin proteins cause downfield signaling that typically results in the phosphorylation of extracellular signal-regulated kinase isoforms 1 and 2 (ERK1/2) (for review, see Turu & Hunyady, 2010). However, the use of pertussis toxin (PTX) precludes CB_1 from coupling with the G_i protein. Thus, by using immunoblotting procedures, we can determine if ERK1/2 phosphorylation is a result of activating endogenous G_i protein. Alternatively, transfection with specific

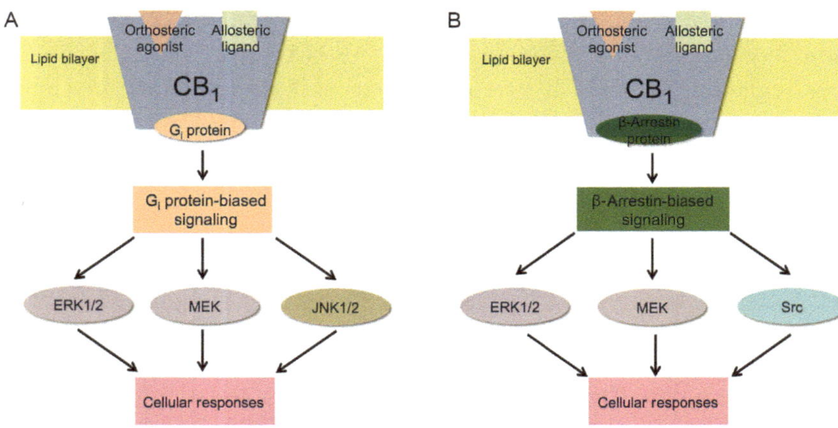

Fig. 6 Schematic illustration showing some G_i protein and β-arrestin-mediated signaling resulting from PAM binding to CB_1 and subsequent G_i protein and β-arrestin recruitment. G_i protein (*orange*) binding to CB_1 results in cellular responses such as phosphorylation of ERK1/2, MEK, or JNK1/2 (A). β-Arrestin (*green*) binding to CB_1, on the other hand, can typically result in the cellular responses including phosphorylation of ERK1/2, MEK, or Src (B). The proteins that are shown here can either be phosphorylated as a result of G_i protein-mediated signaling (*brown*), β-arrestin-mediated signaling (*blue*), or both (*purple*).

β-arrestin siRNA greatly reduces the expression of endogenous β-arrestin isoforms 1 or 2, and it can be determined if β-arrestins contribute to G protein-independent ERK1/2 activation (see Fig. 7). This is a comparable procedure for orthosteric and allosteric modulators. Strikingly, the reduced expression of β-arrestin 1 nearly abolished ORG27569-induced ERK1/2 phosphorylation (but not that by CP55940), whereas cotransfection with β-arrestin 2 siRNA did not alter patterns of ERK1/2 phosphorylation (induced by either ligand) compared to those observed by control siRNA transfection. Analogues of ORG27569 are typically comparable

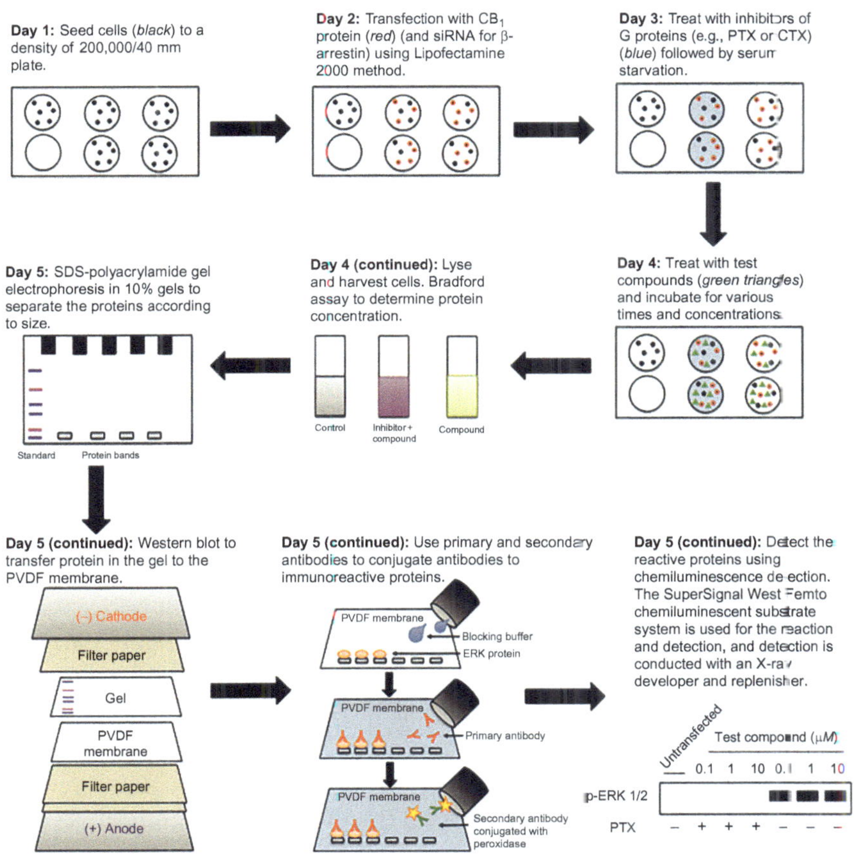

Fig. 7 Illustration of the cell culture and immunoblotting procedures to examine the effect on ERK1/2 phosphorylation of treating cells expressing CB_1 with test allosteric modulators. A comparable approach can be done with other kinases including a global phospho-kinase antibody array analysis to find which human kinases are phosphorylated as a result of treatment by the test compounds.

(Ahn et al., 2012; Ahn, Mahmoud, Samala, et al., 2013; Ahn, Mahmoud, Shim, et al., 2013; Khurana et al., 2014; Mahmoud et al., 2013; Qiao et al., 2016), but other results have been observed (Gamage, Anderson, & Abood, 2016).

5.2 Phosphorylation of Other Kinases

To elucidate other phosphorylation patterns, Kendall and colleagues investigated the activation of other kinases resulting from the ORG27569-induced CB_1-β-arrestin 1 interaction relative to the CB_1 G_i protein interaction resulting from CP55940 alone. These include MEK1/2, Src, and Akt kinases. First, phosphorylation of MEK1/2, an upstream kinase (MAPKK) of MAPK in the MEK-ERK signaling pathway, was assessed to evaluate the effect of β-arrestins on its signaling. In control siRNA transfection, both CP55940 and ORG27569 produced a peak at 5 min after treatment. The silencing of β-arrestin 1 abolished MEK1/2 phosphorylation upon treatment with ORG27569 but had no significant effect on CP55940-induced phosphorylation. Thus, we demonstrated that the MEK1/2-ERK1/2 pathway is β-arrestin 1-dependent upon ORG27569 treatment. Second, we assessed the activation of upstream kinases, Src and Akt. Src phosphorylation is a necessary step in the activation of various mitogenic signaling pathways activated by GPCRs. It has been shown that non-receptor tyrosine kinases from the Src family are recruited to GPCRs via β-arrestin interactions (Barlic et al., 2000; Imamura et al., 2001). Akt also plays a role in the β-arrestin-mediated ERK1/2 signaling pathway (Goel, Phillips-Mason, Raben, & Baldassare, 2002; Povsic, Kohout, & Lefkowitz, 2003). Interestingly, CP55940 failed to induce Src phosphorylation, whereas ORG27569 produced a peak of Src phosphorylation at 5 min. Src phosphorylation only required β-arrestin 1 but not β-arrestin 2, suggesting that the Src pathway is only activated by ORG27569 and via β-arrestin 1 interaction. Both CP55940 and ORG27569 failed to alter Akt phosphorylation levels (Ahn, Mahmoud, Shim, et al., 2013). The procedure utilized is comparable to that described earlier in Section 5.1 and can be used to evaluate a variety of allosteric modulators.

To ensure that the effect of ORG27569 on the Src-MEK1/2-ERK1/2 signaling cascade is not limited to HEK293 cells, we tested the effect of ORG27569 on the activation of the signaling components using rat hippocampal neurons endogenously expressing the CB_1 receptor. Consistent with the phosphorylation pattern in HEK293 cells, ORG27569 resulted in increased phosphorylation of ERK1/2, MEK1/2, and Src compared to basal levels, whereas Akt phosphorylation remained unaffected by CP55940 or ORG27569 (Ahn, Mahmoud, Shim, et al., 2013). This suggests that ORG27569 induces allosteric ligand biased signaling patterns and that these are dependent on β-arrestin 1. Nonetheless, cell and tissue type has suggested differences in other CB_1 systems (Khajehali et al., 2015) and may involve other mechanisms when analyzed differently (Cawston et al., 2013; Gamage et al., 2016; Straiker, Mitjavila, Yin, Gibson, & Mackie, 2015). Moreover, other kinases can also be assessed including using global phosphorylation kinase array analysis.

Carrying out CB_1-induced kinase phosphorylation assays and their subsequent analysis can be challenging. The time course for phosphorylation typically varies with test compound and one needs to examine that for different compounds. It should be noted that some commercially available assays are provided as end-point assays with 30–60 min readouts and may not monitor other phosphorylation times. Also, the test compounds are best used at a variety of concentrations. If the test allosteric modulator is not an ago-agonist and is used with an orthosteric agonist, attention must be given to the relative concentrations of orthosteric and allosteric modulator employed and their relative affinity for CB_1. Furthermore, if the orthosteric ligand is biased for coupling to the receptor differently than the allosteric ligand, additional competitions may be at play (e.g., in some instances orthosteric ligands induce CB_1 G_i coupling, while the allosteric ligand might preclude G protein coupling and instead induce β-arrestin 1 binding). In addition, other factors which can influence subsequent cell lysis or phosphorylation and its detection include the cell density employed, the effect of serum starvation on the signal, the stimulation time, the titer of the antibody used and antibody specificity, best practices in compound dispensing, and the relative hydrophobicity of the orthosteric and allosteric ligands used.

5.2.1 Reagents for Kinase Phosphorylation

Reagents used are HEK293 cells, Dulbecco's modified Eagle's medium (DMEM), six-well cell culture plates (Corning), Lipofectamine 2000 transfection kit (Invitrogen), PTX (Calbiochem), siRNA (QIAGEN) lysis buffer (R&D Systems), 1× TBS-T buffer (20 m*M* Tris, 150 m*M* NaCl, pH 7.6), Superblock T20 PBS solution (Thermo Scientific), rabbit anti-phospho-p44/42 primary antibody (Cell Signaling; for ERK1/2 phosphorylation) or other antibody reactive toward the phosphorylated kinase to be assessed, goat anti-rabbit IgG-conjugated peroxidase secondary antibody

(Millipore), and SuperSignal West Femto Maximum Substrate (Thermo Scientific).

5.2.2 Protocol for Kinase Phosphorylation

For the kinase phosphorylation analysis, the procedure usually takes 5 days to complete.

Day 1: HEK293 cells are seeded to 50%–70% confluency in a six-well plate and maintained in DMEM with 10% fetal bovine serum and 0.35 mg/mL glucose at 37°C in an incubator with 5% CO_2.

Day 2: HEK293 cells were transfected with CB_1 DNA alone or cotransfected with control siRNA and siRNA to β-arrestin 1 or 2 with Lipofectamine 2000. After transfection, cells are grown for 24 h.

Day 3: The medium is changed to DMEM serum-free medium, cells are treated with PTX at 10 ng/mL if this treatment is used, and cell growth is continued for 16 h.

Day 4: Cells are treated with various concentrations of test compounds (antagonist, agonist, or allosteric modulator) for the specified time (typically 5–20 min). The cells are solubilized and lysed in 120 μL/well in lysis buffer. The protein concentration is determined by Bradford assay (Bradford, 1976).

Day 5: The protein, the amount determined from the Bradford assay, is loaded into 10% SDS-polyacrylamide gel electrophoresis run to completion. The protein in the gel is transferred to a polyvinylidene fluoride (PVDF) membrane. The membrane blocked with Superblock T20 PBS solution at 4°C with gentle shaking overnight. The PVDF membrane is incubated for 1 h with anti-phospho-p44/42 (ERK) primary antibody (1:4000) (or another primary antibody diluted appropriately) at room temperature. The membrane is washed with 1 × TBS-T buffer and then incubated with secondary antibody (1:6000) conjugated with peroxidase for 1 h at room temperature. After washing with 1 × TBS-T buffer, the antibody-reactive components on the immunoblot are detected by using a SuperSignal West Femto Maximum Sensitivity Substrate (Thermo Fisher Scientific) following the manufacture's protocol and visualized with X-ray film.

6. PERSPECTIVES

Early thinking about GPCR function assumed the existence of just two GPCR states, the "off" (R) and "on" (R*) modes representing the inactive and active states of the receptor, respectively (De Lean et al., 1980). It is now clear that GPCRs can adopt multiple distinct conformations displaying different states of receptor activation, resulting in different signaling efficacies (Kenakin, 2003). Thus, the transition from inactive to active GPCR forms may include several distinct conformational substrates that can be differentially stabilized by different ligands—and this seems to be true for CB_1.

Allosteric modulation of CB_1 adds yet another variable and, depending on the allosteric and orthosteric ligands utilized, may adopt different activated (or inactivated) conformations. This may introduce several complicated and apparently confounding consequences (Conn et al., 2009; Khoury, Clément, & Laporte, 2014; Wang, Martin, Brenneman, Luttrell, & Maudsley, 2009) including bias for different coupling partners. Thus, while allosteric modulators of CB_1 offer many advantages for mechanistic analysis and for drug development including impacting specific downstream pathways (Basavarajappa, 2007; Hudson, Hébert, & Kelly, 2009; Picone & Kendall, 2015; Smith, Sim-Selley, & Selley, 2010; Turu & Hunyady, 2010), their outcome is complex and must also be evaluated in vivo. While this chapter focused on in vitro analysis of some behaviors of allosteric modulators of CB_1, it is anticipated that patterns will emerge and clear correlations will be made between in vitro and in vivo profiles.

ACKNOWLEDGMENTS

This research was supported in part by the National Institutes of Health grant DA039942 (to D.A.K.). We thank all authors who have contributed to the elucidation of CB_1 modulation although many were not included in this review. We also thank D.A.K.'s laboratory coworkers who have contributed to the knowledge of CB_1 allosteric modulators especially Kwang H. Ahn, Leepakshi Khurana, Mariam M. Mahmoud, and Yu-Hsien Liao. The authors gratefully acknowledge Andrew Alt for helpful discussions.

Conflict of Interest. The authors have no conflict of interest.

REFERENCES

Ahn, K. H., Mahmoud, M. M., & Kendall, D. A. (2012). Allosteric modulator ORG27569 induces CB1 cannabinoid receptor high affinity agonist binding state, receptor internalization, and Gi protein-independent ERK1/2 kinase activation. *The Journal of Biological Chemistry*, *287*(15), 12070–12082.

Ahn, K. H., Mahmoud, M. M., Samala, S., Lu, D., & Kendall, D. A. (2013). Profiling two indole-2-carboxamides for allosteric modulation of the CB1 receptor. *Journal of Neurochemistry*, *124*, 584–589.

Ahn, K. H., Mahmoud, M. M., Shim, J.-Y., & Kendall, D. A. (2013). Distinct roles of β-arrestin 1 and β-arrestin 2 in ORG27569-induced biased signaling and internalization of the cannabinoid receptor 1 (CB1). *The Journal of Biological Chemistry*, *288*(14), 9790–9800.

Ahn, K. H., Nishiyama, A., Mierke, D. F., & Kendall, D. A. (2009). Hydrophobic residues in helix 8 of cannabinoid receptor 1 are critical for structural and functional properties. *Biochemistry*, *49*(3), 502–511.

Appleyard, S. M., Patterson, T. A., Jin, W., & Chavkin, C. (1997). Agonist-induced phosphorylation of the κ-opioid receptor. *Journal of Neurochemistry*, *69*(6), 2405–2412.

Baillie, G. L., Horswill, J. G., Anavi-Goffer, S., Reggio, P. H., Bolognini, D., Abood, M. E., et al. (2013). CB(1) receptor allosteric modulators display both agonist and signaling pathway specificity. *Molecular Pharmacology*, *83*(2), 322–338.

Barlic, J., Andrews, J. D., Kelvin, A. A., Bosinger, S. E., DeVries, M. E., Xu, L., et al. (2000). Regulation of tyrosine kinase activation and granule release through [beta]-arrestin by CXCR1. *Nature Immunology*, *1*(3), 227–233.

Basavarajappa, B. S. (2007). The endocannabinoid signaling system: A potential target for next-generation therapeutics for alcoholism. *Mini Reviews in Medicinal Chemistry*, 7(8), 769–779.

Bauer, M., Chicca, A., Tamborrini, M., Eisen, D., Lerner, R., Lutz, B., et al. (2012). Identification and quantification of a new family of peptide endocannabinoids (Pepcans) showing negative allosteric modulation at CB1 receptors. *The Journal of Biological Chemistry*, *287*(44), 36944–36967.

Berry, E. M., & Mechoulam, R. (2002). Tetrahydrocannabinol and endocannabinoids in feeding and appetite. *Pharmacology & Therapeutics*, *95*(2), 185–190.

Bhattacharyya, S., Morrison, P. D., Fusar-Poli, P., Martin-Santos, R., Borgwardt, S., Winton-Brown, T., et al. (2010). Opposite effects of delta-9-tetrahydrocannabinol and cannabidiol on human brain function and psychopathology. *Neuropsychopharmacology*, *35*(3), 764–774.

Bradford, M. M. (1976). A rapid and sensitive method for the quantitation of microgram quantities of protein utilizing the principle of protein-dye binding. *Analytical Biochemistry*, *72*(1), 248–254.

Burford, N. T., Clark, M. J., Wehrman, T. S., Gerritz, S. W., Banks, M., O'Connell, J., et al. (2013). Discovery of positive allosteric modulators and silent allosteric modulators of the μ-opioid receptor. *Proceedings of the National Academy of Sciences of the United States of America*, *110*(26), 10830–10835.

Burford, N. T., Watson, J., Bertekap, R., & Alt, A. (2011). Strategies for the identification of allosteric modulators of G-protein-coupled receptors. *Biochemical Pharmacology*, *81*(6), 691–702.

Cawston, E. E., Redmond, W. J., Breen, C. M., Grimsey, N. L., Connor, M., & Glass, M. (2013). Real-time characterization of cannabinoid receptor 1 (CB1) allosteric modulators reveals novel mechanism of action. *British Journal of Pharmacology*, *170*(4), 893–907.

Cheng, Y.-C., & Prusoff, W. H. (1973). Relationship between the inhibition constant (KI) and the concentration of inhibitor which causes 50 per cent inhibition (I50) of an enzymatic reaction. *Biochemical Pharmacology*, *22*(23), 3099–3108.

Christopoulos, A. (2001). Quantification of allosteric interactions at G protein coupled receptors using radioligand binding assays. *Current Protocols in Pharmacology*, *11*(1.22), 1.22.1–1.22.40.

Christopoulos, A. (2002). Allosteric binding sites on cell-surface receptors: Novel targets for drug discovery. *Nature Reviews. Drug Discovery*, *1*(3), 198–210.

Christopoulos, A., & Kenakin, T. (2002). G protein-coupled receptor allosterism and complexing. *Pharmacological Reviews*, *54*(2), 323.

Conn, P. J., Christopoulos, A., & Lindsley, C. W. (2009). Allosteric modulators of GPCRS: A novel approach for the treatment of CNS disorders. *Nature Reviews. Drug Discovery*, *8*(1), 41–54.

Daigle, T. L., Kwok, M. L., & Mackie, K. (2008). Regulation of CB1 cannabinoid receptor internalization by a promiscuous phosphorylation-dependent mechanism. *Journal of Neurochemistry, 106*(1), 70–82.

D'Antona, A. M., Ahn, K. H., & Kendall, D. A. (2006). Mutations of CB1 T210 produce active and inactive receptor forms: Correlations with ligand affinity, receptor stability, and cellular localization. *Biochemistry, 45*(17), 5606–5617.

D'Antona, A. M., Ahn, K. H., Wang, L., Mierke, D. F., Lucas-Lenard, J., & Kendall, D. A. (2006). A cannabinoid receptor 1 mutation proximal to the dry motif results in constitutive activity and reveals intramolecular interactions involved in receptor activation. *Brain Research, 1108*(1), 1–11.

De Lean, A., Stadel, J. M., & Lefkowitz, R. J. (1980). A ternary complex model explains the agonist-specific binding properties of the adenylate cyclase-coupled beta-adrenergic receptor. *The Journal of Biological Chemistry, 255*(15), 7108–7117.

DeWire, S. M., & Violin, J. D. (2011). Biased ligands for better cardiovascular drugs dissecting G-protein-coupled receptor pharmacology. *Circulation Research, 109*(2), 205–216.

Dhopeshwarkar, A., Murataeva, N., Makriyannis, A., Straiker, A., & Mackie, K. (2017). Two Janus cannabinoids that are both CB2 agonists and CB1 antagonists. *Journal of Pharmacology and Experimental Therapeutics, 360*(2), 300–311.

Di Marzo, V., Fontana, A., Cadas, H., Schinelli, S., Cimino, G., Schwartz, J.-C., et al. (1994). Formation and inactivation of endogenous cannabinoid anandamide in central neurons. *Nature, 372*(6507), 686–691.

Fay, J. F., & Farrens, D. L. (2012). A key agonist-induced conformational change in the cannabinoid receptor CB1 is blocked by the allosteric ligand Org 27569. *The Journal of Biological Chemistry, 287*(40), 33873–33882.

Gamage, T. F., Anderson, J. C., & Abood, M. E. (2016). CB1 allosteric modulator Org27569 is an antagonist/inverse agonist of ERK1/2 signaling. *Cannabis and Cannabinoid Research, 1*(1), 272–280.

German, N., Decker, A. M., Gilmour, B. P., Gay, E. A., Wiley, J. L., Thomas, B. F., et al. (2014). Diarylureas as allosteric modulators of the cannabinoid CB1 receptor: Structure–activity relationship studies on 1-(4-chlorophenyl)-3-{3-[6-(pyrrolidin-1-yl)pyridin-2-yl]phenyl}urea (PSNCBAM-1). *Journal of Medicinal Chemistry, 57*(18), 7758–7769.

Glass, M., & Felder, C. C. (1997). Concurrent stimulation of cannabinoid CB1 and dopamine D2 receptors augments camp accumulation in striatal neurons: Evidence for a G(s) linkage to the CB1 receptor. *Journal of Neuroscience, 17*(14), 5327–5333.

Goel, R., Phillips-Mason, P. J., Raben, D. M., & Baldassare, J. J. (2002). A-thrombin induces rapid and sustained Akt phosphorylation by β-arrestin1-dependent and -independent mechanisms, and only the sustained Akt phosphorylation is essential for G1 phase progression. *The Journal of Biological Chemistry, 277*(21), 18640–18648.

Horswill, J. G., Bali, U., Shaaban, S., Keily, J. F., Jeevaratnam, P., Babbs, A. J., et al. (2007). Psncbam-1, a novel allosteric antagonist at cannabinoid CB1 receptors with hypophagic effects in rats. *British Journal of Pharmacology, 152*(5), 805–814.

Howlett, A. C., Barth, F., Bonner, T. I., Cabral, G., Casellas, P., Devane, W. A., et al. (2002). International Union of Pharmacology. XXVII Classification of cannabinoid receptors. *Pharmacological Reviews, 54*(2), 161–202.

Howlett, A. C., & Fleming, R. M. (1984). Cannabinoid inhibition of adenylate-cyclase. Pharmacology of the response in neuro-blastoma cell-membranes. *Molecular Pharmacology, 26*(3), 532–538.

Hsieh, C., Brown, S., Derleth, C., & Mackie, K. (1999). Internalization and recycling of the CB1 cannabinoid receptor. *Journal of Neurochemistry, 73*(2), 493–501.

Hudson, B. D., Hébert, T. E., & Kelly, M. E. M. (2009). Ligand- and heterodimer-directed signaling of the CB1 cannabinoid receptor. *Molecular Pharmacology*, 77(1), 1–9.

Imamura, T., Huang, J., Dalle, S., Ugi, S., Usui, I., Luttrell, L. M., et al. (2001). B-arrestin-mediated recruitment of the Src family kinase Yes mediates endothelin-1-stimulated glucose transport. *The Journal of Biological Chemistry*, *276*(47), 43663–43667.

Janero, D. R., & Thakur, G. A. (2016). Leveraging allostery to improve G protein-coupled receptor (GPCR)-directed therapeutics: Cannabinoid receptor 1 as discovery target. *Expert Opinion on Drug Discovery*, *11*(12), 1223–1237.

Jin, W., Brown, S., Roche, J. P., Hsieh, C., Celver, J. P., Kovoor, A., et al. (1999). Distinct domains of the CB1 cannabinoid receptor mediate desensitization and internalization. *Journal of Neuroscience*, *19*(10), 3773.

Kenakin, T. (1995). Pharmacological proteus? *Trends in Pharmacological Sciences*, *16*(8), 256–258.

Kenakin, T. (2003). Ligand-selective receptor conformations revisited: The promise and the problem. *Trends in Pharmacological Sciences*, *24*(7), 346–354.

Kenakin, T., & Miller, L. J. (2010). Seven transmembrane receptors as shapeshifting proteins: The impact of allosteric modulation and functional selectivity on new drug discovery. *Pharmacological Reviews*, *62*(2), 265–304.

Khajehali, E., Malone, D. T., Glass, M., Sexton, P. M., Christopoulos, A., & Leach, K. (2015). Biased agonism and biased allosteric modulation at the CB1 cannabinoid receptor. *Molecular Pharmacology*, *88*(2), 368.

Khoury, E., Clément, S., & Laporte, S. A. (2014). Allosteric and biased G protein-coupled-receptor signaling regulation: Potentials for new therapeutics. *Frontiers in Endocrinology*, *5*, 68.

Khurana, L., Ali, H. I., Olszewska, T., Ahn, K. H., Damaraju, A., Kendall, D. A., et al. (2014). Optimization of chemical functionalities of indole-2-carboxamides to improve allosteric parameters for the cannabinoid receptor 1 (CB1). *Journal of Medicinal Chemistry*, *57*(7), 3040–3052.

Khurana, L., Fu, B.-Q., Duddupudi, A. L., Liao, Y.-H., Immadi, S. S., Kendall, D. A., et al. (2017). Pyrimidinyl biphenylureas: Identification of new lead compounds as allosteric modulators of the cannabinoid receptor CB1. *Journal of Medicinal Chemistry*, *60*(3), 1089–1104.

Kovoor, A., Nappey, V., Kieffer, B. L., & Chavkin, C. (1997). M and δ opioid receptors are differentially desensitized by the coexpression of β-adrenergic receptor kinase 2 and β-arrestin 2 in Xenopus oocytes. *The Journal of Biological Chemistry*, *272*(44), 27605–27611.

Krupnick, J. G., & Benovic, J. L. (1998). The role of receptor kinases and arrestins in G protein-coupled receptor regulation. *Annual Review of Pharmacology and Toxicology*, *38*(1), 289–319.

Langmead, C. J., & Christopoulos, A. (2006). Allosteric agonists of 7TM receptors: Expanding the pharmacological toolbox. *Trends in Pharmacological Sciences*, *27*(9), 475–481.

Laprairie, R. B., Bagher, A. M., & Denovan-Wright, E. M. (2017). Cannabinoid receptor ligand bias: Implications in the central nervous system. *Current Opinion in Pharmacology*, *32*, 32–43.

Laprairie, R. B., Bagher, A. M., Kelly, M. E. M., & Denovan-Wright, E. M. (2015). Cannabidiol is a negative allosteric modulator of the cannabinoid CB1 receptor. *British Journal of Pharmacology*, *172*(20), 4790–4805.

Laprairie, R. B., Kulkarni, P. M., Deschamps, J. R., Kelly, M. E. M., Janero, D. R., Cascio, M. G., et al. (2017). Enantiospecific allosteric modulation of cannabinoid 1 receptor. *ACS Chemical Neuroscience*, *8*(6), 1188–1203.

Leterrier, C., Bonnard, D., Carrel, D., Rossier, J., & Lenkei, Z. (2004). Constitutive endocytic cycle of the CB1 cannabinoid receptor. *The Journal of Biological Chemistry*, *279*(34), 36013–36021.

Little, P. J., Compton, D. R., Johnson, M. R., Melvin, L. S. & Martin, B. R. (1988). Pharmacology and stereoselectivity of structurally novel cannabinoids in mice. *Journal of Pharmacology and Experimental Therapeutics*, *247*(3), 1046–1051.

Liu, J. J., Horst, R., Katritch, V., Stevens, R. C., & Wuthrich, K. (2012). Biased signaling pathways in beta2-adrenergic receptor characterized by 19F-NMR. *Science*, *335*(6072), 1106–1110.

Mackie, K., & Hille, B. (1992). Cannabinoids inhibit N-type calcium channels in neuroblastoma-glioma cells. *Proceedings of the National Academy of Sciences of the United States of America*, *89*(9), 3825–3829.

Mahmoud, M. M., Ali, H. I., Ahn, K. H., Damaraju, A., Samala, S., Pulipati, V. K., et al. (2013). Structure-activity relationship study of indole-2-carboxamides identifies a potent allosteric modulator for the cannabinoid receptor 1 (CB1). *Journal of Medicinal Chemistry*, *56*(20), 7965–7975.

May, L. T., Leach, K., Sexton, P. M., & Christopoulos, A. (2007). Allosteric modulation of G protein-coupled receptors. *Annual Review of Pharmacology and Toxicology*, *47*, 1–51.

Navarro, H. A., Howard, J. L., Pollard, G. T., & Carroll, F. I. (2009). Positive allosteric modulation of the human cannabinoid (CB 1) receptor by RTI-371, a selective inhibitor of the dopamine transporter. *British Journal of Pharmacology*, *156*(7), 1178–1184.

Pamplona, F. A., Ferreira, J., Menezes de Lima, O., Duarte, F. S., Bento, A. F., Forner, S., et al. (2012). Anti-inflammatory lipoxin A4 is an endogenous allosteric enhancer of CB1 cannabinoid receptor. *Proceedings of the National Academy of Sciences of the United States of America*, *109*(51), 21134–21139.

Pertwee, R. G., Howlett, A. C., Abood, M. E., Alexander, S. P., Di Marzo, V., Elphick, M. R., et al. (2010). International Union of Basic and Clinical Pharmacology. LXXIX. Cannabinoid receptors and their ligands: Beyond CB_1 and CB_2. *Pharmacological Reviews*, *62*(4), 588–631.

Picone, R. P., & Kendall, D. A. (2015). Minireview: From the bench, toward the clinic: Therapeutic opportunities for cannabinoid receptor modulation. *Molecular Endocrinology*, *29*(6), 801–813.

Povsic, T. J., Kohout, T. A., & Lefkowitz, R. J. (2003). B-arrestin1 mediates insulin-like growth factor 1 (IGF-1) activation of phosphatidylinositol 3-kinase (PI3K) and anti-apoptosis. *The Journal of Biological Chemistry*, *278*(51), 51334–51339.

Prescott, W. R., Gold, L. H., & Martin, B. R. (1992). Evidence for separate neuronal mechanisms for the discriminative stimulus and catalepsy induced by delta 9-THC in the rat. *Psychopharmacology*, *107*(1), 117–124.

Price, M. R., Baillie, G. L., Thomas, A., Stevenson, L. A., Easson, M., Goodwin, R., et al. (2005). Allosteric modulation of the cannabinoid CB1 receptor. *Molecular Pharmacology*, *68*(5), 1484.

Qiao, C.-J., Ali, H. I., Ahn, K. H., Kolluru, S., Kendall, D. A., & Lu, D. (2016). Synthesis and biological evaluation of indole-2-carboxamides bearing photoactivatable functionalities as novel allosteric modulators for the cannabinoid CB1 receptor. *European Journal of Medicinal Chemistry*, *121*, 517–529.

Ravinet Trillou, C., Arnone, M., Delgorge, C., Gonalons, N., Keane, P., Maffrand, J. P., et al. (2003). Anti-obesity effect of SR141716, a CB1 receptor antagonist, in diet-induced obese mice. *American Journal of Physiology. Regulatory, Integrative and Comparative Physiology*, *284*(2), R345–R353.

Rothman, R. B., & Baumann, M. H. (2009). Appetite suppressants, cardiac valve disease and combination pharmacotherapy. *American Journal of Therapeutics*, *16*(4), 354–364.

Russo, E. B. (2008). Cannabinoids in the management of difficult to treat pain. *Therapeutics and Clinical Risk Management*, *4*(1), 245–259.

Saito, V. M., Rezende, R. M., & Teixeira, A. L. (2012). Cannabinoid modulation of neuroinflammatory disorders. *Current Neuropharmacology*, *10*(2), 159–166.

Shore, D. M., Baillie, G. L., Hurst, D. H., Navas, F., 3rd, Seltzman, H. H., Marcu, J. P., et al. (2014). Allosteric modulation of a cannabinoid G protein-coupled receptor: Binding site elucidation and relationship to G protein signaling. *The Journal of Biological Chemistry*, *289*(9), 5828–5845.

Smith, T. H., Sim-Selley, L. J., & Selley, D. E. (2010). Cannabinoid CB(1) receptor-interacting proteins: Novel targets for central nervous system drug discovery? *British Journal of Pharmacology*, *160*(3), 454–466.

Stella, N., Schweitzer, P., & Piomelli, D. (1997). A second endogenous cannabinoid that modulates long-term potentiation. *Nature*, *388*(6644), 773–778.

Stornaiuolo, M., Bruno, A., Botta, L., Regina, G. L., Cosconati, S., Silvestri, R., et al. (2015). Endogenous vs exogenous allosteric modulators in GPCRs: A dispute for shuttling CB1 among different membrane microenvironments. *Scientific Reports*, *5*, 15453.

Straiker, A., Mitjavila, J., Yin, D., Gibson, A., & Mackie, K. (2015). Aiming for allosterism: Evaluation of allosteric modulators of CB1 in a neuronal model. *Pharmacological Research*, *99*, 370–376.

Turu, G., & Hunyady, L. (2010). Signal transduction of the CB1 cannabinoid receptor. *Journal of Molecular Endocrinology*, *44*(2), 75–85.

Vallée, M., Vitiello, S., Bellocchio, L., Hébert-Chatelain, E., Monlezun, S., Martin-Garcia,-E., et al. (2014). Pregnenolone can protect the brain from cannabis intoxication. *Science*, *343*(6166), 94–98.

Van Gaal, L. F., Rissanen, A. M., Scheen, A. J., Ziegler, O., Rossner, S., & RIO-Europe Study Group. (2005). Effects of the cannabinoid-1 receptor blocker rimonabant on weight reduction and cardiovascular risk factors in overweight patients: 1-year experience from the RIO-Europe study. *Lancet*, *365*(9468), 1389–1397.

Walsh, D., Nelson, K. A., & Mahmoud, F. A. (2003). Established and potential therapeutic applications of cannabinoids in oncology. *Support Care Cancer*, *11*(3), 137–143.

Walter, L., & Stella, N. (2004). Cannabinoids and neuroinflammation. *British Journal of Pharmacology*, *141*(5), 775–785.

Wang, L., Martin, B., Brenneman, R., Luttrell, L. M., & Maudsley, S. (2009). Allosteric modulators of G protein-coupled receptors: Future therapeutics for complex physiological disorders. *Journal of Pharmacology and Experimental Therapeutics*, *331*(2), 340–348.

Warne, T., Serrano-Vega, M. J., Baker, J. G., Moukhametzianov, R., Edwards, P. C., Henderson, R., et al. (2008). Structure of a beta1-adrenergic G-protein-coupled receptor. *Nature*, *454*(7203), 486–491.

Wootten, D., Christopoulos, A., & Sexton, P. M. (2013). Emerging paradigms in GPCR allostery: Implications for drug discovery. *Nature Reviews. Drug Discovery*, *12*(8), 630–644.

Zhang, J., Ferguson, S. S., Barak, L. S., Aber, M. J., Giros, B., Lefkowitz, R. J., et al. (1997). Molecular mechanisms of G protein-coupled receptor signaling: Role of G protein-coupled receptor kinases and arrestins in receptor desensitization and resensitization. *Receptors & Channels*, *5*(3–4), 193–199.

CHAPTER FIFTEEN

Purification of Functional CB_1 and Analysis by Site-Directed Fluorescence Labeling Methods

Jonathan F. Fay[1], David L. Farrens[2]
Oregon Health and Science University, Portland, OR, United States
[2]Corresponding author: e-mail address: farrensd@ohsu.edu

Contents

Abstract

The human cannabinoid receptor, CB_1, has been difficult to purify in a functional form, hampering structural and biophysical studies. Here, we present our approaches for obtaining pure, detergent solubilized, functional CB_1. We also discuss our site-directed fluorescence labeling (SDFL) methods for identifying different structural changes that CB_1 can undergo upon binding different cannabinoid ligands.

To identify optimal CB_1 constructs for these studies (those with the best expression levels, solubility in detergent and function), we first screened various CB_1-green fluorescent protein chimeras in a mammalian expression system. Once identified, we then tagged the best candidates with the 1D4 epitope (the C-terminus of rhodopsin) and purified them using a single-step immunoaffinity process. The resulting, highly pure

[1] Present address: University of North Carolina, Chapel Hill, NC, United States.

Methods in Enzymology, Volume 593
ISSN 0076-6879
http://dx.doi.org/10.1016/bs.mie.2017.06.026

proteins retain their ability to activate G-protein, and are ~85% functional, as assessed by radioligand binding studies.

The SDFL studies involve introducing single cysteine residues at key places in the receptor, then labeling them with a small fluorophore, bimane. The spectral properties of the bimane probe are then monitored before and after addition of cannabinoid ligands. Changes in fluorescence of the attached probe indicate regions of the receptor undergoing conformational changes upon ligand binding.

Together, these approaches set the stage for a deeper understanding of the structure and function of CB_1. Access to pure, functional CB_1 makes subsequent structural studies possible (such as crystallography and single-particle EM analysis), and the SDFL studies enable a better structural and mechanistic understanding of this key receptor and the dynamic changes it undergoes during activation and attenuation.

ABBREVIATIONS

BME β-mercaptoethanol
CB_1 cannabinoid CB_1 receptor
CHAPS 3-((3-cholamidopropyl) dimethylammonio)-1-propanesulfonate
CHS cholesteryl hemisuccinate tris salt
CMC critical micelle concentration
DDM *n*-dodecyl-β-D-maltoside
DMEM Dulbecco's modified Eagle medium
DTT dithiothreitol
FSEC fluorescence detected size-exclusion chromatography
GFP green fluorescent protein
GTPγS guanosine 5′-[γ-thio]triphosphate
Gαiβγ Gi protein αβγ subunits
LSC liquid scintillation counter
mBBr monobromobimane
meAEA (*R*)-(+)-methanandamide
NTS1 neurotensin receptor
PDT phosphorus pentoxide/dimethyl sulfoxide/triethylamine
PEI polyethyleneimine
PMSF phenylmethylsulfonyl fluoride
SDFL site-directed fluorescence labeling
shCB1 synthetic human CB1 gene
TCA trichloroacetic acid

1. INTRODUCTION

Background about CB_1: The cannabinoid receptor, CB_1, is found throughout the central nervous system (CNS) and is one of the most highly expressed GPCRs in the brain (Reggio, 2003; Sim, Selley, et al., 1996). CB_1 activation produces a wide range of psychological and physiological effects, and the cannabinoid system has been implicated in many illnesses, including

Parkinson's and Alzheimer's disease, as well as depression, inflammation, neuropathic pain, and obesity (Reggio, 2003). For these reasons, CB_1 has long been a promising target for therapeutic applications (Bloom, Dewey, et al., 1977; Calignano, La Rana, et al., 1998; Cha, White, et al., 2006; Hollister, 1986; Miller & Walker, 1996; Sulcova, Mechoulam, et al., 1998).

Problems with Purifying CB_1: Until recently, structural information about CB_1 has been limited, in part due to the difficulties of obtaining purified, functional receptor. Later, we describe the methods we developed to overcome these difficulties. Specifically, we describe how we identified a functional form of the CB_1 receptor amenable to purification, as well as the methods we developed to measure radioligand binding to purified CB_1 in detergent (a nontrivial task, given the hydrophobic nature of cannabinoid ligands).

Site-directed fluorescence labeling (SDFL) studies of CB_1: We also describe our method and approaches for studying ligand-induced conformational changes in the receptor through use of site-directed fluorescence labeling (SDFL) methods, specifically those employing the fluorescent probe bimane (for reasons discussed later). We and others have used this approach to define structural changes during activation of rhodopsin (Dunham & Farrens, 1999; Schafer, Fay, et al., 2016; Tsukamoto & Farrens, 2013) and the beta-adrenergic receptor (Yao, Parnot, et al., 2006; Yao, Velez Ruiz, et al., 2009). Bimane-based SDFL studies have also been used to define key interactions of these receptors with G-proteins and arrestins (Sinha, Jones Brunette, et al., 2014; Sommer, Smith, et al., 2005; Yao et al., 2009).

To carry out SDFL studies of CB_1, unique, single-reactive cysteine residues are introduced at places in the receptor where an attached fluorophore will detect conformational changes upon ligand binding. The fluorescence properties are then measured in the presence and absence of cannabinoid ligands, and the data then analyzed to gain new structural insights into conformational changes that the receptor undergoes during ligand-induced activation, as well as attenuation upon binding allosteric ligands. Results from these types of studies and the mechanistic insights they provide about CB_1 are described in the Section 4 at the end of this chapter.

2. EXPRESSION AND PURIFICATION OF FUNCTIONAL CB_1

All of the work described in this chapter use various permutations of a synthetic human CB_1 gene (shCB1) (Farrens, Dunham, et al., 2002;

Fay, Dunham, et al., 2005). Later, we briefly describe the shCB1 gene and the methods we use to transiently transfect CB_1 in COS-1 cells. We then describe the various modifications that we introduced into CB_1 to increase receptor expression levels and detergent solubility. The screening methods we used to identify optimal CB_1 constructs for subsequent purification and SDFL studies, are also discussed. Finally, we describe the immunoaffinity-based method we use to purify CB_1, and the method we developed to enable measuring cannabinoid ligand binding to purified, detergent solubilized CB_1.

2.1 Overview and Description of shCB1

While designing the shCB1 gene for structure–function studies (Farrens et al., 2002), we optimized codon usage to increase expression in Eukaryotic systems. During that process, we also introduced restriction sites at every ~50 to 100 bp to facilitate subsequent cloning efforts, and flanked the gene with *EcoR*1 and *Not*1 restriction sites to enable insertion into a PMT4 expression plasmid for transient transfection in COS1 cells. Finally, to enable both immunoaffinity detection and purification, we introduced the 1D4 epitope (the last 9 amino acids of rhodopsin, residues TETSQVAPA) at the C-terminus. The full sequence of this gene is reported in a previous publication (Farrens et al., 2002). A 2D representation of the amino acids encoded by the shCB1 gene and the various mutants described here is shown in Fig. 1.

2.2 Alterations of shCB1 to Increase Receptor Expression and Detergent Solubility

After initial construction and characterization of shCB1 (Farrens et al., 2002), we next began making and testing a series of modifications to the gene, looking for those changes that both increased receptor expression as well as detergent solubility. A key step that greatly helped us screen these mutants involved adding GFP at the C-terminus of the receptor. Attaching GFP to CB_1 provides a number of advantages, including the ability to:

- Rapidly screen for expression levels and detergent solubility (by simply comparing the fluorescence of the different samples). (Fig. 2A)
- Analyze the expressed, solubilized receptor by fluorescence detected size-exclusion chromatography (FSEC) analysis (Kawate & Gouaux, 2006), a process that can help to identify those conditions that produced a monodisperse and properly folded protein. (Fig. 2B)

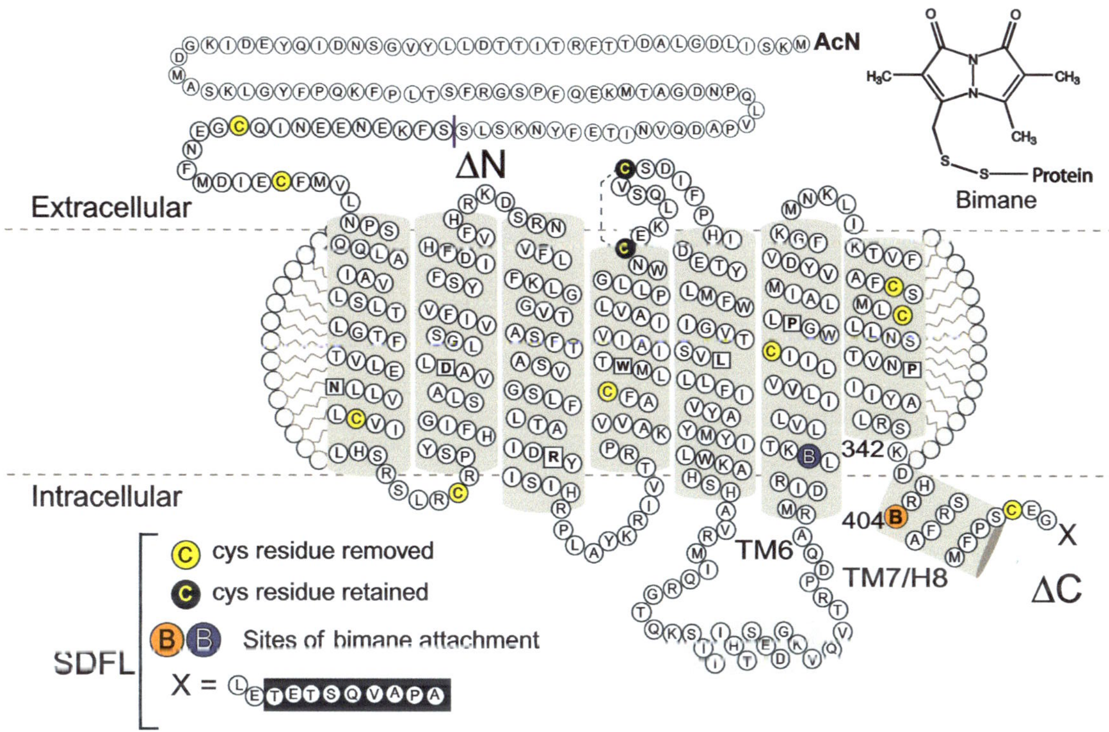

Fig. 1 2D cartoon representation of CB_1 constructs used for purification and SDFL studies. To enhance expression levels and detergent solubility, the N- and C-termini are truncated. Specifically, the N-terminus is removed up to residue 88 (referred to as Δ87), and the C-terminus is removed after residue 417 (referred to as Δ417). To enable immune-purification, the 1D4 epitope tag (shown as **X**; *black box*) is attached C-terminally. The SDFL studies use a minimal cysteine version of this construct, in which all of the potentially reactive cysteine residues (indicated in *yellow*) are changed to alanine. This construct, called CB_1-θ, contains only $C257^{4.66}$ and $C264^{4.73}$ (EL2; *black circles*), nonreactive cysteines required for an essential disulfide bond (Fay & Farrens, 2013). In the SDFL studies described here, reactive cysteines are introduced at either $A342C^{6.34}$ (TM6; *blue*) or $L404C^{8.50}$ (H8/TM7; *orange*) to enable labeling with the fluorescent probe PDT bimane (*inset at upper right*). The Ballesteros and Weinstein nomenclature for the residue is shown in superscript following the amino acid sequence mutation (Ballesteros & Weinstein, 1995).

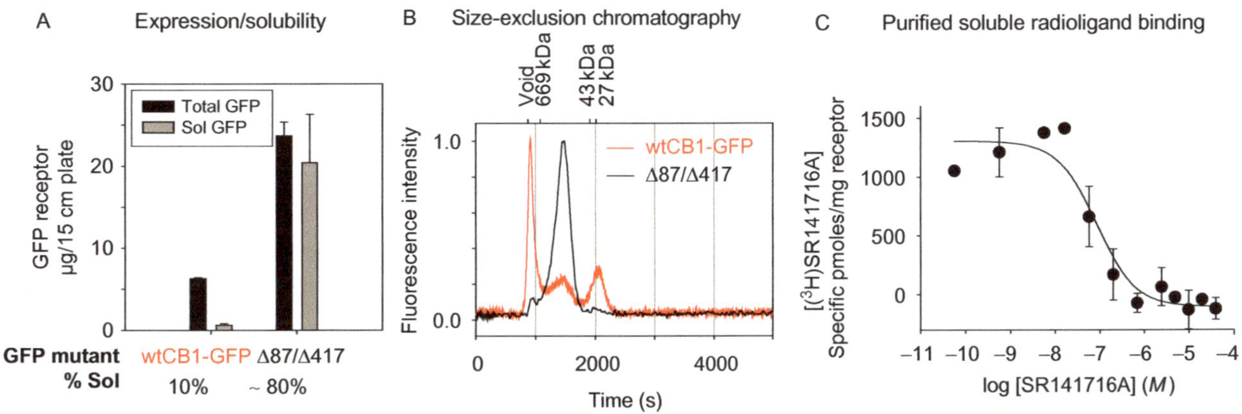

Fig. 2 GFP-tagged CB_1 can be used to determine and optimize expression levels, detergent solubility, and radioligand-binding properties. (A) GFP fluorescence comparison between full-length, GFP-tagged Wt shCB1, and the double-truncated shCB1 (Δ87/Δ417) mutant. After transient transfection of these mutants into COS1 cells, relative expression and solubility are determined by comparing GFP fluorescence before (*black bars*) and after (*gray bars*) centrifuging detergent solubilized cell pellets at $100{,}000 \times g$. The μg/plate estimations are determined from comparison to purified GFP standards. Data is the mean ± range between two sets. (B) Fluorescence-detected size-exclusion chromatography (FSEC) traces of full-length, GFP-tagged Wt shCB1 (Wt; *red*), and the optimized shCB1 Δ87/Δ417 double-truncated mutant (*black*). The data show that the N- and C-terminal truncations produce a CB_1 that is monodisperse in detergent, in contrast to full-length Wt CB_1 which comes out in the void volume. (C) Competitive inhibition binding graph of antagonist (SR141716A) binding to purified GFP-tagged shCB1 Δ87/Δ417-truncated mutant. Comparing the B_{max} value determined from this plot with the amount of total receptor present (determined from total GFP fluorescence) indicates ~85% of the receptor is functional. Analysis of the radioactive binding data (mean ± SEM from three independent experiments) yields a K_d of $136 \pm 89\,nM$ and B_{max} of $9 \pm 5\,nM$.

- Estimate the amount of functional, purified CB_1 present in the different conditions, before purification, by comparing the moles of CB_1-GFP present (determined from the GFP absorption maximum) with moles of functional CB_1 determined from radioligand binding data. (Fig. 2C)

Together, our screens indicated that deletions of the N- and C-termini were the most effective alterations that increased CB_1 expression levels and detergent solubility. Specifically, we found the best expression and receptor solubility for CB_1 samples in which the N-terminus was deleted before either residue 88 (Δ87) or 103 (Δ102), and in which the C-terminal tail was deleted after residue 417 (Δ417), immediately after helix 8 (H8) and the putative palmitoylation site (Fay & Farrens, 2012 2013, 2015; Mathiasen, Christensen, et al., 2014). Interestingly, very similar deletions were used in both recent crystallographic studies of CB_1 (Hua, Vemuri, et al., 2016; Shao, Yin, et al., 2016).

We then introduced the 1D4 epitope (see Fig. 1) into these optimal CB_1 constructs. The 1D4 tag enables both immunodetection using the 1D4 antibody, and as discussed later, one-step immunoaffinity purification as originally developed for rhodopsin (Oprian, Molday, et al., 1987). Examples of the shCB1 gene and the modifications that produced an optimal CB_1 for further purification and structural studies are shown in Fig. 1. Solubility assessment, FSEC analysis, and radioligand binding of a GFP-tagged CB_1 are shown in Fig. 2.

2.3 Transient Transfection of COS1 Cells

We find the fastest, easiest way to express and assess various mutant shCB1 genes is through transient transfection of the shCB1 gene into monkey kidney cells (COS-1). To obtain significant quantities of receptor, we carry out these transfections in 15 cm tissue culture plates as described later. Note that the volumes listed later are for transection of a *single* 15-cm plate. Volumes should be scaled accordingly for larger scale transfections involving more plates.

2.3.1 Equipment

1. Tissue culture incubator (5% CO_2, 75% relative humidity, and 37°C)
2. Tissue culture hood
3. 15 cm Tissue culture plates
4. 15 mL Falcon Tubes
5. Table top clinical centrifuge

2.3.2 Buffers and Reagents

1. shCB1 gene
2. COS-1 cells
3. Tissue Culture media (high-glucose Dulbecco's modified Eagle medium (DMEM), supplemented with 10% fetal calf serum, 1% PenStrep, and 1% glutamine dipeptide)
4. PEI (polyethyleneimine "MAX," Polysciences Cat. # 24765), 1 mg/mL in water, pH 6, filtered through 0.2 μ*M* filter
5. Optimem (ThermoFisher)
6. PBSSC (137 m*M* NaCl, 2.7 m*M* KCl, 1.5 m*M* KH_2PO_4, 8 m*M* Na_2HPO_4 (pH 7.2))
7. Disposable Plastic Transfer Pipettes (Fisher Cat. # 12-711-7M).

2.3.3 Procedure

a. Prepare DNA immediately prior to transfection:

1. Add 30 μg of CB_1 mutant DNA to a 2.5-mL Optimem solution in 15 mL Falcon Tube.
2. Add 100 μL (100 μg) of PEI solution to 2.5 mL Optimem solution in a separate 15 mL Falcon Tube.
3. Incubate both solutions for 5 min at room temperature (RT), then combine them and incubate for an additional 20 min at RT.

b. Transfection:

1. Remove media from Tissue Culture plate, and then add 15 mL fresh Tissue Culture Media.
2. Immediately add the 5-mL of DNA/PEI solution in Optimem (from above) to the plate, and return plate to incubator.

c. Harvesting and storage of transfected cells:

1. After 50–65 h, remove plate, wash with 10 mL of PBSSC.
2. Add ~1 mL PBSSC to each plate.
3. Scrape cells from the surface of the plate and transfer to 15 mL Falcon tube.
4. Pellet cells by centrifugation in Table-top clinical centrifuge, then resuspend pellet in 0.5 mL of PBSSC/plate supplemented with 0.5 m*M* phenylmethylsulfonyl fluoride (PMSF).
5. Snap freeze resuspended cell pellets in liquid nitrogen and store at −80°C until use.

2.3.4 Notes

1. It is important to adjust the pH of the PEI Stock Solution to 6.0 before use in Transfection.

2.4 Purification of CB_1 Mutants

As noted earlier, our method for purifying CB_1 is based on an immunopurification method originally developed to purify rhodopsin (Oprian et al., 1987). The antibody used, 1D4, is key to this approach, as it binds with relatively low (micromolar) affinity, and thus can be displaced by adding micromolar amounts of peptide corresponding to the 1D4 epitope. Note – 1D4 binding requires that the 1D4 epitope be located at the C-terminus of the protein of interest.

A 1D4-based purification of CB_1 is carried out as follows. First, cell pellets containing 1D4-tagged CB_1 are solubilized in the appropriate detergent. They are then centrifuged to remove any nonsolubilized particles, then mixed in batch with Sepharose beads that have covalently attached 1D4 antibody. After binding, the samples are transferred to small columns and washed extensively to remove contaminant proteins. Finally, to elute the CB_1, a small 9mer peptide corresponding to the 1D4 sequence is added (see Fig. 1), the sample incubated, and the eluate containing the purified receptor is then collected. This purification approach can routinely yield ~15–20 μg purified CB_1 from one 15 cm plate transiently transfected as described earlier.

2.4.1 Equipment

1. Nutator
2. Biorad Biospin (BS-30) Microcolumns
3. Table-top swinging bucket Clinical Centrifuge
4. UV–Vis spectrophotometer (Shimadzu 1601).

2.4.2 Buffers and Reagents

1. PBSSC (137 m*M* NaCl, 2.7 m*M* KCl, 1.5 m*M* KH_2PO_4, 8 m*M* Na_2HPO_4 (pH 7.2))
2. Solubilization Buffer (50 m*M* Tris (pH 7.5), 200 m*M* NaCl, 5 m*M* $MgCl_2$, 20% glycerol, 0.6% 3-((3-cholamidopropyl) dimethylammonio)-1-propanesulfonate (CHAPS), 0.1% *n*-dodecyl-β-D-maltoside (DDM) (dodecyl maltoside), and 0.1% cholesteryl hemisuccinate tris salt (CHS). Antagonist SR141716A is also added at this step (~1 μ*M*) to help stabilize the receptor.
3. Purification buffer (50 m*M* Tris (pH 7.5), 200 m*M* NaCl, 5 m*M* $MgCl_2$, 20% glycerol, 0.12% CHAPS, 0.02% DDM, and 0.02% CHS).
4. 1D4 antibody-Sepharose beads (~1 mg/mL rhodopsin binding capacity)
5. TETSQVAPA peptide (10 m*M* stock), referred to as "1D4 peptide."

2.4.3 Procedure

1. COS1 cell membranes solubilization.
   a. The cell pellets containing mutant CB_1 receptor protein are suspended in Solubilization Buffer supplemented with protease inhibitor tablet (Roche), as well as 5 μg/mL leupeptin, 10 m*M* benzamadine, 0.5 m*M* PMSF and 1 μ*M* SR141716A and gently nutated for 2–3 h at 4°C.
   b. Samples are then centrifuged for 1 h at 100,000 × *g* in Beckman optima LE-80 K ultracentrifuge with a TI60 rotor.
2. Binding and washing step.
   a. Supernatant is removed, then added to an appropriate volume of 1D4 antibody-Sepharose beads (see note) and allowed to bind *via* gentle agitation at 4°C for 4–5 h.
   b. Receptor-bound beads are next washed, first with ~5 mL buffer containing protease inhibitor and antagonist SR141716A, and then two times with 1 mL washes of buffer.
3. Elution and assessment of sample concentration and purity.
   a. Samples are eluted from the 1D4 antibody-Sepharose beads by addition of 200 μ*M* 1D4 peptide in purification buffer (the 1D4 peptide competitively displaces bound CB_1 from the antibody column).
   b. Concentration of the eluted CB_1 is determined by UV–Vis spectroscopy, using an extinction coefficient for CB_1 absorbance at 280 nm of 42,525 $M^{-1}cm^{-1}$ (calculated from the amino acid composition).
   c. Purity is assessed by SDS PAGE.
4. Storage of purified CB_1.
   1. If samples will not be studied within a day or two after purification, they should be aliquoted into smaller volumes, snap frozen in elution buffer using liquid Nitrogen and then stored at −80°C until use.

2.4.4 Notes

1. Binding capacity of the 1D4-Sepharose beads is typically ~1 μg of receptor/μL resin. Before using a new batch of 1D4-Sepharose beads, we first check this binding capacity by measuring the ability to bind solubilized rhodopsin standards.
2. We found a mixture of CHAPS, DDM and CHS produces monodisperse functional CB_1 by FSEC. This mixture has previously been shown to functionally solubilize cannabinoid receptor type 2 (CB_2) and neurotensin receptor (NTS1) (Kimura, Yeliseev, et al., 2012; White, Grodnitzky, et al., 2007). Earlier pilot experiments indicated this mixture

produced more functional receptor than DDM alone. The CMC for this detergent mixture in our Tris buffer (w/20% glycerol and 200 m*M* NaCl) was measured to be 0.05% CHAPS, 0.008% DDM, and 0.008% CHS using a fluorescent assay (Chattopadhyay & London, 1984).

2.5 Radioligand Binding Measurements for Purified, Solubilized CB_1

In order to assess the functionality of the purified CB_1, we first had to develop a way to measure specific radioligand binding to detergent solubilized CB_1. This turned out to be a challenging task, due to the extremely hydrophobic nature of cannabinoid ligands, which readily partition into detergent micelles. We found the best approach was to use miniature size-exclusion chromatography columns to separate free ligands from those bound to the receptor, followed by liquid scintillation counting of the flow through to quantify the amount of receptor-bound ligand, as described later.

2.5.1 Equipment

1. Zeba 7K MWCO Columns (Thermo Fisher).
2. Silanized Glass Test Tubes (for preparing cannabinoid ligand dilutions)
3. Liquid scintillation counter (LSC) and supplies (Tubes, racks, and scintillation cocktail)

2.5.2 Buffers and Reagents

1. Purified CB_1
2. Purification buffer
3. Appropriate radioactive cannabinoid ligand (e.g., ^3H SR141716A, ^3H CP 55940, ^3H WIN 55,212)

2.5.3 Procedures

1. *Equilibrium binding step.* Soluble receptors (~50–150 n*M* in 100 µL total volume of purification buffer) are incubated with radioactively labeled ligand (~20–75 n*M*) in the presence of increasing amounts of cold ligand for 1 h at 30°C.
2. *Separation of bound ligand from free.* This is achieved at 4°C using microspin desalting columns as follows:
   a. First, prior to use, the columns are washed three to four times with 0.3 mL of purification buffer for 1 min at 1500 × *g*, then precooled to 4°C and prespun for 2 min at 1500 × *g* immediately before use.

b. Samples (75 μL) are then carefully loaded onto the columns, and the columns then spun at 1500 × *g* for 2 min.
c. The receptors (present in the void volume that passes through the columns to the bottom of the tube) are collected and analyzed by liquid scintillation counting to determine the amount of bound ligand.

3. *Data Analysis*. Data are fit to a one-site competition model using Sigma Plot. The K_d and B_{max} values are estimated using previously described methods (DeBlasi, O'Reilly, et al., 1989).

2.5.4 Notes

1. Due to the high concentrations of receptor and ligands used, the Swillins approximation can also be used to analyze the data, to help account for ligand depletion (Swillens, 1995). Experiments can also be conducted with a saturating amount of a different cold ligand to help account for nonspecific binding/ligand depletion. Alternatively, one can also perform heterologous binding (i.e., with a different cold ligand than radioligand) to provide supporting evidence that the binding is receptor specific and not a ligand dilution artifact.
2. The percent of functional purified receptor can be determined by comparing the B_{max} values determined from the binding assays to the moles of purified CB_1 determined from the UV–vis absorption values at 280 nm (see earlier) or 489 nm. Such analysis indicates that the purified CB_1 receptors are ~85% functional. The assays described later indicate the purified CB_1 receptors can also activate purified G-proteins in solution (not shown).

2.6 G-Protein Activation Assays Using Purified, Solubilized CB_1

The efficacy of purified CB_1 can be further assessed by measuring its ability to stimulate guanine nucleotide exchange in purified, heterotrimeric G-proteins. These experiments involve measuring the ability of the purified CB_1 mutants to induce GTPγS^{35} binding in purified Gi protein αβγ subunits (Gαiβγ) (Mansoor, Palczewski, et al., 2006). Importantly, one can use the ability of rhodopsin to activate Gαi as an internal reference to benchmark and compare different CB_1 mutants and G-protein preparations.

Of note, our preliminary analysis was carried out in detergent solubilized membrane extracts using a spin column approach (as described earlier) and CB_1-G-protein fusion constructs to identify detergent conditions that retained high agonist efficacy (Fay, 2012). A similar approach could be used for detergent screens monitoring receptor efficacy across multiple GPCRs. However, as our focus is specifically on SDFL detected changes in the receptor, here we describe our use of a well-established reconstitution approach using purified G-protein components (later).

2.6.1 Equipment

1. Vacuum manifold-based filter binding apparatus (i.e., Brandel)
2. Millipore Nitrocellulose filters 0.45 μm HA (Millipore Cat No. HAWP02500)
3. Drummond pipette aid
4. 10 mL serological pipette

2.6.2 Buffers and Reagents

1. Wash buffer: 20 m*M* Tris, 100 m*M* NaCl, 5 m*M* $MgCl_2$, and 0.1 m*M* EDTA, pH 7.5
2. $GTP\gamma S^{35}$
3. Purified CB_1
4. Purified Gαi
5. Purified Gβγ
6. Cannabinoid ligands
7. GTP activation assay Buffer: 0.12% CHAPS, 0.02% DDM, 0.02% CHS

2.6.3 Procedure

1. Purify and prepare G-protein heterotrimer.
   a. Rat Gαi is purified as previously described (Skiba, Bae, et al., 1996).
   b. Transducin Gβγ (Matsuda & Fukada, 2000).
   c. The Gαi and Gβγ subunits are combined (in the micromolar range, typically ~2–4), then incubated for ~16 h at 4°C on ice at a 1:1 *M* ratio with 1.5 m*M* dithiothreitol (DTT) and 75 μ*M* GDP.
   d. The recombined Gαiβγ heterotrimer is then either used immediately, or aliquoted and snap frozen in liquid nitrogen and stored at -80°C.
2. Assay to measure CB_1-induced $GTP\gamma S^{35}$ exchange:
   a. Combine 1–2 μ*M* Gαiβγ heterotrimer with 50–300 n*M* purified CB_1 in ice cold GTP assay buffer (0.12% CHAPS, 0.02% DDM, 0.02% CHS). Typically 30 μL final volume is prepared per two data points.
   b. Add ~4.5 μ*M* $GTP\gamma S^{35}$ to the above, then immediately transfer into tubes containing various ligands (prepared in purification buffer) and/or ligand concentrations to be tested and place at 30°C.

c. At the appropriate time points (>30 min for steady state measurements or individual time points to measure rates of exchange), 10 μL aliquots of the above mixtures are spotted onto prewetted (DDI H_2O) Millipore MF 0.45 μm HA membrane filters
d. Filters are then rapidly washed three times with 4 mL ice-cold wash buffer, with each wash immediately sucked through the filter paper using a vacuum manifold apparatus.
e. Remove each filter paper, count radioactivity by liquid scintillation spectroscopy, and compare to GTPγS standard at a known concentration.

2.6.4 Notes

1. Take care not to poke a hole when spotting samples on the filter paper, as this will affect your results. For the washing step, it can be useful to mark the side of the 10 mL serological pipette in 4 mL increments with a tape or a marker that is clearly visible (this is especially helpful when working under dim red lights when carrying out control experiments using DDM solubilized rhodopsin).

3. SITE-DIRECTED FLUORESCENCE LABELING STUDIES OF CB_1

3.1 Construction of CB_1 Mutants Containing Single Reactive Cysteines

For SDFL studies, single reactive cysteines are introduced into CB_1-θ, a minimal cysteine version of the optimized CB_1 we created earlier by mutating all of the reactive Cys residues to Ala. We previously established that CB_1-θ is fully functional yet nonreactive to sulfhydryl modifying reagents (Fay et al., 2005), as it contains only two cysteine residues (C257 and C264) that are involved in a disulfide bond (Fay & Farrens, 2012). To carry out the SDFL studies, we also deleted the N- and C-termini (Δ87 and Δ417, respectively) to obtain maximal receptor expression and detergent solubility for purification. Fig. 1 also shows the location of two cysteines we introduced in the CB_1-θ for the SDFL work described here, one at TM6 (A342C, or 6.34) and one at H8 (L404C, or 8.50).

3.1.1 Equipment

1. Thermocycler
2. PCR reagents

3.1.2 Buffers and Reagents

1. Optimized, minimal cysteine CB_1-θ (Fay & Farrens, 2012) with N- and C-termini deletions (Δ87 and Δ417, respectively).
2. Appropriate primers for mutagenesis
   a. PMT4 forward primer: TTT CTC TCC ACA GGT GTC CAC TCC,
   b. PMT4 reverse primer: GCC CTG AGC TGT CCC CCC CCC CCC

3.1.3 Procedure

1. Decide on location to introduce single cysteine mutations.
2. Using overlap extension PCR and the appropriate primers, introduce single cysteines into CB_1-θ containing the N-terminal Δ87 and C-terminal Δ417 truncations.
3. Verify mutations using restriction enzyme analysis and DNA sequencing.

3.1.4 Notes

1. Choice of where to introduce cysteine residues to obtain maximal changes in fluorescence should be guided by comparison to CB_1 models (Reggio, 2009) and recent CB_1 crystal structures (Hua et al., 2016; Shao et al., 2016).
2. In our experience, during the cloning stages, it is best to create a number of mutants with cysteines introduced at different sites in the area of interest. Not all of the cysteines may be able to react with probes, and even if they can be labeled, not all will show fluorescence changes upon ligand binding. Tolerance to different cysteine mutations can also vary, thus the best sites for introducing and labeling cysteines that show fluorescence changes can only be determined empirically by screening a number of different mutants.

3.2 Fluorescence Labeling of CB_1

Fluorescence labeling of mutant CB_1 receptors is achieved while the CB_1 is bound to 1D4 beads. This approach enables extensive washing of the samples prior to elution, ensuring that unreacted label can be removed. It is critical that free, unattached fluorophore is not present in the samples as their spectra will not reflect the receptor conformational states and thus will interfere with measurement and analysis.

Bimane derivatives that react selectively with cysteines (monobromobimane (mBBr) or PDT-Bimane) are excellent probes to use for such SDFL structural studies. Bimane probes are well suited for SDFL studies of GPCRs, as they are small, nonperturbing and their spectral characteristics

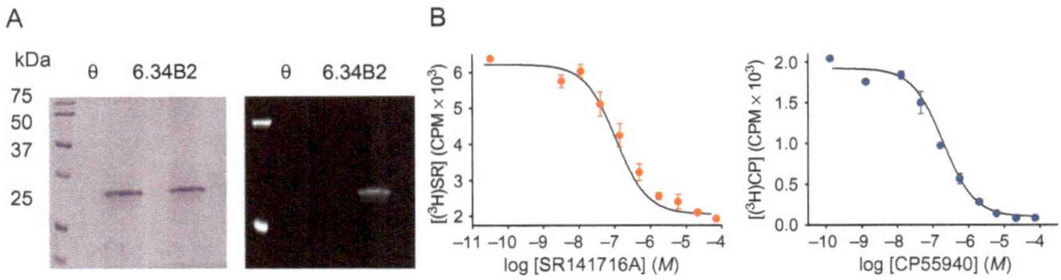

Fig. 3 Optimized shCB1 mutants purified and labeled with the fluorophore bimane are functional. (A) SDS-PAGE analysis of shCB1 mutants after purification and labeling with bimane. Coomassie Blue staining shows that the minimal cysteine mutant shCB1-θ Δ87/Δ417, and bimane-labeled mutant 6.34B2 (same shCB1-θ Δ87/Δ417 background with a cysteine introduced at site 342 on TM6) can be purified to homogeneity. In-gel fluorescence (*right*) of the same gel *before* Coomassie staining (*left*) shows that the PDT-bimane only reacts with the introduced cysteine at 342, as no labeling is observed for shCB1-θ. (B) Radioligand-binding assays (described in text) indicate the detergent solubilized purified bimane-labeled A342C$^{6.34}$ from (A) can bind both antagonist, SR141716A (*left*) and agonist, CP 55940 (*right*). *Figure adapted from research originally published in Fay, J. F. & Farrens, D. L. (2012). A key agonist-induced conformational change in the cannabinoid receptor CB1 is blocked by the allosteric ligand Org 27569.* Journal of Biological Chemistry, 287, *33873–33882.*

when attached to proteins has been well characterized by our lab (Jones Brunette & Farrens, 2014; Mansoor, Dewitt, et al., 2010; Mansoor & Farrens, 2004; Mansoor, McHaourab, et al., 1999, 2002) and others. In our experience PDT-bimane shows the greatest ligand-induced changes for CB_1 when attached at the sites indicated in Fig. 1.

After a cysteine mutant has been purified and labeled with bimane, the purity of the sample and label incorporation should be assessed using SDS-PAGE. Similarly, its ability to bind ligands should be determined using the assay described earlier. Examples of these measurements are shown in Fig. 3.

3.2.1 Equipment

1. Microcolumns: Biorad Biospin (BS-30)
2. Bench-top Eppendorf centrifuge.
3. Fluorimeter (PTI QuantaMaster)
4. Alpha Innotech FluorChem 5500 gel documentation system (or equivalent).

3.2.2 Buffers and Reagents

1. Same buffers as used above for purification.
2. Single reactive CB_1 cysteine mutants (in minimal cysteine background mutant CB_1-θ).

3. Stock solution of PDT-bimane fluorescence label (Toronto Research Chemicals) freshly dissolved at a concentration of ~5–10 m*M* in DMSO.
4. TCA (trichloroacetic acid)

3.2.3 Procedure

1. Prior to fluorescence labeling, the column-bound samples must first be washed to remove contaminant proteins that might soak up the fluorescent labels.
2. After washing the 1D4-bound CB_1 mutants with ~25 column volumes, 50 μ*M* PTD-bimane in purification buffer is added and the samples incubated overnight at 4°C with nutation, at pH 7.5.
3. After the labeling reaction, but prior to elution, nonreacted, free bimane label is removed by washing the column-bound samples (>10 column volumes).
4. Samples are eluted in purification buffer containing 200 μ*M* anti-1D4 epitope 9mer (as described in Section 2.4).

3.2.4 Notes

1. It is critical to ensure that buffers used in the labeling, washing and elution steps do not contain sulfhydryl reducing agents (DTT or BME), as they will react with mBBr or PDT-bimane during labeling, and even cleave PDT-bimane off a protein once labeled (since it links through a disulfide bond).
2. The presence of any free (unattached) bimane label is determined by comparing fluorescence of the eluted samples before and after precipitating the protein with TCA (Janz & Farrens, 2004; Mansoor et al., 2010). This is achieved using the following procedure:
   a. Undiluted TCA is added to the samples to 50% final concentration (v/v).
   b. Bimane emission is measured using the fluorimeter (see later). The sample is then transferred to a centrifuge tube, placed on ice for 20 min, and then centrifuged for 20 min at 14K RPM and 4°C.
   c. The supernatant is removed, and the fluorescence emission measured again (with appropriate buffer controls)
   d. Comparison of these two emission values (before and after centrifugation) is a good assessment of free label amounts in the sample, since TCA addition and centrifugation precipitates all of the protein, but not free, unattached bimane. If the columns are properly washed

after the labeling step prior to elution, the amount of free label present in the eluted CB_1 samples is usually negligible (<1%).

3. The presence of attached bimane fluorophore can also be confirmed by visualizing the samples on SDS-PAGE using a gel documentation system that can detect fluorescence prior to Coomassie staining to assess purity and verify protein presence.

3.3 Monitoring Ligand Binding Induced Changes in CB_1 by Fluorescence

As noted in Section 1, ligand-induced changes in CB_1 can be detected as changes in the fluorescence of a bimane attached to strategically placed cysteines in the receptor. The fluorophore we have found that best reports conformational changes in CB_1 is PDT-bimane. As noted in Section 3.2, bimane is ideal for these studies, as it is small, nonperturbing, and solvent sensitive, showing spectral shifts and changes in intensity as the probe moves into different solvent environments.

In brief, these experiments typically involve measuring the fluorescence emission spectra of the bimane-labeled CB_1 mutants before and after adding the ligand of interest. Note that other fluorescent parameters besides changes in intensity can also be used to detect conformational changes in the area around the attached bimane label. For example, changes in the fluorescence λ_{max} of emission from the attached bimane label can be monitored (which indicate a change in the local polarity around the probe), changes in fluorescence lifetime, and changes in fluorescence quenching in the presence of quenchers (such as KI) which indicate changes in solvent accessibility for the probe. Examples of these types of fluorescence measurements to monitor ligand-induced movements in TM6 of CB_1 upon activation are shown in Fig. 4. Further details can be found in previous publications (Fay & Farrens, 2012, 2015).

3.3.1 Equipment

1. Steady-state Fluorometer (e.g., PTI QuantaMaster)
2. Microcuvette (Starna)
   a. Recommended cuvettes: Starna 2mm (3–2.45 or type 16-F style cuvettes)
3. Silanized glass tubes for making ligand dilutions

3.3.2 Buffers and Reagents

1. Purified CB_1 labeled with PDT-bimane
2. Purification buffer
3. Cannabinoid ligands

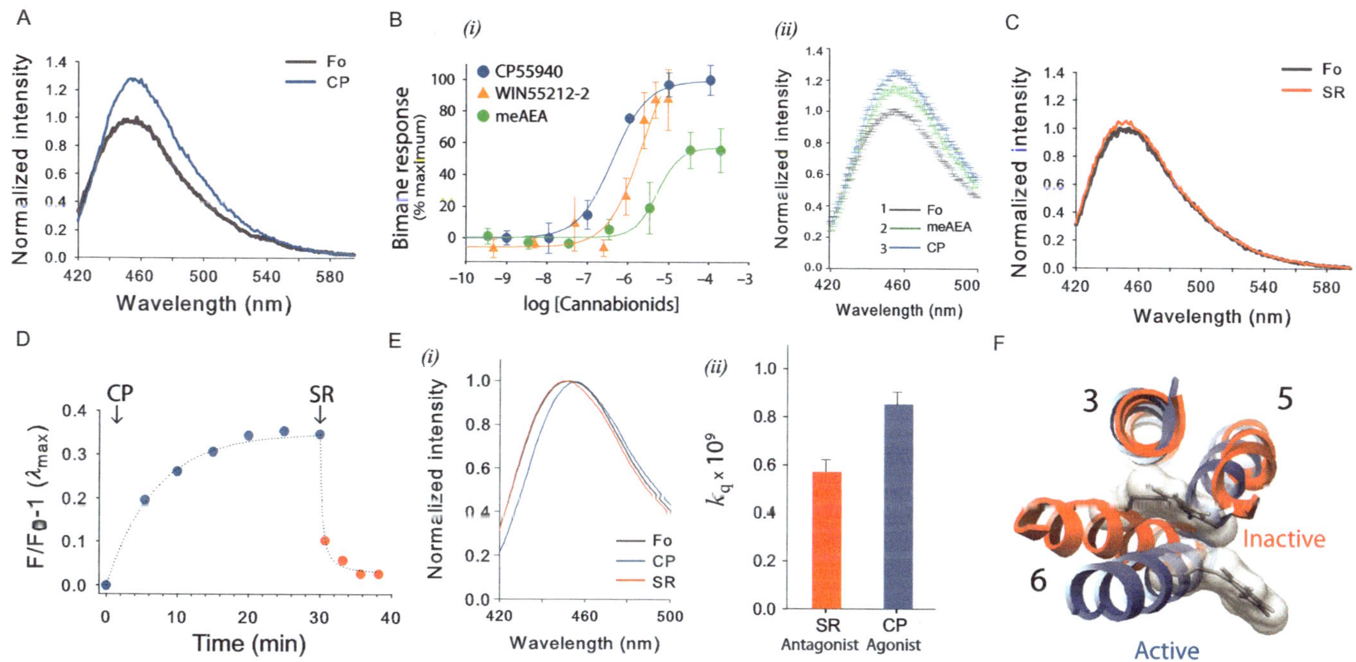

Fig. 4 See legend on next page.

3.3.3 Procedure

1. The bimane-labeled receptors are added to a microcuvette to a final concentration of 200 n*M* in Purification Buffer.
2. Cuvette is placed in fluorescence spectrometer with temperature controlled at ~20°C.
3. For our PTI spectrophotometer, we set the excitation wavelength at 380 nm (2 nm slits) and collect and average the fluorescence emission from 400 to 650 nm (2 nm slits), using a scan rate of 2 nm/s.
4. Ligand (antagonist, agonist, allosteric ligand, or some combination thereof) is added to cuvette, then mixed gently by slowly pipetting up and down two to three times, making sure to not introduce bubbles.
5. Fluorescence spectra are measured again.
6. Fluorescence spectra are then buffer subtracted and corrected for dilution, and data compared.

Fig. 4 Fluorescence changes from a bimane probe at site 6.34 on TM6 report ligand-induced structural changes accompanying CB_1 activation and attenuation. (A) Addition of 10 μ*M* agonist CP 55940 (CP, *blue*) causes an ~35% fluorescence increase for bimane labeled sample $A342C^{6.34}$ relative to the empty, Apo state (*gray*). (B) (*i*) changes in bimane fluorescence upon addition of different agonists (CP 55940, WIN55212–2, and meAEA). These dose–response curves, plotted relative to maximal CP fluorescence, yield EC_{50} values of 430 ± 86 n*M* for CP, 3 ± 0.4 μ*M* for WIN and 6.6 ± 4.0 μ*M* for mAEA). (*ii*) Interestingly, addition of saturating amounts of the partial agonist meAEA (50 μ*M*, green) causes only a partial fluorescence increase, which can be further increased by subsequent addition of CP 55940 (35 μ*M*, *blue*). All data sets reflect the means from at least three independent experiments. (C) Addition of antagonist (5 μ*M* SR141716A, *red*) does not induce a fluorescence change compared to ligand-free receptor (F_0, *gray*). (D) The agonist-induced (10 μ*M* CP 55940, *blue*) fluorescence increase occurs slowly, whereas a subsequent addition of an antagonist (5 μ*M* SR141716A, *red*) causes a rapid reversal. (E) Agonist binding to CB_1 induces the probe on A342C/TM6 to move into a more polar, solvent accessible environment, as indicated by: (*i*) the λ_{max} shift in the (normalized) emission spectra (*blue*, 10 μ*M* CP 55940; *red*, 5 μ*M* SR141716A; *gray*, empty, apo-state), and (*ii*) increased collisional quenching with KI (larger bimolecular quenching constant k_q) determined from the Stern–Volmer quenching experiments. Error estimates are derived from least-squares fitting. (F) The data in (E) indicate the bimane probe on A342C moves into a more polar environment, as would be expected to occur if CB1 activation involves similar structural changes as rhodopsin. The model shows location of probe on corresponding site of inactive (red, PDB: 1GZM) and active rhodopsin (*blue*, PDB: 3DQB) (only the probe, TM3, TM5, and TM6 are shown for clarity). *Figure adapted from research originally published in Fay, J. F. & Farrens, D. L. (2012). A key agonist-induced conformational change in the cannabinoid receptor CB1 is blocked by the allosteric ligand Org 27569.* Journal of Biological Chemistry, *287, 33873–33882.*

3.3.4 Notes

1. To ensure a stable florescence spectrum is obtained prior to adding ligand, we wait for the samples to get to temperature after placing the cuvette into spectrophotometer.
2. All ligands are diluted (into purification buffer) such that the final solvent concentration is less than 1%.
3. It is critical to ensure the samples contain no scattering particulates. To avoid bubbles and lint it is recommended to filter and degas all buffers. Prior to use, it is recommended that lens paper (i.e., Fisherbrand Cat No: 11-966) be used rather than tissue paper such as Kimwipes, as the latter can release small particulates that can result in light scattering.
4. We have observed that the extent of ligand-induced fluorescence change for some labeled CB_1 samples can decrease over time for samples stored at 4°C. For these reasons, we suggest carrying out the experiments as soon as possible after purification of the labeled CB_1 samples. Alternatively, the samples can be immediately snap frozen in liquid Nitrogen and stored at −80°C. Although the extent of change is slightly less for these samples after thawing compared to before, the fluorescence change after thawing appears reproducible even after months of storage.

4. SUMMARY AND CONCLUSION

Structural studies of CB_1 require significant quantities of pure, functional, detergent soluble receptor. As we describe in this chapter, in order to meet these criteria, we first had to both optimize the CB_1 gene used for expression (see Fig. 1) and the detergent conditions used for solubilization. As shown in Fig. 2, we find the greatest increase in receptor expression and detergent solubility is achieved by deleting both the N- and C-termini of the receptor. The fact that the recent crystal structures of CB_1 both used protein with these truncations supports the importance of this finding (Hua et al., 2016; Shao et al., 2016). Future studies aiming to study full-length CB_1 will have to determine why deletion of these regions is needed, and if smaller changes/mutations can achieve the same effect.

We next had to develop a purification protocol that would generate functional CB_1 receptor, as well as assays to determine its ability to both bind cannabinoid ligands and activate G-protein. These goals were achieved (Fig. 3) by adapting a modified version of the immunochromatography approach used to purify rhodopsin, and by developing a mini-size exclusion column-based method to measure cannabinoid ligand binding to the purified CB_1 in detergent.

SDFL studies require pure, functional receptor, and the ability to specifically introduce fluorescent probes into the areas of interest. As this usually involves mutating residues to cysteines and then labeling them with thiol reactive fluorophores, one must first establish a "background" protein that contains no reactive cysteine residues. For CB_1, we did this by creating a minimal cysteine mutant called CB_1-θ, in which all of all of the native Cys residues were mutated to Ala, except two involved in a disulfide bond required for functional receptor (Fay et al., 2005; Fay & Farrens, 2012).

Our first SDFL studies of CB_1 involved introducing a Cys residue into CB_1-θ at the cytoplasmic end of TM6 (site 342) and labeling it with the fluorophore PDT-bimane. Since this region in GPCRs moves upon receptor activation, it represents a good candidate to monitor the effect of cannabinoid ligand binding. As shown in Fig. 3, this mutant was specifically labeled with bimane on TM6, and was able to bind both agonist (CP 55940) and antagonist (SR141716A).

Subsequent fluorescence measurements showed that adding agonist, CP 55940, to this labeled-CB_1 caused an increase in fluorescence (Fig. 4A), a change that could be reversed by adding antagonist, SR141716A (Fig. 4D). Moreover, the agonist-bound receptor showed increased collisions with the aqueous quencher, KI, when compared to antagonist-bound receptor (Fig. 4E). These results suggest that the label on TM6 moves into an environment that is more exposed upon activation (Fig. 4F), consistent with other models of GPCR activation.

Importantly, other cannabinoid agonists were also able to produce a similar increase in fluorescence. For example, the nonclassical agonist WIN55212-2 and an endocannabinoid analogue of anadamide (meAEA) were both capable of eliciting an increase in fluorescence (Fig. 4B). Notably, even saturating amounts of meAEA, a partial agonist, caused less of a fluorescence increase than either the full agonists WIN55212-2 or CP 55940. In fact, adding additional amounts of CP 55940 to this sample containing meAEA could push the fluorescence increase higher (Fig. 4Bii).

These results suggest that the magnitude of TM6 change may be less for partial agonists (or the partial agonist receptor complex spends less

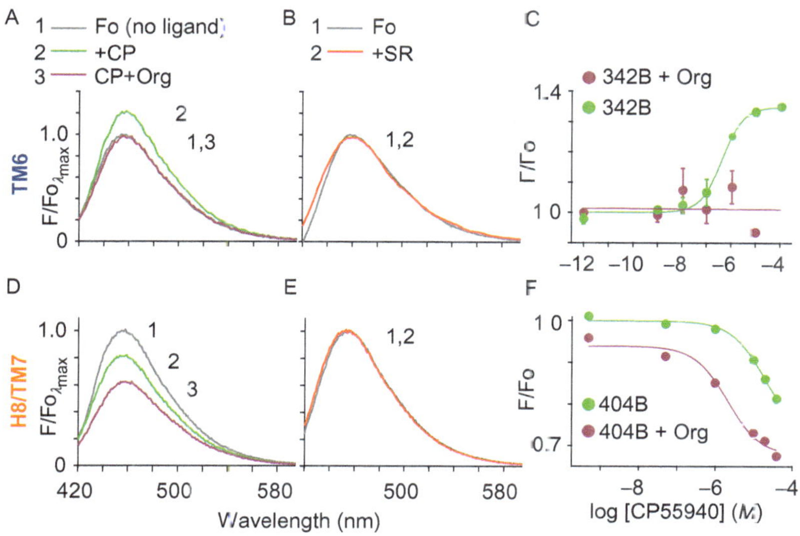

Fig. 5 SDFL studies show the allosteric ligand Org 27,569 induces a unique receptor conformation, one in which movements of TM6 are blocked while movements of TM7/H8 are enhanced. The experiments compare a bimane probe placed on either TM6 (site 342) or on H8 (site 404). The order of ligand addition is indicated by the numbers. (A) Agonist (CP 55940; 10 μ*M*; *green*) causes an increase in bimane emission for the probe at TM6. Interestingly, this change reverts upon addition of the allosteric ligand Org 27,569 (20 μ*M*; purple). (B) Antagonist (SR141716A; 10 μ*M*; *red*) causes no change. (C) Dose–response plots with or without Org 27,569 (5 μ*M*). (D) In contrast to above, agonist addition (CP 55940; 20 μ*M*; *green*) causes the fluorescence of the probe on H8 to *decrease*, and adding Org 27,569 (20 μ*M*; *purple*) to this mixture causes a further decrease. (E) Antagonist (SR141716A; 10 μ*M*; *red*) causes no fluorescence change. (F) Dose–response plots with or without Org 27,569 (10 μ*M*). *Figure adapted from Fay, J. F. & Farrens, D. L. (2015). Structural dynamics and energetics underlying allosteric inactivation of the cannabinoid receptor CB1.* Proceedings of the National Academy of Sciences of the United States of America, 112*(27), 8469–8474.*

time in the fully active state). Interestingly, the change in bimane fluorescence measured as a function of drug concentration shows a similar rank order of potency as has previously been observed for CB$_1$ G-protein activity assays (i.e., CP > WIN > AEA). Similar results have previously been observed by the Kobilka lab in their SDFL studies of the beta-adrenergic receptor (Yao et al., 2006).

Probably the most exciting aspect of SDFL is its ability to discover previously unidentified receptor conformational states. An example is given in Fig. 5, which describes our use of SDFL to explore the behavior of a curious allosteric ligand for CB_1, called Org 27,569. Org 27,569 has the paradoxical properties of enhancing agonist binding, yet inhibiting G-protein activation, even in the presence of agonist. After establishing that Org 27,569 induces such behavior in our purified CB_1 using radioligand and radionucleotide approaches detailed above (Fay & Farrens, 2012, 2015), we set out to probe what effect Org 27,569 binding had on the structure of CB_1.

These SDFL studies discovered that the allosteric ligand Org 27,569 blocks the agonist-induced fluorescence change at TM6, yet reverses the fluorescence change when added after agonists (Fig. 5A). These data led us to conclude that Org 27,569 places the receptor in a unique conformation—i.e., one in which TM6 movement is blocked, even when the receptor is bound by agonist. These results provide a mechanistic explanation for why Org 27,569 blocks G-protein activation—without TM6 movement, G-proteins cannot bind and become activated. Based on these results, we also proposed that Org 27,569 traps the CB_1 receptor in an intermediate conformation on the pathway to an activated receptor (Fay & Farrens, 2012, 2015). A model of this proposal is shown in Fig. 6A.

Further SDFL studies of this curious behavior support the proposal that Org 27,569 may act as a functionally selective, i.e., "biased" ligand. Previously, Org 27,569 has been proposed to enhance non-G- protein signaling pathways (Ahn, Mahmoud, et al., 2012). Since structural and dynamic evidence has suggested GPCR mediated, non-G-protein signaling pathways involve structural changes at or around TM7 of the receptor (Kenakin, 2003; Liu, Horst, et al., 2012; Rahmeh, Damian, et al., 2012), we used SDFL to see if movement around TM7/H8 in CB_1 were altered by Org 27,569 (Fay & Farrens, 2015). The data, shown in Fig. 5D and F, indicate Org 27,569 not only blocks agonist-induced TM6 movement but also *enhances* movements at or around TM7/H8. A model of these proposed structural changes from the view of the cytoplasmic face is shown in Fig. 6B.

Together, these examples show how SDFL can be used to delineate ligand-induced conformational transitions in the cytoplasmic face of CB_1, and how these approaches can be used to illuminate mechanisms of CB_1 receptor function. Finally, we note that the same approaches and methods described here should be amenable for application to other difficult to study GPCRs.

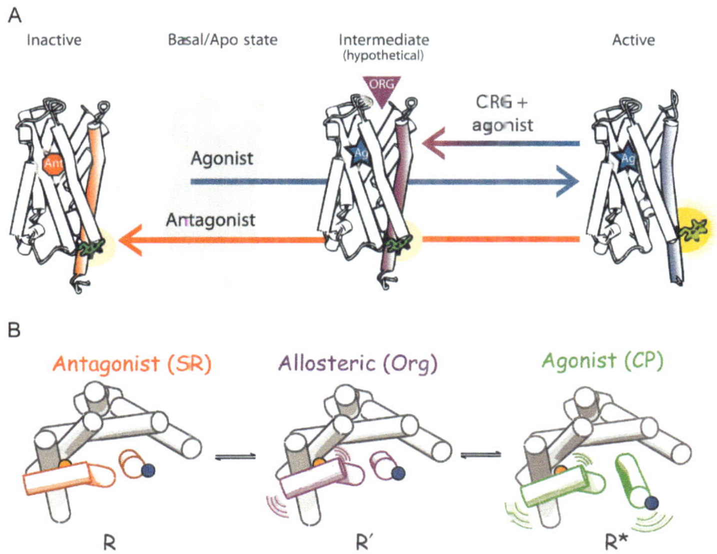

Fig. 6 Insights gained from SDFL studies about the dynamic structural changes induced in CB_1 by binding of agonists, antagonists, and the allosteric ligand Org 27,569. These models are based on the data described in Figs. 4 and 5. (A) Side view models of CB_1 proposing that discrete receptor structures are induced by a bound agonist, antagonist, or agonist plus allosteric ligand. These models propose that occupation of the traditional (orthosteric) binding site by an agonist (*Ag, right*) accompanies a conformational change in TM6 (*blue*). Our SDFL data shown in Figs. 4 and 5 detect this as an increase in fluorescence from the bimane probe on TM6 (*green*). Binding of antagonist alone (*Ant, left*) causes no change in TM6 (*red*). In contrast, when the allosteric ligand Org 27,569 (*ORG*) binds to CB_1, the agonist induced conformational changes in TM6 (*purple*) are either blocked or reversed. This model also proposes that ORG binding traps a distinct and different agonist-bound CB_1 structure, one which may reflect a structural intermediate on the pathway to full receptor activation. The ligand-free CB_1 state is depicted in *light gray*. (B) SDFL-based models of structural changes in the cytoplasmic face of CB_1 in response to antagonist, allosteric ligand, or agonist. In this model, antagonist binding (R; *red*) causes no significant structural changes at either TM6 or TM7/H8. In contrast, the Org 27,569-bound state (R′; *purple*) has enhanced changes around the TM7/H8, but restricted TM6 movement. Finally, agonist binding produces a fully active (R*; *green*), with movements of both TM6 TM7/H8. These data are consistent with our model in (A) suggesting the Org 27,569-bound state may be a structural intermediate on the pathway to full receptor activation. See Fig. 1 for location of the attachment sites. *Figure adapted from Fay, J. F. & Farrens, D. L. (2012). A key agonist-induced conformational change in the cannabinoid receptor CB1 is blocked by the allosteric ligand Org 27569.* Journal of Biological Chemistry, 287, *33873–33882 and Fay, J. F. & Farrens, D. L. (2015). Structural dynamics and energetics underlying allosteric inactivation of the cannabinoid receptor CB1.* Proceedings of the National Academy of Sciences of the United States of America, 112*(27), 8469–8474.*

REFERENCES

Ahn, K. H., Mahmoud, M. M., et al. (2012). Allosteric modulator ORG27569 induces CB1 cannabinoid receptor high affinity agonist binding state, receptor internalization, and Gi protein-independent ERK1/2 kinase activation. *The Journal of Biological Chemistry*, *287*(15), 12070–12082.

Ballesteros, J. A., & Weinstein, H. (1995). [19] Integrated methods for the construction of three-dimensional models and computational probing of structure-function relations in G protein-coupled receptors. *Methods in Neurosciences*, *25*, 366–428.

Bloom, A. S., Dewey, W. L., et al. (1977). 9-nor-9beta-hydroxyhexahydrocannabinol, a cannabinoid with potent antinociceptive activity: Comparisons with morphine. *The Journal of Pharmacology and Experimental Therapeutics*, *200*(2), 263–270.

Calignano, A., La Rana, G., et al. (1998). Control of pain initiation by endogenous cannabinoids. *Nature*, *394*(6690), 277–281.

Cha, Y. M., White, A. M., et al. (2006). Differential effects of delta9-THC on learning in adolescent and adult rats. *Pharmacology, Biochemistry, and Behavior*, *83*(3), 448–455.

Chattopadhyay, A., & London, E. (1984). Fluorimetric determination of critical micelle concentration avoiding interference from detergent charge. *Analytical Biochemistry*, *139*(2), 408–412.

DeBlasi, A., O'Reilly, K., et al. (1989). Calculating receptor number from binding experiments using same compound as radioligand and competitor. *Trends in Pharmacological Sciences*, *10*(6), 227–229.

Dunham, T. D., & Farrens, D. L. (1999). Conformational changes in rhodopsin. Movement of helix f detected by site-specific chemical labeling and fluorescence spectroscopy. *The Journal of Biological Chemistry*, *274*(3), 1683–1690.

Farrens, D. L., Dunham, T. D., et al. (2002). Design, expression, and characterization of a synthetic human cannabinoid receptor and cannabinoid receptor/G-protein fusion protein. *The Journal of Peptide Research*, *60*(6), 336–347.

Fay, J. F. (2012). *Purification and structural analysis of the cannabinoid receptor CB1: Insights into allosteric regulation of a GPCR*. Doctor of Philosophy, Oregon Health & Science University.

Fay, J. F., Dunham, T. D., et al. (2005). Cysteine residues in the human cannabinoid receptor: Only C257 and C264 are required for a functional receptor, and steric bulk at C386 impairs antagonist SR141716A binding. *Biochemistry*, *44*(24), 8757–8769.

Fay, J. F., & Farrens, D. L. (2012). A key agonist-induced conformational change in the cannabinoid receptor CB1 is blocked by the allosteric ligand org 27569. *Journal of Biological Chemistry*, *287*, 33873–33882.

Fay, J. F., & Farrens, D. L. (2013). The membrane proximal region of the cannabinoid receptor CB1 N-terminus can allosterically modulate ligand affinity. *Biochemistry*, *52*(46), 8286–8294.

Fay, J. F., & Farrens, D. L. (2015). Structural dynamics and energetics underlying allosteric inactivation of the cannabinoid receptor CB1. *Proceedings of the National Academy of Sciences of the United States of America*, *112*(27), 8469–8474.

Hollister, L. E. (1986). Health aspects of cannabis. *Pharmacological Reviews*, *38*(1), 1–20.

Hua, T., Vemuri, K., et al. (2016). Crystal structure of the human cannabinoid receptor CB1. *Cell*, *167*(3), 750–762. e714.

Janz, J. M., & Farrens, D. L. (2004). Rhodopsin activation exposes a key hydrophobic binding site for the transducin alpha-subunit C-terminus. *The Journal of Biological Chemistry*, *279*(28), 29767–29773.

Jones Brunette, A. M., & Farrens, D. L. (2014). Distance mapping in proteins using fluorescence spectroscopy: Tyrosine, like tryptophan, quenches bimane fluorescence in a distance-dependent manner. *Biochemistry*, *53*(40), 6290–6301.

Kawate, T., & Gouaux, E. (2006). Fluorescence-detection size-exclusion chromatography for precrystallization screening of integral membrane proteins. *Structure*, *14*(4), 673–681.
Kenakin, T. (2003). Ligand-selective receptor conformations revisited: The promise and the problem. *Trends in Pharmacological Sciences*, *24*(7), 346–354.
Kimura, T., Yeliseev, A. A., et al. (2012). Recombinant cannabinoid type 2 receptor in liposome model activates g protein in response to anionic lipid constituents. *The Journal of Biological Chemistry*, *287*(6), 4076–4087.
Liu, J. J., Horst, R., et al. (2012). Biased signaling pathways in beta2-adrenergic receptor characterized by 19F-NMR. *Science*, *335*(6072), 1106–1110.
Mansoor, S. E., Dewitt, M. A., et al. (2010). Distance mapping in proteins using fluorescence spectroscopy: The tryptophan-induced quenching (TrIQ) method. *Biochemistry*, *49*(45), 9722–9731.
Mansoor, S. E., & Farrens, D. L. (2004). High-throughput protein structural analysis using site-directed fluorescence labeling and the bimane derivative (2-pyridyl)dithiobimane. *Biochemistry*, *43*(29), 9426–9438.
Mansoor, S. E., McHaourab, H. S., et al. (1999). Determination of protein secondary structure and solvent accessibility using site-directed fluorescence labeling. Studies of T4 lysozyme using the fluorescent probe monobromobimane. *Biochemistry*, *38*(49), 16383–16393.
Mansoor, S. E., McHaourab, H. S., et al. (2002). Mapping proximity within proteins using fluorescence spectroscopy. A study of T4 lysozyme showing that tryptophan residues quench bimane fluorescence. *Biochemistry*, *41*(8), 2475–2484.
Mansoor, S. E., Palczewski, K., et al. (2006). Rhodopsin self-associates in asolectin liposomes. *Proceedings of the National Academy of Sciences of the United States of America*, *103*(9), 3060–3065.
Mathiasen, S., Christensen, S. M., et al. (2014). Nanoscale high-content analysis using compositional heterogeneities of single proteoliposomes. *Nature Methods*, *11*(9), 931–934.
Matsuda, T., & Fukada, Y. (2000). Functional analysis of farnesylation and methylation of transducin. *Methods in Enzymology*, *316*, 465–481.
Miller, A. S., & Walker, J. M. (1996). Electrophysiological effects of a cannabinoid on neural activity in the globus pallidus. *European Journal of Pharmacology*, *304*(1–3), 29–35.
Oprian, D. D., Molday, R. S., et al. (1987). Expression of a synthetic bovine rhodopsin gene in monkey kidney cells. *Proceedings of the National Academy of Sciences of the United States of America*, *84*(24), 8874–8878.
Rahmeh, R., Damian, M., et al. (2012). Structural insights into biased G protein-coupled receptor signaling revealed by fluorescence spectroscopy. *Proceedings of the National Academy of Sciences of the United States of America*, *109*(17), 6733–6738.
Reggio, P. H. (2003). Pharmacophores for ligand recognition and activation/inactivation of the cannabinoid receptors. *Current Pharmaceutical Design*, *9*(20), 1607–1633.
Reggio, P. H. (2009). *The cannabinoid receptors*. New York: Humana.
Schafer, C. T., Fay, J. F., et al. (2016). Decay of an active GPCR: Conformational dynamics govern agonist rebinding and persistence of an active, yet empty, receptor state. *Proceedings of the National Academy of Sciences of the United States of America*, *113*(42), 11961–11966.
Shao, Z., Yin, J., et al. (2016). High-resolution crystal structure of the human CB1 cannabinoid receptor. *Nature*, *540*, 602–606.
Sim, L. J., Selley, D. E., et al. (1996). Differences in G-protein activation by mu- and delta-opioid, and cannabinoid, receptors in rat striatum. *European Journal of Pharmacology*, *307*(1), 97–105.
Sinha, A., Jones Brunette, A. M., et al. (2014). Rhodopsin TM6 can interact with two separate and distinct sites on arrestin: Evidence for structural plasticity and multiple docking modes in arrestin-rhodopsin binding. *Biochemistry*, *53*(20), 3294–3307.

Skiba, N. P., Bae, H., et al. (1996). Mapping of effector binding sites of transducin alpha-subunit using G alpha t/G alpha i1 chimeras. *The Journal of Biological Chemistry*, *271*(1), 413–424.

Sommer, M. E., Smith, W. C., et al. (2005). Dynamics of arrestin-rhodopsin interactions: Arrestin and retinal release are directly linked events. *The Journal of Biological Chemistry*, *280*(8), 6861–6871.

Sulcova, E., Mechoulam, R., et al. (1998). Biphasic effects of anandamide. *Pharmacology, Biochemistry, and Behavior*, *59*(2), 347–352.

Swillens, S. (1995). Interpretation of binding curves obtained with high receptor concentrations: Practical aid for computer analysis. *Molecular Pharmacology*, *47*(6), 1197–1203.

Tsukamoto, H., & Farrens, D. L. (2013). A constitutively activating mutation alters the dynamics and energetics of a key conformational change in a ligand-free G protein-coupled receptor. *The Journal of Biological Chemistry*, *288*(39), 28207–28216.

White, J. F., Grodnitzky, J., et al. (2007). Dimerization of the class a G protein-coupled neurotensin receptor NTS1 alters G protein interaction. *Proceedings of the National Academy of Sciences of the United States of America*, *104*(29), 12199–12204.

Yao, X., Parnot, C., et al. (2006). Coupling ligand structure to specific conformational switches in the beta2-adrenoceptor. *Nature Chemical Biology*, *2*(8), 417–422.

Yao, X. J., Velez Ruiz, G., et al. (2009). The effect of ligand efficacy on the formation and stability of a GPCR-G protein complex. *Proceedings of the National Academy of Sciences of the United States of America*, *106*(23), 9501–9506.

CHAPTER SIXTEEN

Mass Spectrometry Analysis of Human CB2 Cannabinoid Receptor and Its Associated Proteins

Zhao-Hui Song[1], Alyssa S. Laun, Jian Cai
University of Louisville School of Medicine, Louisville, KY, United States
[1]Corresponding author: e-mail address: zhsong@louisville.edu

Contents

Abstract

Studying the assemblies and dynamics of the complex formed by cannabinoid receptors and their associated proteins is important for understanding the molecular basis for the functions of these receptors. In the absence of the crystal structures of these macromolecular complexes, mass spectrometry is a sensitive technique that can be used to study cannabinoid receptors and their associated proteins. In this chapter, three aspects of the work are presented: (1) mass spectrometry analysis of the primary sequence of the

Methods in Enzymology, Volume 593
ISSN 0076-6879
http://dx.doi.org/10.1016/bs.mie.2017.06.019

human CB2 cannabinoid receptor after affinity chromatography purification of the receptor proteins, (2) functional proteomic analysis of CB2-associated proteins coimmunoprecipitated with CB2, and (3) chemical cross-linking and mass spectrometry analysis of CB2-G protein complex. The mass spectrometry approaches, in combination with mutagenesis and molecular modeling techniques, have been successfully used for studying the CB2-G protein complex. Similar approaches can also be applied for studying other G protein-coupled receptors in general.

ABBREVIATIONS

CB1 cannabinoid CB1 receptor
CB2 cannabinoid CB2 receptor
DM *n*-dodecyl-β-D-maltoside
DMSO dimethyl sulfoxide
DSS disuccinimidyl suberate
EDTA ethylenediaminetetraacetic acid
ESI-MS/MS electrospray ionization-mass spectrometry-mass spectrometry
Gαi G_i protein alpha-subunit
GPCR G protein-coupled receptor
G_s G_s G protein
HEPES 4-(2-hydroxyethyl)-1-piperazineethanesulfonic acid
LC-MS/MS liquid chromatography/mass spectrometry/mass spectrometry
MALDI-TOF-MS matrix-assisted laser desorption/ionization-time of flight-mass spectrometry
PMSF phenylmethylsulfonyl fluoride
SDS-PAGE sodium dodecyl sulfate polyacrylamide gel electrophoresis
TFA trifluoroacetic acid
Tris–HCl 2-amino-2-(hydroxymethyl)-1,3-propanediol hydrochloride

1. INTRODUCTION

In the early 1990s two human cannabinoid receptors, designated as CB1 and CB2, were cloned and identified (Matsuda, Lolait, Brownstein, Young, & Bonner, 1990; Munro, Thomas, & Abu-Shaar, 1993). CB1 is mainly expressed in the central nervous system but is also expressed in the peripheral tissues, whereas CB2 is mainly expressed in immune cells, with recent evidence suggesting its expression in certain brain tissues as well (Matsuda et al., 1990; Munro et al., 1993; Pertwee & Ross, 2002). CB1 and CB2 belong to the family G protein-coupled receptor (GPCR), the largest family of transmembrane receptors and the most common targets of therapeutic agents (Felder & Glass, 1998; Howlett, 1995; Pertwee, 1997).

Both CB1 and CB2 signal through Gi/o-dependent inhibition of adenylyl cyclase (Felder & Glass, 1998; Howlett, 1995; Pertwee, 1997). As CB2 is primarily expressed in peripheral tissues, it has been a therapeutic target in the efforts to separate the therapeutic effects of cannabinoids from their psychoactive effects (Marriott & Huffman, 2008; Riether, 2012).

It is generally believed that extracellular N-terminal and loops, as well as transmembrane domains of the GPCRs are important for ligand binding, whereas the intracellular loops and C-terminal are involved in signaling. As is the case for other GPCRs, cannabinoid receptor signaling requires the formation of macromolecular complexes with signaling proteins, such as G proteins. To understand how cannabinoid ligands bind to their receptors and how conformational changes of the receptors translate into functions, it is essential to determine the assembly and the dynamics of complexes formed by cannabinoid receptors and their associated proteins.

Frequently, the three-dimensional structures of proteins are determined with X-ray crystallography. However, crystallization of GPCRs and the determination of their structures are challenging. In recent years, significant progress has been made in determining X-ray crystal structures of GPCRs, and several GPCR crystal structures have been reported, including the crystal structure of CB1 cannabinoid receptor (Hua et al., 2016; Shao et al., 2016). However, currently no crystal structure is available for CB2 cannabinoid receptor; thus, most of the structural details for ligand binding and signaling that we know about this important receptor have been derived from functional analysis, mutagenesis, and modeling studies.

Mass spectrometry methods focus on the primary structure of proteins and the amino acid sequence modifications. One of the major advantages of using mass spectrometry is its sensitivity. In the absence of crystal structure of CB2 cannabinoid receptor complexes, it is possible to probe transient CB2-G protein macromolecular complexes using mass spectrometry, with very low concentrations of sample (Mnpotra et al., 2014). Even when the high-resolution structure of the GPCR becomes available, mass spectrometry can still be used as a complementary method to crystallography for elucidating the conformational dynamics of receptor–G protein complexes, as well as the binding of covalent ligand to the receptors.

Mass spectrometry is usually conducted in three steps including sample preparation, ionization/detection of the sample, and data analysis. In this chapter, detailed procedures will be described for sample preparation, ionization/detection, and mass spectra data analysis of CB2 cannabinoid receptor and associated proteins. Three aspects of the work will be presented: (1) mass spectrometry analysis of human CB2 cannabinoid receptor; (2) functional proteomic analysis of CB2-associated proteins; and (3) chemical cross-linking and mass spectrometry analysis of CB2-G protein complex.

2. MASS SPECTROMETRY ANALYSIS OF HUMAN CB2 CANNABINOID RECEPTOR

Mass spectrometry characterization of the amino acid sequences of the cannabinoid receptors, including their transmembrane domains as well as terminals and loops, is essential for studying the posttranslational modifications and elucidating the binding site of covalent ligands. However, the hydrophobic nature of the transmembrane domains of these receptors makes it extremely challenging to analyze their sequences by mass spectrometry.

Since early 2000s, there have been several reports on the mass spectrometry analysis of cannabinoid receptors. In 2002 and 2005, respectively, the Feng et al. and Kim et al. reported the biochemical and pharmacological characterization and mass spectrometry analysis of human CB2 and CB1 receptors expressed in *Pichia pastoris* (Feng, Cai, Pierce, & Song, 2002; Kim et al., 2005). In 2007 Zhang et al. reported the further optimization of the expression of CB2 in *P. pastoris*, as well as detailed mass spectrometry analysis of N-terminus of the heterologously expressed CB2 (Zhang et al., 2007). Furthermore, Zvonok et al. provided the high coverage of the human CB1 receptor sequence using LC-MS/MS techniques (Zvonok et al., 2010).

In this section, detailed protocols for the sample preparation of CB2 receptor expressed in *P. pastoris* and mass spectrometry analysis of the CB2 protein are described. A schematic presentation of procedures can be found in Fig. 1.

2.1 Membrane Preparation and Solubilization

Materials and reagents: Glass beads; *n*-dodecyl-β-D-maltoside (DM); protein assay kit.

Yeast cell disintegration buffer: 50 m*M* sodium phosphate, pH 7.4, 1 m*M* EDTA, 5% glycerol, and freshly added protease inhibitor mix, resulting in a final concentrations of 1 m*M* PMSF, 60 μg/mL chymostatin, 5 μg/mL leupeptin, and 7 μg/mL pepstatin.

Membrane buffer: 50 m*M* Tris–HCl, pH 7.4, 5 m*M* $MgCl_2$, 2.5 m*M* EDTA, and freshly added protease inhibitors as above.

Solubilization buffer: Membrane buffer plus 1.0% DM and freshly added protease inhibitors as above.

Equipment: Centrifuges; vortex.

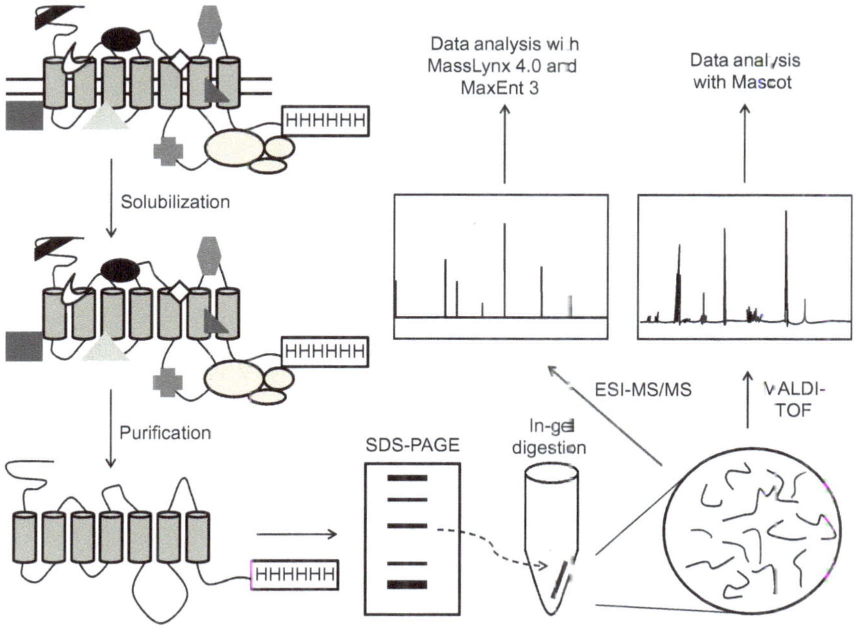

Fig. 1 Mass spectrometry analysis of human CB2 cannabinoid receptor.

Procedure

1. Add 2 mL yeast cell suspension in yeast cell disintegration buffer and mix with 2 mL ice-cold and acid-washed glass beads.
2. Vigorously vortex the mixture eight times for 30 s each time with an interval of a minimum of 30 s on ice.
3. Centrifuge the mixture at 1500 × *g* for 5 min and collect the supernatant.
4. Centrifuge the supernatant at 46,000 × *g* for 1 h and save the pellet.
5. Determine the membrane protein concentration using a protein assay kit.
6. Add 0.3 g yeast cell membrane to 2 mL solubilization buffer and incubate at 4°C for 2 h with constant stirring.
7. Centrifuge the suspension at 100,000 × *g* for 1 h to remove unsolubilized particles.

2.2 Purification by Ni Chromatography

Materials and reagents: Chelating Sepharose Fast Flow; purification start buffer: 20 m*M* Tris–HCl, pH 7.4, 500 m*M* NaCl, 100 m*M* imidazole, 0.08% DM, and freshly added protease inhibitors; elution buffer: same as start buffer except 500 m*M* imidazole is added.

Equipment: Centrifuge; tube rotator.

Procedure

1. Transfer 200 mg of Chelating Sepharose Fast Flow resin to a fresh tube.
2. Centrifuge the resin at 5000 × g for 30 s. Allow the resin to settle for 1 min in the tube.
3. Use a Hamilton syringe to remove the supernatant.
4. Incubate the resin with 100 mM $NiSO_4$ for 10 min to charge the resin with Ni^{2+}.
5. Wash the beads 4–5 times with water and equilibrate with purification start buffer.
6. Add the solubilized receptor solution to the resin.
7. Incubate the slurry at 4°C for 1 h on a tube rotator.
8. Centrifuge the samples at 1500 × g for 5 min.
9. Discard the supernatant carefully without removing the resin.
10. Wash the resin with 40 mL purification start buffer.
11. Elute the bound CB2 with elution buffer.

2.3 In-Gel Digestion

Reagents: Acetonitrile (ACN); 50 mM NH_4HCO_3; 20 mM dithiothreitol (DTT); 55 mM iodoacetamide; 20 ng/µL Promega-modified trypsin.
Equipment: Speedvac.

Procedure

1. Resolve the samples by SDS-PAGE. Stain the gel with Coomassie Blue.
2. On a separate gel, identify the location of the band corresponding to the CB2 by Western blotting using the anti-CB2 antibody.
3. Excise the CB2 band from the Coomassie Blue-stained gel and cut the band into small pieces (roughly 1 mm^3 cubes).
4. Add a volume of 50 mM NH_4HCO_3 (pH 8) equivalent to twice the volume of the gel and incubate at room temperature for 15 min.
5. Add a volume of ACN equivalent to the sum of the volume of the gel and NH_4HCO_3 and incubate for 15 min. The gel will shrink in the process.
6. Remove the solvent and dry the gel pieces with a Speedvac.
7. Add 20 mM DTT in 0.1 M NH_4HCO_3 with a volume equivalent to twice the volume of the gel and incubate for 45 min at 56°C.
8. After the pieces have cooled, remove the DTT solution and add 55 mM iodoacetamide in 0.1 M NH_4HCO_3 equivalent to twice the volume of the swelled gel. Incubate for 30 min at room temperature in the dark.
9. Remove the iodoacetamide solution and wash the gel pieces with 50 mM NH_4HCO_3 equivalent to 5–10 times the volume of the gel.

Allow the wash to incubate for 10–15 min, discard the buffer, and repeat this step once more.

10. Add 50 m*M* NH_4HCO_3 equivalent to 3 times the gel volume and incubate for 15 min.
11. Add ACN in a volume equivalent to the NH_4HCO_3 buffer and gel and incubate for 15 min. The gel pieces will shrink in the process.
12. Remove the solvent and dry the gel pieces with a Speedvac.
13. Add 20 ng/μL trypsin in 50 m*M* NH_4HCO_3 just enough to cover the gel pieces. Incubate the gel pieces with trypsin at 37°C for 4 h or overnight.

2.4 MALDI-TOF-MS

Reagents: Kimwipes; α-cyano-4-hydroxycinnamic acid (α-CN); acetone; ACN; formic acid; and trifluoroacetic acid (TFA).

Equipment: TofSpec 2E MALDI-TOF mass spectrometer (Micromass, Manchester, UK); target plate.

Procedure

1. Wash the matrix α-CN with 50 μL of acetone. Discard the acetone phase after wash.
2. Dissolve α-CN in acetone to a final concentration of 10 mg/mL.
3. Deposit 0.5–1 μL of the matrix-acetone solution onto each well of the target plate. A thin film will form on the wells within a few seconds.
4. Wash more α-CN with 50 μL acetone. Discard the acetone phase after wash.
5. Add ACN/0.2% TFA (50/50, v/v) to the washed α-CN at a concentration of 10 mg/mL. Shake for a few minutes to dissolve the α-CN.
6. Mix 1 μL of the digested sample with 1 μL of dissolved α-CN solution.
7. Deposit 1 μL of the sample-matrix mixture onto a well coated with a thin film.
8. Let the samples dry at room temperature.
9. Add 2 μL 5% formic acid to each well and remove solution with Kimwipes. Repeat this one more time.
10. Obtain mass spectra using a TofSpec 2E MALDI-TOF mass spectrometer in reflection mode.
11. Calibrate the mass axis using the trypsin autolysis peak (*m/z* 2211.10) as lock mass.
12. Identified proteins based on matching the MS data with the calculated mass values of peptide fragments using Mascot (Matrix Science, London, UK).

2.5 ESI-MS/MS

Materials and reagents: ACN; formic acid; Solvent A (5% ACN with 0.1% formic acid); Solvent B (95% ACN with 0.1% formic acid).

Equipment: Waters CapLC coupled to a Q-TOF API-US mass spectrometer (Waters, Milford, MA); 300 μ*M* × 5 mm PepMap C18 precolumn (LC Packing, Sunnyvale, CA); 75 μ*M* × 150 mm Atlantis C18 analytical column (Waters, Milford, MA); MassLynx 4.0, MaxEnt 3.

Procedure

1. To extract the peptides from the digested samples (about 5 μL), incubate the samples with 10 μL 5% formic acid for 15 min and then incubate with 15 μL ACN for 15 min. Collect extracts, repeat extraction, and combine extracts from the same sample. Increase solvent volumes in proportion to sample volume.
2. Condense the extracted samples to 1–2 μL with a Speedvac.
3. Dilute the samples with 5 μL of 0.2% TFA formic acid.
4. Inject 5 μL of the samples onto a 300 μm × 5 mm PepMap C18 precolumn.
5. Wash the injected samples with 5% ACN in 0.1% formic acid at 30 μL/min for 3 min.
6. Elute the peptides using a multiple step gradient. The gradient starts at 5% Solvent B for 5 min, increases linearly to 40% Solvent B over 115 min, and increases linearly to 60% Solvent B over 30 min.
7. Direct the eluted peptides to a Q-TOF API-US mass spectrometer with a nanospray source.
8. Collect the MS and MS/MS spectra by data-dependent scan.
9. Obtain the sequence of the peptides from the MS/MS spectra by de novo sequencing with MassLynx 4.0.
10. Confirm the sequence of the peptides by manual examination after deconvoluting MS/MS spectra with MaxEnt 3.

3. FUNCTIONAL PROTEOMIC ANALYSIS OF CB2-ASSOCIATED PROTEINS

The identification and analysis of cannabinoid receptor-associated proteins are important steps for better understanding the signaling pathways of these receptors. Coimmunoprecipitation is a useful technique routinely used for studying the protein–protein interactions. Following immunoprecipitation of cannabinoid receptors, it can be determined via mass

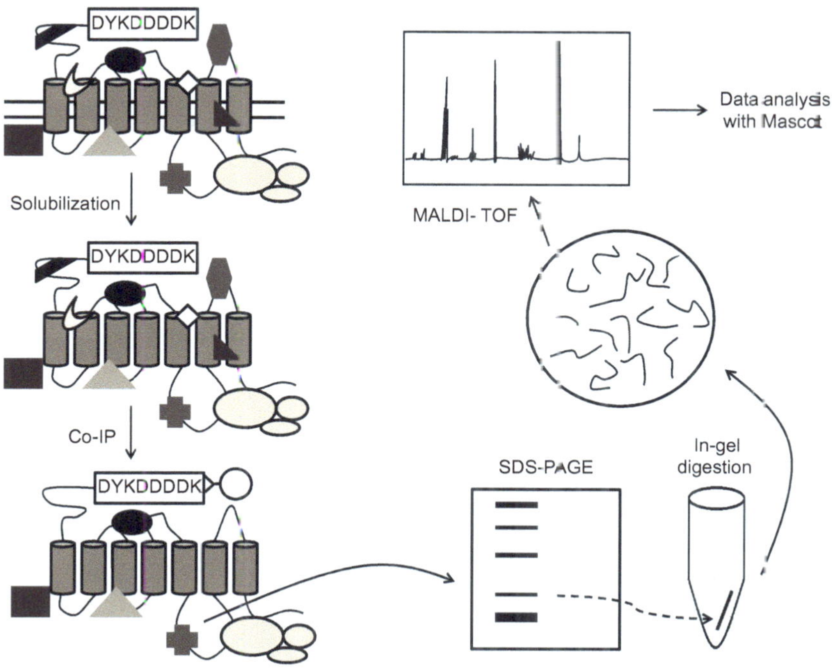

Fig. 2 Functional proteomic analysis of CB2-associated proteins.

spectrometry whether any other proteins have been coimmunoprecipitated. This method has been successfully used to study cannabinoid receptor-associated proteins, thereby revealing novel cellular signaling pathways.

In 2007, He et al. (2007) published a paper on functional proteomic analysis of CB2-associated proteins. In this study, using an immunoprecipitation and mass spectrometry-based proteomic approach, 90-kDa heat-shock protein (Hsp90), a chaperone protein with novel signaling functions, was identified as a CB2-interacting protein.

In this section, detailed protocols for the sample preparation and mass spectrometry analysis of the human CB2-associated proteins are discussed. A schematic presentation of procedures can be found in Fig. 2.

3.1 Membrane Preparation and Solubilization

Materials and reagents: Phosphate-buffered saline; membrane buffer: 50 m*M* Tris–HCl, 5 m*M* $MgCl_2$, and 2.5 m*M* EDTA, pH 7.4; protein assay kit; *n*-dodecyl-β-D-maltoside (DM).

Equipment: Polytron homogenizer; centrifuges.

Procedure

1. Wash cells twice with ice-cold phosphate-buffered saline and scrape the cells off the tissue culture plates.
2. Collect the cells by centrifugation at 1000 × *g* for 5 min at 4°C.
3. Homogenize the cells in membrane buffer with a Polytron homogenizer.
4. Centrifuge the homogenate at 32,000 × *g* for 20 min at 4°C.
5. Resuspend the pellet in membrane buffer containing 1% DM and incubate at 4°C with rotation for 2 h.
6. Centrifuge the solubilized samples for 20 min at 100,000 × *g* at 4°C.
7. Determine the protein content in the supernatant using a protein assay kit.

3.2 Immunoprecipitation

Materials and reagents: ANTI-FLAG M2 affinity gel; solubilization buffer: membrane buffer containing 1% DM; wash buffer: solubilization buffer containing 150 m*M* NaCl, 2 × sample loading buffer.

Equipment: Hamilton syringe; centrifuges; tube rotator.

Procedure

1. Evenly distribute the ANTI-FLAG M2 affinity gel in the buffer and transfer 80 μL of the gel suspension to a fresh tube.
2. Centrifuge the resin at 5000 × *g* for 30 s and allow the resin to settle for 1–2 min in the tube.
3. Use a Hamilton syringe to remove the supernatant carefully, avoiding removal of any resin.
4. Wash the beads 2 times with 0.5 mL of wash buffer, careful not to remove any resin.
5. Add 500 μL of proteins of solubilized membrane preparations to resin. 500 μL of solubilization buffer with no added protein can be used as a negative control.
6. Agitate the sample on a tube rotator for 2 h at room temperature or overnight at 4°C.
7. Centrifuge the samples at 5000 × *g* for 30 s.
8. Discard the supernatant carefully without removing the resin.
9. Wash the resin 3 times with 0.5 mL wash buffer.
10. Discard the supernatant again carefully without removing the resin.
11. Add 20 μL of 2 × sample buffer to each sample.
12. Boil the samples for 3 min.
13. Centrifuge the samples at 5000 × *g* for 30 s. Transfer the supernatant to fresh tubes, and the samples can be used for SDS-PAGE.

3.3 In-Gel Digestion

Procedure is the same as in Section 2.3.

3.4 MALDI-TOF-MS

Procedure is the same as in Section 2.4.

4. CHEMICAL CROSS-LINKING AND MASS SPECTROMETRY ANALYSIS OF CB2-G PROTEIN COMPLEX

Currently, the structural basis for heterotrimeric G protein activation by many GPCRs, including cannabinoid receptors, remains largely unknown. This deficit has arisen mostly from the inherent obstacles to purification and crystallization of receptor/Gαβγ complexes. So far, there is only one X-ray crystal structure of a GPCR-signaling molecule complex (β2adrenoceptor-G_s complex) available (Rasmussen et al., 2011).

In the absence of crystal structure, methods of chemical cross-linking and state-of-art mass spectrometry, in combination with bioinformatics, mutagenesis, and molecular modeling methods, can generate important information regarding the CB2 receptor-G protein interfaces.

Mnpotra et al. (2014) reported an investigation of CB2-G protein complex. In this study, a chemical cross-linking and mass spectrometry strategy was applied to map the CB2-Gαi interface. Three cross-link sites were identified using ESI-MS/MS.

In this section, detailed protocols for the sample preparation (chemical cross-linking and purification) and mass spectrometry analysis of the human CB2-G protein complex are described. A schematic presentation of procedures can be found in Fig. 3.

4.1 Chemical Cross-linking and Solubilization

Materials and reagents: Disuccinimidyl suberate (DSS) cross-linker solution (dissolved DSS in dry DMSO at 10 m*M*); quenching solution (1 *M* Tris, pH 7.5); HEPES buffer (20 m*M* HEPES containing 150 m*M* NaCl and 1%, pH 7.4); protease inhibitor mix; Triton X-100.
Equipment: Polytron homogenizer; centrifuges; tube rotator.

Procedure

1. Add DSS cross-linker solution to HEPES buffer containing cell membranes prepared as described in Section 2.1. The final concentration of the DSS should be 5 m*M*.
2. Incubate the membranes with DSS for 30 min at room temperature.
3. Add enough quenching solution to bring the concentration to 10 m*M* Tris.
4. Allow quenching reaction to go for 15 min at room temperature.
5. After quenching, add protease inhibitor mix at a final concentration of 1%.
6. Homogenize the samples with a Polytron homogenizer for 10 s.
7. Add Triton X-100 to the tubes at a final concentration of 1%. Incubate the samples with Triton X-100 for 2 h at 4°C with end-to-end gentle rotations.
8. Centrifuge the samples at 100,000 × *g* for 1 h at 4°C to remove unsolubilized particles. Collect the supernatant for purification.

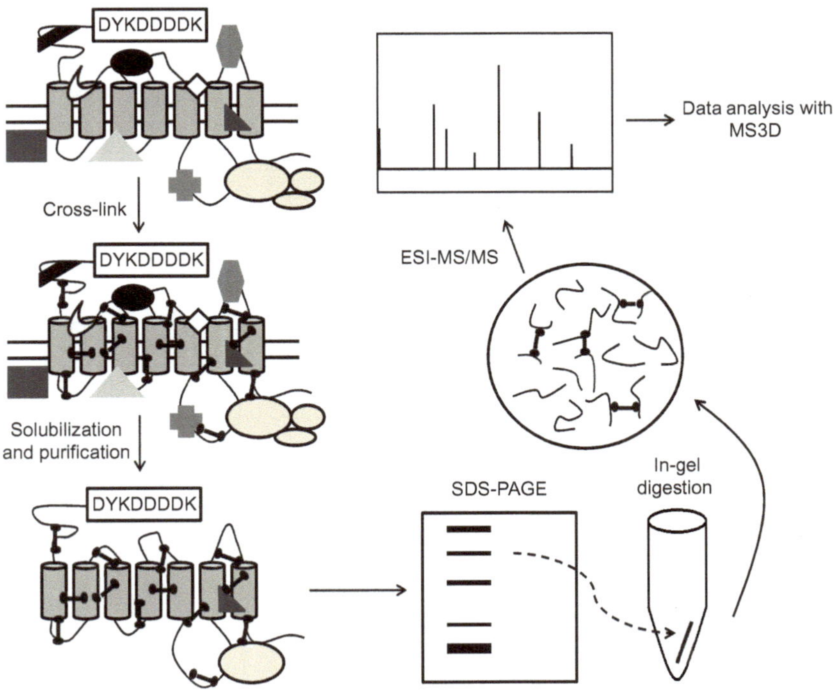

Fig. 3 Chemical cross-linking and mass spectrometry analysis of CB2-G protein complex.

4.2 Purification by Affinity Chromatography

Materials and reagents: Chromatography column; ANTI-FLAG M2 affinity gel; purification start and wash buffer: 20 m*M* HEPES containing 150 m*M* NaCl and 1% Triton X-100, pH 7.4; elution buffer: 0.1 *M* glycine HCl, pH 3.5.

Equipment: Tube rotator.

Procedure

1. Vertically secure an empty chromatography column.
2. Rinse the empty column twice with purification start buffer. Allow the column to drain.
3. Evenly distribute the gel beads in suspension with gentle inversion. Add the resin to the prepared column and allow the buffer to drain from the column.
4. Add start buffer to the top of the column and allow the column to drain again, but do not let the column dry.
5. Without disturbing the gel, wash the resin by adding three sequential volumes of 0.1 *M* glycine HCl, pH 3.5.
6. Wash the resin with 5 column volumes of purification start buffer to prepare for purification step.
7. Add the prepared resin to the solubilized protein. Allow ANTI-FLAG M2 affinity gel to interact with FALG-tagged CB2 for 1 h at room temperature with end-to-end gentle rotations.
8. Prepare a fresh column as in steps 1 and 2.
9. Once the step 7 is complete, pass the protein solution containing the resin through the column.
10. Wash the resin with 15 × 1 column volume of wash buffer.
11. Elute the protein with 6 × 1 mL aliquots of 0.1 *M* glycine HCl, pH 3.5. Collect the eluent in tubes containing 25 μL of 1 *M* Tris, pH 8.0.

4.3 In-Gel Digestion

Procedure is the same as in Section 2.3, except 10 ng/μL pepsin is used. If the specific enzyme trypsin is used, it may not work for some of the cross-linked peptides because tryptic cleavage C-terminal to cross-linked lysine residues has been shown to be impaired (Schulz et al., 2007). In addition, there are very few trypsin digestion sites in the CB2 regions that might interact with G protein.

4.4 ESI-MS/MS

Procedure use the same as Section 2.5, except data analysis will be performed with the aid of online server MS3D (Yu et al., 2008).

1. Screen the precursor peptide ion from LC-MS/MS by the "Links" program from MS3D (Yu et al., 2008). Links calculates the theoretical cross-linking possibilities for CB2-G protein complex, with given information about the cross-linkers and proteases used and the expected amino acid modifications. The Links program will then give putative assignments within a defined mass error threshold for a list of input mass (MH^+) values.
2. Once the candidates of CB2-G protein cross-linked peptides are obtained, analyze each candidate peptide further by the "MS2Links" program from MS3D (Yu et al., 2008). MS2Links is a program for assigning tandem MS peak lists generated from the fragmentation of cross-linked, modified, or unmodified peptides. MS2Links calculates the theoretical MS/MS fragment library given information about the identity of the base ion, cross-linkers, desired ion types, and amino acid modifications. MS2Links then returns assignments within a defined mass error threshold for the list of input mass (MH^+) values.
3. The MS/MS of each candidate peptide will then be manually checked to see if it is a validated CB2-G protein cross-linked peptide. There are several important guidelines for identification of cross-linked peptide including (1) the main MS/MS peaks should match fragment ions, (2) the fragment ions from each of the two peptides that are cross-linked should be found, and (3) the fragments that contain both peptides and linker should be present.

5. CONCLUSION

In conclusion, detailed protocols using mass spectrometry techniques to study CB2 cannabinoid receptor and associated proteins have been described. Most importantly a combination of chemical cross-linking and mass spectrometry approaches has been presented for the study of CB2-G protein complex. This combined approach can also have an important impact on understanding the interface between GPCRs and G proteins in general.

ACKNOWLEDGMENT

This study was supported in part by the National Institutes of Health Grants DA11551 (to Z.-H.S.).

REFERENCES

Felder, C. C., & Glass, M. (1998). Cannabinoid receptors and their endogenous agonists. *Annual Review of Pharmacology and Toxicology*, *38*, 179–200. http://dx.doi.org/10.1146/annurev.pharmtox.38.1.179.

Feng, W., Cai, J., Pierce, W. M., Jr., & Song, Z. H. (2002). Expression of CB2 cannabinoid receptor in Pichia pastoris. *Protein Expression and Purification*, *26*(3), 496–505.

He, F., Qiao, Z. H., Cai, J., Pierce, W., He, D. C., & Song, Z. H. (2007). Involvement of the 90-kDa heat shock protein (Hsp-90) in CB2 cannabinoid receptor-mediated cell migration: A new role of Hsp-90 in migration signaling of a G protein-coupled receptor. *Molecular Pharmacology*, *72*(5), 1289–1300. http://dx.doi.org/10.1124/mol.107.036566.

Howlett, A. C. (1995). Pharmacology of cannabinoid receptors. *Annual Review of Pharmacology and Toxicology*, *35*, 607–634. http://dx.doi.org/10.1146/annurev.pa.35.040195.003135.

Hua, T., Vemuri, K., Pu, M., Qu, L., Han, G. W., Wu, Y., et al. (2016). Crystal structure of the human cannabinoid receptor CB1. *Cell*, *167*(3), 750–762, e714. http://dx.doi.org/10.1016/j.cell.2016.10.004.

Kim, T. K., Zhang, R., Feng, W., Cai, J., Pierce, W., & Song, Z. H. (2005). Expression and characterization of human CB1 cannabinoid receptor in methylotrophic yeast Pichia pastoris. *Protein Expression and Purification*, *40*(1), 60–70. http://dx.doi.org/10.1016/j.pep.2004.10.026.

Marriott, K. S., & Huffman, J. W. (2008). Recent advances in the development of selective ligands for the cannabinoid CB(2) receptor. *Current Topics in Medicinal Chemistry*, *8*(3), 187–204.

Matsuda, L. A., Lolait, S. J., Brownstein, M. J., Young, A. C., & Bonner, T. I. (1990). Structure of a cannabinoid receptor and functional expression of the cloned cDNA. *Nature*, *346*(6284), 561–564. http://dx.doi.org/10.1038/346561a0.

Mnpotra, J. S., Qiao, Z., Cai, J., Lynch, D. L., Grossfield, A., Leioatts, N., et al. (2014). Structural basis of G protein-coupled receptor-Gi protein interaction: Formation of the cannabinoid CB2 receptor-Gi protein complex. *The Journal of Biological Chemistry*, *289*(29), 20259–20272. http://dx.doi.org/10.1074/jbc.M113.539916.

Munro, S., Thomas, K. L., & Abu-Shaar, M. (1993). Molecular characterization of a peripheral receptor for cannabinoids. *Nature*, *365*(6441), 61–65. http://dx.doi.org/10.1038/365061a0.

Pertwee, R. G. (1997). Pharmacology of cannabinoid CB1 and CB2 receptors. *Pharmacology & Therapeutics*, *74*(2), 129–180. http://dx.doi.org/10.1016/S0163-7258(97)82001-3

Pertwee, R. G., & Ross, R. A. (2002). Cannabinoid receptors and their ligands. *Prostaglandins, Leukotrienes, and Essential Fatty Acids*, *66*(2–3), 101–121. http://dx.doi.org/10.1054/plef.2001.0341.

Rasmussen, S. G. DeVree, B. T., Zou, Y., Kruse, A. C., Chung, K. Y., Kobilka, T. S., et al. (2011). Crystal structure of the beta2 adrenergic receptor–Gs protein complex. *Nature*, *477*(7366), 549–555. http://dx.doi.org/10.1038/nature10361.

Riether, D. (2012). Selective cannabinoid receptor 2 modulators: A patent review 2009—Present. *Expert Opinion on Therapeutic Patents*, *22*(5), 495–510. http://dx.doi.org/10.1517/13543776.2012.682570.

Schulz, D. M., Kalkhof, S., Schmidt, A., Ihling, C., Stingl, C., Mechtler, K., et al. (2007). Annexin A2/P11 interaction: New insights into annexin A2 tetramer structure by chemical crosslinking, high-resolution mass spectrometry, and computational modeling. *Proteins*, *69*(2), 254–269.

Shao, Z., Yin, J., Chapman, K., Grzemska, M., Clark, L., Wang, J., et al. (2016). High-resolution crystal structure of the human CB1 cannabinoid receptor. *Nature*, *540*, 602–606. http://dx.doi.org/10.1038/nature20613.

Yu, E. T., Hawkins, A., Kuntz, I. D., Rahn, L. A., Rothfuss, A., Sale, K., et al. (2008). The collaboratory for MS3D: A new cyberinfrastructure for the structural elucidation of biological macromolecules and their assemblies using mass spectrometry-based approaches. *Journal of Proteome Research*, 7(11), 4848–4857. http://dx.doi.org/10.1021/pr800443f.

Zhang, R., Kim, T. K., Qiao, Z. H., Cai, J., Pierce, W. M., Jr., & Song, Z. H. (2007). Biochemical and mass spectrometric characterization of the human CB2 cannabinoid receptor expressed in Pichia pastoris—Importance of correct processing of the N-terminus. *Protein Expression and Purification*, *55*(2), 225–235. http://dx.doi.org/10.1016/j.pep.2007.03.018.

Zvonok, N., Xu, W., Williams, J., Janero, D. R., Krishnan, S. C., & Makriyannis, A. (2010). Mass spectrometry-based GPCR proteomics: Comprehensive characterization of the human cannabinoid 1 receptor. *Journal of Proteome Research*, *9*(4), 1746–1753. http://dx.doi.org/10.1021/pr900870p.

CHAPTER SEVENTEEN

Expression and NMR Structural Studies of Isotopically Labeled Cannabinoid Receptor Type II

Alexei Yeliseev[1], Klaus Gawrisch[1]
Laboratory of Membrane Biochemistry and Biophysics, NIAAA, NIH, Bethesda, MD, Unites States
[1]Corresponding authors: e-mail address: yeliseeva@mail.nih.gov; klausg@mail.nih.gov

Contents

Abstract

Cannabinoid receptor type II (CB_2) is an integral membrane protein with seven transmembrane helices that belongs to the large superfamily of rhodopsin-like G protein-coupled receptors. The CB_2 is a part of the endocannabinoid system that plays a vital role in regulation of immune response, inflammation, pain, and other metabolic processes. Information about the structure and function of CB_2 in cell membranes is essential for development of specific pharmaceuticals that target CB_2 signaling. Methodology for recombinant expression, stable isotope labeling, purification, reconstitution into liposomes, and NMR characterization of functionally active CB_2 is presented. Uniformly

Methods in Enzymology, Volume 593
ISSN 0076-6879
http://dx.doi.org/10.1016/bs.mie.2017.06.020

^{13}C-, ^{15}N-labeled CB_2 protein is expressed by fermentation of *Escherichia coli* in a medium of defined composition under controlled aeration, pH, and temperature and purified by tandem affinity chromatography. The receptor reconstituted into lipid bilayers is suitable for structural studies by solid-state NMR spectroscopy.

ABBREVIATIONS

CB_2 cannabinoid receptor type II
CMC critical micelle concentration
CHS cholesteryl hemisuccinate-Tris salt
CHAPS 3-[(cholamidopropyl)dimethylammonio]-1-propanesulfonate
CP-55,940 ((−)-*cis*-3[2-hydroxy-4-(1,1-dimethylheptyl)phenyl]-*trans*-4-(3-hydroxypropyl) cyclohexanol)
DDM *n*-dodecyl-β-D-maltoside
DilC$_{18}$(5) solid 1,1′-dioctadecyl-3,3,3′,3′-tetramethylindodicarbocyanine 4-chlorobenzenesulfonate salt
EDTA ethylenediaminetetraacetic acid
ERK extracellular signal-regulated kinases
GPCR G protein-coupled receptors
MAPK mitogen-activated protein kinases
MAS magic-angle spinning
MSM minimal salt medium
MBP maltose binding protein
POPC 1-palmitoyl-2-oleoyl-*sn*-glycero-3-phosphocholine
POPS 1-palmitoyl-2-oleoyl-*sn*-glycero-3-phosphoserine sodium salt
TEV tobacco etch virus

1. INTRODUCTION

Recent success with studying the structure of G protein-coupled receptors (GPCR) by crystallography has stimulated interest in investigating structure and function of GPCR in their natural environment, the lipid bilayer, which can be achieved by NMR spectroscopy. Here, we describe methods of expression, purification, reconstitution, and solid-state NMR investigation of cannabinoid receptor type II, (CB_2). The CB_2 receptor is primarily located in cells of immune and hematopoietic systems such as thymus, spleen, and tonsil (Cabral & Griffin-Thomas, 2009). Expression of CB_2 in neuronal microglia was reported (Fernandez-Ruiz et al., 2007; Nunez et al., 2004) but the topic continues to be discussed controversially. The discovery of the endogenous cannabinoid ligands anandamide and 2-AG-stimulated studies of the intrinsic function of cannabinoid receptors

(Devane et al., 1992; Mechoulam et al., 1995; Sugiura et al., 1995). The CB_2 receptor plays a major role in inflammatory processes in a variety of organs including liver, kidneys, and the gastrointestinal system (Pacher & Mechoulam, 2011). Migration behavior of immune cells upon activation of the receptor has also become the subject of deep interest (Miller & Stella, 2008). The need for novel treatments of inflammation and pain has encouraged development of selective ligands for CB_2 receptor that are free from the psychoactive side effects of conventional phytocannabinoids (Ibrahim et al., 2003; Nettekoven et al., 2016).

The receptor inhibits adenylyl cyclase via $G_{i\alpha}/G_{o\alpha}$ protein subunits, while $G_{\beta\gamma}$ subunits signal via mitogen-activated protein kinases (MAPK) and extracellular signal-regulated kinases (ERK) pathways. Deactivation and internalization of CB_2 occurs via G protein-coupled receptor kinases that facilitate arrestin binding and receptor internalization.

To study structure and function of CB_2 in membranes by NMR, expression and functional reconstitution of highly purified and homogeneous receptor into membranes or membrane-mimetic environments of controlled composition in the range of milligrams is required (Yeliseev, Wong, Soubias, & Gawrisch, 2005; Yeliseev, Zoubak, & Gawrisch, 2007). Structural instability of GPCR in detergent micelles, and to a lesser degree in membranes, is a well-known phenomenon that requires special attention during expression, purification, and reconstitution (Vukoti, Kimura, Macke, Gawrisch, & Yeliseev, 2012). Therefore, reconstitution of GPCR must be followed by functional studies to assure preservation of structural integrity.

Furthermore, for NMR experiments, the receptor must be efficiently labeled with NMR active, stable isotopes like ^{13}C and ^{15}N. The NMR experiments may take from hours to weeks per sample for completion. Experimental conditions must be found that prevent deterioration of the protein during the time course of experiments (Berger et al., 2010; Kimura et al., 2014, 2012).

2. PREPARATION OF STABLE ISOTOPE-LABELED CANNABINOID RECEPTOR—AN OVERVIEW OF THE METHOD

The isotopically labeled protein is produced by fermentation of the *Escherichia coli* strain expressing CB_2 in a minimal salt medium (MSM). The bacterial culture is grown in a fermenter under controlled pH, aeration conditions, and temperature, with supplementation of the medium with stable isotope-labeled sources of carbon (^{13}C-glucose) and nitrogen ($^{15}NH_4Cl$). The plasmid-based expression construct for CB_2 consists of the N-terminal maltose binding protein (MBP) expression partner, a recognition site for specific tobacco etch virus (TEV) protease, as well as two affinity tags, twin-Strep-tag and His_{10} tag, for chromatographic purification (see Fig. 1A). The CB_2 receptor accumulated in cell membranes is solubilized in detergents and purified by two steps of affinity chromatography on Ni-NTA and Strep-Tactin resins (Yeliseev et al., 2007). The N-terminal expression partner MBP is removed by cleaving the fusion with TEV protease. The purity of the protein is assessed by SDS-PAGE and by the Western blot, and yield- by the modified Lowry protein assay (Thermo Fisher Scientific). The functional activity of the protein is established by a G protein-activation assay. The affinity purification of CB_2 protein is summarized in Fig. 1. The purified protein is then reconstituted into proteoliposomes that are

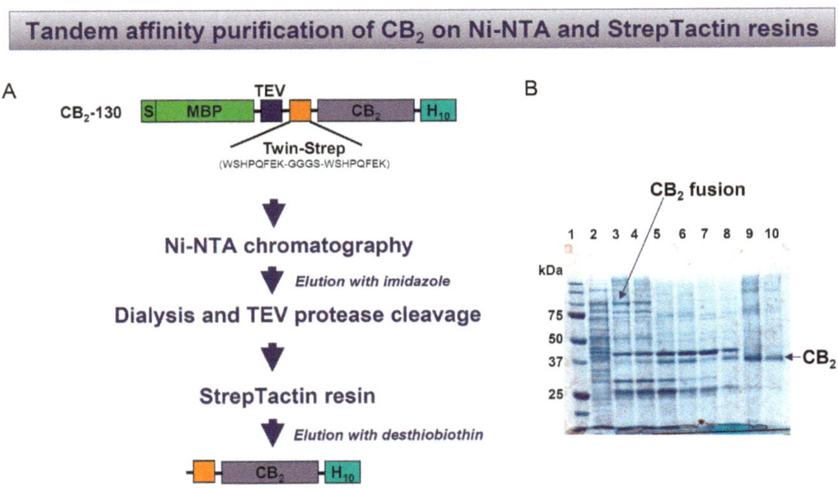

Fig. 1 (A) Schematic representation of the tandem affinity purification of the recombinant CB_2 protein. Fusion CB_2 protein is extracted from membranes in detergent micelles and purified by chromatography on NI-NTA resin. The MBP expression partner is then removed by cleavage with TEV protease, and the released CB_2 is further purified by chromatography on StrepTactin resin. (B) SDS-PAGE stained with Instant Blue. Lane 1, molecular weight marker; 2, crude extract applied onto Ni-NTA resin; 3,4, elution fractions from Ni-NTA resin; 5,6, protein treated with TEV protease, applied onto StrepTactin; 7, flow-through fraction from StrepTactin; 8, wash fractions; 9,10, CB_2 protein eluted from StrepTactin resin.

transferred to a rotor for solid-state magic-angle spinning (MAS) ^{13}C-, ^{15}N-NMR experiments.

3. MATERIALS

The synthetic cannabinoid agonist, CP-55,940 ((−)-*cis*-3[2-hydroxy-4-(1,1-dimethylheptyl)phenyl]-*trans*-4-(3-hydroxypropyl) cyclohexanol), is from Tocris Bioscience (Ellisville, MO). ^{3}H-labeled CP-55,940 and [^{35}S]-GTPγS are from Perkin Elmer (Waltham, MA). The lipids 1-palmitoyl-2-oleoyl-*sn*-glycero-3-phosphocholine (POPC) and 1-palmitoyl-2-oleoyl-*sn*-glycero-3-phosphoserine sodium salt (POPS) used for CB_2 receptor reconstitution are purchased from Avanti Polar Lipids (Alabaster, AL). Cholesteryl hemisuccinate-Tris salt (CHS) is from Anatrace (Maumee, OH). The fluorophore-labeled lipid 1,1′-dioctadecyl-3,3,3′,3′-tetramethylindodicarbocyanine 4-chlorobenzenesulfonate salt (DilC_{18}(5) solid) is from Thermo Fisher Scientific. The detergents 3-[(cholamidopropyl)dimethylammonio]-1-propanesulfonate (CHAPS) and *n*-dodecyl-β-D-maltoside (DDM) are from Anatrace. $^{15}NH_4Cl$ (99% enrichment) and D-glucose (U—$^{13}C_6$, 99% enrichment) are from Cambridge Isotope Laboratories (Andover, MA).

4. EXPRESSION OF CB_2 IN A FERMENTER

4.1 Composition of the Mineral Salt Medium

The MSM, slightly modified from conditions used earlier (Berger et al. 2010), contains: 4.65 g/L Na_2SO_4, 14.6 g/L K_2HPO_4, 4.07 g/L $NaH_2PO_4 \times 2H_2O$, 1.2 g/L $MgSO_4 \times 7H_2O$, 3.32 mg/L $CaCl_2 \times 2H_2O$, 0.72 mg/L $ZnSO_4 \times 7H_2O$, 0.4 mg/L $MnSO_4 \times H_2O$, 69.48 mg/L ethylenediaminetetraacetic acid (EDTA), 40.1 mg/L $FeCl_3$, 0.236 mg/L $CuSO_4 \times 5H_2O$, 0.84 mg/L $CoCl_2 \times 6H_2O$. Supplement with 10 g/L glucose, 2.74 g/L NH_4Cl, 100 mg/L thiamine hydrochloride, and 100 mg/L ampicillin prior to use.[a]

4.2 Adaptation of Cells to MSM

- Inoculate 5 mL of MSM with 50 μL of glycerol stock of *E. coli* cells BL-21(DE3) grown in LB medium, harboring plasmid pAY130 (Yeliseev et al., 2007). Grow cells overnight.
- Prepare a new glycerol stock by mixing 1 mL of cell culture with 1 mL of sterile 50% glycerol.

- Use 50 μL of this newly prepared glycerol stock to start fresh 5 mL MSM culture. The adaptation of cells to MSM is repeated at least two more times so that the cells in the final stock undergo a minimum of three adaptation cycles. The glycerol stocks should be stored at −80°C until use.

4.3 Preparation of the Fermenter

Fermentation is carried out in a 3.0 L BioFlo® 110 Bench-Top Fermenter (New Brunswick Sci. Co., Edison, NJ) in a volume of 1 L.[b] Schematic representation of the fermentation process is presented in Fig. 2.

- Sterilize phosphate salts, magnesium salt, calcium salt, microelements, vitamins, glucose and ammonium separately. $^{15}NH_4Cl$ is used throughout the fermentation.
- Sterilize 3 L glass vessel filled with 500 mL of water.

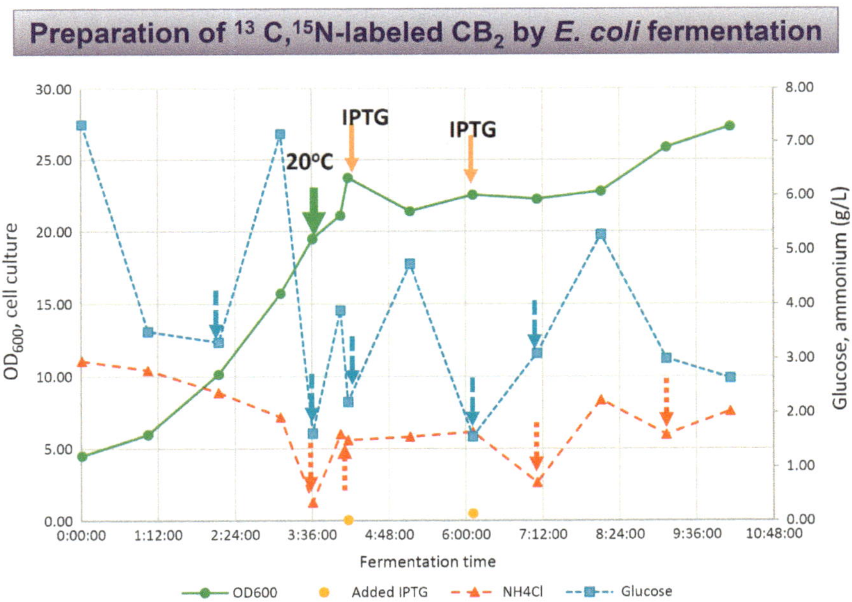

Fig. 2 Schematic representation of the fermentation of *E. coli* BL21 (DE3) expressing CB_2. The *green trace* (*solid line*) denotes the growth of the bacterial cell culture; *blue trace* (*square dot*)—glucose concentration in the medium; *red trace* (*dash line*)—ammonium concentration in the medium. *Arrows* indicate addition of glucose (*blue square dot*), ammonium (*red round dot*), IPTG (*solid yellow*), and change of the temperature from 37 to 20°C (*thick green solid arrow*).

- Add salts, microelements, vitamins, glucose, and ammonium on the day of the fermentation. The concentration of NH_4Cl is 2.73 g/L and glucose 10 g/L, respectively, and is adjusted throughout the fermentation as needed. Adjust the volume to ≈800 mL, to allow for additional 200 mL of seed culture for a total volume of 1 L.
- Adjust pH to 7.0.
- Set the temperature to 37°C.
- Calibrate the oxygen electrode. Set the concentration of dissolved oxygen at 40% of saturating concentration. Set the control of dissolved oxygen by a cascade of stirring speed and flow of air.
- Calibrate the Assure® 3 Blood Glucose Monitoring System (Arkray, USA) according to the manufacturer's instructions using standard glucose solutions from 0.5 to 2.5 g/L.
- Calibrate the ammonia electrode with BNC connector (Thermo Scientific) according to the manufacturer's instructions using standard solutions of NH_4Cl from 1 to 5 g/L.

4.4 Fermentation in MSM

CB_2 fusion protein is expressed by fermentation of *E. coli* BL-21(DE3) cells harboring plasmid pAY130 (see Fig. 1A).

- Inoculate 25 mL of MSM supplemented with 100 μg/mL ampicillin in 125 mL shake flasks with 50 μL aliquot of MSM-adapted cells stored frozen in 25% (v/v) glycerol. Grow cells on a shaker at 230 rpm, at 37°C to $OD_{600} = 1–1.5$.
- Use 4–5 mL of cell culture to inoculate 500 mL of MSM in a 2-L shake flask. Grow cells overnight to the $OD_{600} = 3.0–3.5$. Collect cells by centrifugation at 3000 × *g* for 20 min in sterile 250 mL centrifuge bottles, and resuspended in 200 mL of sterilized tap water.
- Inject cells into the fermenter so that the OD_{600} of the culture at the start of fermentation is about 1.0.
- Perform the cell cultivation as batch process. Adjust the concentration of glucose and ammonium chloride during the fermentation as needed. Take 1–2 mL samples from the culture every 30 min during fermentation to monitor cell growth.
- Monitor the concentration of glucose with the Assure® 3 Blood Glucose Monitoring System (Arkray, USA).
- Monitor the concentration of ammonium with Ammonia electrode with BNC connector (Thermo Scientific).

- Adjust the pH of the medium to 7.0 by the controlled addition of 10% NaOH and 10% H_3PO_4.
- When the OD_{600} of the culture approaches 20, add the stock solution of CP-55,940 to the fermenter to the final concentration of 5 μ*M*.
- Reduce the temperature of the fermenter to 20°C.
- Induce production of the recombinant receptor by addition of filter-sterilized IPTG to the final concentration of 0.5 m*M*.
- After 2 h of incubation, add another portion of IPTG to the final concentration of 1 m*M*.
- Continue fermentation for another 8 h.
- Collect cells by centrifugation at 5000 × *g* for 30 min at 4°C. Wash the cell pellet once with ice-cold PBS buffer. Collect the pellet by centrifugation at 5000 × *g* for 30 min and store at −80°C until use.

A schematic representation of the fermentation of *E. coli* expressing CB_2 is shown in Fig. 2.

5. PURIFICATION OF RECOMBINANT CB_2 RECEPTOR

The CB_2-130 fusion protein, uniformly labeled with ^{13}C and ^{15}N, is extracted from the biomass with a mixture of detergents: DDM (1%, w/v), CHAPS (0.5%, w/v) supplemented with CHS (0.1%, w/v), and ligand CP-55,940 (10 μ*M*). The addition of the ligand is necessary to ensure the stability of functional receptor through the purification procedure (Vukoti et al., 2012). All procedures should be performed on ice or at 4°C.

The N-terminal expression fusion partner MBP is removed by addition of the specific TEV protease taking advantage of the TEV recognition sequence downstream of MBP (Fig. 1A). TEV protease can be obtained from commercial sources or is expressed in house. In this laboratory, it is prepared by expression of the *E. coli* BL21-RIL-harboring plasmid pRK793 as described previously (Kapust et al., 2001; Yeliseev et al., 2005). Since the activity of protease is inhibited by high salt and glycerol concentrations, the fractions containing CB_2 protein are dialyzed against buffer containing reduced concentrations of glycerol and NaCl (Yeliseev et al., 2007).

The final step of protein sample preparation includes concentrating the protein in a spin concentrator, which results in a coconcentration of some of the components of the elution buffer. Typically, the 40 μ*M* CB_2 preparation contains DDM at a concentration of 0.4%–0.6% (w/v), CHAPS 1.5%–2% (w/v), CHS 0.4%–0.6% (w/v), and 40–80 μ*M* CP-55,940.

The purity of the isolated protein is assessed by SDS-PAGE (Fig. 1, B) and by Western blot probed with specific antibodies against CB_2 and affinity tags (Yeliseev et al., 2007).

- Prepare 400 mL of 12 × concentrated stock solution of 6% (w/v) CHAPS–1.2% (w/v) CHS.[d]
- Prepare 200 mL of 100 × concentrated stock solution of 10% (w/v) of DDM.
- Prepare 500 mL of buffer A (50 m*M* Tris–HCl, pH 7.5, 150 m*M* NaCl, 30% glycerol, 0.5% CHAPS, 0.1% CHS, 0.1% DDM. Supplement the buffer with 10 μ*M* CP-55,940). Filter through 0.45 μm sterile filter and store at 4°C.
- Prepare 200 mL of buffer B (buffer A supplemented with 250 m*M* imidazole). Adjust pH to 7.5.
- Prepare 200 mL of buffer C (50 m*M* Tris–HCl, pH 7.5, 100 m*M* NaCl, 10% glycerol, 0.5% CHAPS, 0.1% CHS, 0.1% DDM). Filter through 0.45 μm filter and store at 4°C.
- Mix the biomass of the cells with 300 mL of ice-cold 50 m*M* Tris–HCl buffer, pH 7.5 supplemented with Complete, EDTA-free (Roche), 5 m*M* $MgCl_2$, and DNAse I (Sigma) in a 1-L blender.
- Disrupt the cells by passing the cell paste twice through the cell homogenizer (Avestin).
- Under continuous stirring, add 500 mL of double-concentrated solubilization buffer (100 m*M* Tris–HCl, pH 7.5, 300 m*M* NaCl, 60% (v/v) glycerol). Add 12 ×-concentrated stock solution of CHAPS/CHS and 10% DDM so that the final concentration of the detergents in 1 L solution will be: 0.5% CHAPS, 0.1% CHS, 1% DDM.
- Add 20 m*M* stock solution of CP-55,940 in EtOH to the final concentration of the ligand 10 μm. Continue stirring on ice for 1 h.
- Centrifuge solution in Ti-45 rotor at 43,000 rpm for 1 h. Collect the supernatant and filter through the 0.45-μm sterile filter.
- Apply the filtered solution at a flow rate 0.5–0.7 mL/min onto 5 mL Ni-NTA column preequilibrated with buffer A, on an AKTA-Purifier system or similar chromatography system that allows controlled application of the solution. Monitor the absorbance of the eluate at 280 nm.
- Wash the resin with 20 column volumes of a mixture of 87% buffer A and 13% of buffer B.

- Elute protein by applying 100% buffer B over 7 column volumes. Collect 4 mL fractions.
- Combine fractions containing protein and dialyze for 1–2 h at 4°C in Dialyzer Mega tube with 30 kDa molecular weight cut-off (EMD Novagen) against buffer C.
- Transfer the content of the dialysis cassette to a 50-mL Falcon tube. Add 2 mg of purified TEV protease.[e] Incubate at 4°C for 4 h.
- Wash 4 mL of StrepTactin resin with 4 × 5 mL of buffer A. Add resin to the tube containing CB_2 and TEV protease and incubate overnight on a shaker.
- Transfer resin to a disposable plastic column and wash with 80 mL of buffer A.
- Elute CB_2 protein with 5 × 4 mL of 5 m*M* desthiobiotin in buffer A.[f] Close the column after addition of every portion of elution buffer and incubate for 10 min.
- Combine elution fractions and concentrate on the Amicon Ultracel-30K spin concentrator to the final volume of 4–5 mL.
- Measure the protein concentration in the sample by a Bio-Rad DC protein assay kit.[g] Aliquot the protein into Eppendorf tubes and snap-freeze in liquid nitrogen. Store the concentrated protein at −80°C until use.
- Analyze the purity of the protein sample by SDS PAGE and by Western blot with antibody against His-tag and CB_2 as described earlier (Vukoti et al., 2012).

6. RECONSTITUTION OF CB_2 INTO LIPID BILAYERS

Reconstitution of the purified, uniformly ^{13}C-,^{15}N-labeled CB_2 receptor into liposomes is performed by the rapid dilution method (Kimura et al., 2012). To accurately quantify the recovery of protein and lipid in the course of proteoliposome preparation, the protein sample can be supplemented with CB_2 protein labeled with AlexaFluor 488, and a lipid mixture with fluorescently labeled lipid analog DilC18(5).[h] The protocol described here consistently allows reconstitution of CB_2 at approximately 1:600 protein-to-lipid ratio (mol/mol) with a yield of 80% or higher for protein, and 90% or higher for the lipid.

- Prepare 28 mg of a mixture of lipids POPC/POPS (4:1 mol/mol) and 5.6 μg of DilC18(5) by mixing appropriate quantities of stock solutions of these lipids in organic solvents (typically methanol or chloroform) and remove the solvent under a stream of nitrogen or argon. Dissolve lipids in 0.5% CHAPS at a concentration of 3.3 mg/mL.

- Supplement 2.8 mg of purified CB_2 protein with 60 μg of AlexaFluor 488-labeled CB_2.
- Mix protein with lipid on ice, in a total volume of 8.5 mL
- Dilute the mix dropwise into 650 mL of PBS buffer at 4°C under continuous stirring. Proteoliposomes are formed upon rapid dilution to below the critical micelle concentration (CMC) of the detergents.
- Remove detergent monomers formed upon dilution on a concentrating device (Amicon 8400: Millipore, Billerica, MA) using a polyethersulfone filter with a 30-kDa molecular mass cut off operated at 1 bar of Ar-gas pressure and at 4°C.
- Determine material recovery by measuring fluorescence of the labeled protein and lipids. Perform measurements on a Synergy HT Microplate reader (BioTek, Winooski, Vermont) or instrument with similar capabilities. Excite AlexaFluor at 488 nm and detect emission at 528 nm to measure protein content. To measure lipid content, excite the DilC18 (5) at 590 nm and detect emission at 645 nm.[i]
- Measure the functional activity of the recovered samples by determining the rates of G protein activation, as described earlier, using recombinant, purified $G_{\alpha i1}$ and $G_{\beta 1\gamma 2}$ as described previously (Kimura et al., 2012; Yeliseev et al., 2005, 2007).

7. ACQUISITION OF NMR SPECTRA

Solid-state MAS experiments have the advantage that experiments can be conducted directly on proteoliposomes with sufficiently high protein content (Kimura et al., 2014). The protein molecules must be in a highly homogeneous state. Samples can be studied at any temperature. However, sensitivity increases when proteins are immobilized which is conveniently achieved by lowering temperature. Lower temperatures are also beneficial for long-term survival of the protein.

The required protein content of samples depends on intrinsic resolution of resonances as well as the type of equipment that is used to record the spectra. A typical linewidth of ^{13}C-, ^{15}N-NMR resonances of membrane incorporated peptides and proteins is 1 ppm (^{13}C) and 2–3 ppm (^{15}N), as observed for reconstituted CB_2 (Kimura et al., 2014) which translates into a minimal amount of 2–3 mg of CB_2 per sample for sufficient signal-to-noise on standard high-field NMR spectrometers operating at a protein resonance frequency in the range of 600–850 MHz. Final sample volume depends on the protein/lipid molar ratio of proteoliposomes and the residual water content of samples. Typical volumes of MAS samples are 30–50 μL, half of it buffer. Higher protein content greatly reduces acquisition times of NMR spectra and enables a broader range of experiments. On occasion, spectral resolution as low as 0.25 ppm for ^{13}C resonances was reported, in particular, for microcrystalline protein samples (Zech, Wand, & McDermott, 2005). Requirements for minimal sample size decrease proportionally with improved resolution.

7.1 NMR Sample Preparation

High-field NMR spectrometers have somewhat better performance if experiments are conducted on samples with low ionic content, e.g., 50 m*M* NaCl in buffer or lower. Proteoliposome may contain traces of paramagnetic ions, e.g., manganese ions from the mineral salt medium and nickel ions that leach from affinity columns, which shorten relaxation time of NMR resonances and broaden them at higher concentrations. Those ions are efficiently chelated by immersing proteoliposomes in buffer containing 1–5 m*M* EDTA. Depending on the experiment, a low, controlled content of paramagnetic ions may reduce acquisition times of NMR spectra by allowing a shorter delay time between acquisitions of NMR signals.

- Pellet the proteoliposomes containing uniformly ^{13}C-, ^{15}N-labeled CB_2 receptor by ultracentrifugation at 400,000 × *g* or higher for 12 h at 4°C. Remove the supernatant and carefully blot away any remnants of buffer.
- A lossless transfer of the pellet to the rotor for MAS NMR is conveniently achieved by using plastic pipette tips cut to suitable dimensions to guide the pellet from the centrifuge tube to a suitable MAS rotor. Place the rotor/pipette tip/centrifuge tube setup into a swinging bucket centrifuge and transfer the pellet to the rotor by spinning at low speed.
- Hold the pellet in place with a Kel-F insert for liquid samples inside the rotor, e.g., 4 mm outer diameter zirconia rotor with Kel-F insert, effective sample volume 50 μL.[j]

7.2 MAS NMR Experiments

Record the ^{13}C-, ^{15}N MAS NMR spectra of proteoliposomes on a spectrometer equipped with a 4-mm $^{1}H/^{13}C/^{15}N$ MAS variable temperature probehead, e.g., Bruker BioSpin, Inc. Carry out the measurements at MAS frequencies in the range of 8–15 kHz, such that spinning sidebands do not superimpose on spinning center bands of interest. Choose a temperature of 4°C or lower for long-term survival of CB_2 (Vukoti et al., 2012).

- Spin sample (typical MAS spinning frequency 5–10 kHz) at a temperature slightly above the main phase transition temperature of lipids and shim magnetic field of the spectrometer on the well-resolved ^{1}H MAS NMR lipid resonances. Please note that spinning at frequencies higher than 5 kHz heats the sample above the temperature indicated on the spectrometer controller due to frictional heating in the MAS bearings. Thermally sensitive samples like CB_2 can be damaged if frictional heating is not taken into account. Lower the set temperature of the instrument accordingly to compensate for frictional heating. Relative changes of the chemical shift of the water resonance compared to lipid resonances are a good measure of changes in sample temperature.
- Lower the sample temperature to the desired value while keeping the sample spinning at the desired frequency. For CB_2 with excitation of ^{13}C-, ^{15}N nuclei by cross-polarization, best sensitivity at acceptable broadening of resonances was achieved at a set temperature of the instrument of 200 K.[k] Acceptable resolution of ^{13}C-, ^{15}N resonances is typically achieved at spinning frequencies of 8 kHz or higher.
- Specific settings of the NMR instrument depend on the experiment to be conducted as well as the equipment. The reader is referred to special literature as well as specifications provided by the manufacturer of the equipment (see Fig. 3 for an example). A common issue is the tolerance of equipment and samples to ^{1}H decoupling power. Resolution of ^{13}C-, ^{15}N resonances is best if 70 kHz of ^{1}H decoupling or higher is applied. Sample heating from decoupling is successfully mitigated by lowering sample temperature or by the use of low *E*-field probes.

8. PROTOCOL NOTES

[a]Sterilize separately by autoclaving: phosphate salts, glucose, magnesium salts, and ammonium chloride. Sterilize separately by filtration: calcium salts, microelements, thiamine, and ampicillin.

[b]Fermentation can be performed in any fermenter with similar characteristics.

[c]This is manifested by the rapid increase in the concentration of the dissolved oxygen. The absence of glucose in the medium is confirmed also by direct measurements using a glucose meter.

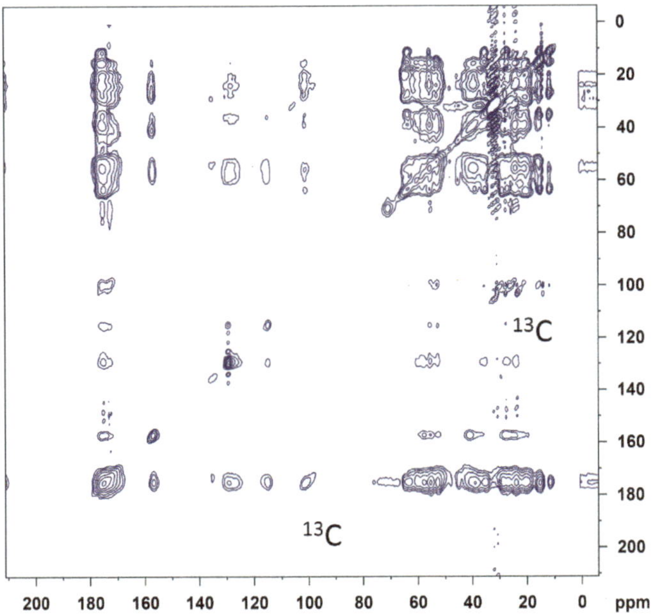

Fig. 3 Two-dimensional cross-polarization, dipolar-assisted rotational resonance experiment (2D ^{13}C—^{13}C CP-DARR) (Takegoshi, Yano, Takeda, & Terao, 2001) on uniformly ^{13}C-, ^{15}N-labeled CB_2 in proteoliposomes recorded at a temperature of 203 K and a sample spinning frequency of 10 kHz. The relatively high intensity of ^{13}C–^{13}C cross-peaks in the spectrum confirms high, uniform enrichment of the protein with ^{13}C. The large number of resonances results in heavy superposition of signals. NMR parameters: ^{1}H preparation $\pi/2$ pulse = 3.5 μs; ^{1}H–^{13}C cross-polarization at $(\gamma/2\pi)B_1 = 49$ kHz for 1 ms, ^{1}H power during cross-polarization was linearly ramped from 100% to 80%; DARR ^{13}C $\pi/2$ pulse = 4.5 μs; DARR mixing time = 100 ms. ^{1}H continuous wave decoupling at 10 kHz was applied during mixing. ^{13}C signals were acquired at 70 kHz ^{1}H dipolar decoupling using a spinal-64 decoupling sequence (Fung, Khitrin, & Ermolaev, 2000). Two-dimensional spectra were acquired with 1024 data points in the F_2 domain, 128 data points in the F_1 domain and 8500 scans per F_1 increment.

[d]Prepare separately a solution of 24 g of CHAPS in 180–190 mL of water and a suspension of 4.8 g of CHS in 200 mL of water. Under continuous mixing, add dropwise the suspension of CHS to CHAPS solution. Continue mixing until solution becomes clear. Store at 4°C.

[e]TEV protease may be obtained from commercial sources or can be expressed and purified in house. The variant of protease used in this work contains a S219V mutation that makes it impervious to autoinactivation, and a N-terminal His_6 tag to facilitate purification.

[f]Weigh the necessary amount of desthiobiotin in an Eppendorf tube. Dissolve in a small volume of 1 N NaOH. Add the solution to buffer A, and adjust pH to 7.5.

[g]Add 5 μL of the elution buffer to standards in a microplate-based assay to account for differences in buffer composition.

[h]The quantification of protein and lipid by measuring fluorescence of the label is described in Kimura et al. (2012).

[i]Cross-talk between the fluorophores was negligible at these settings.

[j]*Safety note*: Use rotor caps made of zirconia or Vespel for experiments at low temperature. Standard Kel-F caps loosen at low temperature which may result in a rotor crash and damage to the radio frequency coil and stator in the MAS probe.

[k]*Safety note*: Route the cold air emitted from the MAS rotor out of the magnet through a plastic pipe to avoid cooling the room temperature shims and bore tube of the magnet below specifications provided by the manufacturer. Flush the probe and the shim set with a high stream of dry air and monitor the temperature of the shim set to avoid damaging the magnet.

9. CONCLUSIONS

The protocols described here allow preparation of several milligrams of stable isotope-labeled, functional cannabinoid receptor CB_2. The protein is solubilized in detergent micelles and purified with high yield by affinity chromatography. Subsequent reconstitution of CB_2 into POPC/POPS lipid bilayers ensures adequate stability of the receptor for structural studies by solid-state NMR spectroscopy at temperatures below ambient.

ACKNOWLEDGMENTS

Krishna Vukoti, Kirk Hines, and Lioudmila Zoubak assisted with fermentation and purification of CB_2; Tomohiro Kimura contributed to protein reconstitution and acquisition of solid-state NMR spectra. Work on this project was supported by the Intramural Research Program of the National Institute on Alcohol Abuse and Alcoholism, National Institutes of Health.

REFERENCES

Berger, C., Ho, J. T. C., Kimura, T., Hess, S., Gawrisch, K. & Yeliseev, A. (2010). Preparation of stable isotope-labeled peripheral cannabinoid receptor CB2 by bacterial fermentation. *Protein Expression and Purification*, *70*(2), 236–247. http://dx.doi.org/10.1016/j.pep.2009.12.011.

Cabral, G. A., & Griffin-Thomas, L. (2009). Emerging role of the cannabinoid receptor CB2 in immune regulation: Therapeutic prospects for neuroinflammation. *Expert Reviews in Molecular Medicine 11*. e3. http://dx.doi.org/10.1017/s1462399409000957.

Devane, W. A., Hanus, L., Breuer, A., Pertwee, R. G., Stevenson, L. A., Griffin, G., et al. (1992). Isolation and structure of a brain constituent that binds to the cannabinoid receptor. *Science, 258*(5090), 1946–1949. http://dx.doi.org/10.1126/science.1470919.

Fernandez-Ruiz, J., Romero, J., Velasco, G., Tolon, R. M., Ramos, J. A., & Guzman, M. (2007). Cannabinoid CB2 receptor: A new target for controlling neural cell survival? *Trends in Pharmacological Sciences, 28*(1), 39–45. http://dx.doi.org/10.1016/j.tips.2006.11.001.

Fung, B. M., Khitrin, A. K., & Ermolaev, K. (2000). An improved broadband decoupling sequence for liquid crystals and solids. *Journal of Magnetic Resonance, 142*(1), 97–101. http://dx.doi.org/10.1006/jmre.1999.1896.

Ibrahim, M. M., Deng, H. F., Zvonok, A., Cockayne, D. A., Kwan, J., Mata, H. P., et al. (2003). Activation of CB2 cannabinoid receptors by AM1241 inhibits experimental neuropathic pain: Pain inhibition by receptors not present in the CNS. *Proceedings of the National Academy of Sciences of the United States of America, 100*(18), 10529–10533. http://dx.doi.org/10.1073/pnas.1834309100.

Kapust, R. B., Tozser, J., Fox, J. D., Anderson, D. E., Cherry, S., Copeland, T. D., et al. (2001). Tobacco etch virus protease: Mechanism of autolysis and rational design of stable mutants with wild-type catalytic proficiency. *Protein Engineering, 14*(12), 993–1000. http://dx.doi.org/10.1093/protein/14.12.993.

Kimura, T., Vukoti, K., Lynch, D. L., Hurst, D. P., Grossfield, A., Pitman, M. C., et al. (2014). Global fold of human cannabinoid type 2 receptor probed by solid-state 13C-, 15N-MAS NMR and molecular dynamics simulations. *Proteins, 82*(3), 452–465. http://dx.doi.org/10.1002/prot.24411.

Kimura, T., Yeliseev, A. A., Vukoti, K., Rhodes, S. D., Cheng, K., Rice, K. C., et al. (2012). Recombinant cannabinoid type 2 receptor in liposome model activates g protein in response to anionic lipid constituents. *The Journal of Biological Chemistry, 287*(6), 4076–4087. http://dx.doi.org/10.1074/jbc.M111.268425.

Mechoulam, R., Benshabat, S., Hanus, L., Ligumsky, M., Kaminski, N. E., Schatz, A. R., et al. (1995). Identification of an endogenous 2-monoglyceride, present in the canine gut, that binds to cannabinoid receptors. *Biochemical Pharmacology, 50*(1), 83–90. http://dx.doi.org/10.1016/0006-2952(95)00109-d.

Miller, A. M., & Stella, N. (2008). CB2 receptor-mediated migration of immune cells: It can go either way. *British Journal of Pharmacology, 153*(2), 299–308. http://dx.doi.org/10.1038/sj.bjp.0707523.

Nettekoven, M., Adam, J. M., Bendels, S., Bissantz, C., Fingerle, J., Grether, U., et al. (2016). Novel triazolopyrimidine-derived cannabinoid receptor 2 agonists as potential treatment for inflammatory kidney diseases. *ChemMedChem, 11*(2), 179–189. http://dx.doi.org/10.1002/cmdc.201500218.

Nunez, E., Benito, C., Pazos, M. R., Barbachano, A., Fajardo, O., Gonzalez, S., et al. (2004). Cannabinoid CB2 receptors are expressed by perivascular microglial cells in the human brain: An immunohistochemical study. *Synapse, 53*(4), 208–213. http://dx.doi.org/10.1002/syn.20050.

Pacher, P., & Mechoulam, R. (2011). Is lipid signaling through cannabinoid 2 receptors part of a protective system? *Progress in Lipid Research, 50*(2), 193–211. http://dx.doi.org/10.1016/j.plipres.2011.01.001.

Sugiura, T., Kondo, S., Sukagawa, A., Nakane, S., Shinoda, A., Itoh, K., et al. (1995). 2-arachidonoylglycerol—A possible endogenous cannabinoid receptor ligand in brain. *Biochemical and Biophysical Research Communications, 215*(1), 89–97. http://dx.doi.org/10.1006/bbrc.1995.2437.

Takegoshi, K., Yano, T., Takeda, K., & Terao, T. (2001). Indirect high-resolution observation of 14N NMR in rotating solids. *Journal of the American Chemical Society*, *123*(43), 10786–10787.

Vukoti, K., Kimura, T., Macke, L., Gawrisch, K., & Yeliseev, A. (2012). Stabilization of functional recombinant cannabinoid receptor CB2 in detergent micelles and lipid bilayers. *PloS One*, 7(10). e46290. http://dx.doi.org/10.1371/journal.pone.0046290.

Yeliseev, A. A., Wong, K. K., Soubias, O., & Gawrisch, K. (2005). Expression of human peripheral cannabincid receptor for structural studies. *Protein Science*, *14*(10), 2638–2653. http://dx.doi.org/10.1110/ps.051550305.

Yeliseev, A., Zoubak, L., & Gawrisch, K. (2007). Use of dual affinity tags for expression and purification of functional peripheral cannabinoid receptor. *Protein Expression and Purification*, *53*(1), 153–163. http://dx.doi.org/10.1016/j.pep.2006.12.003.

Zech, S. G., Wand, A. J., & McDermott, A. E. (2005). Protein structure determination by high-resolution solid-state NMR spectroscopy: Application to microcrystalline ubiquitin. *Journal of the American Chemical Society*, *127*(24), 8618–8626. http //dx.doi.org/10.1021/ja0503128.

CHAPTER EIGHTEEN

Methods for the Development of In Silico GPCR Models

Paula Morales[1], Dow P. Hurst, Patricia H. Reggio
University of North Carolina at Greensboro, Greensboro, NC, United States
[1]Corresponding author: e-mail address: p_morale@uncg.edu

Contents

Abstract

The Reggio group has constructed computer models of the inactive and G-protein-activated states of the cannabinoid CB1 and CB2 receptors, as well as, several orphan receptors that recognize a subset of cannabinoid compounds, including GPR55 and GPR18. These models have been used to design ligands, mutations, and covalent labeling studies. The resultant second-generation models have been used to design ligands with improved affinity, efficacy, and subtype selectivity. Herein, we provide a guide for the development of GPCR models using the most recent orphan receptor studied in our lab, GPR3.

Methods in Enzymology, Volume 593
ISSN 0076-6879
http://dx.doi.org/10.1016/bs.mie.2017.05.005

GPR3 is an orphan receptor that belongs to the Class A family of G-protein-coupled receptors. It shares high sequence similarity with GPR6, GPR12, the lysophospholipid receptors, and the cannabinoid receptors. GPR3 is predominantly expressed in mammalian brain and oocytes and it is known as a $G\alpha_s$-coupled receptor activated constitutively in cells.

GPR3 represents a possible target for the treatment of different pathological conditions such as Alzheimer's disease, oocyte maturation, or neuropathic pain. However, the lack of potent and selective GPR3 ligands is delaying the exploitation of this promising therapeutic target. In this context, we aim to develop a homology model that helps us to elucidate the structural determinants governing ligand–receptor interactions at GPR3.

In this chapter, we detail the methods and rationale behind the construction of the GPR3 active-and inactive-state models. These homology models will enable the rational design of novel ligands, which may serve as research tools for further understanding of the biological role of GPR3.

1. INTRODUCTION

The Reggio group has constructed computer models of the inactive and G-protein-activated structures of the cannabinoid CB1 and CB2 receptors, as well as, several orphan receptors that recognize a subset of cannabinoid compounds, including GPR55 and GPR18. These models have been used to design mutations and covalent labeling studies to test these models. The resultant second-generation models have been used to design ligands with improved affinity, efficacy, and subtype selectivity. In this chapter, we provide a guide for the development of G-protein-coupled receptor (GPCR) models and detail the steps that need to be taken in model development using the most recent orphan receptor under study in our lab, GPR3.

The cannabinoid receptors CB1 and CB2 have widely been confirmed as cannabinoid targets. Nevertheless, the complex pharmacology of the endocannabinoid system suggests the existence of other receptors playing important physiological roles. Because of its close phylogenetic relationship, GPR3 was presented by the IUPHAR as one of possible missing cannabinoid types (Pertwee et al., 2010). However, this categorization is still under debate due to the lack of experimental data.

GPR3 is a Class A orphan GPCR that was first cloned in 1995 (Eggerickx et al., 1995; Song, Modi, & Bonner, 1995). This orphan receptor is broadly expressed in the central nervous system, ovaries, and testes. GPR3 constitutively activates adenylate cyclase coupling to Gα_s protein (Eggerickx et al., 1995). Interestingly, different researchers have demonstrated its ability to modulate amyloid-beta production, suggesting that it may play a critical role in Alzheimer's disease (Huang, Manglik, et al., 2015; Huang, Skwarek-Maruszewska, et al., 2015; Nelson & Sheng, 2013; Thathiah et al., 2013, 2009). In addition, GPR3 has been reported to promote neurite outgrowth (Tanaka, Ishii, Kasai, Sung, & Saeki, 2007; Tanaka, Shaikh, Chiocca, & Saeki, 2009; Tanaka et al., 2014), to regulate meiotic prophase arrest in oocyte maturation (Mehlmann et al., 2004), to alter emotional behaviors (Valverde et al., 2009), to modulate early phases of cocaine reinforcement (Tourino et al., 2012), to control neuropathic pain after peripheral nerve injury (Ruiz-Medina, Ledent, & Valverde, 2011), and to be involved in age-related obesity (Godlewski et al., 2015). All these data indicate that GPR3 represents a potential therapeutic target for the treatment of a variety of physiopathological conditions.

GPR3 belongs to the same GPCR Class A subfamily than the cannabinoid, and the lysophospholipid receptors sharing many common structural features at key positions. Sequence similarities with CB1 and CB2 could indicate a possible relation of GPR3 with the endocannabinoid system. In this scenario, the development of a GPR3 homology model will give us deeper insights into its physiological function and it will enable structure-based drug design. Potent and efficacious modulators of this receptor will be crucial pharmacological tools for a better understanding of this promising therapeutic target.

The development of consistent and reliable homology models of GPCRs remains a difficult task. Despite the increasing number of released GPCR crystal structures, the low sequence identity, the complex GPCR functionality, and the high structural diversity among binding pockets make GPCR modeling a major challenge. Template-based modeling is known to be the most successful method for protein structure prediction. However, calculations to refine specific regions of the structure, taking into account all the experimental data available, are essential.

2. SEQUENCE ALIGNMENT

The generalized architecture of GPCRs consists of an extracellular N-terminus, followed by seven transmembrane α-helical domains (TMHs) connected by alternating extracellular (EC) and intracellular (IC) loops, and an intracellular C-terminus with a short helical segment (Hx8)

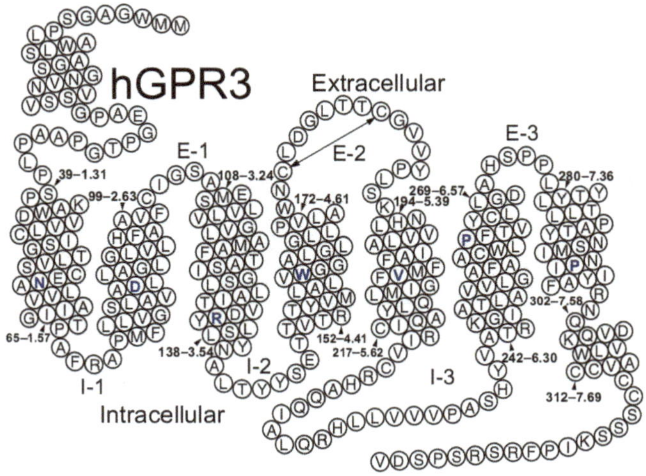

Fig. 1 General topology of Class A GPCRs. Helix net representation of the human GPR3 sequence (the most highly conserved residue position in each TMH across Class A GPCRs is colored *blue*).

oriented in parallel to the membrane surface (Rosenbaum, Rasmussen, & Kobilka, 2009). This overall topology is depicted in Fig. 1, exemplified by a 2D helix net representation of the human GPR3 sequence. The TMHs of Class A GPCRs are arranged to form a closed bundle in the lipid bilayer. The ligand binding site in Class A GPCRs is generally within the EC half of the TMH bundle, and may extend to EC loop residues. This is referred to as the orthosteric binding site. Ligands may also bind to distinct (allosteric) binding sites of the receptor that can be within or outside of the TMH bundle and modulate the binding and signaling of orthosteric ligands.

The first step in the construction of a particular GPCR homology model is the alignment of its sequence to that of other GPCRs with which the receptor has sequence similarities. Sequences of other GPCRs that have been crystallized can also be included in the alignment. Sequence alignments enable the identification of loop regions and regions with secondary structure such as α-helices and 3_{10}-helices, as well as common structural features or divergences at certain segments with other sequences.

Class A GPCR sequences share a set of highly conserved residues and motifs that can be used as guides for sequence alignment. These are N1.50, D2.50, D/ERY in TMH3, W4.50, P5.50, CWXP in TMH6, and NPXXY in TMH7. These residues are highlighted in yellow in Fig. 2. As is clear in Fig. 1, these conserved residues and motifs are not located in the ligand binding pocket, but below it. This conservation pattern

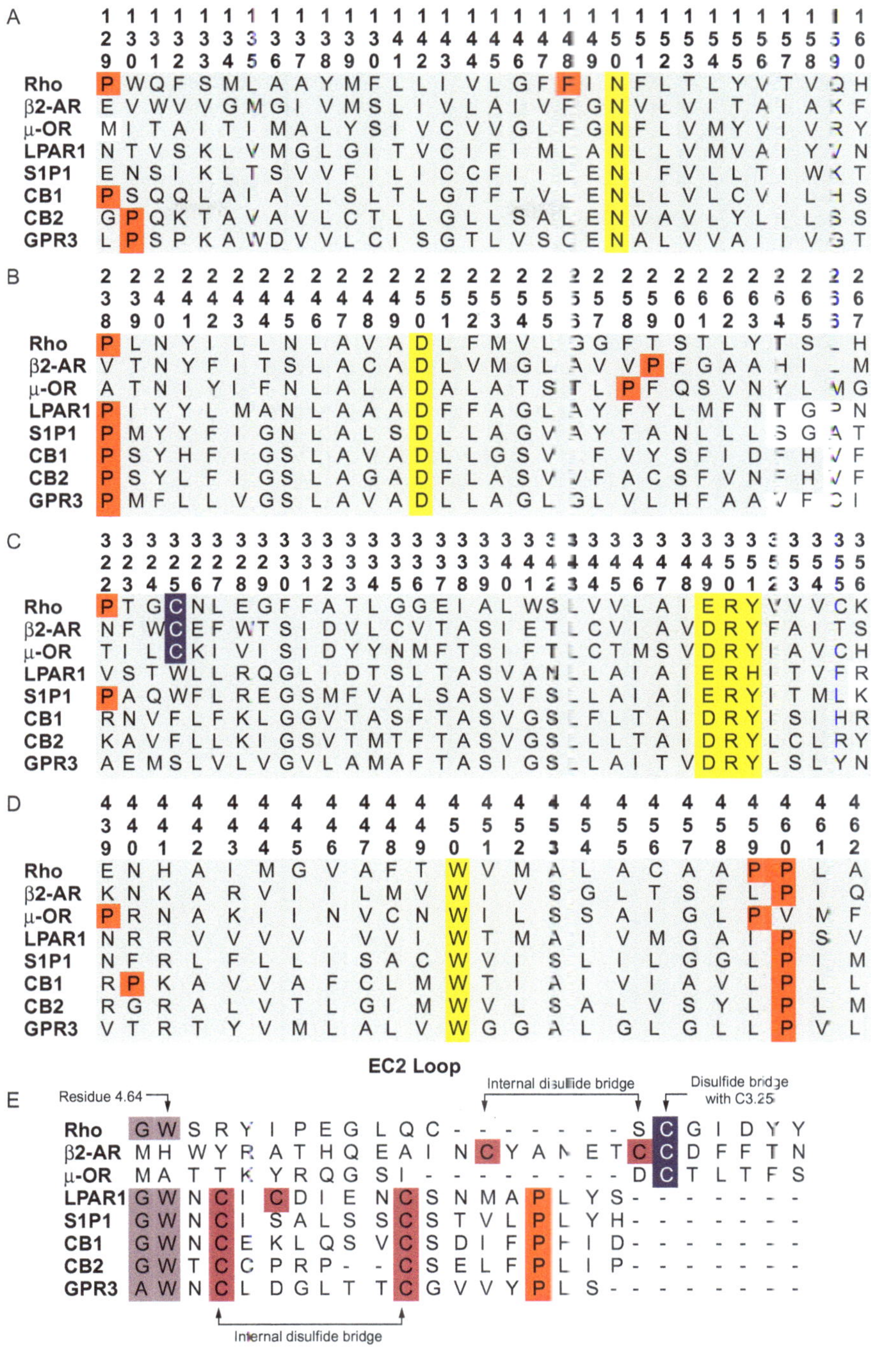

Fig. 2 Human sequence alignments of Rho, β2-AR, μ-OR, LPAR1, S1PR1, CB1, CB2, and GPR3 receptors. (A) Transmembrane helix 1 (TMH1), (B) TMH2, (C) TMH3, (D) TMH4, (E) EC2 loop, (F) TMH5, (G) TMH6, and (H) TMH7. Color code: *red*: prolines; *yellow*: highly conserved residues; *pink*: cysteines in an internal disulfide bridge; *blue*: cysteines in non-internal disulfide bridge; *purple*: particular motif.

F	537	538	539	540	541	542	543	544	545	546	547	548	549	550	551	552	553	554	555	556	557	558	559	560	561	562	563	564	565	566
Rho	S	F	V	I	Y	M	F	V	V	H	F	T	I	P	M	I	I	I	F	F	C	Y	G	Q	L	V	F	T	V	K
β2-AR	A	Y	A	I	A	S	S	I	V	S	F	Y	V	P	L	V	I	M	V	F	V	Y	S	R	V	F	Q	E	A	K
μ-OR	L	L	K	I	C	V	F	I	F	A	F	I	M	P	V	L	I	I	T	V	C	Y	G	L	M	I	L	R	L	K
LPAR1	D	S	Y	L	V	F	W	A	I	F	N	L	V	T	F	V	V	M	V	V	L	Y	A	H	I	F	G	Y	V	R
S1P1	K	H	Y	I	L	F	C	T	T	V	F	T	L	L	L	L	S	I	V	I	L	Y	C	R	I	Y	S	L	V	R
CB1	E	T	Y	L	M	F	W	I	G	V	T	S	V	L	L	L	F	I	V	Y	A	Y	M	Y	I	L	W	K	A	H
CB2	N	D	Y	L	L	S	W	L	L	F	I	A	F	L	F	S	G	I	I	Y	T	Y	G	H	V	L	W	K	A	H
GPR3	K	N	H	L	V	V	L	A	I	A	F	F	M	V	F	G	I	M	L	Q	L	Y	A	Q	I	C	R	I	V	C

G	630	631	632	633	634	635	636	637	638	639	640	641	642	643	644	645	646	647	648	649	650	651	652	653	654	655	656	657	658
Rho	E	K	E	V	T	R	M	V	I	I	M	V	I	A	F	L	I	C	W	V	P	Y	A	S	V	A	F	Y	I
β2-AR	E	H	K	A	L	K	T	L	G	I	I	M	G	T	F	T	L	C	W	L	P	F	F	I	V	N	I	V	H
μ-OR	L	R	R	I	T	R	M	V	L	V	V	V	A	V	F	I	V	C	W	T	P	I	H	I	Y	V	I	I	K
LPAR1	M	M	S	L	L	K	T	V	V	I	V	L	G	A	F	I	I	C	W	T	P	G	L	V	L	L	L	L	D
S1P1	S	L	A	L	L	K	T	V	I	I	V	L	S	V	F	I	A	C	W	A	P	L	F	I	L	L	L	L	D
CB1	D	I	R	L	A	K	T	L	V	L	I	L	V	V	L	I	I	C	W	G	P	L	L	A	I	M	V	Y	D
CB2	D	V	R	L	A	K	T	L	G	L	V	L	A	V	L	L	I	C	W	F	P	V	L	A	L	M	A	H	S
GPR3	T	R	K	G	I	A	T	L	A	V	V	L	G	A	F	A	A	C	W	L	P	F	T	V	Y	C	L	L	G

H	734	735	736	737	738	739	740	741	742	743	744	745	746	747	748	749	750	751	752	753	754	755	756
Rho	F	M	T	I	P	A	F	F	A	K	S	A	A	I	Y	N	P	V	I	Y	I	M	M
β2-AR	V	Y	I	L	L	N	W	I	G	Y	V	N	S	G	F	N	P	L	I	Y	C	R	-
μ-OR	S	W	H	F	C	I	A	L	G	Y	T	N	S	C	L	N	P	V	L	Y	A	F	L
LPAR1	Y	E	K	F	F	L	L	L	A	E	F	N	S	A	M	N	P	I	I	Y	S	Y	R
S1P1	R	A	E	Y	F	L	V	L	A	V	L	N	S	G	T	N	P	I	I	Y	T	L	T
CB1	V	F	A	F	C	S	M	L	C	L	L	N	S	T	V	N	P	I	I	Y	A	L	R
CB2	A	F	A	F	C	S	M	L	C	L	I	N	S	M	V	N	P	V	I	Y	A	L	R
GPR3	Y	T	Y	L	T	L	L	P	A	T	Y	N	S	M	I	N	P	I	I	Y	A	F	R

Fig. 2—Cont'd

suggests the retention of similarity may be a key for the "business" end of the receptor. These residues produce conformational changes that are key for coupling with effectors like G-protein and β-arrestin (Katritch et al., 2014). Because rhodopsin (Rho) was the first Class A GPCR that was crystallized (Palczewski et al., 2000) and because its sequence shows all of the highly conserved positions and motifs detailed earlier, Rho has been used as a template for the development of models of many other Class A GPCRs, including our early models of the cannabinoid CB1 and CB2 receptors.

2.1 Ballesteros–Weinstein Numbering System

The amino acid numbering system most widely used is the Ballesteros–Weinstein numbering system (Ballesteros & Weinstein, 1995) in which the most highly conserved residue across Class A GPCRs in each TMH is assigned a number 0.50. This number is preceded by the TMH number and can be followed by the absolute sequence number in parentheses. For example, the most highly conserved residue in TMH4 is W4.50. For GPR3, this residue is W4.50(161). The residue preceding this residue is V4.49(160) and the residue following it is G4.51(162). Loop residues in this system are identified by their absolute sequence numbers only.

2.2 Downloading GPCR Sequences

GPCR sequences can be downloaded from UniProt (Wasmuth & Lima, 2017) as FASTA files and aligned manually (Ballesteros & Weinstein, 1992; Bramblett, Panu, Ballesteros, & Reggio, 1995). However, there are several general-purpose multiple alignment programs available, the most accurate and widely used is the CLUSTAL W software (Larkin et al., 2007; Thompson, Higgins, & Gibson, 1994). This software, which is based on a position-specific scoring iterative method, calculates the best match for the selected sequences aligning them so that the identities, similarities, and differences can be seen. The website GPCRdb.org also provides sets of prealigned sequences of GPCRs (Isberg et al., 2016; Munk et al., 2016).

2.3 Cautions About Alignment Programs

Automatic programs can lead to misalignment of a transmembrane domain in a helix region for which the expected conserved residue or motif is missing or where more than one residue of the same type is positioned close to each other. It is not unusual for a receptor sequence to be missing a highly conserved residue or motif. In some cases, a very conservative substitution may appear. For example, in the GPR55 sequence, the TMH6 CWXP motif is replaced by SFLP. Given the fact that S and C are both hydrogen bonding residues, and F and W are both aromatic residues, these substitutions are considered conservative and can be aligned with the CWXP motif of other GPCRs. However, there are times when substitution is not conservative. For example, the cannabinoid CB1 and CB2 receptors lack a proline at 5.50. Inspection of the TMH5 alignment in Fig. 2F shows that other receptors that have high sequence identity/similarity with CB1 and CB2, namely LPA1, S1P1, and GPR3 receptors also lack P5.50. In this case, one must identify another residue in TMH5 that is conserved in the GPR3, CB1, CB2, LPA1, and S1P1 receptor subset of sequences to be used in the TMH5 alignment. It is clear in Fig. 2F that Y5.58 is common not only to the subset but also to the other GPCR sequences in the alignment. So, Y5.58 has been typically used as the alignment guide for CB1, CB2, and GPR3 in TMH5. One additional point can be made about this TMH5 example. CB1 actually has three Tyr residues: Y(292), Y(294), and Y(296). Which Tyr should be aligned at 5.58? TMHs usually have positively charged residues at the end of TMHs on the IC side. These residues are thought to help anchor the receptor in the membrane by interaction with charged phospholipid head groups. This is frequently called the Positive Inside Rule. In CB1 TMH5, this residue is K(300). To decide which Tyr to use for alignment in this case, we selected the alignment that would place K(300) facing lipid head groups. The only alignment that resulted in this used Y(294) as 5.58 (Ballesteros & Weinstein, 1992; Bramblett et al., 1995).

It is also possible that a motif is missing. This is the case with GPR35 and GPR55 that lack the NPXXY motif in TMH7, but have DAICY and DVFCY instead. In this case, the retained Y in DAICY and DVFCY can be aligned with the Y of NPXXY in other Class A GPCRs.

These discrepancies in TMH5 and TMH7 alignments, that involve the lack of a proline, however, should serve as an *immediate warning* to the investigator, because this means that TMH5 or TMH7 is not going to have the shape/bend and possibly even the same residues facing the binding pocket as found in receptors that possess the highly conserved residue or motif. For TMH5, it is not just that TMH5 will not be bent because it lacks a proline. P5.50 causes a wide turn above it that results in a change in which residues above it actually face the binding pocket. So, one should expect a difference in where TMH5 residues EC to P5.50 face in space compared to those in a TMH5 that lacks P5.50.

2.4 Species Differences

Possible receptor sequence differences among species should be also taken into account in order to develop a reliable homology model consistent with the available experimental data. Species sequence alignments give remarkable information about striking differences at key positions. Significant species divergences have been recently reported for the cannabinoid receptors CB1 (Iyer et al., 2015) and CB2 (Zhang et al., 2015), and the related orphan receptor GPR55 (Lingerfelt et al., 2017). The last thing anyone wants to do is to develop a high-affinity ligand for the rat homologue of a receptor, only to find out later that the human sequence lacks a key interaction site identified for the drug. One probably does not want to have the reverse happen either—where a drug has been designed using the human sequence and the human form of the receptor in cell-based assays, only to discover that the drug has no effect in mice or rats (usual in vivo models) because one of the key interaction sites of the drug in humans is missing in rat/mouse.

2.5 GPR3 Sequence Alignment

Herein, the human GPR3 sequence was aligned to the human sequences of the following receptors: Rho, CB1, CB2, μ-OR (μ-opioid receptor), β2-AR (β2-adrenergic receptor), LPAR1 (lysophosphatidic acid receptor 1), and S1PR1 (sphingosine-1-phosphate receptor 1). The same highly conserved residues that have been used in the past to align CB1 (Bramblett et al., 1995; Hurst et al., 2002; Song, Slowey, Hurst, & Reggio, 1999) and CB2 (Nebane et al., 2008; Zhang, Hurst, Barnett-Norris, Reggio, & Song, 2005) receptors to the sequence of rhodopsin were used as alignment guides for the GPR3 sequence (N1.50, D2.50, R3.50, W4.50, V5.50, and conserved motifs). As mentioned earlier, like the CB1, CB2, LPA1, and S1P1 receptors, GPR3 lacks the highly conserved proline at 5.50. To align the GPR3 sequence in the region of TMH5, Y5.58 was used as the alignment guide. GPR3 has a conservative substitution for the TMH3 E/DRY (DRY), the TMH6 CWXP (CWLP), and the TMH7 NPXXY (NPIIY) motifs. Alignment of representative helices or loops of human sequences of the aforementioned receptors with GPR3 is shown in Fig. 2.

3. CHOOSING THE APPROPRIATE TEMPLATE FOR MODEL CONSTRUCTION

The election of an appropriate template GPCR crystal structure is a key hallmark in GPCR homology modeling. Sequence similarities and common structural features between possible templates and the target GPCR should guide the template selection. Too many papers in the literature cite the fact that a template is the "newest" crystal structure as justification for use as a template for modeling. The best template for the construction of a new receptor model should satisfy three basic features:

(1) Identical location of helix bending residues (Pro, Ser, Thr, and Gly). The first pass for this would be that the locations of prolines match your sequence. This is discussed in more detail in Section 4.

(2) The template structure recognizes ligands similar to yours. This has its biggest impact on the EC loop and N-terminus structures of the template. Many early solved structures recognized small positively charged ligands (β2-AR) or peptides (opioid receptors). These ligands would be expected to enter the ligand binding pocket by descending from the extracellular milieu and their crystal structures reveal an extracellular open space in the bundle. More recent structures have been solved for receptors that recognize lipid derived ligands, such as S1PR1 (Hanson et al., 2012) and LPAR1 (Chrencik et al., 2015). These structures have their EC regions *closed* to the extracellular milieu, but have a portal between helices for entry of ligands from the lipid bilayer.

(3) The template should lack any crystal packing problems that impinge on the structure. Today, there is an increasing number of high-resolution GPCR X-ray crystal structures available, most of them of the corresponding *inactive states*. Despite the remarkable advances in structural determination techniques, some cocrystallization molecules and/or modified receptor constructs (such as mutations) are often needed for stabilizing these proteins (Salon, Lodowski, & Palczewski, 2011). T4-lysoyme insertions in the IC-3 loop are quite common modifications. The inclusion is larger than the loop itself and can cause changes at the IC end of the helices to which it is attached. For example, in the first β2-AR structure of the inactive state (Cherezov et al., 2007), the R3.50/D6.30 ionic lock (a hallmark interaction that stabilizes the inactive state of Class A GPCRs) was broken. In all likelihood, this was caused by an effect on the IC end of TMH6, which pulled it away from the bundle. In addition, crystal packing can deform a structure. The most common deformations affect extracellular or intracellular loop conformations. This is caused when, for example, one TMH bundle crystallizes on top of an adjacent TMH bundle. The cannabinoid CB1 receptor structure (Hua et al., 2016) is a good example of this. Here the results are that all extracellular loops and the N-terminus are "flattened." To check packing in a crystal structure, view the 3 × 3-unit cell on the PDB (http://www.rcsb.org/pdb/home/home.do) entry for the receptor of choice.

In order to determine sequence similarities between GPCRs, it is also important to analyze their phylogenetic relationships. Closely related GPCRs share many common conserved and unique sequence motifs (Cvicek, Goddard, & Abrol, 2016). GPR3 is a Class A orphan GPCR that belongs to the MECA cluster (Fredriksson, Lagerström, Lundin, & Schiöth, 2003; Fredriksson & Schio, 2005). As highlighted in the phylogenetic tree in Fig. 3, this cluster consists of the melanocortin receptors (MCRs), the endothelial differentiation G-protein-coupled receptors (EDGRs, currently known as lysophospholipid receptors: sphingosine 1-phosphate and lysophosphatidic acid receptors), the cannabinoid receptors (CNRs), the adenosine binding receptors (ADORAs), and the orphan receptors subset GPR3, -6, and -12. As reported by Fredriksson and coworkers, GPR3

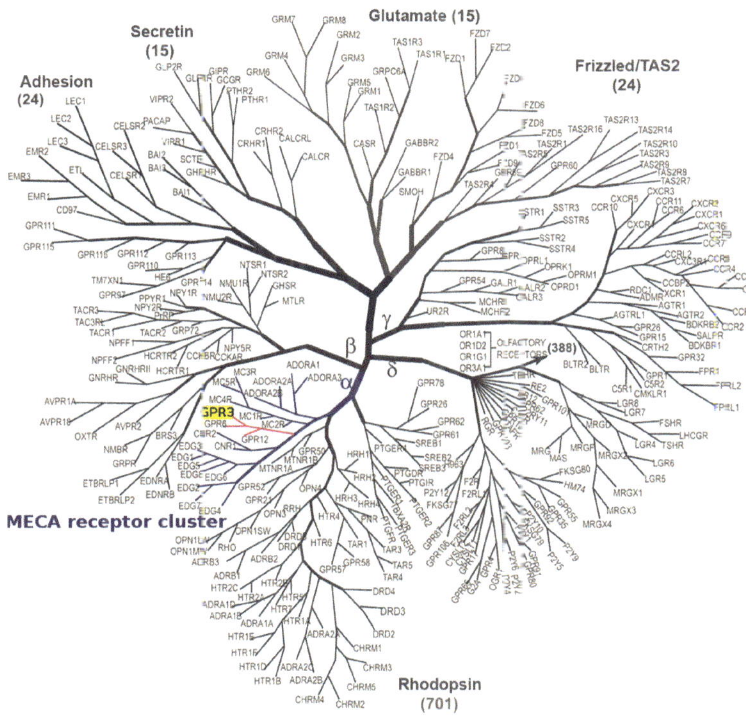

Fig. 3 Phylogenetic tree representation of the human GPCR superfamily. The Class A GPCR MECA receptor cluster is highlighted in *blue*. The orphan subset of this cluster is highlighted in *pink*, including our target, GPR3, highlighted in *yellow*. *The GPCR-network diagram is adapted with permission from Katritch, V., Cherezov, V., & Stevens, R. C. (2012). Diversity and modularity of G protein-coupled receptor structures.* Trends in Pharmacological Sciences, 33, *17–27, Elsevier.*

and GPR6 share the same chromosomal positions as the CNRs (CB1 and CB2), which indicate that they may share a common ancestor with the cannabinoids (Fredriksson et al., 2003).

In a deeper look into sequence similarities, we have analyzed and compared the GPR3 sequence with that of the closely related receptors GPR6, GPR12, S1PR1, LPAR1, CB1, and CB2. S1PR1 (Hanson et al., 2012), LPAR1 (Chrencik et al., 2015), and CB1 (Hua et al., 2016; Shao et al., 2016) are the only lipid-sensing receptors from this set of Class A GPCRs that have been crystallized. The widely studied receptors Rho (Li, Edwards, Burghammer, Villa, & Schertler, 2004), β2-AR (Rasmussen et al., 2011), μ-OR (Manglik et al., 2012), and the cannabinoid-related orphan receptors GPR55 (Ross, 2009) and GPR18 (Pertwee et al., 2010) were also included for comparison.

As depicted in Table 1, the GPR3-6-12 subset of orphan receptors share a very high percentage of homology among them making up a family of

Table 1 Comparison of GPR3 Sequence With That of GPR6, GPR12, S1PR1, LPAR1, CB1, CB2, Rho, β2-AR, μ-OR, GPR55, and GPR18

GPR3 Compared to the Following Class A GPCRs	SS TMH	SI TMH	SS Full Seq.	SI Full Seq.
GPR6	78	64	65	53
GPR12	80	63	68	53
S1PR1[a,b]	50	28	39	20
LPAR1[a,b]	50	30	38	21
CB1[a]	43	27	27	16
CB2	44	27	33	19
Rho[a]	38	18	29	13
β2-AR[a]	36	19	28	15
μ-OR[a]	36	17	26	13
GPR55	33	16	26	12
GPR18	32	15	25	11

[a]Crystallized GPCRs.
[b]Highest percentage of sequence homology among crystal structures [PDB ID codes: 3V2Y (S1PR1) and 4Z35 (LPAR1)].
% Sequence similarity (SS) and % sequence identity (SI) with GPR3 when considering the full sequence or at a transmembrane level.
Data obtained from GPCRdb.org.

constitutively active $G\alpha_s$-coupled GPCRs that sustain an elevated level of intracellular cAMP (Eggerickx et al., 1995). In addition, GPR3 presents 50% of sequence similarity at the transmembrane level and about 20% of sequence identity of the full sequence with the lysophospholipid receptors S1PR1 and LPAR1. A high percentage of homology is also shared between GPR3 and the cannabinoid receptors. Lower sequence similarities were found when compared with Rho, β2-AR, μ-OR, GPR55, or GPR18.

From these data, we can conclude that based upon sequence similarities, S1PR1 and LPAR1 crystal structures represent the most suitable templates for building a GPR3 homology model. However, sequence similarities should not be used as the sole criteria for homology modeling template selection, the presence or absence of particular structural features needs to be considered.

The identification of particular motifs or features such as helix distortions (kinks and bulges), helix extensions, disulfide bridges, secondary structure within loops, or intramolecular interactions can serve as predictors for the presence of certain structural features observed in the crystal structures. Residues capable of kinking or bending helices such as prolines, glycines, or certain serines, and threonines should be identified as well (Worth, Kleinau, & Krause, 2009).

As shown by the alignments displayed in Fig. 2, GPR3 shares many structural commonalities with the cannabinoids and the lysophospholipid receptors diverging from most Class A GPCRs in the absence of helix kinking proline residues in TMH2 (2.58 or 2.59, Fig. 2B) and TMH5 (5.50, Fig. 2F). These lipid receptors are also characterized by the absence of a disulfide bridge between the EC2 loop and the conserved C3.25 at the EC end of TMH3 (seen in Rho, β2-AR, and μ-OR in Fig. 2C and E). Instead, GPR3, CB1, CB2, S1PR1, and LPAR1 have an internal disulfide bridge at the EC2 loop (Fig. 2E) and conserved A/GW motif at the EC end of TMH4 in addition to an aromatic residue at position 5.39 that forms an aromatic stacking interaction with W4.64 in that motif.

Therefore, GPR3, the cannabinoids and the lysophospholipid receptors S1P1 and LPA1 share specific structural features and lack distinct motifs when compared to other receptors such as Rho, μ-OR, and β2-AR. Among the crystal structures available for these lipid receptors, the CB1 crystal structures [PDB ID: 5TGZ (Hua et al., 2016) and 5UC9 (Shao et al., 2016)] were not considered, since the recently published crystal structures display crystal packing issues that impact the upper portion of the binding pocket. In these crystals, the CB1 structures show the proximal

N-terminus invading the receptor binding pocket, steering K3.28 away from binding crevice. This contradicts mutation data from multiple labs that showed that K3.28 is a key site of interaction for numerous cannabinoid ligands (Bonner, Song, & Bonner, 1996; Chin, Lucas-Lenard, Abadji, & Kendall, 1998; Hurst et al., 2002; Lin et al., 2008; Pan, Ikeda, & Lewis, 1998).

Systematically comparing GPR3 with S1PR1 and LPAR1, we have observed that additional specific structural features are shared by GPR3 and S1PR1, but not by LPAR1. As an example of some of these structural divergences with LPAR1, in Fig. 2, we can see that S1PR1 and GPR3 share the EN motif at positions 1.49 and 1.50, whereas LPAR1 has an alanine instead of an acidic residue next to the highly conserved N1.50. In addition, LPAR1 presents a disulfide bridge between a cysteine in the EC2 loop (C190) and a cysteine in the N-terminus (C24), but GPR3 and S1PR1 do not have this bridge. The physicochemical properties of residues at certain key positions such as 6.30 (a polar residue in S1PR1 and GPR3, and a hydrophobic amino acid in LPAR1) also indicate higher similarities of S1PR1 with GPR3.

As a result of this analysis, the S1PR1 crystal structure was selected as the optimal template for building a GPR3 homology model.

4. MODEL DEVELOPMENT

Once the template has been chosen the steps detailed in the next sections should be pursued for the construction of an accurate GPCR homology model (overall description in Video 1).

4.1 Mutating the Crystal Structure Template

The first step in the development of a homology model is the mutation of the amino acids in the template GPCR crystal structure to the corresponding residues in the targeted sequence.

In 2012, the X-ray crystal structure at 2.8 Å resolution of the S1P1 receptor fused to T4-lysozyme in complex with an antagonist sphingolipid mimic was published (Hanson et al., 2012). As previously mentioned, GPR3 has considerable sequence similarity and shares several structural features with the S1P1 receptor. This includes the absence of helix kinking proline residues in TMH2 and TMH5, and an internal disulfide bridge in the EC2 loop. Therefore, we developed a computer model of the GPR3 inactive state based on this available X-ray crystal data.

The structure of the inactive state of the S1PR1 was downloaded from protein data bank (PDB ID: 3V2Y) and mutated to the corresponding GPR3 human sequence using the building tools available in Maestro (Schrödinger 2016). Mutated receptors often present steric clashes and structural artifacts caused by unphysical overlap of newly positioned side-chain atoms with other side-chain and backbone atoms. Consequently, certain residues in the bundle need to undergo concerted conformational changes in their side-chain rotamers. These side-chain dihedral modifications (changes in the χ dihedrals) should take into account the common side-chain rotamers found in transmembrane proteins (Chamberlain & Bowie, 2004; Gainza, Roberts, & Donald, 2012). Deletion or insertion of residues at specific positions might be needed; these regions will require careful minimization and remodeling to ensure the correct continuity of the protein chain (further procedure details in Section 4.4). When transitioning from the template to the targeted sequence, some small to large amino acid mutations in the core will require backbone perturbations to accommodate bulkier residues while retaining optimal packing in the core. These backbone modifications will be undertaken in next steps.

4.2 Appreciating the Effect of Sequence Deviations

Once the template has been mutated to the sequence of the targeted GPCR, localized regions where the structure of these receptors may diverge should be identified. In certain segments of the GPCR, alternate structural features could support similar α-helical deviations (Ballesteros, Shi, & Javitch, 2001). However, in other domains, the presence or absence of specific helix deforming residues such as prolines can determine a particular helix shape. Prolines in transmembrane regions will induce a combination of bend, wobble, and face shift changes in the i to $i-4$ α-helical phi psi dihedral values (Visiers, Braunheim, & Weinstein, 2000). The position of the helical kinks and the kink angles can be calculated using ProKink (Visiers et al., 2000) through Simulaid (http://www.inka.-mssm.edu/~mezei/simulaid/). The proline kink angle is defined as the angle between the helical axes of the two parts of the helix divided by the proline. The program also measures the wobble angle and the face shift. The wobble angle defines the orientation of the postproline helix, related to the preproline helix, while the face shift measures the distortion that causes a twisting of the helix face modifying the internal rearrangement of amino acids (Visiers et al., 2000).

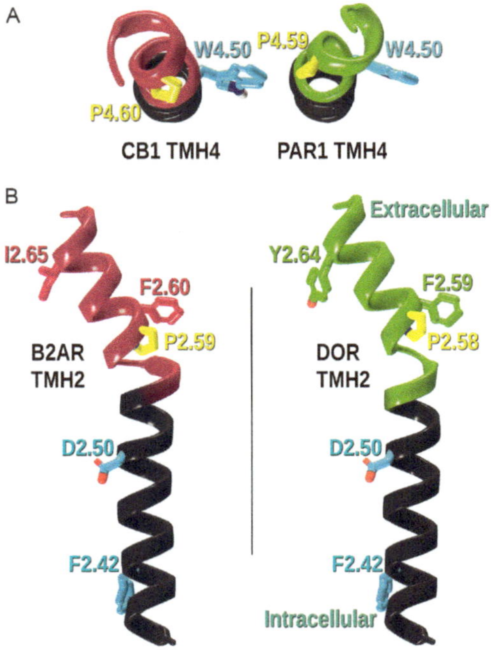

Fig. 4 Proline kink induced changes in transmembrane helices. (A) TMH4 of CB1 (PDB ID: 5U09) and PAR1 (PDB ID: 3VW7) inactive state crystal structures showing that the proline kink induced by P4.60 vs P4.59, respectively. Here the wobble angles of TMH4 are quite different. (B) TMH2 of β2-AR (PDB ID: 2HR1) and δ-OR (PDB ID: 4N6H) inactive state crystal structures are shown here. The proline kink induced by P2.59 vs P2.58 results in a face shift.

One example of the effect of a proline position shift by one residue is the comparison of TMH4 in CB1 (Shao et al., 2016) vs the PAR1 (Zhang et al., 2012) crystal structure (see Fig. 4A). Here the placement of the proline at P4.60 or P4.59 clearly changes the wobble angle of the helix. The directionality of the helix past the proline in TMH4 of CB1 (Shao et al., 2016) is very different from that of the PAR1 (Zhang et al., 2012) crystal structure because of the wobble angle change induced by the shift in proline position. Another striking example of the effect of a shift of a proline position by one residue is the comparison of TMH2 between the β2-AR and the delta Opioid Receptor (δ-OR). Crystal structures of the inactive state for both receptors are found [β2-AR (Cherezov et al., 2007) and δ-OR (Fenalti et al., 2014)]. Fig. 4B shows a side-by-side comparison of TMH2 from each receptor. The intracellular portion of TMH2 before the proline kink, with residues F2.42 and D2.50 shown for clarity, is found in both structures to have residues facing in the same direction and located in generally the same three-dimensional space. β2-AR P2.59, on the left side of Fig. 4B, has a large underwound proline kink face shift, and in comparison, δ-OR P2.58, on the right side of Fig. 4B, has a large overwound proline kink face shift. The bend angle and wobble angle for both helices are very similar; however, the residues found in the same three-dimensional space after the proline kink is shifted in space. β2-AR I2.65 is found occupying the same position in space that the δ-OR Y2.64 occupies. It is notable that both sequences have a phenylalanine residue immediately after the proline, β2-AR F2.60 and δ-OR F2.59, and both clearly occupy similar space between the structures. *Therefore, it is very important to choose a crystal structure template that has prolines in the same position as the targeted sequence.*

Besides the well-studied kinks induced by prolines in transmembrane helices (Cordes, Bright, & Sansom, 2002; Kim & Kang, 1999; Perálvarez-Marín, Bourdelande, Querol, & Padrós, 2006; Williams & Deber, 1991; Yohannan, Faham, Yang, Whitelegge, & Bowie, 2004), other residues such as glycines, or serines and threonines in specific conformations can also cause structural distortions. As demonstrated by Ballesteros and coworkers (Ballesteros, Deupi, Olivella, Haaksma, & Pardo, 2000; Deupi et al., 2004), serines and threonines can bend helices when their χ1 dihedral is in a g− (+60 degrees) conformation. They can therefore act as hinge residues affecting the conformation of an α-helix inducing an intrahelical hydrogen bond between the side-chain oxygen atom of the serine or threonine in the aforementioned conformation and the $i-3$ or $i-4$ carbonyl oxygen of the helix backbone. An example of this structural feature can be found in the CB1 crystal structure (Hua et al., 2016; Shao et al., 2016). Fig. 5 compares TMH2 of S1PR1 (Hanson et al., 2012), which has a glycine at position 2.54, with CB1, which has a serine at position 2.54. In CB1, S2.54 in its χ1 g− conformation induces a bend in the helix (see green arrow in Fig. 5), whereas G2.54 does not induce α-helical distortions in S1PR1 TMH2. The TMH bend in CB1 TMH2 is produced by S2.54 adopting a g− χ1. The analogous bend was previously identified and analyzed in CB2 by molecular modeling studies (Zhang et al., 2005).

Moreover, glycines can also preclude normal α-helix geometry since they confer additional flexibility to a given region in some cases generating helix distortions (Curran & Engelman, 2003; Deupi et al., 2007; Hall, Roberts, & Vaidehi, 2009). Two cases of these helical distortions induced by glycines are illustrated in Fig. 6. On the left panel (Fig. 6A), the angiotensin 1 receptor TMH1 is shown with the hinge glycine, G1.46,

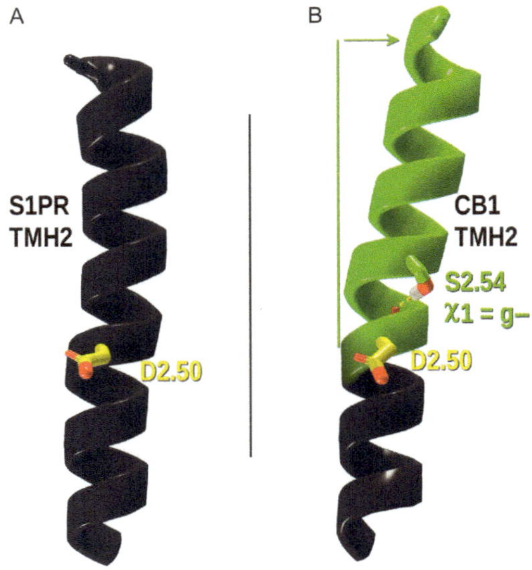

Fig. 5 TMH2 of the (A) S1PR1 (PDB ID: 3V2Y) and (B) CB1 (PDB ID: 5U09) inactive state crystal structures. The CB1 S2.54 in its $\chi 1$ g− conformation induces helical distortion (deviation showed in *green ribbons* and *green arrow*). The conserved residue 2.50 ($i-4$ to S2.54) is shown as a reference.

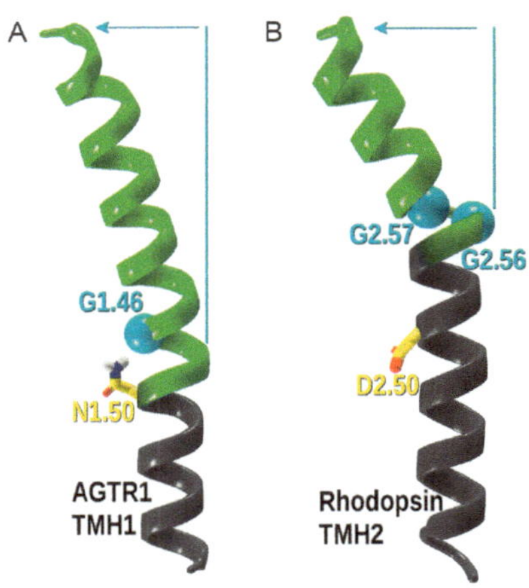

Fig. 6 Helical distortions induced by glycines. (A) The angiotensin 1 receptor TMH1 is shown with G1.46 C-alpha carbon highlighted in a *light blue* van der Waals *sphere*. N1.50, the most conserved residue in TMH1, and always facing in toward the binding crevice is shown for clarity. (B) The rhodopsin receptor TMH2 GG motif (G2.56 and G2.57) is shown. Both glycine C-alpha carbons are shown in *light blue* van der Waals *spheres*. D2.50, the most conserved residue in TMH2 and always facing in toward the binding crevice, is shown for clarity. The overall deviation induced by glycines is depicted in *green ribbons* and *blue arrow*.

highlighted in blue (C-alpha carbon in a light blue van der Waals sphere). The glycine is on the inside of the bend in TMH1 and faces in toward the binding crevice. In this receptor, the N-terminus is linked via a disulfide bridge to the top of TMH7 adding structural restriction between the top of TMH1 and the top of TMH7. Since the loop has few residues, G1.46 provides the hinge that helps TMH1 to lean in toward TMH7. On the right panel (Fig. 6B), the rhodopsin receptor TMH2 is shown with both G2.56 and G2.57 inducing an underwound turn and bend. The two sequential glycines form a GG motif, which allows disruption of standard α-helical phi/psi dihedral values due to the inherent flexibility of a residue having no side-chain steric bulk. The glycines do not face the binding crevice, G2.56 is facing lipid and G2.57 is in the TMH2/3 interface.

4.2.1 Calculating a New TMH Conformation With Conformational Memories

If there is no crystal structure that has identical placement of all helix deforming residues with your receptor of interest, one can calculate a conformation for subject helices. For this purpose, we use the Conformational Memories (CM) method. The CM technique explores the possible low-free energy conformations for a helix of interest through Monte Carlo/simulated annealing random walks using the CHARMM (Chemistry at HARvard Molecular Mechanics) force field. This method, developed by Guarnieri and collaborators, efficiently explores dihedral conformational space of a given molecule (transmembrane helix in this case), independently of the initial conformation (Guarnieri & Weinstein, 1996; Guarnieri & Wilson, 1995). CM combines Monte Carlo exploration of the dihedral angle space with simulated annealing to define the range of values that each dihedral angle is capable of exploring in a broad temperature range. The possibility to vary bond angles in addition to dihedral angles was also implemented in the CM method (Whitnell, Hurst, Reggio, & Guarnieri, 2007).

In our established protocol, we start from an ideal transmembrane helix with backbone dihedrals set to the standard φ (−62.9 degrees) and ψ (−41.6 degrees) values. Helix ends are capped using the protein preparation wizard integrated in the Maestro software (Schrödinger 2016). The coordinate input file for CM needs to be converted to CHARMM nomenclature. Backbone φ and ψ torsions in regions of interest (i to $i-4$ of a hinge residue) are allowed to vary by ±50 degrees, while all other backbone torsion angles are allowed to vary by ±10 degrees. Side-chain torsions are allowed to vary by ±180 degrees, and bond angles are allowed to vary by ±8 degrees except for C–S–C angles that are allowed to vary by ±15 degrees. A minimum set of 108 conformers are generated for each helix, independently, in a distance-dependent dielectric at 310 K.

4.2.2 Calculating a New TMH7 Conformation in GPR3

The CM technique was used to study the conformations of the GPR3 helices with important sequences divergences from the template structure. While TMH7 in GPR3 shares the NPXXY motif with TMH7 of S1PR1, TMH7 in GPR3 also has a proline at position 7.41 that is not found in S1PR1 or in any other crystal structure. TMH7 of the S1PR1 crystal structure was mutated to the GPR3 sequence and the region containing the proline and four residues prior to the proline (*i* to *i* − 4, P7.41-L7.37) was studied with CM, considering P7.41-L7.37 to be the hinge region. The output conformers obtained in this study were superimposed on the corresponding TMH7 in the S1PR1 template that had been mutated to the sequence of the GPR3. As displayed in Fig. 7, P7.41 creates an inwards kink of helix 7 toward the binding crevice. Among the low-free energy conformers obtained, the helix highlighted in yellow was selected for inclusion

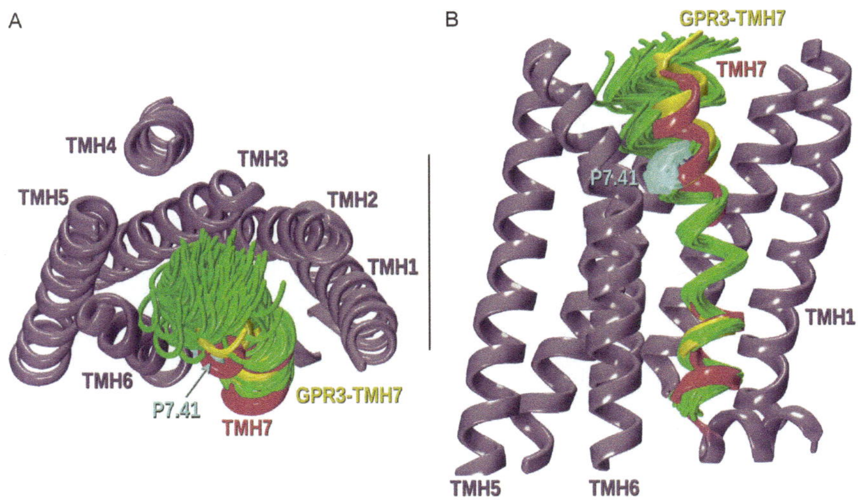

Fig. 7 CM results for the GPR3-TMH7 study of possible helix deformation created by P7.41. (A) Extracellular view of the bundle and (B) lipid view. Conformers have been superimposed at their intracellular ends. The *magenta* TMH7 corresponds to the S1PR1 crystal structure that was mutated to the GPR3 sequence. In *green*, some of the low-free energy conformers obtained from CM are illustrated. Other TMHs in the bundle are colored in *steel blue*. The chosen TMH7 for the GPR3 homology model is highlighted in *yellow*.

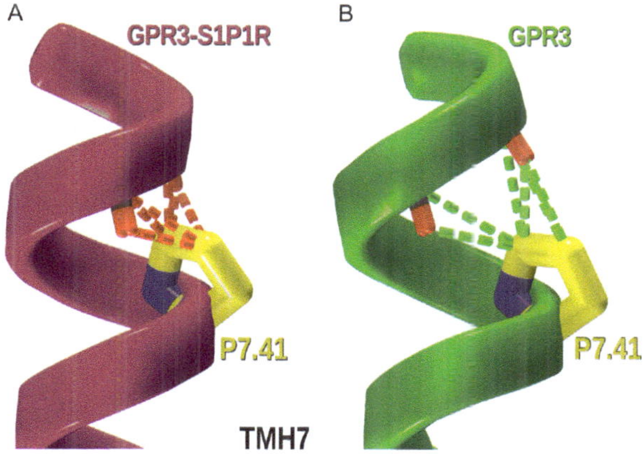

Fig. 8 (A) The steric overlap (*dash red lines*) generated in TMH7 by P7.41 if TMH7 is simply mutated from the S1PR1 crystal structure TMH7 to the GPR3 sequence. (B) After CM calculations on GPR3 TMH7, there are no steric clashes with the backbone. *Green dash lines* represent good van der Waals interactions between P7.41 and TMH7.

in the revised GPR3 bundle, because it fits in the bundle without van der Waals overlaps with residues on other TMHs. Fig. 8A shows the steric clashes generated by P7.41 in the GPR3 mutated S1PR1 crystal structure with the helix backbone in the i to $i-4$ region. In contrast, Fig. 8B displays van der Waals interactions (no steric overlaps) of P7.41 in the CM conformer selected for GPR3-TMH7 with the backbone of residues in the proline kink.

ProKink (Visiers et al., 2000) was used to determine the helical kink induced by proline 7.41 with an input range of seven residues around the kink center. The TMH7 chosen for substitution into the TMH bundle from our CM calculations has a helix bend angle of 12.4 degrees, a wobble angle of −54.8 degrees, and face shift of 61.2 degrees.

In addition, TMH1 in GPR3 has a SGT motif (1.42–1.44) not present in the template structure (see alignment, Fig. 2A). The threonine on that motif, T1.44, is facing lipid and therefore, as previously detailed, it could bend the helix in its $\chi 1$ dihedral g− conformation. To explore this hypothesis, the possible conformations caused by this hinge residue in that particular side-chain conformation were studied with CM. In the GPR3 mutated TMH1, T1.44 to C1.40 was considered the hinge region. The results indicate that T1.44 in a g− $\chi 1$ dihedral can form an intrahelical hydrogen bond with the backbone carbonyl oxygen of C1.40 producing an alteration from normal α-helicity in GPR3 TMH1. As shown in Fig. 9, the helix in yellow

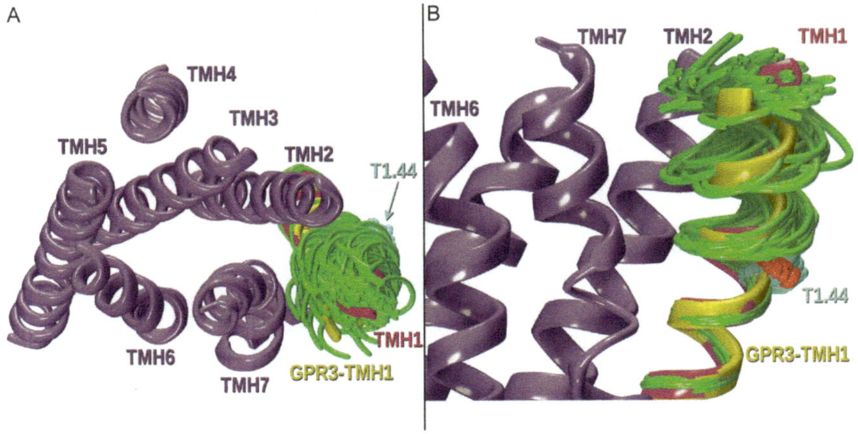

Fig. 9 CM results for the GPR3-TMH1 study of possible helix deformation created by T1.44 ($\chi 1$ dihedral: +60 degrees). (A) Extracellular view of the bundle and (B) lipid view. TMH1 conformers have been superimposed at their intracellular ends. The *magenta* TMH1 corresponds to the S1PR1 crystal structure that was mutated to the GPR3 sequence. In *green*, some of the low-free energy TMH1 conformers obtained from CM are illustrated. Other TMHs in the bundle are colored in *steel blue*. The TMH1 conformer chosen for inclusion in the GPR3 homology model is highlighted in *yellow*.

was chosen since it fits in the bundle with no van der Waals overlaps with residues on other TMHs. The chosen helix (Fig. 9) is bent outward and toward TMH7 but preserving the portal present in the template crystal structure.

The appropriate helices chosen from CM were incorporated into the GPR3 TMH bundle model.

4.3 Loop Modeling

Although many GPCR homology models in the past have been focused on the transmembrane bundle, assuming that ligand interactions occur only in this helical region, GPCR crystal evidence from the last several years has led us to reconsider the importance of the loops. Current X-ray data indicates that the extracellular loops can contribute to ligand binding (Chrencik et al., 2015; Hanson et al., 2012), whereas the intracellular loops (particularly the IC-2 loop) are directly involved in promoting the complex with intracellular signaling partners (Chakraborty et al., 2013; Kang et al., 2015; Mnpotra et al., 2014; Rasmussen et al., 2011; Zhou, Yan, Yamamoto, & Tai, 1999). In addition, the N- and the C-termini also play important roles in GPCR pharmacology. As elucidated by the crystal structures of S1PR1 and LPAR1, the N-terminus of lipid receptors can cover the extracellular region occluding access to ligands, which may enter to the binding crevice from within the membrane bilayer through a membrane portal (Chrencik et al., 2015; Hanson et al., 2012; Hurst et al., 2010; Mnpotra et al., 2014) (see Fig. 10). In both the S1PR1 and LPAR1 structures, residues from the N-terminus point toward the binding crevice and are directly interacting with the cocrystallized ligand. On the other hand the C-terminus plays an important role in receptor desensitization, internalization, and in G-protein-independent β-arrestin signaling by complexing with β-arrestin (Nobles et al., 2011; Okuno, Yokomizo, Hori, Miyano, & Shimizu, 2005).

The loop regions of GPCRs are less conserved than the TM domains and in some cases are structurally diverse in the available GPCR structures. Consequently, comparative modeling of these regions is a more difficult challenge than for the TM portions. Despite this structural diversity, some common sequence motifs in critical areas from related receptors may help elucidate similar protein secondary structure. For example, the GPR3 EC2 loop displays the CX_6CX_4P motif that is present in other receptors such as S1PR1, LPAR1, and CB1 (see Fig. 2E). Therefore, the EC2 loop of GPR3 may have a similar topology with the two cysteine residues in an internal disulfide bridge. This is in contrast to most Class A GPCRs that have a disulfide bridge between a residue in the EC2 loop and C3.25 near the top of TMH3. In addition to the internal disulfide bridge, the EC2 loop in S1PR1 and LPA1 crystal structures revealed that the third and fourth residues after the last cysteine in the disulfide bridge points down into the

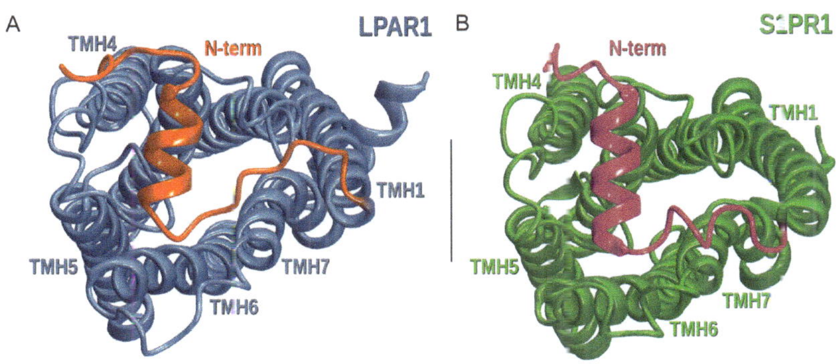

Fig. 10 Extracellular view of LPAR1 and S1PR1 crystal structures. (A) In LPAR1 (PDB ID: 4Z35) the TMHs and the EC loops are colored in *blue* while the N-terminus is highlighted in *red*. (B) S1PR1 (PDB ID: 3V2Y) displays the TMHs and the EC loops in *green* and the N-terminus in *magenta*.

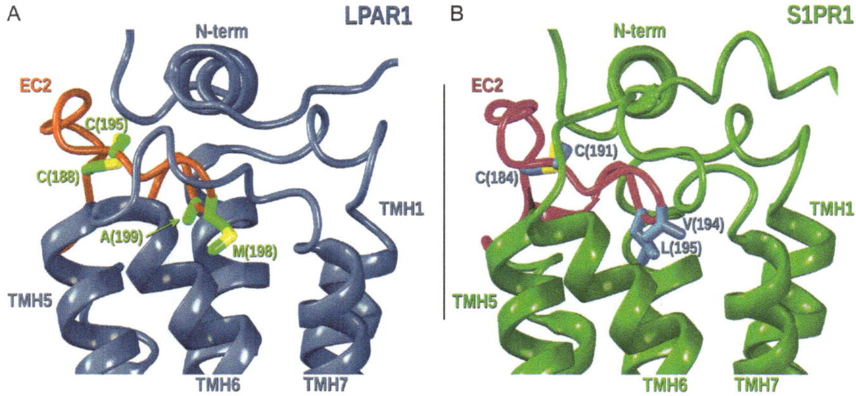

Fig. 11 Lipid view of the EC2 loop of LPAR1 and S1PR1 crystal structures. (A) LPAR1 (PDB ID: 4Z35), TMHs, N-terminus, EC1, and EC3 loops are colored in *blue*; the EC2 loop is highlighted in *red*. Residues in the EC2 internal disulfide bridge (C188 and C195) and residues pointing down (M198 and A199) are displayed in *green*. (B) S1PR1 (PDB ID: 3V2Y) TMHs, N-terminus, EC1, and EC3 loops are colored in *dark green*; the EC2 loop is highlighted in *magenta*. Residues in the EC2 internal disulfide bridge (C184 and C191) and residues pointing down (V194 and L195) are displayed in *blue*.

binding crevice (see Fig. 11). These structural similarities need to be taken into account for modeling the GPR3 loops.

Different approaches can be pursued in order to add loop segments to the transmembrane bundle. In the last decades, several programs and algorithms have been described for protein loop prediction (Crooks, Minh, & Chodera, 2012; Fiser, Kinh Gian Do, & Sali, 2000; Goldfeld & Friesner, 2013; Goldfeld, Zhu, Beuming, & Friesner, 2013; Mehler, Periole, Hassan, & Weinstein, 2002; Šali & Blundell, 1993). In our case, the loops and N- and C-termini were added manually in Maestro (Schrödinger Inc., Portland, OR) to the TMH bundle and Modeller was used to refine loop conformations (Fiser et al., 2000; Šali & Blundell, 1993). Modeller is a Monte Carlo technique based on the use of a repository template library of potential side-chain conformations from the protein data bank. By using the CHARMM force field, the program varies each loop and assigns an objective function ranking value. The objective function is based on steric interactions and hydrogen bonding of each possible conformation. The 500 loops with the lowest objective function are used for further analysis.

The loops were varied in the presence of the TM receptor region. Because of their close spatial proximity, the conformations of the EC loops and the N-terminus are calculated together. The same was done for IC loops. Restraints were added on the EC2 loop when performing Modeller calculations so that the conserved disulfide bridge between C177 and C184 was intact as seen in the crystal structures. Additionally, the file was set up so that a portion of the GPR3 N-terminus is helical (A14 to G25) as shown by S1PR1 and LPAR1 crystal structures. As previously mentioned, a loop was selected that had the third and fourth residues (V187 and Y188) after the last cysteine in the internal disulfide bridge pointing down into the binding crevice. This loop was carefully chosen taking into account a similar overall topology, determined by its sequence, with crystallized lipid receptors. Fig. 12 displays Modeller results for the calculation of the GPR3-EC2 loop.

The selected N-terminus forms hydrophobic patches with different residues in the EC loops. Lacking structural information about the remaining loops, Modeller output was evaluated to ensure that each loop structurally made sense, such as hydrophobic residues close to the lipid bilayer, were pointing into the receptor rather than directly positioned in water. Chosen loop conformations are those that produced a low value of the Modeller objective function (see Fig. 13). As detailed in the following section, the geometry of the resulting homology model with the loops, N- and C-termini added to the TM bundle is then optimized using the OPLS3 force field in MacroModel 11.3 (Schrödinger Inc., Portland, OR).

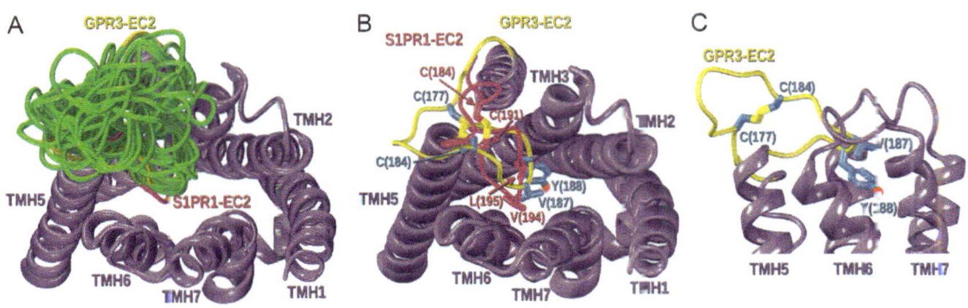

Fig. 12 Modeling of the GPR3-EC2 loop. (A) EC view of the GPR3 bundle with some of the EC2 loop conformers with lower values of the Modeller objective function superimposed (colored in *green*). TMHs in the bundle are colored in *steel blue*. The *magenta* EC2 loop corresponds to the EC2 loop conformation in the S1PR1 crystal structure. The chosen EC2 loop for the GPR3 homology model is highlighted in *yellow*. (B) *Magenta* and *yellow* EC2 loops displayed for clarity in an EC view of the GPR3 bundle. Residues in the EC2 internal disulfide bridge of S1PR1 (C184 and C191) and residues pointing down (V194 and L195) are displayed in *magenta*. Residues in the EC2 internal disulfide bridge of GPR3 (C177 and C184) and residues pointing down (V187 and Y188) are displayed in *blue*. (C) Lipid view of the EC2 loop of GPR3.

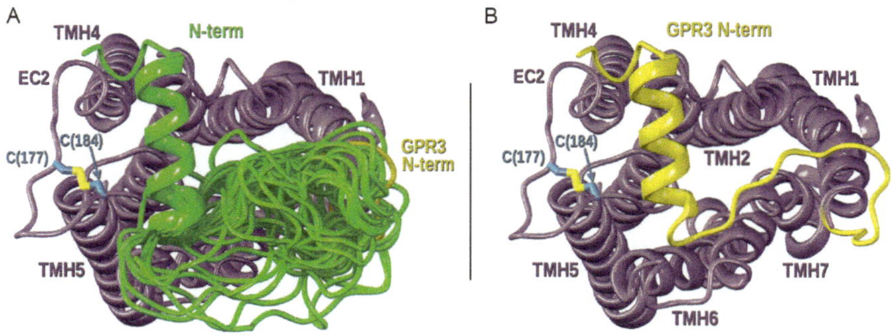

Fig. 13 Modeling of the GPR3 N-terminus. (A) GPR3 bundle with some of the N-terminus conformers with lower values of the Modeller objective function superimposed (colored in *green*). TMHs in the bundle are colored in *steel blue*. The chosen N-terminus for the GPR3 homology model is highlighted in *yellow*. (B) GPR3 bundle with the selected N-terminus is displayed for clarity. Residues in the EC2 internal disulfide bridge (C177 and C184) are displayed in *blue*.

4.4 Energy Minimization

The homology model obtained after the addition of the loops to the TMH bundle needs to be optimized using the appropriate electrostatic treatment. For this purpose, we use the MacroModel 11.3 package that is integrated in the Maestro software (Schrödinger Inc., Portland, OR). This program combines high-quality force fields and Generalized Born/Surface Area (GB/SA) effective solvation model leading to reliably accurate estimations of energies.

The energy of the GPR3 model was minimized using the OPLS3 force field in MacroModel 11.3. The GPR3 model minimization was performed by using a distance-dependent dielectric, 8.0 Å extended nonbonded cutoff (updated every 10 steps), a 20.0 Å electrostatic cutoff, and a 4.0 Å hydrogen bond cutoff in each stage of the calculation. The minimization was performed in two stages. Each stage consisted of a Polak–Ribier conjugate gradient minimization in 1000-step increments until the bundle reached a 0.05 kJ/mol gradient. In the first stage, a harmonic constraint was placed on all the TMH backbone torsions (φ, ψ, and ω); this was done to preserve the general shape of the helices during minimization. In addition, the backbone atoms of the loops were frozen. A distance-dependent dielectric was used for this minimization. In the second stage of the calculation, the TMH bundle was frozen, but the loops were allowed to relax. The GB/SA continuum solvation model for water as implemented in MacroModel was used.

If the transmembrane bundle has been pulled apart in previous steps to enable initial modeling and accommodation of bulky residues, after minimization, the interhelical contacts, which are conserved across Class A GPCRs, should be present in the minimized homology model (Cvicek et al., 2016). For instance, the networks of hydrogen bonds observed among TMH4-2-3 (residues W4.50-S/N/T2.45-S/N/T3.42) and TMH1-2-7 (residues N1.50-D2.50-N7.49). In particular, in GPR3 as well as in other receptors containing E1.49, an interaction between this neutral glutamate and the backbone of TMH7 (7.47) takes place. Contact between TMH3 and 4 can also be observed since the highly conserved bulky residue W4.50 leans on A3.38.

If one is at a preliminary stage in model development with only the TMH bundle built, each helix of the model should be capped as the acetamide at its N-terminus, and as the *N*-methyl amide at its C-terminus. To account for the lack of a fully hydrated phospholipid bilayer as the receptor environment, all charged residues, those facing outward normally interacting with the phospholipid headgroups, or those facing inward without counterions, need neutralization before minimization of the model. Neutralization can be done by addition of placed water molecules, or by neutralized forms of the amino acids if the force field being used contains them.

4.5 Active vs Inactive States

Conformational changes in the receptor and rearrangements at the intracellular domain that accompany ligand binding dictate the signaling pathways initiated by GPCRs. Classically, our understanding of GPCR signaling assumed that the receptor formed one unique active receptor structure in response to agonist binding. However, we currently know that this process is much more complex. Increasing evidence indicates that GPCRs can adopt different active conformations depending on the type of ligand (Venkatakrishnan et al., 2016). Different ligand-dependent GPCR conformations can explain the fact that these receptors can couple to diverse signaling partners such as different G-protein types or non-G-protein effector proteins such as β-arrestins (Shukla, Singh, & Ghosh, 2014). This ligand-dependent signal transduction is known as biased signaling or functional selectivity and is currently the focus of extensive research. The hope is that such ligands may maximize therapeutic benefits while avoiding undesired effects.

4.5.1 G-Protein-Dependent Signaling

The structural features that characterize the GPCR G-protein-dependent (G-ProtDep) inactive (R) and active (R*) states have been inferred primarily from biophysical studies of rhodopsin (Choe et al., 2011; Okada et al., 2004; Palczewski et al., 2000), the β2-adrenergic (Cherezov et al., 2007; Rasmussen et al., 2011), and the μ-opioid receptors (Huang, Manglik, et al., 2015; Huang, Skwarek-Maruszewska, et al., 2015; Manglik et al., 2012). In the inactive or off state, the intracellular end of TMH6 is bent toward TMH3 and a salt bridge between R3.50 and E/D6.30 on the intracellular side of the TMH bundle forms an "ionic lock." In the μ-opioid receptor, the "ionic lock" is not at the exact same location (6.30); instead, the μ-opioid crystal structure with a morphinan antagonist shows a strong hydrogen bond between R3.50 and T6.34 (Manglik et al., 2012).

The "ionic lock" bond is enabled by the CWXP motif (common in most Class A GPCR) that hinges the IC end of TMH6 toward the IC end of TMH3. The strong interaction of these two residues intracellularly closes the receptor to possible coupling with the α subunit of the G-protein. Inside the binding crevice of each Class A GPCR there is a set of residues, known as the "toggle switch" that changes conformation upon agonist binding. For many Class A GPCRs, these "toggle switch" residues include an amino acid (W/F6.48) in the TMH6 CWXP motif and residues directly interacting with it. Agonist binding trips this toggle switch, producing a conformational change in TMH6 that impacts the IC domain of the receptor. W6.48 has been shown to change its conformational state within the binding pocket upon ligand activation ($\chi 1$ g+ → trans). In the inactive state, W6.48 is typically held in its $\chi 1 = g+$ conformation by another binding pocket residue. For instance, in the R state of Rho, 11-*cis*-retinal's β-ionone ring directly interacts with W6.48, blocking its movement (Li et al., 2004; Okada et al., 2002; Palczewski et al., 2000). Upon receptor activation by light, 11-*cis*-retinal isomerizes to all-*trans*-retinal and the β-ionone ring moves away from TMH6 and toward TMH4 freeing the $\chi 1$ of W6.48 to undergo a g+ → trans conformational change (Standfuss et al., 2011). This change is transient in some receptors and not seen in every activated GPCR crystal structure. Indeed, such a transient change in W6.48 was observed in molecular dynamics calculations of the CB2 receptor activation by its endogenous ligand (2-arachidonoylglycerol) (Hurst et al., 2010), and the β2-AR-Gs protein complex (Rasmussen et al., 2011).

The results of the W6.48 ($\chi 1$ g+ → trans) transition are that TMH6 straightens in the highly conserved CWXP hinge region moving its intracellular end away from the TMH bundle (Farrens, Altenbach, Yang, Hubbell, & Khoranat, 1996; Ghanouni, Steenhuis, Farrens, & Kobilka, 2001; Javitch, Fu, Liapakis, & Chen, 1997; Jensen et al., 2001). This results in the intracellular "ionic lock" breaking as TMH3 and TMH6 move away from each other (Ballesteros, Jensen, et al., 2001). Moreover, the intracellular opening generated in the TMH3-4-5-6 region allows Gα protein insertion into the activated GPCR (Rasmussen et al., 2011).

In GPR3, the TMH6 hinge motif sequence is CWLP. In the inactive-state model of this receptor, F3.36, F5.47, and W6.48 form an extended toggle switch. The χ1 dihedral angle of W6.48 is g+ and is held in this conformation by F3.36 (χ1 in trans) that at the same time is forming an aromatic stack with F5.47 (χ1 in trans). We hypothesized that these interactions constitute the toggle switch for GPR3. Mutational and computational studies have previously demonstrated that W6.48 and F3.36 are the toggle switch residues in the CB1 receptor (McAllister et al., 2004; Singh et al., 2002). In addition, our GPR3 inactive model has a hydrogen bond between R3.50 and T6.30 that corresponds to the R3.50-D/E6.30 "ionic lock" found in many Class A GPCRs. In the GPR3 G-protein active-state model, this interaction will be broken allowing TMH6 to straighten, moving its intracellular end away from the TMH bundle. For this reason, it is crucial to explore the conformational space of GPR3 TMH6 to understand the conformational changes that take place at the hinge region. To study the possible conformations for GPR3 TMH6, we used CM (Guarnieri & Weinstein, 1996; Guarnieri & Wilson, 1995). The calculation started from the existing inactive state TMH6. The *i* to *i* − 4 region around the proline (P6.50–A6.46) was varied using CM.

Fig. 14A shows an IC view of the GPR3 TMH bundle with the CM output superimposed on the EC end of TMH6 (6.50–6.58). To build a G-protein active-state model, we need to select a TMH6 conformation that pulls away from the TMH bundle and would lead to breaking of the ionic lock. The helix highlighted in yellow in Fig. 14 was selected from the CM study since in this conformation the ionic lock is broken; the IC domain of TMH6 is moved away from the bundle opening the IC TMH3-4-5-6 region for the insertion of the Gs protein. This helix was incorporated in the GPR3 active-state bundle and was then optimized using the OPLS3 force field in MacroModel 11.3 (Schrödinger Inc., Portland, OR).

4.5.2 G-Protein-Independent β-Arrestin Signaling

The conformational hallmarks that accompany GPCR activation for coupling to G-protein are well-understood; however, the structural changes associated with G-protein-independent β-arrestin (G-ProtIndep βArr) activation are now emerging in the literature (Kang et al., 2015; Liu, Horst,

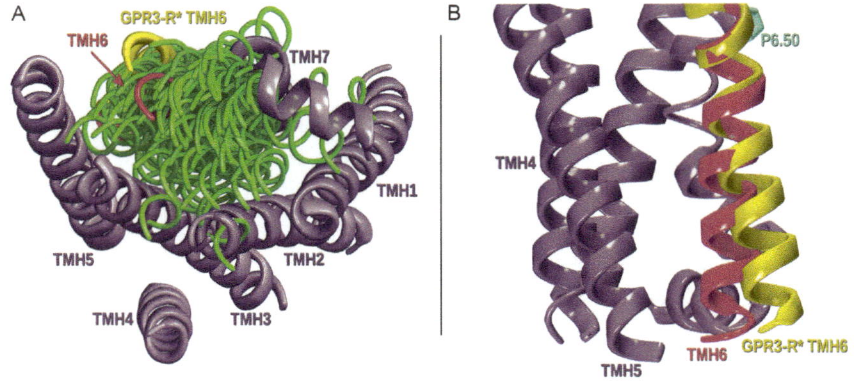

Fig. 14 CM results for the GPR3-TMH6 study to identify a TMH6 conformer appropriate for a GPR3-activated state model of G-protein-dependent signaling. (A) Intracellular view of the bundle and (B) lipid view. Conformers have been superimposed at their extracellular ends. The *magenta* TMH6 corresponds to TMH6 in our GPR3 inactive-state model. In *green*, some of the free energy conformers obtained from CM. Other TMHs in the bundle are colored in *steel blue*. The chosen TMH6 for the GPR3 active-state model (R*) is highlighted in *yellow*.

Katritch, Stevens, & Wüthrich, 2012; Shukla, Westfield, et al., 2014). Arrestins were initially named for their ability to arrest signaling of heterotrimeric G-proteins. Their role in GPCR desensitization and internalization has been appreciated for some time (Ferguson, 2001). However, we now know that arrestins can also mediate GPCR signaling that is G-protein independent (Nobles et al., 2011). As proposed by Lefkowitz and coworkers, the conformational state of the receptor triggered by a biased ligand can result in a different GRK phosphorylation "bar-code" pattern on the receptor C-terminus that determines whether the β-arrestin's recruitment is for internalization or for forming a signaling complex (Nobles et al., 2011). A ^{19}F-NMR study reported site-specific conformational changes in the β2-adrenergic receptor associated with G-protein- and β-arrestin-independent signaling pathways (Liu et al., 2012). G-protein-biased ligands induced conformational changes in TMH3/TMH6, in contrast, β-arrestin-biased ligands like carvedilol predominantly impacted TMH7 conformational states. In another study, Rahmeh and coworkers reported similar findings for the arginine-vasopressin type 2 receptor using a β-arrestin-biased and a Gs-biased ligand. They also concluded that conformational changes of TMH6-IC-3 loop are associated with G-protein signaling, whereas changes in TMH7-Hx8 domains are associated with G-ProtIndep β-Arr signaling (Rahmeh et al., 2012). Therefore, a key factor in the design of β-arrestin-biased ligands would be that each derivative should block the movement of the TMH7-Hx8 elbow region by holding TMHs 2 and 7, while not affecting the G-protein toggle switch. A schematic representation of overall movements in TMHs 6 and 7 in G-ProtDep and G-ProtIndep β-Arr is depicted in Fig. 15.

The GPCR-binding interface for G-proteins has been extensively studied, whereas β-arrestin–GPCR complexes are poorly understood. As shown in different studies, the flexibility of the Gα protein allows it to rapidly enter the binding crevice, and after a process of mutual conformational adaptation, both the Gα protein and the cytoplasmic crevice of the receptor gain a well-defined structure (Shukla, Xiao, & Lefkowitz, 2011; Szczepek et al., 2014). As an example, the CB2-G protein complex previously published by our group is illustrated in Fig. 16 (Mnpotra et al., 2014).

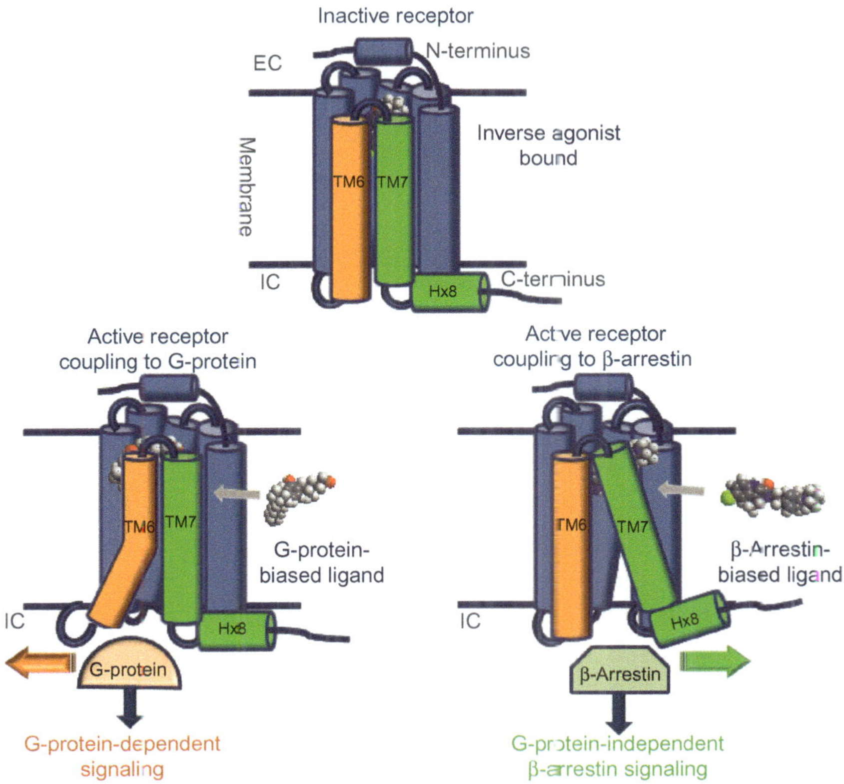

Fig. 15 Schematic representation showing conformational changes at the IC domain of a GPCR. Inactive state (*up*), active states (*down*): G-ProtDep signaling (*left*), and G-ProtIndep βArr signaling (*right*).

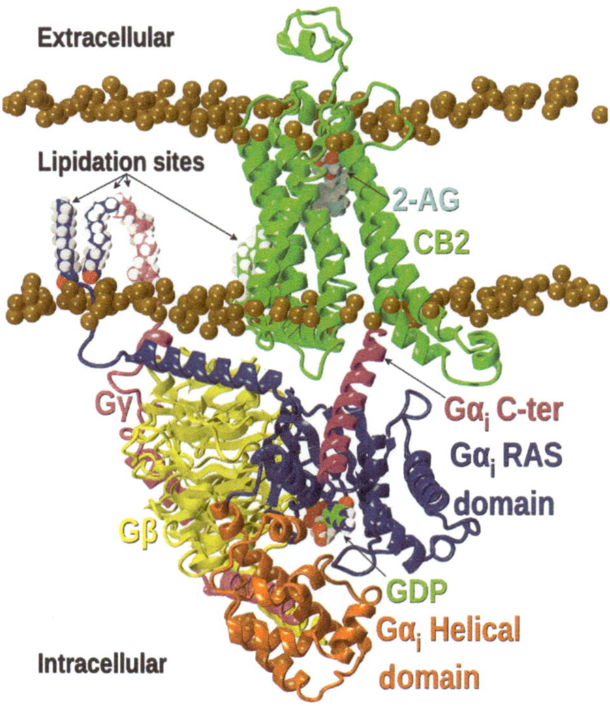

Fig. 16 CB2-G protein with 2-AG complex. The CB2 receptor is shown in *green* while the different domains of the G-protein are highlighted in different colors as detailed in the figure. Lipidation sites shown on the G-protein trimer anchor the protein to the bilayer. The palmitoylation site on CB2 is shown with *green carbons*.

Recent data indicate that arrestins partially mimic this process (Szczepek et al., 2014). The finger loop of this effector protein is highly flexible (Bourquard et al., 2015; Lee et al., 2016; Nobles et al., 2011; Shukla et al., 2011; Szczepek et al., 2014), and interaction with the binding crevice of the receptor induces structuring in the form of a reverse turn. The first structural characterization of a β-arrestin–GPCR complex (arrestin–rhodopsin) has been lately released shedding light on the interaction interface (Kang et al., 2015). However, this is the complex formed when β-arrestin is called for internalization and insertion is in the opening created for G-protein signaling. The complex formed for β-arrestin-biased signaling is yet to be determined, but should involve insertion in the opening created when TMH7-Hx8 move away from the bundle. It also should be noted that both β-arrestin-1 and β-arrestin-2 have been implicated in G-protein-independent β-arrestin signaling, with a receptor choosing one of these for signaling. In CB1, the G-protein-independent β-arrestin signaling produced by ORG27569 is mediated by β-arrestin-1 (Ahn, Mahmoud, Shim, & Kendall, 2013). For GPR3, the G-protein-independent β-arrestin signaling appears to be via β-arrestin-2 (Thathiah et al., 2013).

Even though we have not created yet a GPR3 active G-ProtIndep β-Arr state, because of its therapeutic potential in AD (Huang, Manglik, et al., 2015; Huang, Skwarek-Maruszewska, et al., 2015; Thathiah et al., 2013, 2009), we are highly interested in the design of GPR3 β-arrestin-biased inverse agonists. A key factor in the design of these ligands is that each derivative should block the movement of the TMH7-Hx8 elbow region by holding helixes 2 and 7, while not affecting the G-protein toggle switch.

5. DOCKING STUDIES

The ultimate goal of developing a GPCR homology model is the design of potent and efficient ligands that can maximize therapeutic benefits. For that purpose, molecular docking is a very valuable structure-based drug design technique essential in hit-to-lead and lead optimization drug discovery phases. Using docking studies, we can rationalize ligand–receptor interactions in the binding site, understanding the structural features underlying a particular pharmacological effect. It is very important to take into account how a particular ligand modulates the targeted GPCR before performing docking studies. Inverse agonists are compounds that can turn off constitutive signaling by returning a receptor to its inactive state, whereas agonists stabilize the active state of the receptor allowing the GPCR to couple with the corresponding effector protein. Therefore, each ligand should be docked in the corresponding R or R* state model according to the structural basis detailed in the previous section.

Before docking a specific molecule, a conformational analysis of the compound needs to be accomplished. For this purpose, we perform complete conformational analyses of the structures to dock using the OPLS3 force field and the Mixed Torsional Low Mode Sampling Monte Carlo Conformational Search in MacroModel 11.3 (Schrödinger, LLC, NY 2016). This method uses a combination of the random changes in torsion angles and/or molecular position from the MCMM method, together with the low-mode steps from the LMOD method, based on the principles of saddle-point searching used in pure low-mode. In each conformer search, local energy minima are identified by rotation of a subject torsion angle through 360 degrees in 60 degrees increments (sixfold search). These conformers are then minimized using ab initio Hartree–Fock (HF) calculations at the 6-31G* basis set level as encoded in Spartan'08 (Wave function, Inc., Irvine, CA). The global minimum energy conformer of each compound is then used as input for receptor docking studies. To calculate the energy difference between the global minimal energy conformer of each compound and its final docked conformation, rotatable bonds in the global minimal energy conformer are driven to their corresponding value in the final docked conformation and the single-point energy of the resultant structure is calculated at the HF6-31G* level.

It is also very useful to perform electrostatic potential map calculations of lowest energy conformation of each ligand to visualize the hot spots of electron density on the molecule that could be susceptible for interactions with specific residues in the binding crevice. To calculate these electrostatic potential density surfaces, we use Spartan'08 (Wave function, Inc.). The electrostatic potential energy is calculated using the ab initio HF 6-31G* level of theory and is mapped on the 0.002 isodensity surface of each molecule.

The lowest energy conformation of each ligand can be manually docked in the appropriate state model. Before performing docking studies, some bundles need to be pulled apart 1 or 2 Å in order to fit the corresponding ligands. Binding site anchoring interactions within the receptor for each ligand should be consistent with mutational and SAR (structure–activity relationships) data. Once the ligand is positioned adequately in the binding crevice, initial steric clashes can be removed manually with interactive graphics. After that, we minimize the ligand–receptor complex, including loop regions, using the OPLS3 force field in MacroModel version 11.3 (Schrödinger Inc.) in two stages following the procedure described in Section 4.4. No constraints are normally placed on the ligands during this process.

In parallel to manual docking, we use the automatic docking program, Glide version 7.2 (Schrödinger Inc.), to explore other possible receptor binding modes for each compound. Glide is used to generate a grid based upon the centroid of select residues in the binding site (e.g., from the manual dock). The grid defines the region in which Glide is allowed to attempt to dock ligands. The grid dimensions were 26 Å × 26 Å × 26 Å; this grid size allows Glide to thoroughly explore the receptor for possible binding sites. Other than the requirement that ligands must be docked within the grid, no constraints are used. Standard precision is selected for the docking setup. The receptor and ligand van der Waals radii are set to the default value of 0.80, and the maximal number poses to be produced is also set to 1000.

The interaction energies of each docking can be calculated to analyze which residues contribute more to the ligand–receptor complex. The atoms of each ligand need to be defined as one group (group 1) and the atoms corresponding to a residue that lines the binding site in the final ligand–GPCR complex is defined as another group (group 2). MacroModel version 8.6 (Schrödinger, LLC, New York, NY) can be used to output the pair interaction energy (Coulombic and van der Waals) for a given pair of atoms. In order to yield the energy of interaction between the ligand and that residue, the pairs corresponding to group 1 (ligand) and group 2 (residue of interest) are summed. The total of the interaction energies for all residues in the binding site are summed with the conformational cost for the ligand to assume its conformation in the final complex. This sum will yield the total interaction energy for each ligand–GPCR complex.

5.1 GPR3 Docking Studies

Very few ligands have been reported to modulate GPR3. Particularly, sphingosine-1-phosphate (S1P) (Kostenis, 2004; Uhlenbrock, Gassenhuber, & Kostenis, 2002) and diphenyleneiodonium chloride (DPI) (Ye et al., 2014) have been proposed to be GPR3 agonists. However, other research groups have not seen activation with S1P (Thathiah et al., 2009; Valverde et al., 2009; Yin et al., 2009). We were also unable to confirm GPR3 agonism for either S1P or DPI in preliminary studies. The triazolopyrimidine AF64394 is the only published GPR3 inverse agonist (Jensen et al., 2014). In our hands, this compound behaves as an inverse agonist of both the GPR3 G-protein and β-arrestin signaling pathways. Therefore, we selected this triazolopyrimidine derivative for our docking studies.

Since G-protein antagonists/inverse agonists stabilize the inactive state of the receptor, a key factor in the structural understanding of AF64394 is that it should block the W6.48 ($\chi 1$ g+ → trans) transition, thus keeping GPR3 in its inactive state. Direct interaction with the "toggle switch" residues in the GPR3 ligand binding pocket (F3.36/W6.48 for GPR3) will keep W6.48 in its GPR3-R state conformation. In this docking position, AF64394 will also prevent TMH7 from moving away from the bundle by stabilizing the TMH1-2-7 region. This should result in AF64394 acting as an inverse agonists of the β-Arr-2 signaling pathway.

Before AF64394 was docked, a complete conformational analysis was performed following the protocol described earlier. The global minimum conformer (Fig. 17) was used as an input for docking studies. The electrostatic

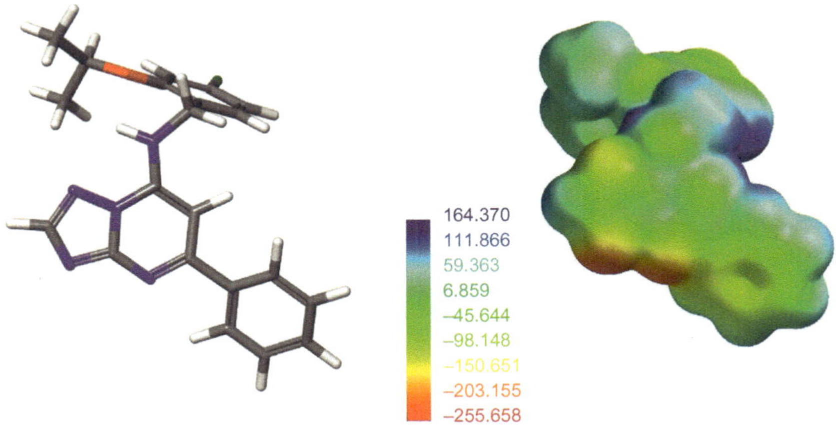

Fig. 17 Molecular electrostatic potential maps of AF64394 (*right*). Global minimum energy conformer used to calculate the map shown in tube display (*left*).

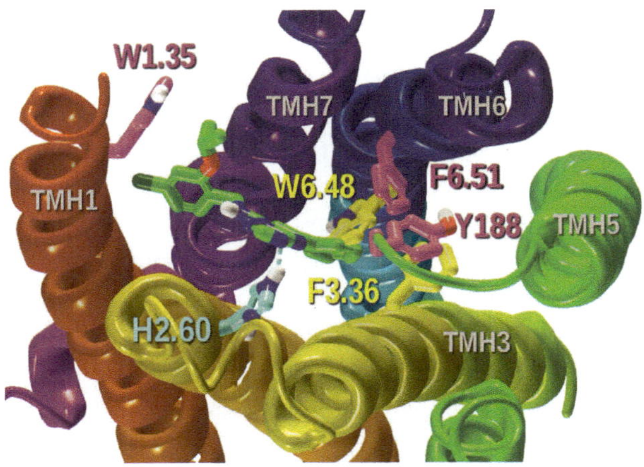

Fig. 18 Docking of AF64394 in the GPR3-inactive state model. Residues displayed in tube display are directly interacting with the ligand. The *blue dash line* represents the hydrogen bond of the ligand with H2.60.

potential map of this lowest-energy AF64394 conformation is shown in Fig. 17. The surface is color coded according to the potential, with electron-rich regions colored red and electron poor regions colored blue.

Our dock of the global minimum energy conformer of AF64394 in the GPR3-inactive model is illustrated in Fig. 18. The triazolopyrimidine core of AF64394 sits up in the binding crevice directly interacting with H2.60. The most electronegative nitrogen of the triazole ring forms a hydrogen bond with H2.60 [H bond (N—N) distance 2.88 Å; (N—H—N) angle, 149 degrees] and the triazole ring forms an aromatic stacking with this same histidine (ring centroid to centroid distance 4.3 Å; angle 84 degrees). The lower phenyl ring sits deeper in the receptor interacting with F6.51 (ring centroid to centroid distance 5.4 Å; angle 69 degrees) and Y188 (ring centroid to centroid distance 58 Å; angle 58 degrees). The 4-chloro-2-isopropoxybenzyl ring stabilizes an aromatic stacking interaction with W1.35 (ring centroid-to-centroid distance 5.9 Å; angle 88 degrees). The Glide Score is −10.1 kcal/mol. This docking is consistent with the SAR previously published (Jensen et al., 2014).

6. MODEL REFINEMENT

Homology models can be used to predict key interactions with specific ligands, as well as, which residues are mainly involved in the receptor function. However, experimental validation and refinement are crucial for the development of an accurate GPCR homology model. Mutation of residues involved in signaling or binding of ligands, as well as, site-directed cross-linking should be used to test the model. Moreover, molecular dynamics simulations of the refined model should be performed in the appropriate lipid bilayer to further equilibrate it in a biological environment (Grossfield, 2011; McRobb, Negri, Beuming, & Sherman, 2016).

In the case of GPR3, a previously published structure–activity relationship (Jensen et al., 2014) was important as a first test of the AF64394 binding site identified in our current GPR3 homology model. In addition, the model has been used to design mutations for primary residues that may lead to specific changes in the receptor function or the binding pocket.

These mutations are currently ongoing and they will allow us to refine and improve the model for a better understanding of its physiological function. Design and optimization of GPR3 modulators, along with in silico drug screening, will also be accomplished in the refined homology model. All these tools will facilitate the exploitation of this promising therapeutic target for the treatment of different pathologies such as Alzheimer's disease.

7. SUMMARY

GPCR molecular modeling represents a very valuable tool for understanding biological mechanisms and guiding drug discovery. Even though today there are a wide variety of computational tools, in our opinion, the development of a reliable homology model should consider the features described in this chapter. Structural similarities, the resolution of the X-ray crystals or the presence of mutations and engineered portions need to be evaluated for template selection. The state of the receptor based on the pharmacology of the targeted ligands should also be carefully rationalized. In the refinement and optimization processes, mutagenesis data are also crucial for supporting the role of residues fundamental for interaction with ligands. By addressing all these issues, we can build a fully consistent homology model that may help us understand the complex pharmacology of GPCRs.

REFERENCES

Ahn, K. H., Mahmoud, M. M., Shim, J. Y., & Kendall, D. A. (2013). Distinct roles of β-arrestin 1 and β-arrestin 2 in ORG27569-induced biased signaling and internalization of the cannabinoid receptor 1 (CB1). *Journal of Biological Chemistry*, *288*, 9790–9800.

Ballesteros, J., Deupi, X., Olivella, M., Haaksma, E. E. J., & Pardo, L. (2000). Serine and threonine residues bend α-helices in the $\chi 1 =$ g- conformation. *Biophysical Journal*, *79*, 2754–2760.

Ballesteros, J. A., Jensen, A. D., Liapakis, G., Rasmussen, S. G. F., Shi, L., Gether, U., et al. (2001a). Activation of the β2-adrenergic receptor involves disruption of an ionic lock between the cytoplasmic ends of transmembrane segments 3 and 6. *Journal of Biological Chemistry*, *276*, 29171–29177.

Ballesteros, J. A., Shi, L., & Javitch, J. (2001b). Structural mimicry in G protein-coupled receptors: Implications of the high-resolution structure of rhodopsin for structure-function analysis of rhodopsin-like receptors. *Molecular Pharmacology*, *60*, 1–19.

Ballesteros, J., & Weinstein, H. (1992). Analysis and refinement of criteria for predicting the structure and relative orientations of transmembranal helical domains. *Biophysical Journal*, *62*, 107–109.

Ballesteros, J., & Weinstein, H. (1995). Integrated methods for the construction of three-dimensional models and computational probing of structure-function relations in G protein-coupled receptors. In C. S. Stuart (Ed.), *Methods in neurosciences: Vol. 25*. (pp. 366–428). San Diego, CA: Elsevier.

Bonner, I., Song, Z. H., & Bonner, T. I. (1996). A lysine residue of the cannabinoid receptor is critical for receptor recognition by several agonists but not WIN55212-2. *Molecular Pharmacology*, *49*, 891–896.

Bourquard, T., Landomiel, F., Reiter, E., Crépieux, P., Ritchie, D. W., Azé, J., et al. (2015). Unraveling the molecular architecture of a G protein-coupled receptor/β-arrestin/Erk module complex. *Scientific Reports*, *5*, 10760.

Bramblett, R. D., Panu, A. M., Ballesteros, J. A., & Reggio, P. H. (1995). Construction of a 3D model of the cannabinoid CB1 receptor: Determination of helix ends and helix orientation. *Life Sciences*, *56*, 1971–1982.

Chakraborty, R., Pydi, S. P., Gleim, S., Bhullar, R. P., Hwa, J., Dakshinamurti, S., et al. (2013). New insights into structural determinants for prostanoid thromboxane A2 receptor- and prostacyclin receptor-G protein coupling. *Molecular and Cellular Biology*, *33*, 184–193.

Chamberlain, A. K., & Bowie, J. U. (2004). Analysis of side-chain rotamers in transmembrane proteins. *Biophysical Journal*, *87*, 3460–3469.

Cherezov, V., Rosenbaum, D. M., Hanson, M. A., Rasmussen, S. G. F., Thian, F. S., Kobilka, T. S., et al. (2007). High-resolution crystal structure of an engineered human β2 -adrenergic. *Science*. *318*, 1258–1266.

Chin, C. N., Lucas-Lenard, J., Abadji, V., & Kendall, D. A. (1998). Ligand binding and modulation of cyclic AMP levels depend on the chemical nature of residue 192 of the human cannabinoid receptor 1. *Journal of Neurochemistry*, *70*, 366–373.

Choe, H.-W., Kim, Y. J., Park, J. H., Morizumi, T., Pai, E. F., Krauss, N., et al. (2011). Crystal structure of metarhodopsin II. *Nature*, *471*, 651–655.

Chrencik, J. E., Roth, C. B., Terakado, M., Kurata, H., Omi, R., Kihara, Y., et al. (2015). Crystal structure of antagonist bound human lysophosphatidic acid receptor 1. *Cell*, *161*, 1633–1643.

Cordes, F. S., Bright, J. N., & Sansom, M. S. P. (2002). Proline-induced distortions of transmembrane helices. *Journal of Molecular Biology*, *323*, 951–960.

Crooks, G. E., Minh, D. D. L., & Chodera, J. D. (2012). Successful prediction of the intra- and extracellular loops of four G-protein-coupled receptors. *Proceedings of the National Academy of Sciences of the United States of America*, *109*, 9665.

Curran, A. R., & Engelman, D. M. (2003). Sequence motifs polar interactions and conformational changes in helical membrane proteins. *Current Opinion in Structural Biology*, *13*, 412–417.

Cvicek, V., Goddard, W. A., & Abrol, R. (2016). Structure-based sequence alignment of the transmembrane domains of all human GPCRs: Phylogenetic, structural and functional implications. *PLoS Computational Biology*, *12*, 1–31.

Deupi, X., Dölker, N., López-Rodríguez, M. L., Campillo, M., Ballesteros, J. A., & Pardo, L. (2007). Structural models of class a G protein-coupled receptors as a tool for drug design: Insights on transmembrane bundle plasticity. *Current Topics in Medicinal Chemistry*, *7*, 991–998.

Deupi, X., Olivella, M., Govaerts, C., Ballesteros, J. A., Campillo, M., & Pardo, L. (2004). Ser and Thr residues modulate the conformation of pro-kinked transmembrane alpha-helices. *Biophysical Journal*, *86*, 105–115.

Eggerickx, D., Denef, J. F., Labbe, O., Hayashi, Y., Refetoff, S., Vassart, G., et al. (1995). Molecular cloning of an orphan G-protein-coupled receptor that constitutively activates adenylate cyclase. *Biochemical Journal*, *309*, 837–843.

Farrens, D. L., Altenbach, C., Yang, K., Hubbell, W. L., & Khoranat, H. G. (1996). Requirement of rigid-body motion of transmembrane helices for light activation of rhodopsin. *Science*, *274*, 768–770.

Fenalti, G., Giguere, P. M., Katritch, V., Huang, X.-P., Thompson, A. A., Cherezov, V., et al. (2014). Molecular control of δ-opioid receptor signalling. *Nature*, *506*, 191–196.

Ferguson, S. S. G. (2001). Evolving concepts in G protein-coupled receptor endocytosis: The role in receptor desensitization and signaling. *Pharmacological Reviews*, *53*, 1–24.

Fiser, A., Kinh Gian Do, R., & Sali, A. (2000). Modeling loops in protein structures. *Protein Science*, *9*, 1753–1773.

Fredriksson, R., Lagerström, M. C., Lundin, L.-G., & Schiöth, H. B. (2003). The G-protein-coupled receptors in the human genome form five main families. Phylogenetic analysis, paralogon groups, and fingerprints. *Molecular Pharmacology*, *63*, 1256–1272.

Fredriksson, R., & Schio, H. B. (2005). The repertoire of G-protein-coupled receptors in fully. *Molecular Pharmacology*, *67*, 1414–1425.

Gainza, P., Roberts, K. E., & Donald, B. R. (2012). Protein design using continuous rotamers. *PLoS Computational Biology*, *8*, e1002335.

Ghanouni, P., Steenhuis, J. J., Farrens, D. L., & Kobilka, B. K. (2001). Agonist-induced conformational changes in the G-protein-coupling domain of the beta 2 adrenergic receptor. *Proceedings of the National Academy of Sciences of the United States of America*, *98*, 5997–6002.

Godlewski, G., Jourdan, T., Szanda, G., Tam, J., Cinar, R., Harvey-White, J., et al. (2015). Mice lacking GPR3 receptors display late-onset obese phenotype due to impaired thermogenic function in brown adipose tissue. *Scientific Reports*, *5*, 14953.

Goldfeld, D. A., & Friesner, R. A. (2013). The protein local optimization program and G-protein-coupled receptors: Loop restoration and applications to homology modeling. *Methods in Enzymology*, *522*, 1–20.

Goldfeld, D. A., Zhu, K., Beuming, T., & Friesner, R. A. (2013). Loop prediction for a GPCR homology model: Algorithms and results. *Proteins: Structure, Function, and Bioinformatics*, *81*, 214–228.

Grossfield, A. (2011). Recent progress in the study of G protein-coupled receptors with molecular dynamics computer simulations. *Biochimica et Biophysica Acta (BBA)—Biomembranes*, *1808*, 1868–1878.

Guarnieri, F., & Weinstein, H. (1996). Conformational memories and the exploration of biologically relevant peptide conformations: An illustration for the gonadotropin-releasing hormone. *Journal of the American Chemical Society*, *118*, 5580–5589.

Guarnieri, F., & Wilson, S. R. (1995). Conformational memories and a simulated annealing program that learns: Application to LTB4. *Journal of Computational Chemistry*, *16*, 648–653.

Hall, S. E., Roberts, K., & Vaidehi, N. (2009). Position of helical kinks in membrane protein crystal structures and the accuracy of computational prediction. *Journal of Molecular Graphics and Modelling*, *27*, 944–950.

Hanson, M. A., Roth, C. B., Jo, E., Griffith, M. T., Scott, F. L., Reinhart, G., et al. (2012). Crystal structure of a lipid G protein-Coupled receptor. *Science*, *335*, 851–856.

Hua, T., Vemuri, K., Pu, M., Makriyannis, A., Stevens, R. C., & Liu, Z. (2016). Crystal structure of the human cannabinoid CB 1. *Cell*, *167*, 750–762.

Huang, W., Manglik, A., Venkatakrishnan, A. J., Laeremans, T., Feinberg, E. N., Sanborn, A. L., et al. (2015a). Structural insights into μ-opioid receptor activation. *Nature*, *524*, 315–321.

Huang, Y., Skwarek-Maruszewska, A., Horré, K., Vandewyer, E., Wolfs, L., Snellinx, A., et al. (2015b). Loss of GPR3 reduces the amyloid plaque burden and improves memory in Alzheimer's disease mouse models. *Science Translational Medicine*, *7*, 309ra164.

Hurst, D. P., Grossfield, A., Lynch, D. L., Feller, S., Romo, T. D., Gawrisch, K., et al. (2010). A lipid pathway for ligand binding is necessary for a cannabinoid G protein-coupled receptor. *The Journal of Biological Chemistry*, *285*, 17954–17964.

Hurst, D. P., Lynch, D. L., Barnett-Norris, J., Hyatt, S. M., Seltzman, H. H., Zhong, M., et al. (2002). N-(Piperidin-1-yl)-5-(4-chlorophenyl)-1-(2,4-dichlorophenyl)-4-methyl-1H-pyrazole-3-carboxamide (SR141716A) interaction with LYS 3.28(192) is crucial for its inverse agonism at the cannabinoid CB1 receptor. *Molecular Pharmacology*, *62*, 1274–1287.

Isberg, V., Mordalski, S., Munk, C., Rataj, K., Harpsoe, K., Hauser, A. S., et al. (2016). GPCRdb: An information system for G protein-coupled receptors. *Nucleic Acids Research*, *44*, D356–D364.

Iyer, M. R., Cinar, R., Liu, J., Godlewski, G., Szanda, G., Puhl, H., et al. (2015). Structural basis of species-dependent differential affinity of 6-Alkoxy-5-aryl-3-pyridinecarboxamide cannabinoid receptor 1 antagonists running title: Species-specific affinity of CB1 receptor antagonists. *Molecular Pharmacology*, *8195*, 238–244.

Javitch, J. A., Fu, D., Liapakis, G., & Chen, J. (1997). Constitutive activation of the β2 adrenergic receptor alters. *Journal of Biological Chemistry*, *272*, 18546–18549.

Jensen, T., Elster, L., Nielsen, S. M., Poda, S. B., Loechel, F., Volbracht, C., et al. (2014). The identification of GPR3 inverse agonist AF64394; the first small molecule inhibitor of GPR3 receptor function. *Bioorganic and Medicinal Chemistry Letters*, *24*, 5195–5198.

Jensen, A. D., Guarnieri, F., Rasmussen, S. G. F., Asmar, F., Ballesteros, J. A., & Gether, U. (2001). Agonist-induced conformational changes at the cytoplasmic side of transmembrane segment 6 in the β2 adrenergic receptor mapped by site-selective fluorescent labeling. *Journal of Biological Chemistry*, *276*, 9279–9290.

Kang, Y., Zhou, X. E., Gao, X., He, Y., Liu, W., Ishchenko A., et al. (2015). Crystal structure of rhodopsin bound to arrestin by femtosecond X-ray laser. *Nature*, *523*, 561–567.

Katritch, V., Fenalti, G., Abola, E. E., Roth, B. L., Cherezov, V., & Stevens, R. C. (2014). Allosteric sodium in class A GPCR signaling. *Trends in Biochemical Sciences*, *39*, 233–244.

Kim, M. K., & Kang, Y. K. (1999). Positional preference of proline in alpha-helices. *Protein Science*, *8*, 1492–1499.

Kostenis, E. (2004). Novel clusters of receptors for sphingosine-1-phosphate, sphingosylphosphorylcholine, and (lyso)-phosphatidic acid: New receptors for "old" ligands. *Journal of Cellular Biochemistry*, *92*, 923–936.

Larkin, M. A., Blackshields, G., Brown, N. P., Chenna, R., Mcgettigan, P. A., McWilliam, H., et al. (2007). Clustal W and Clustal X version 2.0. *Bioinformatics*, *23*, 2947–2948.

Lee, M.-H., Appleton, K. M., Strungs, E. G., Kwon, J. Y., Morinelli, T. A., Peterson, Y. K., et al. (2016) The conformational signature of β-arrestin2 predicts its trafficking and signalling functions. *Nature*, *531*, 665–668.

Li, J., Edwards, P. C., Burghammer, M., Villa, C., & Schertler, G. F. X. (2004). Structure of bovine rhodopsin in a trigonal crystal form. *Journal of Molecular Biology*, *343*, 1409–1438.

Lin, L. S., Ha, S., Ball, R G., Tsou, N. N., Castonguay, L a., Doss, G. A., et al. (2008). Conformational analysis and receptor docking of N-[(1S,2S)-3-(4-Chlorophenyl)-2-(3-cyanophenyl)-1-methylpropyl]-2-methyl-2-{[5-(trifluoromethyl)pyridin-2-yl]oxy} propanamide (Taranabant, MK-0364), a novel, acyclic cannabinoid 1 receptor inverse agonist. *Journal of Medicinal Chemistry*, *51*, 2108–2114.

Lingerfelt, M. A., Zhao, P., Sharir, H. P., Hurst, D. P., Reggio, P. H., & Abood, M. E. (2017). Identification of crucial amino acid residues involved in agonist signaling at the GPR55 receptor. *Biochemistry*, *56*, 473–486.

Liu, J. J., Horst, R., Katritch, V., Stevens, R. C., & Wüthrich, K. (2012). Biased signaling pathways in β2-adrenergic receptor characterized by 19F-NMR. *Science (New York, N.Y.)*, *335*, 1106–1110.

Manglik, A., Kruse, A. C., Kobilka, T. S., Thian, F. S., Mathiesen, J. M., Sunahara, R. K., et al. (2012) Crystal structure of the μ-opioid receptor bound to a morphian antagonist. *Nature*, *485*, 321–326.

McAllister, S. D., Hurst, D. P., Barnett-Norris, J., Lynch, D., Reggio, P. H., & Abood, M. E. (2004). Structural mimicry in class A G protein-coupled receptor rotamer toggle switches: The importance of the F3.36(201)/W6.48(357) interaction in cannabinoid CB1 receptor activation. *Journal of Biological Chemistry*, *279*, 48024–48037.

McRobb, F. M. Negri, A., Beuming, T., & Sherman, W. (2016). Molecular dynamics techniques for modeling G protein-coupled receptors. *Current Opinion in Pharmacology*, *30*, 69–75.

Mehler, E. L., Periole, X., Hassan, S. A., & Weinstein, H. (2002). Key issues in the computational simulation of GPCR function: Representation of loop domains. *Journal of Computer-Aided Molecular Design*, *16*, 841–853.

Mehlmann, L. M., Saeki, Y., Tanaka, S., Brennan, T. J., Evsikov, A. V., Pendola, F. L., et al. (2004). The Gs-linked receptor GPR3 maintains meiotic arrest in mammalian oocytes. *Science*, *306*, 1947–1950.

Mnpotra, J. S., Qiao, Z., Cai, J., Lynch, D. L., Grossfield, A., Leioatts, N., et al. (2014). Structural basis of G protein-coupled receptor-Gi protein interaction: Formation of the cannabinoid CB2 receptor-Gi protein complex. *The Journal of Biological Chemistry*, *289*, 20259–20272.

Munk, C., Isberg, V., Mordalski, S., Harpsøe, K., Rataj, K., Hauser, A. S., et al. (2016). GPCRdb: The G protein-coupled receptor database—An introduction. *British Journal of Pharmacology*, *16*, 2195–2207.

Nebane, N. M., Hurst, D. P., Carrasquer, C. A., Qiao, Z., Reggio, P. H., & Song, Z. H. (2008). Residues accessible in the binding-site crevice of transmembrane helix 6 of the CB2 cannabinoid receptor. *Biochemistry*, *47*, 13811–13821.

Nelson, C. D., & Sheng, M. (2013). GPR3 stimulates Aβ production via interactions with APP and β-arrestin2. *PloS One*, *8*, e74680.

Nobles, K. N., Xiao, K., Ahn, S., Shukla, A. K., Lam, C. M., Rajagopal, S., et al. (2011). Distinct phosphorylation sites on the β2-adrenergic receptor establish a barcode that encodes differential functions of β-arrestin. *Science Signaling*, *4*, ra51.

Okada, T., Fujiyoshi, Y., Silow, M., Navarro, J., Landau, E. M., & Shichida, Y. (2002). Functional role of internal water molecules in rhodopsin revealed by X-ray crystallography. *Proceedings of the National Academy of Sciences of the United States of America*, *99*, 5982–5987.

Okada, T., Sugihara, M., Bondar, A. N., Elstner, M., Entel, P., & Buss, V. (2004). The retinal conformation and its environment in rhodopsin in light of a new 2.2 A crystal structure. *Journal of Molecular Biology*, *342*, 571–583.

Okuno, T., Yokomizo, T., Hori, T., Miyano, M., & Shimizu, T. (2005). Leukotriene B4 receptor and the function of its helix 8. *Journal of Biological Chemistry*, *280*, 32049–32052.

Palczewski, K., Palczewski, K., Kumasaka, T., Hori, T., Trong, I. L., Teller, D. C., et al. (2000). Crystal structure of rhodopsin: A G protein-coupled receptor. *Science*, *4*, 739–745.

Pan, X., Ikeda, S. R., & Lewis, D. L. (1998). SR 141716A acts as an inverse agonist to increase neuronal voltage-dependent Ca2+ currents by reversal of tonic CB1 cannabinoid receptor activity. *Molecular Pharmacology*, *54*, 1064–1072.

Perálvarez-Marín, A., Bourdelande, J.-L., Querol, E., & Padrós, E. (2006). The role of proline residues in the dynamics of transmembrane helices: The case of bacteriorhodopsin. *Molecular Membrane Biology*, *23*, 127–135.

Pertwee, R. G., Howlett, A. C., Abood, M. E., Alexander, S. P. H., Marzo, V. D., Elphick, M. R., et al. (2010). International union of basic and clinical pharmacology. LXXIX. Cannabinoid receptors and their ligands: Beyond CB1 and CB2. *Pharmacological Reviews*, *62*, 588–631.

Rahmeh, R., Damian, M., Cottet, M., Orcel, H., Mendre, C., Durroux, T., et al. (2012). Structural insights into biased G protein-coupled receptor signaling revealed by fluorescence spectroscopy. *Proceedings of the National Academy of Sciences of the United States of America*, *109*, 6733–6738.

Rasmussen, S. G. F., DeVree, B. T., Zou, Y., Kruse, A. C., Chung, K. Y., Kobilka, T. S., et al. (2011). Crystal structure of the β2 adrenergic receptor-Gs protein complex. *Nature*, *477*, 549–555.

Rosenbaum, D. M., Rasmussen, S. G. F., & Kobilka, B. K. (2009). The structure and function of G-protein-coupled receptors. *Nature*, *459*, 356–363.

Ross, R. A. (2009). The enigmatic pharmacology of GPR55. *Trends in Pharmacological Sciences*, *30*, 156–163.

Ruiz-Medina, J., Ledent, C., & Valverde, O. (2011). GPR3 orphan receptor is involved in neuropathic pain after peripheral nerve injury and regulates morphine-induced antinociception. *Neuropharmacology*, *61*, 43–50.

Šali, A., & Blundell, T. L. (1993). Comparative protein modelling by satisfaction of spatial restraints. *Journal of Molecular Biology*, *234*, 779–815.

Salon, J. A., Lodowski, D. T., & Palczewski, K. (2011). The significance of G protein-coupled receptor crystallography for drug discovery. *Pharmacological Reviews*, *63*, 901–937.

Shao, Z., Yin, J., Chapman, K., Grzemska, M., Clark, L., Wang, J., et al. (2016). High-resolution crystal structure of the human CB1 cannabinoid receptor. *Nature*, *540*, 602–606.

Shukla, A. K., Singh, G., & Ghosh, E. (2014a). Emerging structural insights into biased GPCR signaling. *Trends in Biochemical Sciences*, *39*, 594–602.

Shukla, A. K., Westfield, G. H., Xiao, K., Reis, R. I., Huang, L.-Y., Tripathi-Shukla, P., et al. (2014b). Visualization of arrestin recruitment by a G-protein-coupled receptor. *Nature*, *512*, 218–222.

Shukla, A. K., Xiao, K., & Lefkowitz, R. J. (2011). Emerging paradigms of β-arrestin-dependent seven transmembrane receptor signaling. *Trends in Biochemical Sciences*, *36*, 457–469.

Singh, R., Hurst, D. P., Barnett-Norris, J., Lynch, D. L., Reggio, P. H., & Guarnieri, F. (2002). Activation of the cannabinoid CB1 receptor may involve a W6.48/F3.36 rotamer toggle switch. *The Journal of Peptide Research: Official Journal of the American Peptide Society*, *60*, 357–370.

Song, Z.-H., Modi, W., & Bonner, T. I. (1995). Molecular cloning and chromosomal localization of human genes encoding three closely related G protein-coupled receptors. *Genomics*, *28*, 347–349.

Song, Z. H., Slowey, C. a., Hurst, D. P., & Reggio, P. H. (1999). The difference between the CB(1) and CB(2) cannabinoid receptors at position 5.46 is crucial for the selectivity of WIN55212-2 for CB(2). *Molecular Pharmacology*, *56*, 834–840.

Standfuss, J., Edwards, P. C., D'Antona, A., Fransen, M., Xie, G., Oprian, D. D., et al. (2011). The structural basis of agonist-induced activation in constitutively active rhodopsin. *Nature*, *471*, 656–660.

Szczepek, M., Beyrière, F., Hofmann, K. P., Elgeti, M., Kazmin, R., Rose, A., et al. (2014). Crystal structure of a common GPCR-binding interface for G protein and arrestin. *Nature Communications*, *5*, 4801.

Tanaka, S., Ishii, K., Kasai, K., Sung, O. Y., & Saeki, Y. (2007). Neural expression of G protein-coupled receptors GPR3, GPR6, and GPR12 up-regulates cyclic AMP levels and promotes neurite outgrowth. *Journal of Biological Chemistry*, *282*, 10506–10515.

Tanaka, S., Miyagi, T., Dohi, E., Seki, T., Hide, I., Sotomaru, Y., et al. (2014). Developmental expression of GPR3 in rodent cerebellar granule neurons is associated with cell survival and protects neurons from various apoptotic stimuli. *Neurobiology of Disease*, *68*, 215–227.

Tanaka, S., Shaikh, I. M., Chiocca, E. A., & Saeki, Y. (2009). The Gs-linked receptor GPR3 inhibits the proliferation of cerebellar granule cells during postnatal development. *PloS One*, *4*, 1–12.

Thathiah, A., Horré, K., Snellinx, A., Vandewyer, E., Huang, Y., Ciesielska, M., et al. (2013). β-Arrestin 2 regulates Aβ generation and γ-secretase activity in Alzheimer's disease. *Nature Medicine*, *19*, 43–49.

Thathiah, A., Spittaels, K., Hoffmann, M., Staes, M., Cohen, A., Horré, K., et al. (2009). The orphan G protein-coupled receptor 3 modulates amyloid-beta peptide generation in neurons. *Science (New York, N.Y.)*, *323*, 946–951.

Thompson, J. D., Higgins, D. G., & Gibson, T. J. (1994). CLUSTAL W: Improving the sensitivity of progressive multiple sequence alignment through sequence weighting, position-specific gap penalties and weight matrix choice. *Nucleic Acids Research*, *22*, 4673–4680.

Tourino, C., Valjent, E., Ruiz-Medina, J., Herve, D., Ledent, C., & Valverde, O. (2012). The orphan receptor GPR3 modulates the early phases of cocaine reinforcement. *British Journal of Pharmacology*, *167*, 892–904.

Uhlenbrock, K., Gassenhuber, H., & Kostenis, E. (2002). Sphingosine 1-phosphate is a ligand of the human gpr3, gpr6 and gpr12 family of constitutively active G protein-coupled receptors. *Cellular Signalling*, *14*, 941–953.

Valverde, O., Celerier, E., Baranyi, M., Vanderhaeghen, P., Maldonado, R., Sperlagh, B., et al. (2009). GPR3 receptor, a novel actor in the emotional-like responses. *PloS One*, *4*, e4704. http://dx.doi.org/10.1371/journal.pone.0004704.

Venkatakrishnan, A. J., Deupi, X., Lebon, G., Heydenreich, F. M., Flock, T., Miljus, T., et al. (2016). Diverse activation pathways in class A GPCRs converge near the G-protein-coupling region. *Nature*, *40*, 383–388.

Visiers, I., Braunheim, B. B., & Weinstein, H. (2000). Prokink: A protocol for numerical evaluation of helix distortions by proline. *Protein Engineering*, *13*, 603–606.

Wasmuth, E. V., & Lima, C. D. (2017). UniProt: The universal protein knowledgebase. *Nucleic Acids Research*, *45*, D158–D169.

Whitnell, R., Hurst, D. P., Reggio, P. H., & Guarnieri, F. (2007). Conformational memories with variable bond angles. *Journal of Computational Chemistry*, *29*, 741–752.

Williams, K. A., & Deber, C. M. (1991). Proline residues in transmembrane helices: Structural or dynamic role? *Biochemistry*, *30*, 8919–8923.

Worth, C. L., Kleinau, G., & Krause, G. (2009). Comparative sequence and structural analyses of G-protein-coupled receptor crystal structures and implications for molecular models. *PloS One*, *4*, e7011.

Ye, C., Zhang, Z., Wang, Z., Hua, Q., Zhang, R., & Xie, X. (2014). Identification of a novel small-molecule agonist for human G protein-coupled receptor 3. *The Journal of Pharmacology and Experimental Therapeutics*, *349*, 437–443.

Yin, H., Chu, A., Li, W., Wang, B., Shelton, F., Otero, F., et al. (2009). Lipid G protein-coupled receptor ligand identification using beta-arrestin PathHunter assay. *Journal of Biological Chemistry*, *284*, 12328–12338.

Yohannan, S., Faham, S., Yang, D., Whitelegge, J. P., & Bowie, J. U. (2004). The evolution of transmembrane helix kinks and the structural diversity of G protein-coupled receptors. *Proceedings of the National Academy of Sciences of the United States of America*, *101*, 959–963.

Zhang, H.-Y., Bi, G.-H., Li, X., Li, J., Qu, H., Zhang, S.-J., et al. (2015). Species differences in cannabinoid receptor 2 and receptor responses to cocaine self-administration in mice and rats. *Neuropsychopharmacology: Official Publication of the American College of Neuropsychopharmacology*, *40*, 1037–1051.

Zhang, R., Hurst, D. P., Barnett-Norris, J., Reggio, P. H., & Song, Z.-H. (2005). Cysteine 2.59(89) in the second transmembrane domain of human CB2 receptor is accessible within the ligand binding crevice: Evidence for possible CB2 deviation from a rhodopsin template. *Molecular Pharmacology*, *68*, 69–83.

Zhang, C., Srinivasan, Y., Arlow, D. H., Fung, J. J., Palmer, D., Zheng, Y., et al. (2012). High-resolution crystal structure of human protease-activated receptor 1. *Nature*, *492*, 387–392.

Zhou, H., Yan, F., Yamamoto, S., & Tai, H. H. (1999). Phenylalanine 138 in the second intracellular loop of human thromboxane receptor is critical for receptor-G-protein coupling. *Biochemical and Biophysical Research Communications*, *264*, 171–175.

FURTHER READING

Reggio, P. H. (2006). Computational methods in drug design: Modeling G protein-coupled receptor monomers, dimers, and oligomers. *The AAPS Journal*, *8*, E322–E336.

CHAPTER NINETEEN

Molecular Dynamics Methodologies for Probing Cannabinoid Ligand/Receptor Interaction

Diane L. Lynch[1], Dow P. Hurst, Derek M. Shore[2], Mike C. Pitman[3], Patricia H. Reggio

University of North Carolina at Greensboro, Greensboro, NC, United States

[1]Corresponding author: e-mail address: dllynch@uncg.edu

Contents

[2] Current address: Weill Cornell Medical College, New York, NY 10065, United States.

[3] Current address: Raytheon, Tucson, AZ 85756, United States.

Methods in Enzymology, Volume 593
ISSN 0076-6879
http://dx.doi.org/10.1016/bs.mie.2017.05.004

Abstract

The cannabinoid type 1 and 2 G-protein-coupled receptors are currently important pharmacological targets with significant drug discovery potential. These receptors have been shown to display functional selectivity or biased agonism, a property currently thought to have substantial therapeutic potential. Although recent advances in crystallization techniques have provided a wealth of structural information about this important class of membrane-embedded proteins, these structures lack dynamical information. In order to fully understand the interplay of structure and function for this important class of proteins, complementary techniques that address the dynamical aspects of their function are required such as NMR as well as a variety of other spectroscopies. Complimentary to these experimental approaches is molecular dynamics, which has been effectively used to help unravel, at the atomic level, the dynamics of ligand binding and activation of these membrane-bound receptors. Here, we discuss and present several representative examples of the application of molecular dynamics simulations to the understanding of the signatures of ligand-binding and -biased signaling at the cannabinoid type 1 and 2 receptors.

ABBREVIATIONS

2-AG 2-arachidonoylglycerol
amu atomic mass unit
BRET bioluminescence resonance energy transfer
cAMP cyclic adenosine monophosphate
CB1/CB2 cannabinoid type 1 and 2 receptors
COM center of mass
DHA docosahexaenoic acid
DMSO dimethyl sulfoxide
DPPC dipalmitoylphosphatidylcholine
EC extracellular
ERK1/2 extracellular signal-regulated kinase
FRET Förster resonance energy transfer
GPCR G-protein-coupled receptor
GPU graphics processing unit
IC intracellular
MAPK mitogen-activated protein kinase
MD molecular dynamics
NPT isothermal–isobaric
ORG27569 5-chloro-3-ethyl-1H-indole-2-carboxylic acid [2-(4-piperidin-1-yl-phenyl) ethyl]amide
PME particle mesh Ewald
POPC 1-palmitoyl-2-oleoyl-phosphatidylcholine
RMSD root mean square deviation
TMH transmembrane helix
VDW Van der Waals

1. INTRODUCTION

The cannabinoid type 1 (CB1) and 2 (CB2) receptors belong to the class A family of G-protein-coupled receptors (GPCRs). They are expressed primarily in the CNS/immune system, respectively, and have been implicated in a variety of disease states (Kendall & Yudowski, 2016; Lu & Mackie, 2016). Modulating the behavior of the cannabinoid receptors has been the target of substantial research and the focus of significant drug discovery efforts (Vemuri & Makriyannis, 2015). GPCRs are integral membrane proteins which share a common architecture of seven transmembrane helices (TMHs) connected by intra- (IC) and extracellular (EC) loops and are among the major class of proteins involved in signal transduction (Venkatakrishnan et al., 2013). In general, ligand binding activates these receptors and thereby triggers a physiological response via initiating signaling cascades. This binding induces a conformational change in the GPCR such that the opening of a distinct cleft on the IC face of the receptor is produced. The receptor is thereby able to recruit, bind, and activate the relevant IC signaling partners, such as G-proteins and β-arrestins (Kobilka, 2013; Lefkowitz, 2013) with the result that the machinery of cellular response is put into action. In fact, it is now recognized that the specific signaling pathway activated can be tuned with particular ligands whose binding generates a ligand-specific GPCR conformation. This then selects or is biased toward a single or subset of signaling pathways. This property is often called biased agonism (Violin, Crombie, Soergel, & Lark, 2014; Violin & Lefkowitz, 2007) or functional selectivity (Urban et al., 2007) and is commonly thought to hold promise for drug discovery (Luttrell, Maudsley, & Bohn, 2015). CB1 and CB2 are primarily $G_{i/o}$ coupled leading to inhibition of cyclic AMP production and modulation of pertussis toxin-sensitive signaling via MAPK, voltage-gated Ca^{2+} channels, and inwardly rectifying K^{+} channels (Howlett, Blume, & Dalton, 2010). Recently a CB1-mediated, G-protein-independent, β-arrestin-1-mediated ERK signal has been reported (Ahn, Mahmoud, Shim, & Kendall, 2013; Delgado-Peraza et al., 2016).

The property of GPCRs that lend themselves to such multidimensional behavior is their inherent flexibility. For example, in the case of rhodopsin, it has been shown that light activation is accompanied by an outward movement of the IC portion of TMH6 (Choe et al., 2011; Farrens, Altenbach, Yang, Hubbell, & Khorana, 1996; Park, Scheerer, Hofmann, Choe, & Ernst, 2008; Scheerer et al., 2008). Similarly, upon activation via binding the agonist BI167107, the β2-adrenergic receptor also undergoes a rearrangement of the TM helices with the IC portion of TMH6 moving outward by about 14 Å (Kobilka, 2013; Rasmussen et al., 2007, 2011). This is in contrast to the β-arrestin-biased ligands, carvedilol and isoetharine, that appear to lead to an alteration of the IC location of TMH7 in the β2-adrenergic receptor (Liu, Horst, Katritch, Stevens, & Wuthrich, 2012). Given the plasticity of these membrane proteins, it is not surprising that different ligands select specific conformations and thus can signal via specific pathways. In order to fully exploit the drug target potential of these receptors, a detailed understanding of the structure and dynamics of these membrane-bound systems is required (Latorraca, Venkatakrishnan, & Dror, 2017; Luttrell et al., 2015; Manglik & Kobilka, 2014). It is therefore critical that such flexibility is taken into account in the analysis of these conformations as well as the kinetics governing their interconversion. Moreover, this conformational heterogeneity also makes the structure and function of these signal transducers sensitive to the lipid environment in which they reside (Dawaliby et al., 2016; Mondal, Khelashvili, Johner, & Weinstein, 2014; Mondal, Khelashvili, & Weinstein, 2014; Oates & Watts, 2011; Soubias & Gawrisch, 2012). In fact, this work has demonstrated that the composition of the lipid milieu can have profound effects on the functioning of these proteins.

The last 16 years has seen a breakthrough in our knowledge of GPCR structure, with the publication of over 80 GPCR crystals (Lomize, Lomize, Pogozheva, & Mosberg, 2006). This work is impressive, given the inherent flexibility of these membrane-bound proteins. Advances in crystallization techniques, such as the use of lipidic cubic phase, which provides a more membrane-like environment than used in earlier crystallization efforts (Cherezov, 2011), have also had an impact. In order to obtain crystals, these proteins are often modified by introducing stabilizing mutations, replacing flexible loops with proteins that enhance crystallization contacts, and/or truncating disordered N-terminal/C-terminal regions (Tate & Schertler, 2009). Although the production of these crystal structures has rapidly advanced the field, it is important to recall that these are modified, static structures obtained in a nonnative, crystalline environment. Moreover, the secondary structure of the helical ends leading into the loops can depend on the lipid composition employed (Soubias, Niu, Mitchell, & Gawrisch, 2008). Therefore, in addition to a lack of dynamical information, the crystal structures themselves may be perturbed by the stabilizing modifications utilized as well as by the crystalline environment itself. This lack of dynamical information and structural perturbation makes an interpretation of functional data directly from these structures a challenge and often alternate/complementary methods are employed. For example, along with traditionally employed biophysical methods such as site-directed spin labeling and disulfide cross-linking (Farrens et al., 1996), NMR (Soubias & Gawrisch, 2012; Struts, Chawla, Perera, & Brown, 2015), BRET/FRET (Lohse, Nuber, & Hoffmann, 2012), double electron–electron resonance (Altenbach, Kusnetzow, Ernst, Hofmann, & Hubbell, 2008), and fluorescence (Fay & Farrens, 2015) spectroscopies, as well as molecular dynamics (MD) simulations have become pivotal in characterizing these systems (Grossfield, 2011; Latorraca et al., 2017; Marino, Shang, & Filizola, 2017).

All-atom MD tracks the positions and velocities of the atoms in the simulation. Since the system is followed at the atomic level, these simulation methods provide a level of detail for describing the structure and dynamics that is unprecedented and often inaccessible to the experimental methods discussed thus far. In fact, the ability of MD to help unravel the activation mechanisms of rhodopsin (Grossfield, 2011; Leioatts et al., 2014; Leioatts, Romo, Danial, & Grossfield, 2015), the β2 adrenergic (Dror, Arlow, et al., 2011; Dror, Pan, et al., 2011; Kohlhoff et al., 2014), the opioids (Marino et al., 2017), allosteric modulation of the muscarinic (Dror et al., 2013; Kruse et al., 2012; Miao, Caliman, & McCammon, 2015), the S1P1 receptor (Stanley, Pardo, & Fabritiis, 2016), and the cannabinoids (Hurst et al., 2010; Hurst, Schmeisser, & Reggio, 2013; Kimura et al., 2013; Laprairie et al., 2016; Schneider et al., 2015; Vallee et al., 2014) has been demonstrated. As such, MD has become an almost indispensable tool, along with biophysical and structural studies, to elucidate the underlying physics of these biologically/medically important proteins. Here, it is not our intent to review the vast literature of MD simulations of GPCRs, but to provide a detailed description of the work in our group for the setup/analysis of MD simulations of cannabinoid receptors and their ligands.

The cannabinoid receptors are distinct from many other GPCRs in that their endogenous ligands; *N*-arachidonoylethanolamide and 2-arachidonoylglycerol (2-AG) are highly lipophilic. These molecules are synthesized on demand from the lipid bilayer itself. Moreover, post-activation, they are degraded by the membrane-bound enzymes fatty acid amide hydrolase and monoacylglycerol lipase respectively (Kendall & Yudowski, 2016; Lu & Mackie, 2016; Vemuri & Makriyannis, 2015).

Cannabinoid ligands are known to readily partition into the phospholipid bilayer and their orientation in the membrane has been established by a variety of methods including small-angle X-ray diffraction/differential calorimetry (Mavromoustakos, Yang, Broderick, Fournier, & Makriyannis, 1991), NMR (Kimura, Cheng, Rice, & Gawrisch, 2009; Tian, Guo, Yao, Yang, & Makriyannis, 2005), as well as simulation (Kotsikorou, Lynch, Abood, & Reggio, 2011). In general, the polar headgroups reside near the water/phospholipid headgroup region with the hydrophobic acyl tails extending into the hydrophobic core of the membrane. As such, one would expect their binding mechanism to be distinct from that of a GPCR activated by a water-soluble ligand. S1P1 (Hanson et al., 2012) and LPA1 (Chrencik et al., 2015) are two other GPCRs that have lipid-like ligands that most likely bind via the membrane milieu. In addition, although rhodopsin is activated via light, the binding/unbinding of retinal has been described to occur via the membrane (Hildebrand et al., 2009; Park et al., 2008).

Here, we present the protocol for: (i) construction of the simulation cell as well as (ii) details for the equilibration and production runs used in our MD simulations. In addition, we highlight these procedures with two recent applications of MD in the study of cannabinoid receptor activation and signaling properties. In the first, we describe the location, orientation, and binding characteristics of the endogenous ligand 2-AG in the CB2 system. 2-AG (Fig. 1A) is a canonical GPCR agonist in that it produces both G-protein and G-protein-independent signaling (Delgado-Peraza et al., 2016; Flores-Otero et al., 2014). The second application is a study of ORG27569 (Fig. 1B), a novel CB1-negative allosteric modulator of signaling, that inhibits G-protein-dependent signaling of CB agonists, yet produces its own G-protein-independent ERK1/2 signal via β-arrestin-1 (Ahn, Mahmoud, & Kendall, 2012; Ahn et al., 2013). Given the unique location of these hydrophobic ligands in the lipid bilayer, the activation of the cannabinoid receptors is likely to proceed via binding via the lipid membrane. Moreover, the location and orientation of these ligands in the membrane will dictate the pathway for binding. Therefore, a detailed understanding of their location/orientation in the membrane is essential in mapping the binding characteristics of these cannabinoid ligands.

Section 2 provides typical procedures used as well as simulation packages employed throughout these studies. It should be noted that individual applications may have slightly different details and those are delineated in Section 3, where each application setup is discussed in detail. In Section 4, we highlight recent results and discussion of these MD

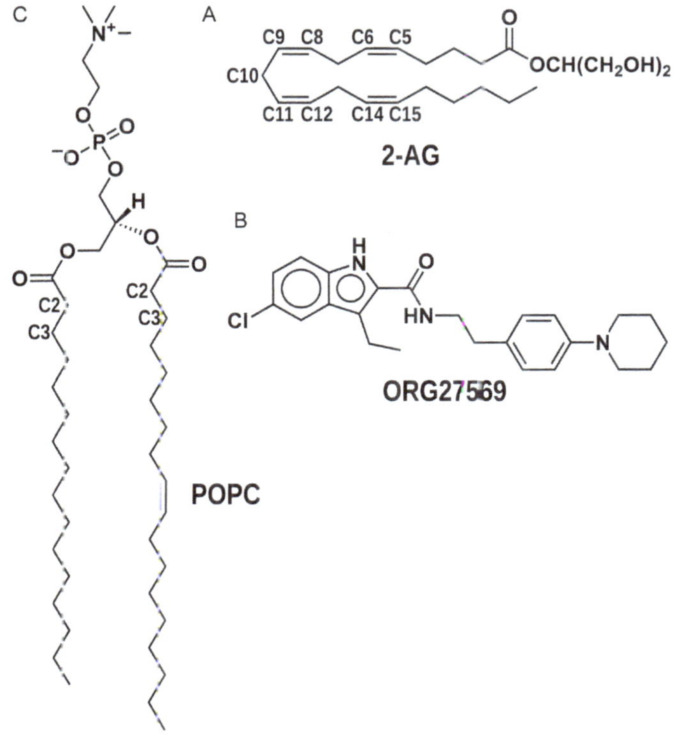

Fig. 1 Chemical structures of 2-AG, ORG27569, and POPC. This figure illustrates the chemical structures and group definitions for 2-AG, ORG27569, and POPC. For (A) 2-AG, the 2-AG glycerol headgroup (HG) is $-CH(CH_2OH)_2$. (B) The structure of ORG27569 and for (C) POPC the glycerol is the $(CH_2)_2CH$ connector between the phosphate and ester groups.

simulations. Section 5 summarizes our work to date and comments on future studies in our efforts to unravel the activation mechanisms/signaling properties of the cannabinoid receptors.

2. GENERAL METHODS

In this section, we provide a detailed description of the construction, equilibration, and production runs for the present representative cannabinoid systems. This procedure was first employed by Woolf and Roux in an early study of the membrane-bound gramicidin A channel in an all-atom lipid bilayer (Woolf & Roux, 1996), and the current implementation is described in detail by Hurst et al. (2010) and Grossfield, Feller, and Pitman (2006).

2.1 Construction of the Simulation Cell

In all the simulations, the z-direction is taken as the normal to the plane of the membrane. The all-atom model of the cannabinoid CB1 or CB2 receptor was aligned with the membrane such that the TM helices/amphipathic Hx8 are approximately perpendicular/parallel with this plane. Positioning was such that Hx8 is at a depth where the hydrophobic residues reach toward the hydrophobic core of the membrane and hydrophilic residues are water/lipid headgroup accessible. Thus oriented, the system was built in the following four sections.

2.1.1 Determine the Simulation Cell Size

Typically the area of the box size for these simulations is obtained by estimating the transverse area of the protein at the approximate depth of the phospholipid headgroups, and then allowing a buffer on each side of the receptor to the box edge. A buffer of at least 12 Å to each edge has been used. The number of lipids to occupy the simulation cell is then determined by the free area divided by the appropriate area per lipid. In the z-direction (membrane normal), the box is extended to at least 12 Å past the maximum and minimum position of the protein atoms. Since the receptors have EC/IC loops and termini, this provides sufficient space for the protein in the aqueous environment. The area per lipid used is either taken from experiment or can be obtained by a pure bilayer simulation.

2.1.2 Generate the Unsolvated Membrane Cell

To generate optimal lipid packing about the receptor in the simulation cell, the following procedure is employed. First, the area of the box is expanded by a factor of 5 in the plane of the membrane. Subsequently, Lennard–Jones spheres, which effectively mimic the size of the phospholipid headgroup, are placed randomly in this expanded box at the location of the phospholipid interface, taken as $\pm(19 \pm 0.5\,\text{Å})$ for 1-palmitoyl-2-oleoyl-phosphatidylcholine (POPC). Note that the purpose of box expansion is to reduce the likelihood that a sphere is placed inside the receptor bundle. These spheres will act as pseudoheadgroups for the phospholipids and determine the location for the initial placement of the all-atom structure of each lipid. Since cannabinoid ligands are typically highly lipophilic and are embedded in the phospholipid membrane, if present in the simulation,

Lennard–Jones spheres are included for the ligands as well. This is in analogy to the placement of cholesterol in earlier rhodopsin simulations (Grossfield et al., 2006; Pitman, Grossfield, Suits, & Feller, 2005).

With the protein, and any internal waters or ligands present fixed and the pseudoheadgroups restrained to lie in the plane of the membrane (using a force constant of 50.0 kcal/mol/Å^2), 500 steps of steepest descent minimization are performed. This is followed by progressively reducing the lateral area of the simulation cell. The box is reduced in the x,y dimensions by 5.0 Å and the pseudoheadgroup x,y coordinates are appropriately scaled. Again, with the receptor fixed and the z coordinate of the pseudoheadgroups restrained, 500 steps of steepest descent minimization are performed followed by 1000 steps of Langevin dynamics at 500K with a collision frequency of 5 ps^{-1}. This is repeated until the lateral area is the size of the box determined in Section 2.1.1. This section simply generates a relaxed random placement of the initial headgroup location while ensuring that the Lennard–Jones spheres are at an appropriate distance from the receptor.

2.1.3 Placement of All-Atom Phospholipids

In this step, the Van der Waals (VDW) spheres are replaced with the actual, all-atom lipid molecules. The conformations of these lipid species are typically generated in a prior pure lipid simulation and stored as a library of individual conformations. This library therefore contains preequilibrated lipid conformations that can be reused. A random lipid conformation is chosen out of the library, and the P atom of this molecule is placed at the location of one of the VDW spheres. As these lipids are generated in an ensemble of conformations, steric clashes with the embedded protein can ensue. A clash is defined when more than five pairs of heavy atoms of the placed lipid and protein are within 2 Å. If the clash condition is met, that particular lipid conformation is discarded and placement of another randomly chosen conformation from the library is attempted. The lipid conformation is accepted when the clash condition is not met and the next all-atom lipid is attempted. Failure occurs if there is not a successful placement in 1000 attempts. The run is then aborted and another round of pseudoheadgroup placement is initiated (Section 2.1.2). Placement of all-atom lipids continues until all the pseudospheres are replaced with all-atom conformations. For simulations where cannabinoid ligands are included, a particular atom in the ligand is chosen for placement near the phospholipid headgroup. Placement of the ligand proceeds similar to that described for the lipids with the exception that it is often the case that a library of conformations may not be available.

Therefore, a low-energy conformer is used, and upon placement at the VDW sphere, the ligand is given a random rotation and/or displacement in the membrane normal direction.

2.1.4 Relaxation of the Phospholipid Acyl Tails

At this stage, the receptor and lipid bilayer have been constructed. Although care has been taken that no serious clashes occur between the lipids and the protein, there may still be some close contacts. Moreover, the acyl tails of the lipids, drawn individually from the lipid library, can have overlaps. To relieve these overlaps and produce a relaxed initial membrane conformation, a series of controlled minimizations are performed. The protein is once again fixed and the headgroups are harmonically restrained (force constant= 1 kcal/mol/Å^2) to their initial position in the z-direction, and invoking periodic boundary conditions, 2000 steps of steepest descent minimization are performed. Very short cutoffs are used at this point, since the goal is to simply relieve close contacts. Prior to solvation of the lipid bilayer with water and ions, the acyl tails are further relaxed by a series of minimizations with varying degrees of freedom fixed. The adjustable atoms are subdivided into two groups, one with full nonbonded interactions and the second group with a scaled set of interactions using the block functionality of CHARMM (Brooks et al., 2009). Only VDW interactions are invoked between the scaled atoms. A scaling factor of 0.01 has been found to be effective (Grossfield et al., 2006; Hurst et al., 2010) and is employed here.

The protein and lipid headgroups are placed in the fixed group. The lipid acyl tails are in the second group of flexible atoms with either full or scaled interactions. In the first round of minimizations, only scaled VDW interactions are allowed for all the atoms in the acyl tails and 2000 steps of steepest descent are performed. In the next step, the first carbon atom of the acyl tail and hydrogens bonded to it are placed in the full interaction group and the minimization is repeated. This progresses down the acyl chain, sequentially promoting the next carbon atom of the chain into the full interaction group until the entire chain has been minimized with full interactions. The purpose of this section is to relieve acyl tail conformations by allowing the lower portion of the chain maximal flexibility, while clashes are progressively relieved. Note that restraints on *cis*-double bonds are applied to retain proper conformation about these unsaturated carbons. These restraints are subsequently released with 5000 steps of steepest descent. In general, this produces a membrane bilayer with relaxed lipid conformations and a fixed receptor.

A special consideration is needed if ligands with ring moieties are placed in the lipid membrane, for example, cholesterol (Grossfield et al., 2006). In this case, it is possible that during the chain optimizations just described, a lipid tail may penetrate the ring. Similar to the procedure employed for cholesterol, a dummy atom is placed at the center of all ring systems prior to the acyl chain optimization just described. This effectively blocks, via repulsive VDW interactions, any acyl tail from ring penetration. This dummy atom is subsequently removed.

2.2 Ion Addition and Solvation With Water

At this stage, the receptor and bilayer have been constructed and the species left to be added are the neutralizing ions and those added to bring the system to a specified physiological ionic strength, usually taken as 0.15 *M*. The number of ions is determined by the charge of the protein and the box size. As periodic boundary conditions using particle mesh electrostatics (PME) (Essmann et al., 1995; Salomon-Ferrer, Gotz, Poole, Le Grand, & Walker, 2013) will be applied, overall neutralization of the simulation cell is enforced. The ions are then placed randomly in the simulation box, at least 28 Å from the membrane center. This ensures that ions are placed in the aqueous phase; moreover, they are placed such that they are at least 3 Å from any protein atom that protrudes into the aqueous space. Once the ions are placed, the entire box is solvated with water. The water used is taken from a preequilibrated box of TIP3 water molecules. These waters are added such that they do not extend past the phospholipid carbonyl oxygens into the hydrophobic core of the membrane. Waters overlapping with previously placed heavy atoms are removed. Once all the atoms have been placed, periodic boundary conditions are invoked, and with the protein and membrane fixed, 200 steps of steepest descent minimization are performed. This relieves any potential steric overlap that has occurred during the placement of the ions and solvating waters. Given that each independent construction of the system produces a slightly different total number of water molecules, for convenience, a few randomly chosen water molecules are removed from bulk in order to produce independent systems of the same total size.

2.3 Full Minimization and Warming

As described in Grossfield et al. (2006) to further relieve poor initial contacts, 2000 steps of steepest descent minimization are performed using CHARMM (Brooks et al., 2009), with all heavy atoms of the protein, and if present ligands and internal waters, fixed. This is followed by a series of warming/minimization steps using NAMD (Phillips et al., 2005). Each step includes 500 steps of conjugate gradient minimization followed by 500 steps of MD at a 5K higher temperature. Throughout this phase, restraints are applied to the protein/ligand and internal water molecules (force constant = 5 kcal/mol/Å^2). This is performed until the target temperature of 310K is reached. These restraints are released in a series of minimizations where the force constant is gradually reduced from 5.0 to 2.5, 1.0, 0.5, 0.25, 0.1, and lastly 0.05 kcal/mol/Å^2, with 500 steps of minimization at each step. Finally, 2000 steps of restraint-free minimization are executed. MD simulations are then performed on the fully minimized systems.

2.4 Details of MD Simulations

Prior to unrestrained MD on these systems, we often perform 2 ns of position restrained MD using the AMBER package (Case et al., 2016, 2005; Salomon-Ferrer, 2013). Here, the heavy atoms of the protein and ligands are restrained using a force constant equal to 5.0 kcal/mol/Å^2. For all production runs, unless otherwise noted, the GPU accelerated PME pmemd.cuda is utilized. Long-range electrostatics are included using PME with the recommended 8 Å cutoff (Case et al., 2016) and default values for the charge grid spacing (chosen to be approximately 1 Å and B-spline(cubic)). The NPT ensemble is used to maintain temperature (T = 310K, Langevin dynamics with a collision frequency of 5 ps^{-1}) and pressure (P = 1.0 bar, using the weak coupling Berendsen pressure control (Berendsen, Postma, van Gunstersen, Dinola, & Haak, 1984) with pressure relaxation time of 8 ps). High-frequency bonds to hydrogen are restrained using the Shake method allowing the use of a 2-fs integration time step. The 2 ns of restrained MD allows the simulation cell to adjust and produce a reasonable density, without perturbing the receptor structure. This is followed by production MD, using the same settings as above but without restraints.

3. METHODS FOR EACH SYSTEM

In the following section, we provide details that are specific to the particular system under study. Section 3.1 includes the simulations for 2-AG embedded in a POPC bilayer and is followed in Section 3.2 by the set of calculations where 2-AG in a POPC bilayer spontaneously binds/activates the CB2 receptor. In Section 3.3, we perform an analogous set of simulations for ORG27569 in which (a) ORG27569 spontaneously partitions into a POPC bilayer; (b) its location in the phospholipid bilayer is monitored with an equilibrium run where several ORG27569 molecules are embedded in a POPC bilayer; and finally (c) ORG27569 binds and activates the CB1 receptor. In the latter case, the activation is not referring to traditional G-protein signaling, but to G-protein-independent signaling via β-arrestin-1.

3.1 2-AG Embedded in a POPC Model Membrane

3.1.1 Details of the Construction of the 2-AG/POPC Simulation Cell

The model membrane was built with 38 2-arachidonoylglycerol (2-AG) molecules, 124 POPC molecules, and hydrating waters for a total of 44,736 atoms in a simulation cell of dimensions 74.35 Å × 74.35 Å × 85.0 Å. The simulation cell was constructed using the method described in Sections 2.1–2.2. Each 2-AG molecule was oriented with its long axis parallel to the membrane normal (z) and randomly rotated about the z-axis. The center glycerol carbon atom (Fig. 1A) was placed at one of the VDW spheres and randomly shifted by up to ±2.5 Å in the z-direction. The clash condition, e.g., overlap with previously placed 2-AG molecules, was determined; e.g., if five or more pairs of heavy atoms were within 2 Å, this configuration was discarded and a different random rotation/translation applied. This procedure ensured that the 2-AG molecules were placed in the approximate lipid headgroup region, with the acyl tails in the hydrophobic core of the membrane. Relaxation of the lipids and hydration was performed as described in Section 2.1.4. The CHARMM 36 lipid force field (Klauda et al., 2010) was used in this study and parameters for 2-AG were taken as in our earlier MD studies of 2-AG/CB_2 simulations (Hurst et al., 2010). We constructed five independent systems, based on the random placement of the 2-AG/POPC molecules in the simulation cell.

3.1.2 Initial Minimization

To relieve poor initial contacts, 2500 steps of steepest descent minimization were performed using CHARMM (Brooks et al., 2009), with all heavy atoms of the ligands fixed. This was followed by a series of restrained minimizations using NAMD (Phillips et al., 2005). In this slow release phase, the 2-AG heavy atoms were restrained to their initial positions and starting with a force constant of $k = 5.0\,\text{kcal/mol/Å}^2$, 500 steps of conjugate gradient minimization were performed. The force constant was subsequently reduced to 2.5, 1.0, 0.5, 0.25, 0.1, and finally $0.05\,\text{kcal/mol/Å}^2$, with 500 steps of minimization at each step. Finally, 2000 steps of restraint-free minimization were executed. MD was then performed on the fully minimized system.

3.1.3 Details of MD Simulations

For all production runs, the GPU accelerated PME AMBER package (Case et al., 2016, 2005; Salomon-Ferrer, 2013) was utilized. Unless otherwise noted, these runs were performed in the NPT ensemble using the settings described in Section 2.4. The temperature in these calculations was set to 300K. As the cell dimensions were fluctuating during the first 30 ns, these data were removed for the ensuing analysis. Each trajectory was run for at least 105 ns, with the last 75 ns used for analysis and configurations written at 10 ps intervals. Mass density distributions were performed with LOOS-2.3.2 (Romo & Grossfield, 2009). Dihedral time series, image, and movie construction were generated with VMD (Humphrey, Dalke, & Schulten, 1996).

3.1.4 Calculation of the Mass/Number Density Distributions

After centering the resulting trajectory such that the average position of the phosphorus atoms is located at the center of the membrane ($z=0$), the simulation cell was sliced into $z=1$ Å slabs. In each subvolume, the mass density of the particular components was accumulated and averaged over the trajectory.

3.2 2-AG Binds to CB2

The model of the inactive CB2 receptor was generated as described in Hurst et al. (2010). Using this model a preliminary equilibration run was performed by placing the CB2 receptor in a bilayer with 99 stearoyl-docohexaenoyl-phosphatidylcholine molecules in a box of dimensions 54 Å × 76.2 Å × 95.5 Å using the method of Section 2. In this case, the minimization/warming was performed in the CHARMM software package (Brooks et al., 2009) using the CHARMM27 protein and lipid force fields (Feller & MacKerell, 2000; MacKerell et al., 1998; Pitman, Suits, Mackerell, & Feller, 2004). The system was warmed to 310K over 1 ns using velocity resampling every 5 ps and an equilibration period of 20 ns ensued. Production MD for 286 ns was subsequently performed. Upon equilibration, the conformation of CB2 was placed in a mixed 2-AG/POPC bilayer consisting of 38 molecules of 2-AG and 123 molecules of POPC. The method of Section 2 was employed to randomly distribute the 2-AG and POPC molecules in a box of 74.1 Å × 74.1 Å × 96.7 Å along with 9965 molecules of water and NaCl ($14Na^+/31Cl^-$) such that the system was neutralized and the ionic strength was brought to 0.1 *M*. At this point, production MD was performed with Blue Matter (Fitch et al., 2003) on IBM's Blue Gene/W supercomputer. The simulations discussed here were done at constant volume with velocity resampling (at 1 ns) to maintain a temperature of 310K.

Two independent trajectories were simulated by altering the random number seed in the 2-AG/POPC lipid placement step of Section 2 and were run for 887 ns or 874 ns. In one of these trajectories, at 40 ns into the 887 ns run, a specific 2-AG partitioned out of the bulk lipid milieu and into the TMH6/TMH7 interface. This partitioning was observed to be long lasting; however, no binding event occurred subsequent to this partitioning. Therefore, at 286 ns into this run, two new trajectories were initiated by reassigning the velocities using the Maxwell–Boltzmann distribution at 310K. These were run for 142 ns/1420 ns each. At approximately 53 ns into the 1420 ns run, the headgroup of the partitioned 2-AG entered the CB2 receptor between TMH6/TMH7.

3.3 MD of ORG27569 in Water and a POPC Model Bilayer

3.3.1 ORG27569 Initiated in the Aqueous Phase

The first set of simulations focused on the spontaneous partitioning of ORG27569 from the water phase into the lipid bilayer. In this case, a pure POPC bilayer, composed of 180 lipid molecules and hydrating waters, was constructed as described in Sections 2.1–2.3, with production runs performed with the CUDA implementation in AMBER (Case et al., 2016, 2005) in the NPT ensemble. The CHARMM 36 lipid force field (Klauda et al., 2010) was used in this study. The parameters for ORG27569 used in the MD simulations described here were initially obtained via the ParamChem server (Vanommeslaeghe & MacKerell, 2012; Vanommeslaeghe, Raman, & MacKerell, 2012). High penalty parameters were optimized as described in Vanommeslaeghe et al. (2010). The simulation cell is initially 78.4 Å × 78.4 Å × 100.0 Å. Two ORG27569 molecules were placed in the aqueous phase and overlapping waters were removed. The settings for the MD are described in Section 2.4, with these simulations run at 300K for a total of 120.6 ns.

3.3.2 ORG27569 Initiated at the Phospholipid Bilayer Interface

In this set of simulations, the ORG27569 molecules were initially placed at the interface of the POPC bilayer. The simulation cell build was similar to that of 2-AG in a POPC bilayer, using 62 molecules of POPC per leaflet, 7 ORG27569 per leaflet, and hydrating waters for an initial box size of 62.8 Å × 62.8 Å × 85.0 Å. Here, the center of mass (COM) of the ORG27569 was used as the anchor point to place the Lennard–Jones spheres as described in Section 2.1.3. The conformation of ORG27569 used in the placement was taken as the global energy minimum, and after placement, the molecule was randomly rotated to generate independent starting positions. Seven ORG27569 molecules were placed in each leaflet, and three independent 300 ns simulations were performed. The first 40 ns was removed from the analysis as equilibration. The settings for the MD were identical to those used for the ORG27569 in water described in Section 3.3.1.

There is one additional feature of the simulation cell building process for the ORG27569 simulation started at/near the phospholipid interface. Section 2.1.4 describes the relaxation of the acyl tails. For ring systems such as in ORG27569, it is possible that during the acyl chain relaxation, tails of the lipid will pierce rings. This situation is avoided by placing a dummy atom at the center of each ring in these molecules. So for ORG27569, this corresponds to adding four dummy atoms. These are removed after the lipid tail relaxation and effectively block any lipid/ring penetration.

3.4 ORG27569 Binds to and Activates CB1

3.4.1 Equilibration of the CB1 Receptor and Construction of the ORG27569/CB1 Simulation Cell

The CB1 receptor, built as described in Shore et al. (2014)), truncated at SER88/GLY417 for the N-terminus/C-terminus, respectively, was aligned with the S1P1 structure from the OPM database (Lomize et al., 2006) resulting in the transmembrane region being centered at the middle of the POPC (Fig. 1C) lipid bilayer and the amphipathic helix 8 orientated parallel to the plane of the membrane at approximately the lipid/water interface. Prior to the addition of ligands, CB1 was simulated for 335 ns in a POPC lipid bilayer. The model membrane simulation cell was constructed using the method described in Section 2. The CHARMM 22 protein force field (MacKerell et al., 1998) and the CHARMM 36 lipid force field (Klauda et al., 2010) were used in this study. Charge neutrality was enforced with addition of chloride counterions and an overall ionic strength of 0.1 *M* was obtained by adding NaCl.

3.4.2 Initial Minimization and Details of MD

To relieve poor initial contacts, 2500 steps of steepest descent minimization were performed using CHARMM (Brooks et al., 2009), with all heavy atoms of the protein fixed. This was followed by a series of restrained minimizations using NAMD (Phillips et al., 2005). In this slow release phase, the CB1 heavy atoms were restrained to their initial positions, and starting with a force constant of $k = 5.0\,\text{kcal/mol/Å}^2$, 500 steps of conjugate gradient minimization were performed. The force constant was subsequently reduced to 2.5, 1.0, 0.5, 0.25, 0.1, and finally $0.05\,\text{kcal/mol/Å}^2$, with 500 steps of minimization at each step. Finally, 20,000 steps of restraint-free minimization were executed. MD was then performed on the fully minimized system. For all production runs, the GPU accelerated PME AMBER (Case et al., 2016, 2005) was utilized and the detailed settings for the MD are described in Section 2.4 for a $T = 300\text{K}$.

3.4.3 Addition of ORG27569 to the Simulation

Upon equilibration of the receptor, a frame, at 70 ns, was extracted and the simulation cell was rebuilt with the inclusion of 14 ORG27569 molecules. The ligands were placed as follows: seven extracellular (defined by the last four turns of the transmembrane helices) locations were defined in a circle relative to the center of the TMH at a radial distance such that at least one phospholipid could be placed between the receptor and a given ORG27569 molecule. The seven locations were randomized on this circle, and the COM of an ORG27569 was placed at this site. Based on our simulations of ORG27569 spontaneously partitioning into the phospholipid bilayer described in Section 3.3, the orientation and location of the ORG27569 molecules were such that the indole moiety of ORG27569 was approximately at the lipid/water interface. Each molecule was rotated by a random amount. If contacts between the ORG27569 and CB1 ensued, the ligand was moved radially away from the receptor until the contacts were removed. Similar placement was performed for the seven IC ORG27569 molecules. The final system contained 90,921 atoms including 177 POPC molecules, 14 ORG27569 molecules, the protein, ions, and 20,300 solvating water molecules. Three independent systems were constructed and minimized, and MD for 1.4, 1.24, and 1.175 μs were performed as described earlier for the CB1/POPC system at a $T = 300\text{K}$.

4. RESULTS AND DISCUSSION

4.1 2-AG in a POPC Bilayer

2-AG, the endogenous ligand for the CB2 receptor, is a highly lipophilic lipid-derived molecule (Fig. 1A), containing a polar glycerol headgroup attached via an ester linker to a 20-carbon atom arachidonoyl chain. This ligand is made on demand in the bilayer itself in a two-stop process in which phospholipase C-β hydrolyzes phosphatidylinositol 4,5-phosphate to generate diacylglycerol, which is then hydrolyzed by diacylglycerol lipase to yield 2-AG (Di Marzo, 2008; Piomelli, 2003). 2-AG is thus ultimately embedded in the phospholipid bilayer upon approach to the membrane-bound CB2, the details of its location as well as its orientation with respect to CB2 is a central issue in understanding the mechanism of such lipid-based signaling events at the atomic level. In this first application of MD simulations, we have computed the mass density distributions for the chemical components for 2-AG in a POPC bilayer. In addition, the flexibility about the methylene carbons in the unsaturated chain of 2-AG is described.

The accumulated 375 ns of 23.5 mol% 2-AG/POPC simulations reveals the salient features of this highly flexible, lipophilic ligand. In Fig. 2A, we present an illustration of the entire simulation cell, while in Fig. 2B a close-up of the interfacial region between the hydrated phospholipid headgroups and the hydrophobic core and several 2-AG molecules are displayed. The 2-AG headgroups are distributed from just below the P atoms to near the depth where the water density goes to zero. The acyl tail often extends deeply into the hydrophobic core of the POPC. In Fig. 3, we present the mass density distributions computed using the equilibrated portion of the five independent trajectories. The chemical structures of the 2-AG/POPC groups are defined in Fig. 1A/C, respectively. Water penetration into lipid bilayers is known (Wiener & White, 1992) to go as deep as the lipid carbonyls, and from Fig. 3, it is clear that the water density in these simulations drops to essentially zero through the region characterized by the POPC ester group distribution. In fact, water penetration into POPC bilayers has been discussed in our earlier study of lipid-bound GPR55 agonists (Kotsikorou et al., 2011). The ligand's polar headgroup is approximately located at the same depth as the POPC glycerol moiety. Note that in this region, which is just underneath the charged phosphate groups, there is still significant water penetration. In fact, the water density at the location of the maximum in the broad 2-AG headgroup distribution

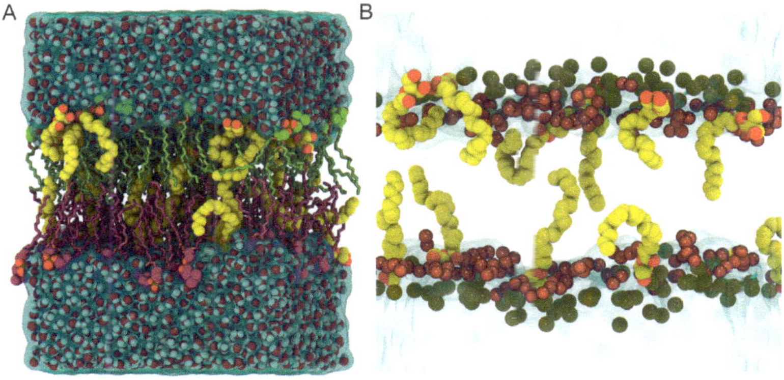

Fig. 2 Illustration of a typical 2-AG/POPC (23.5 mol%) simulation cell. (A) The simulation cell is rendered as follows: individual water molecules are rendered in VDW with *red* (oxygen)/*white* (hydrogen); the water surface is rendered in a transparent *blue*. The upper/lower leaflet POPC acyl chains are shown in *licorice* and colored *green/purple*, respectively. The POPC headgroups are rendered in VDW with oxygen (*red*) and phosphorus (*gold*), while the *upper/lower leaflet choline carbons* are *green/purple*. (B) Close-up of several 2-AG molecules in the simulation cell. Water is rendered in the transparent *blue surface* and phosphorus atoms are the *gold VDW spheres*. The 2-AG molecules are rendered in VDW with the carbon/oxygen atoms colored *yellow/red*, respectively. The *darker red spheres* are representative ester group oxygens of the POPC molecules. This illustrates that the 2-AG headgroups are distributed from just below the P atoms to the depth where the water density goes to zero. The 2-AG acyl tail extends deeply into the hydrophobic core of the POPC bilayer.

(±15 Å) is ~25% of the bulk water. As such, these polar headgroups of 2-AG remain sufficiently hydrated. The terminal methyl of the 2-AG molecules has a broad distribution with the maxima located at the center of the bilayer. These density distributions reflect the average locations of the 2-AG chemical groups specified in Fig. 1A. The broad distribution for the terminal methyl group is a signature of the highly flexible character of the arachidonoyl chain of 2-AG. The molecular origin of this behavior arises due to the particular flexibility of each methylene carbon between two double bonds in the arachidonoyl chain. These phenomena have been discussed in detail in our previous work (Barnett-Norris, Guarnieri, Hurst, & Reggio, 1998; Kotsikorou et al., 2011). Briefly, methylene carbons that are between carbon–carbon double bonds, such as those in the polyunsaturated chains of 2-AG, as well as polyunsaturated lipids such as DHA, have been shown to be particularly flexible as a result of the broad minima and low-energy barrier (~1 kcal/mol; Feller, Gawrisch, & MacKerell, 2002) to interconversion between their rotameric states. Such flexibility has been shown to produce

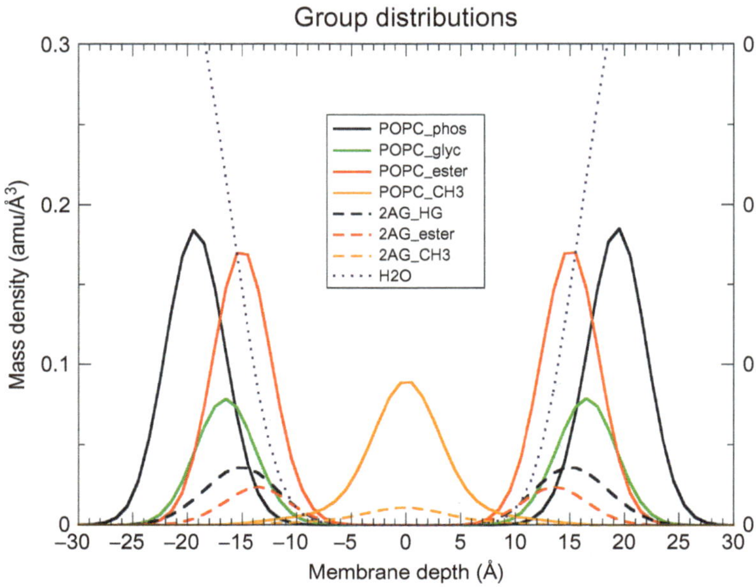

Fig. 3 Mass distributions of 2-AG in POPC averaged over five independent trajectories each of 75 ns. This figure illustrates the average group mass distribution for POPC, 2-AG, and water. The chemical compositions are defined in Fig. 1. The membrane is centered such that the average phosphorus location is set to zero and the membrane depth is measured relative to $z = 0$.

some of the unusual properties observed for these polyunsaturated lipids, such as low deuterium order parameters and rapid NMR relaxation rates relative to their saturated partners (Eldho, Feller, Tristram-Nagle, Polozov, & Gawrisch, 2003; Feller et al., 2002). Moreover, similar flexibility has been reported for the polyunsaturated chains of endogenous cannabinoid ligands such as 2-AG using Monte Carlo simulation methods (Barnett-Norris et al., 1998).

Here, we see much the same behavior in the dynamics of the acyl chain of 2-AG. In addition to the broad methyl distribution, the time series for a typical methylene carbon is displayed in Fig. 4, along with a histogram of these data. The dihedral reported in Fig. 4 (lower panel) is from one of the five trajectories and clearly illustrates the multiple transitions between the two rotamers occurring during this 75 ns run. In Fig. 4 (upper panel), the histograms of the C7 methylene dihedrals are plotted and indicate that these rotamers are equally populated. 2-AG undergoes a multitude of dihedral transitions and the high flexibility about these methylene carbons produces a rich

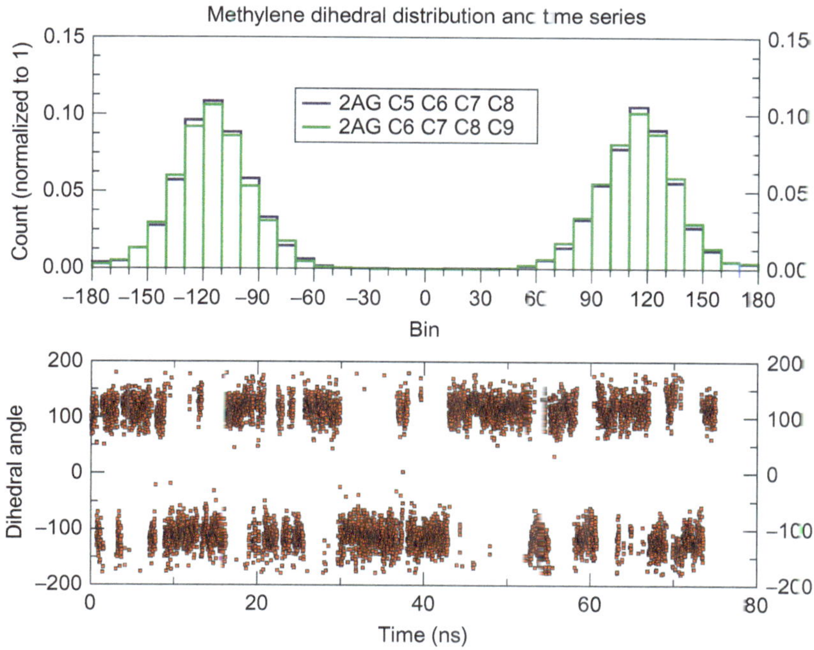

Fig. 4 2-AG methylene dihedral distribution and time series. The histogram of the methylene dihedral about the C7 methylene carbon in 2-AG is reported in the *upper panel* for a typical trajectory at $T = 300K$ calculated with a bin width of 10 degrees. The specific carbon atoms are labeled as in Fig. 1. The *lower panel* displays the time series for the C5–C6–C7–C8 dihedral angle, and this is typical for the other trajectories and methylene carbons.

conformational space of the acyl tails in a lipid bilayer. An illustration of this conformational complexity is provided in Fig. 5, where representative conformations of 2-AG from the simulations are reported. As is clear from Fig. 5 2-AG samples a large diversity of conformations.

In summary, the 2-AG molecules in the phospholipid bilayer are located such that their headgroups are just within the POPC phosphate groups overlapping the lipid's glycerol moieties, while the acyl tails exhibit extensive conformational freedom, with the terminal methyl group on average at the center of the bilayer. These features of 2-AG are critical for its binding and activation of CB2 as discussed in the next section.

4.2 2-AG Spontaneously Binds to CB2 via a Lipid Pathway

In the MD performed with 2-AG randomly placed about an inactive CB2 receptor in a fully hydrated POPC bilayer, a spontaneous binding event was

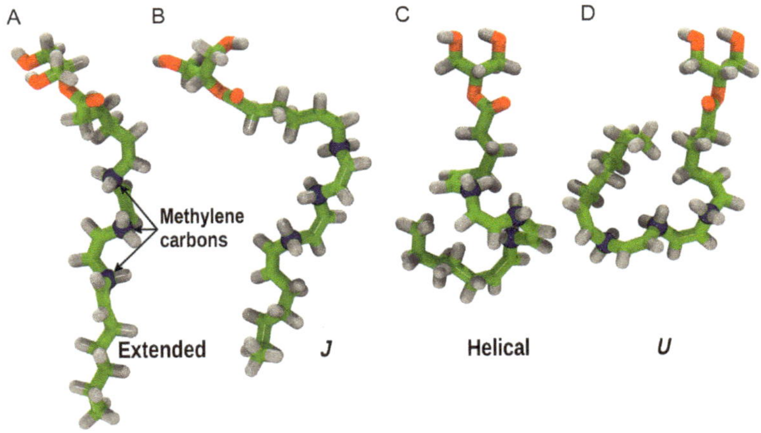

Fig. 5 Sample conformations of 2-AG. This figure illustrates the conformational flexibility of the 2-AG polyunsaturated acyl chain. The atoms are colored as follows: oxygen is *red* and carbon *green* except the methylene carbons, which are rendered as *blue spheres*. As discussed by Barnett-Norris et al. (1998), these conformations can be characterized by the signs of the series of six methylene dihedrals: (A) extended conformation, the ω5/ω6, ω8/ω9, and ω11/ω12 pairs all have the same sign; (B) *J* conformation where only the ω5/ω6 pair has opposite sign; (C) helical conformation where all three pairs have opposite signs; and (D) *U* conformation where only the ω8/ω9 pair has the same sign. The dihedrals are defined as: ω5 = C5–C6–C7–C8, ω6 = C6–C7–C8–C9, ω8 = C8–C9–C10–C11, ω9 = C9–C10–C11–C12, ω11 = C11–C12–C13–C14, and ω12 = C12–C13–C14–C15.

observed (Hurst et al., 2010). Several independent trajectories were run at specific stages in these simulations. At 40 ns into one of the initial production trajectories, a 2-AG molecule partitions out of bulk lipid into the interface of TMH6/TMH7 of CB2. This partitioning is associated with the formation of an opening between these TMHs that is produced by spontaneous rotameric changes in many residues that line the portal. This portal occurs above/on the EC side of W6.48 and in the 3_{10}-helical region of TMH7 (C7.42–M7.47) and exhibits a long-lasting interaction with this CB2 interface. In Fig. 6, we illustrate this opening as well as the location of the partitioned 2-AG. This configuration is taken at 275 ns from the trajectory where the 2-AG had partitioned out of lipid. The portal residues include P6.50, V6.51, L6.54, F7.35, C7.38, S7.39, C7.42, and I7.44.

In the course of this 887 ns trajectory, no 2-AG entry into the CB2-binding pocket was observed. However, using the configuration at 275 ns and performing a velocity resampling as discussed in Section 3.2 produces a run where after another 53 ns this 2-AG enters the receptor via the portal by insertion of its polar headgroup. This entry sequence is illustrated in

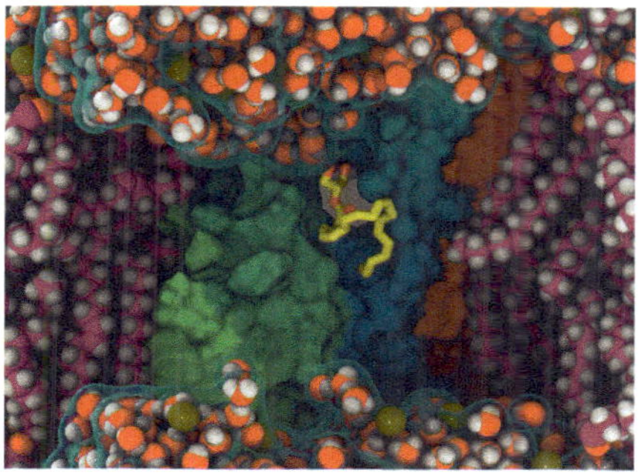

Fig. 6 A 2-AG molecule partitions out of bulk lipid to the TMH6/TMH7 interface. This figure illustrates the 2-AG which partitions out of lipid into the TMH6/TMH7 interface and the portal which forms between those transmembrane helices. The water phase is shown as a transparent *blue surface* with individual water molecules rendered in VDW spheres with oxygen *red* and hydrogen *white*. POPC molecules are rendered in VDW spheres with carbon/hydrogen/phosphorus colored *purple/white/gold*, respectively. The surface of CB2 is rendered with individual helix surfaces colored as: TMH5 (*green*), TMH6 (*teal*), TMH7 (*dark blue*), and TMH1 (*orange*). The 2-AG that has partitioned out of bulk lipid is rendered in *licorice* with carbon (*yellow*) and oxygen (*red*). The portal, or opening between TMH6/TMH7, is observed as a *gray gap* between TMH6 and TMH7 near the 2-AG headgroup.

Fig. 7. In Fig. 7A a representative snapshot of 2-AG that has partitioned out of bulk lipid into the TMH6/TMH7 interface is reported. Fig. 7B is 55 ns into the resampled trajectory and clearly illustrates that the headgroup has inserted between TMH6/TMH7. Finally, Fig. 7C shows the time point at 127 ns into this trajectory where the headgroup has inserted further. It is generally accepted that upon binding a G-protein agonist, a GPCR undergoes an IC conformational change such that the iconic ionic lock, typically formed between TMH3 (R3.50) and TMH6 (E/D6.30), ruptures (Farrens et al., 1996; Jensen et al., 2001; Rasmussen et al., 2011; Scheerer et al., 2008; Venkatakrishnan et al., 2013). Subsequently, the IC ends of TMH3/TMH6 separate with the TMH6 IC end moving away from the core of the helix bundle. This provides an opening cleft on the IC side of the GPCR such that a G-protein can bind by insertion of the C-terminal α-helix region of the Gα subunit into this opening. Ultimately the G-protein itself is activated. Depending on the nature of the Gα subunit, this activation leads to the stimulation (G_s) or inhibition ($G_{i/o}$) of secondary messengers such as cAMP, which act to initiate specific signaling pathways. Therefore, G-protein activation is characterized by a conformational change in the GPCR that includes the rupture of this salt bridge and the movement of the IC ends of the receptor, in particular TMH6. In addition, activation is

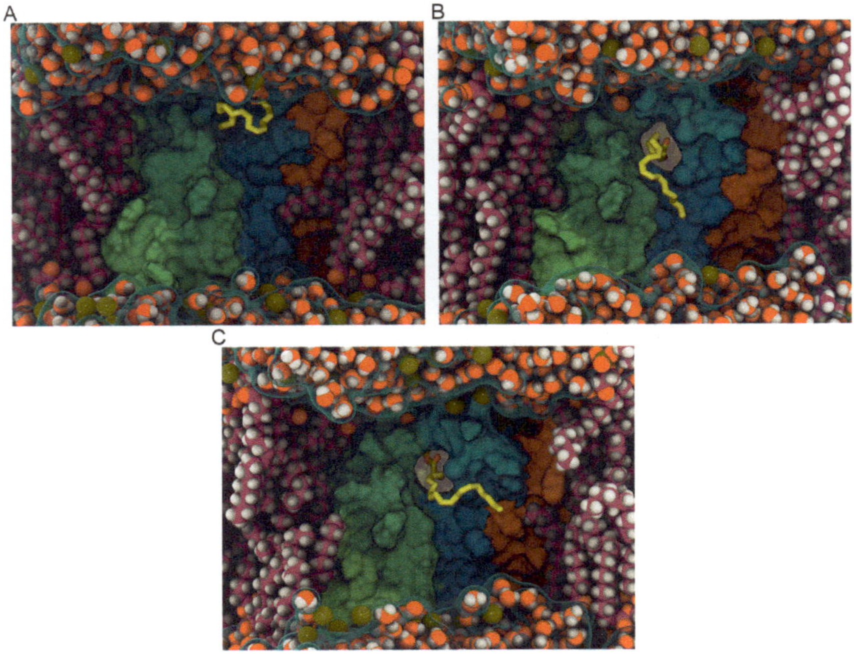

Fig. 7 Time sequence of 2-AG entry into the binding pocket of CB2. The rendering is described in the caption of Fig. 6. Each frame illustrates a different time point in the binding of 2-AG to CB2. (A) Sample point where 2-AG has partitioned out of bulk lipid into the TMH6/TMH7 interface. (B) Configuration at 55 ns of the resampled trajectory where the 2-AG headgroup has inserted via the portal. (C) Configuration at 127 ns of the resampled trajectory where the 2-AG headgroup is fully inserted.

accompanied by a change in the conformation of W6.48 in the ligand-binding pocket and an influx of water (Grossfield, Pitman, Feller, Soubias, & Gawrisch, 2008; Romo, Grossfield, & Pitman, 2010).

After approximately 59 ns into the trajectory in which the 2-AG binds (Figs. 6 and 7) and 5 ns after ligand entry, the CB2 IC D6.30–R3.55 salt bridge breaks. The IC ends of TMH6, as well as TMH5, move away from the bundle and project closer to the lipid bilayer. This rupture of the salt bridge is illustrated in Fig. 8. Moreover, 131.14 ns after 2-AG entered CB2, the distance between the IC ends of TMH3/TMH6 increases to 13.86 Å, which approaches the opening on the IC side observed in (1) the bovine opsin*-Gα C-terminal peptide complex (14.5 Å) (Scheerer et al., 2008) as well as (2) the ~14 Å distance observed in the β2-adrenergic—G_s structure (Rasmussen et al., 2011). In this report, we have focused on the spontaneous ligand binding via lipid with the demonstration of the initial

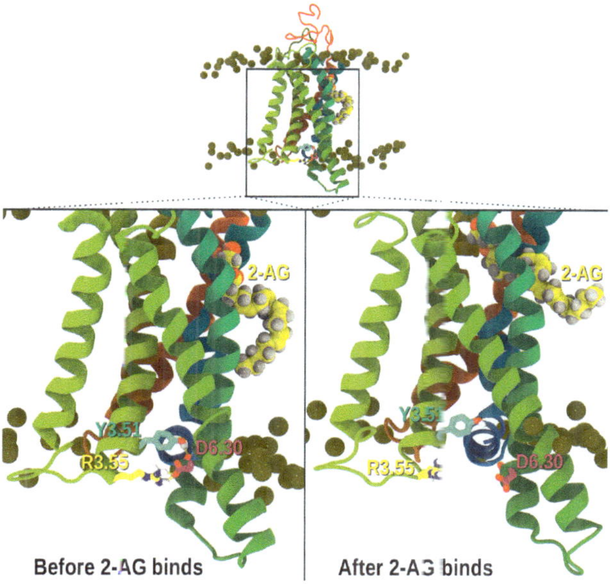

Fig. 8 Ionic lock ruptures after 2-AG binds. The relationship between the intracellular ends of TMH3 and TMH6 at points along the simulation is illustrated here. The CB2 TMH bundle is shown in *ribbon format* with phosphorus atoms of the POPC bilayer colored *gold*. TMHs are colored by helix with TMH4 (*green* on *left*), TMH5 (*green* in *foreground*), TMH6 (*teal*), TMH7 and Hx8 (*dark blue*). *Top* and *lower left*: although we began with a salt bridge between R3.50(131) and D6.30(240) at the IC ends of TMH3/6, the receptor rearranged to form a salt bridge between R3.55(136) and D6.30(240), with Y3.51(132) hydrogen bonding to the exposed backbone carbonyl of L6.29(239). In addition, the IC-3 loop assumed two additional helical turns. *Lower right*: this figure shows the broken R3.55(136)/D6.30(240) salt bridge and the broken Y3.51 (132)/L6.29(239) carbonyl interactions at 184 ns into the resampled trajectory.

steps of GPCR activation. However, as discussed more thoroughly in Hurst et al. (2010), subsequent to this binding of 2-AG and IC opening of CB2, full activation is attained with the observation of a W6.48 rotamer change and a large influx of water.

In the first two applications discussed here, we have seen that MD provides detailed atomic level information about the location of an endogenous lipophilic cannabinoid ligand in a lipid bilayer as well as mechanistic details of ligand binding to/and activation of CB2. After this binding, several hallmarks of G-protein activation are observed. As summarized here, this includes the breaking of the iconic GPCR ionic lock and the separation of IC ends of the TMHs. The MD studies presented here offer an unprecedented look at the binding/activation events leading to G-protein activation and provide a critical complementary component to experimental studies of these systems.

4.3 ORG27569 in POPC Bilayer

The structure of ORG27569 is given in Fig. 1B. It is a hydrophobic molecule that has very low water solubility. In fact, it is typically necessary to utilize DMSO in order to overcome its solubility issues (Shore et al., 2014). The precise location of ORG27569 in a lipid bilayer is unclear, although indole rings are typically associated with the interfacial regions of phospholipid bilayers (Gaede, Yau, & Gawrisch, 2005). For example, in an NMR study of indole/phospholipid bilayers (Gaede et al., 2005), a bimodal distribution for the indole was observed. One maximum was near the choline group, while the second was deeper in the membrane at the approximate location of the C2/C3 carbons of the lipid (these carbons are indicated in Fig. 1C for POPC). Moreover, simulations of the potential of mean force for a tryptophan side-chain analogue, 3-methylindole, place this species at approximately 10 Å from the bilayer center of a DPPC membrane (de Jesus & Allen, 2013). This depth is just underneath the glycerol region of the lipids at the interface with the hydrophobic core (Kucerka et al., 2008).

Therefore, as a result of ORG27569's low solubility in water and indole moiety, one would expect that ORG27569 would partition into the phospholipid bilayer and reside primarily near the boundary of the phospholipid headgroup and hydrophobic core regions. Given the nature of the binding mechanism just described for the endogenous/lipophilic 2-AG to CB2, the 2-AG-binding pathway proceeds via the lipid matrix with its headgroup at the interface region, we expect that the location of ORG27569 in a lipid bilayer may have important implications for its binding pathway to CB1. Therefore, we have performed a series of MD simulations to help reveal the location of ORG27569 in a typical model membrane.

In the first set of simulations, we placed two molecules of ORG27569 in the aqueous phase of a pure, fully hydrated POPC bilayer. In Fig. 9, we present several snapshots illustrating the spontaneous partitioning of the ORG27569 into lipid. Although started in the water phase (Fig. 9A), with at least one layer of water between it and the POPC headgroups, both ORG27569 molecules rapidly partition into the POPC bilayer. The first partitioning occurs at approximately 43 ns and the second at 56 ns. Fig. 9B illustrates the system at 82.7 ns where both are embedded in the lipid

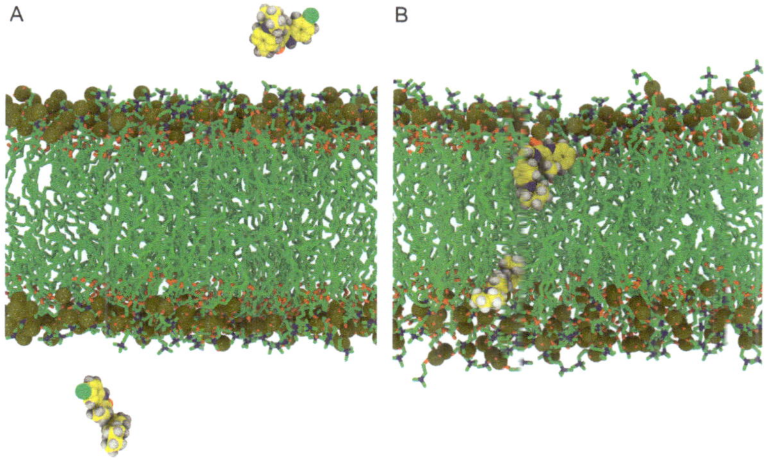

Fig. 9 Representative snapshots of ORG27569 in a fully hydrated POPC bilayer. (A) Configuration at $t = 0.2$ ns where both molecules of ORG27569 are in the aqueous phase. ORG27569 is rendered: nitrogen (*blue*), carbon (*yellow*), hydrogen (*white*), and chlorine (*light green*) VDW spheres. The POPC is colored: phosphorus (*gold*), carbon (*green*), nitrogen (*blue*), and oxygen (*red*). (B) Typical location of the ORG27569 after partitioning into the lipid matrix. A close-up taken at 82.7 ns where both ORG27569 molecules are located in the phospholipid bilayer. The coloring is described in (A).

bilayer. In Fig. 10, we report the time series for the COM of the ORG27569 over this trajectory. Once the ORG27569 partitions into lipid it remains there, at least on the 100 ns timescale reported here.

As a result of these simulations, we initiated a second series of simulations where the amount of ORG27569 is increased to 14 total molecules that are initially placed at the depth of the phospholipid headgroups of the inner and outer leaflets of the POPC bilayer. In 2 of the simulations, all 14 ORG27569 molecules remain in the phospholipid bilayer. In the third trajectory, one ORG27569 exits the membrane into the aqueous phase, but repartitions into the POPC after 169 ns. The mass distributions are reported for one of the trajectories in Fig. 11 (upper panel). These distributions indicate that the indole ring of ORG27569 lies just underneath the POPC ester groups. Moreover, it is of interest to note that on the timescale of these simulations, individual molecules occasionally flip leaflets. This can be seen in Fig. 11 (lower panel), where the average ORG27569 mass distributions are reported (black curve) along with the density for an individual ORG27569 molecule (green curve) that has density in both leaflets indicating flip-flop. This is not

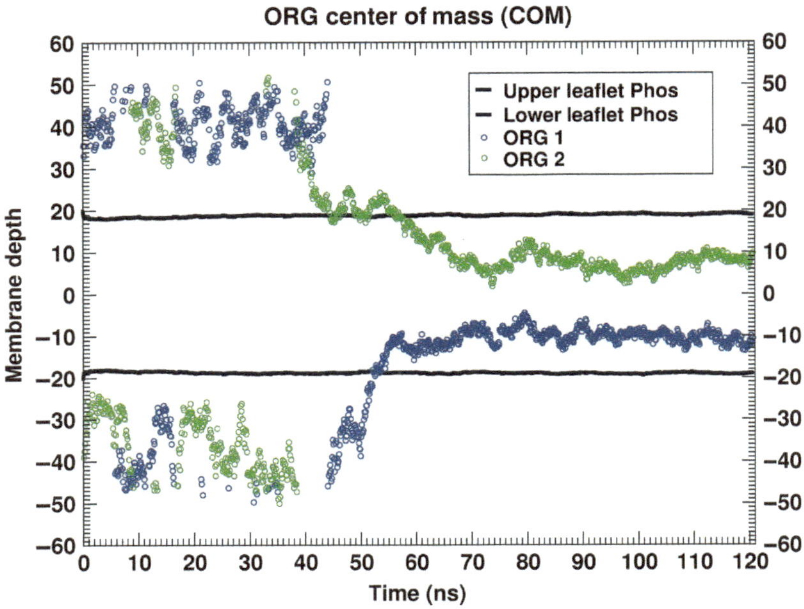

Fig. 10 Time series of the partitioning of ORG27569 from water into POPC. This figure illustrates the time series of the center of mass of the two ORG27569 molecules relative to the average location of the POPC phosphorus atoms. The *black lines* are the locations of the *upper* (positive membrane depth) and *lower* (negative membrane depth) *leaflet P atoms*, while the *green* and *blue symbols* are the COM of the individual ORG27569 molecules.

specific to this simulation, as flip-flop is also observed for individual ORG27569s in each of the three independent simulations.

4.4 ORG27569 Binds and Activates the CB1 β-Arrestin-1 Signaling Path

In Fig. 12, we report the RMSD of the TM helices of CB1 in the POPC model membrane. This run was used to relax the CB1 model in a realistic lipid bilayer. During the course of this trajectory, the ionic lock (R3.50–D6.30) was maintained and at 70 ns a snapshot was taken. The CB1 conformation was extracted and the simulation cell was rebuilt with seven ORG27569 molecules included in each leaflet as described in Section 3.4. In this set of simulations, three independent simulations were performed, each run for over 1 μs each.

In the course of one of the CB1/ORG27569 MD trajectories, an ORG27569 from the EC leaflet interacts with residues along TMH6/

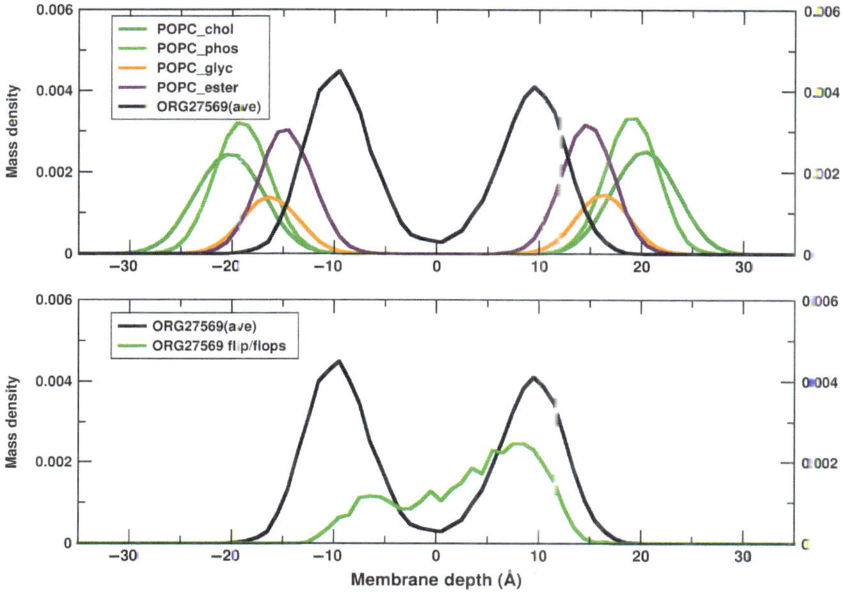

Fig. 11 Mass density distribution for ORG27569 in a POPC bilayer. In the *upper panel*, the per molecule mass distribution is plotted for the POPC groups as defined in Fig. 1 and computed from one of the independent trajectories. In addition the average mass distribution of the chloroindole ring of ORG27569 is reported. On average the substituted indole ring lies just inside (toward the bilayer center) of the POPC ester moiety. In the *lower panel*, we report the averaged substituted indole ring distribution as well as the distribution of one of the ORG27569 molecules, where density is observed in both leaflets. This ORG27569 is observed to change leaflet in the course of this trajectory. Results for the other two independent trajectories are similar.

TMH7 and the indole moiety inserts between the EC ends of TMH6/TMH7 (Fig. 13). This trajectory was run for 1.42 μs. No binding event was observed in the other two trajectories of 1.24 and 1.175 μs, respectively; therefore, we have used these two trajectories as controls.

The initial contact at ~10 ns of this ORG27569 with any CB1 residue occurs between the chlorine atom on the indole ring and I6.45, a residue that is fairly deep in the bilayer. This is followed by contact with P6.50 at (13 ns) and I6.54 (18 ns). It is interesting to note that there is intermittent contact with P6.50, although the ionic lock (R3.50–D6.30 salt bridge) is maintained throughout this trajectory. At 33 ns, one ORG27569 (in an elongated conformation) reapproaches the receptor and interacts with residues along the lipid faces of TMH6/THM7. Y6.57 (which faces lipid) and F7.35 (which becomes lipid exposed) begin to interact with

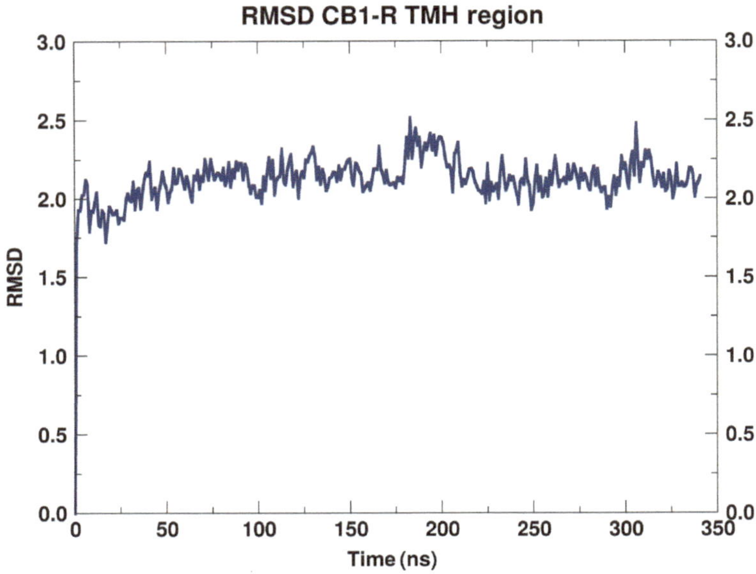

Fig. 12 RMSD of the transmembrane helices of CB1. RMSD of the transmembrane helices of CB1 in the CB1/POPC equilibration run. The CB1 residues used for the superimposition include: TMH1(P1.28–S1.60), TMH2(P2.38–F2.67), TMH3(R3.22–R3.56), TMH4 (R4.39–L4.62), TMH5(D5.36–H5.66), TMH6(D6.30–F6.60), and TMH7(T7.33–S7.57).

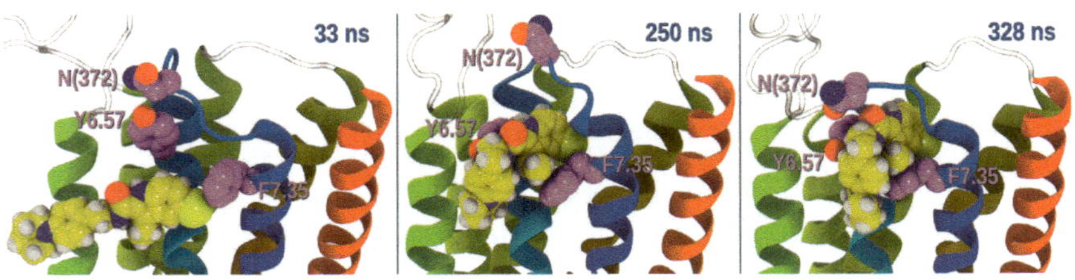

Fig. 13 Time series of ORG27569—CB1 contacts. This figure illustrates the time sequence of contacts, followed by insertion of the substituted indole ring of ORG27569 between TMH6/TMH7 of CB1. *Left panel*: ORG27569 makes contact with F7.35 at 33 ns, *center panel*: at 250 ns the indole ring is inserted between TMH6/TMH7 at the level of Y6.57/F7.35, and *right panel*: at 328 ns the EC3 has closed over ORG27569.

ORG27569, acting like guides. By 250 ns, the ligand has assumed a bent conformation and the indole ring is inserting between TMH6/TMH7 at their most EC turn. This is shown in Fig. 14 as a decrease in the distance between the ORG27569 indole ring COM and the COM of a pair of residues in the TMH bundle interior (D6.58/K376). Y6.57 acts like a

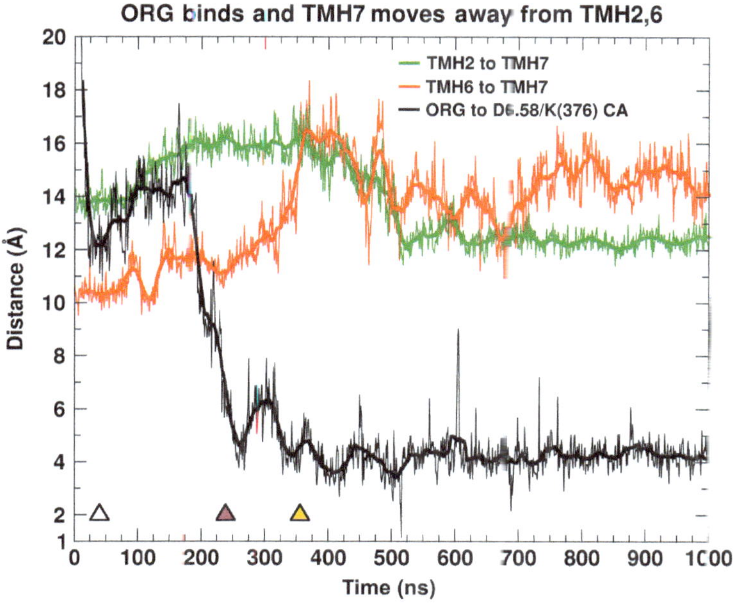

Fig. 14 Time series of the CB1 interhelical distances as ORG27569 inserts. Time series of the interhelical distances of TMH2, TMH6, and TMH7. The distances are measured from the center of mass of the backbone atoms of TMH2 (P2.38–I2.43), TMH6 (D6.30–K6.35), and TMH7 (Y7.53–K7.58). These locations were determined to be approximately at the same level in the POPC phospholipid bilayer. The distance of the COM of the ORG27569-substituted indole ring to the center of the Cα atoms of D6.58/K376 is also reported. The initial contact with CB1 is indicated with a *white triangle*, the *purple triangle* indicates when ORG27569 has fully inserted between THM6/TMH7, and *yellow triangle* is the time point where the IC opening is largest.

"side wall" from the TMH6 side and F7.35 rotates underneath the ORG27569, acting like a "floor." By 328 ns, the CB1 EC-3 loop bends backward and begins to interact with ORG27569. Here, the amide oxygen of ORG27569 forms a hydrogen bond with the backbone N—H of N372 in the EC-3 loop. This docking of ORG27569 is coincident with a dramatic rearrangement of the IC region of the receptor. In particular, the distance between TMH2 and TMH7 increases, beginning with the initial contact of ORG27569 with the receptor and levels off after 500 ns. The distance between TMH6 and TMH7 on the IC side of the bundle shows an increase of nearly 4 Å as ORG27569 docks at the TMH6/TMH7 interface and the CB1 EC-3 loop begins interacting with the ligand. This distance increase occurs because the TMH7/Hx8 region moves away from TMH6. Such IC changes are consistent with results reported for other β-arrestin-biased ligands in the β2-adrenergic (carvedilol) and vasopressin V2R (SR121463) receptor fields (Liu et al., 2012; Rahmeh et al., 2012). The IC opening that is produced by ORG27569's entry into the TMH6/TMH7 EC region is large enough to permit the insertion of the fingerloop of β-arrestin-1.

In both control runs, which are characterized by the absence of ORG27569 insertion between TMH6/TMH7, the opening between the IC ends of TMH2/TMH7 and TMH6/TMH7 is collectively much smaller than in the case where the ORG27569 bound. This is illustrated in Fig. 15, where the interhelical distances of the THM2/TMH7 pair are plotted against the distances of TMH6/TMH7. Each data point corresponds to a time point in the trajectory, taken at 1 ns intervals, and thus this image displays the ensemble of intrahelical distances observed in the course of the individual trajectories. Clearly, the control ensembles do not sample the large interhelical distances seen in the trajectory where ORG27569 binds.

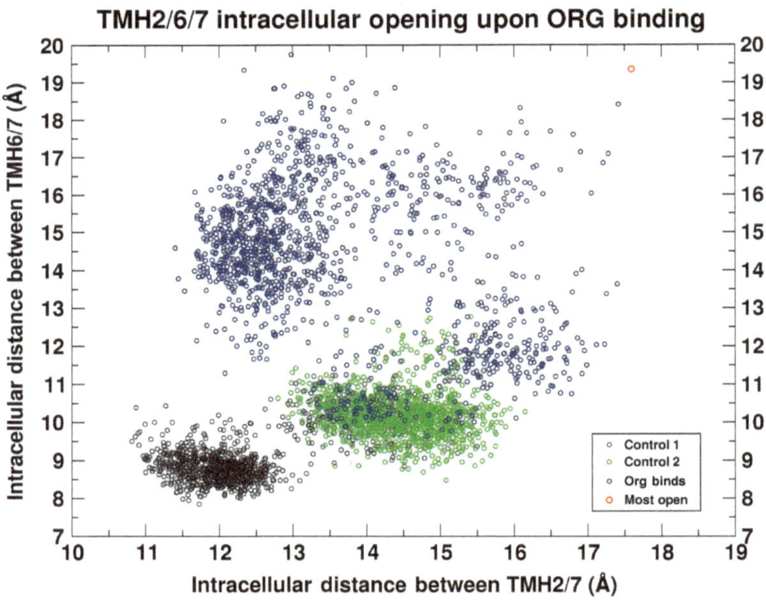

Fig. 15 Scatter plot of the intrahelical distances of TMH2/TMH6/TMH7 as ORG27569 binds. The interhelical distances of TMH2(P2.38–I2.43)/TMH7(Y7.53–K7.58) plotted against the interhelical distance of TMH6(D6.30–K6.35)/TMH7(Y7.53–K7.58). The first control run is colored *black* and the second is *green*. The trajectory data for the case where ORG27569 inserted between TMH6/TMH7 are colored *blue*. The extreme point (*red*) is the case where an intracellular crevice is the most open.

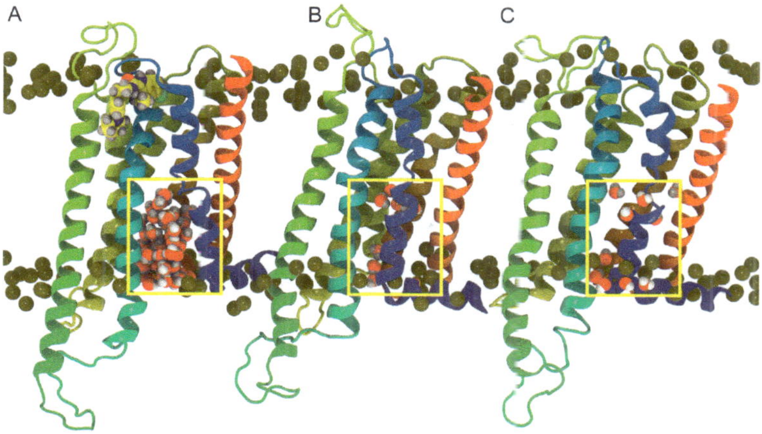

Fig. 16 Intracellular water influx as ORG27569 binds. Illustration of the water influx in (A) the trajectory where ORG27569 binds vs (B) and (C) similar snapshots from the control trajectories. These configurations are extracted at 390 ns into each trajectory. Coloring: TMH5 (*green*), TMH6 (*teal*), TMH7 and Hx8 (*blue*), and TMH1 (*orange*). The P atoms are shown as *gold spheres* and the water molecules are rendered in VDW. The *box* used to define the intracellular region is shown in *yellow*.

Moreover, the opening in the simulation after the ORG27569 has bound is coincident with a large influx of water into the lower half of the receptor. The increase in water inside the IC-binding cavity is approximated by counting the water molecules inside a rectilinear box, which encompasses the lower leaflet ends of the TM helices. This is illustrated in Fig. 16, where the CB1 receptor is displayed for the ORG27569 insertion trajectory (Fig. 16A) and compared to snapshots from the two control trajectories (Fig. 16B and C). The configuration in this image is taken at 390 ns from each of the trajectories and the box used to define the IC cavity is outlined. This box is used to monitor the number of water molecules that enter the receptor bundle as a function of time. In Fig. 17, a time series of this water molecule count is reported. Clearly, there is a jump in the IC water count simultaneous with the time that ORG27569 has inserted between TMH6/TMH7, where the IC opening is near its maximum. This interaction pattern, insertion of ORG2759 with an opening and influx of water, is not observed in either of the two control trajectories where ORG27569 has not inserted (Figs. 16 and 17).

In Fig. 18, we report the mass density as a function of depth in the membrane for (a) the indole moiety of the bound ligand, (b) the ester moiety of the POPC molecules, and (c) several TMH7 residues. Fig. 18 also displays

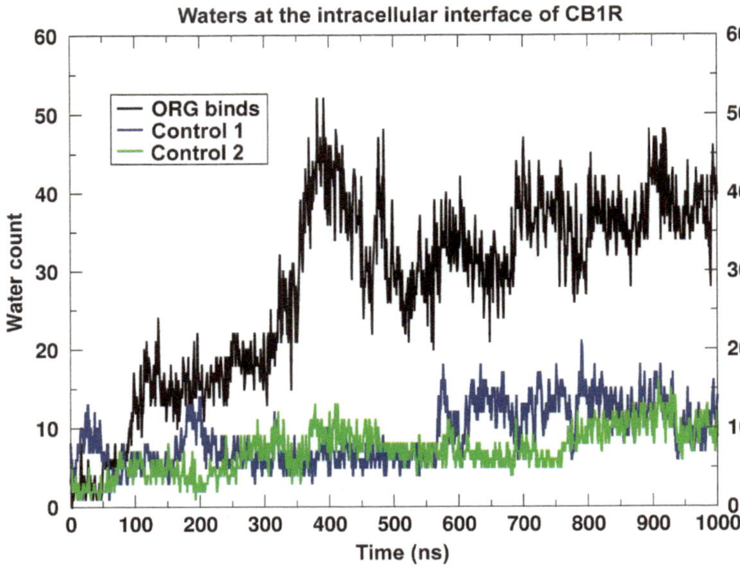

Fig. 17 Time series of the number of water molecules at the intracellular interface of CB1. This figure illustrates the time series of the number of water molecules at the intracellular interface of CB1 in the trajectory where ORG27569 binds (*black*) and the two control trajectories where a binding event is not observed (*blue/green*). This is simply a count of the number of waters within the intracellular box defined in Fig. 16.

the analogous data for an ORG27569 that does not contact CB1. As seen here, the bound ORG27569 displays an overlapping bimodal distribution with a large maxima that occurs at the approximate depth of K376 (~17 Å) and a shoulder centered at ~13 Å, overlapping the F7.35 distribution. When the early data (before 280 ns) are removed from the analysis, the peak that appears as a shoulder and overlaps F7.35 disappears (red curve). Therefore the population that overlaps F7.35 occurs early in the trajectory before the indole inserts deeply into the TMH6/TMH7 crevice. In contrast, the unbound ORG27569 has a single broad distribution centered at 10 Å and also overlaps the F7.35 distribution. Comparison of the location of the unbound ORG27569 in this simulation to that of ORG27569 in the POPC/ORG27569 simulation discussed in application 3 (Fig. 11A) illustrates that the depth of ORG27569 in the two cases is approximately the same; moreover, this depth is nearly coincident with the location of the initial TMH7 contact residues. Thus, for ORG27569 not interacting with CB1, the indole is on average at a depth just under the ester oxygens of POPC and overlapping the early contact residue F7.35.

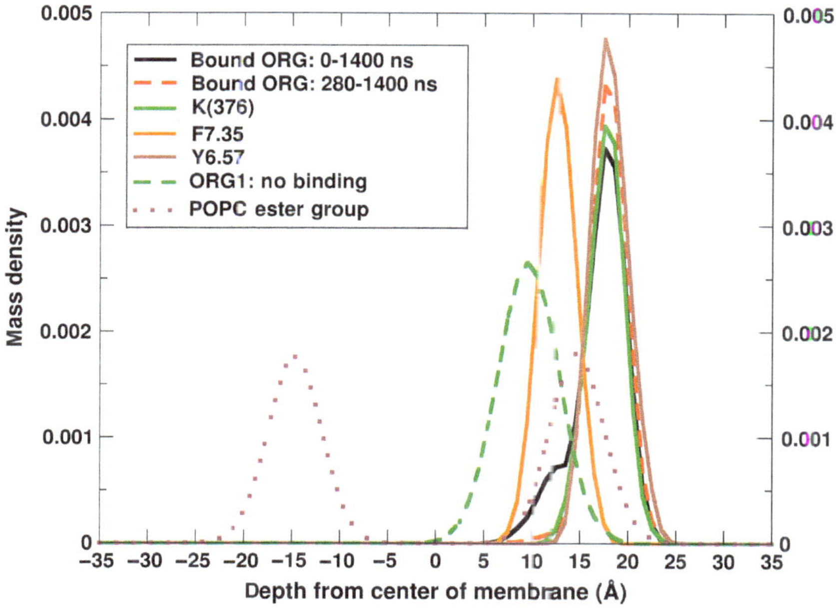

Fig. 18 Mass density of components as a function of depth in the bilayer. The simulation cell was centered such that the average phosphorus atom location was at $z=0$. Mass density was computed as a function the depth in the lipid bilayer. The indole ring of the bound ORG27569(*black* entire trajectory, *red dashed* the first 280 ns removed), K376 (*green*), F7.35(*orange*), Y6.57(*brown*), the ester group of POPC (*magenta dots*), and the substituted indole group of an ORG27569 that does not contact CB1 during the simulation (*green dash*).

5. CONCLUSIONS

In this chapter, we have discussed in detail the methods for construction, equilibration, and production for the MD simulation of both the cannabinoid ligands, 2-AG and ORG27569, and receptors, CB1 and CB2 in a fully hydrated phospholipid membrane. In both cases, the cannabinoid ligands are highly lipophilic and readily partition into the phospholipid membrane. Moreover, their partitioning into the lipid produces a location and orientation that is productive for binding to and activation of their respective receptors.

While crystal structures can show the location of lipid facing portals, they cannot show dynamic behavior, including the consequences of entry through such portals. Employing all-atom MD simulations of the interaction of 2-AG with CB2, we have seen that the endocannabinoid, 2-AG, attains access to the CB2 receptor via the lipid bilayer by passing between TMH6/TMH7. The response of the CB2 receptor to this entry includes many of the features of activation classically attributed to the G-protein pathway. This includes a rupture of the ionic lock between the IC ends of TMH3/TMH6, as well as motion of TMH6 outward from the CB2 bundle core, such that a previously occluded docking site for $G_{i/o}$ is exposed (Hurst et al., 2010).

Moreover, in an analogous set of simulations for ORG27569, a CB1 inverse agonist for G-protein signaling, we have observed partitioning of this ligand into the POPC bilayer. Similar to the 2-AG/CB2 system, when MD is performed with the CB1 receptor present, ORG27569 binds via the lipid bilayer. However, unlike the CB2 response to 2-AG binding, CB1 undergoes a dramatic rearrangement of the IC end of TMH7 from TMH2 and TMH6, leaving the ionic lock intact. Such a response is consistent with the observed G-protein inverse agonist/β-arrestin-1 agonist behavior of ORG27569 at the CB1 receptor (Ahn et al., 2012, 2013) as well as the β-arrestin-biased signaling observed in the β2-adrenergic and V2R receptors (Liu et al., 2012; Rahmeh et al., 2012). Upon binding ORG27569, CB1 does not produce the necessary docking site for the G-protein, while opening a position for the binding of β-arrestin-1 in the TMH7/TMH1/TMH2 IC region.

The results presented here suggest that the natural depth in the lipid bilayer governs the initial point of contact between these lipophilic ligands and the cannabinoid receptors, with final binding and insertion close to that point of contact. This is a powerful design paradigm where ligand entry may be partly governed by the location the ligand occupies in the phospholipid bilayer. By tuning the functionality of the ligand, one might be able to tune the initial point of contact with subsequent insertion/binding occurring near that contact. What we have seen is that higher binding seems to open up a β-arrestin-biased IC cleft, while lower binding (2-AG in CB2) opens up a G-protein IC cleft.

In both of these systems, the level of detail afforded by all-atom MD has provided an insight into the binding, activation, and dynamical behavior of these receptors that is lacking in many of the complementary experimental studies. As such, MD has been shown to be a valuable tool in our attempts to understand the underlying mechanisms of activation of these pharmacologically important proteins, in particular in unraveling the distinct conformational states of the receptor associated with distinct signaling pathways.

REFERENCES

Ahn, K. H., Mahmoud, M. M., & Kendall, D. A. (2012). Allosteric modulator ORG27569 induces CB1 cannabinoid receptor high affinity agonist binding state, receptor internalization, and Gi protein-independent ERK1/2 kinase activation. *The Journal of Biological Chemistry*, *287*(15), 12070–12082. http://dx.doi.org/10.1074/jbc.M111.316463.

Ahn, K. H., Mahmoud, M. M., Shim, J. Y., & Kendall, D. A. (2013). Distinct roles of beta-arrestin 1 and beta-arrestin 2 in ORG27569-induced biased signaling and internalization of the cannabinoid receptor 1 (CB1). *The Journal of Biological Chemistry*, *288*(14), 9790–9800. http://dx.doi.org/10.1074/jbc.M112.438804.

Altenbach, C., Kusnetzow, A. K., Ernst, O. P., Hofmann, K. P., & Hubbell, W. L. (2008). High-resolution distance mapping in rhodopsin reveals the pattern of helix movement due to activation. *Proceedings of the National Academy of Sciences of the United States of America*, *105*(21), 7439–7444. http://dx.doi.org/10.1073/pnas.0802515105.

Barnett-Norris, J., Guarnieri, F., Hurst, D. P., & Reggio, P. H. (1998). Exploration of biologically relevant conformations of anandamide, 2-arachidonylglycerol, and their analogues using conformational memories. *Journal of Medicinal Chemistry* *41*(24), 4861–4872.

Berendsen, H. J. C., Postma, J. P. M., van Gunstersen, W. F., Dinola, A., & Haak, J. R. (1984). Molecular dynamics with coupling to an external bath. *The Journal of Chemical Physics*, *81*, 3684–3690.

Brooks, B. R., Brooks, C. L., 3rd, Mackerell, A. D., Jr., Nilsson, L., Petrella, R. J., Roux, B., et al. (2009). CHARMM: The biomolecular simulation program. *Journal of Computational Chemistry*, *30*(10), 1545–1614. http://dx.doi.org/10.1002/jcc.21287.

Case, D. A., Betz, R. M., Cerutti, D. S., Cheatham, T. E., III, Darden, T. A., Duke, R. E., et al. (2016). *AMBER 2016*. San Francisco: University of California.

Case, D. A., Cheatham, T. E., 3rd, Darden, T., Gohlke, H., Luo, R., Merz, K. M., Jr., et al. (2005). The Amber biomolecular simulation programs. *Journal of Computational Chemistry*, *26*(16), 1668–1688.

Cherezov, V. (2011). Lipidic cubic phase technologies for membrane protein structural studies. *Current Opinion in Structural Biology*, *21*(4), 559–566. http://dx.doi.org/10.1016/j.sbi.2011.06.007.

Choe, H. W., Kim, Y. J., Park, J. H., Morizumi, T., Pai, E. F., Krauss, N., et al. (2011). Crystal structure of metarhodopsin II. *Nature*, *471*(7340), 651–655.

Chrencik, J. E., Roth, C. B., Terakado, M., Kurata, H., Omi, R., Kihara, Y., et al. (2015). Crystal structure of antagonist bound human lysophosphatidic acid receptor 1. *Cell*, *161*(7), 1633–1643. http://dx.doi.org/10.1016/j.cell.2015.06.002.

Dawaliby, R., Trubbia, C., Delporte, C., Masureel, M., Van Antwerpen, P., Kobilka, B. K., et al. (2016). Allosteric regulation of G protein-coupled receptor activity by phospholipids. *Nature Chemical Biology*, *12*(1), 35–39. http://dx.doi.org/10.1038/nchembio.1960.

de Jesus, A. J., & Allen, T. W. (2013). The role of tryptophan side chains in membrane protein anchoring and hydrophobic mismatch. *Biochimica et Biophysica Acta*, *1828*, 864–876.

Delgado-Peraza, F., Ahn, K. H., Nogueras-Ortiz, C., Mungrue, I. N., Mackie, K., Kendall, D. A., et al. (2016). Mechanisms of biased beta-arrestin-mediated signaling downstream from the cannabinoid 1 receptor. *Molecular Pharmacology*, *89*(6), 618–629. http://dx.doi.org/10.1124/mol.115.103176.

Di Marzo, V. (2008). Targeting the endocannabinoid system: To enhance or reduce? *Nature Reviews. Drug Discovery*, *7*(5), 438–455.

Dror, R. O., Arlow, D. H., Maragakis, P., Mildorf, T. J., Pan, A. C., Xu, H., et al. (2011). Activation mechanism of the beta2-adrenergic receptor. *Proceedings of the National Academy of Sciences of the United States of America*, *108*(46), 18684–18689. http://dx.doi.org/10.1073/pnas.1110499108.

Dror, R. O., Green, H. F., Valant, C., Borhani, D. W., Valcourt, J. R., Pan, A. C., et al. (2013). Structural basis for modulation of a G-protein-coupled receptor by allosteric drugs. *Nature*, *503*(7475), 295–299. http://dx.doi.org/10.1038/nature12595.

Dror, R. O., Pan, A. C., Arlow, D. H., Borhani, D. W., Maragakis, P., Shan, Y., et al. (2011). Pathway and mechanism of drug binding to G-protein-coupled receptors. *Proceedings of the National Academy of Sciences of the United States of America*, *108*(32), 13118–13123. http://dx.doi.org/10.1073/pnas.1104614108.

Eldho, N. V., Feller, S. E., Tristram-Nagle, S., Polozov, I. V., & Gawrisch, K. (2003). Polyunsaturated docosahexaenoic vs docosapentaenoic acid-differences in lipid matrix properties from the loss of one double bond. *Journal of the American Chemical Society*, *125*(21), 6409–6421.

Essmann, U., Perera, L., Berkowitz, M. L., Darden, T. A., Lee, J., & Pedersen, L. G. (1995). A smooth particle mesh Ewald method. *The Journal of Chemical Physics*, *103*, 8577–8593.

Farrens, D. L., Altenbach, C., Yang, K., Hubbell, W. L., & Khorana, H. G. (1996). Requirement of rigid-body motion of transmembrane helices for light-activation of rhodopsin. *Science*, *274*, 768–770.

Fay, J. F., & Farrens, D. L. (2015). Structural dynamics and energetics underlying allosteric inactivation of the cannabinoid receptor CB1. *Proceedings of the National Academy of Sciences of the United States of America*, *112*(27), 8469–8474. http://dx.doi.org/10.1073/pnas.1500895112.

Feller, S. E., Gawrisch, K., & MacKerell, A. D., Jr. (2002). Polyunsaturated fatty acids in lipid bilayers: Intrinsic and environmental contributions to their unique physical properties. *Journal of the American Chemical Society*, *124*(2), 318–326.

Feller, S. E., & MacKerell, A. D., Jr. (2000). An improved empirical potential energy function for molecular simulations of phospholipids. *The Journal of Physical Chemistry. B*, *104*, 7510–7515.

Fitch, B. G., Germain, R. S., Mendell, M., Pitera, J., Pitman, M. C., Rayshubskiy, A., et al. (2003). Blue matter, an application framework for molecular simulation on blue gene. *Journal of Parallel and Distributed Computing*, *63*, 759–773.

Flores-Otero, J., Ahn, K. H., Delgado-Peraza, F., Mackie, K., Kendall, D. A., & Yudowski, G. A. (2014). Ligand-specific endocytic dwell times control functional selectivity of the cannabinoid receptor 1. *Nature Communications*, *5*, 4589. http://dx.doi.org/10.1038/ncomms5589.

Gaede, H. C., Yau, W. M., & Gawrisch, K. (2005). Electrostatic contributions to indole-lipid interactions. *The Journal of Physical Chemistry. B*, *109*(26), 13014–13023. http://dx.doi.org/10.1021/jp0511000.

Grossfield, A. (2011). Recent progress in the study of G protein-coupled receptors with molecular dynamics computer simulations. *Biochimica et Biophysica Acta*, *1808*(7), 1868–1878. http://dx.doi.org/10.1016/j.bbamem.2011.03.010.

Grossfield, A., Feller, S. E., & Pitman, M. C. (2006). A role for direct interactions in the modulation of rhodopsin by omega-3 polyunsaturated lipids. *Proceedings of the National Academy of Sciences of the United States of America*, *103*(13), 4888–4893.

Grossfield, A., Pitman, M. C., Feller, S. E., Soubias, O., & Gawrisch, K. (2008). Internal hydration increases during activation of the G-protein-coupled receptor rhodopsin. *Journal of Molecular Biology*, *381*(2), 478–486.

Hanson, M. A., Roth, C. B., Jo, E., Griffith, M. T., Scott, F. L., Reinhart, G., et al. (2012). Crystal structure of a lipid G protein-coupled receptor. *Science*, *335*(6070), 851–855. http://dx.doi.org/10.1126/science.1215904.

Hildebrand, P. W., Scheerer, P., Park, J. H., Choe, H. W., Piechnick, R., Ernst, O. P., et al. (2009). A ligand channel through the G protein coupled receptor opsin. *PLoS One*, *4*(2), e4382.

Howlett, A. C., Blume, L. C., & Dalton, G. D. (2010). CB(1) cannabinoid receptors and their associated proteins. *Current Medicinal Chemistry*, *17*(14), 1382–1393.

Humphrey, W., Dalke, A., & Schulten, K. (1996). VMD: Visual molecular dynamics. *Journal of Molecular Graphics*, *14*(1), 33–38.
Hurst, D. P., Grossfield, A., Lynch, D. L., Feller, S., Romo, T. D., Gawrisch, K., et al. (2010). A lipid pathway for ligand binding is necessary for a cannabinoid G protein-coupled receptor. *The Journal of Biological Chemistry*, *285*(23), 17954–17964.
Hurst, D. P., Schmeisser, M., & Reggio, P. H. (2013). Endogenous lipid activated G protein-coupled receptors: Emerging structural features from crystallography and molecular dynamics simulations. *Chemistry and Physics of Lipids*, *169*, 46–56. http://dx.doi.org/10.1016/j.chemphyslip.2013.01.009.
Jensen, A. D., Guarnieri, F., Rasmussen, S. G., Asmar, F., Ballesteros, J. A., & Gether, U. (2001). Agonist-induced conformational changes at the cytoplasmic side of transmembrane segment 6 in the beta 2 adrenergic receptor mapped by site-selective fluorescent labeling. *The Journal of Biological Chemistry*, *276*(12), 9279–9290.
Kendall, D. A., & Yudowski, G. A. (2016). Cannabinoid receptors in the central nervous system: Their signaling and roles in disease. *Frontiers in Cellular Neuroscience*, *10*, 294. http://dx.doi.org/10.3389/fncel.2016.00294.
Kimura, T., Cheng, K., Rice, K. C., & Gawrisch, K. (2009). Location, structure, and dynamics of the synthetic cannabinoid ligand CP-55,940 in lipid bilayers. *Biophysical Journal*, *96*(12), 4916–4924.
Kimura, T., Vukoti, K., Lynch, D. L., Hurst, D. P., Grossfield, A., Pitman, M. C., et al. (2013). Global fold of human cannabinoid type 2 receptor probed by solid-state C-N-MAS NMR and molecular dynamics simulations. *Proteins*, *82*(3), 452–465. http://dx.doi.org/10.1002/prot.24411.
Klauda, J. B., Venable, R. M., Freites, J. A., O'Connor, J. W., Tobias, D. J., Mondragon-Ramirez, C., et al. (2010). Update of the CHARMM all-atom additive force field for lipids: Validation on six lipid types. *The Journal of Physical Chemistry. B*, *114*(23), 7830–7843. http://dx.doi.org/10.1021/jp101759q.
Kobilka, B. (2013). The structural basis of G-protein-coupled receptor signaling (Nobel lecture). *Angewandte Chemie (International Ed. in English)*, *52*(25), 6380–6388.
Kohlhoff, K. J., Shukla, D., Lawrenz, M., Bowman, G. R., Konerding, D. E., Belov, D., et al. (2014). Cloud-based simulations on Google Exacycle reveal ligand modulation of GPCR activation pathways. *Nature Chemistry*, *6*(1), 15–21. http://dx.doi.org/10.1038/nchem.1821.
Kotsikorou, E., Lynch, D. L., Abood, M. E., & Reggio, P. H. (2011). Lipid bilayer molecular dynamics study of lipid-derived agonists of the putative cannabinoid receptor, GPR55. *Chemistry and Physics of Lipids*, *164*, 131–143.
Kruse, A. C., Hu, J., Pan, A. C., Arlow, D. H., Rosenbaum, D. M., Rosemond, E., et al. (2012). Structure and dynamics of the M3 muscarinic acetylcholine receptor. *Nature*, *482*(7386), 552–556. http://dx.doi.org/10.1038/nature10867.
Kucerka, N., Nagle, J. F., Sachs, J. N., Feller, S. E., Pencer, J., Jackson, A., et al. (2008). Lipid bilayer structure determined by the simultaneous analysis of neutron and X-ray scattering data. *Biophysical Journal*, *95*(5), 2356–2367. http://dx.doi.org/10.1529/biophysj.108.132662.
Laprairie, R. B., Kulkarni, A. R., Kulkarni, P. M., Hurst, D. P., Lynch, D., Reggio, P. H., et al. (2016). Mapping cannabinoid 1 receptor allosteric site(s): Critical molecular determinant and signaling profile of GAT100, a novel, potent, and irreversibly binding probe. *ACS Chemical Neuroscience*, 7(6), 776–798. http://dx.doi.org/10.1021/acschemneuro.6b00041.
Latorraca, N. R., Venkatakrishnan, A. J., & Dror, R. O. (2017). GPCR dynamics: Structures in motion. *Chemical Reviews*, *117*(1), 139–155. http://dx.doi.org/10.1021/acs.chemrev.6b00177.
Lefkowitz, R. J. (2013). A brief history of G-protein coupled receptors (Nobel Lecture). *Angewandte Chemie (International Ed in English)*, *52*(25), 6366–6378.

Leioatts, N., Mertz, B., Martinez-Mayorga, K., Romo, T. D., Pitman, M. C., Feller, S. E., et al. (2014). Retinal ligand mobility explains internal hydration and reconciles active rhodopsin structures. *Biochemistry*, *53*(2), 376–385. http://dx.doi.org/10.1021/bi4013947.

Leioatts, N., Romo, T. D., Danial, S. A., & Grossfield, A. (2015). Retinal conformation changes rhodopsin's dynamic ensemble. *Biophysical Journal*, *109*(3), 608–617. http://dx.doi.org/10.1016/j.bpj.2015.06.046.

Liu, J. J., Horst, R., Katritch, V., Stevens, R. C., & Wuthrich, K. (2012). Biased signaling pathways in beta2-adrenergic receptor characterized by 19F-NMR. *Science*, *335*(6072), 1106–1110. http://dx.doi.org/10.1126/science.1215802.

Lohse, M. J., Nuber, S., & Hoffmann, C. (2012). Fluorescence/bioluminescence resonance energy transfer techniques to study G-protein-coupled receptor activation and signaling. *Pharmacological Reviews*, *64*(2), 299–336. http://dx.doi.org/10.1124/pr.110.004309.

Lomize, M. A., Lomize, A. L., Pogozheva, I. D., & Mosberg, H. I. (2006). OPM: Orientations of proteins in membranes database. *Bioinformatics*, *22*(5), 623–625. http://dx.doi.org/10.1093/bioinformatics/btk023.

Lu, H. C., & Mackie, K. (2016). An introduction to the endogenous cannabinoid system. *Biol. Psych.*, *79*, 516–525.

Luttrell, L. M., Maudsley, S., & Bohn, L. M. (2015). Fulfilling the promise of "biased" G protein-coupled receptor agonism. *Molecular Pharmacology*, *88*(3), 579–588. http://dx.doi.org/10.1124/mol.115.099630.

MacKerell, A. D., Jr., Bashford, D., Bellot, M., Dunbrack, R. L., Jr., Evanseck, J. D., Field, M. J., et al. (1998). All-hydrogen empirical potential for molecular modeling and dynamics studies of proteins using the CHARMM22 force field. *The Journal of Physical Chemistry. B*, *102*, 3586–3616.

Manglik, A., & Kobilka, B. (2014). The role of protein dynamics in GPCR function: Insights from the beta2AR and rhodopsin. *Current Opinion in Cell Biology*, *27*, 136–143. http://dx.doi.org/10.1016/j.ceb.2014.01.008.

Marino, K. A., Shang, Y., & Filizola, M. (2017). Insights into the function of opioid receptors from molecular dynamics simulations of available crystal structures. *British Journal of Pharmacology*. http://dx.doi.org/10.1111/bph.13774.

Mavromoustakos, T., Yang, D. P., Broderick, W., Fournier, D., & Makriyannis, A. (1991). Small angle X-ray diffraction studies on the topography of cannabinoids in synaptic plasma membranes. *Pharmacology, Biochemistry, and Behavior*, *40*(3), 547–552.

Miao, Y., Caliman, A. D., & McCammon, J. A. (2015). Allosteric effects of sodium ion binding on activation of the m3 muscarinic g-protein-coupled receptor. *Biophysical Journal*, *108*(7), 1796–1806. http://dx.doi.org/10.1016/j.bpj.2015.03.003.

Mondal, S., Khelashvili, G., Johner, N., & Weinstein, H. (2014a). How the dynamic properties and functional mechanisms of GPCRs are modulated by their coupling to the membrane environment. *Advances in Experimental Medicine and Biology*, *796*, 55–74. http://dx.doi.org/10.1007/978-94-007-7423-0_4.

Mondal, S., Khelashvili, G., & Weinstein, H. (2014b). Not just an oil slick: How the energetics of protein-membrane interactions impacts the function and organization of transmembrane proteins. *Biophysical Journal*, *106*(11), 2305–2316. http://dx.doi.org/10.1016/j.bpj.2014.04.032.

Oates, J., & Watts, A. (2011). Uncovering the intimate relationship between lipids, cholesterol and GPCR activation. *Current Opinion in Structural Biology*, *21*(6), 802–807. http://dx.doi.org/10.1016/j.sbi.2011.09.007.

Park, J. H., Scheerer, P., Hofmann, K. P., Choe, H. W., & Ernst, O. P. (2008). Crystal structure of the ligand-free G-protein-coupled receptor opsin. *Nature*, *454*(7201), 183–187.

Phillips, J. C., Braun, R., Wang, W., Gumbart, J., Tajkhorshid, E., Villa, E., et al. (2005). Scalable molecular dynamics with NAMD. *Journal of Computational Chemistry*, *26*, 1781–1802.

Piomelli, D. (2003). The molecular logic of endocannabinoid signalling. *Nature Reviews. Neuroscience*, *4*(11), 873–884.

Pitman, M. C., Grossfield, A., Suits, F., & Feller, S. E. (2005). Role of cholesterol and polyunsaturated chains in lipid-protein interactions: Molecular dynamics simulation of rhodopsin in a realistic membrane environment. *Journal of the American Chemical Society*, *127*(13), 4576–4577.

Pitman, M. C., Suits, F., Mackerell, A. D., Jr., & Feller, S. E. (2004). Molecular-level organization of saturated and polyunsaturated fatty acids in a phosphatidylcholine bilayer containing cholesterol. *Biochemistry*, *43*(49), 15318–15328.

Rahmeh, R., Damian, M., Cottet, M., Orcel, H., Mendre, C., Durroux, T., et al. (2012). Structural insights into biased G protein-coupled receptor signaling revealed by fluorescence spectroscopy. *Proceedings of the National Academy of Sciences of the United States of America*, *109*(17), 6733–6738. http://dx.doi.org/10.1073/pnas.1201093109.

Rasmussen, S. G., Choi, H. J., Rosenbaum, D. M., Kobilka, T. S., Thian, F. S., Edwards, P. C., et al. (2007). Crystal structure of the human beta2 adrenergic G-protein-coupled receptor. *Nature*, *450*(7168), 383–387.

Rasmussen, S. G., DeVree, B. T., Zou, Y., Kruse, A. C., Chung, K. Y., Kobilka, T. S., et al. (2011). Crystal structure of the beta2 adrenergic receptor-Gs protein complex. *Nature*, *477*(7366), 549–555. http://dx.doi.org/10.1038/nature10361.

Romo, T. D., & Grossfield, A. (2009). In *LOOS: An extensible platform for structural analysis of simulations Paper presented at the 31st annual international conference of the IEEE EMBS, Minneapolis, MN.*

Romo, T. D., Grossfield, A., & Pitman, M. C. (2010). Concerted interconversion between ionic lock substates of the beta(2) adrenergic receptor revealed by microsecond timescale molecular dynamics. *Biophysical Journal*, *98*(1), 76–84.

Salomon-Ferrer, R., Case, D. A., & Walker, R. C. (2013a). An overview of the Amber biomolecular simulation package. *WIREs Computational Molecular Science*, *3*, 198–210.

Salomon-Ferrer, R., Gotz, A. W., Poole, D., Le Grand, S., & Walker, R. C. (2013b). Routine microsecond molecular dynamics simulations with AMBER on GPUs. 2. Explicit solvent particle mesh Ewald. *Journal of Chemical Theory and Computation*, *9*(9), 3878–3888. http://dx.doi.org/10.1021/ct400314y.

Scheerer, P., Park, J. H., Hildebrand, P. W., Kim, Y. J., Krauss, N., Choe, H. W., et al. (2008). Crystal structure of opsin in its G-protein-interacting conformation. *Nature*, *455*(7212), 497–502.

Schneider, M., Kasanetz, F., Lynch, D. L., Friemel, C. M., Lassalle, O., Hurst, D. P., et al. (2015). Enhanced functional activity of the cannabinoid type-1 receptor mediates adolescent behavior. *The Journal of Neuroscience*, *35*(41), 13975–13988. http://dx.doi.org/10.1523/JNEUROSCI.1937-15.2015.

Shore, D. M., Baillie, G. L., Hurst, D. H., Navas, F., 3rd, Seltzman, H. H., Marcu, J. P., et al. (2014). Allosteric modulation of a cannabinoid G protein-coupled receptor: Binding site elucidation and relationship to G protein signaling. *The Journal of Biological Chemistry*, *289*(9), 5828–5845. http://dx.doi.org/10.1074/jbc.M113.478495.

Soubias, O., & Gawrisch, K. (2012). The role of the lipid matrix for structure and function of the GPCR rhodopsin. *Biochimica et Biophysica Acta*, *1818*(2), 234–240. http://dx.doi.org/10.1016/j.bbamem.2011.08.034.

Soubias, O., Niu, S. L., Mitchell, D. C., & Gawrisch, K. (2008). Lipid-rhodopsin hydrophobic mismatch alters rhodopsin helical content. *Journal of the American Chemical Society*, *130*(37), 12465–12471.

Stanley, N., Pardo, L., & Fabritiis, G. D. (2016). The pathway of ligand entry from the membrane bilayer to a lipid G protein-coupled receptor. *Scientific Reports*, *6*, 22639. http://dx.doi.org/10.1038/srep22639.

Struts, A. V., Chawla, U., Perera, S. M., & Brown, M. F. (2015). Investigation of rhodopsin dynamics in its signaling state by solid-state deuterium NMR spectroscopy. *Methods in Molecular Biology*, *1271*, 133–158. http://dx.doi.org/10.1007/978-1-4939-2330-4_10.

Tate, C. G., & Schertler, G. F. (2009). Engineering G protein-coupled receptors to facilitate their structure determination. *Current Opinion in Structural Biology*, *19*(4), 386–395. http://dx.doi.org/10.1016/j.sbi.2009.07.004.

Tian, X., Guo, J., Yao, F., Yang, D. P., & Makriyannis, A. (2005). The conformation, location, and dynamic properties of the endocannabinoid ligand anandamide in a membrane bilayer. *The Journal of Biological Chemistry*, *280*(33), 29788–29795.

Urban, J. D., Clarke, W. P., von Zastrow, M., Nichols, D. E., Kobilka, B., Weinstein, H., et al. (2007). Functional selectivity and classical concepts of quantitative pharmacology. *The Journal of Pharmacology and Experimental Therapeutics*, *320*(1), 1–13.

Vallee, M., Vitiello, S., Bellocchio, L., Hebert-Chatelain, E., Monlezun, S., Martin-Garcia, E., et al. (2014). Pregnenolone can protect the brain from cannabis intoxication. *Science*, *343*(6166), 94–98. http://dx.doi.org/10.1126/science.1243985.

Vanommeslaeghe, K., Hatcher, E., Acharya, C., Kundu, S., Zhong, S., Shim, J., et al. (2010). CHARMM general force field: A force field for drug-like molecules compatible with the CHARMM all-atom additive biological force fields. *Journal of Computational Chemistry*, *31*(4), 671–690.

Vanommeslaeghe, K., & MacKerell, A. D., Jr. (2012). Automation of the CHARMM general force field (CGenFF) I: Bond perception and atom typing. *Journal of Chemical Information and Modeling*, *52*(12), 3144–3154. http://dx.doi.org/10.1021/ci300363c.

Vanommeslaeghe, K., Raman, E. P., & MacKerell, A. D., Jr. (2012). Automation of the CHARMM general force field (CGenFF) II: Assignment of bonded parameters and partial atomic charges. *Journal of Chemical Information and Modeling*, *52*(12), 3155–3168. http://dx.doi.org/10.1021/ci3003649.

Vemuri, V. K., & Makriyannis, A. (2015). Medicinal chemistry of cannabinoids. *Clinical Pharmacology & Therapeutics*, *97*(6), 7. http://dx.doi.org/10.1002/cpt.115.

Venkatakrishnan, A. J., Deupi, X., Lebon, G., Tate, C. G., Schertler, G. F., & Babu, M. M. (2013). Molecular signatures of G-protein-coupled receptors. *Nature*, *494*(7436), 185–194. http://dx.doi.org/10.1038/nature11896.

Violin, J. D., Crombie, A. L., Soergel, D. G., & Lark, M. W. (2014). Biased ligands at G-protein-coupled receptors: Promise and progress. *Trends in Pharmacological Sciences*, *35*(7), 308–316. http://dx.doi.org/10.1016/j.tips.2014.04.007.

Violin, J. D., & Lefkowitz, R. J. (2007). Beta-arrestin-biased ligands at seven-transmembrane receptors. *Trends in Pharmacological Sciences*, *28*(8), 416–422. http://dx.doi.org/10.1016/j.tips.2007.06.006.

Woolf, T. B., & Roux, B. (1996). Structure, energetics, and dynamics of lipid-protein interactions: A molecular dynamics study of the gramicidin a channel in a DMPC bilayer. *Proteins*, *24*(1), 92–114. http://dx.doi.org/10.1002/(SICI)1097-0134(199601)24:1<92::AID-PROT7>3.0.CO;2-Q.

Wiener, M. C., & White, S. H. (1992). Structure of a fluid dioleoylphosphatidylcholine bilayer determined by joint refinement of x-ray and neutron diffraction data. III. Complete structure. *Biophysical Journal*, *61*(2), 434–447.

AUTHOR INDEX

Note: Page numbers followed by "*f*" indicate figures, "*t*" indicate tables, and "*s*" indicate schemes.

G

H

I

L

M

N

W

X

Y

SUBJECT INDEX

Note: Page numbers followed by "*f*" indicate figures, "*t*" indicate tables, and "*s*" indicate schemes.

D

H

I

FSC
www.fsc.org
MIX
Papier | Fördert
gute Waldnutzung
FSC® C083411

Kolibri 360 GmbH
Ferdinand-Jühlke-Straße 7
99095 Erfurt, Deutschland
produktsicherheit@kolibri360.de